THIRD EDITION

일반통계학

서울대학교 자연과학대학 통계학과 지음

한빛아카데미
Hanbit Academy, Inc.

지은이 **서울대학교 자연과학대학 통계학과**

서울대학교 통계학과는 1963년 공과대학 응용수학과에서 출발하여 1975년 자연과학대학 내 계산통계학과로 개편되면서 본격적인 학과의 기반을 다졌다. 이후 지속적으로 발전을 거듭하며 대한민국을 대표하는 통계학 연구·교육기관으로 자리잡았다. 통계학과는 불확실성을 이론적으로 다루는 학문적 토대를 바탕으로 통계적 추론과 데이터 분석을 연구하며 자연과학, 사회과학, 의학, 공학, 기타 응용과학 등 다양한 분야에서 의사결정의 근거를 제공하는 핵심 역할을 수행하고 있다.

일반통계학 3판

초판발행 2025년 3월 2일
2쇄발행 2026년 1월 16일

지은이 서울대학교 자연과학대학 통계학과 / **펴낸이** 전태호
펴낸곳 한빛아카데미(주) / **주소** 서울시 서대문구 연희로2길 62 한빛아카데미(주) 2층
전화 02-336-7112 / **팩스** 02-336-7199
등록 2013년 1월 14일 제2017-000063호 / **ISBN** 979-11-7340-025-4 93310

총괄·책임편집 김은정 / **기획** 윤세은, 김은정 / **편집** 윤세은 / **교정** 권수연 / **진행** 윤세은
디자인 이아란 / **전산편집** 백지신 / **제작** 박성우, 김정우
영업 김성삼, 이정훈, 임현기, 이성훈, 김주성, 심지연

이 책에 대한 의견이나 오탈자 및 잘못된 내용은 출판사 홈페이지나 아래 이메일로 알려주십시오.
파본은 구매처에서 교환하실 수 있습니다. 책값은 뒤표지에 표시되어 있습니다.
홈페이지 www.hanbit.co.kr / **이메일** question@hanbit.co.kr

Published by HANBIT Academy, Inc. Printed in Korea

지은이 머리말

빅데이터와 인공지능 시대, 통계학의 가치와 진화

통계학은 자료(데이터)를 수집하고 분석하며 해석하는 학문으로, 4차 산업혁명이 가져온 거대한 정보의 홍수 속에서 그 역할이 더욱 커지고 있습니다. 빅데이터 시대에는 인공지능, 심층학습, 기계학습 등 첨단 기술들이 확률과 통계적 방법론을 기반으로 발전하고 있으며, 통계적 사고는 더 이상 선택이 아니라 필수입니다. 따라서 통계학을 배워 자료를 수집하고 정리하며 분석하는 경험은 디지털 문해력이 중요한 현대사회에서 필수 역량이 되었습니다.

이 책은 1996년 초판 출간 이후 1999년 개정판을 거쳐 통계학 입문서로 널리 활용되었습니다. 초판과 개정판은 김우철, 김재주, 박병욱, 박성현, 송문섭, 이상열, 이영조, 전종우, 조신섭 교수님이 집필했으며, 통계학의 필수 개념과 통계적 방법론을 탄탄하게 정리하고 실생활 예제와 SAS 실습으로 이론을 쉽게 적용할 수 있도록 구성되었습니다. 그러나 지난 25여 년 동안 학문과 기술이 발전하면서 컴퓨팅 환경도 SAS에서 R과 파이썬 중심으로 변화했고, 사회적 변화와 요구를 반영할 필요성이 커졌습니다. 이러한 변화에 맞춰 후배 교수들이 힘을 모아 『일반통계학(3판)』을 출간하게 되었습니다.

3판의 특징

❶ 현대적인 자료와 사례 중심으로 구성하여 이해도를 높였습니다.

❷ 예제 실습을 위한 프로그래밍 내용을 〈부록〉으로 구성했습니다.

❸ 실습환경을 SAS에서 R과 파이썬으로 변경했습니다.

❹ 〈부록〉의 코드를 따라 입력하며 직접 본문의 그래프를 생성하고 분석할 수 있습니다.

『일반통계학(3판)』을 통해 여러분이 자료를 바라보는 시각을 넓히고, 적절한 통계적 방법론을 적용하여 자료를 분석하며 그 결과를 올바르게 해석하는 능력을 기를 수 있기를 바랍니다.

감사의 말

이 책을 출간하기 위해 헌신적으로 애써준 서울대학교 통계학과 대학원생 권헌정 군에게 깊이 감사드립니다. 또한 기획부터 출간까지 수고를 아끼지 않은 김은정 부서장님과 윤세은 책임 에디터님, 그리고 한빛아카데미(주) 관계자분들께 진심으로 감사의 마음을 전합니다.

지은이 일동

이 책에 대하여

대상 독자

통계학을 처음 접하는 비전공자와 데이터 분석 입문자를 위한 책이다. 이론과 실습을 균형 있게 다루고 있어 강의교재로 활용할 수도 있고, 독학용 교재로도 충분히 유용하다. 각 장의 이론을 R 또는 파이썬으로 직접 구현해보며 실질적인 통계분석 역량을 키울 수 있도록 구성했다.

학습 로드맵

이 책은 1장부터 순차적으로 학습하는 것을 권장한다. 한 학기용 교재로 사용한다면 전공의 특성이나 강의(또는 학습) 환경에 따라 일부 장을 생략해도 무방하다. 2장부터 12장까지는 〈부록〉을 참고하여 R 또는 파이썬 실습을 진행할 수 있다.

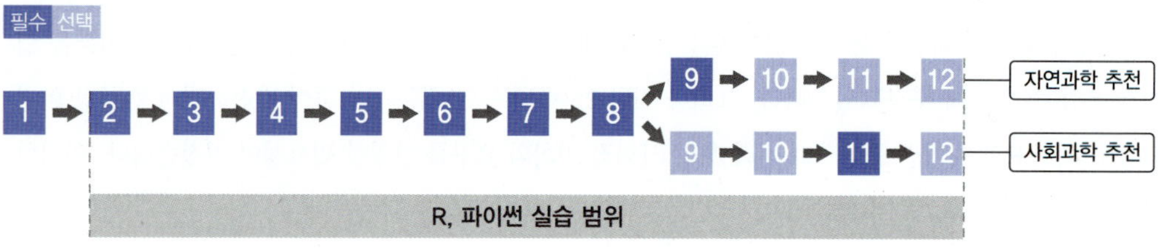

실습 권장 환경

이 책의 내용은 다음 환경에서 실습하기를 권한다.

- **운영체제** : Windows 10 이상, 또는 Mac OS 10.9 이상
- **프로그래밍 언어** : R 4.2.0 이상, Python 3.8.10 이상

강의 및 학습 보조자료

- **[강의자용] 강의 보조자료 다운로드**
  한빛아카데미(https://hanbit.co.kr/academy) 접속 → [교수전용공간] 클릭 → [강의자료] 클릭 → 도서명 검색
- **[학습자용] 실습용 파일 다운로드**
  한빛아카데미(https://hanbit.co.kr/academy) 접속 → 도서명 검색 → 도서 상세 페이지의 [부록/예제소스]
  ※ 이 책은 저작권자의 요청에 따라 학습자의 자학자습을 위해 연습문제 풀이를 제공하지 않습니다.

참고문헌

- 박성현, 이성임, & 임요한. (2023). *데이터분석 전문가를 위한 고급회귀분석: 기본개념, 이론 그리고 R 실습*. 민영사.
- 조신섭, 손영숙, & 성병찬. (2019). *SAS/ETS를 이용한 시계열분석* (5판). 율곡출판사.
- Abraham, B., & Ledolter, J. (2013). *Statistical methods for forecasting*. Wiley.
- Anscombe, F. J. (1973). Graphs in statistical analysis. *The American Statistician*, 27(1), 17–21.
- Box, G. E. P., Jenkins, G. M., & Reinsel, G. C. (2015). *Time Series Analysis: Forecasting and control* (5th ed.). Wiley.
- Francis, T. Jr. (1955). Evaluation of the 1954 Poliomyelitis Vaccine Field Trial; Further Studies of Results Determining the Effectiveness of Poliomyelitis Vaccine (Salk) in Preventing Paralytic Poliomyelitis. *Journal of the American Medical Association*, 158(14), 1266–1270.
- Galton, F. (1886). Regression Towards Mediocrity in Hereditary Stature. *The Journal of the Anthropological Institute of Great Britain and Ireland*, 15, 246–263.
- Heilbrun, A. B., Heilbrun, L. C., & Heilbrun, K. L. (1978). Impulsive and premeditated homicide: An analysis of subsequent parole risk of the murderer. *Journal of Criminal Law and Criminology*, 69(1), 108–114.
- Hyndman, R. J., & Athanasopoulos, G. (2021). *Forecasting: Principles and practice* (3rd ed.). OTexts.
- Survey USA. (2011). *News Poll* #17960. Data collected February 16–17, 2011.

미리보기

도입글
해당 장을 학습하기 전에
기본 개념과 배울 내용을 소개한다.

정의
본문에서 핵심이 되는 용어나 내용을
한눈에 볼 수 있도록 별도의 색으로 강조한다.

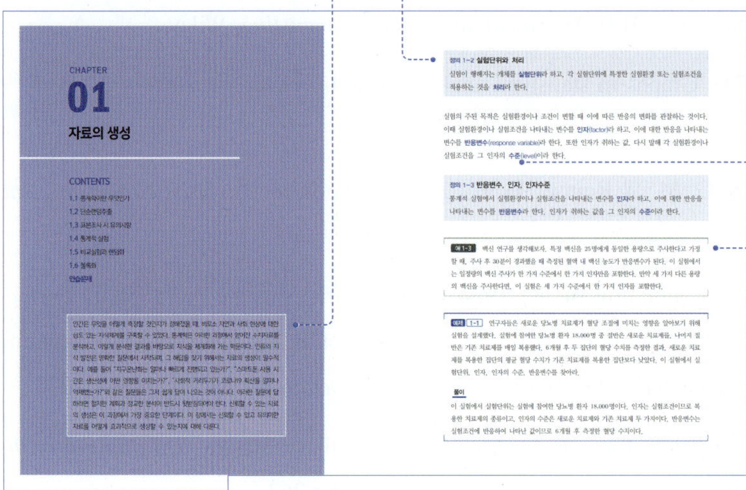

핵심 용어
본문에서 기억해야 할
주요 개념을 보여준다.

예
본문에서 다른 개념이
적용된 사례를
소개한다.

정리
본문에서
기억해두어야
할 주요 이론을
정리로 소개한다.

예제
본문 개념을 적용한
문제와 풀이를
소개한다.

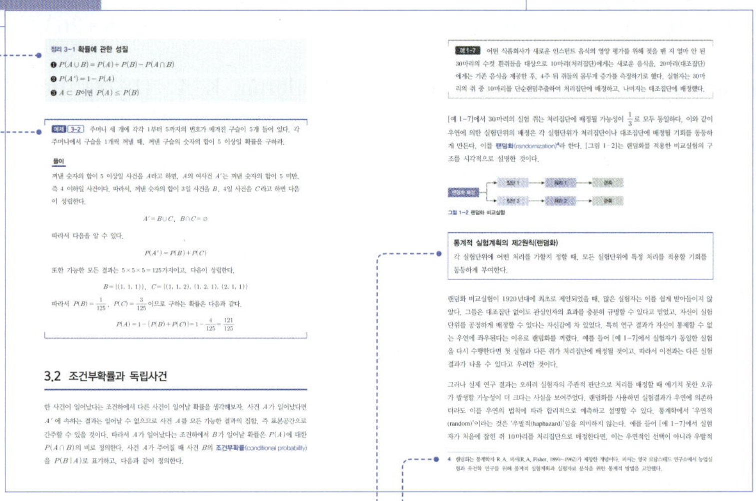

강조 상자
본문의 주요 개념을 강조하여
소개한다.

각주
개념을 간단하게 소개하거나
알아두면 좋을 자료를 부연
설명한다.

참고

본문에 대한 보충 설명이나 참고하면 좋을 내용을 소개한다.

연습문제

해당 장이 끝날 때마다 본문에서 익힌 개념을 문제를 통해 복습한다.

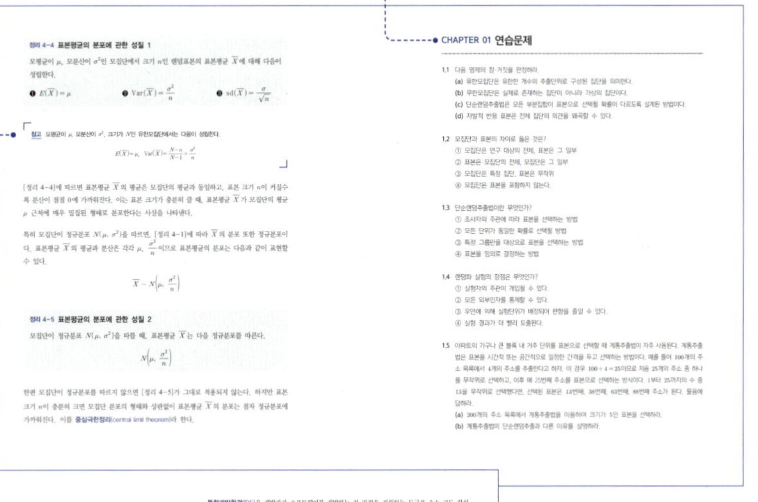

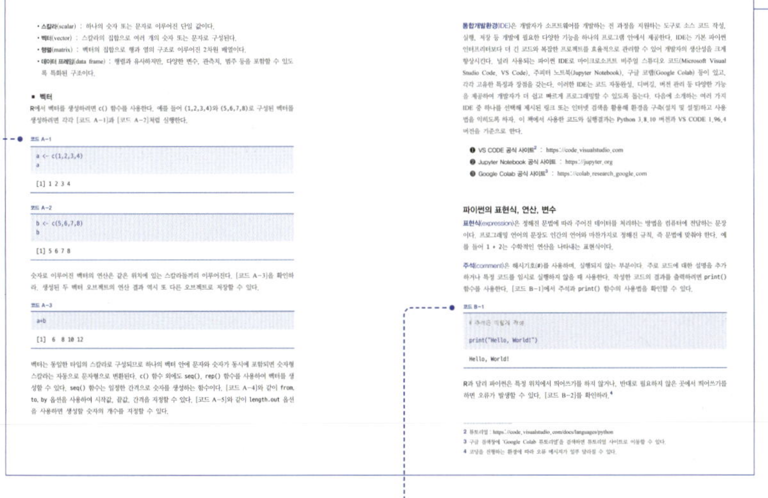

R 코드와 실행결과(부록 A)

R을 이용해 각 주제에 맞는 프로그램을 실습하고 결과를 확인할 수 있다.

파이썬 코드와 실행결과(부록 B)

파이썬을 이용해 각 주제에 맞는 프로그램을 실습하고 결과를 확인할 수 있다.

목차

목차

CHAPTER 11 시계열분석

CHAPTER 12 표본조사

APPENDIX A 일반통계학 실습 with R

목차

APPENDIX B 일반통계학 실습 with Python

APPENDIX C 여러 가지 분포표

CHAPTER

01

자료의 생성

CONTENTS

인간은 무엇을 어떻게 측정할 것인지가 정해졌을 때, 비로소 자연과 사회 현상에 대한 심도 있는 지식체계를 구축할 수 있었다. 통계학은 이러한 과정에서 얻어진 수치자료를 분석하고, 이렇게 분석한 결과를 바탕으로 지식을 체계화해 가는 학문이다. 인류의 지식 발전은 명확한 질문에서 시작되며, 그 해답을 찾기 위해서는 자료의 생성이 필수적이다. 예를 들어 "지구온난화는 얼마나 빠르게 진행되고 있는가?", "스마트폰 사용 시간은 생산성에 어떤 영향을 미치는가?", "사회적 거리두기가 코로나19 확산을 얼마나 억제했는가?"와 같은 질문들은 그저 쉽게 답이 나오는 것이 아니다. 이러한 질문에 답하려면 철저한 계획과 정교한 분석이 반드시 뒷받침되어야 한다. 신뢰할 수 있는 자료의 생성은 이 과정에서 가장 중요한 단계이다. 이 장에서는 신뢰할 수 있고 유의미한 자료를 어떻게 효과적으로 생성할 수 있는지에 대해 다룬다.

1.1 통계학이란 무엇인가

[표 1-1]은 어느 시의 시장 선거를 앞두고 한 여론조사 기관이 실시한 유권자 지지 성향을 조사한 결과이다. 이러한 여론조사의 목적은 단순히 각 후보에 대한 전체 유권자의 지지율을 파악하는 것을 넘어, 연령별, 직업별로 지지 성향을 분석하는 데 있다. 이제 이러한 여론조사가 어떻게 이루어지는지 자세히 살펴보자.

표 1-1 어느 시의 시장 선거 여론조사 결과

후보명	지지율
John Smith	42%
Emily Johnson	37%
Michael Lee	15%
Sarah Davis	6%

여론조사 기관이 해결해야 할 첫 번째 과제는 전체 유권자 중 누구를 조사대상으로 선정할 것인가이다. 즉 얼마나 많은 유권자를 어떤 방식으로 선정할지 결정하는 것이 중요하다. 특히 여기서 중요한 점은 선정된 유권자들이 전체 유권자의 성향을 얼마나 잘 대표하는가이다. 연령별, 직업별 지지율을 정확히 파악하려면 조사대상이 '골고루' 분포되어야 한다. 두 번째 과제는 수집한 데이터를 어떻게 정리하고 요약할 것인가, 그리고 이를 통해 전체 유권자의 성향에 대한 결론을 어떻게 도출할 것인가이다. 예를 들어 [표 1-1]의 결과에 따르면 John Smith 후보가 Emily Johnson 후보를 앞서고 있다. 그렇다면 이 조사 결과를 바탕으로 전체 유권자 사이에서도 John Smith 후보가 Emily Johnson 후보를 앞선다고 판단할 수 있는가? 이를 판단하기 위해서는 어떠한 기준이 필요하다. 마지막으로 [표 1-1]과 같은 결론이 항상 사실과 일치하지 않을 가능성을 고려해야 한다. 따라서 이 결론의 신뢰성을 어떻게 평가할 것인지가 또 하나의 중요한 문제이다. **통계학**(Statistics)은 바로 이러한 문제들을 다루는 과학의 한 분야로, 주어진 문제에 대하여 합리적인 결론을 도출할 수 있도록 수치로 표시되는 정보(자료, data)를 수집하고 정리하며, 이를 해석하고 신뢰성 있는 결론을 끌어내는 방법을 연구한다.

여론조사에서 실제로 조사된 유권자는 전체 유권자 중 극히 일부에 불과하다. 모든 유권자를 대상으로 조사하는 것은 시간적, 경제적으로 비효율적이고, 현실적으로 불가능한 경우가 많기 때문이다. 대개 모든 관심 대상을 일일이 조사하는 경우는 매우 드물다. 예를 들어 스마트폰 사용시간이 수면의 질에 미치는 영향을 파악하기 위해 전 세계 모든 스마트폰 사용자의 수면 데이터를 수집할 수는 없다. 마찬가지로 신약이 기존 약물보다 효과적인지 확인하기 위해 전 세계 모든 환자를 매년 실험대상으로 삼을 수도 없다. 따라서 관심과 추측의 대상이 되는 전체 중 일부에 대한 자료를 수집하고, 이를 바탕으로 전체에 대한 합리적인 결론을 도출하는 것이 통계학의 핵심이다. 여기서 전체를 구성하는 각 개체를 **추출단위**(sampling unit)라 하고, 지지 후보자, 수면의 질, 약물 효과 등 각 추출단위의 특성을 나타내는 값을 **특성값**(characteristic)이라 한다. 자료수집은 결국 전체 추출단위 중 일부의 특성값을 관측하는 것이다. 이때 모든 추출단위의 특성값을 모은 집합을 **모집단**(population)이라 하고, 실제로 관측한 값들의 모임을 **표본**(sample)이라 한다.

앞서 시장 선거의 예에서 유권자 전체는 유한한 집합이다. 이처럼 유한한 개수의 추출단위로 구성된 모집단을 **유한모집단**(finite population)이라 한다. 반면에 스마트폰 사용 시간과 수면 질의 상관관계를 연구한다고 할 때, 관심과 추측의 대상은 현재뿐만 아니라 앞으로 모든 세대의 스마트폰 사용자와 그들의 수면에 관한 것이므로 이 경우 모집단은 무한히 많은 추출단위를 가진다. 이처럼 무한한 개수의 추출단위로 구성된 모집단을 **무한모집단**(infinite population)이라 한다. 단, 무한모집단은 유한모집단과 달리 실제로 존재하는 것이 아니라 가상의 개념임을 유념해야 한다.

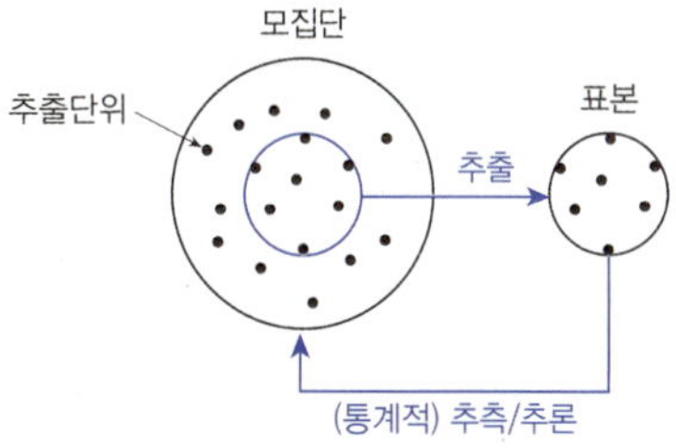

그림 1-1 통계학의 표본 추출

통계학의 어원은 '국가산술(State Arithmetics)'이라는 의미에서 출발한다. 역사적으로 통계학은 왕들이 세금을 거두기 위해 인구조사를 하거나 토지의 가치를 평가하는 과정에서 시작되었다. 이후 17~18세기에 물리학과 천문학 등 과학이 발진하면서 무게나 거리와 같은 물리적 양의 정확한 측정이 중요해졌고, 그에 따라 통계학도 급속히 발전했다. 이 시기 천문학자와 측량 기술자들은 동일한 대상을 여러 번 측정할 때 결과가 매번 달라지는 변이성(variability)을 경험하게 되었고, 이 변이성을 해결하기 위해 다양한 통계적 방법이 고안되었다.

19세기에는 통계학이 농업과 생명과학 등 다양한 분야로 확장되었다. 예를 들어 부모와 자녀의 유전적 특징은 어떠한 관계에 있는가? 새로운 농작물 품종은 기존 품종보다 더 많은 수확량을 낼 수 있는가? 만약 그렇다면 어떤 기후 조건과 비료가 이러한 결과를 가져오는가? 이러한 질문들은 실험과 관측을 통해 얻은 자료에 의존하여 해결되었고, 이를 바탕으로 효과적인 통계적 방법이 개발되었다. 20세기에 들어서 통계학은 과학의 한 분야로 자리를 잡았고, 자료를 수집하고 분석하는 기법이 점점 더 정교해지면서 과학의 여러 분야에 흩어져 있던 통계적 방법이 하나의 학문으로 정리되며 발전하였다.

오늘날 통계학이 활용되는 분야는 매우 광범위하다. 코로나19 확산 예측, 선거 여론조사, 건강검진 데이터 분석, 제품 품질 관리 등은 통계학의 역할이 두드러지는 대표적인 예이다. 이밖에 자율주행자동차의 안전성 검증, 기후 변화에 따른 경제적 영향 분석, 인공지능 알고리즘 성능 평가 등에서도 통계학이 적극적으로 응용되고 있다. 최근 전자기기와 컴퓨터 기술의 발달로 대규모 데이터를 신속하게 처리하고 미세한 현상을 관측할 수 있게 되면서 인간의 유전자 분석, 소셜 미디어에서의 사용자 행동 분석 등에도 통계학이 응용되고 있다. 기후 변화와 환경 문제에 대한 관심이 높아짐에 따라, 앞으로는 자연환경 파괴 원인 분석 및 대응 방안 평가에도 통계학이 큰 역할을 할 것으로 기대된다.

1.2 단순랜덤추출

정치가는 유권자들이 각 정당을 얼마나 지지하는지 알고 싶어 하고, 품질 관리자는 생산된 제품의 불량률을 파악해야 한다. 데이터 분석가는 현재 온라인 쇼핑몰의 평균 고객 만족도를 조사하려고 한다. 이러한 예들은 특정 집단에 대한 정보를 얻고자 하는 시도를 보여준다. 하지만 시간적, 비용적 제약 때문에 모든 유권자, 모든 제품, 모든 고객을 조사하는 것은 현실적으로 불가능하다. 그래서 일부만 조사하여 전체를 추론하게 된다.

이처럼 일부분만으로 전체를 추론할 때, 그 추론이 신뢰성을 가지려면 조사된 일부가 전체를 제대로 대표해야 한다. 예를 들어 한국 전체 대학생들의 온라인 학습 만족도를 알아보려는 상황을 가정하자. 그런데 조사 편의상 조사자의 거주 지역 대학생들만 대상으로 조사했다면 어떻게 되겠는가? 이때 모집단[1]은 한국 전체 대학생들이고, 표본[2]은 실제로 조사된 대학생들이다. 만약 특정 지역 대학생들의 의견이 다른 지역 대학생들과 크게 다르다면, 이 표본은 모집단을 제대로 대표하지 못해 잘못된 결론에 이르게 될 것이다.

예 1-1 가정용 기구를 제조하는 데 사용되는 얇은 철판을 생산하는 공장이 있다. 품질관리 담당자가 철판의 강도를 정밀하게 실험하기 위해 5cm^2 크기의 철판 10개를 표본으로 수집하였다. 그런데 눈에 보이는 결함을 피해 철판에서 좋은 부분만 잘라 표본으로 삼았다면, 실험 결과는 그 공장에서 생산되는 철판이 우수하다고 판정될 수 있다. 그러나 실제로는 표본이 제품의 품질을 제대로 반영하지 못했기 때문에 소비자의 불만이 발생할 가능성이 크다.

1 모집단의 엄밀한 정의는 1.1절에서 설명했듯이 전체 추출단위의 특성값을 모두 모아 놓은 것을 의미한다. 그러나 실생활에서는 보통 전체 추출단위의 집합 자체를 모집단이라고 부르기도 한다.

2 표본의 엄밀한 정의는 실제로 관측된 추출단위의 특성값들의 모임이지만, 일반적으로는 관측된 추출단위의 집합을 표본이라고 부르는 경우가 많다.

예 1-2 어느 노래 경연 프로그램이 결승전 승자를 결정하기 위해 시청자들에게 자신이 좋아하는 참가자에게 투표하도록 했다. 제작진은 웹사이트, 문자 메시지, ARS(자동응답시스템) 등을 통해 시청자들이 투표에 쉽게 참여할 수 있도록 유도했다. 이번 시즌에는 500만 명이 이 프로그램을 시청했지만, 그중 10%인 50만 명만이 실제로 투표에 참여했다. 그 결과, 참가자 A가 전체 투표의 50%를 차지하며 우승자가 되었다. 그러나 이 결과는 전체 시청자의 의견을 제대로 반영하지 못한 것으로 드러났다. 몇 주 후 무작위로 500명의 시청자에게 동일한 질문을 했을 때, 단 10%만이 참가자 A를 선호한다고 답했고, 나머지 90%는 참가자 B를 더 선호한다고 밝혔기 때문이다. 결승전 투표에 참여했던 10%의 시청자들은 대부분 참가자 A의 열성 팬이었고, 나머지 90%의 시청자는 투표에 참여하지 않았을 뿐이지 참가자 B를 선호하고 있었다. 이처럼 자발적으로 참여한 사람들로만 구성된 표본은 전체 집단의 의견을 왜곡할 수 있다. 이러한 표본을 **자발적 반응 표본**(voluntary response sample)이라 한다.

[예 1-1]과 [예 1-2]는 모집단을 제대로 대표하지 못하는 표본이 전체에 대한 잘못된 결론을 끌어낼 수 있음을 보여준다. 표본이 모집단을 잘 대표하려면 모집단의 모든 추출단위가 표본으로 선택될 기회를 동일하게 가져야 한다. 이와 같은 표본추출 방법은 [예 1-1]과 같은 조사자의 주관적 개입과 [예 1-2]와 같은 조사대상자의 자발적 참여를 배제하므로 잘못된 표본 추출에서 발생하는 구조적 오차를 없애준다.

따라서 모집단을 정확하게 대표할 수 있는 표본을 추출하기 위해서는 신중한 표본설계가 필요하다. **단순랜덤추출법**(simple random sampling)은 모집단의 모든 구성원이 '골고루' 대표될 수 있도록 표본을 무작위로 추출하는 방법 중 하나이다.

정의 1-1 단순랜덤추출법

유한모집단에서 n개의 추출단위로 구성된 모든 부분집합이 표본으로 선택될 확률이 동일하도록 설계된 표본추출 방법을 **단순랜덤추출법**이라 한다.

유한모집단의 크기가 N일 때, n개의 추출단위로 구성된 부분집합의 개수는 총 $\binom{N}{n}$개이다. 단순랜덤추출법은 이 모든 부분집합이 표본으로 선택될 확률이 동일하게 $1/\binom{N}{n}$이 되도록 하는 추출 방법이다. 구체적으로 보면, 처음 1개를 $\frac{1}{N}$의 확률로 선택한 다음, k개(단, $k=1, \cdots, n-1$)를 선택한 후에는 비복원추출로 나머지 $(N-k)$개 중 1개를 $\frac{1}{N-k}$의 확률로 선택하는 것과 같다. 여기서 **비복원추출**(sampling without replacement)이란, 한 번 선택한 추출단위는 다시 모집단에 되돌려놓지 않고 다음 단위를 뽑는 방식을 말한다.

반면에 선택한 추출단위를 다시 모집단에 되돌려 놓고 다음 단위를 뽑는 방식을 **복원추출**(sampling with replacement)이라 한다. 크기 N인 유한모집단에서 크기 n인 표본을 복원추출할 때, 매번 동일하게 $\frac{1}{N}$의 확률로 1개씩 선택한다. 이를 **단순랜덤복원추출법**이라 한다. 이에 대비되는 개념은 **단순랜덤비복원추출법**으로, 크기가 유한한 모집단에서 크기 N인 표본을 n개 비복원추출할 때, 각 항목은 $\frac{1}{N}$, $\frac{1}{N-1}$, $\cdots$, $\frac{1}{N-n+1}$의 확률로 1개씩 선택한다.

단순랜덤추출법은 다음 조건 ❶, ❷를 만족한다.

❶ 크기가 n인 모든 가능한 표본이 동등한 선택 기회를 가진다.
❷ 모집단 내 각 추출단위 역시 동등한 선택 기회를 가진다.

[연습문제 1.5]에서 다룰 **계통추출법**(systematic sampling)은 위 조건 중 ❷는 만족하지만, ❶은 만족하지 않는다. 통계적 표본설계는 모집단의 각 추출단위가 표본으로 선택될 확률을 명확하게 정의하는 **확률적추출법**에 기반한다. 여러 가지 표본추출법이 있지만, 여기서는 가장 기본적인 단순랜덤추출법만 다룬다. 나머지 표본추출법은 12장에서 다루기로 한다.

1.3 표본조사 시 유의사항

단순랜덤추출에서는 모집단의 각 추출단위에 동등한 선택 기회를 부여하여, 표본이 특정 방향으로 치우치지 않도록 해야 한다. 그러나 실제 조사 과정에서는 여러 가지 사항에 주의를 기울여야만 표본의 치우침 현상을 방지할 수 있다. 표본조사 시 신뢰성 있는 결과를 얻기 위해 유의해야 할 사항은 다음과 같다.

첫째, 모집단의 추출단위를 정확하고 완전하게 나열한 리스트(list)가 필요하다. 그러나 완벽한 리스트를 확보하기란 여간 어려운 일이 아니다. 예를 들어 가구 조사를 할 때, 모집단에는 조사 시점에 존재하는 모든 가구가 포함되어야 하지만 실제로는 집이 없는 사람, 감옥에 수감된 사람, 학교 기숙사에 거주하는 학생 등이 리스트에서 누락될 수 있다. 마찬가지로 전화 여론조사에서는 전화가 없는 가정이 조사에서 배제될 수 있다. 이때 리스트에서 누락된 추출단위가 모집단의 나머지 추출단위와 특성이 다르면 **편향**(bias) 또는 **치우침** 현상이 발생할 수 있다. 예를 들어 인터넷에 접근할 수 없는 사람들이 리스트에서 누락되었으며 이들이 경제적으로 불리한 상황에 있어 다른 사람들과 의견이 다르다면, 이러한 누락으로 인해 표본이 치우칠 가능성이 커진다.

둘째, 더 큰 치우침의 요인은 무응답(non-response)이다. 무응답은 표본으로 선정된 사람이 조사에 응하지 않거나 협조하지 않을 때 발생한다. 아무리 세심하게 계획하고 여러 차례 조사해도 무응답률은 종종 30%에 달할 수 있다. 특히 비도시 지역보다는 도시 지역에서 무응답률이 높은 경향이 있는데, 이러한 이유로 도시 지역에서는 조사 가능한 사람들을 추가로 선정하여 조사하는 방식이 사용되기도 한다. 그러나 대체 조사에서 응답한 사람들이 무응답자와 다른 의견을 갖고 있다면, 이 역시 치우침 현상을 초래할 수 있다.

셋째, 응답자나 조사자의 행동이 표본조사 결과를 왜곡할 수 있다. 불법적이거나 사회적으로 민감한 질문, 예를 들어 "불법 다운로드를 한 적이 있습니까?"와 같은 질문에서는 실제로는 불법 다운로드를 했던 경험이 있더라도 응답자가 부정할 가능성이 크다. 이때 해당 행동의 발생 비율이 실제보다 낮게 추정될 수 있다. 또한 조사자의 말투나 태도, 성별 또한 응답자의 답변에 영향을 미칠 수 있다. 예를 들어 "일반인들은 일주일에 세 번은 운동합니다. 그런데 당신은 운동을 얼마나 자주 하십니까?"라고 묻는다면, 응답자는 실제보다 운동을 더 자주 한다고 답할 가능성이 크다. 따라서 조사자를 철저하게 교육하고, 조사 중에도 엄격하게 관리해야 한다.

마지막으로 설문지의 문항 구성 방식이나 사용된 어휘는 응답에 큰 영향을 미친다. 환경 보호 규제에 관한 여론조사를 예로 들면, 질문의 표현 방식에 따라 응답이 크게 달라질 수 있다. 특정 이해관계자가 환경 보호 규제에 반대하면서 설문조사로 유리한 여론을 조성하고자 한다면, 질문을 구체적인 규제로 한정하고 부정적인 효과를 강조하는 방식으로 응답을 유도할 수 있다. 예를 들어 다음과 같은 질문을 사용하여 환경 보호 규제 완화에 찬성하는 의견을 끌어낼 수 있다.

> "환경 보호 규제는 중소기업에 과도한 부담을 주어 많은 일자리를 잃게 하고, 경제 성장을 저해할 수 있습니다. 당신은 이 규제를 완화하는 것에 찬성하십니까, 반대하십니까?"

따라서 신뢰할 수 있는 조사를 위해서는 통계적 표본설계뿐만 아니라 정확한 설문지 작성, 완전한 모집단 리스트 준비, 철저한 조사자 교육과 감독, 무응답 관리가 필수적이다.

1.4 통계적 실험

1.2절과 1.3절에서는 표본조사, 특히 단순랜덤추출에 의한 자료의 생성을 알아보았다. 이번 절에서는 통계적 실험을 통한 자료의 생성에 대해 알아본다.

실험은 사람, 동물, 또는 사물에 특정한 조작을 가했을 때 그 대상이 어떻게 반응하거나 변하는지를 연구하는 것이다. 실험이 행해지는 개체를 **실험단위**(experimental unit)라 하고, 각 실험단위에 특정한 실험환경 또는 실험조건을 적용하는 것을 **처리**(treatment)라 한다.

정의 1-2 실험단위와 처리

실험이 행해지는 개체를 **실험단위**라 하고, 각 실험단위에 특정한 실험환경 또는 실험조건을 적용하는 것을 **처리**라 한다.

실험의 주된 목적은 실험환경이나 조건이 변할 때 이에 따른 반응의 변화를 관찰하는 것이다. 이때 실험환경이나 실험조건을 나타내는 변수를 **인자**(factor)라 하고, 이에 대한 반응을 나타내는 변수를 **반응변수**(response variable)라 한다. 또한 인자가 취하는 값, 다시 말해 각 실험환경이나 실험조건을 그 인자의 **수준**(level)이라 한다.

정의 1-3 반응변수, 인자, 인자수준

통계적 실험에서 실험환경이나 실험조건을 나타내는 변수를 **인자**라 하고, 이에 대한 반응을 나타내는 변수를 **반응변수**라 한다. 인자가 취하는 값을 그 인자의 **수준**이라 한다.

예 1-3 백신 연구를 생각해보자. 특정 백신을 25명에게 동일한 용량으로 주사한다고 가정할 때, 주사 후 30분이 경과했을 때 측정된 혈액 내 백신 농도가 반응변수가 된다. 이 실험에서는 일정량의 백신 주사가 한 가지 수준에서 한 가지 인자만을 포함한다. 만약 세 가지 다른 용량의 백신을 주사한다면, 이 실험은 세 가지 수준에서 한 가지 인자를 포함한다.

예제 1-1 연구자들은 새로운 당뇨병 치료제가 혈당 조절에 미치는 영향을 알아보기 위해 실험을 설계했다. 실험에 참여한 당뇨병 환자 18,000명 중 절반은 새로운 치료제를, 나머지 절반은 기존 치료제를 매일 복용했다. 6개월 후 두 집단의 혈당 수치를 측정한 결과, 새로운 치료제를 복용한 집단의 평균 혈당 수치가 기존 치료제를 복용한 집단보다 낮았다. 이 실험에서 실험단위, 인자, 인자의 수준, 반응변수를 찾아라.

풀이

이 실험에서 실험단위는 실험에 참여한 당뇨병 환자 18,000명이다. 인자는 실험조건이므로 복용한 치료제의 종류이고, 인자의 수준은 새로운 치료제와 기존 치료제 두 가지이다. 반응변수는 실험조건에 반응하여 나타난 값이므로 6개월 후 측정한 혈당 수치이다.

예 1-4 고등학교 수학 교과서에서 문제를 어디에 배치하는 것이 수학교육에 가장 효과적인지 연구하고자 한다. 학습동기를 유발하기 위함이라면 각 장의 전반부에 배치하는 것이 좋고, 복습이 목적이면 후반부에 배치하는 것이 적합할 수 있다. 그러나 문제의 종류(간단한 사실, 계산, 개념)에 따라 문제 위치가 교육 효과에 미치는 영향은 다를 수 있다. 이에 따라 동일한 교과 내용을 사용하되 문제 유형과 배치 위치가 다른 여섯 가지 종류의 시범 교과서를 만든다고 하자. 이후 여섯 개 그룹의 학생들에게 동일한 학습 기간과 숙제를 제공하고, 같은 시험을 치러 교육의 효과를 측정한다고 하자.

표 1-2 두 인자의 실험에서 처리의 종류

문제의 위치 \ 유형	간단한 사실	계산	개념
후반부	1그룹	2그룹	3그룹
전반부	4그룹	5그룹	6그룹

이 실험에서 학생들은 실험단위이고, 시험점수는 반응변수이다. 인자는 문제의 '위치', '유형' 두 가지이다. 문제의 위치는 '후반부', '전반부' 두 가지 수준을 가지며, 문제의 유형은 '간단한 사실', '계산', '개념' 세 가지 수준을 가진다. 두 인자의 조합은 총 6개이므로 이 실험은 6가지의 처리를 한다.

1.5 비교실험과 랜덤화

연구실 실험에서는 종종 하나의 처리만을 사용하는 단순한 실험이 진행되곤 한다. 그러나 이러한 실험은 종종 잘못된 결론으로 이어질 수 있다. [예 1-5]를 통해 이를 살펴보자.

예 1-5 과거 십이지장 궤양 치료법으로 '위냉동법(gastric freezing)'이라는 처방이 사용된 적이 있다. 이 처방은 환자가 튜브와 연결된 작은 풍선을 삼킨 뒤, 풍선 안에 냉각된 용액을 한 시간 동안 주입하여 위를 냉각시키는 방식이었다. 당시 이 처방은 위를 차갑게 하여 위산 분비를 억제하고 궤양을 완화한다고 여겨졌다. 의료 저널에는 위냉동법이 다음과 같은 실험을 통해 위산 분비를 줄이고 궤양의 통증을 완화하는 효과가 있었다는 연구 결과가 발표되기도 했다.

환자의 고통 관측 → 위냉동법 처리 → 환자의 고통 관측

이 처방은 수년간 널리 사용되었으나, 이후 이 실험에 중대한 결함이 있었음이 밝혀졌다. 환자들이 느낀 긍정적 효과는 실제 치료의 효과가 아니라, 의사에 대한 신뢰와 치료에 대한 기대감에서

비롯된 것이었다. 이는 **가짜약 효과** 또는 **위약 효과**, **플라시보 효과**(placebo effect)라 하며, 환자는 어떤 처방이라도 긍정적으로 반응할 수 있다는 것이다. 가짜약 효과는 단순히 통증과 같은 주관적인 느낌뿐만 아니라 위산 분비와 같은 생리적 반응에도 영향을 미칠 수 있다. 이후 더욱 잘 계획된 실험에서는 궤양 환자 160명을 두 집단으로 나누어 82명의 집단은 이전처럼 위냉동법 처리를 하고, 78명의 집단에는 상온 용액을 주입했다. 그 결과 위냉동법을 받은 집단에서 34%의 환자가 증상이 호전되었고, 그렇지 않은 집단에서 38%의 환자가 증상이 호전되었다.

[예 1-5]의 첫 번째 실험은 위냉동법만을 사용한 하나의 처리가 잘못된 결론을 낳기 쉬운 경우를 보여준다. 이를 피하기 위해 두 번째 실험에서는 위냉동법을 사용한 집단과 상온 용액을 사용한 집단의 결과를 비교했다. 두 번째 실험에서는 두 집단이 모두 가짜약 효과와 같은 외부인자의 효과를 받았으므로 두 집단 사이의 차이는 위냉동법 자체의 온도 효과라고 볼 수 있다. 만약 위냉동법을 받은 집단에서 통증 완화가 더 컸다면, 위냉동법이 효과적이라고 결론지을 수 있다.

이와 같이 위냉동법 처리를 받은 집단을 **처리집단**(treatment group)이라 하고, 상온 처리를 받은 집단을 **통제집단**(control group) 또는 **대조집단**이라 한다. 통제집단을 통해 외부인자의 영향을 막아 관심인자의 실제 효과를 측정할 수 있다. 통계적 실험계획에서 제1원칙은 바로 이 외부인자의 효과를 통제하는 것이며, 대조집단을 통한 비교실험은 이를 위한 중요한 방법 중 하나이다.

통계적 실험계획의 제1원칙

관심인자 외의 외부인자의 효과를 최소화한다.

그러나 외부인자의 효과에 대한 통제는 단순히 대조집단을 사용하는 것만으로 충분하지 않다. [예 1-5]에서 가짜약 효과를 통제하기 위해 환자가 어떤 처방을 받는지 모르게 했지만, 만약 실험자(담당 의사)가 어떤 환자가 진짜로 처방받았는지 안다면, 이는 환자의 통증 완화 평가에 영향을 미칠 수 있다. 따라서 환자뿐만 아니라 실험자도 처방 내용을 모르게 해야 한다. 이를 **이중 눈가림 실험**(double blind experiment)이라 한다.

외부인자의 효과를 통제하기 위해서는 처리집단과 대조집단이 외부인자에 대해 동등해야 한다. 즉 외부인자의 효과가 한쪽 집단에 치우치지 않아야 한다. 한쪽 집단이 외부인자의 효과에 영향을 더 많이 받으면 두 집단의 차이는 관심인자의 효과와 **혼재** 또는 **교락**(confounding)[3]되며, 이는 관심인자의 실제 효과를 파악하기 어렵게 만든다. 다음은 외부인자의 효과가 교락된 실험 결과의 예이다.

3 교란이라고도 한다.

예 1-6 어느 공업지역 인근 마을에서 유독성 화학물질이 방출되었고, 이로 인해 주민들의 건강에 심각한 영향이 미쳤다는 논란이 일었다. 환경보호국이 최근 해당 마을 주민들에게서 유전자 손상의 증거를 발견했다고 발표하면서 문제는 최고조에 달했다. 장기간 불안에 시달리던 주민들은 이주를 요구했고, 정부는 이에 따른 보상을 결정했다. 그러나 나중에 전문가 심사위원단이 연구를 재검토한 결과, 연구자가 주민들의 유전자 손상을 비교할 때 중요한 외부인자인 나이 또는 생활 습관을 통제하지 않았음이 드러났다. 따라서 유전자 손상이 화학물질 노출에 의한 것인지, 아니면 다른 인자에 의한 것인지를 명확히 구분할 수 없었다.

심사위원들은 사람마다 어느 정도 유전자 손상이 있을 수 있고, 이는 나이, 성별, 환경 등 다양한 변수에 따라 달라질 수 있음을 지적했다. 또한 동일한 사람에게도 실험 방식에 따라 손상된 유전자 수가 달라질 수 있고, 유전자 손상 여부를 판단하는 과정 자체가 매우 주관적일 수 있음을 강조했다. 따라서 마을 주민들의 유전자는 나이, 성별, 지역이 비슷한 대조집단의 유전자와 비교해야 하고, 두 집단의 유전자 손상 정도는 동일한 방식으로 측정하며, 유전자가 누구의 것인지 모르는 상태에서 제삼자가 손상 여부를 평가해야 한다고 주장했다. 결론적으로 이러한 중요한 외부인자를 통제하지 않은 초기 연구는 신뢰할 수 없다는 것이다.

비교실험에서 실험단위의 집단이 정해지면 이를 처리집단과 대조집단으로 어떻게 나눌지를 결정해야 한다. 이때, 앞에서 논의한 바와 같이 관심인자의 효과를 더욱 정확히 평가하기 위해서는 처리집단과 대조집단이 외부인자에 대해 동등해야 한다. 그러나 실험 결과에 영향을 미칠 수 있는 외부인자는 매우 많고, 이 모든 외부인자를 통제하여 동등한 집단을 구성하는 것은 현실적으로 불가능하다. 실험자는 모든 외부인자를 알지 못하고, 설령 알고 있다고 해도 외부인자를 정확히 측정하기 어려운 경우가 대부분이기 때문이다.

예를 들어 새로 개발된 암 치료제의 효능 평가 실험에서, 처리집단과 대조집단을 암 상태가 비슷한 환자로 나누는 것은 쉽지 않다. 암의 상태를 측정하는 것이 주관적일 수 있기 때문이다. 만약 실험자가 주관적으로 환자를 각 집단에 배정하면, 의도치 않게 증상이 덜 심한 환자에게 새로운 치료제를 투여해 실험 결과가 왜곡될 수 있다.

통계적 실험계획의 제2원칙은 실험단위가 어떤 특성이나 실험자의 주관에 좌우되지 않도록 순수한 우연에 의해 배정되어야 한다는 것이다. 다음은 우연에 의해 실험단위를 각 집단에 배정하는 예이다.

예 1-7 어떤 식품회사가 새로운 인스턴트 음식의 영양 평가를 위해 젖을 뗀 지 얼마 안 된 30마리의 수컷 흰쥐들을 대상으로 10마리(처리집단)에게는 새로운 음식을, 20마리(대조집단)에게는 기존 음식을 제공한 후, 4주 뒤 쥐들의 몸무게 증가를 측정하기로 했다. 실험자는 30마리의 쥐 중 10마리를 단순랜덤추출하여 처리집단에 배정하고, 나머지는 대조집단에 배정했다.

[예 1-7]에서 30마리의 실험 쥐는 처리집단에 배정될 가능성이 $\frac{1}{3}$로 모두 동일하다. 이와 같이 우연에 의한 실험단위의 배정은 각 실험단위가 처리집단이나 대조집단에 배정될 기회를 동등하게 만든다. 이를 **랜덤화**(randomization)[4]라 한다. [그림 1-2]는 랜덤화를 적용한 비교실험의 구조를 시각적으로 설명한 것이다.

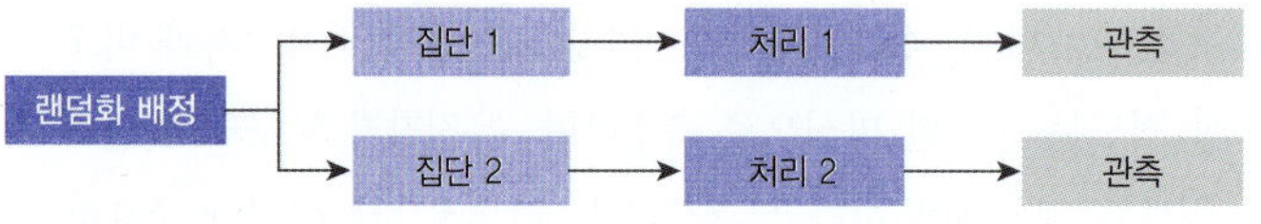

그림 1-2 랜덤화 비교실험

통계적 실험계획의 제2원칙(랜덤화)

각 실험단위에 어떤 처리를 가할지 정할 때, 모든 실험단위에 특정 처리를 적용할 기회를 동등하게 부여한다.

랜덤화 비교실험이 1920년대에 최초로 제안되었을 때, 많은 실험자는 이를 쉽게 받아들이지 않았다. 그들은 대조집단 없이도 관심인자의 효과를 충분히 규명할 수 있다고 믿었고, 자신이 실험단위를 공정하게 배정할 수 있다는 자신감에 차 있었다. 특히 연구 결과가 자신이 통제할 수 없는 우연에 좌우된다는 이유로 랜덤화를 꺼렸다. 예를 들어 [예 1-7]에서 실험자가 동일한 실험을 다시 수행한다면 첫 실험과 다른 쥐가 처리집단에 배정될 것이고, 따라서 이전과는 다른 실험 결과가 나올 수 있다고 우려한 것이다.

그러나 실제 연구 결과는 오히려 실험자의 주관적 판단으로 처리를 배정할 때 예기치 못한 오류가 발생할 가능성이 더 크다는 사실을 보여주었다. 랜덤화를 사용하면 실험결과가 우연에 의존하더라도 이를 우연의 법칙에 따라 합리적으로 예측하고 설명할 수 있다. 통계학에서 '우연적(random)'이라는 것은 '우발적(haphazard)'임을 의미하지 않는다. 예를 들어 [예 1-7]에서 실험자가 처음에 잡힌 쥐 10마리를 처리집단으로 배정한다면, 이는 우연적인 선택이 아니라 우발적

4 랜덤화는 통계학자 R.A. 피셔(R.A. Fisher, 1890~1962)가 제창한 개념이다. 피셔는 영국 로담스테드 연구소에서 농업실험과 유전학 연구를 수행하면서 통계적 실험계획과 실험자료 분석을 위한 다양한 통계적 방법을 고안했다.

인 선택이다. 이렇게 손쉽게 잡힌 쥐들이 다른 쥐들보다 작거나 느릴 가능성이 크다면, 새로운 인스턴트 음식의 영양 효과와는 무관하게 처리집단의 성장 속도는 대조집단보다 느려질 수 있다.

지금까지는 처리의 방법이 2개일 때의 랜덤화 비교실험을 살펴보았다. 일반적으로 랜덤화는 처리의 방법이 3개 이상인 경우에도 적용될 수 있다. 예를 들어 처리의 방법이 3개일 때, 30개의 실험단위를 10개씩 세 집단으로 나누어 각 그룹에 서로 다른 처리를 배정할 수 있다. 이때 30개 중 10개를 단순랜덤추출하여 집단 1을 구성하고, 남은 20개 중 다시 10개를 단순랜덤추출하여 집단 2를 구성한 후, 나머지 10개를 집단 3으로 구성하면 된다.

일반적으로 전체 실험단위를 처리의 개수만큼 나누고, 모든 실험단위를 각 처리에 랜덤화를 적용하여 배정하는 실험계획을 **완전랜덤화계획**(completely randomized design)이라 한다. 앞의 [그림 1-2]는 가장 간단한 형태의 완전랜덤화계획을 나타낸 것이며, 처리의 개수가 k인 경우는 [그림 1-3]과 같이 확장할 수 있다.

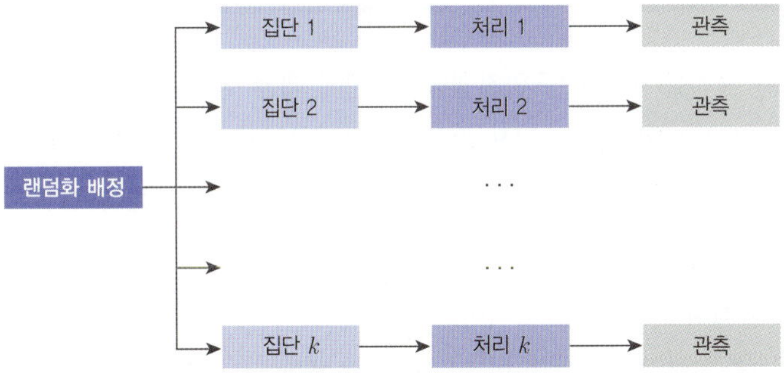

그림 1-3 완전랜덤화계획

물론 랜덤화를 통해 실험단위를 배정하더라도 반응변수의 차이가 오로지 처리의 차이에 기인한다고 단정할 수는 없다. 예를 들어 [예 1-7]에서 두 집단 간 평균 체중 증가의 차이가 단순히 먹이 차이 때문이라고 할 수는 없다. 같은 먹이를 주더라도 개체마다 발육 속도가 다르므로 반응변수에서 차이가 발생할 수밖에 없다. 어떤 쥐는 다른 쥐보다 발육이 빠르고, 우연히 발육이 빠른 쥐들이 한 집단에 몰릴 수도 있다. 하지만 랜덤화를 통해 실험단위를 배정하면, 관측된 반응변수의 차이가 우연에 의한 것인지 처리 효과에 의한 것인지를 확률이론에 따라 판단할 수 있게 된다. 즉 우연으로 설명하기에는 차이가 너무 큰 경우, 그 차이는 처리 효과에 의한 것이라고 결론 내릴 수 있으며, 판단은 확률이론에 기반한다. 이에 관한 내용은 6장에서 더 자세히 다루기로 한다.

아무리 비교실험이라 하더라도 처리집단과 대조집단이 각각 한 마리의 쥐로만 구성된 경우에는 실험결과를 신뢰하기 어렵다. 한 마리만을 사용한 실험에서는 결과가 우연에 지나치게 의존하기 때문이다. 실험에 더 많은 쥐를 사용할수록 랜덤화는 평균적으로 더 유사한 두 집단을 만들어준다. 이를 통해 음식의 차이, 즉 처리 효과를 더욱 정확하게 확인할 수 있다. 일반적으로 충분히 많은 실험단위에 각 처리를 반복적으로 적용하는 것이 처리 효과를 탐지하는 데 유리하다. 이것이 통계적 실험계획의 제3원칙이다.

통계적 실험계획의 제3원칙(반복 실시)
충분히 많은 실험단위에 각 처리를 반복적으로 실시한다.

1.6 블록화

1.5절에서는 하나의 인자로 구성된 처리를 비교하는 완전랜덤화계획에 대해 살펴보았다. 완전랜덤화계획은 두 개 이상의 인자로 구성된 처리에도 적용된다. [예 1-4]에서는 문제의 '위치'와 '유형'이라는 두 개의 인자가 있고, 이들의 조합으로 여섯 개의 처리가 구성된다. 이때 완전랜덤화계획을 사용하면 각 학생을 랜덤화를 통해 여섯 개의 처리에 할당할 수 있다. 그러나 이러한 완전랜덤화계획은 가장 단순한 실험계획으로, 더 효율적이고 정밀한 실험을 위해서는 추가적인 실험계획이 요구된다. 다음은 좀 더 정교한 실험계획의 한 예를 보여준다.

예 1-8 어떤 심리학자가 실내 온도가 손재주를 요구하는 작업 능률에 미치는 영향을 조사하고자 한다. 이 실험에서 인자의 수준을 섭씨 15도와 20도로 택하고, 반응변수는 30분 동안 작은 구멍에 정확하게 끼워 넣은 못의 개수로 정의한다. 각 실험대상은 30분 동안 가능한 한 많은 못을 끼워 넣도록 요청받는다. 이 경우, 완전랜덤화계획을 사용해 실험대상을 두 집단으로 나눈 뒤 한 집단은 15도에서, 다른 집단은 20도에서 작업하게 할 수 있다. 하지만 같은 온도에서 작업하더라도 개인마다 손재주가 다르므로 처리 효과를 정확하게 측정하기 힘들다. 즉 온도에 따른 작업 능률의 차이가 크지 않으면, 개인 간 손재주 차이로 인해 온도의 효과가 드러나지 않을 수 있다.

이를 해결하기 위한 더 나은 실험계획은 각 실험대상이 두 온도에서 모두 작업하게 하고, 온도 간의 차이를 비교하는 것이다. 이때 피로가 작업 능률에 영향을 미치지 않도록 두 온도에서의 실험을 각기 다른 날 시행하고, 숙련도나 지루함이 반응변수에 영향을 미치지 않도록 실험 순서를 랜덤화할 수 있다. 예를 들어 동전을 던져 앞면이 나오면 15도에서 먼저 실험하고, 뒷면이 나오면 20도에서 먼저 실험하게 한다. 이렇게 동일한 실험대상에게 두 가지 처리를 모두 실행하고, 실험 순서를 랜덤화함으로써 온도 외의 다른 외부인자가 실험 결과에 미치는 영향을 최소화할 수 있다.

[예 1-8]과 같은 실험을 **랜덤화대응비교계획**(randomized paired comparison design)이라 한다. 이 실험계획은 처리의 비교, 랜덤화, 여러 실험대상에 대한 반복이라는 원칙을 유지하되, 각 실험단위가 두 가지 처리를 모두 수행하므로 랜덤화는 처리의 순서를 결정할 때 사용된다. 랜덤화대응비교계획은 각 실험단위가 스스로 비교 대상이 되도록 하여 [예 1-8]에서는 개인 간 손재주 차이로 인한 효과를 제거하고, 적은 수의 실험대상으로도 실내 온도가 작업 능률에 미치는 영향을 효과적으로 분석할 수 있다.

[예 1-8]에서 손재주가 비슷한 사람끼리 짝을 지어 한 사람이 15도에서, 다른 사람이 20도에서 작업하도록 랜덤하게 배정하는 것도 랜덤화대응비교계획에 해당한다. 이 경우에도 짝 내에서 점수 차이를 비교하여 개인의 손재주 차이에 의한 영향을 제거할 수 있다. 이와 같은 랜덤화대응비교계획에서 '대응'이란, 동일 처리에 대해 유사한 반응을 보일 것으로 예상되는 실험단위를 1대1로 짝을 이루도록 한다는 뜻이다. 이는 다음에 소개하는 **블록화**(blocking)의 한 예가 된다.

블록화

블록화는 실험 전에 동일한 처리에 대해 유사한 반응을 보일 것으로 예상되는 실험단위들을 집단으로 형성하는 것을 의미한다. 이때 각 집단을 **블록**(block)이라 한다.

[예 1-8]에서는 각 실험단위가 블록의 역할을 하고, 실험단위의 개수가 곧 블록의 개수이다. 반면에 손재주가 비슷한 사람끼리 짝을 이룰 때에는 각 짝이 하나의 블록이 되는데, 여기서 블록의 크기는 2이며 짝의 개수가 블록의 개수가 된다. 블록화된 실험단위에 처리를 배정할 때도 블록 내에서 랜덤화를 적용할 수 있다. 블록화와 랜덤화를 동시에 사용하는 실험계획을 **랜덤화블록계획**(randomized block design)이라 한다. 랜덤화대응비교계획은 랜덤화블록계획의 일종이다.

블록화는 반응변수에 영향을 미칠 것으로 예상되는 인자들을 실험에 포함해 블록을 형성하고, 이를 통해 해당 인자들의 효과를 통제하는 방법이다. 랜덤화블록계획에서는 일반적으로 블록의 크기를 처리의 개수와 동일하게 설정하지만, 때에 따라 블록의 크기를 더 크게 설정하여 각 블록 내에서 랜덤화에 의해 처리의 개수만큼 그룹을 형성할 수 있다. 다음의 [예 1-9]는 전자의 경우를, [예 1-10]은 후자의 경우를 설명한다.

예 1-9 콩의 산출량이 콩의 품종과 살충제 종류에 따라 어떻게 달라지는지 알아보기 위해, 두 가지 콩의 품종과 세 가지 살충제로 실험을 진행한다고 가정하자. 단, 농지마다 흙의 종류와 비옥도에 차이가 있으므로 실험에 흙의 종류와 비옥도가 영향을 주지 않도록 처리해야 한다. 따라서 각 단위 농지를 블록으로 설정하고, 이를 다시 6개의 작은 구획으로 나누어 블록 내에서 랜덤화를 통해 구획마다 6가지 처리를 각기 배정하여 실험할 수 있다.

예 1-10 어떤 암은 성별에 따라 진전 속도가 다르다고 한다. 이 암에 대한 세 가지 처방을 비교하는 임상실험을 진행한다고 하자. 성별 차이가 실험 결과에 영향을 미칠 수 있으므로 남성 환자 30명과 여성 환자 30명을 각각 블록으로 설정하고, 각 블록에서 랜덤화를 통해 10명씩 세 집단으로 나눈 뒤 세 가지 처방을 각 집단에 배정한다. [그림 1-4]는 이 실험계획을 시각적으로 나타낸 것이다.

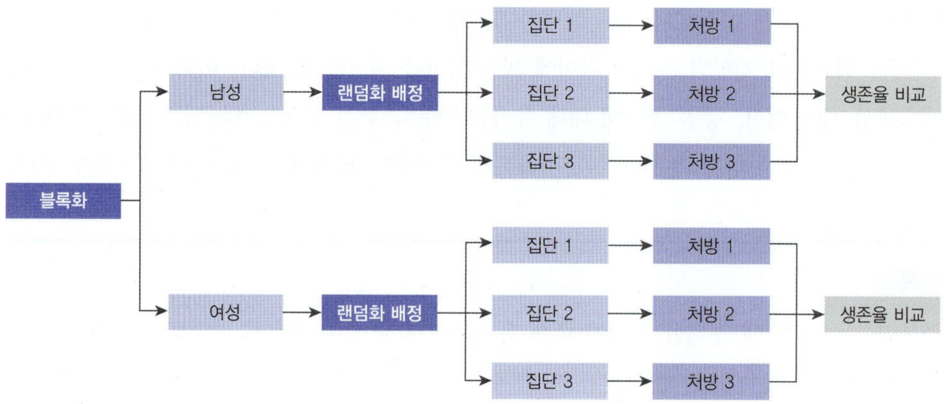

그림 1-4 [예 1-10]의 랜덤화블록계획

지금까지 자료 생성 방법으로서 표본조사와 실험계획에 대해 살펴보았다. 표본조사이든 통계적 실험계획이든에 관계 없이, 생성된 자료는 통계적 분석에서 모집단에서 추출된 표본으로 간주한다. 많은 경우, 통계적 실험계획에서 관심과 추측의 대상은 가상의 무한모집단의 모수이다. 예를 들어 [예 1-9]에서 관심과 추측의 대상은, 품종과 살충제의 조합을 모든 농지에 적용했을 때 품종과 살충제 종류에 따른 콩 산출량의 평균 차이이다. 여기서 품종과 살충제 조합마다 하나의 무한모집단을 가정할 수 있고, 콩 산출량의 평균 차이는 이 6개의 무한모집단 간 평균 차이로 나타난다.

끝으로 표본조사와 실험계획의 중요한 차이점을 짚고 이 절을 마치고자 한다. 특정 약물이 혈압에 미치는 영향을 조사하는 경우를 가정해보자. 약물을 복용하는 집단과 복용하지 않는 집단의 혈압을 비교할 때, 통계적 실험계획에서는 실험자가 어떤 집단이 약물을 복용할지 결정한다. 반면 표본조사에서는 각 실험단위(또는 추출단위)가 약물복용 여부를 스스로 결정하며, 조사자가 이를 관찰하는 방식이다. 따라서 통계적 실험계획은 외부 요인의 효과를 통제할 수 있지만, 표본조사는 통제가 어렵다. 그렇다고 실험계획이 항상 외부 요인의 효과를 통제할 수 있는 것은 아니다. 특정 약물의 효과가 불확실한 상황에서 실험자가 임의로 약물을 복용하게 하는 것은 윤리적으로 문제가 될 수 있다. 흡연이 폐암에 미치는 영향을 조사하기 위해 강제로 사람들에게 흡연시키는 것도 불가능하다. 이와 같이 통계적 실험계획이 불가능한 경우에는 표본조사를 통한 관측연구(observational study)가 필요하다. 이 경우 조사 결과를 해석할 때 숨어 있는 외부인자에 대한 각별한 주의가 필요하다.

CHAPTER 01 연습문제

1.1 다음 명제의 참·거짓을 판정하라.

(a) 유한모집단은 유한한 개수의 추출단위로 구성된 집단을 의미한다.

(b) 무한모집단은 실제로 존재하는 집단이 아니라 가상의 집단이다.

(c) 단순랜덤추출법은 모든 부분집합이 표본으로 선택될 확률이 다르도록 설계된 방법이다.

(d) 자발적 반응 표본은 전체 집단의 의견을 왜곡할 수 있다.

1.2 모집단과 표본의 차이로 옳은 것은?

① 모집단은 연구 대상의 전체, 표본은 그 일부

② 표본은 모집단의 전체, 모집단은 그 일부

③ 모집단은 특정 집단, 표본은 무작위

④ 모집단은 표본을 포함하지 않는다.

1.3 단순랜덤추출법이란 무엇인가?

① 조사자의 주관에 따라 표본을 선택하는 방법

② 모든 단위가 동일한 확률로 선택될 방법

③ 특정 그룹만을 대상으로 표본을 선택하는 방법

④ 표본을 임의로 결정하는 방법

1.4 랜덤화 실험의 장점은 무엇인가?

① 실험자의 주관이 개입될 수 있다.

② 모든 외부인자를 통제할 수 있다.

③ 우연에 의해 실험단위가 배정되어 편향을 줄일 수 있다.

④ 실험 결과가 더 빨리 도출된다.

1.5 아파트의 가구나 큰 블록 내 거주 단위를 표본으로 선택할 때 계통추출법이 자주 사용된다. 계통추출법은 표본을 시간적 또는 공간적으로 일정한 간격을 두고 선택하는 방법이다. 예를 들어 100개의 주소 목록에서 4개의 주소를 추출한다고 하자. 이 경우 $100 \div 4 = 25$이므로 처음 25개의 주소 중 하나를 무작위로 선택하고, 이후 매 25번째 주소를 표본으로 선택하는 방식이다. 1부터 25까지의 수 중 13을 무작위로 선택했다면, 선택된 표본은 13번째, 38번째, 63번째, 88번째 주소가 된다. 물음에 답하라.

(a) 200개의 주소 목록에서 계통추출법을 이용하여 크기가 5인 표본을 선택하라.

(b) 계통추출법이 단순랜덤추출과 다른 이유를 설명하라.

1.6 표본이 선택되는 추출단위의 목록을 표본추출틀(sampling frame)이라 한다. 이상적으로 표본추출틀은 모집단의 모든 추출단위를 포함해야 하지만, 실제로는 이를 포함하기 어려운 경우가 많다. 모집단 일부만 포함하는 표본추출틀은 치우침의 원인이 된다. 물음에 답하라.

(a) 한 지역의 가구 조사를 위해 전화번호부를 사용해 표본을 선택한다고 하자. 이 표본추출틀에서 누락될 수 있는 가구는 어떤 경우인가? 누락된 가구에 거주하는 사람은 어떤 특성을 가질 것으로 예상되는가?

(b) 또 다른 방법으로 전화번호부 대신 국번이 주어지면 마지막 네 자릿수를 무작위로 선택해 전화를 거는 기기를 사용할 수 있다. 이 기기를 이용하면 **(a)**에서 누락된 가구 중 어떤 가구가 표본추출틀에 포함될 수 있는가?

1.7 다음 실험에서 실험단위, 인자, 반응변수는 각각 무엇인가?

> 아스피린이 심장마비를 예방하는지 알아보기 위해 20,000명의 남성 내과 환자를 대상으로 실험을 진행했다. 약 10,000명의 환자로 구성된 집단은 이틀에 한 알씩 아스피린을 복용했고, 나머지 집단은 이틀에 한 알씩 가짜약을 복용했다. 몇 년 후, 아스피린을 복용한 집단의 심장마비 발생률이 가짜약을 복용한 집단보다 훨씬 낮은 것으로 밝혀졌다.

1.8 [연습문제 1.7]의 실험 예에서 처리는 무엇인가? 이 연구에 적절한 완전랜덤화계획법을 그림으로 나타내라.

1.9 농작물 종류에 따른 곰팡이 전염 여부를 알아보기 위해 실험을 진행했다. 농작물은 세 가지(A, B, C)이고, 실험은 야외에서 수행되었다. 곰팡이 전염은 바람의 방향에 영향을 받는 것으로 알려져 있다. [그림 1-5]와 같이 큰 배양판을 삼등분하고 각 부분에 농작물 A, B, C를 심어 실험을 진행했다. 이 실험의 문제점을 기술하고, 적절한 실험 방법을 제시하라.

그림 1-5 바람 방향에 따른 농작물 A, B, C의 배치를 나타낸 배양판 구조

1.10 연구자들은 자율주행자동차의 기술 A와 B를 비교하고자 한다. 반응변수는 자율주행 중에 발생한 사고 수와 동일 조건에서의 연료 소비량 두 가지이다. 연구자는 실험을 위해 도시의 주요 도로를 20개의 구역으로 나누었다. 20개의 구획에 기술 A, B가 각각 적용된 자율주행자동차를 배치하는 실험계획을 간략히 기술하라.

1.11 학교는 새로운 학습 프로그램이 기존 프로그램보다 효과적인지 검증하기 위해 실험을 설계했다. 한 반의 학생 40명을 무작위로 20명씩 두 그룹으로 나누었다. 한 그룹은 새로운 프로그램으로, 다른 그룹은 기존 프로그램으로 학습했다. 새로운 프로그램은 한 교사가, 기존 프로그램은 다른 교사가 진행했다. 실험이 끝난 후, 새로운 프로그램을 사용한 학생들의 성적 변동이 기존 프로그램을 사용한 학생들보다 컸다. 이를 근거로 학교는 새로운 프로그램이 효과적이지 않다고 결론지었다. 그러나 이 실험은 랜덤화대응비교실험임에도 불구하고 심각한 결함이 있다. 이 결론을 신뢰할 수 없는 이유를 설명하라.

1.12 [예 1-4]의 수학교육 효과 실험에서 12개의 학급 중 6학급은 한 학군에 있고, 나머지 6학급은 다른 학군에 속해 있다. 학군 차이는 교육과정 등 여러 측면에서 수학교육 효과에 영향을 줄 수 있다. 따라서 학군을 블록으로 설정한 랜덤화블록계획법을 사용한다. 여섯 개의 처리는 각 블록 내 6학급에 무작위로 배정된다. 이 실험계획의 개요를 [그림 1-4]와 같이 나타내라.

CHAPTER

02

모집단과 표본

CONTENTS

통계학은 자료를 수집하고 정리하며, 이를 기반으로 미지의 사실에 대한 신뢰성 있는 추론을 연구하는 학문이다. 이 장에서는 통계적 추론의 대상인 모집단과 추론의 도구인 표본에 대하여 알아본다. 또한 모집단과 표본의 특성을 시각적으로 표현하는 방법과 이들의 주요 특징을 나타내는 몇 가지 대푯값에 대해서도 알아본다.

2.1 모집단의 분포

1.1절에서 다룬 여론조사의 예를 상기해보자. [표 1−1]은 표본으로 선택된 유권자들의 특성값을 보여주었다. 반면에 다음 [표 2−1]은 시장 선거의 결과를 나타내며, 그 아래 [그림 2−1]은 선거 결과를 시각화한 것이다. 즉 [표 2−1]과 [그림 2−1]은 모집단의 특성값을 요약한 것이다.

표 2−1 시장 선거 결과(분포표)

후보명	John Smith	Emily Johnson	Michael Lee	Sarah Davis	합계
득표율	0.367	0.281	0.271	0.081	1.000

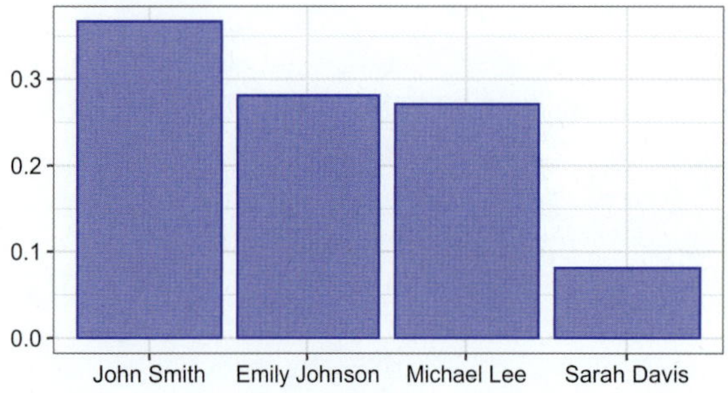

그림 2−1 시장 선거 결과(막대그래프)

[표 2−1]에서 각 수치는 후보별 득표율을 나타내고, 그 합은 1이다. 이와 같이 모집단의 특성값이 흩어진 상태를 합이 1이 되는 양수로 표현한 것을 모집단의 **분포**(distribution)라 한다. 선거 전에 실시하는 여론조사의 주요 목적 중 하나가 이러한 모집단의 분포를 추측하는 것이다.

정의 2−1 모집단의 분포

모집단의 특성값이 흩어져 있는 상태를 합이 1인 양수로 나타낸 것을 모집단의 **분포**라 한다.

예 2-1 둥근 완두의 유전자를 R, 모난 완두의 유전자를 r, 노란 완두의 유전자를 Y, 녹색 완두의 유전자를 y라 하자. 유전 형질이 각각 RRYY와 rryy인 두 종류의 완두콩을 교배하면, 제2세대에서 둥글고 노란 완두(C1), 둥글고 녹색 완두(C2), 모나고 노란 완두(C3), 모나고 녹색 완두(C4)의 비율이 멘델의 이론에 따라 9:3:3:1로 나타난다. RRYY와 rryy를 끝없이 반복 교배할 경우, 잡종 2세대의 특성값(C1, C2, C3, C4)으로 이루어진 모임은 무한모집단이 되며, 멘델의 이론이 옳다면 이 무한모집단의 분포를 [표 2−2]와 [그림 2−2]로 나타낼 수 있다.

표 2-2 잡종 2세대의 특성값 비율(분포표)

특성값	C1	C2	C3	C4
비율	$\frac{9}{16}$	$\frac{3}{16}$	$\frac{3}{16}$	$\frac{1}{16}$

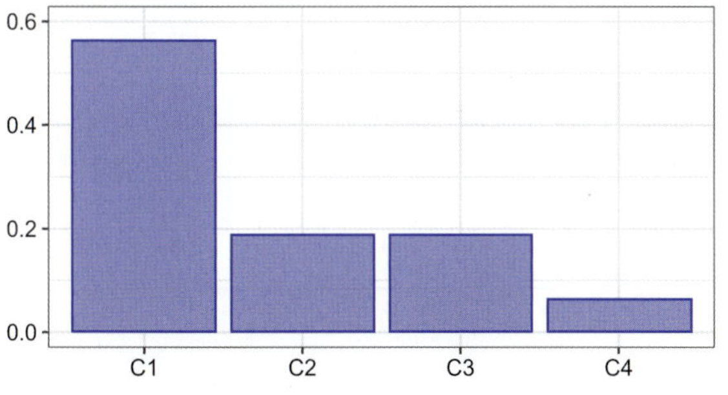

그림 2-2 잡종 2세대의 특성값 비율(막대그래프)

앞에서 논의한 후보자 지지 여부, 완두콩의 모양과 색깔 등은 질적 속성을 나타내는 값이다. 이 경우 모집단의 분포는 각 특성값의 상대도수 또는 그 극한으로 표현할 수 있음을 배웠다. 마찬가지로 기혼 여성의 출생아 수처럼 이산적인 값을 가지는 특성값의 분포도 상대도수 또는 그 극한으로 나타낼 수 있다.

이제 모집단의 특성값이 키나 몸무게처럼 어떤 구간의 모든 값을 취할 수 있는 연속적인 경우에 그 분포를 어떻게 나타낼지 생각해보자. 예를 들어 특성값이 키인 어떤 모집단을 10cm 간격으로 나누었을 때, 각 계급의 상대도수가 [표 2-3]과 같다고 하자. 각 계급 내 모든 특성값이 균일하게 분포한다고 가정하면 모집단의 분포를 [그림 2-3]과 같이 나타낼 수 있다. 이때 각 계급의 직사각형 넓이는 해당 계급의 상대도수를 의미하고, 모든 직사각형 넓이의 합은 1이 된다.

표 2-3 키의 상대도수표(구간 크기 : 10cm)

계급	130 이상~140 미만	140 이상~150 미만	150 이상~160 미만	160 이상~170 미만	170 이상~180 미만	180 이상~190 미만	합계
상대도수	0.05	0.1	0.3	0.3	0.2	0.05	1.00

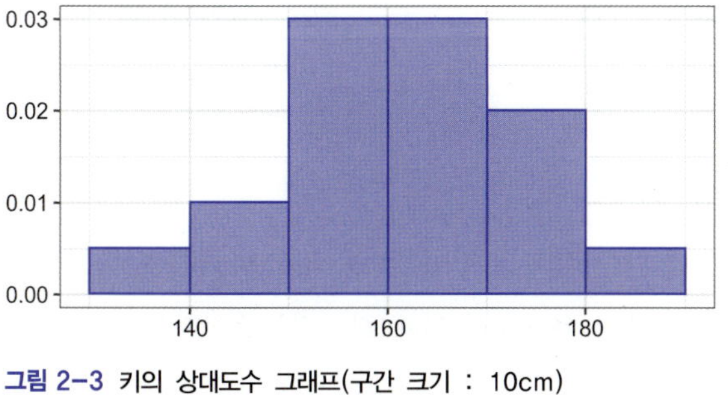

그림 2-3 키의 상대도수 그래프(구간 크기 : 10cm)

이 모집단을 5cm 간격으로 나누었을 때 상대도수가 [표 2-4]와 같다면, [그림 2-4]와 같이 모집단의 분포를 나타낼 수 있다. 이와 같이 특성값이 연속으로 변하는 경우, 계급별 상대도수에 의한 모집단의 분포는 계급을 어떻게 나누냐에 따라 다양한 형태로 나타나므로 일관성이 떨어진다. 이를 보완하기 위해, [그림 2-5]에서는 모집단의 분포를 하나의 연속적인 곡선으로 표현했다.

표 2-4 키의 상대도수표(구간 크기 : 5cm)

계급	130 이상 ~ 135 미만	135 이상 ~ 140 미만	140 이상 ~ 145 미만	145 이상 ~ 150 미만	150 이상 ~ 155 미만	155 이상 ~ 160 미만	160 이상 ~ 165 미만	165 이상 ~ 170 미만	170 이상 ~ 175 미만	175 이상 ~ 180 미만	180 이상 ~ 185 미만	185 이상 ~ 190 미만	합계
상대도수	0.01	0.04	0.04	0.06	0.2	0.1	0.2	0.1	0.05	0.15	0.03	0.02	1.00

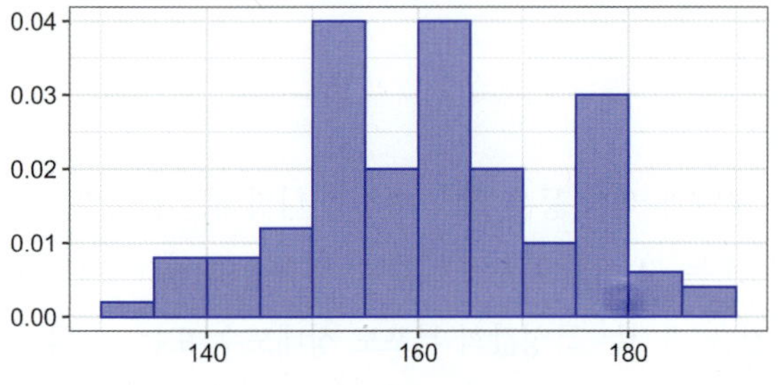

그림 2-4 키의 상대도수 그래프(구간 크기 : 5cm)

일반적으로 [그림 2-5]와 같은 곡선은 연속적인 특성값을 갖는 무한모집단의 분포를 나타내며 **밀도곡선**(density curve)이라 한다. [그림 2-5(b)]에서 색칠한 부분의 넓이는 [그림 2-5(a)]에서 구간 $[a, b]$에 들어가는 특성값의 상대도수의 극한을 의미하므로 곡선과 가로축 사이의 전체 넓이는 항상 1이다. 한편 유한모집단이라도 표본의 수가 충분히 크면 모집단의 분포를 밀도곡선으로 나타낼 수 있으며, 이는 실제 모집단 분포의 근사 분포로 이해하면 된다.

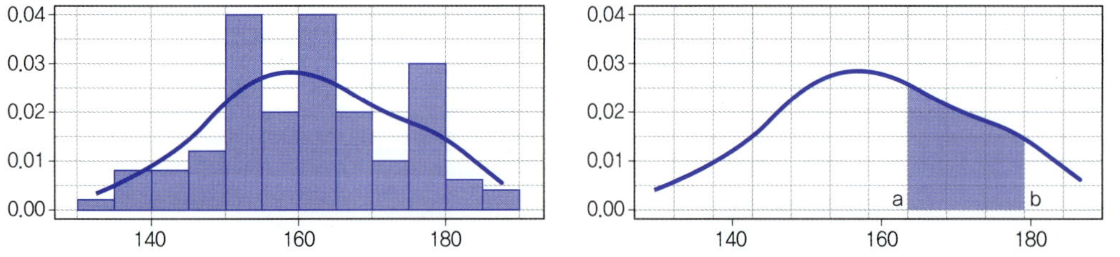

(a) 상대도수 그래프와 밀도곡선

(b) $[a, b]$ 특성값 상대도수의 극한

그림 2-5 밀도곡선

지금까지는 한 가지 특성에 대한 모집단 분포를 다루었다. 특성이 두 개 이상인 다차원 특성값인 경우에도 동일한 방식으로 모집단의 분포를 생각할 수 있다. 이때 분포란, 모집단에서 다차원 특성값이 흩어진 상태를 합이 1인 양수로 나타낸 것이다. [그림 2-6]은 이차원 특성값의 모집단 분포 예시인데 [그림 2-6(a)]에서는 막대 높이(상대도수 또는 그 극한)의 합이 1이고, [그림 2-6(b)]에서는 두 가로축이 이루는 평면과 곡면 사이의 부피가 1이다. 이와 같은 다차원 특성값의 모집단 분포를 **결합분포**(joint distribution)라 한다.

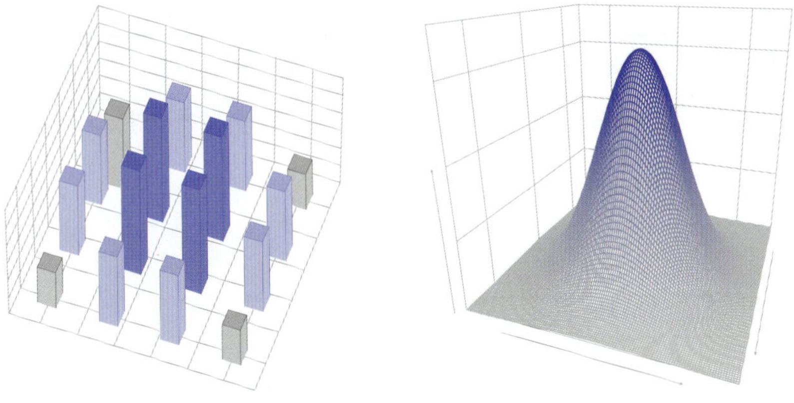

(a) 이산적인 경우 (b) 연속적인 경우

그림 2-6 이차원 모집단 분포의 예

2.2 모집단의 대푯값

표본추출의 주요 목적은 모집단의 분포를 추측하는 것이다. 그러나 실제로 모집단 분포를 추측하는 일은 매우 복잡하고 어렵다. 그래서 모집단의 분포 자체보다는 모집단 분포의 특징을 나타내는 대푯값을 추측하는 방법이 널리 쓰인다. 이 절에서는 모집단 분포의 위치와 산포를 나타내는 대푯값을 몇 가지 소개한다. 단, 이와 같은 대푯값은 특성값이 숫자로 표현되고 크기의 개념을 가질 때만 의미가 있음을 밝혀 둔다.

이제 유한모집단 $\{c_1, c_2, \cdots, c_N\}$을 살펴보자. 여기서 c_i는 i번째 추출단위의 특성값을 나타낸다. 이 모집단 분포의 위치를 나타내는 대푯값으로 **모평균**(population mean)을 사용한다. 모평균은 다음과 같이 특성값 $c_1, c_2, \cdots, c_N$의 산술평균으로 정의하고, 흔히 μ로 표기한다.[1]

$$\mu = \frac{1}{N}(c_1 + c_2 + \cdots + c_N) = \frac{1}{N}\sum_{i=1}^{N} c_i$$

유한모집단에서 서로 다른 특성값을 $c_1^*, c_2^*, \cdots, c_k^*$라 하고, 각 특성값의 도수를 $f_1, f_2, \cdots, f_k$라 하면 모평균 μ는 (특성값)×(상대도수)의 합으로 표현되고, 다음과 같이 쓸 수 있다.

1 μ는 '뮤'라고 읽는다.

정의 2-2 유한모집단의 모평균

$$\mu = \sum_{i=1}^{k} c_i^* \frac{f_i}{N}$$

예제 2-1 다음은 2020년 기준 우리나라 15세 이상 기혼 여성 16,549천 명의 출생아 수를 조사한 결과이다.[2] 이 유한모집단의 모평균을 구하라. 단, 표의 5^*는 출생아 수가 5명 초과이면 5명으로 간주했음을 의미한다.

특성값 (출생아 수)	0	1	2	3	4	5^*
상대도수	0.083	0.189	0.477	0.150	0.054	0.047

풀이

모평균을 구하면 다음과 같다.

$$\mu = 0\times 0.083 + 1\times 0.189 + 2\times 0.477 + 3\times 0.150 + 4\times 0.054 + 5\times 0.047 = 2.044$$

즉 우리나라 15세 이상 기혼 여성의 평균 출생아 수는 약 2명이다.

일반적으로 평균은 막대 위의 각 특성값 위치에 상대도수에 비례하는 질량을 놓았을 때의 균형점 위치이다. [그림 2-7]은 [예제 2-1]의 표를 상대도수 그래프로 나타낸 것이다. 이와 같이 모평균은 분포의 균형점으로서 중심위치를 나타낸다.

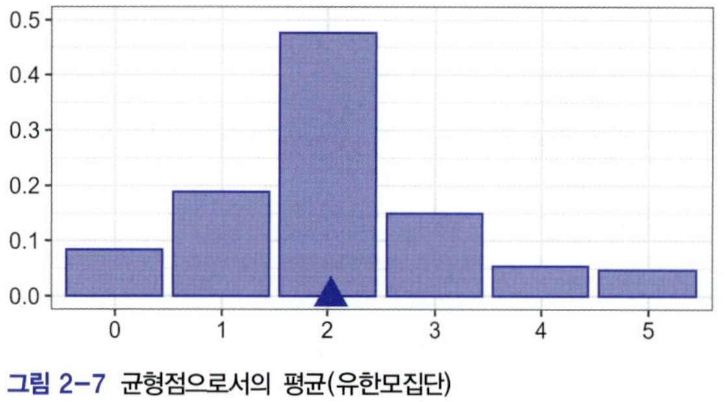

그림 2-7 균형점으로서의 평균(유한모집단)

이와 같은 평균의 해석은 무한모집단에도 적용된다. 특성값이 이산적인 무한모집단에서는 각 특성값 위치에 상대도수의 극한에 비례하는 질량을 놓을 때 모평균이 균형점이 된다. 특성값이 연속적이면 밀도곡선 모양의 널빤지가 균형을 이루는 받침의 위치가 모평균이다.

2 출처 : 2020년 인구주택총조사, 통계청

[그림 2-8]은 균형점으로서의 평균을 그림으로 나타낸 것이다.

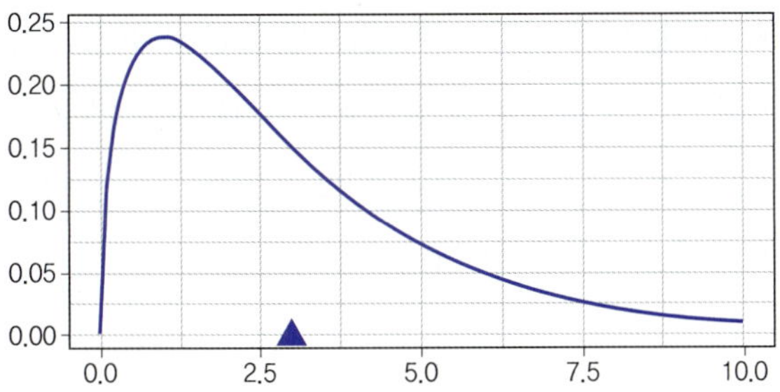

그림 2-8 균형점으로서의 평균(무한모집단)

무한모집단의 모평균도 유한모집단의 모평균([정의 2-2] 참고)과 마찬가지로 (특성값)×(상대도수의 극한)의 합으로 정의된다.

정의 2-3 무한모집단의 모평균

$$\mu = \begin{cases} \displaystyle\sum_{\text{모든 } x} xp(x) & (\text{이산적인 경우}) \\ \displaystyle\int_{-\infty}^{\infty} xp(x)dx & (\text{연속적인 경우}) \end{cases}$$

[정의 2-3]에서 함수 $p(x)$는 특성값이 이산적이면 특성값 x의 상대도수 극한이고, 특성값이 연속적이면 밀도곡선을 나타낸다. 이와 같은 함수 $p(x)$를 **밀도함수**(density function)라 한다.

예제 2-2 다음 표와 같이 주어진 무한모집단의 모평균을 구하라.

특성값(x)	0	1	2	3	4
$p(x)$	$\frac{1}{10}$	$\frac{3}{10}$	$\frac{3}{10}$	$\frac{2}{10}$	$\frac{1}{10}$

풀이

모평균을 구하면 다음과 같다.

$$\mu = 0\times\frac{1}{10}+1\times\frac{3}{10}+2\times\frac{3}{10}+3\times\frac{2}{10}+4\times\frac{1}{10}=1.9$$

모집단 분포의 위치를 나타내는 대푯값 중 **제 p 백분위수**(pth percentile)는 특성값을 작은 것부터 순서대로 나열했을 때, $p\%$가 그 값보다 작고, 나머지 $(100-p)\%$가 그 값보다 큰 지점으로 정의된다. 특히 제25백분위수를 **제1사분위수**(first quartile), 제50백분위수를 **중앙값**(median), 제75백분위수를 **제3사분위수**(third quartile)라 하며, 이를 각각 기호 Q_1, Q_2, Q_3로 표기한다. 이 중 모중앙값 Q_2는 모평균 μ와 마찬가지로 모집단 분포의 중심위치를 나타내며, 특성값이 연속적인 무한모집단에서는 밀도곡선의 전체 넓이를 이등분하는 점이 된다. [그림 2-9]는 밀도곡선의 형태에 따른 모평균과 모중앙값의 대략적인 위치를 비교한 것이다.

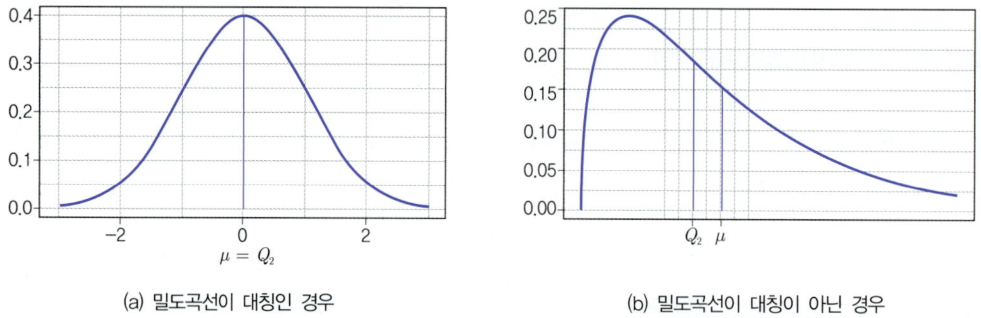

그림 2-9 밀도곡선의 형태에 따른 모평균과 모중앙값

지금까지 모집단 분포의 위치를 나타내는 대푯값으로 모평균, 모중앙값, 모사분위수, 모백분위수를 살펴보았다. 이 중 모평균과 모중앙값은 모집단 분포의 중심위치를 나타내는데, 특히 모평균은 앞으로 소개할 산포의 측도인 모표준편차와 함께 모집단 분포를 설명하는 중요한 대푯값이다. 반면 모중앙값은 추정이론의 한계로 인해 통상적인 추론의 대상으로 고려되지 않는다.

모집단 분포의 산포는 모집단에서 특성값이 얼마나 흩어져 있는지를 의미한다. 유한모집단 $\{c_1, c_2, \cdots, c_N\}$의 경우, 산포를 나타내는 대푯값으로 **절대평균편차**(MAD; mean absolute deviation)가 있다. 절대평균편차는 각 특성값 c_i가 모중앙값 Q_2로부터 떨어진 거리인 절대편차 $|c_i - Q_2|$의 평균으로 정의된다.

$$\text{MAD} = \frac{1}{N}\sum_{i=1}^{N}|c_i - Q_2|$$

즉 평균절대편차는 특성값들이 모중앙값에서 떨어진 평균 거리를 나타낸다.

산포를 나타내는 다른 측도인 **사분위수범위**(IQR; interquartile range)는 제3사분위수와 제1사분위수의 차로 정의되며, 모집단에서 가운데 50%의 특성값 범위를 나타낸다.

$$\text{IQR} = Q_3 - Q_1$$

평균절대편차와 사분위수범위는 해석이 쉽고 자연스러운 산포 측도가 되지만, 추정 이론상의 한

계로 일반적인 추론 대상에는 포함되지 않는다. 모집단 분포의 산포를 나타내는 대푯값으로 통계적 추론에서 흔히 사용하는 것은 **표준편차**(standard deviation)이다. 표준편차는 다음과 같이 정의하며, 여기서 σ는 모표준편차를 의미한다.[3]

$$\sigma = \sqrt{\frac{1}{N}\sum_{i=1}^{N}(c_i - \mu)^2}$$

표준편차를 제곱한 값을 **분산**(variance)이라 하고, 보통 σ^2으로 표기한다. 분산의 정의는 다음과 같다.

$$\sigma^2 = \frac{1}{N}\sum_{i=1}^{N}(c_i - \mu)^2$$

유한모집단에서 서로 다른 특성값을 c_1^*, c_2^*, $\cdots$, c_k^*라 하고, 각 특성값의 도수를 f_1, f_2, $\cdots$, f_k라 하면 모분산은 (특성값의 편차)$^2 \times$(상대도수)의 합으로 표현되고, 다음과 같이 쓸 수 있다.

정의 2-4 유한모집단의 모분산과 모표준편차

❶ 모분산 : $\sigma^2 = \sum_{i=1}^{k}(c_i^* - \mu)^2 \frac{f_i}{N}$

❷ 모표준편차 : $\sigma = \sqrt{\sigma^2}$

무한모집단에서도 모분산은 유한모집단과 마찬가지로 (특성값의 편차)$^2 \times$(상대도수의 극한)의 합으로 정의된다. 밀도함수가 $p(x)$인 무한모집단의 모분산과 모표준편차의 정의는 다음과 같다.

정의 2-5 무한모집단의 모분산과 모표준편차

❶ 모분산 : $\sigma^2 = \begin{cases} \sum_{\text{모든 } x}(x-\mu)^2 p(x) & \text{(이산적인 경우)} \\ \int_{-\infty}^{\infty}(x-\mu)^2 p(x)dx & \text{(연속적인 경우)} \end{cases}$

❷ 모표준편차 : $\sigma = \sqrt{\sigma^2}$

3 σ는 '시그마'라고 읽는다.

예제 2-3 [예제 2-2]의 모집단에 대해 모분산과 모표준편차를 구하라.

풀이

[예제 2-2]에서 모평균이 1.9이므로 모분산 σ^2은 다음과 같다.

$$\sigma^2 = (0-1.9)^2 \times \frac{1}{10} + (1-1.9)^2 \times \frac{3}{10} + (2-1.9)^2 \times \frac{3}{10} + (3-1.9)^2 \times \frac{2}{10} + (4-1.9)^2 \times \frac{1}{10}$$
$$= 1.29$$

모표준편차는 $\sigma = \sqrt{1.29} = 1.1358$이다.

지금까지 일차원 특성값을 가진 모집단의 대푯값들을 알아보았다. 이제 이차원 특성값을 가진 모집단에서 추론의 대상이 되는 대푯값들을 알아보자. [표 2-5]는 두 이차원 모집단의 분포를 나타내며, 각 칸의 수는 (특성 1의 값, 특성 2의 값)의 상대도수를 의미한다.

표 2-5 두 이차원 모집단의 결합분포

모집단 A

특성 2 \ 특성 1	0	1	2	합계
0	0.1	0.2	0.1	0.4
1	0.0	0.2	0.1	0.3
2	0.0	0.0	0.3	0.3
합계	0.1	0.4	0.5	1.0

모집단 B

특성 2 \ 특성 1	0	1	2	합계
0	0.0	0.0	0.4	0.4
1	0.0	0.2	0.1	0.3
2	0.1	0.2	0.0	0.3
합계	0.1	0.4	0.5	1.0

[표 2-5]의 모집단 A에서 아래 가장자리 합은 특성 1의 각 값에 대한 상대도수를 나타낸다. 이를 이용하여 특성 1의 모평균과 모표준편차를 구하면 다음과 같다.

$$\mu_1 = 1.4,\ \ \sigma_1 = 0.6633$$

마찬가지로 오른쪽 가장자리 합은 특성 2의 각 값에 대한 상대도수를 나타낸다. 이를 이용하여 특성 2의 모평균과 모표준편차를 구하면 다음과 같다.

$$\mu_2 = 0.9,\ \ \sigma_2 = 0.8307$$

모집단 B에 대해서도 동일한 방법으로 특성 1과 2의 모평균과 모표준편차를 구하면 모집단 A와 같은 값을 구할 수 있다.

$$\mu_1 = 1.4,\ \ \sigma_1 = 0.6633$$
$$\mu_2 = 0.9,\ \ \sigma_2 = 0.8307$$

그러나 [그림 2-10]에서 보듯이 두 이차원 모집단의 분포 모양은 서로 다르다. 모집단 A의 분포는 좌표평면에서 양의 방향으로 놓여 있는 반면, 모집단 B의 분포는 음의 방향으로 놓여 있다. 따라서 이차원 모집단에서는 각 특성의 모평균과 모표준편차만으로는 모집단의 분포를 충분히 설명할 수 없고, 두 특성의 관계를 나타내는 대푯값이 추가로 필요하다.

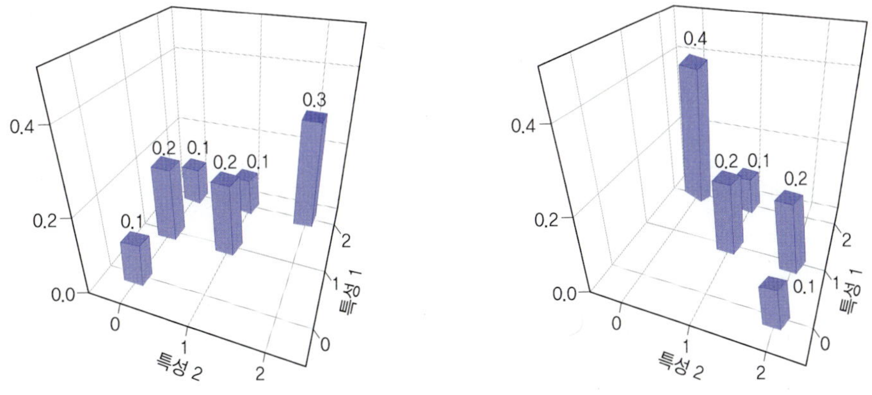

(a) 모집단 A (b) 모집단 B

그림 2-10 두 이차원 모집단의 결합분포

일반적으로 이차원 유한모집단 $(c_{11}, c_{21}), (c_{12}, c_{22}), \cdots, (c_{1N}, c_{2N})$에서는 각 특성값의 집합 $\{c_{11}, c_{12}, \cdots, c_{1N}\}$과 $\{c_{21}, c_{22}, \cdots, c_{2N}\}$의 모평균, 모표준편차 이외에 두 특성 간의 관계를 나타내는 **상관계수**(correlation coefficient)[4]도 대푯값으로 고려하고, 이를 추론의 대상으로 삼는다. 이러한 상관계수는 다음과 같은 식으로 정의한다. 모상관계수는 보통 ρ로 표기한다.[5]

$$\rho = \frac{1}{N}\sum_{i=1}^{N}\left(\frac{c_{1i}-\mu_1}{\sigma_1}\right)\left(\frac{c_{2i}-\mu_2}{\sigma_2}\right)$$

모상관계수는 항상 $-1 \le \rho \le 1$의 범위에 있으며, 이는 다음 식을 통해 확인할 수 있다.

$$0 \le \frac{1}{N}\sum_{i=1}^{N}\left(\frac{c_{1i}-\mu_1}{\sigma_1} - \rho\frac{c_{2i}-\mu_2}{\sigma_2}\right)^2 = 1-\rho^2$$

또한 특성 1의 값 $c_{11}, c_{12}, \cdots, c_{1N}$ 중에서 서로 다른 것을 $c_{11}^*, c_{12}^*, \cdots, c_{1k}^*$, 특성 2의 값 $c_{21}, c_{22}, \cdots, c_{2N}$ 중에서 서로 다른 것을 $c_{21}^*, c_{22}^*, \cdots, c_{2l}^*$라 하고, (c_{1i}^*, c_{2j}^*)의 도수를 f_{ij}라 할 때, 상관계수 ρ는 다음과 같이 표현한다.

4 상관계수는 프랜시스 골턴(Francis Galton, 1822~1911)이 도입한 상관관계(correlation)를 칼 피어슨(Karl Pearson, 1857~1936)이 수학적으로 정의하여 통계학의 핵심 개념으로 정립했다. 칼 피어슨은 통계학, 생물학, 인류학 등 다양한 학문에 기여한 영국의 학자로, 유니버시티 칼리지 런던(UCL)에서 통계학 교수로 재직하며 통계학을 활용해 생물학적 현상을 연구하고, 생물학적 자료를 정량적으로 분석하는 접근법을 도입하여 생물통계학의 기초를 다졌다.

5 ρ는 '로'라고 읽는다.

정의 2-6 유한모집단의 모상관계수

$$\rho = \sum_{i=1}^{k}\sum_{j=1}^{l}\left(\frac{c_{1i}^{*}-\mu_1}{\sigma_1}\right)\left(\frac{c_{2j}^{*}-\mu_2}{\sigma_2}\right)\frac{f_{ij}}{N} = \frac{\sum_{i=1}^{k}\sum_{j=1}^{l}(c_{1i}^{*}-\mu_1)(c_{2j}^{*}-\mu_2)\frac{f_{ij}}{N}}{\sigma_1\sigma_2}$$

예제 2-4 [표 2-5]의 두 모집단에 대해 모상관계수를 각각 구하라.

풀이

먼저 모집단 A에 대해 다음을 알 수 있다.

$$\begin{aligned}&\sum_{i=1}^{k}\sum_{j=1}^{l}(c_{1i}^{*}-\mu_1)(c_{2j}^{*}-\mu_2)\frac{f_{ij}}{N}\\&=(0-1.4)\times(0-0.9)\times0.1+(1-1.4)\times(0-0.9)\times0.2+\cdots+(2-1.4)\times(2-0.9)\times0.3\\&=0.34\end{aligned}$$

따라서 모집단 A의 모상관계수는 다음과 같다.

$$\rho=\frac{0.34}{0.6633\times0.8307}=0.6171$$

동일한 방법으로 모집단 B의 모상관계수를 구하면 $\rho=-0.8348$이다.

이차원 무한모집단에서 좌표평면 위에 정의된 함수 $p(x, y)$는 특성값이 이산적이면 두 특성의 값 (x, y)의 상대도수의 극한을 나타내고, 연속적이면 [그림 2-6(b)]와 같은 결합밀도곡면을 나타낸다고 하자. 이러한 함수 $p(x, y)$를 **결합밀도함수**(joint density function)라 한다. 결합밀도함수가 $p(x, y)$인 이차원 모집단에서 상관계수는 다음과 같이 정의된다. 여기서 μ_1, σ_1은 특성 1의 모평균과 모표준편차를 뜻하고, μ_2, σ_2는 특성 2의 모평균과 모표준편차를 뜻한다.

정의 2-7 무한모집단의 모상관계수

$$\rho=\begin{cases}\dfrac{\sum_{\text{모든 }x}\sum_{\text{모든 }y}(x-\mu_1)(x-\mu_2)p(x, y)}{\sigma_1\sigma_2} & (\text{이산적인 경우})\\[2ex]\dfrac{\int_{-\infty}^{\infty}\int_{-\infty}^{\infty}(x-\mu_1)(x-\mu_2)p(x, y)dxdy}{\sigma_1\sigma_2} & (\text{연속적인 경우})\end{cases}$$

한편 상관계수 정의식에서 분자 부분을 두 특성의 **공분산**(covariance)이라 한다. 모공분산은 $\rho\sigma_1\sigma_2$로 정의된다.

[예제 2-4]에서와 같이 상관계수는 모집단 분포가 좌표평면에서 양의 방향으로 놓이면 양의 값을 가지고, 음의 방향으로 놓이면 음의 값을 가진다. 모집단 분포가 기울기 0이 아닌 직선에 더 집중될수록 상관계수는 그 직선의 방향에 따라 양 극단값인 -1 또는 $+1$에 가까워진다.

지금까지 살펴본 모평균, 모분산, 모표준편차, 모공분산, 모상관계수 등 모집단 특징을 나타내는 대푯값을 **모수**(parameter)라 한다. 이어지는 2.3절에서는 표본을 이용해 모집단 분포를 파악하는 방법을 소개하고, 2.4절에서는 모수를 추측하는 데 사용되는 표본의 여러 가지 대푯값을 알아본다.

2.3 표본의 도표화

이 절에서는 표본을 도표화하여 모집단 분포의 개형을 파악하는 기초적인 방법을 소개한다. 더 정밀한 추정 방법도 있으나, 이 책의 수준을 넘으므로 여기서는 다루지 않는다.

먼저 모집단 특성값이 질적 속성을 갖거나 이산적이면서 서로 다른 특성값이 많지 않은 경우를 살펴보자. 이때 중학교에서 배운 **도수분포표**(frequency table)를 사용할 수 있다. 도수분포표는 특성값에 대한 자료의 개수인 도수(frequency)와 도수를 표본자료의 전체 개수(표본 크기)로 나눈 상대도수(relative frequency)를 특성값과 함께 나열한 표이다. [표 1-1]은 상대도수를 이용한 도수분포표의 예이다.

도수분포표를 그래프로 요약할 때는 **막대그래프**(bar graph)와 **원형그래프**(pie graph)가 주로 사용된다. 막대그래프는 각 특성값 위치에 그 위로 상대도수(또는 도수)에 비례하는 높이의 막대를 그리는 방식이다. 원형그래프는 원을 마치 피자를 자르듯이 부채꼴 모양으로 나누어 각 부채꼴의 넓이(또는 중심각의 크기)가 상대도수(또는 도수)에 비례하도록 그리는 방식이다.

예제 2-5 [표 1-1]의 표본자료에 대해 막대그래프와 원형그래프를 그려라.

풀이

[표 1-1]의 자료로 그린 막대그래프는 [그림 2-11(a)]와 같다. 원형그래프를 그리기 위해 각 부채꼴의 중심각은 다음과 같이 계산된다.

John Smith : 360×0.42 Michael Lee : 360×0.15

Emily Johnson : 360×0.37 Sarah Davis : 360×0.06

완성된 원형그래프는 [그림 2-11(b)]와 같다.

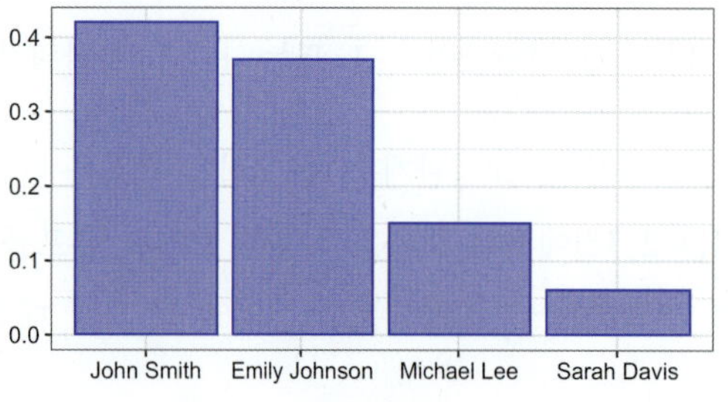

(a) 막대그래프

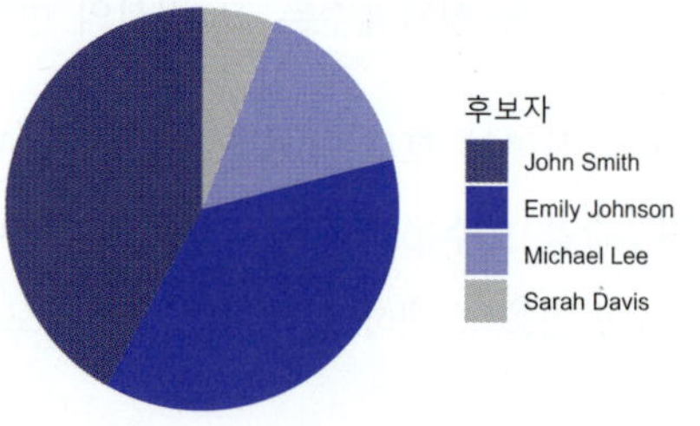

(b) 원형그래프

그림 2-11 [예제 2-5]의 막대그래프와 원형그래프

이제 모집단 특성값이 연속적이거나, 이산적이지만 서로 다른 특성값이 매우 많은 경우를 살펴보자. 이때 도수분포표는 표본자료의 범위를 몇 개의 계급(구간)으로 나누고, 각 계급의 상대도수(또는 도수)를 계급과 함께 나열한 표이다.

계급의 폭과 경계점은 임의로 정할 수 있지만, 각 계급의 상대도수가 너무 작지 않도록 계급의 폭을 적절히 설정해야 한다. 계급의 폭을 너무 넓게 잡으면 전체 표본자료의 분포 형태를 파악하기 어려워지므로 주의해야 한다. 또한 표본값이 계급의 경계점에 위치하지 않도록 하는 것이 바람직하다. 여기 도수분포표를 작성하는 한 가지 방법을 소개한다.

도수분포표의 작성 방법

❶ 표본자료의 최댓값과 최솟값을 찾아 (범위)=(최댓값)−(최솟값)을 구한다.

❷ 자료의 크기에 따라 계급을 5~20개 정도로 정하고, 계급의 폭은

$$(\text{범위}) \div (\text{계급의 개수})$$

로 계산하여 자룟값의 최소 단위로 올림하여 결정한다.

❸ 첫 번째 계급의 시작점은

$$(\text{최솟값}) - \frac{1}{2} \times (\text{자룟값의 최소 단위})$$

로 정하고, ❷에서 구한 계급의 폭에 따라 이후 계급을 정한다.

❹ 각 계급의 상대도수(또는 도수)를 구한다.

예제 2-6 다음은 어떤 집단에서 40명을 뽑아 키를 측정한 결과이다. 이 표본자료를 이용하여 도수분포표를 작성하라.

(단위 : cm)

183	168	165	158	180	176	168	160	160	150
180	183	170	170	185	170	165	170	168	154
152	173	173	165	163	163	160	178	138	171
163	168	165	165	178	170	168	183	145	174

풀이

자료의 최댓값은 185이고 최솟값은 138이므로 범위는 47이다. 계급의 개수를 6으로 하면 계급의 폭을 다음과 같이 구할 수 있다.

$$\frac{47}{6} = 7.83\cdots$$

계급의 폭은 자룟값의 최소 단위인 1로 올림하여 8로 설정한다. 첫 번째 계급의 시작점은 다음과 같이 정할 수 있다.

$$138 - \frac{1}{2} \times 1 = 137.5$$

이제 [표 2-6]과 같이 도수분포표를 작성할 수 있다.

표 2-6 [예제 2-6]의 도수분포표

계급(cm)	도수	상대도수
137.5 이상~145.5 미만	2	0.050
145.5 이상~153.5 미만	2	0.050
153.5 이상~161.5 미만	5	0.125
161.5 이상~169.5 미만	13	0.325
169.5 이상~177.5 미만	10	0.250
177.5 이상~185.5 미만	8	0.200
합계	40	1

히스토그램과 도수다각형은 도수분포표를 이용해 표본자료의 분포를 나타내는 그래프이다. **히스토그램**(histogram)은 수평축에 계급구간을 표시하고, 각 계급의 상대도수에 비례하는 넓이의 직사각형을 그린 것이다. 이때 직사각형의 넓이가 상대도수에 비례하도록 만들기 위해 다음 기준을 고려할 수 있다.

$$(\text{직사각형의 넓이}) = (\text{상대도수})$$

이를 만족하기 위해 직사각형의 높이를 다음과 같이 계산한다.

$$(\text{직사각형의 높이}) = \frac{\text{상대도수}}{\text{계급의 폭}}$$

여기서 전체 직사각형의 넓이의 합은 1이 된다. 따라서 표본자료의 히스토그램이 모집단의 밀도 곡선을 정확히 추측하려면 위 기준에 따라 직사각형의 높이를 정해야 한다. [그림 2-12]는 [표 2-6]의 자료를 사용해 그린 히스토그램이다.

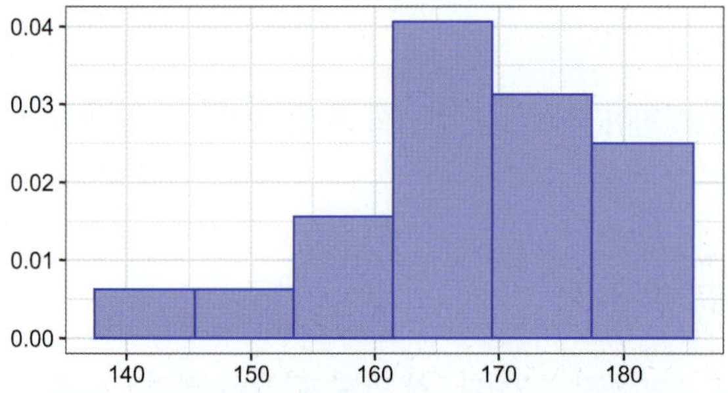

그림 2-12 [예제 2-6]의 히스토그램 : 모든 계급의 폭이 일정한 경우

[그림 2-12]의 히스토그램에서는 모든 계급의 폭이 일정하다. 그러나 경우에 따라 각 계급의 폭을 다르게 설정할 필요가 있다. 예를 들어 자룟값이 집중된 부분은 계급의 폭을 좁게 하여 세부적인 분포 형태를 파악하고, 자룟값이 드문 부분은 계급의 폭을 넓게 하여 충분한 자룟값을 포함할 수 있다. [그림 2-13]은 [표 2-6]에서 4번째 계급을 폭이 4인 두 계급으로 나누고, [예제 2-6]의 자료를 통해 각 계급의 상대도수를 구한 다음, '(직사각형의 넓이)=(상대도수)' 원칙에 따라 그린 히스토그램이다.

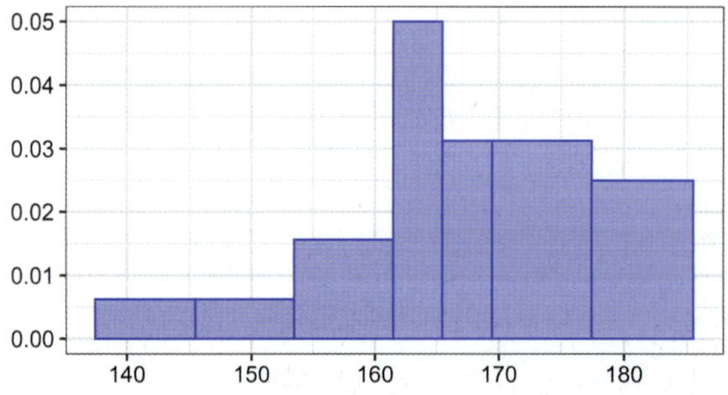

그림 2-13 [예제 2-6]의 히스토그램 : 계급의 폭을 다르게 설정한 경우

도수다각형(frequency polygon)은 히스토그램에서 각 직사각형 윗변의 중점을 직선으로 연결해 그린 그래프이다. 이때 왼쪽 끝점과 오른쪽 끝점은 첫 번째 계급의 시작점과 마지막 계급의 끝점에서 각각 $\frac{1}{2}\times$(해당 계급의 폭)만큼 떨어진 수평축 위의 점으로 설정한다.

'(직사각형의 넓이)=(상대도수)' 원칙에 따라 그린 히스토그램에서, 도수다각형의 전체 넓이도 1이 됨에 유의하자. [그림 2-14]는 [그림 2-12]의 히스토그램을 이용해 그린 도수다각형이다.

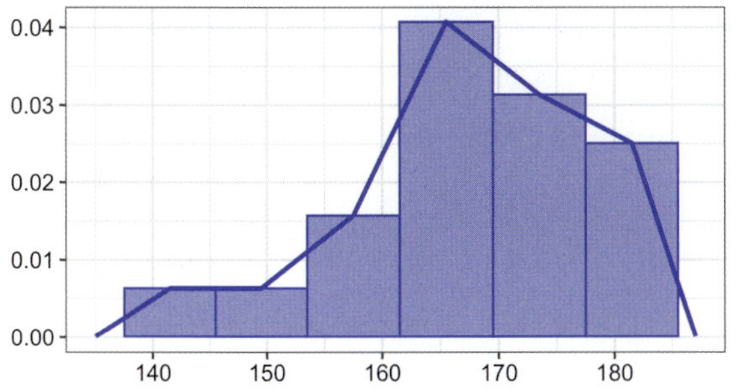

그림 2-14 [예제 2-6]의 도수다각형

이제 연속적인 특성값 또는 서로 다른 값이 매우 많은 이산적인 특성값의 표본자료를 그래프로 요약하는 또 다른 방법을 살펴보자. [그림 2-15]의 1단계는 [예제 2-6]의 표본자료에서 처음 두 자릿수를 세로로 나열하고, 그 오른쪽에 수직선을 그은 것이다. 2단계에서는 각 자료의 마지막 한 수(1의 자리)를 해당 두 자릿수의 오른쪽에 나열한다. 마지막으로 3단계에서는 마지막 한 자릿수를 크기순으로 정렬한다.

1단계

줄기	
18	
17	
16	
15	
14	
13	

2단계

줄기	잎
18	3, 0, 0, 3, 5, 3
17	6, 0, 0, 0, 0, 3, 3, 8, 1, 8, 0, 4
16	8, 5, 8, 0, 0, 5, 8, 5, 3, 3, 0, 3, 8, 5, 5, 8
15	8, 0, 4, 2
14	5
13	8

3단계

줄기	잎
18	0, 0, 3, 3, 3, 5
17	0, 0, 0, 0, 0, 1, 3, 3, 4, 6, 8, 8
16	0, 0, 0, 3, 3, 3, 5, 5, 5, 5, 5, 8, 8, 8, 8, 8
15	0, 2, 4, 8
14	5
13	8

그림 2-15 [예제 2-6]의 줄기-잎 그림을 그리는 과정

[그림 2-15]의 3단계 그림을 **줄기-잎 그림**(stem-and-leaf display)이라 한다. 여기서 처음 두 자릿수의 세로 열을 줄기(stem), 그 오른쪽에 나열된 가로 행을 잎(leaf)이라 한다. 이와 같이 줄기-잎 그림은 히스토그램을 시계방향으로 90도 회전한 형태와 유사하다.

줄기-잎 그림을 그릴 때 잎의 폭은 임의로 설정할 수 있다. [그림 2-15]는 잎의 폭이 10이고, [그림 2-16]은 잎의 폭이 5인 줄기-잎 그림이다. 여기서 14^-는 140~145의 줄기를 나타내고, 14^+는 145~150의 줄기를 나타낸다.

18^+	5
18^-	0, 0, 3, 3, 3
17^+	6, 8, 8
17^-	0, 0, 0, 0, 0, 1, 3, 3, 4
16^+	5, 5, 5, 5, 5, 8, 8, 8, 8, 8
16^-	0, 0, 0, 3, 3, 3
15^+	8
15^-	0, 2, 4
14^+	5
14^-	
13^+	8

그림 2-16 [예제 2-6]의 줄기-잎 그림

줄기-잎 그림에서 잎의 폭은 도수분포표나 히스토그램의 계급 폭에 해당하며, 너무 작거나 크지 않게 설정해야 한다. 단, 히스토그램과 달리 줄기-잎 그림에서 잎의 폭은 일정해야 한다는 점에 유의하자. 줄기-잎 그림은 자룟값을 그대로 유지한다는 장점이 있으나, 표본자료가 방대한 경우 그리기 어려운 단점이 있다.

지금까지 일차원 모집단의 표본자료를 도표화하는 방법을 알아보았다. 이제 이차원 모집단의 표본자료를 도표화하는 방법을 알아보자. 이차원 모집단의 표본자료를 요약한 표로서, 일차원 도수분포표에 대응하는 것이 **분할표**(contingency table)이다. 분할표는 두 가지 특성의 값이 질적 속성이거나 이산적이면서 서로 다른 특성값이 많지 않을 때 사용하는데, 두 특성의 값과 각 이차원 특성값의 상대도수(또는 도수)를 이차원 표에 나열한 것이다. [표 2-7]은 400명의 학생을 대상으로 국어, 영어, 수학 세 과목의 선호도를 조사한 결과를 분할표로 나타낸 것이다.

표 2-7 이차원 표본자료의 분할표

	국어	영어	수학	합계
남자	0.18	0.24	0.18	0.60
여자	0.14	0.16	0.10	0.40
합계	0.32	0.40	0.28	1.00

일차원 표본자료에서 도수분포표를 이용하여 막대그래프를 그리듯, 이차원 표본자료도 분할표를 이용하여 이차원 막대그래프로 표현할 수 있다. 이 경우 평면 위에 각 이차원 특성값의 위치를 잡고, 그 위에 상대도수(또는 도수)에 비례하는 높이의 막대를 세우면 된다. 두 특성의 값이 연속적이거나 이산적이지만 서로 다른 값이 많은 경우에도, 각 특성값의 범위를 몇 개의 계급으로 나누어 [표 2-7]과 같은 분할표를 작성할 수 있다. 이를 기반으로 이차원 히스토그램도 그릴 수 있다. 이차원 히스토그램은 평면 위에 이차원 계급을 표시하고, 각 계급의 상대도수를 부피로 하는 직육면체를 나타낸 것이다.

예제 2-7 다음은 [예제 2-6]의 키 자료에 몸무게를 첨가한 표본자료로, 첫 번째 값은 키, 두 번째 값은 몸무게를 나타낸다. 이 표본자료를 이용해 분할표와 이차원 히스토그램을 작성하라.

(단위 : 키 cm, 몸무게 kg)

(183, 82)	(168, 52)	(165, 52)	(158, 55)	(180, 93)
(176, 57)	(168, 60)	(160, 48)	(160, 50)	(150, 49)
(180, 79)	(183, 73)	(170, 60)	(170, 66)	(185, 74)
(170, 82)	(165, 57)	(170, 54)	(168, 57)	(154, 55)
(152, 50)	(173, 63)	(173, 60)	(165, 49)	(163, 63)
(163, 57)	(160, 57)	(178, 77)	(138, 54)	(171, 69)
(163, 50)	(168, 57)	(165, 54)	(165, 59)	(178, 79)
(170, 54)	(168, 79)	(183, 70)	(145, 37)	(174, 65)

풀이

[예제 2-6]의 키와 마찬가지로, 몸무게도 6개의 계급으로 나누어 분할표를 작성하면 [표 2-8]과 같다. 이를 기반으로 이차원 히스토그램을 그리면 [그림 2-17]과 같다.

표 2-8 [예제 2-7]의 분할표

키 \ 몸무게	36.5 이상~46.5 미만	46.5 이상~56.5 미만	56.5 이상~66.5 미만	66.5 이상~76.5 미만	76.5 이상~86.5 미만	86.5 이상~96.5 미만	합계
137.5 이상~145.5 미만	0.025	0.025	0.000	0.000	0.000	0.000	0.050
145.5 이상~153.5 미만	0.000	0.050	0.000	0.000	0.000	0.000	0.050
153.5 이상~161.5 미만	0.000	0.100	0.025	0.000	0.000	0.000	0.125
161.5 이상~169.5 미만	0.000	0.125	0.175	0.000	0.025	0.000	0.325
169.5 이상~177.5 미만	0.000	0.050	0.150	0.025	0.025	0.000	0.025
177.5 이상~185.5 미만	0.000	0.000	0.000	0.075	0.100	0.025	0.200
합계	0.025	0.350	0.350	0.100	0.150	0.025	1.000

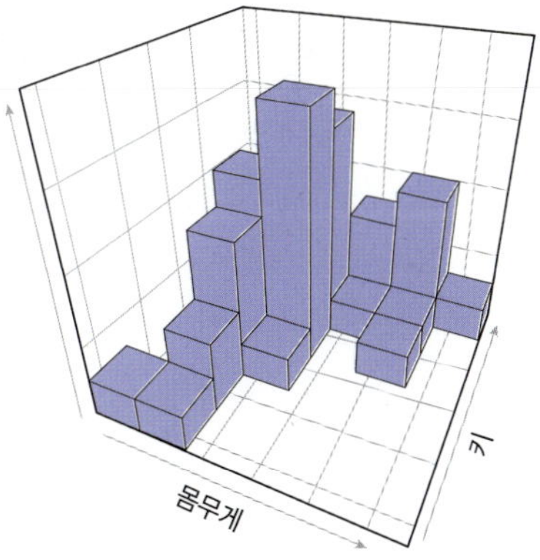

그림 2-17 [예제 2-7]의 이차원 히스토그램

두 특성값이 연속적인 경우, 표본자료를 그래프로 나타내는 방법으로 산점도와 회귀도가 있다. **산점도**(scatter plot)는 각 이차원 자룟값을 좌표가 (특성 1의 값, 특성 2의 값)인 점으로 두어 좌표평면 위에 나타낸 것이다. [그림 2-18]은 [예제 2-7]의 자료를 산점도로 나타낸 예이다.

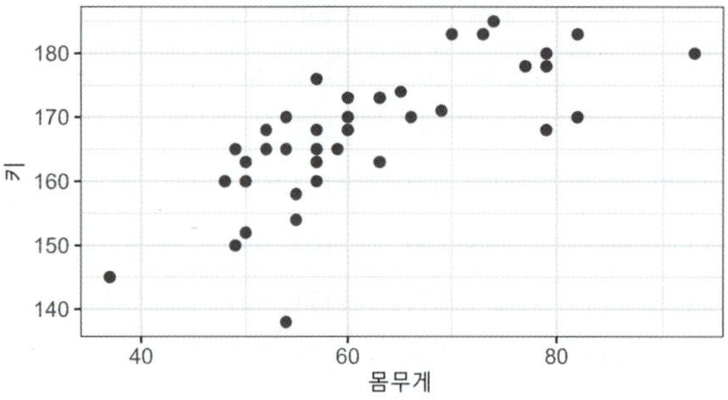

그림 2-18 [예제 2-7]의 산점도

[예제 2-7]의 자료를 이용하여 회귀도를 그리는 방법을 살펴보자. 먼저 두 특성 중 하나의 표본 자룟값 범위를 히스토그램처럼 몇 개의 계급으로 나눈 후, 전체 표본자료를 이 계급에 따라 그룹으로 분류한다. 이후 각 그룹에서 나머지 특성의 평균값을 구한다. [예제 2-7]의 자료에서 몸무게를 6개의 계급으로 나누고, 각 그룹에서 키의 평균을 구하면 [표 2-9]와 같다.

표 2-9 [예제 2-7]의 계급별 키의 평균

몸무게의 계급	키의 값	평균
36.5 이상~46.5 미만	145	145.0
46.5 이상~56.5 미만	168, 165, 158, 160, 160, 150, 170, 154, 152, 165, 138, 163, 165, 170	159.9
56.5 이상~66.5 미만	176, 168, 170, 170, 165, 168, 173, 173, 163, 163, 160, 168, 165, 174	168.3
66.5 이상~76.5 미만	183, 185, 171, 183	180.5
76.5 이상~86.5 미만	183, 180, 170, 178, 178, 168	176.2
86.5 이상~96.5 미만	180	180.0

이때 [그림 2-19]처럼 몸무게와 키를 각각 수평축과 수직축에 두고, 수평축의 각 계급구간에서 키의 평균을 수직축 좌표로 표시한 그림을 **회귀도**(regressogram)라 한다. 참고로 [그림 2-19]에서는 회귀도와 산점도를 겹쳐서 나타냈다.

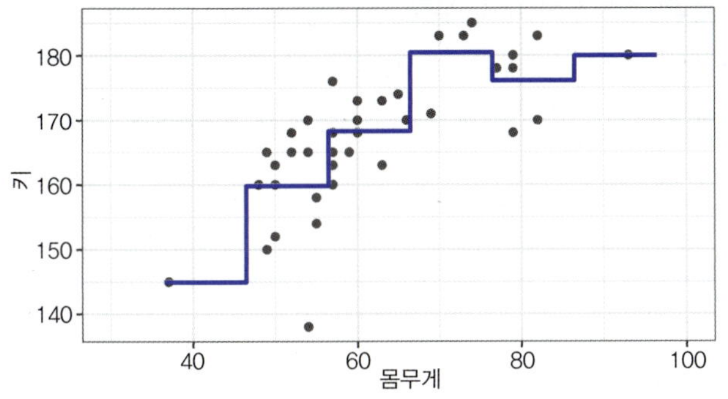

그림 2-19 [예제 2-7]의 회귀도

지금까지 살펴보았듯이 산점도와 회귀도는 두 특성 간의 변화를 쉽게 파악할 수 있는 그래프이다. 일반적으로 회귀도가 산점도보다 두 특성의 관계를 분석하는 데 더 효과적이다.

이제까지 표본을 통해 모집단 분포의 개형을 파악하는 여러 방법을 살펴보았다. 다음 2.4절에서는 표본을 이용해 모집단의 특징을 나타내는 모수를 추측하는 방법을 알아본다.

2.4 표본의 대푯값

표본의 특성값이 x_1, x_2, $\cdots$, x_n일 때, 표본의 위치를 나타내는 대푯값으로 **표본평균**(sample mean)은 다음과 같이 정의되며, 기호 $\overline{x}$로 표기한다.

정의 2-8 표본평균

$$\overline{x} = \frac{1}{n}(x_1 + x_2 + \cdots + x_n) = \frac{1}{n}\sum_{i=1}^{n} x_i$$

특성값을 작은 것부터 순서대로 나열했을 때, 표본의 제p백분위수는 $p\%$가 그 값보다 작고 나머지 $(100-p)\%$가 그 값보다 큰 지점으로 정의된다. 모집단과 마찬가지로, 제25백분위수, 제50백분위수, 제75백분위수를 각각 표본의 제1사분위수, 중앙값, 제3사분위수라 하며 이를 기호로 각각 $\hat{Q}_1$, $\hat{Q}_2$, $\hat{Q}_3$로 표기한다.

표본평균과 표본백분위수는 각각 모평균과 모백분위수를 추측하는 데 사용되는 대푯값이다. 특히 모평균이 추론의 주요 대상이므로 표본평균은 매우 중요한 표본의 대푯값이다. 그러나 표본의 특성값 중 일부가 대부분의 값에서 멀리 떨어져 있을 때, 표본평균은 이 일부의 값에 크게 영향을 받는 단점이 있다. 특히 모집단의 산포가 크면 표본의 몇몇 특성값이 모평균에서 한쪽으로 멀리 벗어나므로 표본평균이 모평균의 좋은 추측값이 되지 못할 수도 있다. 이러한 단점을 보완하기 위해 **절사평균**(trimmed mean)이 고안되었다. $100p\%$ 절사평균은 순서대로 나열된 표본의 특성값 중 양쪽 $100p\%$를 제외한 나머지 $100(1-2p)\%$ 특성값의 평균으로 정의되며, 기호 $\overline{x}_p$로 표기한다.[6]

예제 2-8 [예제 2-6]의 표본자료를 이용하여 표본평균, 표본사분위수, 10% 절사평균을 각각 구하라.

풀이

먼저 표본평균을 구한다.

$$\overline{x} = \frac{1}{40}(183+168+\cdots+174) = 167.45$$

표본사분위수를 구하기 위해 [그림 2-16]의 줄기-잎 그림을 이용한다. 제1사분위수는 10번째와 11번째 값의 중간값, 제2사분위수는 20번째와 21번째 값의 중간값, 제3사분위수는 30번째와 31번째 값의 중간값으로 다음과 같다.

$$\hat{Q}_1 = 163,\quad \hat{Q}_2 = 168,\quad \hat{Q}_3 = 173.5$$

10% 절사평균은 양 끝의 10%, 즉 4개의 값을 제외한 가운데 32개 값의 평균으로 다음과 같다.

$$\overline{x}_{0.1} = \frac{1}{32}(180+180+\cdots+154) = 168.0938$$

표본의 산포를 나타내는 대푯값으로, 모사분위수범위를 추측하는 데 사용되는 것이 **표본사분위수범위**이다. 표본사분위수범위는 표본의 특성값 중 가운데 50% 값이 차지하는 범위를 나타낸다.

$$\widehat{\mathrm{IQR}} = \hat{Q}_3 - \hat{Q}_1$$

이제 모표준편차를 추측하는 표본의 대푯값을 살펴보자. 유한모집단에서는 각 특성값의 편차를 제곱한 것의 산술평균을 모분산으로 정의한다. 이를 바탕으로 모분산에 근접한 값으로 다음과 같이 표본자룟값을 이용한 값을 생각할 수 있다.

$$\frac{1}{n}\sum_{i=1}^{n}(x_i-\mu)^2$$

여기서 앞선 식의 μ 대신 $\overline{x}$를 대입한 $\frac{1}{n}\sum_{i=1}^{n}(x_i-\overline{x})^2$을 모분산의 추측값으로 사용할 수도 있지

6 제p백분위수의 p와 $100p\%$ 절사평균의 p는 서로 다른 범위의 값이다.

만, 이는 다음 관계식에서 알 수 있듯이 모분산을 실제보다 작게 추측하는 경향이 있다.

$$\frac{1}{n}\sum_{i=1}^{n}(x_i-\overline{x})^2=\frac{1}{n}\sum_{i=1}^{n}(x_i-\mu)^2-(\overline{x}-\mu)^2$$

$\frac{1}{n}\sum_{i=1}^{n}(x_i-\overline{x})^2$에서 n 대신 $(n-1)$로 나누면 추측값이 조금 증가하므로 모분산의 추측값을 다음과 같이 정의한다.

$$s^2=\frac{1}{n-1}\sum_{i=1}^{n}(x_i-\overline{x})^2$$

실제로 $(n-1)$로 나눈 추측값이 n으로 나눈 값보다 더 정확한 것으로 알려져 있으며, 이를 **표본분산**(sample variance)이라 한다. 모표준편차의 추측값은 표본분산의 제곱근으로 정의하고, 이를 **표본표준편차**(sample standard deviation)라 한다. 표본표준편차의 식은 다음과 같다.

정의 2-9 표본표준편차

$$s=\sqrt{\frac{1}{n-1}\sum_{i=1}^{n}(x_i-\overline{x})^2}$$

예제 2-9 [예제 2-6]의 표본자료를 이용하여 표본사분위수범위와 표본표준편차를 각각 구하라.

풀이

[예제 2-8]에서 $\hat{Q}_1=163$, $\hat{Q}_3=173.5$이므로 표본사분위수범위는 다음과 같이 계산할 수 있다.

$$\widehat{\mathrm{IQR}}=173.5-163=10.5$$

표본표준편차를 구하기 위해 먼저 표본분산을 다음과 같이 계산한다.

$$s^2=\frac{1}{40-1}\{(183-167.45)^2+(168-167.45)^2+\cdots+(174-167.45)\}^2=108.6128$$

표본표준편차는 구해진 표본분산의 제곱근이므로 $s=\sqrt{s^2}=10.4218$이다.

지금까지 일차원 모집단의 표본자료를 살펴보았다. 이제 이차원 모집단의 표본자료를 살펴보자. 이차원 표본자료가 $(x_1,\ y_1)$, $(x_2,\ y_2)$, $\cdots$, $(x_n,\ y_n)$일 때, 특성 1과 특성 2의 모평균, 모표준편차 μ_1, σ_1과 μ_2, σ_2는 [표 2-10]과 같이 각각 표본평균, 표본표준편차 $\overline{x}$, s_1과 $\overline{y}$, s_2로 추측한다.

표 2-10 이차원 표본자료에 대해 특성별 모평균과 모표준편차의 추측

	모평균의 추측	모표준편차의 추측
특성 1	$\overline{x}=\frac{1}{n}\sum_{i=1}^{n}x_i$	$s_1=\sqrt{\frac{1}{n-1}\sum_{i=1}^{n}(x_i-\overline{x})^2}$
특성 2	$\overline{y}=\frac{1}{n}\sum_{i=1}^{n}y_i$	$s_2=\sqrt{\frac{1}{n-1}\sum_{i=1}^{n}(y_i-\overline{y})^2}$

모상관계수 ρ는 다음에 정의되는 **표본상관계수**(sample correlation coefficient)로 추측한다.

정의 2-10 표본상관계수

$$r=\frac{1}{n-1}\sum_{i=1}^{n}\left(\frac{x_i-\overline{x}}{s_1}\right)\left(\frac{y_i-\overline{y}}{s_2}\right)=\frac{\sum_{i=1}^{n}(x_i-\overline{x})(y_i-\overline{y})}{\sqrt{\sum_{i=1}^{n}(x_i-\overline{x})^2}\sqrt{\sum_{i=1}^{n}(y_i-\overline{y})^2}}$$

표본공분산(sample covariance)은 모공분산의 추측값으로 다음과 같이 정의한다.

$$rs_1s_2=\frac{1}{n-1}\sum_{i=1}^{n}(x_i-\overline{x})(y_i-\overline{y})$$

예제 2-10 [예제 2-7]의 표본자료를 이용하여 표본상관계수를 구하라.

풀이

[예제 2-8]과 [예제 2-9]에서 특성 1(키)의 표본평균과 표본표준편차는 각각 다음과 같다.

$$\overline{x}=167.45,\quad s_1=10.42$$

동일한 방법으로 특성 2(몸무게)의 표본평균과 표본표준편차를 구하면 다음과 같다.

$$\overline{y}=61.45,\quad s_2=11.94$$

또한 표본공분산은 다음과 같이 계산된다.

$$rs_1s_2=\frac{1}{40-1}\{(183-167.45)(82-61.45)+\cdots+(174-167.45)(65-61.45)\}=90.59$$

따라서 표본상관계수는 표본공분산을 특성 1과 특성 2의 표본표준편차로 나누어 구할 수 있다.

$$r=\frac{90.59}{10.42\times11.94}=0.73$$

지금까지 표본자료의 여러 대푯값을 알아보았다. 표본평균, 표본분산, 표본표준편차, 표본공분산, 표본상관계수 등과 같이 표본의 대푯값을 **통계량**(statistic)이라 한다. 특히 모수를 추측할 때 사용되는 통계량을 **추정량**(estimator)이라 한다.

CHAPTER 02 연습문제

2.1 다음 상황에서 모집단과 표본을 각각 구하라.

(a) 한 방송사가 연금제도 개편에 대한 찬반 의견을 알아보기 위해 연령대별로 100명씩 국민여론조사를 시행했다.

(b) 한 분식집에서 한 달간 메뉴별 판매 개수를 기록하여 메뉴 선호도를 조사했다.

(c) 건강보험공단이 건강보험 가입자 중 10만 명의 병원 이용 행태 데이터를 개인식별정보를 암호화하여 공개했다.

(d) 우리나라 초등학생의 평균 혈당 수치를 알아보기 위해 서울대학교사범대학부속초등학교 학생 전체의 혈당을 측정했다.

2.2 다음 문장에서 밑줄 친 수가 모수인지 통계량인지 구별하라.

(a) 한 마을 인구 5천 명 중 1천 명을 표본으로 조사한 결과, 평균 연령이 <u>36.7세</u>로 나타났다.

(b) 한 대학의 학생 중 500명을 대상으로 설문조사한 결과, 평균 학점이 <u>3.45</u>로 조사되었다.

(c) 한 자동차 공장에서 제조하는 타이어의 평균 지름이 <u>60cm</u>일 때, 어느 날 생산된 타이어 200개를 무작위로 뽑아 평균을 계산해보니 <u>59.8cm</u>였다.

2.3 유한모집단 $C=\{c_1,\ c_2,\ \cdots,\ c_N\}$의 평균을 μ, 표준편차를 σ라 할 때, 유한모집단 $D=\{d_1,\ d_2,\ \cdots,\ d_N\}$의 평균과 표준편차를 구하라. 여기서 $i=1,\ \cdots,\ N$일 때 $d_i=ac_i+b$($a,\ b$는 상수)이다.

2.4 다음과 같은 분포 형태를 갖는 모집단 A와 B에서, A의 모평균 μ_A와 B의 모평균 μ_B의 크기, A의 모분산 σ_A^2와 B의 모분산 σ_B^2의 크기를 각각 비교하라.

(a)

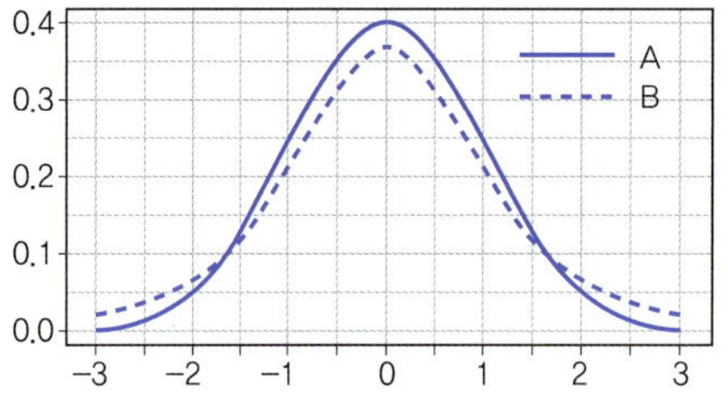

(b)

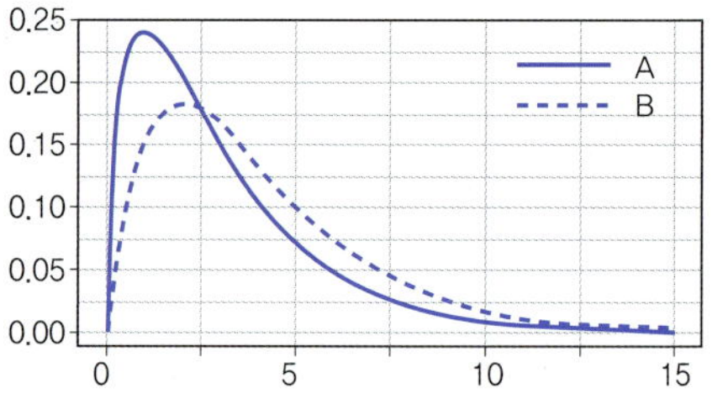

2.5 다음은 2020년 5월 어느 날, 우리나라 전역의 60개 관측소에서 측정된 초미세먼지($PM_{2.5}$)의 농도값이다.

(단위 : $\mu g/m^3$)

24.3	18.5	26.2	22.3	30.9	19.4	22.4	25.8	24.8	40.6
28.3	19.9	27.7	32.4	31.4	31.3	33.6	56.7	45.4	22.2
20.6	29.3	21.7	25.5	25.9	31.4	19.2	19.7	35.6	25.4
16.9	37.5	21.8	21.4	38.6	45.5	18.0	18.4	20.7	18.1
29.9	25.3	21.6	25.4	20.3	27.0	29.9	29.5	24.1	13.1
15.5	21.9	19.6	16.0	13.2	19.0	21.1	17.8	19.8	33.3

(a) 적절한 도수분포표를 작성하고, 이를 히스토그램으로 나타내라. 분포의 형태가 대칭적인가?

(b) 평균, 중앙값, 사분위수, 사분위수범위(IQR), 분산, 표준편차를 계산하라.

2.6 다음은 한 교과목의 기말시험 성적이다.

(단위 : 점)

60	75	25	40	30	55	15	50	20	77	80
63	10	50	45	37	29	65	40	20	50	20
33	29	60	88	25	93	45	60	20	45	92
47	38	72	21	69	82	53	35			

(a) 성적에 대한 적절한 줄기-잎 그림을 그리고, 성적의 분포를 설명하라.

(b) 평균, 표준편차, 중앙값, 사분위수, 사분위수범위, 평균절대편차(MAD)를 구하라.

(c) (b)에서 구한 통계량을 바탕으로 적절하다고 생각되는 기준에 따라 성적을 1등급부터 5등급까지 나누고, 그 결과를 막대그래프와 원형그래프로 나타내라.

2.7 한 연구팀이 성인 남녀 40명을 대상으로 체력 향상 프로그램의 효과를 분석하기 위해 프로그램 전후의 안정 시 심박수를 측정했다. 다음은 프로그램 전에 측정한 참가자들의 안정 시 심박수 데이터이다.

(단위 : bpm)

72	76	83	78	65	74	79	82	77	75
77	80	91	87	59	72	99	88	72	56
64	53	67	69	70	62	78	68	90	88
61	79	68	57	75	55	85	78	84	82

(a) 적절한 도수분포표를 작성하라.

(b) 히스토그램과 도수다각형을 함께 그려라.

2.8 다음 2×2 분할표에서 행과 열의 합계를 이용하여 빈칸을 채워라. 빈칸을 채우는 방법이 유일한가? 그렇다면, 이 질문의 답에서 무엇을 알 수 있는가?

특성1 \ 특성2	갑	을	합계
A			50
B			50
합계	60	40	100

2.9 다음은 한 교과목의 과제성적(x)과 시험성적(y) 자료이다.

x	55	92	49	97	99	58	89	96	39	80	87	74	85	97	75	68	45	63	88
y	65	70	20	50	60	25	58	40	10	73	50	60	20	35	20	40	15	25	42

(a) 산점도와 적절한 회귀도를 그려라.

(b) 각 변수의 평균, 분산, 표준편차를 구하고 두 변수 간 상관계수를 구하라.

2.10 다음 자료에 대한 물음에 답하라.

x	-2	-1	0	1	2
y	4	1	0	1	4

(a) 산점도를 그리고, 두 변수 사이에 어떤 관계가 있는지 설명하라.

(b) 각 변수 x와 y의 평균, 분산, 표준편차를 구하고, 두 변수 간 상관계수가 0임을 확인하라. (a)의 질문과 관련하여 상관계수가 0이 된 이유를 설명하라.

(c) x^2과 y를 이용하여 산점도를 그리고, x와 y 사이에 상관관계가 없다고 할 수 있을지 논하라.

2.11 초등학교 3학년 학생들의 읽기 능력을 평가하기 위해 44명을 대상으로 읽기능력 평가시험을 실시한 결과, 다음과 같은 자료를 얻었다. 통계계산 소프트웨어를 사용하여 물음에 답하라.

(단위 : 점)

51	33	48	22	47	35	25	43	46	27	19
41	49	28	52	34	15	44	25	35	31	46
52	40	38	33	29	34	47	19	26	35	34
45	14	54	27	41	40	26	39	14	42	18

(a) 줄기-잎 그림을 그리고, 사분위수범위와 중앙값을 구하라.

(b) 적절한 히스토그램을 그려라.

2.12 다음은 어느 회사 직원들의 SNS 사용시간과 TV 시청시간에 관한 조사 자료이다. 통계계산 소프트웨어를 이용하여 성별에 따른 SNS 사용시간과 TV 시청시간의 평균, 표준편차, 중앙값, 사분위수범위를 구하고, 줄기-잎 그림을 작성하라.

(단위 : 분)

번호	성별	SNS 사용시간	TV 시청시간
1	1	45	40
2	2	41	20
3	1	50	60
4	2	51	15
5	2	58	10
6	1	48	30
7	2	70	40
8	1	25	40
9	2	48	45
10	1	30	55
11	2	46	30
12	1	20	70
13	1	50	60
14	2	60	10
15	2	125	40
16	1	25	50
17	2	50	45
18	1	50	78
19	2	70	50
20	2	80	30
21	1	50	80
22	2	60	40
23	1	30	75
24	2	60	60
25	2	70	50

MEMO

CHAPTER

03

확률과 확률분포

CONTENTS

통계학의 기본 개념을 이해하기 위해서는 확률에 대한 기초 지식이 필요하다. 이 장에서는 확률의 정의와 성질을 이해하고, 확률의 계산법을 익히며 조건부 확률과 독립성에 대한 의미를 파악한다. 또 확률변수와 확률분포의 개념을 이해한다. 특히 확률분포는 앞서 배운 모집단 분포와 4장에서 다룰 표본분포의 기본 개념이 된다.

3.1 확률의 정의

통계적 조사에서는 보통 모집단의 일부만 관측하고, 이를 바탕으로 모집단 전체에 대한 결론을 귀납적으로 도출한다. 이러한 논리적 근거가 확률의 개념이다. 먼저 확률의 개념을 명확히 하기 위해 표본공간과 사건에 대해 살펴보자.

통계적 조사에서 얻을 수 있는 모든 가능한 결과의 전체 집합을 **표본공간**(sample space)이라 하고, 이를 기호 S로 나타낸다. 표본공간의 몇 가지 예를 들어보자.

예 3-1

(a) 하나의 주사위를 던져 나오는 눈의 수를 관찰할 때, $S=\{1, 2, 3, 4, 5, 6\}$이다.

(b) 어느 공정에서 10개의 불량품이 제조될 때까지 생산된 제품의 개수를 조사할 때, $S=\{10, 11, 12, \cdots\}$이다.

(c) 한 공장에서 생산된 전구의 수명시간을 조사하기 위해 한 개의 전구를 추출하여 수명시간을 관측할 때, $S=\{t \mid t \geq 0\}$이다.

통계적 조사에서 조사자는 특정한 조건을 만족시키는 결과에 관심을 가진다. 즉 관심의 대상은 표본공간 S에서 특정 조건을 만족하는 결과의 집합이다. 이러한 결과 중 하나를 관측하면 이 조건이 만족되었다고 판단하고, 이를 사건이 일어났다고 한다. 조건을 만족하는 결과의 집합은 표본공간 S의 부분집합으로, 이러한 부분집합을 **사건**(event)이라 정의한다. 특히 한 개의 원소로만 이루어진 사건을 **근원사건**(elementary event) 또는 **단순사건**(simple event)이라 한다. 또한 사건 A의 한 원소가 관측 결과로 나타나면 사건 A가 일어났다고 한다.

여러 사건을 다룰 때에는 집합 연산 기호를 사용하여 $A \cup B$, $A \cap B$, A^c으로 나타내는데, 이를 각각 A와 B의 **합사건**, **곱사건**, A의 **여사건**이라 한다. 또한 $A \cap B = \varnothing$인 두 사건 A, B를 **서로 배반**(mutually disjoint)인 사건이라 하며, 이는 두 사건 A, B가 동시에 일어날 수 없음을 뜻한다.

이제 확률의 정의와 그 성질을 살펴보자. 하나의 주사위를 던져 나오는 눈의 수를 관찰할 때, 여섯 개의 근원사건 각각이 일어날 가능성은 동일하다고 할 수 있다. 이처럼 각각의 근원사건이 일어날 가능성이 동일한 경우에 라플라스(Laplace, 1749-1827)는 **확률**(probability)을 가능성에 대한 수리적 측도로서 다음과 같이 정의했다.

정의 3-1 확률의 고전적 정의

N개의 원소로 구성된 표본공간 $S=\{e_1, \cdots, e_N\}$에서 각각의 근원사건이 일어날 가능성이 동일한 경우에 m개의 원소로 구성된 사건 A의 **확률**은 다음과 같이 정의한다.

$$P(A)=\frac{m}{N}$$

이를 **확률의 고전적 정의**라 한다.

예제 3-1 흰 탁구공 3개와 노란 탁구공 1개가 들어 있는 상자에서 탁구공 2개를 단순랜덤추출할 때, 흰 탁구공 1개와 노란 탁구공 1개가 나올 확률을 구하라.

풀이

흰 탁구공 3개를 각각 a, b, c로, 노란 탁구공을 d로 표기하면 표본공간은 다음과 같다.

$$S=\{\{a, b\}, \{a, c\}, \{a, d\}, \{b, c\}, \{b, d\}, \{c, d\}\}$$

또한 흰 탁구공 1개와 노란 탁구공 1개가 나올 사건은 다음과 같다.

$$A=\{\{a, d\}, \{b, d\}, \{c, d\}\}$$

색상과 상관없이 탁구공 2개가 뽑힐 가능성은 모두 동일하다고 할 수 있으므로 $P(A)=\frac{3}{6}=\frac{1}{2}$이다.

[정의 3-1]은 표본공간이 유한개 원소로 구성될 때 적용할 수 있다. 그러나 실제 상황에서는 전체 조사 결과의 개수가 무한하거나, 각 결과가 나타날 가능성이 동일하지 않은 경우도 많다. 따라서 이러한 경우를 포함할 수 있는 보다 일반적인 확률의 정의가 필요하다. 이는 동일한 통계적 조사를 반복적으로 시행하면서 누적되는 경험을 바탕으로 이루어진다.

통계적 조사를 반복적으로 시행할 때, 한 사건이 발생하는 상대도수는 일정한 법칙을 따른다는 사실을 경험을 통해 알 수 있다. 즉 한 사건의 상대도수는 어떤 상수로 수렴하는 경향이 있다. [그림 3-1]은 한 공정에서 생산되는 제품의 개수가 증가함에 따라 불량품이 발생하는 상대도수 변화를 보여준다. 이 그림은 일정한 조건 아래에서 생산된 불량품의 비율이 제품 개수가 증가할수록 어떤 상수에 점점 가까워짐을 나타낸다. 이 상수를 불량품이 생산될 확률로 정의할 수 있을 것이다.

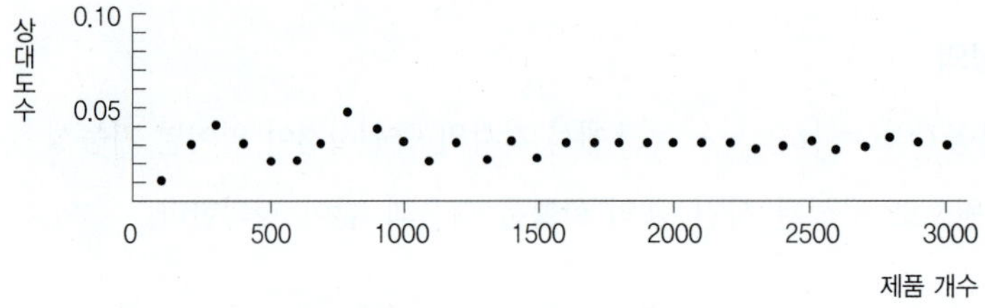

그림 3-1 불량품의 상대도수 변화

안드레이 콜모고로프(Andrey Kolmogorov, 1903~1987)는 확률을 상대도수의 극한 개념으로 파악하기 위해 상대도수의 기본 성질을 바탕으로 다음과 같이 **확률의 공리적 정의**를 정립했다.

정의 3-2 확률의 공리적 정의

❶ 표본공간 S에서 임의의 사건 A에 대해 $0 \le P(A) \le 1$

❷ $P(S) = 1$

❸ 서로 배반인 사건 A_1, A_2, $\cdots$에 대해 다음을 만족할 때,

$$P(A_1 \cup A_2 \cup \cdots) = P(A_1) + P(A_2) + \cdots$$

$P(A)$를 사건 A의 **확률**이라 한다.

[정의 3-2]는 상대도수의 극한과 비슷하게 반복 시행에서의 경험을 바탕으로 한 경험적 확률뿐만 아니라, 개인의 주관에 따라 확률 값을 정하는 주관적 확률 개념도 포함한다.

이제 확률의 공리적 정의로부터 유도되는 몇 가지 성질을 살펴보자. [그림 3-2]에서 알 수 있듯이 두 사건 A, B에 대해 $A \cap B$, $A \cap B^c$, $A^c \cap B$는 서로 배반인 사건이므로 [정의 3-2]의 ❸에 의해 다음이 성립한다.

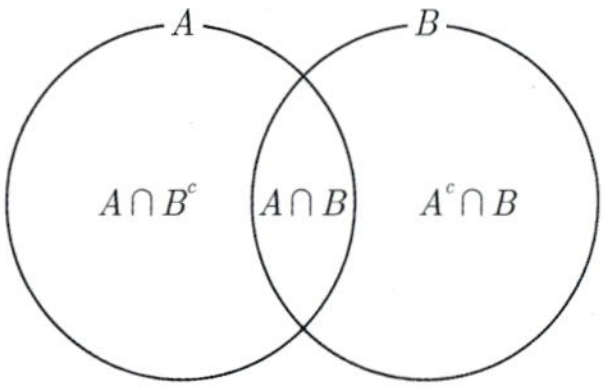

그림 3-2 $A \cup B$의 분할

$$P(A \cup B) = P(A \cap B^c) + P(A \cap B) + P(A^c \cap B)$$
$$P(A) = P(A \cap B^c) + P(A \cap B)$$
$$P(B) = P(A \cap B) + P(A^c \cap B)$$

따라서 $P(A \cup B) = P(A) + P(B) - P(A \cap B)$이다. 같은 방법으로 [정리 3-1]과 같은 성질이 성립함을 증명할 수 있다.

정리 3-1 확률에 관한 성질

❶ $P(A \cup B) = P(A) + P(B) - P(A \cap B)$

❷ $P(A^c) = 1 - P(A)$

❸ $A \subset B$이면 $P(A) \le P(B)$

예제 3-2 주머니 세 개에 각각 1부터 5까지의 번호가 매겨진 구슬이 5개 들어 있다. 각 주머니에서 구슬을 1개씩 꺼낼 때, 꺼낸 구슬의 숫자의 합이 5 이상일 확률을 구하라.

풀이

꺼낸 숫자의 합이 5 이상일 사건을 A라고 하면, A의 여사건 A^c는 꺼낸 숫자의 합이 5 미만, 즉 4 이하일 사건이다. 따라서, 꺼낸 숫자의 합이 3일 사건을 B, 4일 사건을 C라고 하면 다음이 성립한다.

$$A^c = B \cup C, \quad B \cap C = \varnothing$$

따라서 다음을 알 수 있다.

$$P(A^c) = P(B) + P(C)$$

또한 가능한 모든 결과는 $5 \times 5 \times 5 = 125$가지이고, 다음이 성립한다.

$$B = \{(1,\ 1,\ 1)\}, \quad C = \{(1,\ 1,\ 2),\ (1,\ 2,\ 1),\ (2,\ 1,\ 1)\}$$

따라서 $P(B) = \frac{1}{125}$, $P(C) = \frac{3}{125}$이므로 구하는 확률은 다음과 같다.

$$P(A) = 1 - \{P(B) + P(C)\} = 1 - \frac{4}{125} = \frac{121}{125}$$

3.2 조건부확률과 독립사건

한 사건이 일어났다는 조건하에서 다른 사건이 일어날 확률을 생각해보자. 사건 A가 일어났다면 A^c에 속하는 결과는 일어날 수 없으므로 사건 A를 모든 가능한 결과의 집합, 즉 표본공간으로 간주할 수 있을 것이다. 따라서 A가 일어났다는 조건하에서 B가 일어날 확률은 $P(A)$에 대한 $P(A \cap B)$의 비로 정의한다. 사건 A가 주어질 때 사건 B의 **조건부확률**(conditional probability)을 $P(B \mid A)$로 표기하고, 다음과 같이 정의한다.

정의 3-3 조건부확률의 정의

사건 A가 주어질 때, 사건 B가 일어날 조건부확률은 다음과 같이 정의된다.

$$P(B \mid A) = \frac{P(A \cap B)}{P(A)} \quad (\text{단, } P(A) > 0)$$

예제 3-3 주사위 두 개를 던지는 경우를 생각해보자. 첫 번째 주사위의 눈이 두 번째 주사위의 눈보다 클 때, 두 주사위 눈의 합이 7일 확률을 구하라.

풀이

첫 번째 주사위의 눈이 두 번째 주사위의 눈보다 클 사건을 A, 두 주사위의 눈의 합이 7일 사건을 B라고 하자. 표본공간의 원소는 36개, 사건 A의 원소는 15개이므로 A가 발생할 확률은 $P(A) = \frac{15}{36}$이다. 또한 $B = \{(1, 6), (2, 5), (3, 4), (4, 3), (5, 2), (6, 1)\}$이고 $A \cap B = \{(4, 3), (5, 2), (6, 1)\}$이므로, 각각의 확률은 다음과 같다.

$$P(B) = \frac{6}{36} = \frac{1}{6}, \quad P(A \cap B) = \frac{3}{36} = \frac{1}{12}$$

따라서 구하고자 하는 조건부 확률은 $P(B \mid A) = \frac{P(A \cap B)}{P(A)} = \frac{1}{5}$이다.

조건부확률의 정의로부터 다음과 같은 **곱셈법칙**이 성립한다. 이 공식은 조건부확률의 계산이 비교적 쉬울 때 유용하게 사용된다.

정리 3-2 곱셈법칙

$P(A) > 0$, $P(B) > 0$이면 다음이 성립한다.

$$P(A \cap B) = P(A \mid B)P(B) = P(B \mid A)P(A)$$

예제 3-4 어느 부부가 마트에서 주최하는 경품 행사에 참여한다. 행사는 상자에서 당첨 여부가 적힌 공을 뽑는 방식으로 진행되며, 상자에는 당첨공 10개, 낙첨공 50개가 있다. 1인당 기회가 1번씩 주어질 때, 부부가 모두 당첨되어 상품을 2개 받을 확률을 구하라. 단, 한 번 뽑은 공은 상자에 다시 넣지 않는다.

풀이

남편이 꺼낸 공이 당첨일 사건을 A, 아내가 꺼낸 공이 당첨일 사건을 B라 하자. 구하는 확률은 다음과 같다.

$$P(A \cap B) = P(B \mid A)P(A) = \frac{9}{59} \times \frac{10}{60} = \frac{3}{118}$$

어떤 사건 B의 확률을 직접 계산하기 어려운 경우, 표본공간 S를 다음 조건을 만족하는 사건 A_1, A_2, $\cdots$, A_n으로 분할하면 편리하다.

$$A_i \cap A_j = \varnothing \text{ (단, } i \neq j\text{)이고 } A_1 \cup A_2 \cup \cdots \cup A_n = S$$

이때 다음이 성립한다.

$$(B \cap A_i) \cap (B \cap A_j) = \varnothing \text{ (단, } i \neq j\text{)이고 } (B \cap A_1) \cup (B \cap A_2) \cup \cdots \cup (B \cap A_n) = B$$

이를 이용하여 사건 B의 확률을 다음과 같이 계산할 수 있는데, 이를 **전확률공식**(law of total probability)이라 한다.

정리 3-3 전확률공식

사건 A_1, A_2, $\cdots$, A_n에 대해 $A_i \cap A_j = \varnothing$ (단, $i \neq j$), $A_1 \cup A_2 \cup \cdots \cup A_n = S$, $P(A_i) > 0$이면 다음이 성립한다.

$$P(B) = P(B \mid A_1)P(A_1) + \cdots + P(B \mid A_n)P(A_n)$$

예제 3-5 세 축구팀 1, 2, 3팀이 합동훈련을 진행한다. 합동훈련에 참여한 선수 중 50%는 1팀, 30%는 2팀, 20%는 3팀이다. 또 1팀의 20%, 2팀의 15%, 3팀의 30%가 공격수이다. 합동훈련에 참여한 선수 중 한 명을 단순랜덤추출했을 때, 그 선수가 공격수일 확률을 구하라.

풀이

뽑힌 선수가 1, 2, 3팀일 사건을 각각 A_1, A_2, A_3라 하고 뽑힌 선수가 공격수일 사건을 B라고 하자. 사건 A_1, A_2, A_3는 서로 배반이므로 전확률공식에 따라 다음과 같이 계산할 수 있다.

$$\begin{aligned} P(B) &= P(B \mid A_1)P(A_1) + P(B \mid A_2)P(A_2) + P(B \mid A_3)P(A_3) \\ &= 0.2 \times 0.5 + 0.15 \times 0.3 + 0.3 \times 0.2 \\ &= 0.205 \end{aligned}$$

사건 A가 일어나도 사건 B가 일어날 확률에 아무런 영향을 미치지 않는다면, 즉 다음 관계가 성립하면 사건 A와 사건 B는 **서로 독립**(mutually independent)이라 한다.

$$P(B \mid A) = P(B)$$

A와 B가 독립이면, 조건부확률의 정의로부터 다음을 알 수 있다.

$$P(B) = \frac{P(A \cap B)}{P(A)}, \text{ 즉 } P(A \cap B) = P(A)P(B)$$

곱셈법칙을 이용하면 서로 독립인 사건 A, B에 대해 다음을 알 수 있다.

$$P(A)P(B) = P(A \cap B) = P(A \mid B)P(B), \text{ 즉 } P(A \mid B) = P(A)$$

지금까지의 내용을 정리하면 다음과 같다.

정의 3-4 독립사건

다음 중 하나를 만족하면 사건 A와 사건 B가 **서로 독립**이라 한다.

$$P(A \cap B) = P(A)P(B), \quad P(A \mid B) = P(A), \quad P(B \mid A) = P(B)$$

예제 3-6 [예제 3-4]를 상기하자.

(a) 남편이 당첨되는 사건과 아내가 당첨되는 사건은 서로 독립인가?

(b) 추첨 후에 뽑은 공을 다시 상자에 넣는다면, 남편이 당첨되는 사건과 아내가 당첨되는 사건은 서로 독립인가?

풀이

(a) 남편이 당첨되는 사건을 A, 아내가 당첨되는 사건을 B라고 하자. 전확률공식을 이용하면 다음이 성립한다.

$$\begin{aligned} P(B) &= P(B \mid A)P(A) + P(B \mid A^c)P(A^c) \\ &= \frac{9}{59} \times \frac{10}{60} + \frac{10}{59} \times \frac{50}{60} = \frac{1}{6} \end{aligned}$$

$P(B) \neq P(B \mid A) = \frac{9}{59}$이므로 두 사건 A와 B는 서로 독립이 아니다.

(b) 단순랜덤복원추출이면 다음이 성립한다.

$$P(B \mid A) = \frac{10}{60} = \frac{1}{6}$$

따라서 $P(B) = P(B \mid A)$가 되어 두 사건 A와 B는 서로 독립이다.

단순랜덤복원추출에서는 매번 추출 결과가 서로 독립이지만, 단순랜덤비복원추출에서는 추출 결과가 서로 독립이 아니다. 이렇게 서로 독립이 아닌 두 사건을 **서로 종속**(mutually dependent)이라 한다.

일반적으로 n개의 사건 A_1, A_2, $\cdots$, A_n에 대해 다음이 성립할 때, 사건 A_1, A_2, $\cdots$, A_n은 **서로 독립**이라 한다.

$$P(A_i \cap A_j) = P(A_i)P(A_j) \qquad (\text{단}, 1 \le i < j \le n)$$
$$P(A_i \cap A_j \cap A_k) = P(A_i)P(A_j)P(A_k) \qquad (\text{단}, 1 \le i < j < k \le n)$$
$$\vdots$$
$$P(A_1 \cap A_2 \cap \cdots \cap A_n) = P(A_1)P(A_2)\cdots P(A_n)$$

3.3 확률변수와 확률분포

통계적 조사 결과는 정량적일 수도 있고 정성적일 수도 있다. 예를 들어, 신생아 체중 조사는 정량적 결과를 제공하지만, 신생아 혈액형 조사는 'O', 'AB', 'A', 'B'와 같은 정성적 결과를 제공한다. 특히 가능한 결과가 정성적이면 표본공간과 확률을 표현하는 과정이 복잡해질 수 있다. 이때 표본공간을 수의 집합에 대응시키면 간단하고 효율적으로 표현할 수 있다.

예 3-2 동전 1개를 던져 나오는 결과를 관측하는 실험에서, 표본공간은 앞면과 뒷면을 원소로 갖는 집합이다. 이를 식으로 나타내면 다음과 같다.

$$S = \{\text{'앞면'}, \text{'뒷면'}\}$$

앞면과 뒷면이 나올 확률은 각각 다음과 같다.

$$P(\text{'앞면'}) = P(\text{'뒷면'}) = \frac{1}{2}$$

표본공간에서 함수 X를 다음과 같이 정의해보자.

$$X(\text{'앞면'}) = 1, \quad X(\text{'뒷면'}) = 0$$

이러한 함수 X는 표본공간 S에서 정의된 함수로, '$X=0$'과 '$X=1$'에 대응되는 확률은 각각 $\frac{1}{2}$이라 할 수 있다. 즉 표본공간 S와 그 위에 주어진 확률이 함수 X에 의해 수의 집합 $\{0, 1\}$과 그 위의 확률에 대응한다.

일반적으로 표본공간에서 정의된 실숫값함수를 **확률변수**(random variable)라 한다. 그리고 특정 결과가 X의 값 a에 대응될 때, 'X는 a 값을 취한다'고 표현한다. 확률변수는 표본공간 위의 확률을 수의 집합 위의 확률에 대응시켜 준다. 확률변수 X의 값에 따라 확률이 어떻게 분포되어 있는지를 합이 1인 양수로 나타낸 것을 X의 **확률분포**(probability distribution) 또는 간단히 **분포**라 한다.

예 3-3 [예 3-2]에서 함수 X는 확률변수이며, 이 확률변수 X의 확률분포는 다음과 같다.

표 3-1 X의 확률분포표

x	0	1
$P(X=x)$	$\frac{1}{2}$	$\frac{1}{2}$

확률변수 X가 취할 수 있는 모든 값을 x_1, x_2, $\cdots$와 같이 셀 수 있을 때, X를 **이산확률변수**(discrete random variable)라 한다. 이산확률변수 X가 취할 수 있는 값이 x_1, x_2, $\cdots$일 때, X가 x 값을 취할 확률은 다음과 같다.

$$p(x) = \begin{cases} P(X=x_i), & x = x_i \text{일 때 (단, } i=1,\ 2,\ \cdots) \\ 0 & , x\text{가 기타의 값일 때} \end{cases}$$

이러한 $p(x)$를 이산확률변수 X의 **확률질량함수**(probability mass function)라 하며, $p(x)$는 다음과 같은 성질을 가진다.

정의 3-5 이산확률변수의 확률질량함수

이산확률변수 X에 대해 함수 $p(x)$가 다음 두 조건을 만족하면 $p(x)$를 X의 **확률질량함수**라 한다.

❶ $0 \le p(x) \le 1, \quad \sum_{\text{모든 } x} p(x) = 1$

❷ $P(a < X \le b) = \sum_{a < x \le b} p(x)$

[정의 3-5]에 따라 X가 특정 값을 취할 확률은 확률질량함수 $p(x)$로부터 쉽게 계산할 수 있다. 즉 이산확률변수 X의 확률분포는 확률질량함수에 의해 완전히 결정된다. 특히 X가 취할 수 있는 값의 개수가 적을 때, 확률분포를 표로 나타내면 편리하다.

예제 3-7 어느 인플루언서가 올린 게시물 12개 중 4개가 '좋아요' 1만 개를 넘었다고 하자. 게시물 중 3개를 단순랜덤추출했을 때, '좋아요'가 1만 개를 넘는 게시물의 수를 X라고 하자. 확률변수 X의 확률분포를 구하라.

풀이

게시물 12개 중 3개를 택하는 방법의 수는 $\binom{12}{3}=220$이므로, 확률질량함수는 다음과 같다.

$$p(0)=P(X=0)=\frac{\binom{8}{3}\binom{4}{0}}{\binom{12}{3}}=\frac{56\times 1}{220}=\frac{14}{55},\quad p(1)=P(X=1)=\frac{\binom{8}{2}\binom{4}{1}}{\binom{12}{3}}=\frac{28\times 4}{220}=\frac{28}{55}$$

$$p(2)=P(X=2)=\frac{\binom{8}{1}\binom{4}{2}}{\binom{12}{3}}=\frac{8\times 6}{220}=\frac{12}{55},\quad p(3)=P(X=3)=\frac{\binom{8}{0}\binom{4}{3}}{\binom{12}{3}}=\frac{1\times 4}{220}=\frac{1}{55}$$

이를 정리하면 [표 3-2]와 같은 X의 확률분포표를 얻는다.

표 3-2 X의 확률분포표

x	0	1	2	3
$p(x)$	$\frac{14}{55}$	$\frac{28}{55}$	$\frac{12}{55}$	$\frac{1}{55}$

확률변수 X가 취할 수 있는 모든 값을 셀 수 없고 어떤 구간 내의 모든 값을 취할 수 있을 때, 이러한 X를 **연속확률변수**(continuous random variable)라고 한다.

예 3-4 [그림 3-3]과 같이 숫자판 중심에 한쪽 끝이 고정된 화살표가 자유롭게 회전할 수 있다고 하자. 이 화살표를 회전시켰을 때, 화살표가 저절로 멈추면서 가리킨 눈금을 X라고 하자. X는 0에서 1까지의 모든 값을 취할 수 있는 연속확률변수이다.

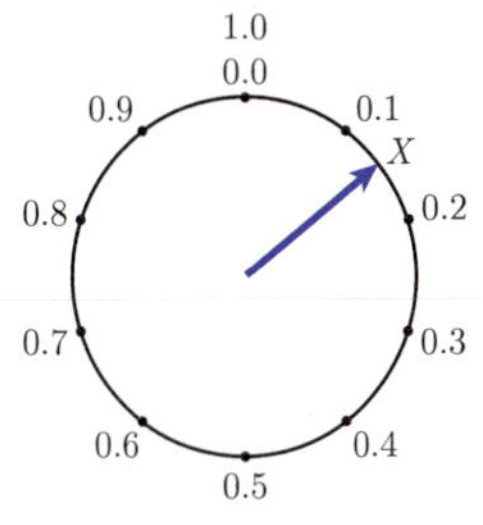

그림 3-3 연속확률변수의 예

연속확률변수의 확률분포를 나타내는 방법을 살펴보자. [예 3-4]에서 화살표가 구간 $[a, b]$의 눈금에 멈출 확률은 전체 구간 $[0, 1]$의 길이에 대한 구간 $[a, b]$의 길이의 비와 일치하므로 다음과 같이 표현한다.

$$P(a \le X \le b) = \frac{b-a}{1-0} = b-a \ (\text{단, } 0 \le a < b \le 1)$$

이를 그림으로 나타내면 [그림 3-4]와 같다.

이번에는 함수 $p(x)$를 다음과 같이 정의하자.

$$p(x) = \begin{cases} 1, & 0 \le x \le 1 \text{일 때} \\ 0, & x\text{가 기타의 값일 때} \end{cases}$$

그러면 구간 $[a,\ b]$에 속할 확률을 $p(x)$의 적분으로 표현할 수 있다.

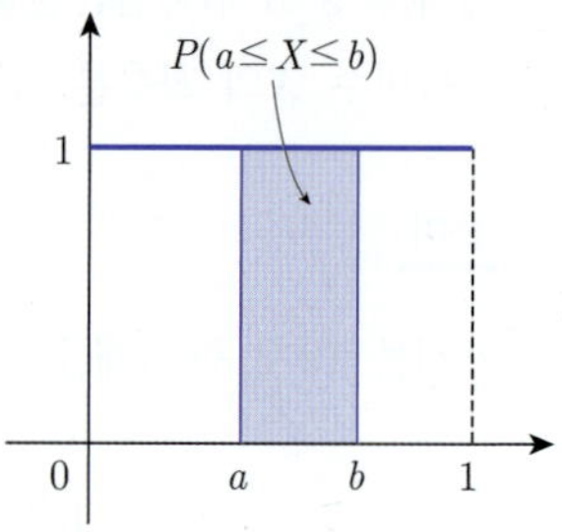

그림 3-4 확률밀도함수의 예

$$P(a \le X \le b) = b-a = \int_a^b p(x)dx$$

따라서 연속확률변수 X에 관한 확률은 함수 $p(x)$에 의해 결정되며, 이러한 함수 $p(x)$를 X의 **확률밀도함수**(probability density function)라고 한다. 일반적으로 연속확률변수의 확률밀도함수는 다음과 같이 정의한다.

정의 3-6 연속확률변수의 확률밀도함수

연속확률변수 X에 대해 함수 $p(x)$가 다음 두 조건을 만족하면, $p(x)$를 X의 **확률밀도함수**라고 한다.

❶ $p(x) \ge 0, \ \int_{-\infty}^{\infty} p(x)dx = 1$

❷ $P(a \le X \le b) = \int_a^b p(x)dx \ (\text{단, } -\infty \le a < b \le \infty)$

연속확률변수의 확률밀도함수 정의에 따르면, 확률 $P(a \le X \le b)$는 확률밀도함수 $p(x)$를 구간 $[a,\ b]$에서 적분한 값으로 표현되고, 이는 [그림 3-5]에서 색칠한 부분의 넓이에 해당한다. 특히 임의의 값 c에 대해 $P(X=c)$는 한 점 c에서의 넓이에 해당하므로 0임을 알 수 있다. 따라서 연속확률변수 X에 대해 다음이 성립한다.

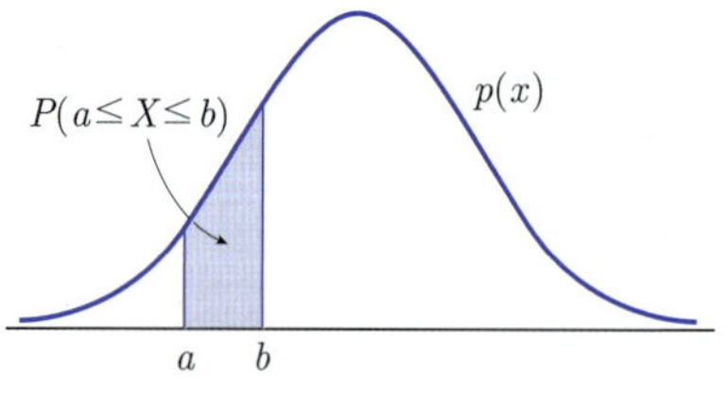

그림 3-5 연속확률변수의 확률밀도함수와 확률

정리 3-4 연속확률변수의 성질

❶ 임의의 c에 대해 $P(X=c)=0$

❷ $P(a \le X \le b) = P(a \le X < b) = P(a < X \le b) = P(a < X < b)$

예제 3-8 연속확률변수 X의 확률밀도함수가 다음과 같이 주어졌다고 하자.

$$p(x) = \begin{cases} bx(1-x), & 0 \le x \le 1\text{일 때} \\ 0, & x < 0 \text{ 또는 } x > 1\text{일 때} \end{cases}$$

이때 상수 b와 확률 $P\left(0 \le X \le \dfrac{2}{3}\right)$를 구하라.

풀이

확률밀도함수의 정의로부터 $\int_0^1 p(x)dx = 1$, 즉 $b\int_0^1 x(1-x)dx = 1$이므로 $b = 6$이다. 따라서 구하는 확률은 다음과 같다.

$$P\left(0 \le X \le \frac{2}{3}\right) = \int_0^{\frac{2}{3}} 6x(1-x)dx = \frac{20}{27}$$

모집단에서 하나의 특성값을 관측할 때, 표본공간은 모집단의 서로 다른 특성값으로 구성된 전체 집합이 된다. 이때 관측되는 하나의 특성값은 확률변수이고, 그 확률분포는 모집단 분포와 동일하다. 일반적으로 모집단 분포를 이론적으로 모형화할 때, 모집단 분포와 동일한 분포를 가지는 확률변수를 사용할 수 있다.

3.4 기댓값과 그 성질

2장에서는 모집단의 대푯값으로 모평균과 모표준편차, 표본의 대푯값으로 표본평균과 표본표준편차 등을 다뤘다. 여기서는 확률분포의 대푯값을 살펴보자.

이산확률변수 X가 취하는 값이 x_1, x_2, $\cdots$이고 확률질량함수가 $p(x)$일 때, 다음 식으로 정의되는 값을 이산확률변수 X의 **평균**(mean) 또는 **기댓값**(expected value)이라 하고, 기호 $E(X)$로 표기한다.

$$\sum_{i=1}^{\infty} x_i p(x_i) = x_1 P(X = x_1) + x_2 P(X = x_2) + \cdots$$

확률밀도함수가 $p(x)$인 연속확률변수 X의 평균 또는 기댓값은 다음과 같이 정의한다.

$$\int_{-\infty}^{\infty} xp(x)dx$$

지금까지의 내용을 정리하면 다음과 같다.

정의 3-7 확률변수의 기댓값

이산확률변수[연속확률변수] X의 확률질량함수[확률밀도함수]를 $p(x)$라고 할 때, $E(X)$는 다음과 같다.

$$E(X)=\begin{cases}\displaystyle\sum_{\text{모든 } x} x\,p(x) & (\text{이산확률변수})\\ \displaystyle\int_{-\infty}^{\infty} x\,p(x)dx & (\text{연속확률변수})\end{cases}$$

예제 3-9 확률변수 X의 확률분포가 [표 3-3]과 같을 때, X의 평균을 구하라.

표 3-3 X의 확률분포표

x	1	2	3	4
$p(x)$	$\frac{1}{8}$	$\frac{3}{8}$	$\frac{3}{8}$	$\frac{1}{8}$

풀이

이산확률변수의 평균 정의에 따르면 $E(X)=1\times\frac{1}{8}+2\times\frac{3}{8}+3\times\frac{3}{8}+4\times\frac{1}{8}=2.5$이다.

[예제 3-9]에서 구한 평균 2.5는 X의 확률분포 그래프에서 중심을 의미하고, 이는 [그림 3-6]에서 확인할 수 있다.

[예제 3-9]에서 보듯이 확률변수의 평균과 역학(Mechanics)에서 중심 개념은 유사성이 있다. 이산점 x_1, x_2, $\cdots$에 질량 $p(x_1)$, $p(x_2)$, $\cdots$가 분포한다면 $\sum_{i=1}^{\infty} x_i p(x_i)$는 원점에 관한 질량의 중심을 나타낸다. 연속확률변수일 때도, x에서의 밀도가 $p(x)$로 분포한다면 $\int xp(x)dx$는 원점에 관한 질량의 중심으로 해석된다.

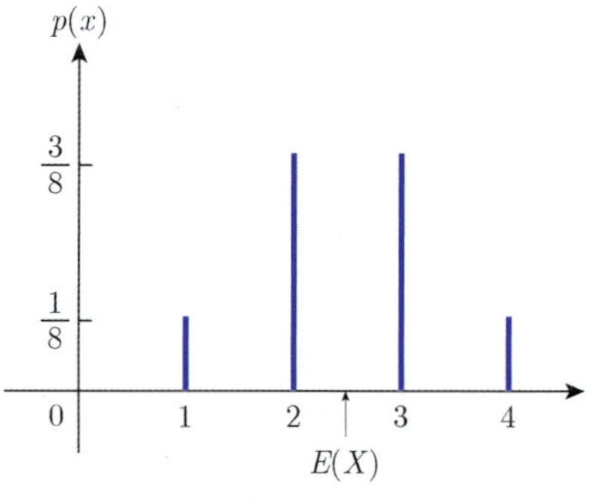

그림 3-6 평균의 역학적 의미

확률변수 X의 확률분포가 통계적 추론의 대상인 모집단 분포의 이론적 모형으로 사용된다면 X의 평균 $E(X)$는 모평균과 동일하다. 이때 기호의 간편성을 위해 $E(X)$를 μ로 표기하기도 한다.

예제 3-10

동전을 3회 던지는 실험에서 앞면의 개수를 X라고 하자. 다음 물음에 답하라.

(a) 확률변수 $Y=X(3-X)$의 확률분포를 구하라.

(b) Y의 기댓값을 구하라.

풀이

확률변수 X와 Y의 확률질량함수를 각각 $p_X(x)$, $p_Y(y)$라고 표기하자.

(a) 확률변수 X의 확률분포는 [표 3-4]와 같고, 확률변수 $Y=X(3-X)$의 확률분포는 [표 3-5]와 같다.

표 3-4 X의 확률분포표

x	0	1	2	3
$p_X(x)$	$\frac{1}{8}$	$\frac{3}{8}$	$\frac{3}{8}$	$\frac{1}{8}$

표 3-5 Y의 확률분포표

y	0	2
$p_Y(y)$	$\frac{1}{4}$	$\frac{3}{4}$

(b) 정의에 따라 확률변수 Y의 기댓값은 다음과 같다.

$$E[X(3-X)]=E(Y)=\sum y p_Y(y)=0\times\frac{1}{4}+2\times\frac{3}{4}=\frac{3}{2}$$

[예제 3-10]에서 보듯이 확률변수의 함수 역시 확률변수이다. 특히 확률변수의 함수의 기댓값을 구할 때 [정리 3-5]의 사실은 매우 유용하다. 예를 들어 [예제 3-10]에서 $X(3-X)$의 기댓값을 다음과 같이 계산할 수 있다.

$$\begin{aligned}E[X(3-X)]&=0(3-0)p_X(0)+1(3-1)p_X(1)+2(3-2)p_X(2)+3(3-3)p_X(3)\\&=0\times\frac{1}{8}+2\times\frac{3}{8}+2\times\frac{3}{8}+0\times\frac{1}{8}=\frac{3}{2}\end{aligned}$$

따라서 $X(3-X)$의 분포를 구하지 않고도 $X(3-X)$의 기댓값을 직접 계산할 수 있다.

정리 3-5 확률변수의 함수의 기댓값

이산확률변수[연속확률변수] X 의 확률질량함수[확률밀도함수]를 $p(x)$ 라고 할 때, 임의의 함수 g에 대해 $E[g(X)]$는 다음과 같다.

$$E[g(X)]=\begin{cases}\displaystyle\sum_{\text{모든 } x} g(x)p(x) & (\text{이산확률변수})\\ \displaystyle\int_{-\infty}^{\infty} g(x)p(x)dx & (\text{연속확률변수})\end{cases}$$

예제 3-11 어느 버스 정류장에서 매시 0분, 15분, 30분, 45분에 버스가 각각 1회씩 출발한다. 한 사람이 우연히 이 정거장에 도착했을 때, 버스 출발까지 기다려야 하는 시간의 기댓값을 구하라.

풀이

이 사람이 정류장에 도착한 시각을 X분이라 하면, X는 60까지의 양수 값을 취할 수 있다. 또한 우연히 이 정거장에 도착한다고 했으므로, X의 확률밀도함수는 다음과 같이 일정하다.

$$p(x)=\frac{1}{60},\quad 0<x\le 60$$

이 사람이 x분에 도착했을 때 기다리는 시간 $g(x)$는 다음과 같다.

$$g(x)=\begin{cases}15-x, & 0<x\le 15\\ 30-x, & 15<x\le 30\\ 45-x, & 30<x\le 45\\ 60-x, & 45<x\le 60\end{cases}$$

따라서 $g(X)$의 기댓값은 다음과 같다.

$$\begin{aligned}&\int_0^{15}(15-x)p(x)dx+\int_{15}^{30}(30-x)p(x)dx+\int_{30}^{45}(45-x)p(x)dx+\int_{45}^{60}(60-x)p(x)dx\\&=\frac{1}{60}\left\{\int_0^{15}(15-x)dx+\int_{15}^{30}(30-x)dx+\int_{30}^{45}(45-x)dx+\int_{45}^{60}(60-x)dx\right\}\\&=7.5\end{aligned}$$

계산 결과, 기다리는 시간의 기댓값은 7분 30초이다.

다음 기댓값에 관한 성질은 이산확률변수의 경우에는 합(Σ)의 성질로부터, 연속확률변수의 경우에는 정적분의 성질로부터 쉽게 증명된다. 즉 X의 기댓값을 알면 $aX+b$의 기댓값도 구할 수 있어 매우 유용하게 활용된다.

정리 3-6 기댓값의 성질

❶ $E(aX+b)=aE(X)+b$ (단, a, b는 상수)

❷ $E[c_1g_1(X)+c_2g_2(X)]=c_1E[g_1(X)]+c_2E[g_2(X)]$

(단, c_1, c_2는 상수, g_1, g_2는 임의의 함수)

지금까지 확률분포의 중심위치를 나타내는 대푯값으로 확률변수의 평균에 대해 살펴보았다. 이제 확률분포의 산포를 나타내는 대푯값에 대해 알아보자.

확률변수 X의 평균을 μ라고 할 때, 산포를 나타내는 대푯값으로 X의 **표준편차**를 들 수 있다. 표준편차는 다음과 같이 정의되고, 이를 기호 $\mathrm{sd}(X)$로 표기한다.

$$\mathrm{sd}(X) = \sqrt{E[(X-\mu)^2]}$$

또한 표준편차의 제곱인 $E[(X-\mu)^2]$을 확률변수 X의 **분산**이라 하고, 이를 기호 $\mathrm{Var}(X)$로 표기한다.

정의 3-8 확률변수의 분산과 표준편차

X의 평균이 μ이고 확률질량함수(또는 확률밀도함수)가 $p(x)$일 때, 분산과 표준편차는 다음과 같이 정의된다.

❶ $$\mathrm{Var}(X) = E[(X-\mu)^2] = \begin{cases} \displaystyle\sum_{\text{모든 } x} (x-\mu)^2 p(x) & \text{(이산확률변수)} \\ \displaystyle\int_{-\infty}^{\infty} (x-\mu)^2 p(x)dx & \text{(연속확률변수)} \end{cases}$$

❷ $$\mathrm{sd}(X) = \sqrt{\mathrm{Var}(X)} = \sqrt{E[(X-\mu)^2]}$$

확률변수 X의 확률분포가 통계적 추론의 대상인 모집단 분포의 이론적 모형으로 사용될 때, X의 분산 $\mathrm{Var}(X)$와 X의 표준편차 $\mathrm{sd}(X)$는 각각 모분산과 모표준편차와 동일하다. 이러한 경우에는 기호를 간편하게 사용하기 위해 $\mathrm{Var}(X)$와 $\mathrm{sd}(X)$를 각각 σ^2과 σ로 표기하기도 한다. 기댓값의 성질을 이용하면 다음과 같이 분산을 X^2과 X의 평균에 대해 나타낼 수 있다.

$$\begin{aligned}\mathrm{Var}(X) &= E[(X-\mu)^2] = E(X^2 - 2\mu X + \mu^2) \\ &= E(X^2) - 2\mu E(X) + \mu^2 \\ &= E(X^2) - \mu^2\end{aligned}$$

이 식에서 μ를 $E(X)$로 표기하면 다음과 같이 분산을 간단하게 계산하는 공식을 얻는다.

정리 3-7 분산의 간편 계산법

$$\mathrm{Var}(X) = E(X^2) - [E(X)]^2$$

예제 3-12 동전을 2회 던질 때 나오는 앞면의 개수를 X라고 할 때, X의 평균과 표준편차를 각각 구하라.

풀이

분산을 구하기 위해 [표 3-6]과 같이 확률분포표를 작성하자.

표 3-6 분산의 계산과정

x	0	1	2	합계
$p(x)$	$\frac{1}{4}$	$\frac{1}{2}$	$\frac{1}{4}$	1
$xp(x)$	0	$\frac{1}{2}$	$\frac{1}{2}$	1
$x^2p(x)$	0	$\frac{1}{2}$	1	$\frac{3}{2}$

이 확률분포표에서 $xp(x)$, $x^2p(x)$를 구하여 $E(X)$, $E(X^2)$을 계산하면 편리하다.

$$E(X) = \sum xp(x) = 1, \quad E(X^2) = \sum x^2p(x) = \frac{3}{2}$$

따라서 X의 분산 $\mathrm{Var}(X)$와 표준편차 $\mathrm{sd}(X)$는 각각 다음과 같다.

$$\mathrm{Var}(X) = \frac{3}{2} - 1^2 = \frac{1}{2}, \quad \mathrm{sd}(X) = \sqrt{\mathrm{Var}(X)} = \frac{1}{\sqrt{2}}$$

예제 3-13 [예 3-4]의 숫자판과 화살표를 상기하자. 확률변수 X의 평균과 표준편차를 각각 구하라.

풀이

연속확률변수 X의 확률밀도함수는 다음과 같다.

$$p(x) = 1, \quad 0 \le x \le 1$$

이를 이용하면 X의 평균과 $E(X^2)$은 각각 다음과 같이 계산된다.

$$E(X) = \int_0^1 xp(x)dx = \int_0^1 xdx = \frac{1}{2}$$

$$E(X^2) = \int_0^1 x^2p(x)dx = \int_0^1 x^2dx = \frac{1}{3}$$

따라서 X의 분산 $\mathrm{Var}(X)$와 표준편차 $\mathrm{sd}(X)$는 각각 다음과 같다.

$$\mathrm{Var}(X) = E(X^2) - [E(X)]^2 = \frac{1}{3} - \left(\frac{1}{2}\right)^2 = \frac{1}{12}$$

$$\mathrm{sd}(X) = \sqrt{\mathrm{Var}(X)} = \frac{1}{\sqrt{12}}$$

다음 분산에 관한 성질은 X의 분산만 알면 $aX+b$의 분산도 구할 수 있어 매우 유용하다.

정리 3-8 분산의 성질

$$\mathrm{Var}(aX+b) = a^2\mathrm{Var}(X) \quad (\text{단, } a,\ b\text{는 상수})$$

확률변수 X에 대해 평균 μ를 뺀 후 표준편차로 나누는 과정을 **표준화**(standardization)라 한다. 표준화된 확률변수 Z는 다음과 같이 정의된다.

$$Z = \frac{X - E(X)}{\mathrm{sd}(X)}$$

이때 기댓값과 분산의 성질을 이용하면 표준화된 확률변수 Z의 평균은 0, 분산은 1임을 쉽게 확인할 수 있다.

3.5 두 확률변수의 결합분포

통계적 조사에서는 앞에서와 같이 단일 확률변수만을 고려하는 때도 있지만, 2개 이상의 확률변수를 동시에 고려해야 하는 경우가 많다. 이러한 확률변수들은 일반적으로 서로 확률적 관계를 가지며 관측된다. 예를 들어 신생아의 신장과 체중을 조사하거나, 학생들의 영어와 수학 성적 간의 관계를 분석하는 경우 등이 이에 해당한다.

이번 절에서는 두 개 이상의 확률변수를 동시에 고려할 때 이들 사이의 확률적 관계를 나타내는 방법에 대해 살펴본다. 다만 논의를 간단히 하기 위해 이산확률변수만을 다루기로 한다. 여기서 다루는 결과들은 연속확률변수에도 일반적으로 적용될 수 있다.

두 개 이상의 확률변수를 동시에 고려할 때, 각각의 확률분포만으로는 이들 간의 확률적 관계를 충분히 이해하기 어렵다. 이를 보여주는 예를 살펴보자.

예 3-5 서로 다른 동전 A, B, C를 동시에 던지는 실험에서 확률변수 X, Y, Z를 다음과 같이 정의하자.

$$X=\begin{cases}1, & \text{동전 } A\text{가 앞면일 때}\\ 0, & \text{동전 } A\text{가 뒷면일 때}\end{cases}$$

$$Y=\begin{cases}1, & \text{동전 } A,\ B \text{ 모두 앞면일 때}\\ 0, & \text{동전 } A,\ B \text{ 모두 혹은 둘 중 하나라도 뒷면일 때}\end{cases}$$

$$Z=\begin{cases}1, & \text{동전 } B,\ C \text{ 모두 앞면일 때}\\ 0, & \text{동전 } B,\ C \text{ 모두 혹은 둘 중 하나라도 뒷면일 때}\end{cases}$$

이때 Y와 Z의 분포는 동일하고, 그 확률분포표는 [표 3-7]과 같다.

표 3-7 Y와 Z 각각의 확률분포표

취하는 값	0	1
확률	$\frac{3}{4}$	$\frac{1}{4}$

Y와 Z의 개별 분포가 동일하다고 해도, 두 확률변수 X와 Y 간의 확률적 관계가 두 확률변수 X와 Z 간의 확률적 관계와 반드시 일치하지는 않는다. 예를 들어 $X=0$일 때 $Y=0$은 항상 성립하지만, $Z=0$과 $Z=1$일 확률은 각각 $\frac{3}{4}$와 $\frac{1}{4}$로 Z가 반드시 0이 아닐 수도 있다.

[예 3-5]에서 볼 수 있듯이 2개 이상의 확률변수를 다룰 때는 각 확률변수의 분포만 알아서는 충분하지 않다. 따라서 이들 관계를 설명하기 위해 **결합확률분포**(joint probability distribution)의 개념이 필요하다.

정의 3-9 두 확률변수의 결합분포

두 확률변수 X와 Y에 대해, 이들이 취할 수 있는 값의 모든 순서쌍에 확률이 어떻게 분포되어 있는지를 합이 1인 양수로 나타낸 것을 확률변수 X와 Y의 **결합확률분포** 또는 간단히 **결합분포**라고 한다.

이산확률변수 X와 Y가 각각 x_1, x_2, $\cdots$와 y_1, y_2, $\cdots$의 값을 취할 수 있을 때, (X, Y)가 순서쌍 (x, y)를 취할 확률은 다음과 같다.

$$p(x,\ y) = \begin{cases} P(X=x,\ Y=y), & (x,\ y)=(x_i,\ y_j)\text{일 때 (단, } i,\ j=1,\ 2,\ \cdots) \\ 0 & ,\ (x,\ y)\text{가 기타 순서쌍일 때} \end{cases}$$

이때 $p(x,\ y)$를 두 이산확률변수 X와 Y의 **결합확률질량함수**(joint probability mass function)라 한다. 여기서 $p(x,\ y)$는 다음의 성질을 가짐을 알 수 있다.

정의 3-10 결합확률질량함수

이산확률변수 X와 Y에 대해 함수 $p(x,\ y)$가 다음 두 조건을 만족하면 $p(x,\ y)$를 X와 Y의 **결합확률질량함수**라 한다.

❶ $0 \le p(x,\ y) \le 1,\quad \sum_{\text{모든 } x}^{\infty} \sum_{\text{모든 } y}^{\infty} p(x,\ y) = 1$

❷ $P(a < X \le b,\ c < Y \le d) = \sum_{a < x \le b} \sum_{c < y \le d} p(x,\ y)$

[정의 3-10]에 따라 X와 Y가 특정 값을 취할 모든 결합확률은 결합확률질량함수 $p(x,\ y)$로부터 쉽게 계산할 수 있다. 즉 X와 Y의 결합확률분포는 결합확률질량함수에 의해 완전히 결정된다. 특히 X와 Y가 취할 수 있는 값의 개수가 적을 때, 확률분포를 표로 나타내면 편리하다.

예제 3-14 [예 3-5]의 서로 다른 동전 세 개를 던지는 실험을 생각하자. 다음 두 확률변수의 결합확률분포를 구하라.

(a) X와 Y

(b) X와 Z

풀이

이 실험에서 표본공간과 그 원소에 대응하는 확률변수 X, Y, Z 값은 [표 3-8]과 같다. 여기서 동전의 앞면을 H, 뒷면을 T로 표기하고, A, B, C 순으로 나열한다.

표 3-8 표본공간과 확률변수

표본공간	HHH	HHT	HTH	HTT	THH	THT	TTH	TTT
X	1	1	1	1	0	0	0	0
Y	1	1	0	0	0	0	0	0
Z	1	0	0	0	1	0	0	0

(a) [표 3-8]로부터 X와 Y의 결합확률분포는 [표 3-9]와 같다.

표 3-9 X와 Y의 결합확률분포표

y \ x	0	1	행의 합
0	$\frac{2}{4}$	$\frac{1}{4}$	$\frac{3}{4}$
1	0	$\frac{1}{4}$	$\frac{1}{4}$
열의 합	$\frac{2}{4}$	$\frac{2}{4}$	1

(b) 동일한 방법으로 X와 Z의 결합확률분포를 구하면 [표 3-10]과 같다.

표 3-10 X와 Z의 결합확률분포표

z \ x	0	1	행의 합
0	$\frac{3}{8}$	$\frac{3}{8}$	$\frac{6}{8}$
1	$\frac{1}{8}$	$\frac{1}{8}$	$\frac{2}{8}$
열의 합	$\frac{4}{8}$	$\frac{4}{8}$	1

[예제 3-14]의 결합확률분포를 나타내는 [표 3-9]에서 열의 합과 행의 합은 각각 X와 Y의 확률분포와 일치한다. 일반적으로 X와 Y의 결합확률질량함수 $p(x,\ y)$에서 다음과 같이 X의 **주변확률질량함수**(marginal probability mass function)를 구할 수 있다.

$$p_1(x) = \sum_{\text{모든 } y}^{\infty} p(x,\ y)$$

주변확률질량함수 $p_1(x)$는 X의 분포를 결정한다. 마찬가지로 다음과 같이 정의되는 Y의 주변확률질량함수도 Y의 분포를 결정한다.

$$p_2(y) = \sum_{\text{모든 } x}^{\infty} p(x,\ y)$$

이제 다음 예제를 통해 두 확률변수의 함수에 대해 살펴보자.

예제 3-15 하나의 주사위를 던져 나오는 눈에 따라 상금을 지급하는 게임이 있다. A와 B 두 사람이 각각 다음과 같은 게임을 택했다고 하자.

A : 1 또는 2가 나오면 100원
3 또는 4가 나오면 200원
5 또는 6이 나오면 300원

B : 짝수가 나오면 100원
홀수가 나오면 (눈의 수×100)원

이때 A와 B의 수입의 합 Z에 대한 분포를 구하라.

풀이

A의 수입과 B의 수입을 각각 X와 Y로 나타내면, X와 Y의 결합확률분포는 [표 3-11]과 같다.

표 3-11 X와 Y의 결합확률분포표

x \ y	100	300	500	행의 합
100	$\frac{2}{6}$	0	0	$\frac{2}{6}$
200	$\frac{1}{6}$	$\frac{1}{6}$	0	$\frac{2}{6}$
300	$\frac{1}{6}$	0	$\frac{1}{6}$	$\frac{2}{6}$
열의 합	$\frac{4}{6}$	$\frac{1}{6}$	$\frac{1}{6}$	1

결합확률이 구해지는 과정을 한 가지 경우의 예를 들어 설명하면 다음과 같다. A와 B의 수입이 각각 100원씩인 경우, 즉 $(x, y) = (100, 100)$이 되는 것은 주사위의 눈이 1 또는 2일 때이다. 따라서 $p(100, 100) = \frac{2}{6}$이다. 이제 $Z = X + Y$라고 하면 Z가 취할 수 있는 값은 200, 300, 400, 500, 800이다. [표 3-11]로부터 Z의 확률질량함수 $p_3(z)$는 [표 3-12]와 같이 구할 수 있다.

표 3-12 $Z = X + Y$의 확률분포표

z	200	300	400	500	800	합계
$p_3(z)$	$\frac{2}{6}$	$\frac{1}{6}$	$\frac{1}{6}$	$\frac{1}{6}$	$\frac{1}{6}$	1

[예제 3-15]에서 보듯이 두 확률변수의 함수도 독자적인 확률분포를 가지는 확률변수이다. 특히 두 확률변수의 함수의 기댓값을 계산할 때, 다음 성질은 매우 유용하다.

정리 3-9 두 확률변수의 함수의 기댓값

두 이산확률변수 X, Y의 결합확률질량함수를 $p(x, y)$라고 하자. 임의의 함수 g_1, g_2, g에 대해 다음이 성립한다.

❶ $E[g(X, Y)] = \sum_{\text{모든 } x} \sum_{\text{모든 } y} g(x, y)p(x, y)$

❷ $E[c_1 g_1(X, Y) + c_2 g_2(X, Y)] = c_1 E[g_1(X, Y)] + c_2 E[g_2(X, Y)]$
(단, c_1, c_2는 상수)

두 사건의 독립성에 대해서는 앞서 3.2절에서 설명한 바 있다. 이 개념을 확률변수로 확장하면, 두 확률변수 X와 Y가 **서로 독립**이라는 것은 모든 x와 y에 대해 $\{X=x\}$와 $\{Y=y\}$라는 사건이 서로 독립임을 뜻한다. 이를 정리하면 다음과 같다.

정의 3-11 두 확률변수의 독립성

두 이산확률변수[연속확률변수] X와 Y의 결합확률질량함수[결합확률밀도함수]를 $p(x, y)$라 하고, X와 Y의 주변확률질량함수[주변확률밀도함수]를 각각 $p_1(x)$, $p_2(y)$라 하자. 이때 모든 x, y에 대해 다음이 성립하면 X와 Y는 **서로 독립**이라 한다.

$$p(x, y) = p_1(x)p_2(y)$$

X와 Y가 서로 독립이 아니면 **서로 종속**이라 한다.

예제 3-16 하나의 동전을 세 번 던질 때, 다음과 같이 정의하자.

X : 처음 두 번에 나오는 앞면의 개수
Y : 세 번째에 나오는 앞면의 개수

이때 X와 Y는 서로 독립인가?

풀이

먼저 X와 Y의 결합확률분포를 구해보면 [표 3-13]과 같다.

표 3-13 X와 Y의 결합확률분포표

x \ y	0	1	행의 합
0	$\frac{1}{8}$	$\frac{1}{8}$	$\frac{1}{4}$
1	$\frac{2}{8}$	$\frac{2}{8}$	$\frac{1}{2}$
2	$\frac{1}{8}$	$\frac{1}{8}$	$\frac{1}{4}$
열의 합	$\frac{1}{2}$	$\frac{1}{2}$	1

[표 3-13]에서 모든 (x, y)에 대해 $p(x, y) = p_1(x)p_2(y)$가 성립함을 알 수 있다. 즉 다음과 같다.

$$p_1(0)p_2(0) = \frac{1}{4} \times \frac{1}{2} = \frac{1}{8} = p(0, 0), \quad p_1(0)p_2(1) = \frac{1}{4} \times \frac{1}{2} = \frac{1}{8} = p(0, 1)$$

$$p_1(1)p_2(0) = \frac{1}{2} \times \frac{1}{2} = \frac{1}{4} = p(1, 0), \quad p_1(1)p_2(1) = \frac{1}{2} \times \frac{1}{2} = \frac{1}{4} = p(1, 1)$$

$$p_1(2)p_2(0) = \frac{1}{4} \times \frac{1}{2} = \frac{1}{8} = p(2, 0), \quad p_1(2)p_2(1) = \frac{1}{4} \times \frac{1}{2} = \frac{1}{8} = p(2, 1)$$

따라서 X와 Y는 서로 독립이다.

3.6 공분산과 상관계수

두 확률변수 X, Y의 평균을 각각 μ_1, μ_2, 표준편차를 각각 σ_1, σ_2라고 하자. X 값이 μ_1보다 클 때 Y 값도 μ_2보다 커지고, X 값이 μ_1보다 작을 때 Y 값도 μ_2보다 작아지는 경향이 있다고 하자. 그러면 표준화된 X와 Y의 곱은 다음과 같이 표현하고, 이는 양의 값을 가질 가능성이 커진다.

$$\left(\frac{X - \mu_1}{\sigma_1}\right)\left(\frac{Y - \mu_2}{\sigma_2}\right)$$

이와 같이 확률변수 X의 증감에 따른 확률변수 Y의 증감 방향과 정도에 대한 측도로 상관계수가 사용된다. X와 Y의 **상관계수**는 표준화된 곱 $\left(\frac{X - \mu_1}{\sigma_1}\right)\left(\frac{Y - \mu_2}{\sigma_2}\right)$의 기댓값으로 정의되고, 이를 기호 $\mathrm{Corr}(X, Y)$로 표기한다.

일반적으로 상관계수는 두 확률변수 간에 직선관계의 강도와 방향을 나타내며, 이 값의 범위는 항상 $-1 \le \mathrm{Corr}(X, Y) \le 1$이다. 극단적인 예로 $Y = aX + b$(단, a, b는 상수, $a \ne 0$)와 같이 X와 Y가 완전한 직선관계를 가질 때, a가 양수이면 상관계수는 1, a가 음수이면 상관계수는 -1이다. 한편 상관계수에 $\sigma_1\sigma_2$를 곱하여 얻은 값 $(X-\mu_1)(Y-\mu_2)$의 기댓값을 **공분산**이라 하고, 이를 기호 $\mathrm{Cov}(X,\ Y)$로 표기한다.

정의 3-12 공분산과 상관계수

❶ $\mathrm{Cov}(X,\ Y) = E[(X-\mu_1)(Y-\mu_2)]$

❷ $\mathrm{Corr}(X,\ Y) = E\left[\left(\dfrac{X-\mu_1}{\sigma_1}\right)\left(\dfrac{Y-\mu_2}{\sigma_2}\right)\right] = \dfrac{\mathrm{Cov}(X,\ Y)}{\mathrm{sd}(X)\mathrm{sd}(Y)}$

기댓값의 성질을 이용하면 다음과 같은 공분산의 간편 계산 공식을 얻을 수 있다.

$$\begin{aligned}\mathrm{Cov}(X,\ Y) &= E[(X-\mu_1)(Y-\mu_2)]\\ &= E(XY-\mu_2X-\mu_1Y+\mu_1\mu_2)\\ &= E(XY)-\mu_2E(X)-\mu_1E(Y)+\mu_1\mu_2\\ &= E(XY)-\mu_1\mu_2\end{aligned}$$

정리 3-10 공분산의 간편 계산법

$$\mathrm{Cov}(X,\ Y) = E(XY)-E(X)E(Y)$$

예제 3-17

두 확률변수 X와 Y의 결합분포가 [표 3-14]로 주어질 때, X와 Y의 공분산과 상관계수를 각각 구하라.

표 3-14 X와 Y의 결합확률분포표

x \ y	0	1	2	3	행의 합
0	0.05	0.05	0.10	0.00	0.20
1	0.05	0.10	0.25	0.10	0.50
2	0.00	0.15	0.10	0.05	0.30
열의 합	0.10	0.30	0.45	0.15	1.00

풀이

[표 3-15], [표 3-16]과 같이 확률분포표를 작성하고 X와 Y의 평균과 분산을 구하면 다음과 같다.

표 3-15 X의 평균과 분산 계산과정

x	0	1	2	합계
$p_1(x)$	0.2	0.5	0.3	1.0
$xp_1(x)$	0.0	0.5	0.6	1.1
$x^2p_1(x)$	0.0	0.5	1.2	1.7

$\mu_1 = 1.1$

$\sigma_1^2 = 1.7 - (1.1)^2 = 0.49$

$\sigma_1 = 0.7$

표 3-16 Y의 평균과 분산 계산과정

y	0	1	2	3	합계
$p_2(y)$	0.10	0.30	0.45	0.15	1.00
$yp_2(y)$	0.00	0.30	0.90	0.45	1.65
$y^2p_2(y)$	0.00	0.30	1.80	1.35	3.45

$\mu_2 = 1.65$

$\sigma_2^2 = 3.45 - (1.65)^2 = 0.7275$

$\sigma_2 = \sqrt{0.7285} = 0.8529$

[표 3-14]를 참고하면 $E(XY) = \sum_{\text{모든 } x} \sum_{\text{모든 } y} xyp(x, y)$를 구할 수 있다. x, y, 또는 $p(x, y)$가 전부 0이 아닌 값에 대해 합을 계산하면 다음과 같다.

$$\begin{aligned} E(XY) &= 1\times1\times0.1 + 1\times2\times0.25 + 1\times3\times0.1 + 2\times1\times0.15 + 2\times2\times0.1 + 2\times3\times0.05 \\ &= 0.1 + 0.5 + 0.3 + 0.3 + 0.4 + 0.3 = 1.9 \end{aligned}$$

따라서 공분산과 상관계수는 각각 다음과 같다.

$$\mathrm{Cov}(X, Y) = 1.90 - 1.65 \times 1.1 = 0.085$$

$$\mathrm{Corr}(X, Y) = \frac{\mathrm{Cov}(X, Y)}{\sigma_1\sigma_2} = \frac{0.085}{0.70 \times 0.8529} = 0.1424$$

공분산과 상관계수에는 다음과 같은 중요한 성질이 있다.

정리 3-11 공분산과 상관계수의 성질

❶ $\mathrm{Cov}(aX+b, cY+d) = ac\mathrm{Cov}(X, Y)$ (단, a, b, c, d는 상수)

❷ $\mathrm{Corr}(aX+b, cY+d) = \begin{cases} \mathrm{Corr}(X, Y), & ac > 0\text{일 때} \\ -\mathrm{Corr}(X, Y), & ac < 0\text{일 때} \end{cases}$

[정리 3-6]을 이용하면 다음과 같은 두 확률변수의 합에 대한 분산 공식을 유도할 수 있다.

정리 3-12 두 확률변수의 합의 분산

❶ $\mathrm{Var}(X+Y)=\mathrm{Var}(X)+\mathrm{Var}(Y)+2\mathrm{Cov}(X,\ Y)$

❷ $\mathrm{Var}(X-Y)=\mathrm{Var}(X)+\mathrm{Var}(Y)-2\mathrm{Cov}(X,\ Y)$

이제 두 확률변수 X와 Y가 서로 독립일 때, 이들의 공분산, 상관계수, 합의 분산 등에 대해 살펴보자. X와 Y가 서로 독립이면 다음이 성립한다.

$$\begin{aligned} E(XY) &= \sum_{\text{모든 } x}\sum_{\text{모든 } y} xyp(x,\ y) \\ &= \sum_{\text{모든 } x}\sum_{\text{모든 } y} xyp_1(x)p_2(y) \\ &= \sum_{\text{모든 } x} xp_1(x)\sum_{\text{모든 } y} yp_2(y) \\ &= E(X)E(Y) \end{aligned}$$

이로부터 다음과 같이 X와 Y의 공분산이 0임을 알 수 있다.

$$\mathrm{Cov}(X,\ Y)=E(XY)-E(X)E(Y)=0$$

[정리 3-12]로부터 다음을 얻는다.

$$\mathrm{Var}(X\pm Y)=\mathrm{Var}(X)+\mathrm{Var}(Y)$$

정리 3-13 두 확률변수가 서로 독립인 경우

❶ $E(XY)=E(X)E(Y)$

❷ $\mathrm{Cov}(X,\ Y)=0$, $\mathrm{Corr}(X,\ Y)=0$

❸ $\mathrm{Var}(X\pm Y)=\mathrm{Var}(X)+\mathrm{Var}(Y)$

CHAPTER 03 연습문제

3.1 공정한 동전을 N번 던지는 실험이 있다. 물음에 답하라.

(a) N번째에 앞면이 나올 확률을 구하라.

(b) 처음부터 $(N-1)$번까지 앞면이 나왔다는 조건하에서 N번째에 앞면이 나올 확률을 구하라.

3.2 한 클라우드 서버 시스템에서 데이터를 처리하는 서버 4개가 병렬로 연결되어 있다. 적어도 하나의 서버가 정상적으로 작동하면 시스템은 정상적으로 작동한다. 각 서버가 고장 나는 사건은 서로 독립이며, 각 서버가 고장 날 확률이 0.03이라 한다. 이 시스템이 정상적으로 작동할 확률을 구하라.

3.3 S대학교 학생회가 학생 600명에게 새로운 캠퍼스 이벤트를 제안했고, 이에 대한 설문조사 결과는 다음과 같다. 이 설문조사 결과에서 임의로 하나의 설문지를 선택했을 때, 다음 확률을 구하라.

학부 / 의견	공학부	인문학부	예술학부	행의 합
반대	150	90	50	290
찬성	90	120	100	310
열의 합	240	210	150	600

(a) 선택된 설문지가 예술학부의 찬성 응답일 확률

(b) 선택된 설문지가 인문학부 학생의 응답일 확률

(c) 선택된 설문지가 찬성 응답이라는 것을 알 때, 공학부 학생의 설문지일 확률

3.4 흰 구슬 17개와 노란 구슬 1개가 들어 있는 주머니가 있다. 18명이 차례로 주머니에서 구슬을 하나씩 꺼내 가질 때, 물음에 답하라.

(a) 노란 구슬을 갖기 위해 첫 번째로 꺼내는 것이 유리한지 확률을 계산하여 판단하라.

(b) 만약 주머니에 흰 구슬 16개와 노란 구슬 2개가 있었다면, 꺼내는 차례에 따라 노란 구슬을 가질 확률이 달라지는지 계산하라.

3.5 트럼프 카드(52장) 중 임의로 한 장을 뽑을 때 에이스일 사건을 A, 스페이드일 사건을 B라고 하자. 물음에 답하라.

(a) A와 B는 서로 배반인가?

(b) A와 B 중 적어도 한 사건이 나타날 확률을 구하라.

(c) $A \cap B$의 확률을 구하라.

3.6 다음을 증명하라.

(a) $P(A^c) = 1 - P(A)$

(b) $A \subset B$이면 $P(A) \leq P(B)$이다.

3.7 A와 B가 독립사건일 때, A와 B^c도 독립사건인가?

3.8 X의 확률분포가 다음과 같을 때, 물음에 답하라.

x	2	3	4	5	6
$p(x)$	0.1	0.3	0.3	0.2	0.1

(a) $E(X)$를 구하라.

(b) $P(X \geq 4)$와 $P(2 \leq X \leq 4)$를 각각 구하라.

3.9 어떤 자격시험의 합격률이 80%라고 하자. 각 시험 응시자의 합격 여부는 서로 독립적이라 가정한다. 수험생 3명에 대해 합격 여부를 분석할 때, X는 합격한 수험생의 수를 나타낸다. 물음에 답하라.

(a) X의 분포를 구하라.

(b) $E(X)$, $\mathrm{Var}(X)$를 각각 구하라.

3.10 연속확률변수 X는 3D 프린터로 출력된 특정 부품의 길이를 나타낸다. 부품의 목표 길이는 12.5mm 이지만, 출력 과정에서 발생하는 다양한 오차 요인으로 인해 출력물은 항상 목표 길이보다 길게 만들어진다. 경험적으로 얻어진 X의 확률밀도함수가 다음과 같을 때, 물음에 답하라.

$$p(x) = 20e^{-20(x-12.5)}, \quad x > 12.5$$

(a) $P(X > 12.6)$을 구하라.

(b) $E(X)$, $\mathrm{Var}(X)$를 각각 구하라.

3.11 연속확률변수 X의 확률밀도함수가 다음과 같을 때, 물음에 답하라.

$$p(x) = k(4-x), \quad 0 \leq x \leq 4$$

(a) 상수 k 값을 구하라.

(b) $P(1 \leq X \leq 2)$를 구하라.

(c) $E(X)$, $\mathrm{Var}(X)$를 각각 구하라.

3.12 어느 병원에서 환자가 진료받기 위해 대기하는 시간을 확률변수 X로 나타낼 때, X의 확률밀도함수는 다음과 같이 주어진다. 단, x의 단위는 분이다.

$$p(x) = 0.1e^{-0.1x}$$

(a) 환자가 5분 이상 대기하지 않을 확률을 구하라.

(b) $E(X)$, $\mathrm{Var}(X)$, $\mathrm{sd}(X)$를 각각 구하라.

3.13 한 지역에서 자녀가 있는 가정의 가족구성원에 대한 조사를 실시했다. 각 가정에서 키우는 자녀의 수와 반려동물의 수를 각각 X와 Y로 나타낸다고 하자. 조사를 통해 얻은 X, Y의 결합확률분포가 다음과 같다.

x \ y	1	2	3
0	0.10	0.05	0.05
1	0.11	0.18	0.14
2	0.20	0.12	0.05

(a) 한 가정에서 반려동물의 수가 자녀의 수보다 많을 확률을 구하라.

(b) μ_X, μ_Y, σ_X, σ_Y, $\mathrm{Cov}(X, Y)$를 각각 구하라.

(c) $\mathrm{Corr}(X, Y)$를 구하고, 그 의미를 설명하라.

3.14 온라인 쇼핑몰에서 상품 등록 요청을 처리하는 시스템에 대해 조사했다. 등록 요청된 상품 중 80%는 등록이 완료되고, 20%는 반려된다고 한다. 상품 5개를 등록 요청했을 때, X는 등록 완료된 상품의 수를, Y는 반려된 상품의 수라고 하자. 다음을 구하라. 단, 각 상품 등록 결과는 서로 독립이다.

(a) X, Y의 결합확률분포

(b) X와 Y 각각의 주변확률분포

(c) $E(X)$, $E(Y)$, $\mathrm{Var}(X)$, $\mathrm{Var}(Y)$

(d) $\mathrm{Cov}(X, Y)$, $\mathrm{Corr}(X, Y)$

3.15 X와 Y의 결합확률분포가 오른쪽 표와 같다. 물음에 답하라.

(a) X와 Y의 주변확률분포를 구하라.

(b) $E(X)$, $\mathrm{Var}(X)$, $E(X+Y)$를 각각 구하라.

(c) X와 Y는 서로 독립인가? 그 이유를 설명하라.

x \ y	1	5	10
1	$\frac{1}{20}$	$\frac{2}{20}$	$\frac{3}{20}$
2	$\frac{4}{20}$	0	$\frac{3}{20}$
3	$\frac{2}{20}$	$\frac{4}{20}$	$\frac{1}{20}$

MEMO

CHAPTER

04

표본분포

CONTENTS

통계적 추론의 정확도를 나타낼 때 중요한 도구 중 하나가 추정량의 확률분포이고, 추정량의 확률분포를 결정짓는 중요한 요소 중 하나는 모집단 분포이다. 이 장에서는 가장 대표적인 두 모집단 분포를 소개하고, 이에 따른 여러 가지 통계량의 분포를 살펴본다. 특히 표본평균의 분포 이론에서 핵심인 중심극한정리를 소개하고, 그 의미에 대해 살펴본다.

4.1 모집단 분포로서의 베르누이 분포와 정규분포

입시에서의 합격과 불합격, 스포츠 경기에서의 승리와 패배, 사업에서의 성공과 실패, 수술 후 환자의 치유 여부 등 일상생활에서 자주 접하는 일 중에는 두 가지 가능한 결과만을 가지는 경우가 많다. 이렇게 두 가지 가능한 결과만을 가지는 실험을 **베르누이 시행**(Bernoulli trial)이라 한다. 예를 들어 동전을 던지는 실험은 결과가 앞면 또는 뒷면으로 나타나는 베르누이 시행이고, 생산 현장에서 제품의 불량 여부를 검사하는 실험은 결과가 합격 또는 불합격으로 나타나는 베르누이 시행이다. 일반적으로 베르누이 시행에서 시행 결과는 '성공(s)' 또는 '실패(f)'로 표현한다.

정의 4-1 베르누이 시행

❶ 베르누이 시행의 결과는 두 가지뿐이고, 이를 '성공(s)' 또는 '실패(f)'로 나타낼 수 있다. 따라서 표본공간은 $S=\{s,\ f\}$로, 원소가 두 개인 집합이다.

❷ 성공 확률은 $p=P(\{s\})$, 실패 확률은 $q=P(\{f\})$로 나타낸다. 따라서 $0 \le p \le 1$이고, 실패 확률은 $q=1-p$로 표현한다.

베르누이 시행에서 시행 결과에 따라 0 또는 1 값을 대응시키는 확률변수를 **베르누이 확률변수**(Bernoulli random variable)라 하고, 이 확률변수의 확률분포를 **베르누이 분포**(Bernoulli distribution)라 한다.

정의 4-2 베르누이 확률변수

베르누이 시행의 표본공간 $S=\{s,\ f\}$에서 $X(s)=1,\ X(f)=0$인 확률변수 X를 **베르누이 확률변수**라 한다.

베르누이 분포는 [표 4-1]과 같이 주어지며, 이를 '1의 확률이 p'인 베르누이 분포라 한다. 베르누이 분포는 특성값이 이원적인 모집단의 분포를 나타낼 때 사용될 수 있다. 예를 들어 새로 개발된 항암제의 효과를 연구할 때, 모집단은 '치유됨' 또는 '치유되지 않음'과 같은 이원적인 특성값을 가진다. 이를 각각 1과 0으로 나타내면, 해당 모집단의 분포는 베르누이 분포이다.

표 4-1 베르누이 분포

x	0	1
$p(x)$	$1-p$	p

예제 4-1 베르누이 분포의 평균과 분산을 구하라.

풀이

먼저 X와 X^2의 평균을 각각 구하면 다음과 같다.

$$E(X) = 1 \times p + 0 \times (1-p) = p$$
$$E(X^2) = 1^1 \times p + 0^2 \times (1-p) = p$$

따라서 평균은 p이다. 분산은 $E(X^2)$을 활용하여 구하면 다음과 같다.

$$\mathrm{Var}(X) = E(X^2) - \{E(X)\}^2 = p(1-p)$$

많은 실험에서 베르누이 시행이 독립적으로 반복되는 것을 관찰할 수 있다. 여기서 '독립적'이라는 표현은 각 시행 결과가 서로 영향을 미치지 않음을 의미한다. 즉 한 시행의 결과가 다른 시행의 결과에 아무런 영향을 주지 않는다. 한편 '반복적'이라는 표현은 각 시행에서 성공 확률이 동일하게 유지된다는 뜻이다. 이는 매 시행에서 성공과 실패 확률이 일정함을 보장한다.

예 4-1 카드 10장 중 당첨 카드 3장을 포함한 카드 더미에서 카드 2장을 단순랜덤복원추출하는 경우를 생각해보자. 이때 X_1과 X_2를 각각 첫 번째와 두 번째 시행 결과를 나타내는 베르누이 확률변수라 하고, 당첨 카드이면 '1', 아니면 '0' 값을 취한다고 하자. 첫 번째 시행 결과인 $\{X_1 = 1\}$, $\{X_1 = 0\}$은 각각 두 번째 시행 결과 $\{X_2 = 1\}$, $\{X_2 = 0\}$과 서로 독립이다. 즉 다음이 성립한다.

$$P(X_2 = 1) = P(X_2 = 1 \mid X_1 = 1) = P(X_2 = 1 \mid X_1 = 0) = \frac{3}{10}$$
$$P(X_2 = 0) = P(X_2 = 0 \mid X_1 = 1) = P(X_2 = 0 \mid X_1 = 0) = \frac{7}{10}$$

또한 $P(X_1 = 1) = P(X_2 = 1) = \frac{3}{10}$이므로 이 시행은 반복적이다. 따라서 두 시행은 독립적으로 반복 시행됨을 알 수 있다. 이때 X_1과 X_2는 서로 독립이고, 동일한 분포를 가진다.

[예 4-1]의 상황을 확장하여 카드 n장을 단순랜덤복원추출하는 경우를 생각해보자. 이때 각 시행 결과를 나타내는 확률변수를 X_1, X_2, $\cdots$, X_n이라 정의한다. 마찬가지 이유로 X_1, X_2, $\cdots$, X_n은 서로 독립이고 동일한 분포를 가진다. 이러한 특성은 4.2절에서 무한모집단의 랜덤표본을 정의할 때 유용하게 활용된다.

다음 두 가지 예는 독립적이지 않은 시행 사례를 보여준다.

예 4-2 [예 4-1]에서 단순랜덤복원추출 대신 단순랜덤비복원추출로 카드 2장을 뽑는 경우를 생각해보자. 이때 다음을 알 수 있다.

$$P(X_1=1)=\frac{3}{10},\ P(X_2=1 \mid X_1=1)=\frac{2}{9},\ P(X_2=1 \mid X_1=0)=\frac{3}{9}$$

전확률공식을 이용하면 다음과 같이 계산할 수 있다.

$$\begin{aligned}P(X_2=1) &= P(X_2=1 \mid X_1=1)P(X_1=1)+P(X_2=1 \mid X_1=0)P(X_1=0)\\ &= \frac{2}{9}\times\frac{3}{10}+\frac{3}{9}\times\frac{7}{10}=\frac{3}{10}\end{aligned}$$

따라서 [예 4-1]에서와 마찬가지로 두 시행에서 당첨 확률은 $\frac{3}{10}$으로 동일하게 유지된다. 그러나 이때 다음이 성립하므로 두 시행은 독립적이지 않다.

$$P(X_2=1) \neq P(X_2=1 \mid X_1=1)$$

예 4-3 [예 4-1]과 [예 4-2]를 일반화하여, 카드 N장 중 당첨 카드가 M장 있는 경우를 생각하자. 이때 카드 두 장을 단순랜덤비복원추출하는 경우를 생각해보자. 이때에도 [예 4-2]와 유사하게 다음이 성립한다.

$$P(X_1=1)=P(X_2=1)=\frac{M}{N},\ P(X_2=1 \mid X_1=1)=\frac{M-1}{N-1}$$

두 시행은 당첨 확률이 $\frac{M}{N}$으로 동일하지만, 다음 관계가 성립하므로 독립적이지 않다.

$$P(X_2=1) \neq P(X_2=1 \mid X_1=1)$$

[예 4-2]와 [예 4-3]에서와 같이 단순랜덤비복원추출의 경우 X_1과 X_2는 동일한 분포를 가지지만 서로 독립이 아니다. 그러나 [예 4-3]에서 모집단 크기 N이 당첨 카드 M장에 비해 충분히 크다면 다음과 같은 근사가 성립하여, X_1과 X_2는 독립에 가까워진다.

$$P(X_2=1) \approx P(X_2=1 \mid X_1=1)$$

즉 이때는 단순랜덤복원추출과 큰 차이가 없음을 알 수 있다. 일반적으로 유한모집단에서 표본을 단순랜덤비복원추출할 때, 모집단 크기 N이 표본 크기에 비해 충분히 크다면 단순랜덤복원추출과 거의 구별되지 않는다.

앞서 언급한 베르누이 분포는 특성값이 이원적인 모집단의 분포를 나타낸다. 반면 여기서 다룰 **정규분포**(normal distribution)는 특성값이 연속적이고 셀 수 없이 많은 값을 가지는 무한모집단의 분포로, 가장 대표적인 분포이다. 정규분포는 연속적인 무한모집단 분포의 대표적인 사례로, 그 확률밀도함수 $p(x)$의 그래프는 [그림 4-1]과 같다.

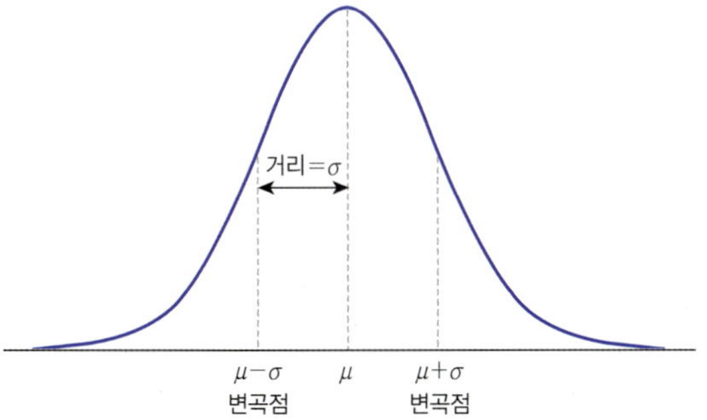

그림 4-1 정규분포의 밀도함수

정규분포의 밀도곡선은 다음과 같은 특징을 지닌다.

❶ 한 점을 중심으로 좌우 대칭이고, 이 대칭점은 모평균 μ이다.

❷ 곡선은 대칭점에서 가장 높다.

❸ 대칭점(모평균)에서 멀어질수록 곡선의 높이가 점점 낮아진다.

❹ 곡선의 변곡점은 대칭점을 기준으로 좌우 각각 모표준편차 σ만큼 떨어져 있다.

정규분포의 밀도함수는 다음과 같이 정의된다. 여기서 e는 자연로그의 밑으로, 그 값은 $2.718281845\cdots$인 무리수이다.

정의 4-3 평균이 μ이고 표준편차가 σ인 정규분포의 밀도함수

$$p(x)=\frac{1}{\sqrt{2\pi}\,\sigma}e^{-\frac{1}{2\sigma^2}(x-\mu)^2},\quad -\infty<x<\infty$$

[그림 4-2]는 정규분포에서 평균 μ와 표준편차 σ의 변화가 정규분포 곡선의 형태에 미치는 영향을 시각적으로 보여준다. [그림 4-2(a)]에서 알 수 있듯이 평균 μ의 변화는 곡선의 중심위치만 이동시키고, 곡선의 모양에는 영향을 미치지 않는다. [그림 4-2(b)]는 표준편차 σ가 정규분포 곡선의 형태를 어떻게 변화시키는지 보여준다. 표준편차 σ가 작아질수록 평균 μ 근처의 곡선 넓이가 커진다. 반대로 표준편차 σ가 커질수록 곡선은 점차 평평해진다.

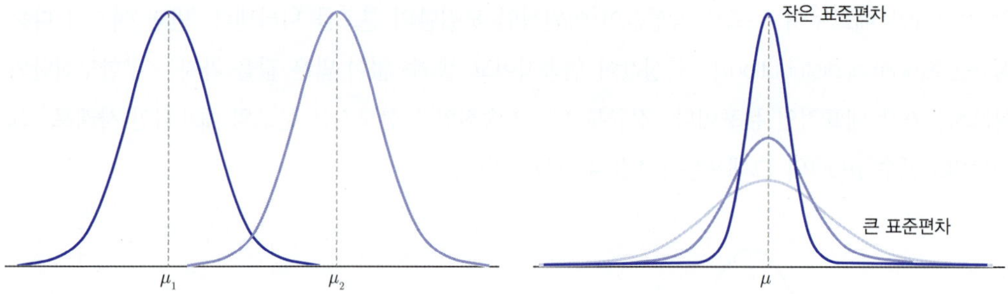

(a) 표준편차는 같고 평균이 다른 경우　　(b) 평균은 같고 표준편차가 다른 경우

그림 4-2 평균과 표준편차의 변화에 따른 정규분포의 변화

모집단에서 하나의 특성값을 관측하면, 그 관측값은 어떤 특성을 관측하느냐에 따라 달라지므로 이를 확률변수로 표현할 수 있다. 이 확률변수를 X라 하면, X의 확률분포는 모집단의 분포와 동일함이 자명하다. 따라서 정규분포를 따르는 무한모집단에서 임의의 값을 관측하면, 이 값을 나타내는 확률변수 X의 확률분포는 정규분포가 된다.

확률변수 X가 평균이 μ, 표준편차가 σ인 정규분포를 따를 때, 이를 기호 $X \sim N(\mu, \sigma^2)$으로 표기한다. 정규분포는 다음과 같은 성질을 만족한다.

정리 4-1 정규분포의 성질 1

$X \sim N(\mu, \sigma^2)$일 때, 임의의 상수 a, b에 대해 다음이 성립한다.

$$aX + b \sim N(a\mu + b,\ a^2\sigma^2)$$

[정리 4-1]로부터 $X \sim N(\mu, \sigma^2)$일 때, 다음이 성립한다.

$$\frac{X - \mu}{\sigma} \sim N(0,\ 1)$$

즉 정규분포 $N(\mu, \sigma^2)$을 따르는 확률변수 X에 대해 이를 표준화하면 표준화된 확률변수는 평균이 0, 표준편차가 1인 정규분포를 따른다. 참고로 $a = 0$이면 $aX + b = b$도 상수이고, 이때 정규분포의 분산이 0이 되어 상수로 간주되므로 수학적으로 문제가 발생하지 않는다.

정규분포를 선형변환(linear transformation)하여 평균이 0, 표준편차가 1이 되도록 만든 분포를 **표준정규분포**(standard normal distribution)라 한다. 표준정규분포를 따르는 확률변수는 흔히 Z로 표기한다. 정규분포 $N(\mu, \sigma^2)$에서 여러 가지 확률은 표준화를 통해 표준정규분포에서의 확률로 변환하여 계산할 수 있다. 이러한 변환은 정규분포의 확률 계산을 간단하게 해준다. 그렇다면 표준정규분포에서 확률을 구하는 방법을 살펴보자.

[부록 C]의 표준정규분포표에는 밀도함수 곡선 아래, z 값 왼쪽 영역에 해당하는 넓이인 $P(Z \le z)$ 값이 수록되어 있다. 이 표를 활용하면 표준정규분포와 관련된 다양한 확률을 쉽게 계산할 수 있다. R, 파이썬과 같은 통계계산 소프트웨어에서도 $P(Z \le z)$ 값을 간단히 구할 수 있는 함수가 제공되므로, 수작업 없이도 정확하고 빠르게 계산할 수 있다.

표준정규분포표를 이용한 확률의 계산

❶ $P(a \le Z \le b) = P(Z \le b) - P(Z \le a)$

❷ $P(Z \ge z) = 1 - P(Z < z)$

예제 4-2 $P(Z < -1.9$ 또는 $Z > 2.1)$을 구하라.

풀이

두 사건 $\{Z < -1.9\}$와 $\{Z > 2.1\}$은 서로 배반사건이므로, 각각의 확률을 더해 다음과 같이 구할 수 있다.

$$P(Z < -1.9 \text{ 또는 } Z > 2.1) = P(Z < -1.9) + P(Z > 2.1)$$

[부록 C]의 표준정규분포표를 이용하면 다음 값을 얻는다.

$$P(Z < -1.9) = 0.0287$$
$$P(Z > 2.1) = 1 - 0.9821 = 0.0179$$

따라서 구하는 확률은 다음과 같이 계산된다.

$$P(Z < -1.9 \text{ 또는 } Z > 2.1) = 0.0466$$

예제 4-3 $P(Z > z) = 0.025$가 되는 z 값을 구하라.

풀이

$P(Z \le z) = 1 - P(Z > z) = 1 - 0.025 = 0.975$이므로 표준정규분포표에서 z 값은 1.96이다.

[예제 4-3]과 같이 $Z \sim N(0, 1)$일 때, 0과 1 사이의 주어진 α 값에 대해 $P(Z > z) = \alpha$를 만족하는 z 값을 z_α로 표기한다. 이 값을 표준정규분포의 **제 $100(1-\alpha)$ 백분위수** 또는 **$(1-\alpha)$ 분위수(quantile)**라 한다. [그림 4-3]은 표준정규분포의 오른쪽 꼬리 부분에서 넓이가 α인 z_α의 위치를 나타낸다.

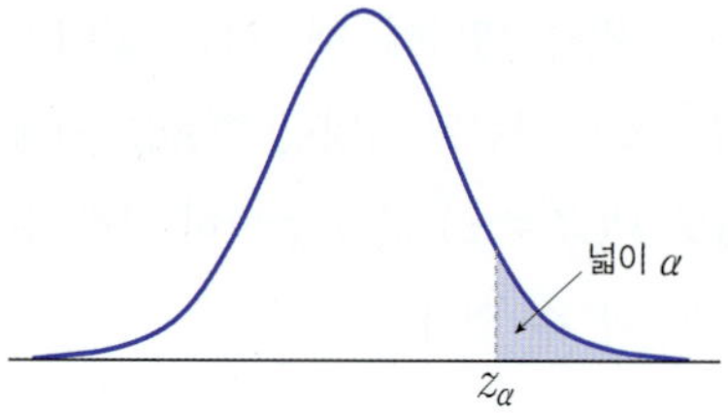

그림 4-3 z_α의 위치

표준정규분포에서 자주 사용되는 α 값으로 0.005, 0.025, 0.05 등이 있고, 이에 대응하는 z_α 값은 다음과 같다.

$$z_{0.005} = 2.58,\ z_{0.025} = 1.96,\ z_{0.05} = 1.645$$

이제 표준정규분포에 관한 확률을 이용하여 일반적인 정규분포에 관한 확률을 계산해보자. 확률변수 X가 $N(\mu,\ \sigma^2)$을 따를 때, 표준화된 확률변수 $\dfrac{X-\mu}{\sigma}$는 $N(0,\ 1)$을 따르므로 다음과 같은 관계가 성립한다.

$$P(X \le b) = P\left(\frac{X-\mu}{\sigma} \le \frac{b-\mu}{\sigma}\right) = P\left(Z \le \frac{b-\mu}{\sigma}\right)$$

$$P(a \le X \le b) = P\left(\frac{a-\mu}{\sigma} \le \frac{X-\mu}{\sigma} \le \frac{b-\mu}{\sigma}\right) = P\left(\frac{a-\mu}{\sigma} \le Z \le \frac{b-\mu}{\sigma}\right)$$

예제 4-4 통계학 수업을 듣는 학생들의 성적 분포가 근사적으로 $N(60,\ 10^2)$을 따른다고 한다. 75점 이상을 받은 학생에게 A학점을 부여할 때, A학점을 받을 학생의 비율을 근사적으로 구하라.

풀이

정규분포 $N(60,\ 10^2)$을 따르는 확률변수를 X라 하자. 75점 이상을 받은 학생의 비율은 $P(X \ge 75)$이고, 이를 다음과 같이 근사적으로 구할 수 있다.

$$P(X \ge 75) = P\left(\frac{X-60}{10} \ge \frac{75-60}{10}\right) \approx P(Z \ge 1.5) = 0.0668$$

마지막으로 정규분포의 중요한 성질을 하나 더 소개하고 이 절을 마무리하고자 한다. 이 성질은 두 확률변수가 서로 독립이고 각각 정규분포를 따를 때, 이들의 선형결합도 정규분포를 따른다는 것이다.

정리 4-2 정규분포의 성질 2

$X_1 \sim N(\mu_1, \sigma_1^2)$, $X_2 \sim N(\mu_2, \sigma_2^2)$이고 X_1과 X_2가 서로 독립이면, 임의의 상수 a_1, a_2에 대해 다음이 성립한다.

$$a_1X_1 + a_2X_2 \sim N(a_1\mu_1 + a_2\mu_2,\ a_1^2\sigma_1^2 + a_2^2\sigma_2^2)$$

예제 4-5

매일 아침 운동으로 달리기와 자전거 타기를 한다고 하자. 달리기로 소모하는 칼로리는 평균 200kcal, 표준편차 15kcal인 정규분포를 근사적으로 따르고, 자전거 타기로 소모하는 칼로리는 평균 80kcal, 표준편차 5kcal인 정규분포를 근사적으로 따른다고 한다. 이때 하루 운동하여 300 kcal 이상을 소모할 확률을 구하라.

풀이

운동으로 소모하는 총 칼로리를 S라 하자. 이는 달리기로 소모하는 칼로리와 자전거 타기로 소모하는 칼로리의 합으로 표현할 수 있다. 확률변수 S는 근사적으로 정규분포를 따르고, 평균과 분산은 각각 다음과 같다.

$$(\text{평균}) = 200 + 80 = 280,\ (\text{분산}) = 15^2 + 5^2 = 250$$

따라서 300kcal 이상을 소모할 확률은 다음과 같다.

$$\begin{aligned} P(S \geq 300) &= P\left(\frac{S-280}{\sqrt{250}} \geq \frac{300-280}{\sqrt{250}}\right) \\ &\approx P(Z \geq 1.27) = 1 - P(Z < 1.27) \\ &= 1 - 0.898 = 0.102 \end{aligned}$$

4.2 표본분포

한 여론조사 기관이 18세에서 29세 사이의 청년층을 대상으로 조사한 결과, 표본의 76.4%가 재택근무 제도에 찬성한다고 답했다. 이때 76.4%는 전체 청년층에서 재택근무를 찬성하는 비율 p에 대한 추정값으로 사용된다. 그러나 전체 청년층의 실제 찬성 비율, 즉 참값을 알 수 없으므로 이 추정값에 포함된 오차를 정확히 파악할 수는 없다. 그렇다면 이러한 추정값이 얼마나 신뢰할 수 있는지를 어떻게 표현할 수 있을까? 여기서 0.764(76.4%)는 뽑힌 특정 표본에 대해 계산된 추정값이고, 추정량은 다음과 같은 식으로 표현한다.

$$(\text{표본비율}) = \frac{\text{찬성자의 수}}{\text{표본 크기}}$$

통계적 추정에서 추정의 정확성을 논할 때, 표본 하나에서 얻은 추정값만으로 판단하지 않는다. 대신, 모든 가능한 표본에 대해 계산된 추정값의 오차를 고려한다. 다시 말해, 0.764와 같은 하나의 추정값을 바탕으로 추정방법의 정확도를 판단하는 것은 적절하지 않으며, 모든 가능한 표본의 표본비율 값을 고려하여 판단한다. 이는 주식 예측을 한 번 성공시킨 금융 전문가의 실력을 단번에 높게 평가하지 않는 것과 같다.

추정의 정확성은 모든 가능한 표본의 추정값 중 오차가 주어진 값 이하인 것이 전체의 몇 퍼센트인지를 계산하여 나타낸다. 즉 표본을 랜덤하게 선택할 때, 이 표본에서 계산된 추정값의 오차가 주어진 값 이하일 확률을 계산하여 나타내는 것이다.

예를 들어 재택근무 제도 찬반 여부에 대한 모집단을 {찬성, 반대, 찬성, 반대, 찬성}으로 하고 크기 3인 표본을 단순랜덤비복원추출로 뽑아 재택근무 찬성 모비율 p를 추정하는 상황을 가정하자. 이때 실제 모비율은 $p = 0.6$이고, 가능한 표본과 각 표본이 선택될 확률은 [표 4-2]와 같다.

표 4-2 표본의 종류와 그 확률

가능한 표본	확률	표본비율의 값	오차
{찬성, 찬성, 찬성}	$\frac{1}{10}$	1	0.4
{찬성, 찬성, 반대}	$\frac{6}{10}$	$\frac{2}{3}$	0.067
{찬성, 반대, 반대}	$\frac{3}{10}$	$\frac{1}{3}$	−0.267

따라서 랜덤하게 표본을 하나 뽑았을 때, 추정값의 오차 절댓값이 0.1 이하일 확률은 0.6이고, 0.3 이하일 확률은 0.9임을 알 수 있다. 이때 표본비율은 표본추출의 결과에 따라 하나의 수를 대응시키는 확률변수이자 통계량이다. [표 4-2]의 가운데 두 열은 이러한 통계량의 확률분포를 보여주는데, 이 확률분포를 **표본분포**(sampling distribution)라 한다. 결국 특정 추정량(통계량)의 표본분포는 추정값이 얼마나 신뢰할 수 있는지 평가하는 도구이고, 추정의 정확도를 정량적으로 나타내는 데 중요한 역할을 한다.

예제 4-6 유한모집단 {2, 2, 4, 5}에서 크기 2인 표본을 단순랜덤비복원추출했을 때, 표본평균의 분포를 구하라.

풀이

가능한 표본과 표본평균의 값은 [표 4-3]과 같다.

표 4-3 [예제 4-6]의 표본과 그 평균

가능한 표본	{2, 2}	{2, 4}	{2, 5}	{2, 4}	{2, 5}	{4, 5}
표본평균	2	3	3.5	3	3.5	4.5

[표 4-3]에서 각 표본이 뽑힐 확률은 모두 $\frac{1}{6}$이므로 표본평균의 분포는 [표 4-4]와 같다.

표 4-4 [예제 4-6]의 표본분포표

표본평균의 값	2	3	3.5	4.5
확률	$\frac{1}{6}$	$\frac{1}{3}$	$\frac{1}{3}$	$\frac{1}{6}$

어떤 통계량의 표본분포는 모집단의 분포와 표본 추출 방법에 따라 달라진다. 예를 들어 앞서 재택근무 제도 찬반 조사의 사례에서, 모집단의 모비율 p가 0.6이 아니라 0.8이라면, 크기 3인 표본을 단순랜덤비복원추출로 뽑았을 때 표본비율의 표본분포는 [표 4-2]와 다르게 나타날 것이다. 또한 모집단이 동일하더라도 표본 추출 방법이 단순랜덤비복원추출이 아닌 단순랜덤복원추출일 때도 표본비율의 표본분포는 달라질 것이다.

유한모집단에서 단순랜덤비복원추출로 뽑은 표본을 **랜덤표본**(random sample)이라 한다. 모집단의 특성값이 수이면, 크기 n인 랜덤표본은 흔히 $X_1,\ X_2,\ \cdots,\ X_n$으로 표현한다. 여기서 X_i는 확률변수로서 i번째로 뽑힌 추출단위의 특성값을 나타낸다. 특성값이 '찬성', '반대'와 같이 수가 아니어도 이를 각각 '1', '0'으로 변환하여 크기 n인 랜덤표본 $X_1,\ X_2,\ \cdots,\ X_n$으로 나타낼 수 있다.

무한모집단에서의 랜덤표본을 정의하기 위해, 충분히 큰 유한모집단에서 랜덤표본의 성질을 살펴보자. 4.1절에서 논의한 바와 같이, 유한모집단에서의 단순랜덤비복원추출은 모집단 크기가 표본 크기에 비해 충분히 크면 단순랜덤복원추출과 거의 구별되지 않는다. 따라서 모집단이 충분히 크면 랜덤표본 $X_1,\ X_2,\ \cdots,\ X_n$은 단순랜덤복원추출로 얻은 표본과 유사한 성질을 가진다. 단순랜덤복원추출로 뽑은 표본 $X_1,\ X_2,\ \cdots,\ X_n$은 다음 두 가지 성질을 가지고 있음을 4.1절에서 다뤘다.

❶ 각 확률변수 X_1, X_2, $\cdots$, X_n의 분포는 모집단 분포와 동일하다.

❷ X_1, X_2, $\cdots$, X_n은 서로 독립이다. 즉, 확률변수 사이에 아무런 확률적 관계가 없다.

모집단이 충분히 클 때 유한모집단에서 랜덤표본 X_1, X_2, $\cdots$, X_n은 위의 성질 ❶, ❷와 유사한 성질을 만족한다. 따라서 무한모집단에서 랜덤표본은 위의 성질 ❶, ❷를 만족하는 X_1, X_2, $\cdots$, X_n으로 정의된다. 지금까지의 내용을 정리하면 다음과 같다.

정의 4-4 랜덤표본

❶ 유한모집단 : 단순랜덤비복원추출로 뽑은 표본

❷ 무한모집단 : 다음 두 조건 (i), (ii)를 만족하는 X_1, X_2, $\cdots$, X_n

(i) X_1, X_2, $\cdots$, X_n 각각의 분포는 모집단 분포와 동일하다.

(ii) X_1, X_2, $\cdots$, X_n은 서로 독립이다.

유한모집단의 랜덤표본은 표본분포를 정확히 유도하는 과정이 일반적으로 매우 복잡하고 어렵다. 따라서 모집단이 충분히 크면 이를 무한모집단의 랜덤표본으로 간주하여 표본분포를 구하고, 이를 실제 표본분포의 근사분포로 사용한다. 이 책에서는 5장 이후 모든 추정과 검정 과정에서 무한모집단의 랜덤표본을 전제로 논의한다는 점을 미리 밝혀 둔다.

4.3 이항분포

이 절에서는 모집단의 특성값이 '찬성'과 '반대', '양호'와 '불량', '성공'과 '실패'처럼 두 가지로 분류되는 경우를 살펴보자.

특성값이 '1'과 '0'처럼 이원적으로 구분되고, '1'의 비율이 p(단, $0 < p < 1$)인 무한모집단을 가정하자. 이 모집단에서 랜덤표본 X_1, X_2, $\cdots$, X_n은 서로 독립이고, 각각 '1'의 확률이 p인 베르누이 분포를 따른다. 이때 '1'의 관측을 '성공', '0'의 관측을 '실패'로 간주하면 X_1, X_2, $\cdots$, X_n은 성공 확률이 p인 베르누이 시행을 n번 반복한 결과로 볼 수 있다. 확률변수 X를 표본에서 '1'의 개수로 정의하면, 이는 성공 횟수를 나타내고 다음과 같이 표현한다.

$$X = X_1 + \cdots + X_n$$

이와 같이 성공 확률이 p인 베르누이 시행을 n번 반복할 때 성공 횟수 X의 분포를 **이항분포**(binomial distribution)라 하고, 이를 기호 $B(n,\ p)$로 나타낸다. 특히 $n=1$이면 '1'의 확률이 p인 베르누이 분포이다. 이항분포의 확률질량함수는 다음과 같이 주어진다.

정의 4-5 이항분포

시행 횟수가 n이고, 성공 확률이 p일 때

$$p(x)=\binom{n}{x}p^x(1-p)^{n-x}\ (\text{단},\ x=0,\ 1,\ \cdots,\ n)$$

[정의 4-5]의 식에서 $\binom{n}{x}$는 **이항계수**(binomial coefficient)로서, 이는 $(a+b)^n$의 이항전개식에서 $a^{n-x}b^x$의 계수에 해당한다. 즉 이항전개식은 다음과 같이 이항계수로 표현할 수 있다.

$$(a+b)^n = a^n + \binom{n}{1}a^{n-1}b + \binom{n}{2}a^{n-2}b^2 + \cdots + \binom{n}{x}a^{n-x}b^x + \cdots + b^n$$

이항계수 $\binom{n}{x}$는 파스칼 삼각형(Pascal's triangle)을 이용하여 쉽게 구할 수 있다.

이항분포의 모양은 p 값에 따라 달라진다. 이를 확인하기 위해, $n=6$일 때 $p=0.3,\ 0.5,\ 0.7$에 대한 이항분포를 각각 [그림 4-4]의 (a)~(c)에 나타냈다.

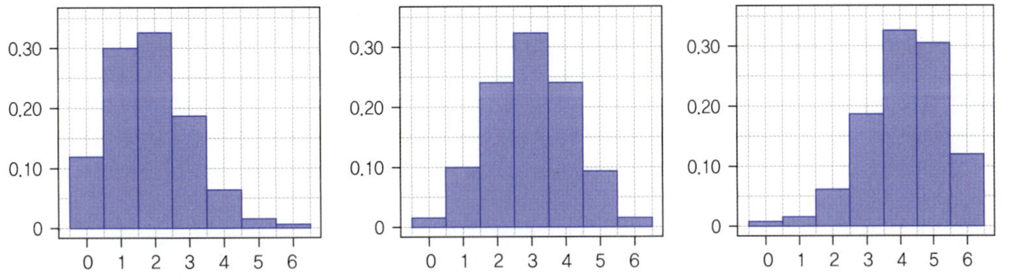

(a) $n=6,\ p=0.3$ (b) $n=6,\ p=0.5$ (c) $n=6,\ p=0.7$

그림 4-4 $n=6$일 때 이항분포

[그림 4-4(b)]와 같이 $p=0.5$일 때 이항분포의 모양은 대칭이다. 반면에 [그림 4-4(a)]와 같이 $p<0.5$일 때 이항분포는 **오른쪽으로 치우친**(skewed to the right)[1] 모양이고, [그림 4-4(c)]와 같이 $p>0.5$일 때 이항분포는 **왼쪽으로 치우친**(skewed to the left) 모양이다.

1 오른쪽으로 치우친 분포는 중앙값을 기준으로 왼쪽보다 오른쪽에 더 먼 거리의 값들이 존재하여, 평균이 중앙값에 비해 오른쪽으로 치우친 분포를 나타낸다. 따라서 이를 **오른쪽 꼬리가 긴 분포**라고도 표현한다.

예제 4-7 5지 선다형 문제로 구성된 20문항의 시험에서 무작위로 답을 선택할 때, 다음 확률을 구하라.

(a) 정답을 하나도 맞히지 못할 확률

(b) 정답을 4개 이상 6개 이하 맞힐 확률

(c) 정답을 2개 이상 맞힐 확률

풀이

20문항 중 정답 개수를 확률변수 X라 하면, X는 이항분포 $B(20, 0.2)$를 따른다. 따라서 다음과 같이 계산할 수 있다.

(a) $P(X=0)=\binom{20}{0}\times 0.2^0\times 0.8^{20}=0.012$

(b) $P(4\le X\le 6)=P(X=4)+P(X=5)+P(X=6)$

$$=\binom{20}{4}\times 0.2^4\times 0.8^{16}+\binom{20}{5}\times 0.2^5\times 0.8^{15}+\binom{20}{6}\times 0.2^6\times 0.8^{14}=0.502$$

(c) $P(X\ge 2)=1-P(X=0)-P(X=1)$

$$=1-\binom{20}{0}\times 0.2^0\times 0.8^{20}-\binom{20}{1}\times 0.2^1\times 0.8^{19}=0.931$$

예제 4-8 한 택배 회사의 정시 배달 성공률은 95%로 알려져 있다. 배송 20건을 단순랜덤추출하여 조사했을 때, 표본에서 정시 배달률이 90% 이하일 확률을 구하라.

풀이

배송 20건 중 정시 배달 실패 건수를 확률변수 X라 하면, X는 근사적으로 이항분포 $B(20, 0.05)$를 따른다. 표본에서 정시 배달 성공률이 90% 이하라는 것은 정시 배달 실패율 $\frac{X}{20}$가 10% 이상이라는 뜻이다. 이를 식으로 나타내어 계산하면 다음과 같다.

$$P\left(\frac{X}{20}\ge 0.1\right)=P(X\ge 2)=1-P(X=0)-P(X=1)=0.264$$

확률변수 X_1, X_2, $\cdots$, X_n이 서로 독립이고 '1'의 확률이 p인 베르누이 분포 $B(1, p)$를 따른다고 하자. 이때 확률변수의 합 $X=X_1+\cdots+X_n$은 이항분포 $B(n, p)$를 따른다는 사실을 이미 배웠다. 이 성질을 이용하면 이항분포의 평균과 분산을 쉽게 유도할 수 있다.

$$E(X)=E(X_1)+\cdots+E(X_n)=np$$
$$\mathrm{Var}(X)=\mathrm{Var}(X_1)+\cdots+\mathrm{Var}(X_n)=np(1-p)$$

> **정리 4-3 이항분포 $B(n, p)$의 평균과 분산**
>
> ❶ 평균 : np
>
> ❷ 분산 : $np(1-p)$

4.4 표본평균의 분포

모집단의 특성값이 '0'과 '1'로 이원적이면 모평균은 모비율에 해당하고, 표본평균은 표본비율을 나타낸다. 참고로 표본비율의 표본분포는 4.3절에서 알아보았다. 이 절에서는 일반적인 모집단에서 표본평균의 분포에 대한 몇 가지 기본 성질을 알아보고, 주로 무한모집단인 경우를 논의하고자 한다.

모평균 μ, 모분산 σ^2인 무한모집단의 랜덤표본 X_1, X_2, $\cdots$, X_n이 있다고 하자. 이때 표본평균 $\overline{X}$는 다음과 같이 정의된다.

$$\overline{X} = \frac{1}{n}(X_1 + \cdots + X_n)$$

기댓값 $E(\overline{X})$와 분산 $\text{Var}(\overline{X})$는 각각 $\overline{X}$의 표본분포에서 중심위치와 산포의 크기를 나타낸다. 먼저 표본평균의 기댓값 $E(\overline{X})$를 구해보자. 랜덤표본의 정의에 따라 $E(X_i) \equiv \mu$이므로 다음과 같다.

$$\begin{aligned} E(\overline{X}) &= \frac{1}{n}E(X_1 + \cdots + X_n) \\ &= \frac{1}{n}\{E(X_1) + \cdots + E(X_n)\} \\ &= \mu \end{aligned}$$

다음으로 표본평균의 분산 $\text{Var}(\overline{X})$를 구해보자. X_1, X_2, $\cdots$, X_n이 서로 독립이고 $i=1$, 2, $\cdots$, n에 대해 $\text{Var}(X_i) \equiv \sigma^2$이므로 다음과 같다.

$$\begin{aligned} \text{Var}(\overline{X}) &= \frac{1}{n^2}\text{Var}(X_1 + \cdots + X_n) \\ &= \frac{1}{n^2}\{\text{Var}(X_1) + \cdots + \text{Var}(X_n)\} \\ &= \frac{\sigma^2}{n} \end{aligned}$$

정리 4-4 표본평균의 분포에 관한 성질 1

모평균이 μ, 모분산이 σ^2인 모집단에서 크기 n인 랜덤표본의 표본평균 $\overline{X}$에 대해 다음이 성립한다.

❶ $E(\overline{X})=\mu$ ❷ $\mathrm{Var}(\overline{X})=\dfrac{\sigma^2}{n}$ ❸ $\mathrm{sd}(\overline{X})=\dfrac{\sigma}{\sqrt{n}}$

참고 모평균이 μ, 모분산이 σ^2, 크기가 N인 유한모집단에서는 다음이 성립한다.

$$E(\overline{X})=\mu,\quad \mathrm{Var}(\overline{X})=\frac{N-n}{N-1}\times\frac{\sigma^2}{n}$$

[정리 4-4]에 따르면 표본평균 $\overline{X}$의 평균은 모집단의 평균과 동일하고, 표본 크기 n이 커질수록 분산이 점점 0에 가까워진다. 이는 표본 크기가 충분히 클 때, 표본평균 $\overline{X}$가 모집단의 평균 μ 근처에 매우 밀집된 형태로 분포한다는 사실을 나타낸다.

특히 모집단이 정규분포 $N(\mu,\ \sigma^2)$을 따르면, [정리 4-1]에 따라 $\overline{X}$의 분포 또한 정규분포이다. 표본평균 $\overline{X}$의 평균과 분산은 각각 μ, $\dfrac{\sigma^2}{n}$이므로 표본평균의 분포는 다음과 같이 표현할 수 있다.

$$\overline{X}\sim N\left(\mu,\ \frac{\sigma^2}{n}\right)$$

정리 4-5 표본평균의 분포에 관한 성질 2

모집단이 정규분포 $N(\mu,\ \sigma^2)$을 따를 때, 표본평균 $\overline{X}$는 다음 정규분포를 따른다.

$$N\left(\mu,\ \frac{\sigma^2}{n}\right)$$

한편 모집단이 정규분포를 따르지 않으면 [정리 4-5]가 그대로 적용되지 않는다. 하지만 표본 크기 n이 충분히 크면 모집단 분포의 형태와 상관없이 표본평균 $\overline{X}$의 분포는 점차 정규분포에 가까워진다. 이를 **중심극한정리**(central limit theorem)라 한다.

정리 4-6 표본평균의 분포에 관한 성질 3

평균이 μ이고 분산이 σ^2인 임의의 모집단에서 표본 크기 n이 충분히 크면, 랜덤표본의 표본평균 $\overline{X}$는 근사적으로 정규분포 $N\left(\mu,\ \frac{\sigma^2}{n}\right)$을 따른다. 즉 n이 충분히 클 때 다음 근사가 성립한다.

$$\frac{\overline{X}-\mu}{\sigma/\sqrt{n}} \doteq N(0,\ 1)$$

중심극한정리에서 주목할 만한 점은 모집단의 분포 형태와 관계없이, 표본 크기 n이 충분히 클 때 표본평균 $\overline{X}$는 근사적으로 정규분포를 따른다는 사실이다. 이는 정규분포가 통계적 추론에서 중추적인 역할을 하는 주요 이유 중 하나로 꼽힌다. 다만 이 절에서는 중심극한정리를 수리적으로 증명하기보다 구체적인 예를 통해 이를 직관적으로 이해하려고 한다.

예 4-4 **(중심극한정리의 예시)** 모집단 분포가 0, 1, ⋯, 9의 각 정수를 택할 확률이 동일하게 0.1인 이산확률분포라 하자. 이 모집단에서 크기 5인 랜덤표본을 100개 추출하고, 각 표본평균 $\overline{X}$를 계산한 결과가 [표 4-5]에 정리되어 있다.

표 4-5 [예 4-4]의 모집단 분포에서 추출한 크기 5의 랜덤표본

표본 번호	관측값	합계	평균	표본 번호	관측값	합계	평균
1	4, 7, 9, 0, 6	26	5.2	51	4, 7, 3, 8, 8	30	6.0
2	7, 3, 7, 7, 4	28	5.6	52	2, 0, 3, 3, 2	10	2.0
3	0, 4, 6, 9, 2	21	4.2	53	4, 4, 2, 6, 3	19	3.8
4	7, 6, 1, 9, 1	24	4.8	54	1, 6, 4, 0, 6	17	3.4
5	9, 0, 2, 9, 4	24	4.8	55	2, 4, 5, 8, 9	28	5.6
6	9, 4, 9, 4, 2	28	5.6	56	1, 5, 5, 4, 0	15	3.0
7	7, 4, 2, 1, 6	20	4.0	57	3, 7, 5, 4, 3	22	4.4
8	4, 4, 7, 7, 9	31	6.2	58	3, 7, 0, 7, 6	23	4.6
9	8, 7, 6, 0, 5	26	5.2	59	4, 8, 9, 5, 9	35	7.0
10	7, 9, 1, 0, 6	23	4.6	60	6, 7, 8, 2, 9	32	6.4
11	1, 3, 6, 5, 7	22	4.4	61	7, 3, 6, 3, 6	25	5.0
12	3, 7, 5, 3, 2	20	4.0	62	7, 4, 6, 0, 1	18	3.6
13	5, 6, 6, 5, 0	22	4.4	63	7, 9, 9, 7, 5	37	7.4
14	9, 9, 6, 4, 1	29	5.8	64	8, 0, 6, 2, 7	23	4.6
15	0, 0, 9, 5, 7	21	4.2	65	6, 5, 3, 6, 2	22	4.4
16	4, 9, 1, 1, 6	21	4.2	66	5, 0, 5, 2, 9	21	4.2
17	9, 4, 1, 1, 4	19	3.8	67	2, 9, 4, 9, 1	25	5.0
18	6, 4, 2, 7, 3	22	4.4	68	9, 5, 2, 2, 6	24	4.8
19	9, 4, 4, 1, 8	26	5.2	69	0, 1, 4, 4, 4	13	2.6
20	8, 4, 6, 8, 3	29	5.8	70	5, 4, 0, 5, 2	16	3.2
21	5, 2, 2, 6, 1	16	3.2	71	1, 1, 4, 2, 0	8	1.6

22	2, 2, 9, 1, 0	14	2.8	72	9, 5, 4, 5, 9	32	6.4
23	1, 4, 5, 8, 8	26	5.2	73	7, 1, 6, 6, 9	29	5.8
24	8, 1, 6, 3, 7	25	5.0	74	3, 5, 0, 0, 5	13	2.6
25	1, 2, 0, 9, 6	18	3.6	75	3, 7, 7, 3, 5	25	5.0
26	8, 5, 3, 0, 0	16	3.2	76	7, 4, 7, 6, 2	26	5.2
27	9, 5, 8, 5, 0	27	5.4	77	8, 1, 0, 9, 1	19	3.8
28	8, 9, 1, 1, 8	27	5.4	78	6, 4, 7, 9, 3	29	5.8
29	8, 0, 7, 4, 0	19	3.8	79	7, 7, 6, 9, 7	36	7.2
30	6, 5, 5, 3, 0	19	3.8	80	9, 4, 2, 9, 9	33	6.6
31	4, 6, 4, 2, 1	17	3.4	81	3, 3, 3, 3, 3	15	3.0
32	7, 8, 3, 6, 5	29	5.8	82	8, 7, 7, 0, 3	25	5.0
33	4, 2, 8, 5, 2	21	4.2	83	5, 3, 2, 1, 1	12	2.4
34	7, 1, 9, 0, 9	26	5.2	84	0, 4, 5, 2, 6	17	3.4
35	5, 8, 4, 1, 4	22	4.4	85	3, 7, 5, 4, 1	20	4.0
36	6, 4, 4, 5, 1	20	4.0	86	7, 4, 5, 9, 8	33	6.6
37	4, 2, 1, 1, 6	14	2.8	87	3, 2, 9, 0, 5	19	3.8
38	4, 7, 5, 5, 7	28	5.6	88	4, 6, 6, 3, 3	22	4.4
39	9, 0, 5, 9, 2	25	5.0	89	1, 0, 9, 3, 7	20	4.0
40	3, 1, 5, 4, 5	18	3.6	90	2, 9, 6, 8, 5	30	6.0
41	9, 8, 6, 3, 2	28	5.6	91	4, 8, 0, 7, 6	25	5.0
42	9, 4, 2, 2, 8	25	5.0	92	5, 6, 7, 6, 3	27	5.4
43	8, 4, 7, 2, 2	23	4.6	93	3, 6, 2, 5, 6	22	4.4
44	0, 7, 3, 4, 9	23	4.6	94	0, 1, 1, 8, 4	14	2.8
45	0, 2, 7, 5, 2	16	3.2	95	3, 6, 6, 4, 5	24	4.8
46	7, 1, 9, 9, 9	35	7.0	96	9, 2, 9, 8, 6	34	6.8
47	4, 0, 5, 9, 4	22	4.4	97	2, 0, 0, 7, 7	16	3.2
48	5, 8, 6, 3, 3	25	5.0	98	0, 4, 5, 0, 5	14	2.8
49	4, 5, 0, 5, 3	17	3.4	99	0, 3, 7, 3, 9	22	4.4
50	7, 7, 2, 0, 1	17	3.4	100	2, 5, 0, 0, 7	14	2.8

이 100개의 표본평균 $\overline{X}$를 대상으로 히스토그램을 그리면 [그림 4-5]와 같이 나타난다.

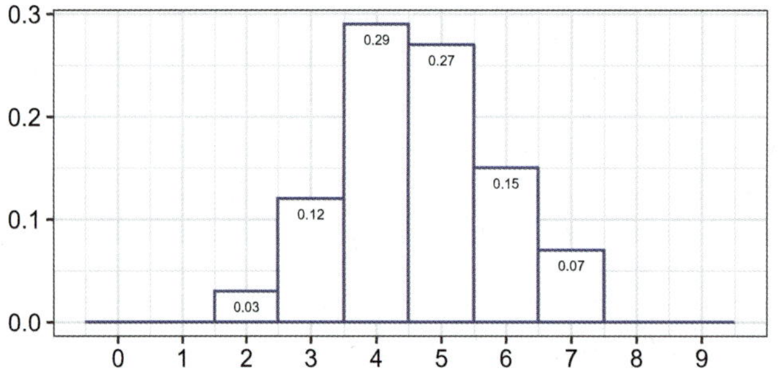

그림 4-5 [표 4-5]에 주어진 $\overline{X}$ 값들의 히스토그램

[그림 4-5]를 통해 알 수 있듯이 모집단 분포가 정규분포와 전혀 유사하지 않고 표본 크기 또한 5밖에 되지 않더라도 $\overline{X}$의 히스토그램은 정규분포에 가까운 형태를 띤다. 물론 표본 크기가 증가할수록 $\overline{X}$의 분포는 정규분포에 더욱 근접한 형태로 나타날 것이다.

유용한 근삿값을 얻기 위한 표본 크기는 모집단의 형태가 정규분포와 얼마나 유사한지에 따라 다르다. 모집단이 정규분포를 따르면, 표본평균 $\overline{X}$의 분포는 언제나 정규분포를 따른다. 모집단이 정규분포를 따르지 않더라도 표본 크기가 $n > 30$이면, 중심극한정리에 의해 표본평균의 분포가 근사적으로 정규분포에 가까워진다. 일반적으로 이 정도만 되어도 정규분포로의 근사가 충분히 만족스러운 수준에 도달한다고 알려져 있다.

예제 4-9 한 식품 회사에서 새로 개발한 음료의 평균 칼로리가 168kcal이고 표준편차가 6 kcal로 알려져 있다. 음료 100개를 단순랜덤추출했을 때, 표본평균이 167kcal 이상 169kcal 이하일 확률을 구하라.

풀이

표본 크기 $n=100$이 충분히 크므로, 중심극한정리에 의해 $\overline{X}$는 근사적으로 정규분포를 따른다. $\overline{X}$의 평균은 $\mu=168$이고 표준편차는 $\dfrac{\sigma}{\sqrt{n}}=0.6$이므로, $Z \sim N(0, 1)$로 표준화하면 구하는 확률은 다음과 같다.

$$
\begin{aligned}
P(167 \leq \overline{X} \leq 169) &= P\left(\frac{167-168}{0.6} \leq \frac{\overline{X}-168}{0.6} \leq \frac{169-168}{0.6}\right) \\
&\approx P(-1.67 \leq Z \leq 1.67) \\
&= 0.9525 - 0.0475 = 0.9050
\end{aligned}
$$

이러한 근사 성질은 특히 이항분포에서 유용하다. 이항분포 $B(n,\ p)$에서 n이 크면 여러 확률을 직접 계산하는 것이 어려워지지만, 중심극한정리를 적용하면 근사적으로 쉽게 구할 수 있다. $X_1,\ \cdots,\ X_n$이 베르누이 분포 $B(1,\ p)$를 따르는 무한모집단의 랜덤표본일 때, 다음과 같이 정의되는 확률변수는 이항분포 $B(n,\ p)$를 따른다.

$$X = X_1 + \cdots + X_n$$

이 경우, 모평균은 모비율 p이고 모분산은 $p(1-p)$이다. 따라서 표본평균은 표본비율로 나타낼 수 있고, $\hat{p} = \dfrac{X}{n}$이다. 중심극한정리에 따르면 n이 충분히 클 때 다음과 같은 근사가 성립한다.

$$\frac{\hat{p}-p}{\sqrt{\frac{p(1-p)}{n}}}=\frac{X-np}{\sqrt{np(1-p)}} \doteq N(0,\ 1)$$

이항분포의 정규근사

이항분포 $B(n,\ p)$를 따르는 확률변수 X는 n이 충분히 클 때($np \geq 5,\ n(1-p) \geq 5$) 근사적으로 정규분포 $N(np,\ np(1-p))$를 따른다. 즉 다음이 성립한다.

$$\frac{X-np}{\sqrt{np(1-p)}}=\frac{\hat{p}-p}{\sqrt{\frac{p(1-p)}{n}}} \doteq N(0,\ 1)$$

[그림 4-6]은 이항분포 $B(15,\ 0.6)$을 정규분포 $N(9,\ 3.6)$으로 근사한 결과를 보여준다. 이 그림에서 표본 크기 n은 15로 다소 작지만, $np=15\times 0.6=9>5$이므로 근사 정도는 상당히 좋은 것으로 나타난다.

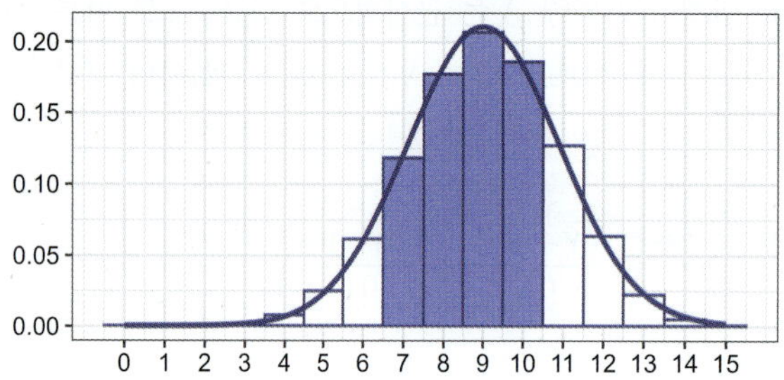

그림 4-6 이항분포 $B(15,\ 0.6)$의 히스토그램과 이를 근사하는 정규분포곡선

예제 4-10 X가 이항분포 $B\left(100,\ \frac{1}{5}\right)$을 따를 때, 다음 확률의 근삿값을 구하라.

(a) $P(X \leq 21)$

(b) $P(15 \leq X \leq 19)$

풀이

$np=100\times\frac{1}{5}=20,\ \sqrt{np(1-p)}=\sqrt{100\times\frac{1}{5}\times\frac{4}{5}}=4$이다. $Z\sim N(0,\ 1)$로 표준화하면 구하는 확률은 다음과 같다.

(a) $P(X \leq 21)=P\left(\frac{X-20}{4} \leq \frac{21-20}{4}\right) \approx P(Z \leq 0.25)=0.5987$

(b) $P(15 \le X \le 19) = P\left(\frac{15-20}{4} \le \frac{X-20}{4} \le \frac{19-20}{4}\right) \approx P(-1.25 \le Z \le -0.25)$

$= 0.4013 - 0.1056 = 0.2957$

참고 정규분포에서 확률은 넓이로 계산된다. [그림 4-6]에서 이항분포의 $P(7 \le X \le 10)$은 색칠된 영역의 넓이를 의미하고, 이를 정규분포 $N(9,\ 3.6)$의 넓이로 근사할 때 구간을 7부터 10까지가 아니라 6.5부터 10.5까지로 두면 근사의 정밀도를 높일 수 있다. 이를 수식으로 표현하면 다음과 같다.

$$\begin{aligned} P(7 \le X \le 10) &= P(6.5 \le X \le 10.5) \\ &\approx P\left(\frac{6.5-9}{\sqrt{3.6}} \le Z \le \frac{10.5-9}{\sqrt{3.6}}\right) = P(-1.318 \le Z \le 0.791) \\ &= 0.692 \end{aligned}$$

이는 실제 확률인 $P(7 \le X \le 10) = 0.688$에 상당히 근접한 값이다. 일반적으로 이와 같은 수정은 연속확률분포를 이용하여 이산확률분포의 확률을 근사할 때 근사의 정밀도를 높이는 데 유용하다. 이를 **연속성 수정**(continuity correction)이라 한다.

4.5 카이제곱, t, F 분포

이 절에서는 여러 통계적 추론에서 다양하게 활용되는 중요한 표본분포를 다룬다.

정규분포 $N(\mu,\ \sigma^2)$에서 추출된 랜덤표본을 $X_1,\ \cdots,\ X_n$이라 하자. 다음과 같이 정의되는 표본분산 S^2에 대한 표본분포는 σ^2의 추론에 유용하게 쓰인다.

$$S^2 = \frac{1}{n-1}\sum_{i=1}^{n}(X_i - \overline{X})^2$$

이때 표본분산 S^2과 관련된 분포로 **카이제곱분포**(chi-squared distribution)가 있다.

정의 4-6 카이제곱분포

확률변수 $Z_1,\ \cdots,\ Z_k$가 표준정규분포 $N(0,\ 1)$의 랜덤표본일 때, 다음과 같이 정의되는 통계량의 분포를 자유도(degrees of freedom) k인 **카이제곱분포**라 한다.

$$Z_1^2 + \cdots + Z_k^2$$

이를 다음과 같은 기호로 표기한다.

$$Z_1^2 + \cdots + Z_k^2 \sim \chi^2(k)$$

카이제곱분포의 형태는 자유도에 따라 달라지며, 그 대략적인 모양은 [그림 4-7]과 같다. [그림 4-7]에서 확인할 수 있듯이 카이제곱분포는 왼쪽에 확률이 집중되고 오른쪽으로 긴 꼬리를 가지는 비대칭 형태이다. 이러한 특성은 카이제곱분포가 $Z_1^2+\ \cdots\ +Z_k^2$으로 정의되고, 각각의 Z_i가 주로 0 근처에 분포하는 확률변수이기 때문이다.

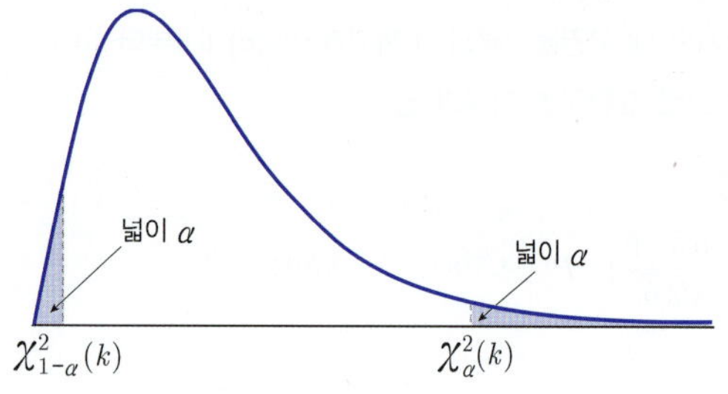

그림 4-7 카이제곱분포의 형태

카이제곱분포의 확률밀도함수를 직접 유도하는 과정은 복잡하고, 이 책의 범위를 벗어나므로 구체적인 설명은 생략한다. 자유도 k인 카이제곱분포의 $(1-\alpha)$분위수는 $\chi^2_\alpha(k)$로 표기하고, $V\sim\chi^2(k)$일 때 다음 관계를 만족한다.

$$P(V\geq\chi^2_\alpha(k))=\alpha$$

[그림 4-7]에서 이러한 분위수의 개념을 시각적으로 확인할 수 있다. 예를 들어 자유도 $k=4$와 특정 α 값에 대한 분위수는 다음과 같다.

$$\chi^2_{0.995}(4)=0.21,\ \ \chi^2_{0.975}(4)=0.48,\ \ \chi^2_{0.05}(4)=9.49$$

카이제곱분포에 관련된 확률은 [부록 C]의 카이제곱분포표를 통해 확인하거나 R, 파이썬 같은 통계계산 소프트웨어를 사용하여 빠르고 정확하게 계산할 수 있다.

두 확률변수가 서로 독립이고 각각 카이제곱분포를 따를 때, 이들의 합도 카이제곱분포를 따른다. 이러한 성질을 **카이제곱분포의 가법성**(additivity)이라 한다.

정리 4-7 카이제곱분포의 가법성

$V_1\sim\chi^2(k_1)$, $V_2\sim\chi^2(k_2)$이고 V_1과 V_2가 서로 독립이면 다음이 성립한다.

$$V_1+V_2\sim\chi^2(k_1+k_2)$$

이제 정규모집단에서 표본분산의 분포를 살펴보자. 정규분포에서의 랜덤표본 $X_1,\ \cdots,\ X_n$에 대해 다음과 같은 관계를 알 수 있다.

$$\frac{X_i-\mu}{\sigma} \sim N(0,\ 1)\text{이고 서로 독립 (단, } i=1,\ \cdots,\ n)$$

따라서 [정의 4-6]으로부터 다음이 성립한다.

$$\sum_{i=1}^{n}\left(\frac{X_i-\mu}{\sigma}\right)^2 \sim \chi^2(n)$$

이때 표본평균 $\overline{X}$를 더하고 빼서 다음과 같은 분해식을 얻을 수 있다.

$$\sum_{i=1}^{n}\left(\frac{X_i-\mu}{\sigma}\right)^2 = \sum_{i=1}^{n}\left(\frac{X_i-\overline{X}}{\sigma}\right)^2 + n\left(\frac{\overline{X}-\mu}{\sigma}\right)^2$$

여기에 표본분산 $S^2 = \frac{1}{n-1}\sum_{i=1}^{n}(X_i-\overline{X})^2$을 사용하면 다음을 얻는다.

$$\sum_{i=1}^{n}\left(\frac{X_i-\mu}{\sigma}\right)^2 = \left(\frac{(n-1)S^2}{\sigma^2}\right) + \left(\frac{\overline{X}-\mu}{\sigma/\sqrt{n}}\right)^2$$

한편 $\sum_{i=1}^{n}\left(\frac{X_i-\mu}{\sigma}\right)^2 \sim \chi^2(n)$이고 $\left(\frac{\overline{X}-\mu}{\sigma/\sqrt{n}}\right)^2 \sim \chi^2(1)$이므로, [정리 4-7]에 따라 다음이 성립함을 알 수 있다. 이는 수학적으로도 증명할 수 있다.

$$\frac{(n-1)S^2}{\sigma^2} \sim \chi^2(n-1)$$

정리 4-8 정규모집단에서 표본분산의 분포

정규분포 $N(\mu,\ \sigma^2)$에서의 랜덤표본 $X_1,\ \cdots,\ X_n$을 생각하자.
표본분산 $S^2 = \frac{1}{n-1}\sum_{i=1}^{n}(X_i-\overline{X})^2$에 대해 다음이 성립한다.

$$\frac{(n-1)S^2}{\sigma^2} \sim \chi^2(n-1)$$

다음에는 분산이 동일한 두 정규모집단에서 살펴보자. $X_1,\ \cdots,\ X_{n_1}$과 $Y_1,\ \cdots,\ Y_{n_2}$는 서로 독립이고 각각 $N(\mu_1,\ \sigma^2)$과 $N(\mu_2,\ \sigma^2)$에서의 랜덤표본이라 하자. 이때 각 모집단의 표본분산을 다음과 같이 정의하자.

$$S_1^2 = \frac{1}{n_1 - 1}\sum_{i=1}^{n_1}(X_i - \overline{X})^2,\ \ S_2^2 = \frac{1}{n_2 - 1}\sum_{i=1}^{n_2}(Y_i - \overline{Y})^2$$

여기서 $\frac{(n_1-1)S_1^2}{\sigma^2}$과 $\frac{(n_2-1)S_2^2}{\sigma^2}$은 각각 자유도 (n_1-1), (n_2-1)인 카이제곱분포를 따르고, 두 분포는 서로 독립이다. 카이제곱분포의 가법성([정리 4-7] 참고)에 따라 다음 관계를 얻을 수 있다.

$$\frac{(n_1-1)S_1^2 + (n_2-1)S_2^2}{\sigma^2} \sim \chi^2(n_1+n_2-2)$$

이를 바탕으로 두 랜덤표본을 이용한 공통분산 σ^2을 추정하기 위해 S_p^2을 다음과 같이 정의하자.

$$S_p^2 = \frac{n_1-1}{(n_1-1)+(n_2-1)}S_1^2 + \frac{n_2-1}{(n_1-1)+(n_2-1)}S_2^2 = \frac{(n_1-1)S_1^2 + (n_2-1)S_2^2}{n_1+n_2-2}$$

그러면 다음 관계가 성립한다.

$$\frac{(n_1+n_2-2)S_p^2}{\sigma^2} \sim \chi^2(n_1+n_2-2)$$

방금 정의한 S_p^2을 두 랜덤표본의 **합동표본분산**(pooled sample variance)이라 한다.

정리 4-9 분산이 동일한 두 정규모집단에서 표본분산의 분포

본문과 같은 가정하에서 다음이 성립한다.

$$\frac{(n_1+n_2-2)S_p^2}{\sigma^2} \sim \chi^2(n_1+n_2-2)$$

단, $S_p^2 = \frac{(n_1-1)S_1^2 + (n_2-1)S_2^2}{n_1+n_2-2}$이다.

4.4절에서 살펴본 바와 같이 정규모집단 $N(\mu,\ \sigma^2)$에서 랜덤표본 $X_1,\ X_2,\ \cdots,\ X_n$을 추출할 때, 표본평균 $\overline{X}$는 다음 정규분포를 따른다.

$$\overline{X} \sim N\left(\mu,\ \frac{\sigma^2}{n}\right),\ \text{즉}\ \frac{\overline{X}-\mu}{\sigma/\sqrt{n}} \sim N(0,\ 1)$$

그런데 μ에 관한 통계적 추론에서 모집단의 표준편차 σ를 알 수 없는 경우가 많으므로 σ 대신 표본표준편차 $S = \sqrt{\frac{1}{n-1}\sum_{i=1}^{n}(X_i - \overline{X})^2}$ 을 사용하여 다음과 같은 형태의 확률변수를 정의한다.

$$\frac{\overline{X} - \mu}{S/\sqrt{n}}$$

이 확률변수를 **스튜던트화**(studentization)된 표본평균이라 하며, 이러한 확률변수의 분포는 **t 분포**(t-distribution)를 따른다.

정의 4-7 t 분포

표준정규분포 $N(0,\ 1)$을 따르는 확률변수 Z와, 자유도 k인 카이제곱분포를 따르는 확률변수 V가 서로 독립이라 하자. 이때 다음과 같이 정의된 확률변수 T의 분포를 자유도 k인 **t 분포**라 한다.

$$T = \frac{Z}{\sqrt{V/k}}$$

이를 기호로 다음과 같이 표기한다.

$$T \sim t(k)$$

t 분포는 정규모집단에서 표본 크기가 작을 때 특히 유용하게 쓰인다. [그림 4-8]은 자유도 5인 t 분포(실선)와 표준정규분포(점선)의 형태를 비교한 것이다. t 분포는 표준정규분포와 마찬가지로 평균 0을 중심으로 좌우대칭이지만, 표준정규분포에 비해 꼬리가 두터운 것이 특징이다.

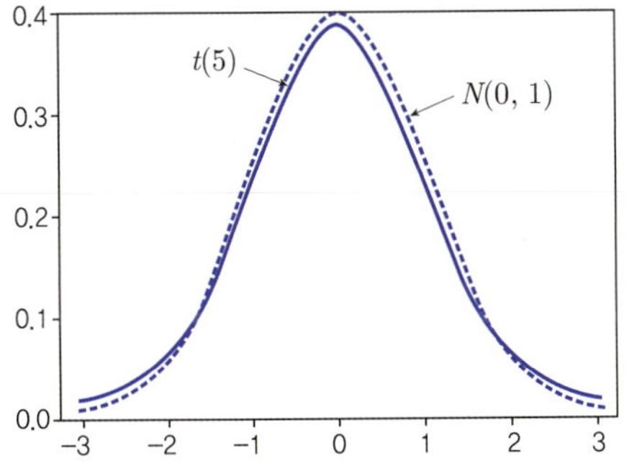

그림 4-8 표준정규분포 $N(0,\ 1)$과 자유도 5인 t 분포의 비교

자유도 k인 t 분포의 $(1-\alpha)$분위수는 $t_\alpha(k)$로 표기하고, $T \sim t(k)$일 때 다음 관계를 만족한다.

$$P(T \geq t_\alpha(k)) = \alpha$$

[그림 4-9]에서 이러한 분위수의 개념을 시각적으로 확인할 수 있다.

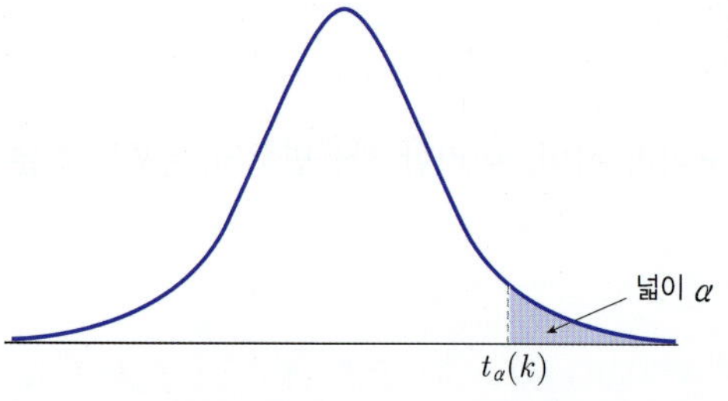

그림 4-9 $t_\alpha(k)$의 위치

예를 들어 자유도 $k=4$와 특정 α 값에 대한 분위수는 다음과 같다.

$$t_{0.1}(4) = 1.533,\ \ t_{0.05}(4) = 2.132,\ \ t_{0.01}(4) = 3.747$$

t 분포에 관련된 확률은 [부록 C]의 t 분포표를 통해 확인하거나 R, 파이썬 같은 통계계산 소프트웨어를 사용하여 빠르고 정확하게 계산할 수 있다.

이제 $X_1, \cdots, X_n$이 정규모집단 $N(\mu, \sigma^2)$에서 추출된 랜덤표본일 때, $\dfrac{\overline{X}-\mu}{S/\sqrt{n}}$의 분포를 살펴보자. 이 식은 다음과 같이 변형할 수 있다.

$$\frac{\overline{X}-\mu}{S/\sqrt{n}} = \frac{\dfrac{\overline{X}-\mu}{\sigma/\sqrt{n}}}{\sqrt{\dfrac{(n-1)S^2}{\sigma^2}\Big/(n-1)}}$$

여기서 $\dfrac{\overline{X}-\mu}{\sigma/\sqrt{n}} \sim N(0,\ 1)$, $\dfrac{(n-1)S^2}{\sigma^2} \sim \chi^2(n-1)$이고 $\overline{X}$와 S^2은 서로 독립이다.[2] 따라서 t 분포의 정의에 따라 $\dfrac{\overline{X}-\mu}{S/\sqrt{n}}$는 자유도 $(n-1)$인 t 분포를 따른다.

정리 4-10 스튜던트화된 표본평균의 분포

정규분포 $N(\mu, \sigma^2)$에서 추출된 랜덤표본 $X_1, \cdots, X_n$에 대해 다음이 성립한다.

$$\frac{\overline{X}-\mu}{S/\sqrt{n}} \sim t(n-1)$$

2 이 결과의 증명은 이 책의 범위를 벗어나기 때문에 생략한다.

분산이 동일한 두 정규모집단 $N(\mu_1, \sigma^2)$, $N(\mu_2, \sigma^2)$에서 각각 크기 n_1과 n_2인 랜덤표본을 추출한다고 가정하자. 그러면 간단한 계산을 통해 다음을 확인할 수 있다.

$$\frac{(\overline{X}-\overline{Y})-(\mu_1-\mu_2)}{S_p\sqrt{\dfrac{1}{n_1}+\dfrac{1}{n_2}}}=\frac{\dfrac{(\overline{X}-\overline{Y})-(\mu_1-\mu_2)}{\sigma\sqrt{\dfrac{1}{n_1}+\dfrac{1}{n_2}}}}{\sqrt{\dfrac{(n_1+n_2-2)S_p^2}{\sigma^2}\Big/(n_1+n_2-2)}}$$

앞서 설명한 S_p^2을 이용하면 이 식의 우변에서 분자와 분모는 다음과 같다.

- **분자** : $\dfrac{(\overline{X}-\overline{Y})-(\mu_1-\mu_2)}{\sigma\sqrt{\dfrac{1}{n_1}+\dfrac{1}{n_2}}}\sim N(0,\ 1)$
- **분모** : $\dfrac{(n_1+n_2-2)S_p^2}{\sigma^2}\sim \chi^2(n_1+n_2-2)$

여기서 분모와 분자는 서로 독립임이 알려져 있다. 따라서 t 분포의 정의에 의해 다음이 성립한다.

$$\frac{(\overline{X}-\overline{Y})-(\mu_1-\mu_2)}{S_p\sqrt{\dfrac{1}{n_1}+\dfrac{1}{n_2}}}\sim t(n_1+n_2-2)$$

정리 4-11 분산이 동일한 두 정규모집단에서 t 분포

본문과 같은 가정하에서 다음이 성립한다.

$$\frac{(\overline{X}-\overline{Y})-(\mu_1-\mu_2)}{S_p\sqrt{\dfrac{1}{n_1}+\dfrac{1}{n_2}}}\sim t(n_1+n_2-2)$$

두 정규모집단의 분산을 비교할 때, 분산비를 추론하기 위해 다음과 같이 정의되는 ***F* 분포**(F-distribution)를 이용할 수 있다.

정의 4-8 F 분포

두 확률변수 V_1과 V_2가 서로 독립이고 각각 자유도 k_1, k_2인 카이제곱분포를 따를 때, 다음과 같은 비로 정의된 확률변수 F의 분포를 자유도 (k_1, k_2)인 ***F* 분포**라 한다.

$$F = \frac{V_1/k_1}{V_2/k_2}$$

이를 기호로 다음과 같이 표기한다.

$$F \sim F(k_1, k_2)$$

F 분포 역시 자유도에 따라 형태가 다르지만, 대략적인 모양은 [그림 4-10]과 같다.

자유도 (k_1, k_2)인 F 분포의 $(1-\alpha)$분위수는 $F_\alpha(k_1, k_2)$로 표기하고, $F \sim F(k_1, k_2)$일 때 다음 관계를 만족한다.

$$P(F \ge F_\alpha(k_1, k_2)) = \alpha$$

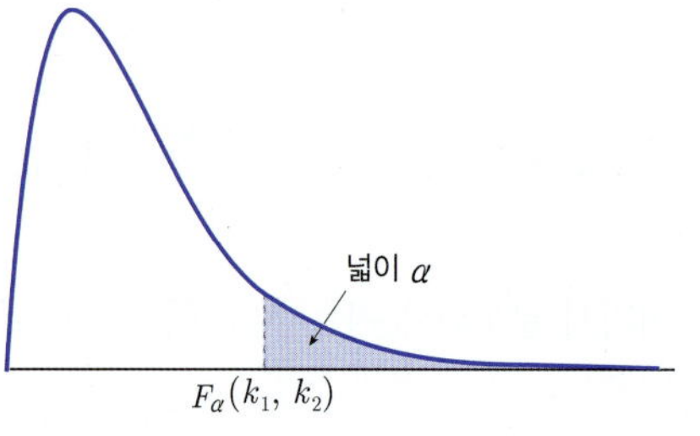

그림 4-10 F 분포의 형태

[그림 4-10]에서 이러한 분위수의 개념을 시각적으로 확인할 수 있다. 예를 들어 자유도 (3, 4)와 특정 α 값에 대한 분위수는 다음과 같다.

$$F_{0.10}(3, 4) = 4.19, \quad F_{0.05}(3, 4) = 6.59$$

다음 [정리 4-12]는 자유도 (k_1, k_2)인 F 분포표를 이용하여 F 분포의 여러 분위수를 구할 때 유용하다.

정리 4-12 F 분포의 성질

확률변수 F가 자유도 (k_1, k_2)인 F 분포를 따를 때, 다음이 성립한다.

$$\frac{1}{F} \sim F(k_2, k_1)$$

이러한 성질은 F 분포의 정의에서 확률변수 F의 역수를 취하면 쉽게 알 수 있다. 이를 이용하면 다음과 같이 자유도가 서로 반대인 분위수를 쉽게 구할 수 있다.

$$F_{1-\alpha}(k_2, k_1) = \frac{1}{F_\alpha(k_1, k_2)}$$

예를 들어 $F_{0.05}(3,\ 4)=6.59$이므로 $F_{0.95}(4,\ 3)$은 다음과 같이 계산된다.

$$F_{0.95}(4,\ 3)=\frac{1}{6.59}=0.15$$

F 분포에 관련된 확률은 [부록 C]의 F 분포표를 통해 확인하거나, R, 파이썬 같은 통계계산 소프트웨어를 사용하여 빠르고 정확하게 계산할 수 있다.

다음에는 두 정규모집단에서 표본분산의 비가 어떤 분포를 따르는지 살펴보자. $X_1,\ \cdots,\ X_{n_1}$과 $Y_1,\ \cdots,\ Y_{n_2}$는 서로 독립이고 각각 $N(\mu_1,\ \sigma_1^2)$과 $N(\mu_2,\ \sigma_2^2)$에서의 랜덤표본이라 하자. 이때 각 랜덤표본의 표본분산을 S_1^2과 S_2^2이라 하면 다음이 성립한다.

$$\frac{(n_1-1)S_1^2}{\sigma_1^2}\sim\chi^2(n_1-1),\quad \frac{(n_2-1)S_2^2}{\sigma_2^2}\sim\chi^2(n_2-1)$$

또한 이들은 서로 독립이다. 따라서 이를 각각 자신의 자유도로 나눈 값들의 비 $\dfrac{S_1^2/\sigma_1^2}{S_2^2/\sigma_2^2}$은 자유도 $(n_1-1,\ n_2-1)$인 F 분포를 따른다.

정리 4-13 두 정규모집단에서 표본분산 비에 대한 분포

본문과 같은 가정하에서 다음이 성립한다.

$$\frac{S_1^2/\sigma_1^2}{S_2^2/\sigma_2^2}\sim F(n_1-1,\ n_2-1)$$

F 분포와 t 분포와의 관계를 살펴보며 이번 절을 마무리하자. 앞서 소개한 바와 같이 확률변수 T가 자유도 k인 t 분포를 따른다고 가정하면, T는 다음과 같이 정의된다.

$$T=\frac{Z}{\sqrt{V/k}}\ \text{(단, } Z\sim N(0,\ 1),\ \ V\sim\chi^2(k)\text{이며 서로 독립)}$$

여기에서 T를 제곱하면 다음과 같은 형태가 된다.

$$T^2=\frac{Z^2/1}{V/k}$$

이 식에서 $Z^2\sim\chi^2(1)$이고 Z와 V가 서로 독립이므로, F 분포의 정의에 따라 T^2에 대해 다음과 같은 사실을 알 수 있다.

정리 4-14 F 분포와 t 분포와의 관계

확률변수 T가 자유도 k인 t 분포를 따를 때, 다음이 성립한다.

$$T^2 \sim F(1,\ k)$$

4.6 정규분포 분위수대조도

이 책의 5, 6, 8, 9장에서 다루는 통계적 추론은 대부분 모집단 분포가 정규분포라는 가정을 기반으로 한다. 따라서 이러한 통계적 추론을 하기 전에 정규모집단이라는 가정을 확인하는 과정이 필요하다. 이 절에서는 이를 검토하는 방법으로 정규분포 분위수대조도를 소개한다.

어떤 분포의 분위수는 해당 분포에서 전체 넓이를 특정 비율로 나누는 위치의 값을 뜻한다.[3] 예를 들어 $\frac{1}{3}$분위수는 전체 넓이를 $1:2$의 비율로 나누는 위치의 값을 의미하고, $\frac{1}{3}$분위수보다 작은 데이터는 전체의 하위 $\frac{1}{3}$에 해당한다. **정규분포 분위수대조도** 또는 **분위수대분위수 그림**(Q-Q plot, quantile-quantile plot)은 정규분포의 분위수와 이에 대응하는 자료분포의 분위수를 좌표평면에 각각 수평축과 수직축의 좌표로 하여 점을 찍은 그래프이다.

예를 들어 자료 $x_1,\ x_2,\ \cdots,\ x_n$이 정규분포 $N(2,\ 3^2)$을 따르는 모집단에서 추출된 표본인지 확인해보자. 자룟값을 크기순으로 정렬하여 $x_{(1)} < x_{(2)} < \ \cdots\ < x_{(n)}$이라 할 때, $x_{(i)}$는 이 자료분포의 대략적인 $\frac{i}{n+1}$분위수로 볼 수 있다. $n=99$일 때, $x_{(1)},\ x_{(2)},\ \cdots,\ x_{(99)}$에 대응하는 정규분포 $N(2,\ 3^2)$의 분위수는 각각 다음과 같이 계산할 수 있다.

$$3\times z_{0.99}+2,\ \ 3\times z_{0.98}+2,\ \ \cdots,\ \ 3\times z_{0.01}+2$$

자료분포의 분위수와 이에 대응하는 표준정규분포의 분위수를 좌표로 하는 점은 다음과 같다.

$$(z_{0.99},\ x_{(1)}),\ \ (z_{0.98},\ x_{(2)}),\ \ \cdots,\ \ (z_{0.01},\ x_{(99)})$$

만약 실제 모집단이 $N(2,\ 3^2)$을 따른다면, 자료분포의 분위수와 이에 대응하는 표준정규분포의 분위수는 거의 일치할 것이므로 이러한 점들은 좌표평면 위에서 직선에 가까운 형태로 나타날 것이다.

---

3 4.1절을 참고하라.

일반적으로 정규분포 분위수대조도는 표준정규분포의 분위수와 이에 대응하는 자료분포의 분위수를 좌표로 나타낸 그래프를 말한다. 이 그래프에서 점들이 대체로 직선 주위에 밀집한다면, 모집단이 정규분포를 따른다는 가정이 타당하다고 볼 수 있다.

현대의 통계계산 소프트웨어는 대부분 정규분포 분위수대조도를 제공한다. 표본 크기가 n일 때, 자료분포의 분위수 $x_{(i)}$에 대해 표준정규분포의 $\frac{i}{n+1}$분위수 대신 $\frac{i-3/8}{n+1/4}$분위수로 보정해서 사용한다. [그림 4-11]은 통계계산 소프트웨어 중 하나인 R을 이용해 출력된 정규분포 분위수대조도를 보여준다. 점들이 직선 주위에 고르게 밀집해 있으므로, 이 경우 정규모집단의 가정이 타당하다고 할 수 있다.

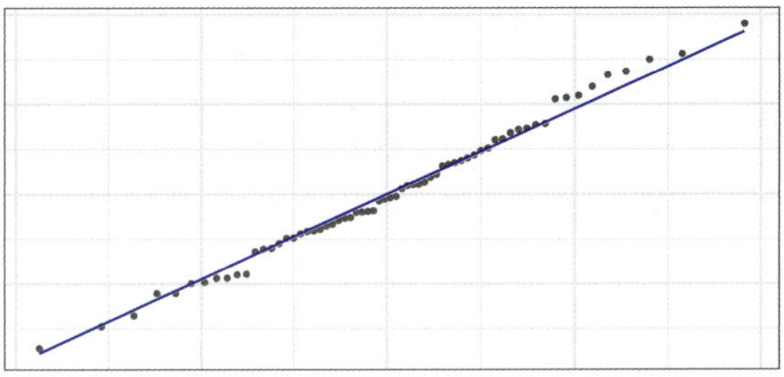

그림 4-11 정규분포 분위수대조도의 예

정규분포 분위수대조도에서 점들이 직선 주위에 가까이 나타나지 않는 경우, 모집단이 정규분포가 아닐 가능성이 크다. [그림 4-12]는 이러한 경우에 추측할 수 있는 전형적인 모집단 분포의 형태를 보여준다.

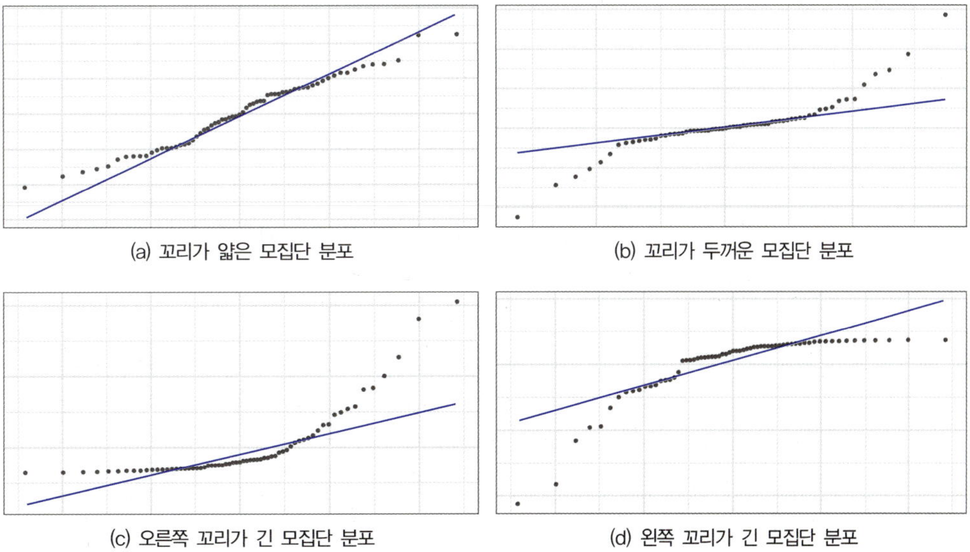

(a) 꼬리가 얇은 모집단 분포

(b) 꼬리가 두꺼운 모집단 분포

(c) 오른쪽 꼬리가 긴 모집단 분포

(d) 왼쪽 꼬리가 긴 모집단 분포

그림 4-12 정규분포 분위수대조도와 모집단 분포의 형태

CHAPTER 04 연습문제

4.1 공정한 동전을 반복해서 던지는 실험에서 H는 앞면, T는 뒷면이라 할 때, 다음 두 사건 중 어느 사건의 확률이 더 큰가?

① HHHH ② HTHHT

4.2 공정한 주사위를 던질 때, 다음 두 사건 중 어느 사건의 확률이 더 큰가?

① 5번 던졌을 때 2가 한 번 이상 나올 확률

② 6번 던져 모든 숫자가 한 번씩 나올 확률

4.3 표준정규분포를 따르는 Z에 대해 다음 확률을 구하라.

(a) $P(Z > 1.5)$ (b) $P(Z > -1.5)$

(c) $P(|Z| > 1.64)$ (d) $P(-2.1 < Z < 1.8)$

4.4 표준정규분포를 따르는 Z에 대해 다음 각 경우의 k 값을 구하라.

(a) $P(Z > k) = 0.95$ (b) $P(Z > k) = 0.01$

(c) $P(0 < Z < k) = 0.45$ (d) $P(-k < Z < 0) = 0.49$

4.5 평균 $\mu = 100$, 표준편차 $\sigma = 15$인 정규분포를 따르는 X에 대해 다음 확률을 구하라.

(a) $P(X \leq 92.5)$ (b) $P(77.5 \leq X \leq 100)$

(c) $P(91 \leq X \leq 127)$ (d) $P(X \geq 124)$

4.6 평균 $\mu = 100$, 표준편차 $\sigma = 15$인 정규분포를 따르는 X에 대해 다음 각 경우의 k 값을 구하라.

(a) $P(X \leq k) = 0.975$

(b) $P(X > k) = 0.025$

4.7 한 자동차 회사에서 개발한 새 모델의 고속도로 연비는 평균 20km/L, 표준편차 3km/L로 광고되었다. 한 소비자 단체가 자동차 36대를 랜덤표본으로 뽑아 고속도로와 유사한 환경에서 연비를 조사했다. 광고 내용이 과장되지 않았다면, 실험에서 얻은 연비 평균이 19km/L에서 21km/L 사이에 있을 확률을 구하라. 만약 평균이 18.5km/L였다면, 이에 대해 어떤 결론을 내릴 수 있겠는가?

4.8 한 스마트 농장에서 생산되는 특정 농작물의 씨앗 크기를 근사적으로 정규분포로 모형화할 수 있다고 한다. 씨앗 크기가 10mm 이상인 비율이 10%이고, 씨앗 크기가 3mm 이하인 비율이 15%라 한다. 이 농작물 씨앗 크기의 평균과 표준편차를 각각 구하라.

4.9 유한모집단 $\{1, 4, 5, 8, 9\}$에서 크기 2인 표본을 단순랜덤비복원추출할 때, 표본평균의 확률분포를 구하라.

4.10 흰 공 3개와 빨간 공 2개가 들어 있는 주머니에서 랜덤하게 2개를 꺼냈을 때, 빨간 공의 개수를 확률변수 X라 하자. 물음에 답하라.

(a) X의 확률분포를 구하라.

(b) X의 평균과 분산을 각각 계산하라.

4.11 1부터 10까지 번호가 적힌 카드 10장을 랜덤하게 섞어 한 줄로 나열했다. 다음을 구하라.

(a) 처음 카드 2장 중 짝수가 적힌 카드 수에 대한 확률분포

(b) 처음 카드 5장 중 짝수가 적힌 카드 수에 대한 확률분포

(c) 처음 카드 6장 중 짝수가 적힌 카드 수에 대한 확률분포

4.12 통산 타율이 3할인 프로야구 선수가 있다. 이 선수가 어떤 경기에서 타석에 4번 들어섰을 때, 3번 이상 안타를 칠 확률을 구하라.

4.13 동전 3개를 동시에 던지는 시행을 600회 반복한 결과, 앞면이 2개, 뒷면이 1개 나오는 횟수를 확률변수 X라 하자. 다음을 구하라.

(a) X의 평균과 표준편차

(b) $P(X \le 220)$

(c) $P(X > 250)$

4.14 고장이 날 확률이 p인 엔진 4개를 가진 비행기 A와, 이와 동일한 엔진 2개를 가진 비행기 B가 있다. 두 비행기 모두 전체 엔진의 50% 이상이 정상 작동하면 안전하게 비행할 수 있다고 한다. p 값이 어느 범위에 있을 때 비행기 A가 비행기 B보다 더 안전하다고 할 수 있는가? 단, 각 엔진의 고장은 서로 독립적이라 가정한다.

4.15 명중률이 80%인 궁수가 목표물을 향해 120번 활을 쏘았을 때, 다음 확률을 구하라.

(a) 95번 미만 명중할 확률

(b) 97번 이상 명중할 확률

4.16 하루에 전구를 10,000개 생산하는 공장에서 첫째 날과 둘째 날 각각의 불량 전구 개수를 X_1과 X_2라 하자. 이 공장에서 전구의 불량률이 0.005라 할 때, 다음 확률을 구하라.

(a) 첫째 날 생산된 전구 중 불량품이 40개 이상일 확률

(b) 첫째 날과 둘째 날 생산된 전구를 합쳤을 때, 불량품이 80개 이상일 확률

4.17 다음과 같은 분포를 가지는 무한모집단에서 크기 2인 랜덤표본을 X_1, X_2라 하자. 물음에 답하라.

X	0	1	2	합계
$P(X=x)$	0.1	0.5	0.4	1

(a) 확률변수 X의 기댓값 $E(X)$와 표준편차 $\mathrm{sd}(X)$를 각각 구하라.

(b) 표본평균 $\overline{X}=\dfrac{X_1+X_2}{2}$의 확률분포를 구하라.

(c) $E(\overline{X})$와 $\mathrm{sd}(\overline{X})$를 계산하고, 각각을 $E(X)$, $\mathrm{sd}(X)$와 비교하라.

4.18 정규분포 $N(1,\ 2^2)$을 따른다고 알려진 모집단에서 크기 10인 랜덤표본을 추출했을 때, 다음을 만족하는 y를 구하라.

(a) 표본분산 S^2에 대해 $P(S^2 \le y)=0.95$

(b) $P(\overline{X} \le 1+y\times S)=0.9$

4.19 한 특성값이 A 집단에서는 정규분포 $N(1,\ 3^2)$, B 집단에서는 정규분포 $N(2,\ 3^2)$을 따른다고 한다. 독립적인 반복실험을 통해 A 집단에서 10개의 관측값 $X_1,\ \cdots,\ X_{10}$을 얻었고, B 집단에서 15개의 관측값 $Y_1,\ \cdots,\ Y_{15}$를 얻었다. A 집단에서 얻은 결과가 B 집단의 결과에 영향을 미치지 않는다고 가정할 때, 다음을 만족하는 y를 구하라. 여기서 $\overline{X}=\dfrac{1}{10}(X_1+\cdots+X_{10})$, $\overline{Y}=\dfrac{1}{15}(Y_1+\cdots+Y_{15})$, $S_1^2=\dfrac{1}{10-1}\sum_{i=1}^{10}(X_i-\overline{X})^2$, $S_2^2=\dfrac{1}{15-1}\sum_{i=1}^{15}(Y_i-\overline{Y})^2$, $S_p^2=\dfrac{(10-1)S_1^2+(15-1)S_2^2}{10+15-2}$이다.

(a) $P(\overline{Y}-\overline{X} \le 1+y\times S_p)=0.9$

(b) $P(S_1^2 \le y\times S_2^2)=0.90$

4.20 $F_{1-\alpha}(k_1,\ k_2)\times F_\alpha(k_2,\ k_1)=1$임을 증명하라.

4.21 한 공장에서 기계를 조립하는 데 평균 50분, 표준편차 9분이 걸린다고 한다. 어느 날 작업반 감독이 작업자 81명을 단순랜덤표본으로 뽑아 작업 시간을 기록했을 때, 표본평균이 52분 이상일 확률을 구하라.

4.22 한 고등학교 학생들의 키가 평균 175cm, 표준편차 10cm인 정규분포를 따른다고 한다. 크기 30인 표본을 랜덤추출했을 때, 표본표준편차가 11cm 이상일 확률을 구하라.

4.23 정규모집단 $N(0,\ 5^2)$에서 크기 25인 표본을 랜덤추출했을 때, 표본평균이 표본표준편차의 0.2배 이상일 확률을 구하라.

4.24 약 A의 평균효과는 분산 2인 정규분포를 따르고, 약 B의 평균효과는 분산 3인 정규분포를 따른다. 두 약의 효과가 서로 독립이라 하자. 약 A에서 30개, 약 B에서 40개를 각각 랜덤추출했을 때, 두 표본분산의 비 $\frac{S_A^2}{S_B^2}$가 1과 2 사이에 있을 확률을 구하라.

4.25 프로농구리그에 참가한 선수 중 36명을 랜덤추출하여 경기에서 뛴 평균시간을 조사한 결과가 다음과 같다. 경기에서 뛴 평균시간이 정규분포를 따르는지 정규분포 분위수대조도(Q-Q plot)를 이용하여 검토하라.

(단위 : 분)

28	22	32	26	28	28	26	24	32	30	27	24
33	21	35	32	31	25	24	25	28	36	27	32
34	30	25	26	26	25	27	29	28	22	26	27

MEMO

CHAPTER

05

통계적 추론

CONTENTS

자료를 바탕으로 모집단에 대한 추측이나 결론을 도출하는 과정을 통계적 추론이라 한다. 통계적 추론은 확률을 이용해 결론의 신뢰도를 수치로 표현하는 것이 특징이다. 통계적 추론의 목적은 다양하지만, 가장 기본적인 형태는 추정과 유의성검정이다. 특히 유의성검정은 가설검정으로도 불린다. 이 장에서는 이러한 개념들의 기본 원리와 논리 구조를 살펴본다.

5.1 추정

통계적 추론(statistical inference)에서 가장 기본으로 추측하는 대상은 모집단의 평균, 표준편차, 비율, 상관계수와 같은 모집단의 특성치이다. 표본을 이용해 이러한 모집단 특성치에 대한 추측값을 계산하고, 그 오차범위를 제시하는 과정을 **추정**(estimation)이라 한다. 추정의 개념을 이해하기 위해, 모평균 추정에 관한 다음 예를 살펴보자.

예 5-1 한 타이어 제조 회사는 새로운 공정을 개발하며, 기존 공정에 비해 타이어 수명 평균이 증가할 것으로 기대하고 있다. 그러나 표준편차는 기존 공정의 표준편차 $\sigma = 5000(\text{km})$를 그대로 유지한다고 가정한다. 새로운 공정으로 제작된 시제품 $n = 100$개를 실험한 결과, 표본의 수명 평균이 $\overline{x} = 38000(\text{km})$로 나타났다. 이 결과를 바탕으로 새로운 공정으로 제작한 타이어의 모평균 수명 μ를 얼마로 추정할 수 있을까? 모평균 μ의 추측값은 보통 표본평균 $\overline{x}$를 사용하여 구하는데, 이는 추정의 가장 일반적인 방식이다. 따라서 모평균 μ의 추측값은 $\hat{\mu} = \overline{x} = 38000(\text{km})$라고 할 수 있다.

그렇다면 이러한 추측 방법은 얼마나 신뢰할 수 있을까? 만약 다른 시제품 100개를 사용해 모평균 μ의 추측값을 구한다면, 이번에도 38,000km와 비슷한 값이 나올 것인가?

이 질문에 답하기 위해서는 단순히 추측값만 제시하는 것이 아니라 추측값의 변이 정도에 대한 정보도 함께 제공해야 한다. 즉 동일한 방법을 반복했을 때 나타나는 값의 산포를 이해할 필요가 있다. 다행히 표본평균의 분포는 근사적으로 정규분포를 따른다는 사실을 알고 있으므로, [예 5-1]에서 $n = 100$개로 이루어진 표본평균의 분포는 근사적으로 $N\left(\mu, \dfrac{\sigma^2}{100}\right)$이고 $\sigma^2 = 5000^2$이라 할 수 있다. 표본평균의 표준편차는 다음과 같이 계산된다.

$$\frac{\sigma}{\sqrt{n}} = \frac{5000}{10} = 500\,\text{km}$$

이 표본평균의 분포는 [그림 5-1]처럼 시각적으로 나타낼 수 있다.

정규분포의 성질을 바탕으로 다음과 같은 사실을 알 수 있다.

❶ 표본평균 $\overline{X}$가 모평균 μ로부터 $1.96\dfrac{\sigma}{\sqrt{n}} = 980$ 이내에 있을 확률은 약 0.95이다.

❷ 부등식 $\mu - 980 < \overline{X} < \mu + 980$은 다음과 같이 나타낼 수 있다.

$$|\overline{X} - \mu| < 980 \quad \text{또는} \quad \mu \in (\overline{X} - 980,\ \overline{X} + 980)$$

❸ 시제품 $n=100$개의 표본평균 $\overline{x}$를 무한히 반복하여 구한다면, 이 중 약 95%의 표본에서 모평균 μ는 다음 구간에 속할 것이다.

$$(\overline{x}-980,\ \overline{x}+980)$$

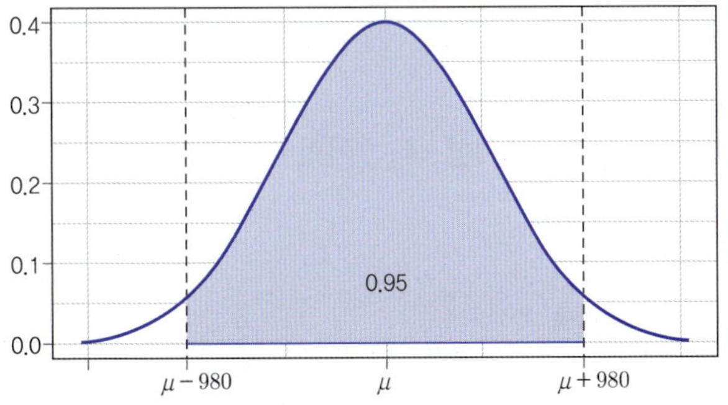

그림 5-1 표본평균 $\overline{X}$의 분포

[예 5-1]의 경우 표본평균이 $\overline{x}=38000$이므로 모평균 μ는 다음과 같은 하한과 상한 사이에 있을 것으로 추측할 수 있다.

$$\text{하한 } \overline{x}-980=37020,\ \text{상한 } \overline{x}+980=38980$$

❸으로부터 다음 ①, ② 중 하나가 성립한다고 할 수 있다.

① 모평균 μ는 37020과 38980 사이의 수이다.

② [예 5-1]에서 사용된 시제품 100개는 표본평균 $\overline{x}$가 모평균 μ로부터 980 이내에 있지 않은, 전체 가능한 표본 중 약 5%에 해당하는 특이한 표본 중 하나일 가능성이 있다.

물론 [예 5-1]에서 선택된 표본이 ②처럼 5%에 해당하는 특이한 표본인지, 아니면 ①처럼 $\mu\in(\overline{x}-980,\ \overline{x}+980)$을 만족하는 95%의 일반적인 표본인지는 알 수 없다. 그러나 이 방법은 추측 $\mu\in(\overline{X}-980,\ \overline{X}+980)$을 100번 적용했을 때 약 95번 적중하는, 신뢰할 만한 방식이다. 이 방법을 [예 5-1]의 표본에 적용하여 모평균 μ에 대해 다음과 같은 구간을 추측할 수 있다.

$$37020<\mu<38980$$

이때 추측의 **신뢰수준**(confidence level)이 95%라 하고, 구간 $(\overline{x}-980,\ \overline{x}+980)=(37020,\ 38980)$을 신뢰수준 95%의 **신뢰구간**(confidence interval)이라 한다. 이러한 추측에서 추측값과 그 오차범위를 다음과 같이 나타낸다.

$$\hat{\mu}=\overline{x}=38000,\quad |\mu-\hat{\mu}|\le 1.96\frac{\sigma}{\sqrt{n}}=980$$

여기서 추측값 $\hat{\mu} = \bar{x} = 38000$은 μ의 **추정값**(estimate)이라 하고, $1.96\dfrac{\sigma}{\sqrt{n}} = 980$은 $\hat{\mu} = \bar{x}$의 **95% 오차범위**라 한다. 이러한 추측의 논리는 모두 μ를 추측할 때 사용된 통계량 $\overline{X}$의 표본분포를 기반으로 한다. 이와 같이 μ의 추측에 사용되는 통계량을 μ의 **추정량**이라 하고, 이는 추정값을 나타내듯이 $\hat{\mu} = \overline{X}$로 표기한다. 즉 추정량과 추정값의 관계는 확률변수와 그 관측값의 관계와 동일하다.

추정량 $\hat{\mu} = \overline{X}$를 사용해 μ의 추정값과 그 오차범위를 제시할 때, 오차범위의 기본이 되는 것은 다음과 같이 정의하는 추정량 $\hat{\mu} = \overline{X}$의 표준편차이다.

$$\sqrt{\mathrm{Var}(\hat{\mu})} = \sqrt{\mathrm{Var}(\overline{X})} = \frac{\sigma}{\sqrt{n}}$$

추정량의 표준편차는 **표준오차**(standard error)라 하며, 흔히 다음과 같이 표기한다.

$$\mathrm{SE}(\hat{\mu}) = \sqrt{\mathrm{Var}(\hat{\mu})}$$

일반적으로 표본 크기 n이 클 때, 다음과 같이 확률을 근사적으로 계산할 수 있다.

$$P\left(-z_{\alpha/2} \le \frac{\overline{X} - \mu}{\sigma/\sqrt{n}} \le z_{\alpha/2}\right) \approx P(-z_{\alpha/2} \le Z \le z_{\alpha/2}) = 1 - \alpha$$

[예 5-1]과 같이 모표준편차 σ를 안다면, 모평균 μ에 대한 추정을 다음과 같이 할 수 있다.

모평균 μ에 대한 추정(모표준편차 σ를 알 때)

❶ 추정량과 표준오차 : $\hat{\mu} = \overline{X}$, $\mathrm{SE}(\hat{\mu}) = \dfrac{\sigma}{\sqrt{n}}$

❷ $100(1-\alpha)\%$ 오차범위 : $z_{\alpha/2}\mathrm{SE}(\hat{\mu}) = z_{\alpha/2}\dfrac{\sigma}{\sqrt{n}}$

❸ $100(1-\alpha)\%$ 신뢰구간 : $\left(\bar{x} - z_{\alpha/2}\dfrac{\sigma}{\sqrt{n}},\ \bar{x} + z_{\alpha/2}\dfrac{\sigma}{\sqrt{n}}\right)$

모평균 μ의 추정에서 신뢰구간과 오차범위는 모집단 분포가 정규분포이면 표본 크기 n에 관계없이 정확하게 성립한다. 반면에 모집단 분포가 정규분포가 아니면 표본 크기 n이 충분히 클 때에만 근사적으로 성립한다.

신뢰수준은 주로 90%, 95%, 99%를 사용하고, 이에 대응하는 α 값은 각각 0.1, 0.05, 0.01이다. 각각에 해당하는 $z_{\alpha/2}$ 값은 다음과 같다.

$$z_{0.05} = 1.645,\ z_{0.025} = 1.96,\ z_{0.005} = 2.576$$

예 5-2 모표준편차가 $\sigma = 10$으로 알려진 정규모집단에서 $n = 25$개의 표본을 추출한 결과, 표본평균이 $\overline{x} = 40$이었다. 이때 모평균 μ의 추정값은 $\hat{\mu} = \overline{x} = 40$이고, 90% 오차범위는 다음과 같이 계산된다.

$$1.645\frac{\sigma}{\sqrt{n}} = \frac{16.45}{\sqrt{25}} = 3.29$$

따라서 μ의 90% 신뢰구간은 다음과 같다.

$$\left(\overline{x} - 1.645\frac{\sigma}{\sqrt{n}},\ \overline{x} + 1.645\frac{\sigma}{\sqrt{n}}\right) = (36.71,\ 43.29)$$

신뢰수준의 의미를 명확하게 이해하는 것은 추정 공식을 사용할 때 매우 중요하다. [예 5-1]에서도 이 개념을 설명했지만, [그림 5-2]는 신뢰수준의 뜻을 더 직관적으로 이해할 수 있도록 도와준다.

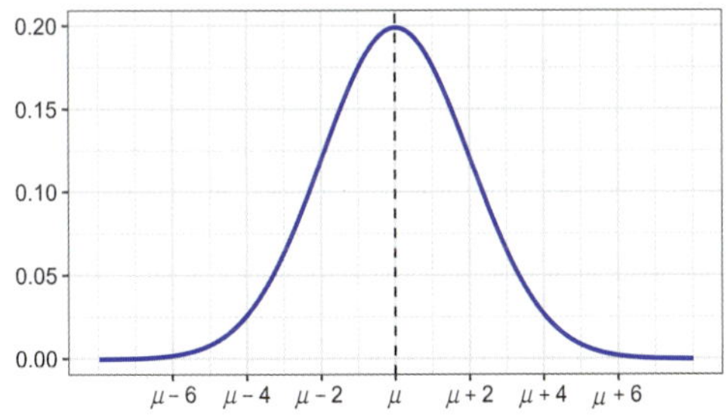

(a) 표본평균 $\overline{X}$의 분포

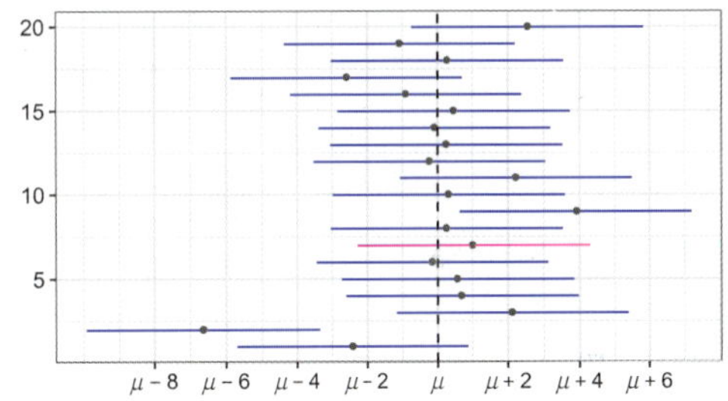

(b) $\overline{x} \pm 1.645\frac{\sigma}{\sqrt{n}}$를 20번 관측한 결과

그림 5-2 표본평균 $\overline{X}$의 분포와 μ의 90% 신뢰구간 $\overline{x} \pm 1.645\frac{\sigma}{\sqrt{n}}$를 20번 관측한 결과

[그림 5-2(a)]는 $\sigma = 10$인 정규모집단에서 표본 $n = 25$개를 추출했을 때 나타나는 표본평균 $\overline{X}$의 분포를 나타낸다. [그림 5-2(b)]는 $n = 25$개인 여러 표본으로 계산한 신뢰수준 90% 신뢰구간을 표시한 것으로서, 각 신뢰구간은 다음 식으로 계산된다.

$$\left(\overline{x} - 1.645\frac{\sigma}{\sqrt{n}},\ \overline{x} + 1.645\frac{\sigma}{\sqrt{n}}\right) = (\overline{x} - 3.29,\ \overline{x} + 3.29)$$

이 구간의 중점은 각 표본에 따라 달라지는, 표본평균 $\overline{X}$의 관측값 $\overline{x}$이다. [그림 5-2(b)]에서 볼 수 있듯이 신뢰구간 20개 중 18개는 모평균 μ를 포함한다. 즉 신뢰수준 90%는 신뢰구간을 동일한 조건에서 여러 번 반복 계산했을 때, 이러한 구간 중 90%가 실제로 모평균 μ를 포함할 것이라는 의미이다.

예제 5-1 미국임상영양학회지에 따르면 중앙아메리카 저소득층 원주민을 대상으로 $n=49$명을 표본조사한 결과, 혈청 내 콜레스테롤 양이 평균 $\bar{x}=157.02\text{mg/L}$로 나타났다. 이들 원주민 전체에서 혈청 내 콜레스테롤 양이 정규분포를 근사적으로 따르고, 표준편차가 $\sigma=30\text{mg/L}$라 가정할 때, 전체 원주민의 혈청 내 콜레스테롤 평균 μ에 대한 95% 신뢰구간을 구하라.

풀이

모평균의 95% 신뢰구간 공식을 적용하면 다음과 같이 계산된다.

$$\left(\bar{x}-1.96\frac{\sigma}{\sqrt{n}},\ \bar{x}+1.96\frac{\sigma}{\sqrt{n}}\right)=(148.62,\ 165.42)$$

따라서 적중률 95%의 방법을 주어진 표본에 적용하면, 다음과 같이 추측할 수 있다.

$$148.62\text{mg/L}<\mu<165.42\text{mg/L}$$

[예제 5-1]에서 신뢰수준 99%를 요구했다면 모평균 μ의 신뢰구간은 다음과 같았을 것이다.

$$\left(\bar{x}-2.576\frac{\sigma}{\sqrt{n}},\ \bar{x}+2.576\frac{\sigma}{\sqrt{n}}\right)=(145.98,\ 168.06)$$

일반적으로 모평균 μ의 신뢰구간을 계산할 때 신뢰수준을 높이면 신뢰구간이 더 넓어진다. 따라서 지나치게 높은 신뢰수준을 요구하면 신뢰구간이 과도하게 넓어져 유용성이 떨어질 수 있어, 신뢰수준을 설정할 때 이를 고려해야 한다.

신뢰수준이 $100(1-\alpha)\%$이면 신뢰구간의 길이는 다음과 같이 계산된다.

$$\left(\bar{x}+z_{\alpha/2}\frac{\sigma}{\sqrt{n}}\right)-\left(\bar{x}-z_{\alpha/2}\frac{\sigma}{\sqrt{n}}\right)=2z_{\alpha/2}\frac{\sigma}{\sqrt{n}}$$

즉 $100(1-\alpha)\%$ 신뢰구간의 길이는 $100(1-\alpha)\%$ 오차범위의 2배이다. 표본 크기 n을 조절하면 신뢰구간의 길이와 오차범위를 적절히 조정할 수 있다.

모평균 추정에서 표본 크기의 결정(모표준편차 σ를 알 때)

$100(1-\alpha)\%$ 오차범위를 d 이하로, 또는 신뢰구간의 길이를 $2d$ 이하로 하기 위한 표본 크기는 다음과 같다.

$$n\geq\left(z_{\alpha/2}\frac{\sigma}{d}\right)^2$$

예제 5-2 [예제 5-1]에서 모평균 μ에 대한 95% 오차범위를 5mg/L 이하로 제한하려면 몇 명의 저소득층 원주민을 표본조사해야 하는가?

풀이

모표준편차가 $\sigma = 30$이므로 필요한 표본 크기를 n이라고 하면, 표본 크기의 결정 공식에 따라 다음이 성립한다.

$$n \geq \left(1.96\frac{\sigma}{5}\right)^2 = 138.2976$$

따라서 필요한 표본 크기는 139명 이상이어야 한다.

지금까지 다룬 모평균 추정 공식은 모표준편차 σ를 안다는 전제를 바탕으로 설명된 것이다. 그러나 실제 문제에서 모표준편차를 아는 경우는 매우 드물고, 이는 단지 추정의 개념을 이해하기 위한 가정에 불과하다.

일반적인 경우에 모평균과 모표준편차의 추정은 다음 장에서 자세히 다룰 것이다. 참고로 모평균이나 모표준편차처럼 모집단 특성을 나타내는 수치적 척도를 **모수**(parameter)라 하며, 이를 기호 θ로 표기한다. 표본 $X_1, X_2, \cdots, X_n$을 이용하여 모수 θ를 추정할 때, 그 추정량을 기호 $\hat{\theta}(X_1, X_2, \cdots, X_n)$ 또는 간단히 $\hat{\theta}$으로 표기한다. 이와 함께, 추정값 역시 혼동이 없다면 $\hat{\theta}$으로 표기한다.

이번에는 두 개의 통계량 $L(X_1, X_2, \cdots, X_n)$과 $U(X_1, X_2, \cdots, X_n)$에 대해 다음 관계가 성립한다고 하자.

$$P(L(X_1, X_2, \cdots, X_n) < \theta < U(X_1, X_2, \cdots, X_n)) = 1 - \alpha$$

이때 구간 $(L(X_1, X_2, \cdots, X_n), U(X_1, X_2, \cdots, X_n))$을 θ에 대한 신뢰수준 $100(1-\alpha)\%$ 신뢰구간이라 한다. 이러한 신뢰수준의 의미는 앞서 모평균 신뢰구간에서 설명한 신뢰수준의 개념과 동일하다.

예 5-3 모표준편차 σ의 보편적인 추정량은 표본표준편차로, 다음과 같이 정의된다.

$$\hat{\sigma} = \sqrt{\frac{1}{n-1}\sum_{i=1}^{n}(X_i - \overline{X})^2} = S$$

모분산 σ^2의 추정량으로는 표본분산 S^2을 사용하고, 이는 다음과 같이 정의된다.

$$\hat{\sigma}^2 = \frac{1}{n-1}\sum_{i=1}^{n}(X_i - \overline{X})^2 = S^2$$

[예 5-3]에서처럼 모수의 추정량만을 제시하여 표본이 주어졌을 때 해당 추정값을 제공하는 방식을 **점추정**(point estimation)이라 한다. 반면에 신뢰구간을 제공하여 모수의 범위를 추측하는 방식을 **구간추정**(interval estimation)이라 한다. 이 두 가지 방법을 통틀어 **모수의 추정**(estimation of parameter)이라 한다.

예제 5-3 한 공장에서 생산하는 플라스틱판의 두께에서 변이 정도는 중요한 특성치로 간주된다. 이 공장에서 생산된 플라스틱판 중 표본 10개를 추출하여 두께를 측정한 결과는 다음과 같다. 이 자료를 기반으로 플라스틱판 두께의 모표준편차 σ에 대한 추정값을 구하라.

(단위 : mm)

226	228	226	225	232	228	227	229	225	230

풀이

주어진 자료 $n=10$개를 이용해 표본평균을 계산하면 다음과 같다.

$$\bar{x} = \frac{1}{10}(226+228+\cdots+230) = 227.6\text{mm}$$

표본분산을 계산하면 다음과 같다.

$$s^2 = \frac{1}{10-1}\{(226-227.6)^2 + (228-227.6)^2 + \cdots + (230-227.6)^2\} = 5.1556$$

따라서 모표준편차 σ에 대한 추정값은 다음과 같다.

$$\hat{\sigma} = s = \sqrt{5.1556} = 2.27\text{mm}$$

지금까지 모평균과 모표준편차의 추정량으로 각각 표본평균과 표본표준편차를 사용해 왔다. 그러나 이 외에도 다양한 추정량이 존재한다. 예를 들어 2장에서 소개한 절사평균 역시 모평균 μ의 추정량 중 하나이다.[1] 다만 이러한 추정량을 이용한 추론은 이 책의 범위를 넘어서므로 앞으로는 표본평균과 표본표준편차를 활용한 추론만 다루기로 한다.

1 자료에 이상점이 있을 때 평균 대신 절사평균을 이용하면 더 안정적인 결과를 얻을 수 있다.

5.2 유의성검정과 가설검정

미지의 모수에 대한 추측을 목적으로 하는 경우, 추정의 개념과 논리에 기반한 통계적 추론이 가능함을 5.1절에서 소개했다. 그러나 어떤 현상을 밝히기 위한 출발점으로서 설정된 명제에 대한 증거가 자료에서 뚜렷하게 나타나는지를 판단해야 하는 경우도 있다. 이러한 상황에서 사용되는 통계적 추론의 개념을 이해하기 위해 다음 예를 살펴보자.

예 5-4 [예 2-1]에서 소개된 유전 형질에 관한 멘델의 이론을 잘 알고 있는 한 과학자가 유전공학적 기법으로 변종시킨 완두콩에 대해 실험을 수행했다. 이 과학자는 변종된 완두콩이 멘델의 이론과 다른 비율을 보일 수 있다는 가정을 세웠다. 변종된 완두콩을 이용하여 교배실험을 한 결과, 2세대에서 다음과 같은 완두콩의 분포를 관찰했다.

- 둥글고 노란 완두 : 860개
- 둥글고 녹색 완두 : 340개
- 모나고 노란 완두 : 240개
- 모나고 녹색 완두 : 160개

멘델의 이론에 따르면 네 종류의 완두콩에 대한 비율은 9:3:3:1을 따를 것으로 예측된다. 그렇다면 이 과학자의 실험 결과는 멘델의 이론을 대체할 새로운 이론의 존재를 강하게 시사하는 것일까?

[예 5-4]와 같이 과학이 발전하는 과정에서는 기존 이론이나 법칙을 부정하는 강한 반증을 관측하고, 이를 바탕으로 새로운 이론을 탐구하는 것이 필수적이다. 이러한 맥락에서 [예 5-4]에서 과학자가 수행한 실험의 목적은 멘델의 이론에 따라 다음 가설을 검증하는 것이다.

"네 종류의 비율은 9:3:3:1이다."

이는 유전 법칙을 설명하는 하나의 **가설**(hypothesis)로 간주되고, 실험 결과가 이를 부정할 수 있는 반증을 제공하는지 확인하려는 것이다. 이와 같이 반증을 목적으로 상정된 가설을 **귀무가설**(null hypothesis)이라 하고, 이 가설에 대한 반증의 강도를 평가하는 과정을 **유의성검정**(test of significance, significance test)이라 한다.

유의성검정에 내재된 논리는 수학이나 논리학에서 모순을 이용하여 명제를 증명하는 논법과 유사하다. 즉 귀무가설이 참이라면, 관찰된 자료는 매우 일어나기 어려운 사건이어야 한다. 이러한 결과가 관측되었다면 기존의 귀무가설 대신 새로운 가설을 탐구할 필요가 있다는 논리이다. 귀무가설의 대안으로 상정되는 가설을 **대립가설**(alternative hypothesis)이라 한다. 귀무가설과 대립가설은 각각 H_0와 H_1으로 표기한다. 귀무가설과 대립가설의 의미를 명확하게 이해하기 위해 다음의 예를 생각해보자.

예 5-5 한 회사는 건물의 소화용으로 사용되는 살수장치를 생산하며, 이 살수장치가 실내온도 55℃에서 작동되도록 설계하고 있다. 회사는 제조공정의 이상 여부를 판단하기 위해 생산품 중 일부를 표본으로 추출하여 작동 시작 온도를 조사했다. 조사 결과, 공정에 이상이 있다는 증거가 뚜렷하면 적절한 기술적 조치를 취할 계획이다. 조사 결과를 바탕으로 제조공정의 이상 여부를 판단하기 위한 유의성검정에서 귀무가설과 대립가설을 설정하는 과정을 살펴보자. 이 공정에서 생산된 살수장치의 평균 작동 시작 온도를 μ℃라 할 때, 공정에 이상이 있다는 것은 $\mu < 55$이거나 $\mu > 55$, 즉 $\mu \neq 55$인 경우를 의미한다.

조사의 목적은 공정이 정상 상태가 아니라는 뚜렷한 증거를 찾는 것이다. 따라서 귀무가설과 대립가설은 각각 다음과 같이 설정된다.

$$H_0 : \mu = 55, \quad H_1 : \mu \neq 55$$

예 5-6 한 페인트 제조회사에서 생산하는 특수 페인트의 건조시간은 평균 75분, 표준편차 9.4분인 것으로 알려져 있다. 연구소에서는 새로운 첨가제를 개발하여 평균 건조시간이 줄어들 것이라고 주장하며, 이를 확인하기 위해 새로운 첨가제를 사용한 시제품을 생산하고 건조시간을 조사했다. 조사 결과, 건조시간이 줄어든다는 뚜렷한 증거가 관찰되면 새로운 첨가제를 전체 공정에 적용할 계획이다. 이러한 상황을 고려했을 때, 건조시간 단축 여부를 판단하기 위한 유의성검정에서 귀무가설과 대립가설을 설정하는 과정을 살펴보자. 새로운 첨가제를 사용한 특수 페인트의 평균 건조시간을 μ분으로 나타내면, 건조시간이 줄어든다는 주장은 $\mu < 75$임을 뜻하고, 반대로 기존 공정과 차이가 없다는 것은 $\mu = 75$임을 뜻한다.

조사의 목적은 기존 공정과 비교하여 건조시간이 줄어들었다는 뚜렷한 증거를 확인하는 것이다. 따라서 귀무가설과 대립가설은 각각 다음과 같이 설정된다.

$$H_0 : \mu = 75, \quad H_1 : \mu < 75$$

[예 5-5]에서의 대립가설 $H_1 : \mu \neq 55$와 같이, μ의 범위가 비교하는 값 55를 기준으로 양쪽 방향을 모두 포함하는 가설을 **양측가설**(two-sided hypothesis)이라 한다. 반면에 [예 5-6]에서의 대립가설 $H_1 : \mu < 75$와 같이, μ의 범위가 비교하는 값 75를 기준으로 한쪽 방향만 포함하는 가설을 **단측가설**(one-sided hypothesis)이라 한다. 이러한 예에서 볼 수 있듯이 가설을 설정할 때는 자료에서의 뚜렷한 증거로 입증하려는 가설을 대립가설로 상정한다. 문제의 성격에 따라 대립가설은 양측가설 또는 단측가설로 설정할 수 있다.

[예 5-6]에서의 대립가설이 $H_1 : \mu < 75$로 주어졌을 때, 귀무가설을 H_1의 부정인 $H_0 : \mu \geq 75$로 상정하는 것이 논리적으로 타당하다. 이는 모든 가능한 모평균의 값을 고려한다는 점에서 적합하다. 그러나 대립가설 $H_1 : \mu < 75$와 가장 구별하기 어려운 경우인 $\mu = 75$를 귀무가설로 설정해도 유의성검정의 절차에는 변화가 없다는 사실이 알려져 있다. 따라서 앞으로 단측 대립가설이 주어지면 그와 구별하기 가장 어려운 경우의 값을 귀무가설로 상정하기로 한다.

이제 유의성검정의 목적이 귀무가설에 반대되며 대립가설을 지지하는 증거를 찾는 데 있음을 염두에 두고 그 절차를 살펴보자. 귀무가설과 대립가설은 일반적으로 모수에 관한 가설로 제시되며, 유의성검정에서 찾고자 하는 증거는 해당 모수의 추정량을 기반으로 평가된다. 특히 귀무가설을 반박하고 대립가설을 지지하는 증거는 모수의 추정값이 귀무가설 H_0에서 제시된 값으로부터 대립가설 H_1의 방향으로 멀리 떨어질수록 강해진다.

예 5-7 [예 5-5]에서 귀무가설과 대립가설은 각각 다음과 같이 주어졌다.

$$H_0 : \mu = 55, \quad H_1 : \mu \neq 55$$

두 가설은 모두 모평균 μ에 관한 가설이다. 따라서 유의성검정에서 사용되는 증거는 표본평균 $\overline{X}$를 통해 찾는다. 또한 대립가설 H_1이 양측가설이고 귀무가설 H_0에서 주어진 μ 값이 55이므로, 표본평균 $\overline{X}$가 55에서 어느 방향으로든 멀어질수록 이는 대립가설을 지지하는 강한 증거가 된다.

예 5-8 [예 5-6]에서 귀무가설과 대립가설은 각각 다음과 같이 주어졌다.

$$H_0 : \mu = 75, \quad H_1 : \mu < 75$$

대립가설 H_1은 왼쪽방향의 단측가설이다. 따라서 표본평균 $\overline{X}$가 75보다 작은 값으로 멀어질수록 이는 대립가설을 지지하는 강한 증거가 된다.

[예 5-7]과 [예 5-8]에서처럼 유의성검정에서 사용되는 표본평균과 같은 통계량을 **검정통계량**(test statistic)이라 한다. 이러한 통계량을 사용하여 유의성검정에서 증거의 강도를 나타내는 방법을 생각해보자.

예 5-9 [예 5-5]에서 살수장치 공정의 이상 여부를 확인하기 위해 다음과 같은 가설을 설정했다.

$$H_0 : \mu = 55, \quad H_1 : \mu \neq 55$$

시제품 $n = 9$개를 조사한 결과, 평균 작동 시작 온도가 $\bar{x} = 55.63$℃로 나타났다고 하자. 편의를 위해 전체 제품의 작동 시작 온도는 정규분포를 따르고, 표준편차가 $\sigma = 0.9$℃로 알려져 있다고 가정한다. 조사 결과로부터 관측된 평균온도와 귀무가설에서 주어진 모평균과의 차는 $\bar{x} - 55 = 0.63$이다. 이는 단 한 번의 조사에 근거한 결과이다. 만약 동일한 조사를 무한히 반복한다면, 실제로 관측된 증거보다 더 강한, 귀무가설 H_0의 반증을 얻을 가능성은 얼마일까?

시제품 9개의 표본평균 $\overline{X}$에 대한 확률을 이용해 이 가능성을 계산할 수 있다. [예 5-5]에서 대립가설 $H_1: \mu \neq 55$는 양측가설이므로 실제 관측된 증거 $\bar{x} - 55 = 0.63$보다 더 강한, 귀무가설 $H_0: \mu = 55$의 반증을 얻을 확률은 다음과 같다.

$$P(\overline{X} \leq 55 - 0.63 \text{ 또는 } \overline{X} \geq 55 + 0.63 \mid \mu = 55)$$

이 확률이 낮을수록 관측 결과는 귀무가설 H_0에 대해 더 강한 반증으로 간주할 수 있다. 극단적으로 이 확률이 0이라면 관측된 결과보다 더 강한 H_0의 반증을 얻을 가능성이 없음을 의미하고, 이때 관측된 결과가 가장 강한 반증으로 해석된다.

이제 이러한 확률은 다음과 같이 계산된다.

$$P\left(\left| \frac{\overline{X} - 55}{\sigma / \sqrt{n}} \right| \geq 2.1 \;\middle|\; \mu = 55 \right) = P(|Z| \geq 2.1) = 0.0357$$

즉 동일한 조사를 무한히 반복했을 때, 실제 조사 결과보다 더욱 강한 H_0의 반증을 얻을 기회는 100번 중 4번 이하이다. 따라서 조사 결과는 $H_0: \mu = 55$가 사실이 아님을 강하게 시사한다.

[예 5-9]에서 계산된 확률과 같이, 실제 관측결과보다 더 강한 H_0의 반증을 얻을 확률을 **유의확률**(significance probability) 또는 간단히 ***P* 값**(P-value)이라 한다. 유의성검정에서는 이 유의확률을 귀무가설 H_0에 대한 반증의 강도로 제공한다.

유의확률은 검정통계량이 실제 관측된 값보다 대립가설을 지지하는 방향으로 더 치우친 값을 가질 확률을, 귀무가설 H_0하에서 계산하여 구한다. 지금까지의 내용을 요약하면 다음과 같다.

정의 5-1 유의확률(P 값)

유의확률은 검정통계량이 실제 관측된 값보다 대립가설을 지지하는 방향으로 더욱 치우친 값을 가질 확률로, 귀무가설 H_0하에서 계산된다. 유의확률 값이 작을수록 귀무가설 H_0에 대한 반증이 강한 것을 뜻한다.

예 5-10 [예 5−6]을 상기하자. 새로운 첨가제가 페인트의 건조시간을 줄이는지 확인하기 위해 다음과 같은 가설을 세웠다.

$$H_0 : \mu = 75, \quad H_1 : \mu < 75$$

새로운 첨가제를 사용한 시제품 100의 건조시간을 조사한 결과 평균 건조시간이 $\overline{x} = 73.5$분으로 나타났다고 하자. 편의를 위해 이 첨가제를 사용한 페인트의 건조시간 표준편차가 $\sigma = 9.4$분이라 가정한다.

이 경우에 검정통계량은 표본평균 $\overline{X}$이고 대립가설 $H_1 : \mu < 75$는 왼쪽방향의 단측가설이다. 따라서 유의확률은 관측값 73.5 이하의 표본평균이 나올 확률로 계산된다.

$$P = P(\overline{X} \le 73.5 \mid \mu = 75)$$

표본 크기가 $n = 100$으로 충분히 크므로 표본평균 $\overline{X}$의 분포는 정규분포 $N\left(\mu, \frac{\sigma^2}{n}\right)$, 즉 $N\left(\mu, \frac{9.4^2}{100}\right)$으로 근사할 수 있다. 이를 이용하면 유의확률은 다음과 같이 계산된다.

$$P = P\left(\frac{\overline{X} - 75}{9.4/\sqrt{100}} \le -1.5957 \;\middle|\; \mu = 75\right) \approx P(Z \le -1.5957) = 0.0553$$

이 조사 결과는 건조시간이 줄어든다는 것을 상당히 강하게 시사하고, 그 증거의 강도는 유의확률 약 5.5%로 계산된다.

[그림 5−3]은 [예 5−10]에서 유의확률(P 값)의 계산과정을 그림으로 나타낸 것이다.

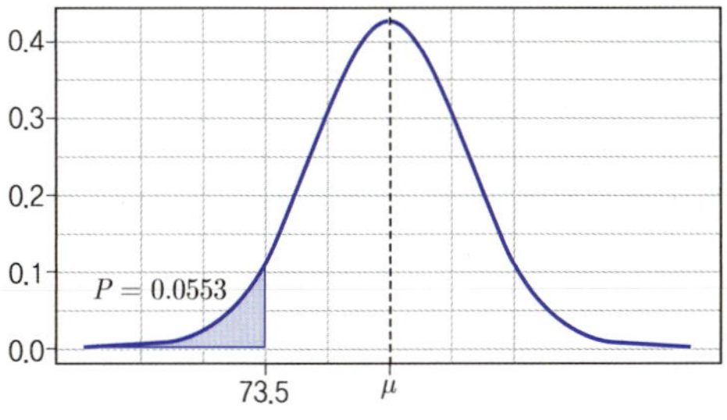

그림 5−3 왼쪽 단측 대립가설일 때 유의확률

[예 5−9]와 [예 5−10]에서 알 수 있듯이 유의확률을 계산할 때는 귀무가설 H_0하에서 검정통계량의 분포를 이용한다. 이는 사용하는 통계량에 따라 그에 맞는 표본분포를 이용하면 된다.[2]

2 표본분포에 관한 내용은 4장을 참고하라.

[예 5-9]와 [예 5-10]에서 귀무가설 H_0에 대해 '강한' 반증이라는 표현을 사용했다. 여기서 '강하다' 또는 '강하지 않다'는 표현은 상대적인 의미가 있다. 따라서 유의성검정을 사용할 때는 반증의 강도에 대해 기준값을 미리 정해놓고, 유의확률(P 값)을 기준값과 비교하는 방식이 자주 사용된다. 이와 같은 기준값을 **유의수준**(significance level)이라 하며, 이를 기호 α로 표기한다. 예를 들어 유의수준 $\alpha = 0.05$는 조사 결과보다 더 강한, 귀무가설 H_0의 반증이 나타날 확률이 5% 이하가 되기를 요구하는 것이다. 즉 유의확률(P 값)이 0.05 이하일 정도로 귀무가설에 대한 반증을 요구한다는 뜻이다.

일반적으로 사용되는 유의수준은 $\alpha = 0.05$ 또는 $\alpha = 0.01$이다. 조사 결과에서 유의확률(P 값)이 지정된 유의수준 α 이하로 나타나면 "조사 결과가 통계적으로 유의하다"고 표현한다. 예를 들어 $\alpha = 0.05$일 때 유의확률이 0.05 이하로 나타나면 유의성검정의 결과를 다음과 같이 요약할 수 있다.

"조사 결과가 통계적으로 유의하다($P \leq 0.05$)."

이 표현은 귀무가설 H_0에 대한 반증의 강도가 지정된 유의수준 5%보다 강하다는 뜻이다.

정의 5-2 유의성검정에서 통계적 유의성

유의확률(P 값)이 유의수준 α 이하이면, 조사 결과가 유의수준 α에서 **통계적으로 유의하다**고 한다. 이는 귀무가설에 대한 반증의 강도가 지정된 유의수준보다 강함을 뜻한다.

지금까지 살펴본 유의성검정의 절차를 정리하면 다음과 같다.

❶ 귀무가설 H_0와 대립가설 H_1을 상정한다. 유의성검정은 귀무가설 H_0에 대한 반증의 강도를 평가하는 것이고, 대립가설 H_1은 귀무가설에 대한 대안임을 고려한다.

❷ [선택사항] 유의수준 α를 지정한다. 유의수준은 귀무가설에 대한 반증의 강도가 어느 정도여야 결론으로 판단할 수 있는지를 나타낸다.

❸ 자료를 기반으로 검정통계량의 관측값을 계산한다. 이때 검정통계량은 가설과 관련된 모수의 추정량을 사용하여 계산된다.

❹ 관측된 검정통계량 값을 이용해 유의확률(P 값)을 계산하고, 이를 귀무가설 H_0에 대한 반증의 강도로 제공한다. 유의확률은 귀무가설 H_0하에서 검정통계량의 표본분포를 이용하여 계산한다.

❺ [선택사항] 지정된 유의수준 α와 유의확률(P 값)을 비교하여 α 통계적 유의성을 판단한다. 유의확률(P 값)이 지정된 수준 α 이하라면 조사 결과는 통계적으로 유의하다고 판단한다.

유의성검정 절차 중 ❸과 ❹는 [부록 C]의 적절한 분포표를 이용하거나 다양한 통계계산 소프트웨어를 이용하여 쉽게 계산할 수 있다. 실제로 통계계산 소프트웨어 대부분은 유의성검정을 진행할 때 유의확률(P 값)을 계산하여 사용자에게 제공한다. 그러나 귀무가설 H_0와 대립가설 H_1은 유의성검정의 목적에 맞게 조사자가 직접 상정해야 한다. 또한 계산된 유의확률(P 값)에 대한 해석도 조사자가 직접 수행해야 한다는 점을 명심하자.

앞서 유의성검정의 개념을 설명했으므로, 이제 유의성검정의 계산과정을 자세히 살펴보자.

[예 5-9]와 [예 5-10]에서처럼 모평균 μ에 관한 가설의 유의성검정에서 사용되는 통계량은 표본평균 $\overline{X}$ 이다. 이때 계산과정에서 $\overline{X}$를 표준화한 통계량을 사용한다. 우선 다음과 같이 [예 5-10]의 가설에 대한 유의확률 계산과정을 살펴보자.

$$H_0 : \mu = 75, \; H_1 : \mu < 75$$

표본평균 $\overline{X}$를 표준화한 통계량과 그 관측값은 각각 다음과 같다.

$$Z = \frac{\overline{X} - 75}{9.4/\sqrt{100}}, \; z = \frac{73.5 - 75}{9.4/\sqrt{100}} = -1.5957$$

이를 사용하면 유의확률은 다음과 같다.

$$P(\overline{X} \le 73.5 \mid \mu = 75) \approx P(Z \le \quad 1.5957) = 0.0553$$

이제 모평균 μ에 관한 가설을 다음과 같이 고려하자. 여기서 μ_0는 주어진 값이다.

$$H_0 : \mu = \mu_0, \; H_1 : \mu < \mu_0$$

이 가설의 유의성검정에서 모표준편차 σ를 알고 있다면 표본평균을 표준화한 통계량과 그 관측값을 각각 다음과 같이 구할 수 있다.

$$Z = \frac{\overline{X} - \mu_0}{\sigma/\sqrt{n}}, \; z = \frac{\overline{x} - \mu_0}{\sigma/\sqrt{n}}$$

이때 유의확률은 다음과 같다.

$$P(\overline{X} \le \overline{x} \mid \mu = \mu_0) \approx P(Z \le z)$$

이번에는 모평균 μ에 관한 가설이 다음과 같고, 모표준편차 σ를 알고 있다고 하자.

$$H_0 : \mu = \mu_0, \; H_1 : \mu > \mu_0$$

그러면 유의확률은 다음과 같다.

$$P(\overline{X} \geq \overline{x} \mid \mu = \mu_0) \approx P(Z \geq z)$$

마지막으로 [예 5-9]와 같이 모평균 μ에 관한 가설이 다음과 같고, 모표준편차 σ를 알고 있다고 하자.

$$H_0 : \mu = \mu_0, \ \ H_1 : \mu \neq \mu_0$$

이때 표본평균이 μ_0보다 작아지거나 커지는 것이 모두 귀무가설에 대한 반증으로 간주된다. 따라서 유의확률은 다음과 같이 계산된다.

$$P\left(\overline{X} - \mu_0 \leq -|\overline{x} - \mu_0| \text{ 또는 } \overline{X} - \mu_0 \geq -|\overline{x} - \mu_0| \mid \mu = \mu_0\right) \approx P(|Z| \geq |z|)$$

이와 같은 이유로 귀무가설 $H_0 : \mu = \mu_0$에서 모표준편차 σ를 알고 있다면 유의성검정에서는 다음과 같이 표본평균을 표준화한 통계량을 검정통계량으로 사용할 수 있다.

$$Z = \frac{\overline{X} - \mu_0}{\sigma / \sqrt{n}}$$

지금까지의 내용을 정리하면 다음과 같다.

모평균의 유의성검정(모표준편차 σ를 알 때)

귀무가설이 $H_0 : \mu = \mu_0$일 때 검정통계량은 다음과 같다.

$$Z = \frac{\overline{X} - \mu_0}{\sigma / \sqrt{n}}$$

검정통계량의 관측값이 z일 때, 유의확률 P는 다음과 같이 구한다.

❶ $H_1 : \mu > \mu_0$이면 $P = P(Z \geq z)$

❷ $H_1 : \mu < \mu_0$이면 $P = P(Z \leq z)$

❸ $H_1 : \mu \neq \mu_0$이면 $P = P(|Z| \geq |z|)$

유의확률은 표준정규분포표를 이용해 값을 구할 수 있다. 모집단이 정규분포를 따르면 유의확률은 정확한 값으로 계산된다. 반면에 모집단이 정규분포를 따르지 않더라도 표본 크기가 충분히 크면 유의확률은 근사적인 값으로 계산된다.

예제 5-4 한 타이어 제조 회사에서 생산 중인 타이어의 수명은 평균 37,000km와 표준편차 5,000km로 알려져 있다. 이 회사의 연구소는 타이어 수명을 늘리기 위해 새로운 공정을 개발 중이고, 새로운 공정으로 제작된 시제품 100개의 평균 수명을 조사한 결과 $\bar{x} = 38000$(km)였다. 새로운 공정으로 제작된 타이어의 수명 표준편차가 기존 타이어와 동일하게 $\sigma = 5000$(km)로 유지된다고 가정할 때, 이 조사 결과가 새로운 공정이 성공적임을 의미한다고 할 수 있을지 검토하라.

풀이

새로운 공정으로 제작된 타이어의 평균 수명을 μ라고 하면, 이 문제는 가설 '$\mu > 37000$'을 입증하는 것이다. 따라서 귀무가설과 대립가설을 다음과 같이 상정한다.

$$H_0 : \mu = 37000, \quad H_1 : \mu > 37000$$

표본평균 $\overline{X}$를 표준화한 검정통계량 $Z = \dfrac{\overline{X} - 37000}{5000/\sqrt{n}}$의 관측값은 다음과 같다.

$$z = \frac{\bar{x} - 37000}{5000/\sqrt{100}} = \frac{38000 - 37000}{5000/\sqrt{100}} = 2$$

대립가설이 오른쪽방향의 단측가설이므로 유의확률은 $P = P(Z \geq 2)$로 주어진다. 표본 크기 $n = 100$이 충분히 크므로 Z의 분포는 근사적으로 표준정규분포를 따른다. [부록 C]의 표준정규분포표나 통계계산 소프트웨어를 이용해 유의확률을 계산하면 다음과 같다.

$$P = P(Z \geq 2) = 1 - P(Z < 2) = 1 - 0.9772 = 0.0228$$

따라서 이 결과는 새로운 공정이 타이어의 수명을 늘리는 데 상당히 성공적임을 강하게 시사한다.

예제 5-5 한 제약회사의 연구개발부는 특정 약품의 주성분 농도가 0.85gr/L로 유지되는 제조법을 개발하는 것을 목표로 한다. 화학 실험의 특성상 동일한 견본에 대해 반복 측정하면 약간씩 다른 값이 나올 수 있다. 이론적으로 이러한 측정값들은 실제 농도 μ를 평균으로 하고 표준편차가 $\sigma = 0.0123$gr/L인 정규분포를 따른다고 알려져 있다. 이 연구개발부는 주성분 농도가 0.85gr/L로 유지된다고 예상되는 제조법을 개발했으나, 비용과 기술적 제약으로 인해 하나의 견본을 3번 반복 측정했고, 이 측정값들의 평균이 $\bar{x} = 0.8404$gr/L로 나타났다. 이 제조법으로 만들어진 약품의 실제 주성분 농도 μ가 0.85gr/L가 아니라고 의심할 만한 증거가 있는지 확인하라.

풀이

문제의 뜻에 따라 귀무가설과 대립가설을 다음과 같이 상정한다.

$$H_0 : \mu = 0.85, \quad H_1 : \mu \neq 0.85$$

주어진 정보에 따르면 표준화된 표본평균 Z의 관측값은 다음과 같다.

$$z = \frac{\bar{x} - 0.85}{0.00123/\sqrt{3}} = \frac{0.8404 - 0.85}{0.0123/\sqrt{3}} = -1.35$$

모집단이 정규분포를 따르므로 표준화된 표본평균 Z는 표준정규분포를 따른다. 대립가설 H_1은 양측가설이므로 유의확률은 $P = P(|Z| \geq |z|) = P(|Z| \geq 1.35)$이고, [그림 5-4]에서 알 수 있듯이 $P = 2P(Z \leq -1.35) = 2 \times 0.0885 = 0.177$과 같이 구할 수 있다.

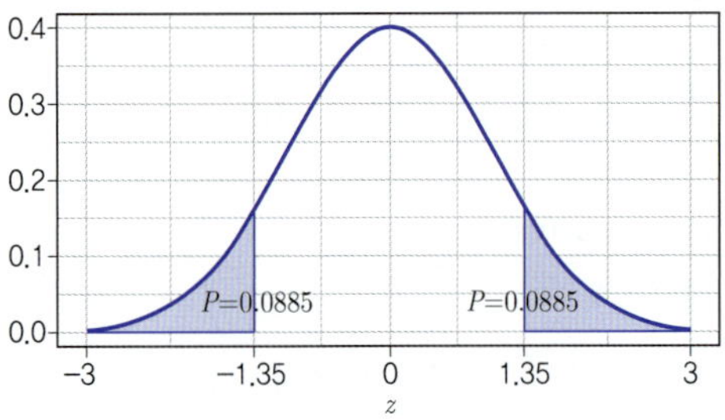

그림 5-4 양측 대립가설일 때 유의확률

계산된 유의확률은 17%를 상회한다. 따라서 이 조사 결과는 실제 주성분 농도가 0.85gr/L가 아니라고 의심할만한 뚜렷한 증거를 제공하지 않는다.

[예제 5-4]와 [예제 5-5]에서는 유의확률을 계산하여 유의성검정을 수행하는 절차에 대해 알아보았다. 한편으로 귀무가설에 대한 반증의 강도로 요구되는 수준이 유의수준 α로 미리 주어진다면, 유의확률을 계산하지 않고도 유의성검정을 수행할 수 있다. [예 5-11]을 살펴보자.

예 5-11 [예제 5-4]에서의 가설 $H_0 : \mu = 37000$, $H_1 : \mu > 37000$에 대한 유의성검정에서 유의수준이 $\alpha = 0.05$로 주어졌다고 하자. 이때에는 표본평균을 표준화한 검정통계량 Z의 관측값 z를 이용하여 다음 부등식의 성립 여부를 확인하여, 귀무가설 H_0에 대한 반증의 강도가 지정된 유의수준 $\alpha = 0.05$보다 강한지를 판단해야 한다.

$$P(Z \geq z) \leq 0.05$$

귀무가설을 검정하는 방법은 두 가지이다.

❶ [예제 5-4]의 풀이에서처럼 검정통계량 Z의 관측값 $z = \dfrac{\bar{x} - 37000}{5000/\sqrt{100}} = 2$를 이용하여 부등식 좌변의 유의확률을 계산한다.

❷ [그림 5-5]와 같이 표준정규분포에서 상위 5% 백분위수인 $z_{0.05} = 1.645$와 관측값 z를 비교한다.

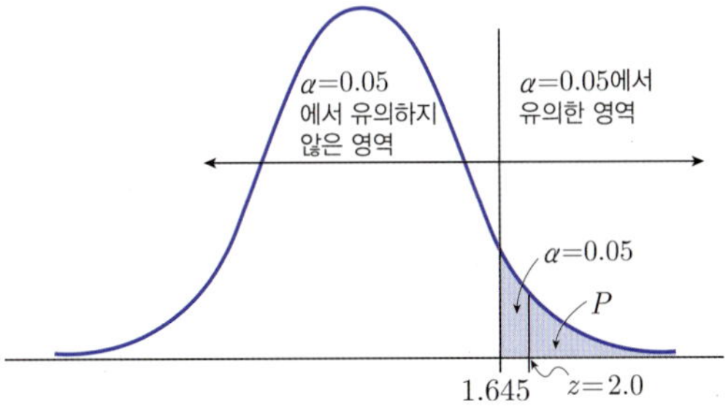

그림 5-5 유의수준 5%에서 유의한 영역

관측값 $z = 2$가 $z_{0.05} = 1.645$보다 크므로(즉, 부등식 $z \geq 1.645$를 만족) 이는 유의수준 5%에서 통계적으로 유의함을 뜻한다.

만약 관측값이 $z < 1.645$를 만족한다면, 이는 유의수준 $\alpha = 0.05$에서 통계적으로 유의하지 않음을 뜻한다.

유의수준 α가 지정된 경우, [예 5-11]에서처럼 $z \geq 1.645$와 같이 지정된 수준에서 통계적 유의성을 주장할 수 있는 검정통계량의 영역을 찾을 수 있다. 이러한 영역을 귀무가설 H_0의 **기각역**(rejection region)이라 한다. 기각역은 귀무가설에 대한 반증의 강도가 유의수준 α보다 강한지 여부를 나타내고, 다음과 같이 표현한다.

"유의수준 α에서 귀무가설 H_0를 기각한다."
"유의수준 α에서 귀무가설 H_0를 기각할 수 없다."

이처럼 유의수준 α가 지정되었다면 유의성검정은 관측 결과를 기반으로 귀무가설 H_0의 기각 여부를 판정하는 과정으로 볼 수 있다. 이러한 의미에서 유의성검정을 **가설검정**(hypothesis testing)이라고도 한다.

유의수준 α가 주어지면 가설검정의 절차를 다음과 같이 정리할 수 있다.

❶ 지정된 유의수준 α에 대응하는 검정통계량의 기각역을 찾는다.
❷ 자료를 기반으로 검정통계량의 관측값을 계산한다.
❸ ❷의 관측값이 기각역에 속하는지 여부를 판단한다.

모평균 μ에 관한 가설검정에서의 기각역은 [예 5-11]과 같이 대립가설의 형태에 따라 달라진다. 이를 정리하면 다음과 같다.

모평균의 가설검정(모표준편차 σ를 알고 유의수준이 α일 때)

귀무가설이 $H_0 : \mu = \mu_0$일 때 검정통계량은 다음과 같다.

$$Z = \frac{\overline{X} - \mu_0}{\sigma / \sqrt{n}}$$

검정통계량 Z의 관측값이 z일 때, 기각역은 다음과 같다.

❶ $H_1 : \mu > \mu_0$이면 $z \geq z_\alpha$

❷ $H_1 : \mu < \mu_0$이면 $z \leq -z_\alpha$

❸ $H_1 : \mu \neq \mu_0$이면 $|z| \geq z_{\alpha/2}$

흔히 사용하는 유의수준은 $\alpha = 0.05$, $\alpha = 0.01$이며, 이에 대응하는 z_α, $z_{\alpha/2}$ 값들은 각각 $z_{0.05} = 1.645$, $z_{0.025} = 1.96$, $z_{0.01} = 2.326$, $z_{0.005} = 2.576$이다.

예제 5-6 한 제약회사에서 생산하는 기존 진통제는 효과가 나타나는 시간이 평균 30분, 표준편차 5분으로 알려져 있다. 이 회사의 연구소는 효과가 더 빠르게 나타날 것으로 기대되는 새로운 진통제를 개발했다. 새로운 진통제가 더 빠른 효과를 준다는 것이 확실해지면, 생산 공정을 변경하여 새로운 진통제를 생산할 계획이다. 새로운 진통제의 효과가 더 빠른지 확인하기 위해 환자 50명을 랜덤추출하여 관측한 결과, 평균 진통시간이 $\overline{x} = 28.5$분으로 나타났다. 새로운 진통제의 효과가 나타나는 시간이 표준편차 $\sigma = 5$분인 정규분포를 따른다고 가정한다. 적절한 가설을 상정하고 유의수준 5%에서 검정하라.

풀이

새로운 진통제의 효과가 나타나는 시간의 평균을 μ분이라 하면, 문제의 뜻에 따라 귀무가설과 대립가설을 다음과 같이 상정할 수 있다.

$$H_0 : \mu = 30, \quad H_1 : \mu < 30$$

유의수준 5%에서의 기각역은 다음과 같이 주어진다.

$$z = \frac{\overline{x} - 30}{5 / \sqrt{50}} \leq -z_{0.05} = -1.645$$

표본평균의 관측값이 $\bar{x} = 28.5$이므로 표준화된 표본평균의 관측값은 다음과 같고, 이는 기각역에 속한다.

$$z = \frac{\bar{x} - 30}{5/\sqrt{50}} = \frac{28.5 - 30}{5/\sqrt{50}} = -2.12$$

따라서 유의수준 5%에서 귀무가설 H_0를 기각한다. 즉 새로운 진통제의 효과가 기존 진통제보다 더 빠르다는 증거가 지정된 유의수준 5%보다 강하게 나타났다.

예제 5-7 [예 5-5]와 [예 5-9]를 상기하자. 살수장치 공정의 이상 여부를 확인하기 위해 시제품 $n = 9$개를 조사한 결과, 평균 작동 시작 온도가 $\bar{x} = 55.63$℃로 나타났다. 편의를 위해 전체 제품의 작동 시작 온도가 표준편차 $\sigma = 0.9$℃인 정규분포를 따른다고 가정하자. 공정의 이상 여부를 확인하기 위해 다음과 같이 상정한 가설을 유의수준 1%에서 검정하라.

$$H_0 : \mu = 55 \quad H_1 : \mu \neq 55$$

풀이

표준화된 표본평균 Z의 관측값은 다음과 같다.

$$z = \frac{\bar{x} - 55}{0.9/\sqrt{9}} = \frac{55.63 - 55}{0.9/\sqrt{9}} = 2.1$$

유의수준 1%에서 기각역은 다음과 같이 주어진다.

$$|z| \geq z_{0.005} = 2.576$$

관측된 z는 기각역에 속하지 않으므로, 유의수준 1%에서는 귀무가설 H_0를 기각할 수 없다. 즉 공정에 이상이 있다는 증거의 강도가 지정된 유의수준 1%보다 강하지 않다.

만약 지정된 유의수준이 달라지면, 그에 따른 가설검정의 결론도 달라진다. [예제 5-6]과 [예제 5-7]을 하나씩 살펴보자. [예제 5-6]의 유의확률(P 값)은 다음과 같다.

$$P = P(Z \leq -2.12) = 0.0170$$

[예제 5-6]은 유의수준 0.05에서 귀무가설을 기각할 수 있었다. 그러나 유의수준이 $\alpha = 0.01$로 변경됐다면 귀무가설을 기각할 수 없었을 것이다.

[예제 5-7]의 유의확률(P 값)은 다음과 같다. 상세한 과정은 [예 5-9]를 참고하라.

$$P = P(|Z| \geq 2.1) = 0.0357$$

만약 유의수준이 $\alpha = 0.05$였다면 귀무가설을 기각할 수 있었을 것이다.

유의확률은 귀무가설에 대한 반증의 강도를 나타내므로 유의수준 α를 지정하지 않고도 결과를 구체적으로 해석할 수 있다. 그러나 문제의 성격에 따라 유의수준 α를 지정하고 귀무가설의 기각 여부를 결정해야 하는 때도 있다. 이때 유의수준 α는 문제와 관련된 여러 상황을 고려해야 한다.

가설검정을 지정된 유의수준 α에서 귀무가설 H_0와 대립가설 H_1 중 하나를 택하는 결정 방법론으로 볼 수 있다. 그러면 유의수준 α의 기각역을 제시하는 것은 이러한 결정 기준을 제공하는 것이다. 또한 검정 결과에 따라 [표 5-1]과 같이 두 가지 오류가 발생할 수 있다.

표 5-1 가설검정의 오류

검정 결과 \ 실제 상황	H_0 가 사실	H_1 이 사실
H_0 를 기각 못함(H_0 를 택함)	옳은 결정	제2종 오류
H_0 를 기각(H_1 을 택함)	제1종 오류	옳은 결정

예 5-12 [예제 5-6]에서의 가설은 다음과 같다.

$$H_0 : \mu = 30, \quad H_1 : \mu < 30$$

이때 유의수준 α의 기각역은 다음과 같다.

$$\frac{\overline{X} - 30}{5/\sqrt{50}} \le -z_\alpha$$

이러한 검정법에 의해 제1종 오류를 범할 확률은 다음과 같이 표현된다.

$$P\left(\frac{\overline{X} - 30}{5/\sqrt{50}} \le -z_\alpha \,\middle|\, \mu = 30\right)$$

이는 유의수준 α와 동일함을 알 수 있다.

일반적으로 유의수준 α에 따라 정해진 기각역을 사용하는 검정법에서 제1종 오류를 범할 확률은 α보다 작거나 같다. 이러한 의미에서 유의수준을 α로 지정한다는 것은 제1종 오류를 범할 확률의 허용한계를 α로 설정함을 의미한다.

예 5-13 [예제 5-6]을 상기하자. 새로운 진통제의 효과가 나타나는 평균 시간 μ가 28분이라면 이는 괄목할 만한 개선이라고 한다. 실제로 $\mu = 28$일 때, [예제 5-6]의 유의수준 5%에서의 기각역을 이용하여 제2종 오류를 범할 확률을 구해보자. [예제 5-6]에서 유의수준 5%의 기각역은 다음과 같다.

$$\frac{\bar{x} - 30}{5/\sqrt{50}} \leq -1.645$$

검정법에서 $\mu = 28$일 때 제2종 오류를 범한다는 것은 귀무가설 H_0를 기각하지 않고 택하는 경우이므로 해당 확률은 다음과 같이 표현할 수 있다.

$$P\left(\frac{\overline{X} - 30}{5/\sqrt{50}} > -1.645 \,\middle|\, \mu = 28\right)$$

실제 평균이 $\mu = 28$임을 이용하면 확률식을 다음과 같이 나타낼 수 있다.

$$\begin{aligned} P\left(\frac{\overline{X} - 28}{5/\sqrt{50}} + \frac{28-30}{5/\sqrt{50}} > -1.645 \,\middle|\, \mu = 28\right) &= P\left(\frac{\overline{X} - 28}{5/\sqrt{50}} > 2\sqrt{2} - 1.645 \,\middle|\, \mu = 28\right) \\ &= P(Z > 1.183) \end{aligned}$$

[부록 C]의 표준정규분포표 또는 통계계산 소프트웨어를 이용하여 $P(Z > 1.183)$을 계산하면 약 0.1190이다. 따라서 제2종 오류를 범할 확률은 약 0.1190이다.

제1종 오류를 범할 확률의 허용 한계로 유의수준 α를 설정하듯, 제2종 오류를 범할 확률이 지정된 β 이하가 되도록 요구할 수도 있다. 이를 만족시키려면 표본 크기를 적절히 설정해야 한다.

예제 5-8 [예제 5-6]을 상기하자. $\mu = 28$일 때 제2종 오류를 범할 확률이 $\beta = 0.1$ 이하가 되고, 유의수준이 $\alpha = 0.05$인 검정법을 사용하려고 한다. 이때 요구되는 표본 크기 n을 구하라.

풀이

요구되는 표본 크기를 n이라 하면, [예 5-13]에서와 같이 $\mu = 28$일 때 제2종 오류를 범할 확률은 다음과 같이 표현된다.

$$\begin{aligned} P\left(\frac{\overline{X} - 30}{5/\sqrt{n}} > -1.645 \,\middle|\, \mu = 28\right) &= P\left(\frac{\overline{X} - 28}{5/\sqrt{n}} + \frac{28-30}{5/\sqrt{n}} > -1.645 \,\middle|\, \mu = 28\right) \\ &= P\left(Z > \frac{30-28}{5/\sqrt{n}} - 1.645\right) \end{aligned}$$

이 확률이 $\beta=0.1$ 이하가 되려면, 다음 부등식을 만족해야 한다.

$$P\left(Z>\frac{30-28}{5/\sqrt{n}}-1.645\right)\le 0.1$$

[부록 C]의 표준정규분포표 또는 통계계산 소프트웨어를 이용하면 $z_{0.1}=1.282$이다. 따라서 다음과 같이 n에 대한 부등식을 풀 수 있다.

$$\frac{30-28}{5/\sqrt{n}}-1.645\ge 1.282$$

$$n\ge\left\{\frac{1.645+1.282}{(30-28)/5}\right\}^2=53.546$$

문제의 검정법에서 요구되는 표본 크기는 최소 $n=54$이다.

[예제 5-8]에서처럼 제1종 오류를 범할 확률을 유의수준 α 이하로 제한하고, 대립가설하에서 평균값 $\mu=\mu_1$일 때 제2종 오류를 범할 확률이 β 이하가 되도록 표본 크기 n과 기각역을 정하는 방법을 **샘플링검사**(sampling inspection)라 한다. 샘플링검사는 통계적 품질관리 분야에서 제품 품질을 검사하고 관리하는 데 널리 이용된다.

한편 대립가설하에서 평균값 $\mu=\mu_1$이 사실일 때 제2종 오류를 범하지 않을 확률, 즉 귀무가설 H_0를 기각할 확률을 $\mu=\mu_1$에서의 **검정력**(power)이라 한다.

예 5-14 [예 5-13]에서 유의수준 5%의 검정법에 대한 $\mu=28$에서의 검정력은 다음과 같이 계산할 수 있다.

$$P\left(\frac{\overline{X}-30}{5/\sqrt{50}}\le -1.645 \;\middle|\; \mu=28\right)=1-0.1190=0.8810$$

지금까지 모평균에 관한 추론을 중심으로 추정과 유의성검정 또는 가설검정의 개념과 방법론을 살펴보았다. 이러한 방법론이 유효하려면 다음 두 가지 사항에 유의해야 한다.

❶ 표본이 반드시 랜덤하게 추출되어야 한다.

❷ 모집단 분포에 대한 전제 조건이 적절하게 검토되어야 한다.

CHAPTER 05 연습문제

5.1 20대 남성 25명의 평균 신장을 조사한 결과, 표본평균 $\bar{x}$가 174cm로 나타났다. 20대 남성 평균 신장의 표준편차 σ가 5cm로 알려져 있을 때, 다음 물음에 답하라.

(a) 표본평균 $\bar{x}$의 표준편차를 구하라.

(b) 20대 남성 평균 신장 μ에 대한 95% 신뢰구간을 구하라.

5.2 [연습문제 5.1]에서 구한 평균 μ에 대한 신뢰구간은 단위가 cm로 표시되어 있다. 그런데 어떤 사람이 이 신뢰구간을 인치(inch)[3] 단위로 구하고 싶어한다고 하자. 이 사람이 [연습문제 5.1]에서 구한 신뢰구간의 길이를 2.54로 나누면 인치 단위의 신뢰구간이 된다고 주장했다. 과연 이 주장이 사실인지 판단하라. 또 단위가 인치인 신장을 Y로 나타낼 때, Y의 평균 μ_Y에 대한 신뢰구간을 구하라.

5.3 새로운 배터리 충전 기술의 평균 충전 시간을 추정하고자 한다. 물음에 답하라. 단, 충전 시간의 표준편차는 8분이다.

(a) 배터리 50개의 충전 기록에서 평균 충전 시간이 45분으로 나타났을 때, 평균 충전 시간에 대한 99% 신뢰구간을 구하라.

(b) 평균 충전 시간 추정에 있어 표본 추출 이전에 요구되는 정밀도를 얻기 위해 표본 크기를 결정하려고 한다. 평균 충전 시간의 95% 오차범위를 2분 이내로 하고 싶다면, 표본 크기를 얼마로 해야 하는가?

5.4 어느 고등학교 남학생의 신장은 평균이 μ, 표준편차가 σ인 정규분포를 근사적으로 따른다고 하자. 이 고등학교의 남학생 중 랜덤으로 10명을 뽑아 신장을 측정한 결과는 다음과 같다.

(단위 : cm)

177.3	174.8	181.4	175.5	179.0	178.6	173.7	177.2	178.5	175.0

(a) μ와 σ에 대한 추정값을 구하라.

(b) $\sigma=3$으로 알려져 있다고 할 때, μ에 대한 추정값의 95% 오차범위를 구하라.

3 1인치는 2.54cm이다.

5.5 주어진 문제에 대해 다음과 같은 형식으로 귀무가설과 대립가설을 상정하라.

> 한 식품 연구원이 새로운 다이어트 식품이 기존 식품보다 체중 감소 효과가 뛰어난지 확인하려고 한다. 새로운 식품은 더 비싸므로 효과가 입증되지 않으면 추천하지 않으려고 한다. 따라서 여러 번의 실험을 통해 그 효과를 검증하려고 한다.
>
> • 귀무가설 : 새로운 다이어트 식품이 기존 식품보다 더 효과적이지 않다.
> • 대립가설 : 새로운 다이어트 식품이 기존 식품보다 더 효과적이다.

(a) 한 음료회사가 평균 당 함량이 10g 미만인 신제품 음료를 개발하고 있다. 이 저당 음료는 건강 트렌드에 맞아떨어지므로 수출 전망이 밝을 것으로 기대된다. 이를 평가하기 위해, 개발된 음료 중 수출을 고려하는 제품 몇 가지의 당 함량을 조사하여 검토하려고 한다.

(b) 한 재건축 아파트 단지에서 평균 면적이 85m^2라고 홍보했으나, 입주자들은 실제 면적이 그보다 작을 것으로 의심하고 있다. 이를 확인하기 위해 일부 아파트의 면적을 측정하려고 한다.

(c) 한 교육 연구원은 남학생이 여학생보다 체육 과목을 더 선호한다고 예상하고, 학생들의 선호 과목에 대한 설문조사를 진행했다.

5.6 비타민 D가 혈당 수치에 미치는 영향을 확인하기 위해 연구자들이 비교실험을 진행했다. 대상자를 두 그룹으로 나누어 10주 동안 한 그룹에는 비타민 D를 제공하고, 다른 그룹에는 플라시보(가짜약)를 제공했다(대상자 모두 이 사실을 모르는 채로 진행했다). 실험이 끝난 후 통계 분석 결과, 비타민 D를 섭취한 그룹의 혈당 수치가 플라시보 그룹보다 유의미하게 낮아졌다고 나타났고, 이때 유의확률은 0.012이다. 이 연구 결과를 통계학에 익숙하지 않은 사람에게 설명할 때, 유의확률을 중심으로 어떻게 해석해야 할까?

5.7 한 교육학자가 아이들의 읽기 능력을 측정하는 방법 중 하나인 DRP(Degree of Reading Power) 점수를 활용하여 초등학교 3학년 학생 44명의 DRP 점수를 측정했다. 측정 결과는 다음과 같다. 여기서 해당 학교의 DRP 점수의 표준편차는 11로 알려져 있다. 교육학자는 이 학교의 DRP 점수가 해당 교육청 전체 평균인 32점보다 높다고 생각하며, 검정을 시행하려고 한다.

(단위 : 점)

40	26	39	14	42	18	25	43	46	27	19
47	19	26	35	34	15	44	40	38	31	46
52	25	35	35	33	29	34	41	49	28	52
47	35	48	22	33	41	51	27	14	54	45

(a) 검정을 시행하기 위한 귀무가설과 대립가설을 각각 상정하라.

(b) 유의수준 $\alpha = 0.05$에서 검정을 수행하고, 유의확률을 계산하여 교육학자의 생각이 옳은지 판단하라.

5.8 비타민 제품을 생산하는 제조회사는 습기나 열을 받은 후에도 비타민의 평균효능이 적어도 65 이상이라고 주장한다. 이 제품을 구매하려는 측에서는 회사 주장의 신뢰성을 확인하기 위해 검사를 진행하려 한다. 구매자들은 실제 효능이 좋은데도 구매하지 않는 실수가 효능이 나쁜 제품을 구매하는 실수보다 낫다고 생각한다. 유사 비타민에 대한 과거 검사 내역에 비추어 비타민 효능은 근사적으로 표준편차 $\sigma = 6$인 정규분포를 따른다고 가정한다. 비타민 9개를 임의추출하여 습기나 열을 받은 후의 효능을 측정하고자 할 때, 다음 물음에 답하라.

(a) 비타민의 평균효능 μ에 대한 가설을 상정하고, 유의수준 $\alpha = 0.05$에서 검정방법의 기각역을 구하라.

(b) 만약 실제 평균이 $\mu = 60$이라면 (a)에서 구한 검정방법이 제2종 오류를 범할 확률을 구하라.

5.9 한 제과 회사에서 제조하는 쿠키의 표준 무게는 50g이다. 그러나 제조 기계가 불완전하여 쿠키 무게에 약간의 변동이 발생한다. 한 연구원이 쿠키 무게가 50g보다 적다고 의심하여, 쿠키 6개를 랜덤으로 선택하여 무게를 측정한 결과는 다음과 같다. 쿠키 무게가 $\sigma = 1.5$g인 정규분포를 따른다고 가정할 때, 이 연구원의 의심이 통계적으로 타당한지 판단하려고 한다.

(단위 : g)

49.2	48.7	50.5	49.8	50.1	48.9

(a) 가설을 상정하고 유의수준 $\alpha = 0.05$에서 검정하라.

(b) 쿠키의 평균 무게를 μ로 나타낼 때, (a)의 유의수준에서 $\mu = 47$일 때의 검정력을 구하라.

5.10 한 스포츠 신발 제조회사가 기존 공정으로 생산한 신발의 평균 수명을 측정한 결과, 평균이 450마일, 표준편차가 50마일로 나타났다. 회사는 신발의 평균 수명을 늘리기 위해 공정을 개선했고, 새로운 공정으로 생산된 신발 25켤레를 임의로 추출하여 평균 수명을 측정했더니 표본평균이 478마일이었다. 이를 근거로 회사는 새로운 공정이 신발의 평균 수명을 늘렸다고 광고하고 있다. 신발의 평균 수명은 정규분포를 따르고 공정이 개선되어도 표준편차는 변하지 않았다고 가정하자. 다음 물음에 답하라.

(a) 가설을 상정하고 유의수준 $\alpha = 0.05$에서 검정하라.

(b) (a)에서 귀무가설을 기각하기 위한 최소 유의수준을 구하라.

(c) 유의수준 $\alpha = 0.05$에서 $\mu = 470$일 때 제2종 오류를 범할 확률을 구하라.

(d) 유의수준 $\alpha = 0.01$에서 $\mu = 460$일 때 검정력이 0.95가 되도록 필요한 표본 크기를 구하라.

5.11 이산확률변수 X가 두 가지 분포 p_0, p_1 중 무엇을 따르는지 결정하려고 한다. X는 0부터 6까지의 값을 가지고, 두 분포에서 값을 취할 확률은 다음 표와 같다.

x	0	1	2	3	4	5	6
p_0	0.1	0.1	0.1	0.1	0.2	0.1	0.3
p_1	0.2	0.1	0.1	0.2	0.2	0.1	0.1

X 하나를 관측하고 다음 가설에 따라 검정을 수행하려고 한다.

- H_0 : X는 p_0의 분포를 따른다.
- H_1 : X는 p_1의 분포를 따른다.

$X=0$ 또는 $X=6$일 때 H_0를 기각하고, 그 외의 경우에는 H_0를 채택한다고 할 때, 다음 오류를 범할 확률을 구하라.

(a) 제1종 오류　　　　(b) 제2종 오류

5.12 한 교육학자는 미국에서 시행되는 SAT 시험은 대학 진학을 희망하는 고등학생이 응시하므로 응시자의 평균 점수가 전체 고등학생의 평균 점수보다 높을 것이라는 가설을 세웠다. 2023년에는 전체 고등학생 중 약 25%가 SAT 시험에 응시했고, 이들의 평균점수가 1,083점이었다. 교육학자는 자신의 가설을 검증하기 위해 임의로 고등학생 500명을 추출하여 시험을 실시한 결과, 이들의 평균점수가 $\bar{x}=890$으로 나타났다. 교육학자의 가설이 옳은지 다음 순서에 따라 통계적으로 검정하라. 단, 표준편차는 $\sigma=247$로 가정한다.

(a) 통계적 검정을 위한 가설을 상정하고 유의수준 $\alpha=0.01$에서 검정하라.

(b) 실제 평균이 $\mu=1000$일 때, (a)의 검정이 얼마나 민감하게 구별할 수 있는지 검정력을 구하고 설명하라.

(c) (b)의 결과를 이용하여 제1종 오류와 제2종 오류를 범할 확률을 각각 구하라.

5.13 다음 각각의 경우에서 표본 크기가 증가할 때의 변화를 간략히 설명하라.

(a) $100(1-\alpha)\%$ 신뢰구간의 길이

(b) 고정된 유의수준에서의 검정력(단, 다른 조건은 표본 크기가 증가해도 변하지 않는다고 가정)

5.14 다음은 한 회사에서 생산되는 TV의 평균수명시간을 추정하기 위해 TV 20대를 랜덤추출하여 수명시간을 측정한 결과이다. 통계계산 소프트웨어를 이용하여 TV의 평균수명시간과 표준편차에 대한 추정치를 각각 구하라.

(단위 : 년)

5.7	7.7	7.5	3.8	8.8	5.4	7.9	8.1	4.7	6.3
10.3	4.9	7.3	6.7	7.2	8.3	7.7	6.9	5.5	6.9

CHAPTER

06

분포에 관한 추론

CONTENTS

모집단 분포에 관한 추론 중 가장 많이 사용되고 기본이 되는 것은 모집단의 중심 위치와 산포에 관한 추론이다. 이러한 추론 방법은 모집단 분포에 대한 전제 조건에 따라 선택되어야 한다. 특히 정규모집단을 전제로 하는 추론 방법은 모든 추론 방법의 중추적 역할을 한다. 이 장에서는 모집단 분포를 정규분포로 가정하고, 모평균과 모표준편차 또는 모분산에 관한 추정과 유의성검정에 대해 알아보기로 한다.

6.1 모평균에 관한 추론

모평균에 관한 추론을 할 때 표본평균을 이용하는 것은 매우 보편적이다. 특히 모표준편차가 알려진 경우, 표본평균을 이용한 추정이나 유의성검정은 5장에서 이미 소개했다. 이제 모표준편차 σ도 미지인 정규모집단 $N(\mu,\ \sigma^2)$에서 크기 n인 랜덤표본을 이용하여 모평균 μ에 관한 추정 및 유의성검정을 하는 방법을 알아보자.

모표준편차 σ가 알려진 경우에는 다음과 같이 표준화된 표본평균을 사용하여 μ에 관한 추론을 할 수 있다.

$$\frac{\overline{X}-\mu}{\sigma/\sqrt{n}} \sim N(0,\ 1)$$

반면 σ가 미지인 경우에는 σ를 그 추정량인 표본표준편차 S로 대체해야 한다. 이러한 과정을 **스튜던트화**(studentize)한다고 한다. 4장에서 배운 바와 같이 다음의 스튜던트화된 표본평균을 이용하여 μ에 관한 추정 및 유의성검정을 할 수 있다.

$$\frac{\overline{X}-\mu}{S/\sqrt{n}} \sim t(n-1)$$

이러한 표본분포로부터 다음을 알 수 있다.

$$P\left(-t_{\alpha/2}(n-1) \le \frac{\overline{X}-\mu}{S/\sqrt{n}} \le t_{\alpha/2}(n-1)\right) = 1-\alpha$$

$$\text{즉, } P\left(\overline{X}-t_{\alpha/2}(n-1)\frac{S}{\sqrt{n}} \le \mu \le \overline{X}+t_{\alpha/2}(n-1)\frac{S}{\sqrt{n}}\right) = 1-\alpha$$

따라서 μ에 대한 신뢰구간은 다음과 같이 주어진다.

모평균의 구간추정(모표준편차 σ가 미지인 정규모집단)

모평균 μ에 대한 $100(1-\alpha)\%$ 신뢰구간은 다음과 같다.

$$\left(\overline{x}-t_{\alpha/2}(n-1)\frac{s}{\sqrt{n}},\ \overline{x}+t_{\alpha/2}(n-1)\frac{s}{\sqrt{n}}\right)$$

위에서 표본 크기 n이 크면 정규모집단의 가정이 완화될 수 있다. 이때 중심극한정리와 t 분포의 성질로부터 t 분포의 백분위수 대신 표준정규분포의 백분위수인 $z_{\alpha/2}$를 사용할 수 있음을 알 수 있다.

예제 6-1 한 산림 관리자가 9km² 규모의 숲에서 100m²당 나무의 평균 그루를 추정하여 숲의 전체 목재량을 계산하고자 한다. 다음은 숲에서 100m² 구역 50군데를 무작위로 선택하여 나무가 몇 그루 있는지 관찰한 자료이다. 이 자료를 바탕으로 100m²당 나무의 평균 그루 수 μ에 대한 99% 신뢰구간을 구하라.

(단위 : 그루)

43	28	23	18	46	39	40	43	36	25
26	28	20	22	17	26	17	12	16	35
37	12	32	47	20	25	13	20	46	23
37	29	23	37	34	27	33	29	24	19
37	23	37	28	27	35	30	26	33	35

풀이

주어진 표본 $n=50$개에 대해 표본평균과 표본표준편차를 계산하면 각각 다음과 같다.

$$\bar{x} = \frac{43+28+\cdots+35}{50} = 28.76$$

$$s = \sqrt{\frac{(43-28.76)^2+\cdots+(35-28.76)^2}{49}} = 9.146$$

이 자료에 대해 정규분포 분위수대조도를 그리면 [그림 6-1]과 같다.

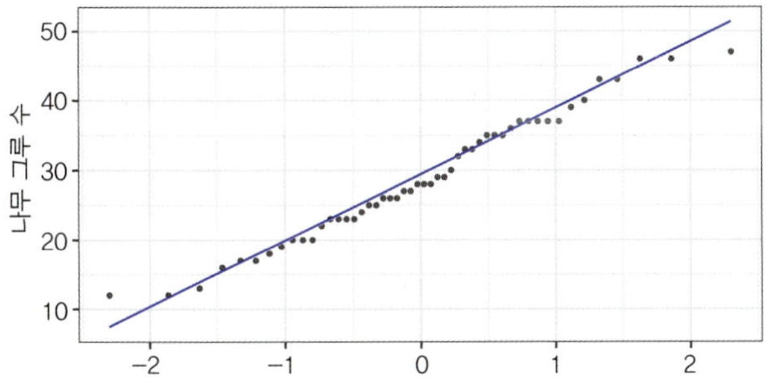

그림 6-1 100m²당 나무의 그루 수에 대한 정규분포 분위수대조도

[그림 6-1]에 따르면 이 자료는 정규모집단을 가정한 분석 방법을 적용해도 무리가 없음을 확인할 수 있다.

모평균 μ에 대한 99% 신뢰구간을 구하려면 자유도가 49인 t 분포의 백분위수가 필요하다. 다만 [부록 C]의 t 분포표에 자유도 49인 백분위수가 없으므로 가장 가까운 값인 $t_{0.005}(50) = 2.678$을 사용하거나 통계계산 소프트웨어를 통해 백분위수를 직접 계산할 수 있다. 이제 다음과 같이 계산할 수 있다.

$$\bar{x} \pm t_{0.005}(49)\frac{s}{\sqrt{n}} \approx \bar{x} \pm t_{0.005}(50)\frac{s}{\sqrt{n}} = 28.76 \pm 2.678 \times \frac{9.146}{\sqrt{50}} = 28.76 \pm 3.464$$

따라서 모평균 μ의 99% 신뢰구간은 $(25.296,\ 32.223)$이다.

모평균 μ에 대한 구간측정에서와 마찬가지로 스튜던트화된 표본평균을 이용하여 μ에 대한 유의성검정을 다음과 같이 할 수 있다. 이를 **t 검정**(t-test) 또는 **t 검증**이라 한다.

모평균의 유의성검정(모표준편차 σ가 미지인 정규모집단)

귀무가설이 $H_0 : \mu = \mu_0$인 경우에 검정통계량은 다음과 같다.

$$T = \frac{\overline{X} - \mu_0}{S/\sqrt{n}}$$

검정통계량의 관측값이 t일 때, 다음이 성립한다.

	유의확률	유의수준 α의 기각역
(a) $H_1 : \mu > \mu_0$	$P = P(T \geq t)$	$t \geq t_\alpha(n-1)$
(b) $H_1 : \mu < \mu_0$	$P = P(T \leq t)$	$t \leq -t_\alpha(n-1)$
(c) $H_1 : \mu \neq \mu_0$	$P = P(\lvert T \rvert \geq \lvert t \rvert)$	$\lvert t \rvert \geq t_{\alpha/2}(n-1)$

예제 6-2 전구를 생산하는 한 회사에서 현재 생산하는 전구의 평균수명이 1,950시간으로 알려져 있다. 새로 개발 중인 전구의 평균수명 μ가 기존 전구보다 더 길다고 할 수 있는지를 확인하기 위해 시제품 9개를 생산하여 그 수명시간을 조사한 결과가 다음과 같다.

(단위 : 시간)

2000	1975	1900	2000	1950	1850	1950	2100	1975

(a) 적절한 가설을 상정하라.

(b) 수명의 분포가 정규분포라는 전제하에서 유의수준 5%로 가설을 검정하라.

(c) (b)의 유의확률을 계산하라.

풀이

(a) 문제의 뜻에 적절한 귀무가설과 대립가설은 다음과 같다.

$$H_0 : \mu = 1950,\ \ H_1 : \mu > 1950$$

(b) 주어진 자료에서 표본평균과 표본표준편차를 각각 계산하면 다음과 같다.

$$\bar{x} = \frac{2000 + 1975 + \cdots + 2100 + 1975}{9} = 1966.7$$

$$s = \sqrt{\frac{(2000 - 1966.7)^2 + \cdots + (1975 - 1966.7)^2}{8}} = 69.6$$

이로부터 검정통계량의 관측값은 다음과 같이 계산할 수 있다.

$$t = \frac{\bar{x} - \mu_0}{s/\sqrt{n}} = \frac{1966.7 - 1950}{69.6/\sqrt{9}} = 0.718$$

한편 [부록 C]의 t 분포표로부터 $t_{0.05}(8) = 1.860$이므로 귀무가설의 기각역은 $t \geq 1.860$이다. 그런데 $t = 0.718 < 1.860$이므로 주어진 자료로는 유의수준 $\alpha = 0.05$에서 귀무가설 $H_0 : \mu = 1950$을 기각할 수 없다.

(c) 유의확률은 $P = P(T \geq 0.718)$, $T \sim t(8)$로 계산된다. [부록 C]의 t 분포표를 참고하면 0.718은 $t(8)$ 분포의 상위 25% 백분위수(0.706)와 20% 백분위수(0.889) 사이의 값이다. 따라서 유의확률은 20%와 25% 사이의 값이다. 통계계산 소프트웨어를 이용하면 실제 유의확률은 $P = 0.247$로 계산된다.

지금까지의 내용을 종합하면 새로운 전구의 수명이 기존의 전구보다 길다는 증거가 유의수준 5%에서 상당히 약하다고 할 수 있다.

[예제 6-2]의 자료에 대한 정규분포 분위수대조도는 [그림 6-2]와 같으므로 정규모집단을 가정해도 무리가 없다고 할 수 있다.

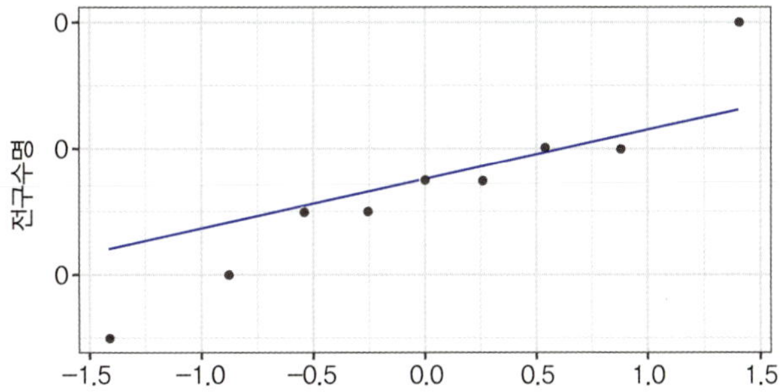

그림 6-2 전구 수명 자료에 대한 정규분포 분위수대조도

그러나 [예제 6-2]와 같이 자료의 개수가 적으면, 자료를 이용하여 정규모집단임을 검토하는 것은 한계가 있다. 이러한 상황에서는 문제와 관련된 이론 또는 지식을 활용하여 정규모집단 가정을 받아들이거나, 10장에서 다룰 비모수적 방법을 사용하는 것이 더 적절하다.

예제 6-3 혈중 콜레스테롤 수치가 상승하면 심혈관 질환의 위험이 커진다. 한 연구에서는 여성 이민자 집단의 콜레스테롤 수치를 조사하여 이들의 평균 수치가 국내 여성 집단의 평균 수치인 190mg/dL과 다른지 평가하고자 했다. 지난 1년간 국내로 이주한 여성 100명을 무작위로 선정하여 혈액을 검사한 결과, 콜레스테롤 수치의 평균과 표준편차는 각각 다음과 같았다.

$$\overline{x} = 178.2,\ \ s = 45.3$$

(a) 적절한 가설을 상정하라.

(b) 유의수준 5%로 가설을 검정하라.

(c) (b)의 유의확률을 계산하라.

풀이

(a) 국내 여성 집단의 콜레스테롤 수치의 모평균을 μ mg/dL라 하면, 문제의 뜻에 적절한 귀무가설과 대립가설은 다음과 같다.

$$H_0 : \mu = 190,\ \ H_1 : \mu \neq 190$$

(b) 검정통계량의 관측값은 다음과 같이 계산할 수 있다.

$$t = \frac{\overline{x} - \mu_0}{s / \sqrt{n}} = \frac{178.2 - 190}{45.3 / \sqrt{100}} = -2.60$$

표본 크기가 $n = 100$으로 충분히 크므로 정규모집단 가정이 없어도 t 검정을 할 수 있다. 또한 기각역을 설정할 때 $t(99)$ 분포의 백분위수 대신 [부록 C]의 표준정규분포표에서 백분위수 $z_{0.025} = 1.96$을 사용할 수 있다. 즉 유의수준 5%의 기각역은 $|t| \geq 1.96$이다. 그런데 $|t| = 2.60 \geq 1.96$이므로 유의수준 5%에서 귀무가설 $H_0 : \mu = 190$을 기각할 수 있다.

(c) 유의확률은 $P = P(|t| \geq 2.60)$으로 표현되고, (b)에서처럼 [부록 C]의 표준정규분포표를 참고하면 $P \approx 2 \times 0.0047 = 0.094$이다. 통계계산 소프트웨어를 이용하면 실제 유의확률은 $P = 0.0107$로 계산된다.

지금까지의 내용을 종합하면 여성 이민자 집단의 콜레스테롤 평균 수치가 국내 여성 집단의 평균 수치와 다르다는 증거가 유의수준 5%에서 통계적으로 유의하다. 따라서 생활 습관 개선이나 약물치료와 같은 추가 조치를 권고할 수 있다.

6.2 대응비교에 의한 모평균의 비교

통계적 추론이 필요한 문제는 하나의 모집단에 관한 것이라기보다는 여러 모집단을 비교하는 경우가 많다. 특히 두 모집단의 평균을 비교할 때 비교 대상의 쌍을 조사하고 각 쌍에서의 차를 이용하여 추론하는 방법을 **대응비교**(paired comparison) 또는 **쌍체비교**라 한다.

예 6-1 두 종류의 진통제가 수면에 미치는 효과를 비교하기 위해 실험을 진행하려 한다. 그러나 실험에 참여한 환자들의 건강상태가 서로 간에 크게 달라, 이를 고려한 실험설계가 필요하다. 따라서 환자 6명을 랜덤추출하고, 각 환자에게 진통제 두 종류를 각각 1회씩 복용시킨 후 수면 시간의 차이를 측정하여 효과를 비교하기로 했다. 이때 복용 순서에 따라 효과가 달라질 수 있으므로 환자마다 어떤 진통제를 먼저 복용할지를 동전을 던져 무작위로 결정했다. 두 진통제 A, B의 수면 시간을 각각 μ_A, μ_B라 하자. [표 6-1]에 제시된 실제 조사 결과를 바탕으로 수면 시간 μ_A, μ_B의 차에 대해 어떤 통계적 추론을 할 수 있는가?

표 6-1 진통제에 따른 수면 시간의 측정값

(단위 : 시간)

환자	1	2	3	4	5	6
진통제 A	4.8	4.0	5.8	4.9	5.3	7.4
진통제 B	4.0	4.2	5.2	4.9	5.6	7.1

예 6-2 재활치료를 진행하기 위해 개발된 보행 보조 웨어러블 로봇이 실제로 운동 효과를 증가시키는지 확인하고자 한다. 이를 위해 한 재활 센터에서 무작위로 선정한 환자 15명을 대상으로 실험을 진행했다. 모든 환자가 웨어러블 로봇을 착용하지 않은 상태와 착용한 상태에서 각각 10분간 가벼운 걷기 운동을 수행했을 때의 소모 칼로리를 비교한 결과는 [표 6-2]와 같다. 웨어러블 로봇이 실제로 운동 효과를 증가시킨다는 증거가 있는가?

표 6-2 보행 보조 웨어러블 로봇 착용 전과 후의 소모 칼로리

(단위 : kcal)

로봇 착용 여부	1	2	3	4	5	6	7	8
미착용	23.9	23.9	20.0	19.2	22.2	11.8	21.7	27.7
착용	25.2	28.2	24.9	20.2	19.7	16.9	22.6	20.8
로봇 착용 여부	9	10	11	12	13	14	15	
미착용	15.6	22.5	23.2	19.3	15.2	10.0	11.2	
착용	23.8	18.3	23.7	22.5	16.2	12.1	22.5	

[예 6-1]과 [예 6-2]는 모두 대응비교를 수행한 사례이다. [예 6-1]에서는 진통제가 적용되는 환자들의 이질성을 고려하여 동일 환자에게 두 진통제를 랜덤한 순서로 적용함으로써 실험 효과를 높이려고 했으며, 이것이 대응비교의 목적이다. 한편 [예 6-2]는 웨어러블 로봇의 착용 전과 후를 비교한 사례이다. 미착용 상태에서 환자들의 걷기 운동에 따른 소모 칼로리가 이질적임을 감안하여 대응비교를 수행한 것이다. 이러한 사례에서 환자와 같이 비교의 목적을 위해 매개체로 사용되는 대상을 **실험단위**라 하며, 진통제 또는 웨어러블 로봇과 같이 실험단위에 적용되어 특성값을 결정하는 요인을 **처리**(treatment), 처리로 인해 나타나는 특성값을 **처리효과**(treatment effect)라 한다.

일반적으로 이질적인 실험단위를 대상으로 두 가지 처리를 비교할 때, 비교 효과를 높이고자 동질적인 실험단위를 쌍으로 묶어 두 가지 처리를 적용하여 비교하는 것이 대응비교의 목적이다. 이러한 대응비교에서 자료 $(X_1, Y_1), \cdots, (X_n, Y_n)$을 이용하여 처리효과를 나타내는 모평균 $\mu_1 = E(X_i)$, $\mu_2 = E(Y_i)$를 비교하려면 그 차를 다음과 같이 정의한다.

$$D_i = X_i - Y_i \quad (\text{단, } i = 1, 2, \cdots, n)$$

여기서 차 D_i(단, $i = 1, 2, \cdots, n$)의 모평균은 $E(D_i) = \mu_1 - \mu_2$로 나타낼 수 있다. 이제 이들의 차의 평균 $\overline{D}$와 표준편차 S_D를 이용하여 구간추정과 유의성검정을 할 수 있다.[1]

대응비교에 의한 두 모평균의 비교

❶ $\mu_1 - \mu_2$에 대한 $100(1-\alpha)\%$ 신뢰구간은 다음과 같다.

$$\left(\overline{d} - t_{\alpha/2}(n-1)\frac{s_D}{\sqrt{n}},\ \overline{d} + t_{\alpha/2}(n-1)\frac{s_D}{\sqrt{n}}\right)$$

❷ $H_0 : \mu_1 - \mu_2 = \delta_0$에 대한 검정통계량은 다음과 같다.

$$T = \frac{\overline{D} - \delta_0}{S_D / \sqrt{n}}$$

검정통계량의 관측값이 t일 때, 다음이 성립한다.

	유의확률	유의수준 α의 기각역
(a) $H_1 : \mu_1 - \mu_2 > \delta_0$	$P = P(T \geq t)$	$t \geq t_\alpha(n-1)$
(b) $H_1 : \mu_1 - \mu_2 < \delta_0$	$P = P(T \leq t)$	$t \leq -t_\alpha(n-1)$
(c) $H_1 : \mu_1 - \mu_2 \neq \delta_0$	$P = P(\lvert T \rvert \geq \lvert t \rvert)$	$\lvert t \rvert \geq t_{\alpha/2}(n-1)$

1 상세한 내용은 6.1절을 참고하라.

이러한 추론은 $D_i = X_i - Y_i$(단, $i = 1, 2, \cdots, n$)가 정규분포에서 추출된 랜덤표본이라는 전제하에서 정확한 것이다. 표본 크기 n이 충분히 크면 근사적으로 성립한다는 점은 앞에서 설명한 바와 같다.

한편 전제 조건에 부합하는 자료를 얻으려면 [예 6-1]처럼 실험단위를 랜덤하게 추출하고, 처리의 적용 순서 또한 동전을 던져 랜덤으로 정해야 한다. 이러한 과정을 **랜덤화** 과정이라 한다.

예제 6-4 [예 6-1]의 자료를 이용하여 두 진통제 A, B에 의한 평균 수면 시간의 차 $\mu_A - \mu_B$에 대한 95% 신뢰구간을 구하라.

풀이

쌍체비교에 의한 자료이므로 [표 6-2]에서 두 진통제의 차를 계산하면 다음과 같다.

(단위 : 시간)

환자	1	2	3	4	5	6
진통제 A	4.8	4.0	5.8	4.9	5.3	7.4
진통제 B	4.0	4.2	5.2	4.9	5.6	7.1
차	0.8	−0.2	0.6	0.0	−0.3	0.3

차에 대한 평균과 표준편차는 다음과 같다.

$$\bar{d} = 0.20, \quad s_D = 0.443$$

[부록 C]의 t 분포표 또는 통계계산 소프트웨어에서 자유도 $n-1=5$일 때의 백분위수를 구하면 $t_{0.025}(5) = 2.571$이다. 이제 다음과 같이 계산할 수 있다.

$$\begin{aligned}\bar{d} \pm t_{0.025}(5)\frac{s_D}{\sqrt{n}} &= 0.20 \pm 2.571 \times \frac{0.443}{\sqrt{6}} \\ &= 0.20 \pm 0.46\end{aligned}$$

따라서 $\mu_A - \mu_B$의 95% 신뢰구간은 $(-0.26, 0.66)$이다.

[예제 6-4]에서 정규모집단에 대한 타당성을 검토하기 위해 정규분포 분위수대조도를 그릴 수 있다. 그러나 그보다 더 중요한 것은 실험 계획과 관측 단계에서 랜덤화 작업을 수행하는 것이다.

예제 6-5 [예 6-2]의 자료를 상기하자.

(a) 재활치료 시 웨어러블 로봇을 착용하면 칼로리 소모가 더 커진다는 증거가 있는지 유의수준 1%에서 검정하라.

(b) (a)의 유의확률을 계산하라.

풀이

(a) 웨어러블 로봇 착용 전 평균 소모 칼로리를 μ_1, 착용 후 평균 소모 칼로리를 μ_2라 하면, 검정하려는 가설은 다음과 같다.

$$H_0 : \mu_1 = \mu_2, \ \ H_1 : \mu_1 < \mu_2$$

[표 6-2]에 제시된 쌍체비교 자료를 사용하여 웨어러블 로봇 착용 전의 소모 칼로리에서 착용 후의 소모 칼로리를 뺀 값(차)을 계산하면 $n = 15$개의 값은 다음과 같다.

(단위 : kcal)

−1.3	−4.3	−4.9	−1.0	2.5	−5.1	−0.9	6.9
−8.2	4.2	−0.5	−3.2	−1.0	−2.1	−11.3	

이들의 평균과 표준편차는 각각 $\bar{d} = -2.01$, $s_D = 4.58$이고, 검정통계량의 관측값은 다음과 같이 계산할 수 있다.

$$t = \frac{\bar{d} - 0}{s_D / \sqrt{n}} = \frac{-2.01 - 0}{4.58 / \sqrt{15}} = -1.70$$

[부록 C]의 t 분포표에서 자유도 $n-1 = 14$일 때 백분위수는 $t_{0.01}(14) = 2.624$이므로 가설에 대한 기각역은 $t \leq -2.624$이다. 그런데 $t = -1.7 \geq -2.624$이므로 유의수준 1%에서 귀무가설을 기각할 수 없다.

(b) 유의확률은 $P = P(T \leq -1.70)$, $T \sim t(14)$로 계산되고, [부록 C]의 t 분포표를 참고하면 $0.05 < P < 0.1$이다. 통계계산 소프트웨어를 이용하면 실제 유의확률은 $P = 0.056$으로 계산된다.

지금까지의 내용을 종합하면 1% 유의수준에서는 재활치료 웨어러블 로봇이 소모 칼로리를 증가시킨다는 뚜렷한 증거가 없다.

참고로 [예제 6-5]에서 계산한 소모 칼로리의 차로 정규분포 분위수대조도를 그리면 정규모집단이라는 가정에 무리가 없음을 확인할 수 있다.

6.3 이표본에 의한 모평균의 비교

서로 다른 두 모집단을 비교할 때, 가장 간단하게 생각하는 방법은 각 모집단에서 표본을 랜덤추출한 뒤 서로 독립인 두 표본을 이용하여 각 모집단에 대해 추론하고, 이를 바탕으로 두 모집단을 비교하는 것이다. 마찬가지로 두 가지 처리를 비교할 때는 대응비교와는 달리 실험단위를 두 그룹으로 나누고, 그룹별로 서로 다른 처리를 적용한 결과를 통해 두 처리를 비교할 수 있다.

예를 들어 두 가지 교육방법의 효과를 비교한다고 하자. 동일한 사람이 두 가지 교육방법을 모두 받을 수 없으므로 교육대상자를 두 그룹으로 나누어 그룹별로 교육방법을 다르게 적용하여 비교하는 방식을 사용한다. 이와 같이 이표본에 의한 비교를 할 때 요구되는 자료의 기본 구조는 다음과 같다.

이표본에 의한 비교에서 자료구조

❶ 각 그룹의 관측값은 각 모집단에서 랜덤표본으로 추출된 것이다.

❷ 서로 다른 그룹의 관측값은 독립적으로 관측된 것이다.

서로 다른 모집단에서 랜덤추출한 두 표본의 경우에는 이러한 자료구조가 자동으로 충족된다. 그러나 동일한 실험단위를 대상으로 두 가지 처리를 비교할 때, 전체 실험단위를 랜덤하게 두 그룹으로 나누고 각 그룹에 다른 처리를 적용해야 이표본에 의한 비교에서 자료구조를 만족할 수 있다. 한편 각 처리를 적용할 실험단위를 랜덤하게 정하는 과정을 랜덤화라 하는데, 이 랜덤화는 대응비교와 마찬가지로 비교연구에서 가장 기본이자 중요한 작업이 된다.

이제 이표본을 이용한 비교방법을 알아보자. 비교대상인 두 모집단의 특성값에 첨자 1, 2를 붙이고, 각 모집단의 평균과 표준편차를 각각 μ_1, σ_1과 μ_2, σ_2로 두자. 또한 각 모집단에서 랜덤표본을 $X_{11}, \cdots, X_{1n_1}$과 $X_{21}, \cdots, X_{2n_2}$로 나타내고, 이들로 계산된 표본평균과 표본표준편차를 다음과 같이 나타낸다.

$$\overline{X}_1 = \frac{X_{11} + \cdots + X_{1n_1}}{n_1}, \quad S_1 = \sqrt{\frac{1}{n_1 - 1}\sum_{j=1}^{n_1}(X_{1j} - \overline{X}_1)^2}$$

$$\overline{X}_2 = \frac{X_{21} + \cdots + X_{2n_2}}{n_2}, \quad S_2 = \sqrt{\frac{1}{n_2 - 1}\sum_{j=1}^{n_2}(X_{2j} - \overline{X}_2)^2}$$

두 모평균 μ_1과 μ_2를 비교하기 위해 $\mu_1 - \mu_2$를 표본평균의 차 $\overline{X}_1 - \overline{X}_2$로 추정하는 것이 일반적이다. 즉 $\widehat{\mu_1 - \mu_2} = \overline{X}_1 - \overline{X}_2$이다.

한편 추정값의 오차범위를 제시하거나 구간추정 또는 유의성검정을 하려면 추정량 $\overline{X}_1 - \overline{X}_2$의 표본분포를 알아야 한다. 두 표본이 서로 독립이라는 자료의 기본 구조를 고려하면, 표본평균의 차의 분산은 다음과 같다.

$$\mathrm{Var}(\overline{X}_1 - \overline{X}_2) = \frac{\sigma_1^2}{n_1} + \frac{\sigma_2^2}{n_2}$$

따라서 표준화된 표본평균의 차는 다음과 같다.

$$\frac{(\overline{X}_1 - \overline{X}_2) - E(\overline{X}_1 - \overline{X}_2)}{\sqrt{\mathrm{Var}(\overline{X}_1 - \overline{X}_2)}} = \frac{(\overline{X}_1 - \overline{X}_2) - (\mu_1 - \mu_2)}{\sqrt{\dfrac{\sigma_1^2}{n_1} + \dfrac{\sigma_2^2}{n_2}}}$$

특히 두 모집단이 정규분포를 따르면 통계량의 분포는 다음과 같다.

$$\frac{(\overline{X}_1 - \overline{X}_2) - (\mu_1 - \mu_2)}{\sqrt{\dfrac{\sigma_1^2}{n_1} + \dfrac{\sigma_2^2}{n_2}}} \sim N(0,\ 1)$$

만약 σ_1^2과 σ_2^2의 값이 알려져 있다면 이를 이용해 구간추정이나 유의성검정을 할 수 있다. 그러나 실제로 모분산 σ_1^2과 σ_2^2을 모르는 경우가 많다. 이때 모분산 대신 추정량 S_1^2, S_2^2을 사용하여 다음과 같이 스튜던트화된 표본평균의 차를 정의하고, 이를 바탕으로 $\mu_1 - \mu_2$에 관한 추론을 할 수 있다.

$$T = \frac{(\overline{X}_1 - \overline{X}_2) - (\mu_1 - \mu_2)}{\sqrt{\dfrac{S_1^2}{n_1} + \dfrac{S_2^2}{n_2}}}$$

스튜던트화된 표본평균의 차 T의 표본분포에 대한 일반적인 논의는 잠시 후로 미루고, 먼저 표본 크기 n_1과 n_2가 모두 충분히 큰 경우를 살펴보자. 표본 크기 n_1과 n_2가 충분히 크면 S_1^2과 S_2^2은 각각 σ_1^2과 σ_2^2에 가까워진다. 이에 따라 T의 분포 역시 표준정규분포에 근사한다. 즉 n_1과 n_2가 충분히 클 때는 T의 분포가 다음과 같다.

$$T = \frac{(\overline{X}_1 - \overline{X}_2) - (\mu_1 - \mu_2)}{\sqrt{\dfrac{S_1^2}{n_1} + \dfrac{S_2^2}{n_2}}} \doteq N(0,\ 1)$$

이를 바탕으로 $\mu_1 - \mu_2$에 관한 추론을 할 수 있다.

이표본에 의한 모평균의 비교(표본 크기 n_1, n_2가 클 때)

❶ $\mu_1 - \mu_2$에 대한 $100(1-\alpha)\%$ 신뢰구간은 다음과 같다.

$$\left((\overline{x}_1 - \overline{x}_2) - z_{\alpha/2}\sqrt{\frac{s_1^2}{n_1}+\frac{s_2^2}{n_2}},\ (\overline{x}_1 - \overline{x}_2) + z_{\alpha/2}\sqrt{\frac{s_1^2}{n_1}+\frac{s_2^2}{n_2}} \right)$$

❷ $H_0 : \mu_1 - \mu_2 = \delta_0$에 대한 검정통계량은 다음과 같다.

$$T = \frac{(\overline{X}_1 - \overline{X}_2) - \delta_0}{\sqrt{\frac{S_1^2}{n_1}+\frac{S_2^2}{n_2}}}$$

검정통계량의 관측값이 t일 때, 다음이 성립한다.

	유의확률	유의수준 α의 기각역
(a) $H_1 : \mu_1 - \mu_2 > \delta_0$	$P = P(T \geq t),\ T \sim N(0,\ 1)$	$t \geq z_\alpha$
(b) $H_1 : \mu_1 - \mu_2 < \delta_0$	$P = P(T \leq t),\ T \sim N(0,\ 1)$	$t \leq -z_\alpha$
(c) $H_1 : \mu_1 - \mu_2 \neq \delta_0$	$P = P(\lvert T\rvert \geq \lvert t\rvert),\ T \sim N(0,\ 1)$	$\lvert t\rvert \geq z_{\alpha/2}$

예제 6-6 테니스공을 칠 때 팔꿈치에 가해지는 스트레스로 인해 발생하는 부상인 테니스 엘보를 줄이기 위해 새로운 라켓이 디자인되었다. 이 새로운 라켓이 기존 라켓보다 팔꿈치에 가해지는 스트레스를 줄일 수 있는지 확인하고자 한다. 중급 실력의 테니스 선수 220명을 모집하여 무작위로 100명은 새로운 라켓을 사용하도록 하고, 120명은 기존 라켓을 사용하도록 배정했다. 테니스에서 가장 기본적인 타격 기술 중 하나인 포핸드 스트로크를 사용해 공을 치게 한 뒤, 라켓이 공과 만나는 순간에 팔꿈치에 가해지는 힘을 측정하였으며, 그 결과는 다음과 같다.

(단위 : 명, kgf)

	표본 크기(n_i)	평균($\overline{x}_i$)	표준편차(s_i)
새로운 라켓	100	25.2	5.1
기존 라켓	120	27.9	5.6

(a) 두 라켓을 사용할 때 평균 스트로크 힘에 차이가 있는지를 유의수준 5%에서 검정하라.

(b) (a)의 유의확률을 구하라.

(c) 평균 차이에 대한 95% 신뢰구간을 구하라.

풀이

(a) 중급 실력의 테니스 선수 전체 집단에서 새로운 라켓과 기존 라켓을 사용할 때 평균 스트로크 힘을 각각 μ_1, μ_2라 하자. 검정하려는 가설은 다음과 같다.

$$H_0 : \mu_1 = \mu_2,\quad H_1 : \mu_1 \neq \mu_2$$

표본 크기가 각각 $n_1 = 100$, $n_2 = 120$이고 충분히 크므로 검정통계량의 관측값은 다음과 같이 계산할 수 있다.

$$t = \frac{(\bar{x}_1 - \bar{x}_2) - 0}{\sqrt{\dfrac{s_1^2}{n_1} + \dfrac{s_2^2}{n_2}}} = \frac{(25.2 - 27.9) - 0}{\sqrt{\dfrac{5.1^2}{100} + \dfrac{5.6^2}{120}}} = -3.74$$

[부록 C]의 표준정규분포표에서 $z_{0.025} = 1.96$이므로 유의수준 5%의 기각역은 $|t| \geq 1.96$이다. 그런데 $|t| = 3.74 \geq 1.96$이므로, 유의수준 5%에서 귀무가설 $H_0 : \mu_1 = \mu_2$를 기각할 수 있다.

(b) 유의확률은 다음 식으로 계산할 수 있다.

$$P = P(|T| \geq 3.74),\quad T \sim N(0, 1)$$

[부록 C]의 표준정규분포표를 참고하면 $P < 0.0006$이고, 통계계산 소프트웨어를 이용하면 실제 유의확률은 $P = 0.00018$로 계산된다.

(c) 지금까지의 내용을 종합하면 유의수준 5%에서 두 라켓의 평균 스트로크 힘에는 통계적으로 유의한 차가 있다. 이러한 차가 구체적으로 어느 정도인지 알아보기 위해 다음과 같이 계산할 수 있다.

$$(\bar{x}_1 - \bar{x}_2) \pm z_{0.025}\sqrt{\frac{s_1^2}{n_1} + \frac{s_2^2}{n_2}} = (25.2 - 27.9) \pm 1.96\sqrt{\frac{5.1^2}{100} + \frac{5.6^2}{120}} = -2.7 \pm 1.42$$

따라서 $\mu_1 - \mu_2$에 대한 95% 신뢰구간은 $(-4.12,\ -1.28)$이다.

표본 크기 n_1과 n_2가 충분히 크지 않은 경우에도 T의 분포는 자유도를 적절히 선택함으로써 t 분포에 근사할 수 있음이 알려져 있다. 특히 비교 대상인 두 모집단이 정규분포를 따르는 경우, 표본 크기 n_1과 n_2가 각각 5 이상이면 T의 분포는 다음과 같다.

$$T = \frac{(\overline{X}_1 - \overline{X}_2) - (\mu_1 - \mu_2)}{\sqrt{\frac{S_1^2}{n_1} + \frac{S_2^2}{n_2}}} \dot{\sim} t(df), \ df = \frac{\left(\frac{S_1^2}{n_1} + \frac{S_2^2}{n_2}\right)^2}{\frac{1}{n_1 - 1}\left(\frac{S_1^2}{n_1}\right)^2 + \frac{1}{n_2 - 1}\left(\frac{S_2^2}{n_2}\right)^2}$$

이를 바탕으로 $\mu_1 - \mu_2$에 관한 추론을 할 수 있다.

이표본에 의한 모평균의 비교(정규모집단의 경우)

❶ $\mu_1 - \mu_2$에 대한 $100(1-\alpha)\%$ 신뢰구간은 다음과 같다.

$$\left((\overline{x}_1 - \overline{x}_2) - t_{\alpha/2}(df)\sqrt{\frac{s_1^2}{n_1} + \frac{s_2^2}{n_2}}, \ (\overline{x}_1 - \overline{x}_2) + t_{\alpha/2}(df)\sqrt{\frac{s_1^2}{n_1} + \frac{s_2^2}{n_2}} \right)$$

여기서 자유도 df는 다음과 같다.

$$df = \frac{\left(\frac{s_1^2}{n_1} + \frac{s_2^2}{n_2}\right)^2}{\frac{1}{n_1 - 1}\left(\frac{s_1^2}{n_1}\right)^2 + \frac{1}{n_2 - 1}\left(\frac{s_2^2}{n_2}\right)^2}$$

❷ $H_0 : \mu_1 - \mu_2 = \delta_0$에 대한 검정통계량은 다음과 같다.

$$T = \frac{(\overline{X}_1 - \overline{X}_2) - \delta_0}{\sqrt{\frac{S_1^2}{n_1} + \frac{S_2^2}{n_2}}}$$

검정통계량의 관측값이 t일 때, 다음이 성립한다.

	유의확률	유의수준 α의 기각역
(a) $H_1 : \mu_1 - \mu_2 > \delta_0$	$P = P(T \geq t), \ T \sim t(df)$	$t \geq t_\alpha(df)$
(b) $H_1 : \mu_1 - \mu_2 < \delta_0$	$P = P(T \leq t), \ T \sim t(df)$	$t \leq -t_\alpha(df)$
(c) $H_1 : \mu_1 - \mu_2 \neq \delta_0$	$P = P(\lvert T \rvert \geq \lvert t \rvert), \ T \sim t(df)$	$\lvert t \rvert \geq t_{\alpha/2}(df)$

앞서 언급한 정규모집단의 전제 조건은 표본 크기 n_1, n_2가 조금만 커져도 크게 문제되지 않는 것으로 알려져 있다. 따라서 정규분포 분위수대조도가 정규모집단이 아님을 강하게 시사하지 않을 때, 이러한 전제를 기반으로 분석해도 무방하다. 또한 t 분포의 자유도 df는 일반적으로 자연수가 아닌 값으로 주어질 수 있다. 이때 [부록 C]의 t 분포표에서 df에 가장 가까운 자연수의

자유도를 사용하거나 보간법으로 값을 구할 수 있다. 통계계산 소프트웨어를 이용하면 자연수가 아닌 자유도에서도 정확한 백분위수를 구할 수 있다.

예제 6-7 최근에는 하루 만에 배송이 가능한 서비스가 활성화되면서, 식료품을 온라인으로 구매하는 가정이 증가하고 있다. 한 경제심리학자는 소비자가 오프라인 매장에서 식료품을 구매할 때의 지출이 온라인 구매할 때의 지출보다 적다고 주장한다. 이를 확인하기 위해 무작위로 선정한 18명과 20명에게 각각 오프라인과 온라인에서 4인 가구의 2주일 치 식량을 쇼핑하도록 하고, 지출액을 조사한 결과는 다음과 같다.

(단위 : 천 원)

오프라인	169	206	257	294	252	283	240	207	230	183
	298	269	256	277	300	126	318	184		
온라인	289	334	278	268	336	438	388	388	394	394
	425	386	356	342	305	365	355	312	209	458

(a) 오프라인 쇼핑의 지출액이 온라인 쇼핑보다 적다는 증거가 있는지 유의수준 5%에서 검정하라.

(b) (a)의 유의확률을 구하라.

풀이

(a) 오프라인 쇼핑의 평균 지출액을 μ_1, 온라인 쇼핑의 평균 지출액을 μ_2라고 하면 검정하고자 하는 가설은 다음과 같다.

$$H_0 : \mu_1 = \mu_2,\ \ H_1 : \mu_1 < \mu_2$$

주어진 자료를 바탕으로 평균과 표준편차를 구하면 다음과 같다.

(단위 : 명, 천 원)

	표본 크기(n_i)	평균($\overline{x}_i$)	표준편차(s_i)
오프라인	18	241.6	52.82
온라인	20	351.0	61.92

두 집단의 정규분포 분위수대조도를 그리면 [그림 6-3]과 같다. 분위수대조도를 보면 정규모집단을 전제로 해도 큰 문제가 없다고 판단된다.

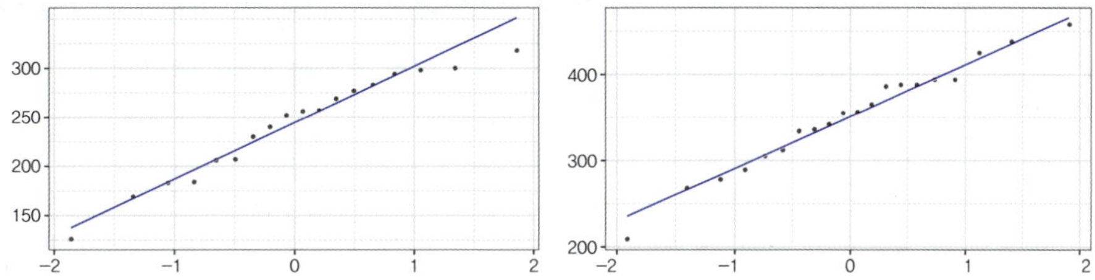

(a) 오프라인 쇼핑 (b) 온라인 쇼핑

그림 6-3 식료품 구매 지출액에 대한 정규분포 분위수대조도

가설에 대한 검정통계량의 관측값을 계산하면 다음과 같다.

$$t = \frac{(\bar{x}_1 - \bar{x}_2) - 0}{\sqrt{\dfrac{s_1^2}{n_1} + \dfrac{s_2^2}{n_2}}} = \frac{(241.6 - 351.0) - 0}{\sqrt{\dfrac{52.82^2}{18} + \dfrac{61.92^2}{20}}} = -5.875$$

표본 크기 $n_1 = 18$, $n_2 = 20$이 충분히 크지 않으므로 자유도를 보정하여 계산할 수 있다.

$$df = \frac{\left(\dfrac{52.82^2}{18} + \dfrac{61.92^2}{20}\right)^2}{\dfrac{1}{17}\left(\dfrac{52.82^2}{18}\right)^2 + \dfrac{1}{19}\left(\dfrac{61.92^2}{20}\right)^2} = 35.91$$

유의수준 5%의 기각역은 $t \le -t_{0.05}(35.91)$로 주어진다. [부록 C]의 t 분포표와 보간법을 이용하면 $t_{0.05}(35.91) \approx 1.620$으로 계산되고, 통계계산 소프트웨어를 이용하면 $t_{0.05}(35.91) = 1.688$이다. 두 경우 모두에서 검정통계량 $t = -5.875$가 기각역에 포함되므로, 유의수준 5%에서 귀무가설을 기각할 수 있다.

(b) 유의확률은 $P = P(T \le -5.875)$, $T \sim t(35.91)$로 계산되며, [부록 C]의 t 분포표에서 $P < 0.0005$임을 알 수 있다.

지금까지의 내용을 종합하면, 유의수준 5%에서 오프라인 매장에서 식료품을 구매할 때 온라인 구매보다 평균 지출액이 적다는 증거가 뚜렷하다.

지금까지 살펴본 두 모평균의 비교방법은 표본 크기 n_1과 n_2가 충분히 크든 크지 않든 간에 모두 근사적인 방법이었다. 이러한 방법들은 자료의 기본 구조, 즉 랜덤표본과 독립성을 만족하는 자료에 적용될 수 있다. 여기에 두 모집단의 분산이 동일하다는 추가 전제조건이 충족된다면 더 효율적이고, 특히 정규모집단에서는 정확한 추론이 가능한 방법이 있다.

이제 두 모집단의 분산 σ_2^2, σ_2^2이 동일하다고 전제할 수 있을 때, 두 모집단의 공통분산을 σ^2으로 나타내고, 이를 추정하는 방법과 두 모평균을 비교하는 방법을 살펴보자. 여기서 공통분산은

$\sigma^2 = \sigma_1^2 = \sigma_2^2$으로 정의된다. 이때에는 첫 번째 모집단에서의 표본만을 이용한 $\sigma^2 = \sigma_1^2$의 추정량 S_1^2과 두 번째 모집단에서의 표본만을 이용한 $\sigma^2 = \sigma_2^2$의 추정량 S_2^2을 결합하여 공통 모분산 $\sigma^2 = \sigma_1^2 = \sigma_2^2$을 추정하면 더 효율적으로 추정할 수 있다고 본다.

이를 바탕으로 두 표본분산 S_1^2과 S_2^2의 자유도인 $(n_1 - 1)$과 $(n_2 - 1)$을 가중치로 사용한, S_1^2과 S_2^2의 가중평균은 다음과 같다.

$$\frac{n_1 - 1}{(n_1 - 1) + (n_2 - 1)} S_1^2 + \frac{n_2 - 1}{(n_1 - 1) + (n_2 - 1)} S_2^2 = \frac{(n_1 - 1)S_1^2 + (n_2 - 1)S_2^2}{n_1 + n_2 - 2}$$

따라서 이 값을 공통분산 σ^2의 추정량으로 간주할 수 있다. 이러한 공통분산 σ^2의 추정량을 **합동표본분산**이라 하고, 기호 S_p^2으로 표기한다. 이 추정량의 자유도는 $(n_1 + n_2 - 2)$임이 알려져 있다.[2] 이를 요약하면 [표 6-3]과 같다.

표 6-3 공통분산의 추정

	모집단 1	모집단 2	합동표본분산
모분산	σ^2	σ^2	
표본분산	S_1^2	S_2^2	$S_p^2 = \frac{(n_1 - 1)S_1^2 + (n_2 - 1)S_2^2}{n_1 + n_2 - 2}$
자유도	$n_1 - 1$	$n_2 - 1$	$n_1 + n_2 - 2$

[표 6-3]과 같이 두 모집단의 분산이 동일하다고 가정할 때, 표본평균의 차를 표준화하면 다음을 얻는다.

$$\frac{(\overline{X}_1 - \overline{X}_2) - E(\overline{X}_1 - \overline{X}_2)}{\sqrt{\mathrm{Var}(\overline{X}_1 - \overline{X}_2)}} = \frac{(\overline{X}_1 - \overline{X}_2) - (\mu_1 - \mu_2)}{\sigma\sqrt{\frac{1}{n_1} + \frac{1}{n_2}}}$$

여기서 공통분산 σ^2을 추정량 S_p^2으로 대체하여 표본평균의 차를 스튜던트화하면 다음과 같다.

$$T = \frac{(\overline{X}_1 - \overline{X}_2) - (\mu_1 - \mu_2)}{S_P\sqrt{\frac{1}{n_1} + \frac{1}{n_2}}}$$

이때 두 모집단이 정규분포를 따른다면 T는 자유도 $(n_1 + n_2 - 2)$인 t 분포를 따른다고 알려져 있다. 따라서 이를 이용하여 $\mu_1 - \mu_2$에 대한 추론을 할 수 있다.

2 상세한 내용은 [정리 4-9]를 참고하라.

이표본에 의한 모평균의 비교(공통분산의 정규모집단인 경우)

❶ $\mu_1 - \mu_2$에 대한 $100(1-\alpha)\%$ 신뢰구간은 다음과 같다.

$$\left((\bar{x}_1 - \bar{x}_2) - t_{\alpha/2}(n_1+n_2-2)s_p\sqrt{\frac{1}{n_1}+\frac{1}{n_2}},\ (\bar{x}_1 - \bar{x}_2) + t_{\alpha/2}(n_1+n_2-2)s_p\sqrt{\frac{1}{n_1}+\frac{1}{n_2}} \right)$$

❷ $H_0 : \mu_1 - \mu_2 = \delta_0$에 대한 검정통계량은 다음과 같다.

$$T = \frac{(\overline{X}_1 - \overline{X}_2) - \delta_0}{S_p\sqrt{\frac{1}{n_1}+\frac{1}{n_2}}}$$

검정통계량의 관측값이 t일 때, 다음이 성립한다.

	유의확률	유의수준 α의 기각역
(a) $H_1 : \mu_1 - \mu_2 > \delta_0$	$P = P(T \ge t)$	$t \ge t_\alpha(n_1+n_2-2)$
(b) $H_1 : \mu_1 - \mu_2 < \delta_0$	$P = P(T \le t)$	$t \le -t_\alpha(n_1+n_2-2)$
(c) $H_1 : \mu_1 - \mu_2 \ne \delta_0$	$P = P(\lvert T\rvert \ge \lvert t\rvert)$	$\lvert t\rvert \ge t_{\alpha/2}(n_1+n_2-2)$

이처럼 공통분산을 가정하는 t 검정을 **합동 이표본 t 검정**(pooled two-sample t-test)이라 한다. 반면 앞에서 소개한, 공통분산을 전제하지 않은 상황에서 자유도를 조절하여 사용하는 t 검정을 **비합동 이표본 t 검정**(unpooled two-sample t-test)이라 한다. 합동 이표본 t 검정을 사용할 때는 두 모집단의 분산이 동일하다는 전제 조건을 엄격히 따져야 한다. 특히 이표본 크기 n_1과 n_2가 크게 다를 때에는 이러한 전제 조건이 충족되지 않으면 검정의 유효성이 크게 저하될 수 있다.

공통분산의 전제 조건을 확인하기 위해 각 표본의 상자 그림이나 히스토그램을 검토할 수 있으나, 이 작업은 일반적으로 쉽지 않다. 따라서 두 모평균을 비교할 때 비합동 이표본 t 검정도 함께 검토할 필요가 있다. 공통분산에 대한 확신이 있을 때에만 합동 이표본 t 검정을 사용하는 것이 바람직하다.

예제 6-8 한 의학 연구에서 비만 치료를 위한 GLP−1(Glucagon-Like Peptide-1) 작용제인 세마글루타이드(semaglutide)의 체중 감소 효과를 다음과 같이 분석했다. 건강 상태가 비슷한 지원자 12명을 무작위로 6명씩 두 그룹으로 나누고 한 그룹에는 세마글루타이드를, 다른 그룹에는 위약을 투여했다. 각 그룹은 12주 동안 주 1회 피하주사를 맞았으며, 식습관·운동 등 생활습관은 비슷하게 유지하도록 통제했다. 12주가 지난 시점에 각 지원자의 체중 감소량을 측정했고, 결과는 다음 표와 같다.

(단위 : kg)

세마글루타이드군	5.12	4.87	5.64	5.01	5.49	5.25
위약군	3.62	3.98	4.14	3.25	4.42	3.60

(a) 두 집단의 평균 체중 감소량에 차이가 있는지를 유의수준 5%에서 검정하라.

(b) (a)의 유의확률을 계산하라.

(c) 평균 체중 감소량 차이에 대한 95% 신뢰구간을 구하라.

풀이

(a) 두 집단의 평균 체중 감소량을 각각 μ_1, μ_2라 하면, 검정하려는 가설은 다음과 같다.

$$H_0 : \mu_1 = \mu_2,\ \ H_1 : \mu_1 \neq \mu_2$$

주어진 자료에서 평균과 표준편차를 구하면 다음과 같다.

(단위 : 명, kg)

	표본 크기(n_i)	평균($\overline{x}_i$)	표준편차(s_i)
세마글루타이드군	6	5.23	0.29
위약군	6	3.84	0.42

각 집단에 대해 정규분포 분위수대조도를 그리면 [그림 6-4]와 같고, 전반적으로 정규모집단을 전제하여 분석해도 큰 영향을 미치지 않는다고 판단된다. [그림 6-4]와 표준편차 값으로부터 두 모집단의 분산이 동일하다고 가정할 수 있다.

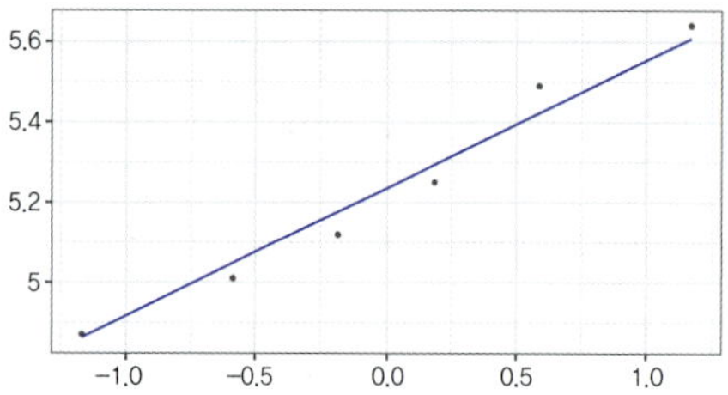

(a) 세마글루타이드군

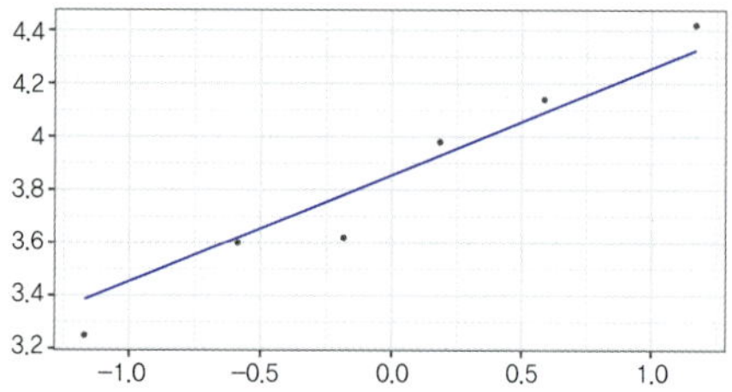

(b) 위약군

그림 6-4 집단별 체중 감소량 자료에 대한 정규분포 분위수대조도

이에 따라 공통분산 σ^2의 추정값인 합동표본분산은 다음과 같이 계산된다.

$$s_p^2 = \frac{(6-1)\times 0.29^2 + (6-1)\times 0.42^2}{6+6-2} = 0.13025$$

즉 σ의 추정값은 $s_p = \sqrt{0.13025} = 0.361$이다. 이를 이용하면 검정통계량의 관측값은 다음과 같다.

$$t=\frac{(\bar{x}_1-\bar{x}_2)-0}{s_p\sqrt{\frac{1}{n_1}+\frac{1}{n_2}}}=\frac{(5.23-3.84)-0}{0.361\sqrt{\frac{1}{6}+\frac{1}{6}}}=6.67$$

유의수준 5%에서의 기각역은 $|t| \ge t_{0.025}(6+6-2)$이고, [부록 C]의 t 분포표에서 $t_{0.025}(10) = 2.228$임을 확인할 수 있다. 그런데 관측된 값이 $|t| = 6.67 > 2.228$이므로 유의수준 5%에서 귀무가설을 기각할 수 있다.

(b) 유의확률은 $P = P(|t| \ge 6.68)$, $T \sim t(10)$으로 계산되며, [부록 C]의 t 분포표에서 $P < 0.001$임을 알 수 있다. 지금까지의 내용을 종합하면 세마글루타이드와 위약군 간의 평균 체중 감소량이 다르다는 증거가 충분하다.

(c) $\mu_1 - \mu_2$에 대한 95% 신뢰구간을 구하기 위해 다음과 같이 계산할 수 있다.

$$\begin{aligned}(\bar{x}_1-\bar{x}_2) \pm t_{0.025}(6+6-2)s_p\sqrt{\frac{1}{n_1}+\frac{1}{n_2}} &= (5.23-3.84) \pm 2.228 \times 0.361 \times \sqrt{\frac{1}{6}+\frac{1}{6}} \\ &= 1.39 \pm 0.46\end{aligned}$$

따라서 구하려는 신뢰구간은 (0.93, 1.85)이다.

지금까지 소개한 이표본을 이용한 t 검정이나 신뢰구간의 유효성은 정규모집단의 전제 조건에 크게 영향을 받지 않으며, 표본 크기가 충분히 크면 근사적으로 그 유효성이 성립한다는 것이 알려져 있다. 실제로 중요한 점은 실험이 랜덤화를 통해 수행되었다는 것이다.

6.4 모분산에 관한 추론

모집단에 대한 추론에서는 산포의 정도가 중요한 추론 대상이 되기도 한다. 예를 들어 볼베어링을 일정한 규격으로 생산하는 공정에서 지름의 변동성이 크다면, 평균적으로 규격에 맞더라도 심각한 문제가 발생할 수 있다. 이제 모평균 μ와 모표준편차 σ가 모두 알려지지 않은 정규모집단에서 표본 크기 n인 랜덤표본을 사용하여 모표준편차 또는 모분산에 대한 추정과 유의성검정을 수행하는 방법을 알아보자.

이러한 추론은 모분산 σ^2의 추정량인 표본분산 $S^2 = \frac{1}{n-1}\sum_{i=1}^{n}(X_i - \overline{X})^2$을 활용한다. 표본분산은 다음과 같은 분포를 따른다.[3]

3 상세한 내용은 [정리 4-8]을 참고하라.

$$(n-1)\frac{S^2}{\sigma^2} \sim \chi^2(n-1)$$

이를 통해 σ^2에 대한 추정과 유의성검정을 수행할 수 있다. 자유도 $(n-1)$인 카이제곱분포의 백분위수 $\chi^2_{1-\alpha/2}(n-1)$, $\chi^2_{\alpha/2}(n-1)$에서 다음과 같은 관계를 도출할 수 있다.

$$P\left(\chi^2_{1-\alpha/2}(n-1) \le (n-1)\frac{S^2}{\sigma^2} \le \chi^2_{\alpha/2}(n-1)\right) = 1-\alpha$$

이 부등식을 σ^2에 대한 식으로 정리하면 다음과 같다.

$$P\left((n-1)\frac{S^2}{\chi^2_{\alpha/2}(n-1)} \le \sigma^2 \le (n-1)\frac{S^2}{\chi^2_{1-\alpha/2}(n-1)}\right) = 1-\alpha$$

따라서 모분산에 대한 신뢰구간은 다음과 같이 주어진다.

모분산의 구간추정(정규모집단의 경우)

모분산 σ^2에 대한 $100(1-\alpha)\%$ 신뢰구간은 다음과 같다.

$$\left((n-1)\frac{s^2}{\chi^2_{\alpha/2}(n-1)},\ (n-1)\frac{s^2}{\chi^2_{1-\alpha/2}(n-1)}\right)$$

이와 같이 표본분산에 관한 카이제곱분포 이론을 이용하면 모분산에 관한 유의성검정도 수행할 수 있다. 이러한 검증을 **카이제곱검정(chi-squared test)**이라 하고, 다음과 같이 진행된다.

모분산의 유의성검정(정규모집단의 경우)

귀무가설 $H_0 : \sigma^2 = \sigma_0^2$의 검정통계량은 다음과 같다.

$$\chi^2 = (n-1)\frac{S^2}{\sigma_0^2}$$

검정통계량의 관측값이 χ_0^2일 때, 다음이 성립한다.

	유의확률	유의수준 α의 기각역
(a) $H_1 : \sigma^2 > \sigma_0^2$	$P = P(\chi^2 \ge \chi_0^2)$	$\chi_0^2 \ge \chi^2_\alpha(n-1)$
(b) $H_1 : \sigma^2 < \sigma_0^2$	$P = P(\chi^2 \le \chi_0^2)$	$\chi_0^2 \le \chi^2_\alpha(n-1)$
(c) $H_1 : \sigma^2 \ne \sigma_0^2$	$P = 2P(\chi^2 \ge \chi_0^2)$ 또는 $P = 2P(\chi^2 \le \chi_0^2)$	$\chi_0^2 \le \chi^2_{1-\alpha/2}(n-1)$ 또는 $\chi_0^2 \ge \chi^2_{\alpha/2}(n-1)$

여기서 대립가설이 양측가설이면 자유도 $(n-1)$인 카이제곱분포를 활용하여 $2P(\chi^2 \geq \chi_0^2)$과 $2P(\chi^2 \leq \chi_0^2)$ 중 하나를 계산하고, 계산된 두 값 중 1보다 작은 값을 선택해 유의확률로 사용한다.

예제 6-9 한 카페에서는 아메리카노 한 잔에 원두 10g을 사용하고 있다. 그러나 입력한 중량만큼 원두를 갈아내는 기계는 항상 정확하지 않으며, 약간의 변동이 발생할 수밖에 없다. 이러한 변동이 너무 크면 커피 맛과 품질이 고객의 기대에 부합하지 않을 수 있으므로 중량의 표준편차가 1.5g을 초과하면 기계에 이상이 있다고 간주한다. 어느 날 점검에서 무작위로 기계를 10번 작동하여 측정한 간 원두의 무게가 다음과 같이 주어졌다. 과거 관리 기록에 따르면 원두 무게의 분포는 정규분포라고 가정할 수 있다.

(단위 : g)

11.15	9.62	9.83	10.85	12.66	9.51	11.23	9.38	9.11	8.56

(a) 기계에 이상이 있는지를 유의수준 5%에서 검정하라.

(b) (a)의 유의확률을 구하라.

(c) 원두 무게의 표준편차에 대한 90% 신뢰구간을 구하라.

풀이

(a) 아메리카노 한 잔에 들어가는 원두 중량의 표준편차를 σ라고 할 때, 검정하려는 가설은 다음과 같다.

$$H_0 : \sigma^2 = 1.5^2,\ \ H_1 : \sigma^2 > 1.5^2$$

주어진 자료에서 표본평균과 표본표준편차는 각각 다음과 같다.

$$\overline{x} = 10.19,\ \ s = 1.24$$

검정통계량의 관측값은 다음과 같이 계산된다.

$$\chi_0^2 = (n-1)\frac{s^2}{\sigma_0^2} = 9 \times \frac{1.24^2}{1.5^2} = 6.15$$

대립가설이 오른쪽 단측가설이므로 유의수준 5%의 기각역은 $\chi_0^2 \geq \chi_{0.05}^2(9)$이고, [부록 C]의 카이제곱분포표에 따르면 $\chi_{0.05}^2(9) = 16.92$이다. 즉 유의수준 5%의 기각역은 $\chi_0^2 \geq 16.92$이다. 그런데 $\chi_0^2 = 6.15 < 16.92$이므로 유의수준 5%에서 귀무가설을 기각할 수 없다.

(b) 유의확률은 $P = P(\chi^2 \geq 6.15),\ \chi^2 \sim \chi^2(9)$로 계산되고, 통계계산 소프트웨어를 이용하면 실제 유의확률은 $P = 0.72$이다. 지금까지의 내용을 종합하면 원두 추출량의 변동에 이상이

있다는 증거가 뚜렷하지 않다.

(c) 모분산 σ^2에 대한 90% 신뢰구간을 구하기 위해 카이제곱분포표에서 자유도 9일 때 상위 5%와 하위 5% 백분위수는 다음과 같다.

$$\chi^2_{0.05}(9) = 16.92,\ \ \chi^2_{0.95}(9) = 3.33$$

이에 따라 σ^2에 대한 90% 신뢰구간은 다음과 같다.

$$\left(9 \times \frac{1.24^2}{16.92},\ 9 \times \frac{1.24^2}{3.33}\right) = (0.818,\ 4.156)$$

그러므로 모표준편차 σ에 대한 90% 신뢰구간은 다음과 같다.

$$(\sqrt{0.818},\ \sqrt{4.156}) = (0.90,\ 2.04)$$

이처럼 카이제곱분포를 이용하여 모분산에 대한 추론을 할 때는 그 타당성이 모평균에 대한 t 검정이나 t 신뢰구간과는 달리 정규모집단이라는 가정에 깊이 의존한다. 따라서 이러한 정규모집단 가정이 적절한지 검토한 후에 올바른 추론을 진행해야 한다. [예제 6-9]에 주어진 자료로 정규분포 분위수대조도를 그리면 [그림 6-5]와 같으므로 원두 추출량의 분포가 정규분포라는 가정에 무리가 없음을 확인할 수 있다. 따라서 [예제 6-9]와 같이 카이제곱검정이나 신뢰구간을 이용한 추론이 타당하다고 할 수 있다.

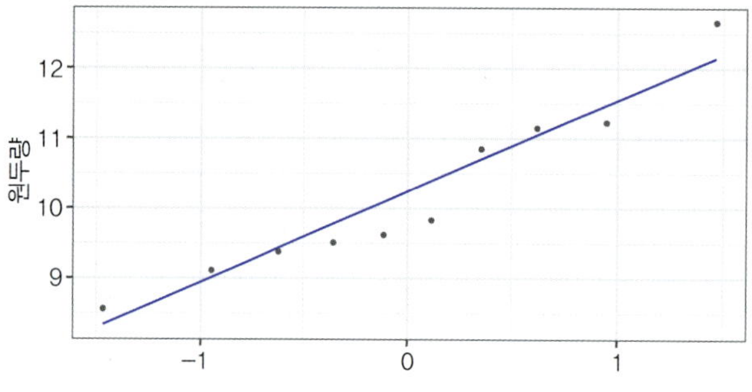

그림 6-5 [예제 6-9]의 원두 추출량 무게에 대한 정규분포 분위수대조도

이번에는 두 모집단의 표준편차 σ_1, σ_2를 비교하는 방법을 알아보자. 두 모집단에서 서로 독립인 랜덤표본을 각각 $X_{11}, \cdots, X_{1n_1}$과 $X_{21}, \cdots, X_{2n_2}$라 할 때, 두 모분산 σ_1^2, σ_2^2은 다음과 같은 표본분산을 이용하여 비교할 수 있다.

$$S_1^2 = \frac{1}{n_1 - 1}\sum_{j=1}^{n_1}(X_{1j} - \overline{X}_1)^2,\ \ S_2^2 = \frac{1}{n_2 - 1}\sum_{j=1}^{n_2}(X_{2j} - \overline{X}_2)^2$$

정규모집단의 가정하에서 표본분산의 비에 대한 표본분포는 다음과 같다.[4]

$$\frac{S_1^2/\sigma_1^2}{S_2^2/\sigma_2^2} \sim F(n_1-1,\ n_2-1)$$

이를 이용하여 모분산의 비 $\dfrac{\sigma_1^2}{\sigma_2^2}$에 대한 추정이나 유의성검정을 할 수 있다. 이러한 표본분포로부터 자유도 $(n_1-1,\ n_2-1)$인 F 분포의 백분위수 $F_{1-\alpha/2}(n_1-1,\ n_2-1)$, $F_{\alpha/2}(n_1-1,\ n_2-1)$에 대해 다음이 성립한다.

$$P\left(F_{1-\alpha/2}(n_1-1,\ n_2-1) \le \frac{S_1^2/\sigma_1^2}{S_2^2/\sigma_2^2} \le F_{\alpha/2}(n_1-1,\ n_2-1)\right) = 1-\alpha$$

부등식을 $\dfrac{\sigma_1^2}{\sigma_2^2}$에 대해 정리하면 다음과 같다.

$$P\left(\frac{S_1^2}{S_2^2} \times \frac{1}{F_{\alpha/2}(n_1-1,\ n_2-1)} \le \frac{\sigma_1^2}{\sigma_2^2} \le \frac{S_1^2}{S_2^2} \times \frac{1}{F_{1-\alpha/2}(n_1-1,\ n_2-1)}\right) = 1-\alpha$$

한편 F 분포의 성질에 따라 다음이 성립한다.

$$F_{1-\alpha/2}(n_1-1,\ n_2-1) = \frac{1}{F_{\alpha/2}(n_2-1,\ n_1-1)}$$

따라서 모분산의 비 $\dfrac{\sigma_1^2}{\sigma_2^2}$에 대한 신뢰구간은 다음과 같이 주어진다.

모분산의 비에 대한 구간추정(정규모집단의 경우)

모분산의 비 $\dfrac{\sigma_1^2}{\sigma_2^2}$에 대한 $100(1-\alpha)\%$ 신뢰구간은 다음과 같다.

$$\left(\frac{s_1^2}{s_2^2} \times \frac{1}{F_{\alpha/2}(n_1-1,\ n_2-1)},\ \frac{s_1^2}{s_2^2} \times F_{\alpha/2}(n_2-1,\ n_1-1)\right)$$

이와 같이 표본분산의 비에 관한 F 분포 이론을 이용하면 모분산의 비 $\dfrac{\sigma_1^2}{\sigma_2^2}$에 대한 유의성검정도 수행할 수 있다. 이러한 검정을 ***F* 검정**(F-test)이라 하고, 다음과 같이 진행된다.

4 상세한 내용은 [정리 4-13]을 참고하라.

모분산의 비에 대한 유의성검정(정규모집단의 경우)

귀무가설이 $H_0 : \sigma_1^2 = \sigma_2^2$인 경우에 검정통계량은 다음과 같다.

$$F = \frac{S_1^2}{S_2^2}$$

검정통계량의 관측값이 f일 때, 다음이 성립한다.

	유의확률	유의수준 α의 기각역
(a) $H_1 : \sigma_1^2 > \sigma_2^2$	$P = P(F \geq f)$	$f \geq F_\alpha(n_1 - 1,\ n_2 - 1)$
(b) $H_1 : \sigma_1^2 < \sigma_2^2$	$P = P(F \leq f)$	$f \leq \dfrac{1}{F_\alpha(n_2 - 1,\ n_1 - 1)}$
(c) $H_1 : \sigma_1^2 \neq \sigma_2^2$	$P = 2P(F \geq f)$ 또는 $P = 2P(F \leq f)$	$f \leq \dfrac{1}{F_{\alpha/2}(n_2 - 1,\ n_1 - 1)}$ 또는 $f \geq F_{\alpha/2}(n_1 - 1,\ n_2 - 1)$

예제 6-10 콘크리트에 균열이 발생하면 이를 보수하기 위해 주로 폴리머(polymer)를 주입한다. 다음은 한 연구보고서에서 폴리머 두 종류를 사용했을 때 측정한 주입 압축률에 대한 자료이다.

(단위 : 10^6psi)

에폭시(epoxy)	1.75	2.12	2.05	1.97
MMA 프리폴리머(prepolymer)	1.77	1.59	1.70	1.69

(a) 폴리머 두 종류의 주입 압축률 산포가 다르다는 증거가 있는지를 유의수준 5%에서 검정하라.

(b) 폴리머 두 종류의 주입 압축률의 표준편차 비에 대한 95% 신뢰구간을 구하라.

풀이

(a) 폴리머 두 종류의 주입 압축률 표준편차를 각각 σ_1, σ_2라 하면, 검정하려는 가설은 다음과 같다.

$$H_0 : \sigma_1^2 = \sigma_2^2,\ \ H_1 : \sigma_1^2 \neq \sigma_2^2$$

주어진 자료에서 표본평균과 표본표준편차를 구하면 다음과 같다.

(단위 : 회, 10^6psi)

	표본 크기(n_i)	평균($\overline{x}_i$)	표준편차(s_i)
에폭시	4	1.97	0.160
MMA 프리폴리머	4	1.69	0.074

이 자료로 정규분포 분위수대조도를 그리면 [그림 6-6]과 같으므로 정규모집단을 가정해도 큰 무리가 없다.

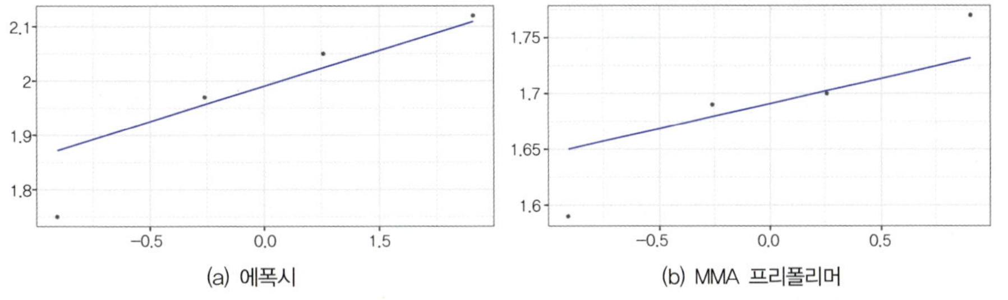

그림 6-6 두 가지 폴리머에 대한 주입 압축률 자료의 정규분포 분위수대조도

이때 검정통계량의 관측값은 $f = \dfrac{S_1^2}{S_2^2} = \dfrac{0.160^2}{0.074^2} = 4.675$이다. 유의수준 5%에서의 기각역은 $f \le \dfrac{1}{F_{0.025}(3,\ 3)}$ 또는 $f \ge F_{0.025}(3,\ 3)$이고, [부록 C]의 F 분포표에서 $F_{0.025}(3,\ 3) = 15.44$이므로 기각역은 $f \le \dfrac{1}{15.44}$ 또는 $f \ge 15.44$이다. 검정통계량의 관측값이 $\dfrac{1}{15.44} < f = 4.675 < 15.44$이므로 유의수준 5%에서 귀무가설을 기각할 수 없다.

(b) 모분산의 비 $\dfrac{\sigma_1^2}{\sigma_2^2}$에 대한 95% 신뢰구간은 다음과 같다.

$$\left(\frac{0.160^2}{0.074^2} \times \frac{1}{15.44},\ \frac{0.160^2}{0.074^2} \times 15.44\right) = (0.301,\ 72.182)$$

따라서 모표준편차의 비 $\dfrac{\sigma_1}{\sigma_2}$에 대한 95% 신뢰구간은 다음과 같다.

$$(\sqrt{0.301},\ \sqrt{72.182}) = (0.549,\ 8.496)$$

CHAPTER 06 연습문제

6.1 공통분산을 가정할 수 있을 때 각 경우에 대해 기각역을 구하라.

(a) $H_0 : \mu_1 = \mu_2,\ H_1 : \mu_1 \neq \mu_2;\ n_1 = 512,\ n_2 = 515,\ \alpha = 0.05$

(b) $H_0 : \mu_1 \leq \mu_2 + 3,\ H_1 : \mu_1 > \mu_2 + 3;\ n_1 = n_2 = 25,\ \alpha = 0.01$

(c) $H_0 : \mu_1 \geq \mu_2 - 9,\ H_1 : \mu_1 < \mu_2 - 9;\ n_1 = 13,\ n_2 = 15,\ \alpha = 0.025$

6.2 어두운 방에서 눈이 적응하는 데 걸리는 시간을 측정하는 실험이 있다. 이전 연구에서는 적응 시간이 7초로 밝혀졌으며, 적응 시간이 정규분포를 따른다고 가정한다. 참가자 9명을 임의로 선택하여 이 실험을 실시한 결과, 평균 적응 시간이 6.32초이고 표본표준편차가 1.65초였다. 이 실험 결과가 기존 연구의 결과와 모순되는지를 유의수준 $\alpha = 0.1$에서 검정하라.

6.3 한 카페는 주기적으로 납품받는 원두의 카페인 함량이 변함없는지 확인하는 실험을 진행한다. 과거 분석에 따르면 에스프레소 100mL당 카페인 함량은 평균 200mg이고, 표준편차는 20mg인 정규분포를 따른다. 이번에 납품된 원두를 사용하여 에스프레소 100mL를 50번 추출하여 카페인 함량을 측정한 결과가 다음과 같다고 하자. 이 자료를 바탕으로 이번에 납품받은 원두의 카페인 함량이 여전히 평균 200mg이라고 주장할 수 있는가? 이를 유의수준 $\alpha = 0.05$에서 검정하라.

(단위 : mg)

203	182	203	218	192	189	187	199	206	182
171	236	227	204	199	202	209	242	191	195
168	191	203	165	183	198	195	205	191	147
224	185	187	174	176	205	229	170	195	234
201	175	222	194	211	200	201	158	244	178

6.4 왼손으로 글을 쓰는 사람 10명에 대해 오른손과 왼손의 악력을 측정한 결과가 다음과 같다.

(단위 : kg)

	1	2	3	4	5	6	7	8	9	10
왼손	63.5	40.8	56.7	59.0	43.1	54.9	38.6	44.0	59.4	49.9
오른손	59.0	39.5	50.0	59.9	43.5	54.4	39.0	40.8	58.5	45.4

(a) 이 자료에 따르면 왼손으로 글을 쓰는 사람들은 왼손의 악력이 오른손보다 강하다고 할 수 있는가?

(b) 평균의 차에 대한 90% 신뢰구간을 구하라.

6.5 골프 드라이버 A, B 중 어떤 것이 더 멀리 나가는지 비교하기 위해 임의로 선택한 남성 참여자 14명의 비거리를 측정한 결과가 다음과 같다. 드라이버 사용에 대한 실수나 스윙 실수가 없었다고 가정한다. 주어진 자료를 바탕으로 어떤 드라이버가 다른 드라이버보다 비거리가 잘 나온다고 말할 수 있는가? 이를 유의수준 $\alpha = 0.1$에서 검정하라.

(단위 : m)

드라이버	1	2	3	4	5	6	7
A	189.4	190.8	197.6	189.7	193.8	188.4	186.7
B	186.2	200.5	209.1	199.7	193.2	191.9	195.8
드라이버	8	9	10	11	12	13	14
A	198.4	213.1	194.8	182.9	186.1	201.2	197.1
B	207.7	203.5	186.3	191.0	184.2	205.5	190.9

6.6 높이뛰기 선수들의 점프력을 향상시키기 위해 새로 개발된 프로그램이 실제로 효과가 있는지를 평가하기 위해, 7쌍의 높이뛰기 선수를 임의로 선택했다. 각 쌍의 선수들은 초기 점프력이 동일하다고 가정한다. 각 쌍에서 한 선수는 새로 개발된 프로그램으로 훈련을 받고, 다른 선수는 기존 프로그램으로 훈련을 받았다. 다음은 점프력 향상 정도를 점수로 나타낸 결과이다. 새로 개발된 프로그램이 점프력을 향상시킨다고 결론지을 수 있는가? 이를 유의수준 $\alpha = 0.1$에서 검정하라.

(단위 : 점)

쌍	1	2	3	4	5	6	7
신규 프로그램	0.5	1.0	0.6	0.1	1.3	0.1	1.0
기존 프로그램	0.8	1.1	−0.1	0.2	0.2	1.5	0.8

6.7 달리기 운동 중 가상의 트레이너가 옆에서 함께 달려주는 애플리케이션 서비스 A와 B의 효과를 비교하기 위해 간단한 실험을 진행했다. 무작위로 선정된 참여자 16명이 각각 다른 날 동일한 장소에서 서비스 A와 B를 각각 사용하며 1시간 동안 달리기를 하고, 소모 칼로리를 기록한 결과가 다음과 같다. 서비스 A와 B에 따라 달리기 시 소모되는 칼로리에 차이가 있는지 확인하고자 한다.

(단위 : kcal)

서비스	1	2	3	4	5	6	7	8
A	513.4	468.6	504.8	505.6	529.5	477.9	516.8	507.1
B	509.9	519.9	509.6	502.3	495	517.9	505.1	524.3
서비스	9	10	11	12	13	14	15	16
A	482.8	499.6	511.7	501.3	478.2	498.9	495.1	490.6
B	506.8	518.4	496.3	508.7	529.8	502.1	511.3	515.5

(a) 쌍체비교방법을 이용하여 유의수준 $\alpha = 0.01$에서 검정하라.

(b) 이러한 대응표본자료에 대해 이표본 t 검정을 수행하면 어떻게 되는지 확인하라. 이때 두 서비스는 공통분산을 가진다고 가정한다.

6.8 새로운 강의방식이 초등학생들의 독해력을 향상시킬 것으로 예측된다. 이를 검증하기 위해 학생 16명을 임의의 두 조로 나누고 각 조에 8명씩 배정했다. 한 조에는 새로운 강의방식을, 다른 조에는 기존 강의방식을 적용한 후 독해력을 평가할 수 있는 시험을 치른 결과가 다음과 같다.

(단위 : 점)

기존 강의방식	65	70	76	63	72	71	68	68
새로운 강의방식	75	80	72	77	69	81	71	78

(a) 이 자료를 사용하여 두 강의방식에 따른 독해력 성적의 차이를 추론하라.

(b) (a)의 질문에 답하는 데 필요한 가정을 구체적으로 기술하라.

6.9 유아의 철분공급에 관한 연구를 위해 갓 태어난 아기들을 두 그룹으로 나누었다. 한 그룹은 모유를 먹이고, 다른 그룹은 철분이 없는 유아식을 먹였다. 12개월 후 두 그룹의 혈액 속 헤모글로빈 함유량을 조사한 결과는 다음과 같다.

(단위 : 명, g/dL)

그룹	실험대상수	평균	표준편차
모유	23	13.3	1.7
철분이 없는 유아식	19	12.4	1.8

(a) 모유로 자란 아기들의 평균 헤모글로빈 함유량이 더 높다고 말할 수 있는가? 적절한 가설을 세우고, 유의수준 $\alpha = 0.05$에서 검정하라.

(b) 두 그룹의 평균 헤모글로빈 함유량 차에 대한 95% 신뢰구간을 구하라.

(c) (a)와 (b)의 질문에 답하는 데 필요한 가정을 구체적으로 기술하라.

6.10 [연습문제 6.9]의 표에서 두 그룹의 표본표준편차가 비슷하므로 두 그룹이 공통분산을 갖는다고 가정할 수 있다. 공통분산을 가정한 t 검정방법을 이용하여 [연습문제 6.9]의 (a)와 (b)에 대해 답하라. 또 [연습문제 6.9]에서 얻은 결과와 어떻게 다른지 비교하라.

6.11 청소용품 마케팅 전략으로 소셜 네트워크 서비스(SNS)를 이용한 광고의 효과를 알아보기 위해 실험을 진행했다. 평소 비슷한 판매량을 보이는 청소용품 34가지 중 일부를 선택하여 SNS에 광고를 올리고, 나머지는 광고를 올리지 않았다. 한 달 후, 각 그룹의 판매량은 다음과 같았다. 유의수준 $\alpha = 0.01$에서 SNS 광고의 효과가 있다고 결론지을 수 있는가?

(단위 : 종, 100개)

그룹(처리)	n	$\bar{x}$	s
1 (SNS에 광고를 올린 청소용품)	13	58.3	7.23
2 (SNS에 광고를 올리지 않은 청소용품)	21	50.6	6.98

6.12 핵산을 통해 학습효과가 전달되는지 알아보기 위해 실험을 진행했다. 쥐 10마리에게 미로찾기 훈련을 시킨 후 핵산을 추출하여 다른 쥐 10마리에 주입하였으며, 훈련하지 않은 쥐로부터 핵산을 추출하여 또 다른 쥐 10마리에 주입했다. 이후 쥐 20마리에 대해 미로찾기 시험을 20회 실시하고 실패한 횟수를 기록한 결과가 다음과 같다. 유의수준 $\alpha = 0.01$에서 핵산을 통해 학습효과가 전달되는지를 검정하라.

(단위 : 회)

훈련된 쥐	7	9	6	11	13	8	7	13	12	9
훈련되지 않은 쥐	12	8	9	13	14	9	8	10	7	15

6.13 많은 사람들이 스포츠 유틸리티 차량(SUV)이 승용차보다 더 튼튼해서 안전하다고 생각한다. 그러나 실제로 비슷한 정도의 사고에서 SUV가 더 손상되어 수리 비용이 더 높다는 주장이 있다. 이를 확인하기 위해 배기량이 동일하고 비슷한 가격대의 SUV와 승용차를 무작위로 각각 8대씩 선택하고, 고정된 벽에 차를 시속 30km로 전면 충돌시켜 차량에 발생한 손상에 대한 수리비용을 기록했다. 이들의 요약 통계량은 다음과 같다.

(단위 : 대, 백만 원)

차종	실험대상수	평균	표준편차
SUV	8	17.42	7.93
승용차	8	13.11	5.04

(a) 공통분산을 가정한 t 검정방법을 이용하여 유의수준 $\alpha = 0.05$에서 SUV의 수리비용이 승용차의 수리비용보다 더 높은지 검정하라.

(b) 이표본 t 검정방법을 이용하여 유의수준 $\alpha = 0.05$에서 검정하라.

(c) 두 그룹의 표준편차가 동일한지 검정하고자 한다. 적절한 가설을 세우고, 유의수준 $\alpha = 0.05$에서 검정하라.

6.14 특정 상표의 보온병이 보온 효과를 얼마나 일정하게 유지하는지 확인하기 위해, 보온병 20개를 임의로 선택하여 끓는 물을 담은 뒤 10시간 후 물의 온도를 측정했다. 이들의 표본표준편차가 11.2°C였을 때, 다음 물음에 답하라.

(a) 보온병에 담긴 끓는 물의 10시간 후 온도의 표준편차가 참값 10°C보다 높다는 뚜렷한 증거가 있는지 유의수준 $\alpha = 0.05$에서 검정하라.

(b) (a)의 검정이 유효하기 위해 필요한 가정을 기술하라.

6.15 조현병 환자 9명과 비슷한 연령의 정상인 9명을 대상으로 뇌세포 조직을 채취한 뒤, 단백질분해효소(MMP-9) 활동에 의해 1시간 동안 생성되는 대사물질의 농도를 측정하는 실험을 실시한 결과가 다음과 같다.

(단위 : μ mol/L)

	평균	표준편차
정상인	39.8	8.16
조현병 환자	35.5	6.93

(a) 정상인보다 조현병 환자의 평균 뇌세포활동이 저조한지 유의수준 $\alpha = 0.05$에서 검정하라.

(b) 두 그룹의 평균 뇌세포활동의 차에 대한 95% 신뢰구간을 구하라.

(c) 정상인의 세포활동의 표준편차가 조현병 환자보다 크다고 할 수 있는가?

(d) 두 모표준편차의 비에 대한 90% 신뢰구간을 구하라.

6.16 새로 출시된 로봇 청소기의 거리 측정 능력을 평가하기 위해 로봇 청소기 19대를 임의로 추출하여 실험실 반대쪽 끝에 10m 떨어진 두 기둥 사이의 거리를 판단하도록 했다. 그 결과 다음과 같은 자료를 수집했다.

(단위 : m)

10.37	10.65	11.82	12.97	10.36	11.41	11.39	12.37	11.84	11.08
9.67	10.64	9.51	12.04	12.34	11.74	10.38	9.55	9.94	

(a) 로봇 청소기의 거리 추정치에 대한 표본평균과 표본표준편차를 구하고, 평균에 대한 95% 신뢰구간을 구하라.

(b) 로봇 청소기가 거리를 실제보다 과추정한다는 뚜렷한 증거가 있는지 유의수준 5%에서 검정하라.

6.17 보험사는 정비소 A에서 받은 자동차 수리 견적이 정비소 B에 비해 너무 높다는 의심을 확인하기 위해, 최근 사고를 당한 자동차 15대를 두 정비소에 보내 각각 별도로 수리 견적을 받았다. 두 정비소에서 받은 견적은 다음과 같다.

(단위 : 십만 원)

	1	2	3	4	5	6	7	8
정비소 A	17.6	19.1	19.5	11.3	13.0	16.3	12.0	16.2
정비소 B	17.3	20.2	18.4	11.5	12.7	15.8	15.3	14.2
	9	10	11	12	13	14	15	
정비소 A	12.2	14.8	21.3	22.1	16.1	17.6	18.4	
정비소 B	12.0	14.2	21.0	21.0	16.9	16.7	17.5	

(a) 정비소 A와 B의 평균 견적 차에 대한 95% 신뢰구간을 구하라.

(b) 두 정비소 간의 수리 견적에 차이가 있는지 통계계산 소프트웨어를 사용하여 유의수준 5%에서 검정하라.

6.18 한 공장에서 가정용 소공구를 생산할 때, 새로운 공정 처리가 공구의 내구성을 높이면서 분산에는 영향을 미치지 않는지 확인하고자 한다. 이를 위해 새로운 처리를 적용하지 않은 공구(공구 A)와 새로운 처리를 적용한 공구(공구 B)에서 각각 표본을 임의로 추출하여 10시간 동안 사용한 후, 공구의 부피가 닳은 정도를 측정했다. 다음은 그 측정 결과이다. 통계계산 소프트웨어를 이용하여 물음에 답하라.

(단위 : $1/1\text{m}^3$)

공구 A	0.46	0.52	0.58	0.59	0.54	0.47	0.57	0.58	0.54	0.40
공구 B	0.32	0.13	0.26	0.23	0.33	0.11	0.16	0.24	0.12	0.31
	0.31	0.35	0.33	0.30	0.31					

(a) 공구 A와 공구 B의 평균 닳는 양의 분산이 동일한지 유의수준 5%에서 검정하라.

(b) 공구 A와 공구 B의 평균 닳는 양에 차이가 있는지 유의수준 5%에서 검정하라.

MEMO

CHAPTER

07

이산자료의 분석

CONTENTS

지금까지 소개된 분석 방법들은 거리, 무게, 온도 등과 같이 연속적인 값을 가질 수 있는 양적자료에 적용되는 것이었다. 반면 불량품 개수나 선거에서 각 후보자에 대한 지지자 수처럼 이산적인 값을 갖는 질적자료의 분석이 필요한 경우도 많다.
이 장에서는 이러한 이산자료의 분석 방법을 다룬다. 특정 속성을 갖거나 갖지 않는 경우를 나타내는 이항분포의 모비율에 대한 검정과 추정을 살펴보고, 여러 범주로 분류된 속성의 도수를 이용한 추론 방법을 소개한다.

7.1 모비율의 추정과 검정

불량률, 실업률, 지지율 등과 같이 모집단에서 특정 속성을 갖는 개체의 비율을 **모비율**이라 한다. 이 절에서는 모비율의 추정과 검정에 대해 알아보자.

무한모집단에서 특정 속성을 만족하는 비율을 p라 하고, 크기 n인 랜덤표본에서 그 속성을 갖는 개체의 수를 X라 하자. 이때 표본에서 그 속성을 갖는 개체의 비율을 이용하여 모비율 p를 다음과 같이 추정한다.

$$\hat{p} = \frac{X}{n}$$

여기서 X는 이항분포 $B(n,\ p)$를 따르므로 표본비율 $\hat{p}$의 분산은 다음과 같이 주어진다.

$$\mathrm{Var}(\hat{p}) = \frac{\mathrm{Var}(X)}{n^2} = \frac{p(1-p)}{n}$$

모비율 p의 추정량인 $\hat{p} = \dfrac{X}{n}$의 표준오차는 다음과 같이 정의되고, 이는 미지의 p에 의존한다.

$$\mathrm{SE}(\hat{p}) = \sqrt{\mathrm{Var}(\hat{p})} = \sqrt{\frac{p(1-p)}{n}}$$

표준오차 $\mathrm{SE}(\hat{p})$을 계산하려면 p 값을 알아야 한다. 일반적으로는 이 값 대신 표본비율 $\hat{p}$을 이용하여 다음과 같이 추정한다.

$$\widehat{\mathrm{SE}}(\hat{p}) = \frac{\sqrt{\hat{p}(1-\hat{p})}}{n}$$

한편 이항분포의 정규근사에 따르면 표본 크기 n이 충분히 클 때 X는 근사적으로 정규분포 $N(np,\ np(1-p))$를 따른다. 이로부터 n이 충분히 크면 다음 관계가 성립한다.[1]

$$\frac{X-np}{\sqrt{n\hat{p}(1-\hat{p})}} = \frac{\hat{p}-p}{\sqrt{\hat{p}(1-\hat{p})/n}} \doteq N(0,\ 1)$$

이를 이용하면 표본 크기 n이 클 때 정규분포를 이용하여 다음과 같이 확률을 근사적으로 구할 수 있고, 이로부터 모비율 p의 신뢰구간을 구할 수 있다.

$$P\left(-z_{\alpha/2} \le \frac{\hat{p}-p}{\sqrt{\hat{p}(1-\hat{p})/n}} \le z_{\alpha/2}\right) \approx 1-\alpha$$

1 관련 내용은 4.4절을 참고하라.

모비율 p에 대한 추정(표본 크기가 클 때)

❶ 추정량과 표준오차 : $\hat{p} = \dfrac{X}{n}$, $\widehat{\mathrm{SE}}(\hat{p}) = \sqrt{\dfrac{\hat{p}(1-\hat{p})}{n}}$

❷ $100(1-\alpha)\%$ 오차범위 : $z_{\alpha/2}\widehat{\mathrm{SE}}(\hat{p}) = z_{\alpha/2}\sqrt{\dfrac{\hat{p}(1-\hat{p})}{n}}$

❸ $100(1-\alpha)\%$ 신뢰구간 : $\left(\hat{p} - z_{\alpha/2}\sqrt{\dfrac{\hat{p}(1-\hat{p})}{n}},\ \hat{p} + z_{\alpha/2}\sqrt{\dfrac{\hat{p}(1-\hat{p})}{n}}\right)$

참고 이항분포의 정규근사 기준으로 흔히 조건 '$n\hat{p} \ge 5$이고 $n(1-\hat{p}) \ge 5$'를 사용한다.

예제 7-1 서울에 거주하는 가구 중 돌아오는 추석에 귀향할 가구의 비율을 추정하기 위해 500가구를 단순랜덤추출하여 조사한 결과, 79가구가 귀향할 것이라고 응답했다. 서울에 거주하는 가구의 귀향률 p에 대한 95% 신뢰구간을 구하라.

풀이

서울에 거주하는 가구의 수는 매우 많으므로 단순랜덤추출된 500가구는 무한모집단에서 크기 500인 랜덤표본으로 간주해도 무방하다. 표본으로 추출된 $n=500$가구 중 79가구가 귀향하려 하므로, 귀향률 p의 추정값은 다음과 같다.

$$\hat{p} = \frac{79}{500} = 0.158$$

표준오차의 추정값은 다음과 같이 계산된다.

$$\widehat{\mathrm{SE}}(\hat{p}) = \sqrt{\frac{0.158(1-0.158)}{500}} = 0.016$$

또한 $n\hat{p} \ge 5$, $n(1-\hat{p}) \ge 5$를 만족하므로 귀향률 p의 95% 신뢰구간을 다음과 같이 계산할 수 있다.

$$(0.158 - 1.96 \times 0.016,\ 0.158 + 1.96 \times 0.016) = (0.126,\ 0.190)$$

모비율을 추정하는 표본조사를 설계할 때 조사 비용과 추정량의 정밀도를 고려하여 표본 크기를 결정해야 한다. 여기서는 오차범위가 주어질 때 필요한 표본 크기를 정하는 방법을 알아본다.

추정량의 $100(1-\alpha)\%$ 오차범위를 d 이하로 유지하려면, 다음 부등식을 만족하도록 표본 크기 n을 정해야 한다.

$$z_{\alpha/2}\mathrm{SE}(\hat{p}) \le d, \text{ 즉 } z_{\alpha/2}\frac{\sqrt{p(1-p)}}{\sqrt{n}} \le d$$

여기서 p는 미지의 모비율이므로 위 부등식이 p 값에 관계없이 성립하려면, 표본 크기는 다음 부등식을 만족해야 한다.[2]

$$z_{\alpha/2}\sqrt{\frac{1}{4}} \Big/ \sqrt{n} \le d, \text{ 즉 } n \ge \frac{1}{4}\left(\frac{z_{\alpha/2}}{d}\right)^2$$

과거 조사나 사전조사 결과에서 모비율 p에 대한 사전 추정값 p^*가 주어진 경우에는 다음 부등식을 만족하도록 표본 크기 n을 정한다.

$$z_{\alpha/2}\frac{\sqrt{p^*(1-p^*)}}{\sqrt{n}} \le d, \text{ 즉 } n \ge p^*(1-p^*)\left(\frac{z_{\alpha/2}}{d}\right)^2$$

모비율의 추정에서 표본 크기의 결정

$100(1-\alpha)\%$ 오차범위를 d 이하로, 또는 신뢰구간의 길이를 $2d$ 이하로 하기 위한 표본 크기는 다음을 만족하도록 정한다.

❶ 모비율의 사전 추정값이 p^*로 주어진 경우 : $n \ge p^*(1-p^*)\left(\frac{z_{\alpha/2}}{d}\right)^2$

❷ 모비율에 대한 사전 정보가 없는 경우 : $n \ge \frac{1}{4}\left(\frac{z_{\alpha/2}}{d}\right)^2$

예제 7-2 어느 지역의 구청장 선거에 갑, 을 두 명의 후보가 입후보했을 때, 이들의 지지율을 알아보고자 한다. 아무런 사전 정보가 없는 상태에서 갑 후보의 지지율에 대한 추정의 95% 오차범위를 3% 이내로 유지할 때, 필요한 표본 크기를 구하라.

풀이

표본 크기 n은 부등식 $n \ge \frac{1}{4}\left(\frac{1.96}{0.03}\right)^2 = 1067.1$을 만족해야 한다. 따라서 $n = 1068$명을 표본조사해야 한다.

2 이 부등식을 만족해야 하는 이유는 여러분이 직접 생각해보기 바란다.

이제 모비율 p에 대한 가설의 유의성검정에 대해 알아보자. 여기서는 대립가설이 오른쪽 단측인 경우를 고려하며, 귀무가설과 대립가설은 다음과 같이 주어진다고 하자.

$$H_0 : p = p_0, \ \ H_1 : p > p_0$$

모비율 p가 특정 속성의 비율일 때, 크기 n인 랜덤표본에서 해당 속성을 갖는 개체의 수인 도수 X가 클수록 대립가설이 옳다는 증거가 강해진다. 즉 도수 X의 관측값 x가 클수록 귀무가설에 대한 반증의 정도가 강해진다. 따라서 귀무가설을 반증하는 강도를 나타내는 유의확률(P 값)은 다음과 같이 주어진다.

$$P = P(X \geq x), \ \ X \sim B(n, \ p_0)$$

이항분포의 확률은 통계계산 소프트웨어를 이용하여 쉽게 계산할 수 있다.

한편 가설검정에서 유의수준이 α로 주어지면 유의수준과 유의확률의 관계를 통해 기각역이 다음과 같이 정해진다.

$$P \leq \alpha$$

대립가설이 왼쪽 단측이거나 양측인 경우에도 동일한 원리로 검정을 수행할 수 있고, 이를 바탕으로 모비율에 대한 가설검정을 정리할 수 있다.

모비율의 유의성검정(표본 크기가 작은 경우)

특정 속성의 모비율 p에 대한 귀무가설이 $H_0 : p = p_0$라 하자. 검정통계량은 표본 중 그 속성을 만족하는 도수가 X이고, 관측값이 x일 때, 다음이 성립한다.

	유의확률	유의수준 α의 기각역
(a) $H_1 : p > p_0$	$P = P(X \geq x), \ X \sim B(n, \ p_0)$	$P \leq \alpha$
(b) $H_1 : p < p_0$	$P = P(X \leq x), \ X \sim B(n, \ p_0)$	$P \leq \alpha$
(c) $H_1 : p \neq p_0$	$P = \begin{cases} P(X \leq y(x)) + P(X \geq x), & x \geq np_0 \\ P(X \leq x) + P(X \geq y(x)), & x < np_0 \end{cases}, \ X \sim B(n, \ p_0)$	$P \leq \alpha$

단, 양측검정에서 $y(x)$는 np_0를 기준으로 x의 반대쪽에 위치하면서 $P(X = k) \leq P(X = x)$를 만족하는 음이 아닌 정수 중 가장 큰 값($x \geq np_0$일 때) 또는 가장 작은 값($x < np_0$일 때)이다.

앞서 주어진 유의확률의 계산은 n이 작은 경우에만 가능하므로, 이러한 검정을 **모비율에 대한 소표본검정**이라 한다.

예제 7-3 어떤 절삭 공구를 사용한 제조 공정에서 기존 공구의 불량률은 5%이고, 생산단가를 낮추기 위해 가격이 저렴한 공구의 구입을 고려하고 있다. 그러나 저렴한 공구를 사용하면 불량률이 증가할 가능성이 있으므로 이를 검토하기 위해 제품 20개를 시험 생산하기로 했다. 시험 생산 결과, 불량품이 3개 발생했다. 이때 적절한 가설을 세우고 유의수준 5%에서 이에 대한 유의성검정을 수행하라.

풀이

저렴한 공구를 사용한 경우의 불량률을 p라고 하면, 이를 검정하기 위한 귀무가설과 대립가설은 다음과 같다.

$$H_0 : p = 0.05, \quad H_1 : p > 0.05$$

시험 생산된 제품은 $n = 20$개이고, 불량품 개수는 $x = 3$개이다. 대립가설이 오른쪽 단측이므로 유의확률은 다음과 같이 정의된다.

$$P = P(X \geq 3), \quad X \sim B(20,\ 0.05)$$

이항분포의 확률을 통계계산 소프트웨어로 계산하면 유의확률은 다음과 같다.

$$P = 1 - P(X \leq 2) = 1 - 0.925 = 0.075$$

유의확률 $P = 0.075$는 유의수준 0.05보다 크므로 귀무가설을 기각할 수 없다. 즉 이 시험 생산의 결과만으로는 주어진 유의수준에서 저렴한 공구의 사용이 불량률을 높인다고 결론을 내리기 어렵다.

이번에는 표본 크기가 큰 경우의 모비율 유의성검정에 대해 살펴보자. 이때는 이항분포의 정규근사를 이용할 수 있다. 귀무가설 $H_0 : p = p_0$가 참일 때, 다음과 같은 근사가 성립한다.

$$Z = \frac{X - np_0}{\sqrt{np_0(1-p_0)}} = \frac{\hat{p} - p_0}{\sqrt{\dfrac{p_0(1-p_0)}{n}}} \doteq N(0,\ 1)$$

이를 이용하여 유의확률을 계산하거나 기각역을 정할 수 있다. 이러한 방법은 $np_0 \geq 5$, $n(1-p_0) \geq 5$일 때 사용할 수 있다.

모비율의 검정(표본 크기가 큰 경우 : $np_0 \geq 5$, $n(1-p_0) \geq 5$)

귀무가설이 $H_0 : p = p_0$일 때 검정통계량은 다음과 같다.

$$Z = \frac{\hat{p} - p_0}{\sqrt{\dfrac{p_0(1-p_0)}{n}}}$$

관측값을 z라 할 때, 다음이 성립한다.

	유의확률	유의수준 α의 기각역
(a) $H_1 : p > p_0$	$P = P(Z \geq z)$	$z \geq z_\alpha$
(b) $H_1 : p < p_0$	$P = P(Z \leq z)$	$z \leq -z_\alpha$
(c) $H_1 : p \neq p_0$	$P = P(\lvert Z\rvert \geq \lvert z\rvert)$	$\lvert z\rvert \geq z_{\alpha/2}$

예제 7-4 [예제 7-1]에서 과거 추석 때의 귀향률이 20%였다고 하자. [예제 7-1]의 표본조사 결과에 따르면 돌아오는 추석에 서울에 거주하는 가구의 귀향률이 과거에 비해 줄어들었다고 할 수 있는지를 유의수준 1%에서 검정하라.

풀이

돌아오는 추석 때의 귀향률을 p라 하면, 검정하고자 하는 가설은 다음과 같다.

$$H_0 : p = 0.2, \quad H_1 : p < 0.2$$

표본 크기는 $n = 500$이고 이 중 귀향하려는 가구의 수는 $X = 79$이다. 따라서 $np_0 = 100 \geq 5$이고 $n(1-p_0) = 400 \geq 5$이다. 검정통계량의 관측값은 다음과 같이 계산된다.

$$z = \frac{79/100 - 0.2}{\sqrt{0.2 \times 0.8/500}} = -2.348$$

대립가설이 왼쪽 단측이므로 유의수준 1%에서의 기각역은 다음과 같다.

$$z \leq -z_{0.01} = -2.327$$

검정통계량의 관측값 z는 기각역에 포함되므로 유의수준 1%에서 귀무가설 H_0를 기각할 수 있다. 즉 표본조사 결과에 따르면 돌아오는 추석에 서울에 거주하는 가구의 귀향률이 통계적으로 유의하게 과거보다 낮다고 말할 수 있다.

7.2 두 모비율의 비교

서로 다른 두 치료 방법의 치유율 비교, 두 제조 과정의 불량률 비교와 같이 두 모비율을 비교해야 하는 경우가 많다. 이제 두 표본을 이용한 모비율 비교방법을 생각해보자. 두 모집단에서 랜덤표본을 서로 독립적으로 각각 n_1, n_2개 추출할 때 두 모비율 p_1, p_2를 비교하는 방법을 고려한다.

각 표본에서 관심 있는 속성이 나타나는 도수를 각각 X_1, X_2라 하면 모비율 p_1과 p_2의 추정량은 각각 다음과 같다.

$$\hat{p}_1 = \frac{X_1}{n_1}, \quad \hat{p}_2 = \frac{X_2}{n_2}$$

여기서 X_1과 X_2는 각각 이항분포 $B(n_1, p_1)$, $B(n_2, p_2)$를 따르며 서로 독립이다. 따라서 두 모비율의 차 $p_1 - p_2$의 추정량을 다음과 같이 사용한다.

$$\widehat{p_1 - p_2} = \hat{p}_1 - \hat{p}_2 = \frac{X_1}{n_1} - \frac{X_2}{n_2}$$

이 추정량의 분산은 $\hat{p}_1$과 $\hat{p}_2$가 서로 독립이라는 사실을 이용하여 다음과 같이 구할 수 있다.

$$\mathrm{Var}(\widehat{p_1 - p_2}) = \frac{p_1(1-p_1)}{n_1} + \frac{p_2(1-p_2)}{n_2}$$

그러나 모비율 p_1, p_2를 알 수 없으므로 이를 각각 추정값으로 대체하여, 표준오차를 다음과 같이 추정한다.

$$\widehat{\mathrm{SE}}(\widehat{p_1 - p_2}) = \sqrt{\frac{\hat{p}_1(1-\hat{p}_1)}{n_1} + \frac{\hat{p}_2(1-\hat{p}_2)}{n_2}}$$

표본 크기 n_1과 n_2가 충분히 크면 $\hat{p}_1$과 $\hat{p}_2$는 각각 정규분포 $N\left(p_1, \dfrac{p_1(1-p_1)}{n_1}\right)$과 정규분포 $N\left(p_2, \dfrac{p_2(1-p_2)}{n_2}\right)$에 근사한다. 또한 $\hat{p}_1$과 $\hat{p}_2$는 서로 독립이므로 $\hat{p}_1 - \hat{p}_2$도 마찬가지로 정규분포 $N\left(p_1 - p_2, \dfrac{p_1(1-p_1)}{n_1} + \dfrac{p_2(1-p_2)}{n_2}\right)$에 근사한다. 따라서 표본 크기 n_1과 n_2가 충분히 크면 다음이 성립한다.

$$\frac{(\hat{p}_1 - \hat{p}_2) - (p_1 - p_2)}{\sqrt{\dfrac{\hat{p}_1(1-\hat{p}_1)}{n_1} + \dfrac{\hat{p}_2(1-\hat{p}_2)}{n_2}}} \approx N(0, 1)$$

따라서 정규분포를 이용하여 다음과 같이 근사적으로 확률을 구할 수 있다.

$$P\left(-z_{\alpha/2} \leq \frac{(\hat{p}_1-\hat{p}_2)-(p_1-p_2)}{\sqrt{\frac{\hat{p}_1(1-\hat{p}_1)}{n_1}+\frac{\hat{p}_2(1-\hat{p}_2)}{n_2}}} \leq z_{\alpha/2}\right) \approx 1-\alpha$$

이로부터 두 모비율의 차 p_1-p_2에 대한 신뢰구간을 다음과 같이 구할 수 있다.

두 표본에 의한 모비율의 추정(표본 크기 n_1과 n_2가 클 때)

❶ 추정량과 표준오차

$$\widehat{p_1-p_2}=\hat{p}_1-\hat{p}_2,\ \widehat{\mathrm{SE}}(\widehat{p_1-p_2})=\sqrt{\frac{\hat{p}_1(1-\hat{p}_1)}{n_1}+\frac{\hat{p}_2(1-\hat{p}_2)}{n_2}}$$

❷ p_1-p_2에 대한 $100(1-\alpha)\%$ 신뢰구간

$$((\hat{p}_1-\hat{p}_2)-z_{\alpha/2}\widehat{\mathrm{SE}}(\widehat{p_1-p_2}),\ (\hat{p}_1-\hat{p}_2)+z_{\alpha/2}\widehat{\mathrm{SE}}(\widehat{p_1-p_2}))$$

예제 7-5 현재 누구나 그 효과를 인정하는 소아마비 백신이지만, 1954년 미국에서는 그 효능을 검증하기 위한 대규모 임상시험이 시행되었다. 백신의 효과를 올바르게 평가하기 위해, 백신이 아닌 위약을 접종받는 어린이들로 구성된 대조집단과 백신을 접종받는 처리집단을 대상으로 이중 눈가림 실험이 실시되었다. 접종 후 마비 증세를 보인 어린이들의 수를 관측한 결과는 [표 7-1]과 같았다.[3] 대조집단과 처리집단에서 마비 증세를 보인 비율을 각각 p_1, p_2라 할 때, p_1-p_2의 추정값과 95% 신뢰구간을 구하라.

표 7-1 1954년 소아마비 백신의 실험 결과

(단위 : 명)

	표본 크기	마비 증세가 나타난 어린이
대조집단	201,229	115
처리집단	200,745	33

3 출처 : Francis, T. Jr. (1955). Evaluation of the 1954 Poliomyelitis Vaccine Field Trial; Further Studies of Results Determining the Effectiveness of Poliomyelitis Vaccine (Salk) in Preventing Paralytic Poliomyelitis. *Journal of the American Medical Association*, 158(14), 1266-1270.

풀이

모비율 p_1과 p_2의 추정값은 다음과 같다.

$$\hat{p}_1 = \frac{115}{201229} = 5.71 \times 10^{-4}, \quad \hat{p}_2 = \frac{33}{200745} = 1.64 \times 10^{-4}$$

따라서 $p_1 - p_2$의 추정값은 $\widehat{p_1 - p_2} = \hat{p}_1 - \hat{p}_2 = 4.07 \times 10^{-4}$이고, 이 추정값의 표준오차는 다음과 같이 주어진다.

$$\widehat{\mathrm{SE}}(\widehat{p_1 - p_2}) = \sqrt{\frac{\hat{p}_1(1-\hat{p}_1)}{201229} + \frac{\hat{p}_2(1-\hat{p}_2)}{200745}} = 0.60 \times 10^{-4}$$

이를 이용하여 $p_1 - p_2$의 95% 신뢰구간을 구하면 다음과 같다.

$$(4.07 \times 10^{-4} - 1.96 \times 0.60 \times 10^{-4},\ 4.07 \times 10^{-4} + 1.96 \times 0.60 \times 10^{-4})$$

즉 신뢰수준 95%에서 $p_1 - p_2$ 값의 범위를 다음과 같이 추정할 수 있다.

$$2.89 \times 10^{-4} < p_1 - p_2 < 5.25 \times 10^{-4}$$

이번에는 두 모비율을 비교하기 위한 귀무가설의 검정 방법을 알아보자. 귀무가설은 다음과 같이 두 모비율이 동일하다고 설정된다.

$$H_0 : p_1 = p_2$$

귀무가설 $H_0 : p_1 = p_2$가 참이면 두 모집단에서 공통인 모비율을 $p = p_1 = p_2$로 설정할 수 있고, 이에 대해 다음과 같은 분산을 얻을 수 있다.

$$\mathrm{Var}(\hat{p}_1 - \hat{p}_2) = \frac{p_1(1-p_1)}{n_1} + \frac{p_2(1-p_2)}{n_2} = p(1-p)\left(\frac{1}{n_1} + \frac{1}{n_2}\right)$$

여기서 p는 두 모집단에서 공통인 모비율이므로 두 표본을 합하여 모두 $(n_1 + n_2)$개의 표본에서 $(X_1 + X_2)$개가 해당 속성을 가진 것으로 볼 수 있다. 따라서 $p = p_1 = p_2$이면 p의 추정량으로 다음과 같이 **합동표본비율**(pooled sample proportion)을 사용한다.

$$\hat{p} = \frac{X_1 + X_2}{n_1 + n_2}$$

분산 $\mathrm{Var}(\hat{p}_1 - \hat{p}_2)$는 미지의 모비율 p 대신 합동표본비율을 사용하여 다음과 같이 추정한다.

$$\widehat{\mathrm{Var}}(\hat{p}_1 - \hat{p}_2) = \hat{p}(1-\hat{p})\left(\frac{1}{n_1} + \frac{1}{n_2}\right)$$

한편 이항분포의 정규근사에 따라 n_1과 n_2가 충분히 크면 다음 근사가 성립한다.

$$\frac{(\hat{p}_1 - \hat{p}_2) - (p_1 - p_2)}{\sqrt{\mathrm{Var}(\hat{p}_1 - \hat{p}_2)}} \doteqdot N(0,\ 1)$$

이로부터 귀무가설 $H_0 : p_1 = p_2$가 참이면 다음 근사가 성립한다.

$$\frac{(\hat{p}_1 - \hat{p}_2) - 0}{\sqrt{\mathrm{Var}(\hat{p}_1 - \hat{p}_2)}} \doteqdot N(0,\ 1)$$

이를 이용하면 가설검정을 다음과 같이 할 수 있다.

모비율의 비교를 위한 검정(표본 크기가 큰 경우)

귀무가설이 $H_0 : p_1 = p_2$일 때 검정통계량은 다음과 같다.

$$Z = \frac{\hat{p}_1 - \hat{p}_2}{\sqrt{\hat{p}(1-\hat{p})(n_1^{-1} + n_2^{-1})}} \quad \left(\text{단},\ \hat{p} = \frac{X_1 + X_2}{n_1 + n_2}\right)$$

관측값을 z라 할 때, 다음이 성립한다.

	유의확률	유의수준 α의 기각역
(a) $H_1 : p > p_0$	$P = P(Z \ge z),\ Z \sim N(0,\ 1)$	$z \ge z_\alpha$
(b) $H_1 : p < p_0$	$P = P(Z \le z),\ Z \sim N(0,\ 1)$	$z \le -z_\alpha$
(c) $H_1 : p \ne p_0$	$P = P(\lvert Z \rvert \ge \lvert z \rvert),\ Z \sim N(0,\ 1)$	$\lvert z \rvert \ge z_{\alpha/2}$

예제 7-6 [예제 7-5]의 자료를 이용하여 소아마비 백신이 효과가 있다고 결론내릴 수 있는지에 대한 유의성검정을 수행하라.

풀이

검증하려는 가설은 다음과 같이 설정된다.

$$H_0 : p_1 = p_2,\quad H_1 : p_1 > p_2$$

여기에서 p_1과 p_2는 각각 위약과 백신을 접종한 후의 마비율을 나타낸다. 귀무가설하에서 공통 모비율 p의 추정값은 다음과 같다.

$$\hat{p} = \frac{115 + 33}{201229 + 200745} = 3.68 \times 10^{-4}$$

이를 이용하여 검정통계량의 관측값을 계산하면 다음과 같다.

$$z = \frac{5.71 \times 10^{-4} - 1.64 \times 10^{-4}}{\sqrt{\hat{p}(1-\hat{p})(n_1^{-1} + n_2^{-1})}} = 6.727$$

따라서 대립가설이 오른쪽 단측인 경우의 유의확률을 계산하면, 매우 작은 값이 도출됨을 다음 식으로 확인할 수 있다.

$$P = P(Z \geq 6.727) = 8.66 \times 10^{-12}$$

즉 귀무가설을 기각할 수 있고, 1954년의 임상시험 결과는 소아마비 백신이 예방 효과가 있음을 강하게 시사하고 있다. 이러한 통계적 검증을 거쳐 사용되기 시작한 소아마비 백신은 오늘날 그 효능을 누구나 인정하는 중요한 예방수단이 되었다.

예제 7-7 [표 7-2]는 한 범죄학 학술지에 실린 연구 결과로, 충동적 살인범과 계획적 살인범의 교정 효과에 차이가 있는지를 조사하기 위한 것이다.[4] 일정 기간 복역 후 가석방된 충동적 살인범과 계획적 살인범 중 각각 42명과 40명을 랜덤추출하여 가석방이 성공인 경우(재범 없음)와 실패인 경우(재범 발생)를 관측한 결과가 [표 7-2]와 같다. 살인범의 유형에 따라 가석방 성공률, 즉 재범하지 않을 확률에 차이가 있는지를 유의수준 5%에서 검정하라.

표 7-2 살인범의 유형에 따른 가석방 성공 여부

(단위 : 명)

	성공	실패	표본 크기
충동적 살인범	13	29	$n_1 = 42$
계획적 살인범	22	18	$n_2 = 40$
합계	35	47	$n = 82$

풀이

충동적 살인범과 계획적 살인범의 가석방 성공률을 각각 p_1, p_2라 하면, 검정하려는 가설은 다음과 같다.

$$H_0 : p_1 = p_2, \quad H_1 : p_1 \neq p_2$$

한편 p_1, p_2와 귀무가설하에서의 공통 모비율 $p = p_1 = p_2$의 추정값은 각각 다음과 같다.

$$\hat{p}_1 = \frac{13}{42} = 0.310, \quad \hat{p}_2 = \frac{22}{40} = 0.550, \quad \hat{p} = \frac{13+22}{42+40} = 0.427$$

4 출처 : Heilbrun, A. B., Heilbrun, L. C., & Heilbrun, K. L. (1978). Impulsive and premeditated homicide: An analysis of subsequent parole risk of the murderer. *Journal of Criminal Law and Criminology*, 69(1), 108-114.

이를 이용하여 검정통계량의 관측값을 계산하면 다음과 같다.

$$z = \frac{\hat{p}_1 - \hat{p}_2}{\sqrt{\hat{p}\,(1-\hat{p})(n_1^{-1} + n_2^{-1})}} = -2.20$$

검정통계량 z의 관측값이 유의수준 5%에서 양측 대립가설의 기각역인 $|z| \ge z_{0.025} = 1.96$에 포함되므로, 귀무가설 H_0를 기각할 수 있다. 즉 충동적 살인범과 계획적 살인범의 가석방 성공률에는 통계적으로 유의한 차이가 있다고 결론내릴 수 있다.

7.3 범주형 자료에 의한 여러 모집단의 비교

이 절에서는 각 모집단이 두 가지 이상의 서로 다른 속성을 갖는 개체들로 나뉠 때, 여러 모집단을 비교하는 방법을 알아보자.

일반적으로 이러한 비교는 여러 모집단의 속성이 동일하다는 귀무가설 H_0와 속성이 서로 다르다는 대립가설 H_1을 설정하여 검정하는 방식으로 이루어진다. 이러한 검정은 각 속성의 **관측도수**(observed frequency)가 귀무가설 H_0하에서의 **추정 기대도수**(estimated expected frequency)와 차이가 크면 H_0를 기각하는 방식으로 수행된다.

이때 귀무가설 H_0하에서 추정 기대도수는 이항분포의 기댓값과 유사하게 다음과 같이 주어진다.

(표본 크기)×(H_0하에서의 추정 확률)

예 7-1 [예제 7-7]에서는 충동적 살인범과 계획적 살인범 모집단의 가석방 성공률이 동일하다는 귀무가설 $H_0: p_1 = p_2$에 대해 성공률이 다르다는 대립가설 $H_1: p_1 \ne p_2$를 검정했다. 한편 귀무가설 H_0하에서 공통 모비율 $p = p_1 = p_2$의 추정값은 $\hat{p} = 0.427$이므로, H_0하에서 충동적 살인범($n_1 = 42$)이 재범하지 않을 경우의 추정 기대도수 $\hat{E}_{11}$과 재범할 경우의 추정 기대도수 $\hat{E}_{12}$는 각각 다음과 같이 계산된다.

$$\hat{E}_{11} = n_1\hat{p} = 42 \times 0.427 = 17.93$$

$$\hat{E}_{12} = n_1(1-\hat{p}) = 42 \times 0.573 = 24.07$$

같은 방법으로 H_0하에서 계획적 살인범($n_2 = 40$)이 재범하지 않을 경우의 추정 기대도수 $\hat{E}_{21}$과 재범할 경우의 추정 기대도수 $\hat{E}_{22}$는 각각 다음과 같이 계산된다.

$$\hat{E}_{21} = n_2\hat{p} = 40 \times 0.427 = 17.08$$

$$\hat{E}_{22} = n_2(1-\hat{p}) = 40 \times 0.573 = 22.92$$

이들 추정 기대도수와 [표 7-2]의 관측도수를 함께 정리하면 [표 7-3]과 같다.

표 7-3 [표 7-2]의 관측도수와 추정 기대도수

	성공	실패
충동적 살인범	13(17.93)	29(24.07)
계획적 살인범	22(17.08)	18(22.92)

[표 7-3]에서처럼 관측도수 O_{ij}와 추정 기대도수 $\hat{E}_{ij}$가 주어지면 이들의 차이를 나타내는 검정 통계량으로 다음과 같은 통계량을 사용한다.

$$\sum_{i=1}^{2}\sum_{j=1}^{2}\frac{(O_{ij}-\hat{E}_{ij})^2}{\hat{E}_{ij}}$$

[예 7-1]의 경우에 위 통계량의 관측값은 다음과 같이 계산된다.

$$\frac{(13-17.93)^2}{17.93} + \cdots + \frac{(18-22.92)^2}{22.92} = 4.84$$

이는 [예제 7-7]에서의 검정통계량 z의 제곱과 같음을 알 수 있다.

$$z^2 = \left(\frac{\hat{p}_1 - \hat{p}_2}{\sqrt{\hat{p}\,(1-\hat{p})(n_1^{-1}+n_2^{-1})}}\right)^2 = (-2.20)^2 = 4.84$$

즉 다음이 성립한다.

$$\sum_{i=1}^{2}\sum_{j=1}^{2}\frac{(O_{ij}-\hat{E}_{ij})^2}{\hat{E}_{ij}} = z^2$$

이러한 관계는 일반적으로 성립하므로, 검정통계량 Z가 귀무가설 H_0하에서 근사적으로 표준정규분포를 따른다는 성질을 이용하면 앞서 정의한 검정통계량은 귀무가설 H_0가 참일 때 근사적으로 자유도 1인 카이제곱분포를 따름을 알 수 있다. 이렇게 관측도수와 추정 기대도수의 차를 이용한 검정통계량을 **카이제곱통계량**(chi-square statistic)이라 하며, 이를 기호 χ^2으로 표기한다.[5] 카이제곱통계량을 수식으로 표현하면 다음과 같다.

---

5 χ는 '카이'라고 읽는다.

$$\chi^2 = \sum_{i=1}^{2}\sum_{j=1}^{2}\frac{(O_{ij}-\hat{E}_{ij})^2}{\hat{E}_{ij}}$$

[예제 7-7]에서 유의수준 5%의 기각역은 [부록 C]의 카이제곱분포표 또는 통계계산 소프트웨어를 이용하여 다음과 같이 나타낼 수 있다.

$$\chi^2 \geq \chi^2_{0.05}(1) = 3.84 \text{ 또는 } z^2 \geq z^2_{0.025} = 1.96^2 = 3.84$$

이와 같은 카이제곱통계량은 여러 개의 모집단을 비교하는 경우에도 사용할 수 있다. 먼저 여러 개의 이항모집단을 비교하는 경우를 생각해보자. 각 모집단이 서로 다른 두 가지 속성을 갖는 개체들로 나뉘는 이항모집단 r개를 관측한 결과는 [표 7-4]와 같이 주어지고, 이러한 표를 **$r \times 2$ 분할표**라 한다. 이들 이항모집단의 성공률 $p_1, p_2, \cdots, p_r$을 비교하기 위한 가설은 다음과 같이 설정할 수 있다.

$$H_0 : p_1 = p_2 = \cdots = p_r$$

$$H_1 : p_1,\ p_2,\ \cdots,\ p_r \text{ 중 적어도 하나는 다르다.}$$

표 7-4 r개의 이항모집단에 대한 관측도수

	성공	실패	표본 크기
모집단 1에서의 표본	O_{11}	O_{12}	n_1
모집단 2에서의 표본	O_{21}	O_{22}	n_2
⋮	⋮	⋮	⋮
모집단 r 에서의 표본	O_{r1}	O_{r2}	n_r
합계	$O_{.1}$	$O_{.2}$	n

한편 귀무가설 H_0하에서 공통 성공률 $p = p_1 = p_2 = \cdots = p_r$의 추정값은 다음과 같은 합동표본비율로 주어진다.

$$\hat{p} = \frac{O_{11} + O_{21} + \cdots + O_{r1}}{n_1 + n_2 + \cdots + n_r} = \frac{O_{.1}}{n}$$

이를 이용하여 H_0하에서 추정 기대도수는 각 모집단 i에 대해 다음과 같이 계산할 수 있다.

$$\hat{E}_{i1} = n_i\hat{p} = n_i\frac{O_{.1}}{n},\ \hat{E}_{i2} = n_i(1-\hat{p}) = n_i\frac{O_{.2}}{n} \ (\text{단, } i = 1,\ 2,\ \cdots,\ r)$$

이 경우 카이제곱통계량은 다음과 같이 주어진다.

$$\chi^2 = \sum_{i=1}^{r}\sum_{j=1}^{2}\frac{\left(O_{ij}-\hat{E}_{ij}\right)^2}{\hat{E}_{ij}}$$

이러한 카이제곱통계량은 귀무가설 $H_0 : p_1 = p_2 = \cdots = p_r$이 참일 때, 표본 크기가 충분히 크면 근사적으로 자유도 $(r-1)$인 카이제곱분포를 따르는 것이 알려져 있다.

$$\chi^2 \mathrel{\dot{\sim}} \chi^2(r-1)$$

따라서 여러 개의 이항모집단을 비교하기 위한 카이제곱검정을 다음과 같이 시행할 수 있다.

여러 개의 이항모집단 비교(표본 크기가 큰 경우 : $\hat{E}_{ij} \geq 5$)

이항모집단 r개의 비교를 위한 가설

$$H_0 : p_1 = p_2 = \cdots = p_r$$

$$H_1 : p_1,\ p_2,\ \cdots,\ p_r \text{ 중 적어도 하나는 다르다.}$$

의 검정통계량은 다음과 같다.

$$\chi^2 = \sum_{i=1}^{r}\sum_{j=1}^{2} \frac{(O_{ij} - \hat{E}_{ij})^2}{\hat{E}_{ij}} \quad \left(\text{단, } \hat{E}_{ij} = n_i\left(\frac{O_{\cdot j}}{n}\right)\right)$$

검정통계량의 관측값을 χ_0^2이라 하면 다음이 성립한다.

유의확률	유의수준 α의 기각역
$P = P(\chi^2 \geq \chi_0^2)$, $\chi^2 \sim \chi^2(r-1)$	$\chi_0^2 \geq \chi_\alpha^2(r-1)$

예제 7-8 액화천연가스(LNG) 저장 기지의 후보지로 고려되는 세 지역의 여론을 조사하기 위해 각 지역에서 각각 400명, 350명, 350명을 랜덤추출하여 기지 건설에 대한 찬반을 조사했다. 조사 결과가 [표 7-5]와 같을 때, 지역에 따라 찬성률에 차이가 있는가?

표 7-5 LNG 저장 기지 건설에 대한 찬반 조사 결과

(단위 : 명)

	찬성	반대	표본 크기
지역 1	198	202	$n_1 = 400$
지역 2	140	210	$n_2 = 350$
지역 3	133	217	$n_3 = 350$
합계	471	629	$n = 1100$

풀이

세 지역의 찬성률 p_1, p_2, p_3에 차이가 있는지 검정하기 위해 다음과 같은 가설을 세운다.

$$H_0: p_1 = p_2 = p_3 \text{ (세 지역의 찬성률이 동일하다.)}$$

$$H_1: p_1 \neq p_2 \text{ 또는 } p_2 \neq p_3 \text{ 또는 } p_3 \neq p_1$$

(적어도 한 지역의 찬성률이 다른 지역과 다르다.)

귀무가설 H_0하에서 추정 기대도수는 다음과 같이 구할 수 있다.

$$\hat{E}_{11} = 400 \times \frac{471}{1100} = 171.27, \quad \hat{E}_{12} = 400 \times \frac{629}{1100} = 228.73$$

$$\hat{E}_{21} = 350 \times \frac{471}{1100} = 149.86, \quad \hat{E}_{22} = 350 \times \frac{629}{1100} = 200.14$$

$$\hat{E}_{31} = 350 \times \frac{471}{1100} = 149.86, \quad \hat{E}_{32} = 350 \times \frac{629}{1100} = 200.14$$

이를 이용하여 카이제곱통계량의 관측값을 계산하면 다음과 같다.

$$\chi_0^2 = \frac{(198 - 171.27)^2}{171.27} + \cdots + \frac{(217 - 200.14)^2}{200.14} = 11.75$$

또한 유의확률은 다음과 같이 계산된다.

$$P = P(\chi^2 \geq 11.75), \quad \chi^2 \sim \chi^2(3-1)$$

[부록 C]의 카이제곱분포표에 따르면 $0.0025 < P < 0.005$이고, 통계계산 소프트웨어를 이용하면 $P = 0.003$으로 계산된다. 이는 매우 작은 값이므로 지역에 따라 LNG 저장 기지 건설에 대한 찬성률에 유의한 차이가 있음을 보여준다.

다음으로 각 모집단이 세 가지 이상의 서로 다른 속성으로 구분되는 **다항모집단**(multinomial population)의 비교에 대해 알아보자.

각 모집단이 c개의 **범주**(category)로 나뉘어진 r개의 다항모집단을 관측한 결과는 [표 7-6]과 같은 $r \times c$ 분할표로 주어지며, 이러한 자료를 **범주형 자료**(categorical data)라 한다.

표 7-6 r개의 다항모집단에 대한 관측도수

	범주 1	범주 2	⋯	범주 c	표본 크기
모집단 1에서의 표본	O_{11}	O_{12}	⋯	O_{1c}	n_1
모집단 2에서의 표본	O_{21}	O_{22}	⋯	O_{2c}	n_2
⋮	⋮	⋮	⋯	⋮	⋮
모집단 r에서의 표본	O_{r1}	O_{r2}	⋯	O_{rc}	n_r
합계	$O_{.1}$	$O_{.2}$	⋯	$O_{.c}$	n

이제 i번째 다항모집단의 각 범주에 대한 모비율을 다음과 같이 정의하자.

$$p_{i1},\ p_{i2},\ \cdots,\ p_{ic}\ \left(\text{단, } i=1,\ 2,\ \cdots,\ r\text{이고 } \sum_{j=1}^{c} p_{ij}=1\right)$$

이러한 다항모집단을 비교하기 위한 가설은 다음과 같다.

$$H_0 : p_{1j}=p_{2j}=\ \cdots\ =p_{rj}\ (\text{단, } j=1,\ 2,\ \cdots,\ c)$$

$$H_1 : p_{1j},\ p_{2j},\ \cdots,\ p_{rj}\ \text{중 적어도 하나는 다르다.}$$

이러한 가설을 검정하는 방법을 **다항모집단의 동질성검정**이라 한다.

한편 귀무가설 H_0하에서 각 범주의 공통 모비율을 p_j라 하면 다음이 성립한다.

$$p_{1j}=p_{2j}=\ \cdots\ =p_{rj}=p_j\ (\text{단, } j=1,\ 2,\ \cdots,\ c)$$

이 공통 모비율의 추정값은 다음과 같은 합동표본비율로 구할 수 있다.

$$\hat{p}_j=\frac{O_{1j}+O_{2j}+\ \cdots\ +O_{rj}}{n_1+n_2+\ \cdots\ +n_r}=\frac{O_{.j}}{n}$$

이에 따라 H_0하에서 추정 기대도수는 각 모집단 i에 대해 다음과 같이 계산할 수 있다.

$$\hat{E}_{i1}=n_i\hat{p}_1=n_i\frac{O_{.1}}{n},\ \hat{E}_{i2}=n_i\hat{p}_2=n_i\frac{O_{.2}}{n},\ \cdots,\ \hat{E}_{ic}=n_i\hat{p}_c=n_i\frac{O_{.c}}{n}$$

$$(\text{단, } i=1,\ 2,\ \cdots,\ r)$$

이 경우 카이제곱통계량은 다음과 같다.

$$\chi^2=\sum_{i=1}^{r}\sum_{j=1}^{c}\frac{(O_{ij}-\hat{E}_{ij})^2}{\hat{E}_{ij}}$$

귀무가설 $H_0 : p_{1j}=p_{2j}=\ \cdots\ =p_{rj}$(단, $j=1,\ 2,\ \cdots,\ c$)가 참이고 표본 크기가 충분히 크면, 카이제곱통계량은 근사적으로 다음의 카이제곱분포를 따른다.

$$\chi^2 \doteqdot \chi^2((r-1)(c-1))$$

이를 이용하여 여러 개의 다항모집단 비교를 위한 카이제곱검정을 시행할 수 있다.

다항모집단의 동질성검정(표본 크기가 큰 경우 : $\hat{E}_{ij} \geq 5$)

c개의 범주로 나뉜 다항모집단 r개를 비교하기 위한 가설

$$H_0 : p_{1j} = p_{2j} = \cdots = p_{rj} \ (\text{단, } j = 1, 2, \cdots, c)$$
$$H_1 : H_0\text{가 아니다.}$$

의 검정통계량은 다음과 같다.

$$\chi^2 = \sum_{i=1}^{r}\sum_{j=1}^{c}\frac{(O_{ij} - \hat{E}_{ij})^2}{\hat{E}_{ij}} \quad \left(\text{단, } \hat{E}_{ij} = n_i \frac{O_{\cdot j}}{n}\right)$$

검정통계량의 관측값을 χ_0^2이라 하면 다음이 성립한다.

유의확률	유의수준 α의 기각역
$P = P(\chi^2 \geq \chi_0^2)$, $\chi^2 \sim \chi^2((r-1)(c-1))$	$\chi_0^2 \geq \chi_\alpha^2((r-1)(c-1))$

예제 7-9 공단에 인접한 세 지역에서 공해를 느끼는 정도가 지역에 따라 차이가 있는지를 확인하기 위해, 각 지역에서 97명, 95명, 99명을 랜덤추출하여 산업공해로 인한 악취를 느끼는 빈도를 조사한 결과가 [표 7-7]과 같다. [표 7-7]에서 범주는 다음과 같이 정의된다.

- 범주 1 : 매일
- 범주 2 : 적어도 일주일에 한 번
- 범주 3 : 적어도 한 달에 한 번
- 범주 4 : 한 달에 한 번보다 적게
- 범주 5 : 전혀 악취를 느끼지 않음

표 7-7 지역별 공해 인식 빈도

(단위 : 명)

	범주 1	범주 2	범주 3	범주 4	범주 5	표본 크기
지역 1	20	28	23	14	12	$n_1 = 97$
지역 2	14	34	21	14	12	$n_2 = 95$
지역 3	4	12	10	20	53	$n_3 = 99$
합계	38	74	54	48	77	$n = 291$

이 자료를 이용하여 지역에 따라 공해를 느끼는 정도가 다르다고 할 수 있는지를 유의수준 1%에서 검정하라.

풀이

각 지역 i에서 범주에 속하는 모비율을 p_{i1}, p_{i2}, $\cdots$, p_{i5}(단, $i=1$, 2, 3)이라 하면, 검정하고자 하는 가설은 다음과 같다.

$$H_0 : p_{1j} = p_{2j} = p_{3j} \text{ (단, } j=1, 2, 3, 4, 5)$$
$$H_1 : p_{1j},\ p_{2j},\ p_{3j} \text{ 중 적어도 하나는 다르다.}$$

귀무가설 H_0하에서 각 범주의 공통 모비율의 추정값은 다음과 같이 계산된다.

$$\hat{p}_1 = \frac{38}{291},\ \hat{p}_2 = \frac{74}{291},\ \hat{p}_3 = \frac{54}{291},\ \hat{p}_4 = \frac{48}{291},\ \hat{p}_5 = \frac{77}{291}$$

귀무가설 H_0하에서 추정 기대도수는 다음과 같고, 그 값은 [표 7-8]에 주어져 있다.

$$\hat{E}_{ij} = 97\hat{p}_j,\ \hat{E}_{2j} = 95\hat{p}_j,\ \hat{E}_{3j} = 99\hat{p}_j \text{ (단, } j=1, 2, 3, 4, 5)$$

표 7-8 [표 7-7]에 대한 추정 기대도수

	범주 1	범주 2	범주 3	범주 4	범주 5
지역 1	12.67	24.67	18.00	16.00	25.67
지역 2	12.41	24.16	17.63	15.67	25.14
지역 3	12.93	25.18	18.37	16.33	26.20

[표 7-7]의 관측도수 O_{ij}와 [표 7-8]의 추정 기대도수 $\hat{E}_{ij}$를 이용하여 카이제곱통계량의 관측값은 다음과 같이 계산할 수 있다.

$$\chi_0^2 = \frac{(20-12.67)^2}{12.67} + \cdots + \frac{(53-26.20)^2}{26.20} = 71.36$$

또한 [표 7-8]에서 모든 기대도수가 5 이상임을 확인할 수 있다.

유의수준 1%에서의 기각역은 [부록 C]의 카이제곱분포표 또는 통계계산 소프트웨어를 이용하여 다음과 같이 구할 수 있다.

$$\chi_0^2 \geq \chi_{0.01}^2((3-1)(5-1)),\ \text{즉 } \chi_0^2 \geq \chi_{0.01}^2(8) = 20.09$$

카이제곱통계량의 관측값이 기각역에 속하므로 기무가설 H_0를 기각한다. 즉 지역에 따라 공해를 느끼는 정도에 차이가 있다고 유의수준 1%에서 말할 수 있다.

7.4 범주형 자료에 의한 독립성의 검정

이 절에서는 한 모집단의 각 개체에 대해 두 가지 특성 A, B를 관측하고 각각의 특성을 여러 개의 범주로 나눌 수 있을 때, 이들 특성이 서로 관련이 있는지를 검정하는 방법을 알아보자. 특성 A가 r개의 범주로, 특성 B가 c개의 범주로 나뉘는 경우, 각 범주에 대응하는 모비율의 구조와 n개의 랜덤표본으로부터 얻은 관측도수는 [표 7-9]와 같은 $r \times c$ 분할표로 주어진다.

표 7-9 두 특성에 대한 모비율과 관측도수

(모비율)

	B_1	B_2	$\cdots$	B_c	합계
A_1	P_{11}	P_{12}	$\cdots$	P_{1c}	$P_{1.}$
A_2	P_{21}	P_{22}	$\cdots$	P_{2c}	$P_{2.}$
$\vdots$	$\vdots$	$\vdots$	$\cdots$	$\vdots$	$\vdots$
A_r	P_{r1}	P_{r2}	$\cdots$	P_{rc}	$P_{r.}$
합계	$P_{.1}$	$P_{.2}$	$\cdots$	$P_{.c}$	1

(관측도수)

	B_1	B_2	$\cdots$	B_c	합계
A_1	O_{11}	O_{12}	$\cdots$	O_{1c}	$O_{1.}$
A_2	O_{21}	O_{22}	$\cdots$	O_{2c}	$O_{2.}$
$\vdots$	$\vdots$	$\vdots$	$\cdots$	$\vdots$	$\vdots$
A_r	O_{r1}	O_{r2}	$\cdots$	O_{rc}	$O_{r.}$
합계	$O_{.1}$	$O_{.2}$	$\cdots$	$O_{.c}$	n

두 특성 A, B가 서로 독립이라는 귀무가설은 다음과 같이 표현할 수 있다.

$$H_0 : p_{ij} = p_{i.}p_{.j} \ (\text{단, } i=1, \cdots, r\text{이고 } j=1, \cdots, c)$$

대립가설은 다음과 같다.

$$H_1 : \text{적어도 한 쌍의 } (i, j)\text{에 대해 } p_{ij} \neq p_{i.}p_{.j}\text{이다.}$$

귀무가설 H_0하에서 (i, j) 칸의 모비율의 추정값 $\hat{p}_{ij}$는 특성 A의 i번째 범주의 모비율과 특성 B의 j번째 범주의 모비율을 각각 추정한 후, 그 곱을 이용하여 계산한다. 따라서 H_0하에서 (i, j) 칸의 추정 기대도수 $\hat{E}_{ij}$도 구할 수 있다.

$$\hat{p}_{ij} = \hat{p}_{i.}\hat{p}_{.j} = \frac{O_{i.}}{n}\frac{O_{.j}}{n}, \ \hat{E}_{ij} = n\hat{p}_{ij} = \frac{O_{i.}O_{.j}}{n} \ (\text{단, } i=1, \cdots, r\text{이고 } j=1, \cdots, c)$$

이 경우 카이제곱통계량은 다음과 같이 계산된다.

$$\chi^2 = \sum_{i=1}^{r}\sum_{j=1}^{c}\frac{(O_{ij} - \hat{E}_{ij})^2}{\hat{E}_{ij}}$$

한편 귀무가설 $H_0 : p_{ij} = p_{i.}p_{.j}$(단, $i=1, \cdots, r$이고 $j=1, \cdots, c$)가 참일 때, 표본 크기가 충분히 크면 근사적으로 다음이 성립한다.

$$\chi^2 \dot{\sim} \chi^2((r-1)(c-1))$$

이러한 사실을 이용하여 하나의 모집단에서 관측되는 두 개의 특성이 서로 관련성이 있는지를 검정하기 위한 카이제곱검정을 시행할 수 있다.

두 특성의 독립성 검정(표본 크기가 큰 경우 : $\hat{E}_{ij} \geq 5$)

각각 r개와 c개의 범주로 나뉜 두 특성 사이의 독립성에 대한 가설

$$H_0 : p_{ij} = p_{i.} p_{.j} \text{ (단, } i=1, \cdots, r \text{이고 } j=1, \cdots, c)$$
$$H_1 : H_0 \text{가 아니다.}$$

의 검정통계량은 다음과 같다.

$$\chi^2 = \sum_{i=1}^{r} \sum_{j=1}^{c} \frac{(O_{ij} - \hat{E}_{ij})^2}{\hat{E}_{ij}} \quad \left(\text{단, } \hat{E}_{ij} = \frac{O_{i.} O_{.j}}{n} \right)$$

검정통계량의 관측값을 χ_0^2이라 하면 다음이 성립한다.

유의확률	유의수준 α의 기각역
$P = P(\chi^2 \geq \chi_0^2)$, $\chi^2 \sim \chi^2((r-1)(c-1))$	$\chi_0^2 \geq \chi_\alpha^2((r-1)(c-1))$

예제 7-10 대도시 근교에서 출퇴근하며 혼자 승용차를 이용하는 사람들 중 250명을 랜덤추출하여 이들을 승용차 크기와 통근 거리로 분류한 결과가 [표 7-10]과 같다. 이 자료를 이용하여 승용차 크기와 통근 거리 사이에 관계가 있는지를 유의수준 5%에서 검정하라.

표 7-10 승용차 크기와 통근 거리

(단위 : 대)

	15km 미만	15km 이상 30km 미만	30km 이상	합계
경승용차	6	27	19	52
소형승용차	8	36	17	61
중형승용차	21	45	33	99
대형승용차	14	18	6	38
합계	49	126	75	250

풀이

[표 7–10]의 (i, j) 칸에 대응하는 모비율을 p_{ij}라 하면, 검정하고자 하는 가설은 다음과 같다.

$$H_0 : p_{ij} = p_{i.}p_{.j} \text{ (단, } i=1, 2, 3, 4\text{이고 } j=1, 2, 3)$$

$$H_1 : \text{적어도 한 쌍의 } (i, j)\text{에 대해 } p_{ij} \neq p_{i.}p_{.j}\text{이다.}$$

귀무가설 H_0가 참일 때 각 칸의 추정 기대도수는 다음과 같이 계산된다.

$$\hat{E}_{11} = \frac{52 \times 49}{250} = 10.19, \quad \hat{E}_{12} = \frac{52 \times 126}{250} = 26.21, \quad \hat{E}_{13} = \frac{52 \times 75}{250} = 15.60$$

$$\hat{E}_{21} = \frac{61 \times 49}{250} = 11.96, \quad \hat{E}_{22} = \frac{61 \times 126}{250} = 30.74, \quad \hat{E}_{23} = \frac{61 \times 75}{250} = 18.30$$

$$\hat{E}_{31} = \frac{99 \times 49}{250} = 19.40, \quad \hat{E}_{32} = \frac{99 \times 126}{250} = 49.90, \quad \hat{E}_{33} = \frac{99 \times 75}{250} = 29.70$$

$$\hat{E}_{41} = \frac{38 \times 49}{250} = 7.45, \quad \hat{E}_{42} = \frac{38 \times 126}{250} = 19.15, \quad \hat{E}_{43} = \frac{38 \times 75}{250} = 11.40$$

추정 기대도수는 모두 5 이상임을 알 수 있다. 이 값과 [표 7–10]의 관측도수를 이용하면 카이제곱통계량의 관측값은 다음과 같이 계산된다.

$$\chi_0^2 = \frac{(6-10.19)^2}{10.19} + \cdots + \frac{(6-11.40)^2}{11.40} = 14.16$$

[부록 C]의 카이제곱분포표 또는 통계계산 소프트웨어를 이용하여 유의수준 5%에서 기각역을 구하면 다음과 같다.

$$\chi_0^2 \geq \chi_{0.05}^2((4-1)(3-1)) = 12.59$$

주어진 카이제곱통계량의 관측값이 기각역에 속하므로 귀무가설을 기각한다. 즉 유의수준 5%에서 승용차 크기와 통근 거리 사이에 관계가 있다고 말할 수 있다.

이 절에서 소개한 독립성 검정과 7.3절에서 다룬 다항모집단의 동일성 검정은 검정통계량의 형태와 검정방법이 동일하다. 그러나 표본의 추출 과정이 다르다는 점이 중요하다. 따라서 문제의 의미에 맞게 적절한 표본추출법을 선택하고, 그에 맞는 올바른 추론을 수행해야 한다.

CHAPTER 07 연습문제

7.1 한 제약회사에서 어떤 질병에 대한 치유율이 70%로 알려진 기존 약품과 비교하여, 새로 개발된 약품의 치유율이 더 높은지 확인하고자 한다. 이를 위해 환자 20명을 랜덤추출하여 새로 개발된 약품을 투여한 결과 16명이 치유되었다. 이 결과를 바탕으로 보았을 때, 새로 개발된 약품의 치유율이 기존 약품보다 높다고 할 수 있는가?

7.2 한 여론조사 기관이 도시에 거주하는 성인의 종교 유무를 파악하기 위해 설문조사를 실시했다. 서울, 대구, 광주, 부산의 4개 도시에 거주하는 성인 1,785명을 대상으로 "조사 실시 7일 전을 기준으로 최근 종교 집회에 참석한 적이 있습니까?"라고 질문한 결과, 750명이 '예'라고 답했다. 물음에 답하라.

(a) 이 조사 결과를 바탕으로 도시에 거주하는 성인의 종교 집회 참가율에 대한 95% 신뢰구간을 구하라.

(b) 종교 집회에 참석하는 성인의 비율이 0.5보다 낮다는 근거를 제시할 수 있는가?

(c) 종교 집회에 참석하는 성인의 비율에 대한 95% 신뢰구간을 구할 때, 신뢰구간의 폭을 2% 이내로 유지하려면 표본 크기를 얼마로 설정해야 하는가?

7.3 별다방 커피와 콩다방 커피에 대한 선호도를 조사하기 위해 다음과 같은 시음회를 진행했다. 표시가 없는 두 잔에 각각의 커피를 따른 후, 참가자 50명이 자신의 기호에 맞는 커피를 선택하도록 했다. 시음 결과, 50명 중 19명이 별다방 커피를 선호하는 것으로 나타났다. 별다방 커피를 선호하는 사람의 비율을 p라 할 때, 물음에 답하라.

(a) $H_0 : p = 0.5$ 대 $H_1 : p < 0.5$를 검정하기 위한 Z 검정통계량 값을 구하라. 이때의 유의확률을 계산하고, 이를 바탕으로 별다방 커피를 선호하는 사람의 비율이 0.5보다 작다고 결론내릴 수 있는지 판단하라.

(b) p에 대한 90% 신뢰구간을 구하라.

7.4 대학 농구부 소속 선수인 진우는 지난 시즌 자유투 성공률이 40%에 불과해 이 비율을 높이기 위한 새로운 훈련법을 도입했다. 5개월간의 훈련을 마친 후, 진우는 이번 시즌 첫 8경기에서 자유투를 40번 시도해 25번 성공했다. 진우의 자유투 성공률을 p라 할 때, 다음 물음에 답하라.

(a) p를 이용하여 진우의 실력 향상 여부를 검정하기 위한 가설을 설정하라.

(b) 가설을 검정하기 위한 Z 검정통계량과 유의확률을 구하고, 이를 바탕으로 진우의 실력이 향상되었다고 결론내릴 수 있는지 판단하라.

(c) 이번 시즌에서 진우의 자유투 성공률에 대한 90% 신뢰구간을 구하라.

(d) (b), (c)에서 수행한 가설검정 결과와 신뢰구간이 타당하기 위해 필요한 가정을 기술하라.

7.5 어느 해 한 프로야구 팀은 홈경기 72회, 원정경기 70회를 치렀으며, 홈경기에서 37승, 원정경기에서도 37승을 기록했다. 물음에 답하라.

(a) 홈경기와 원정경기에서의 승률을 각각 계산하라. 단, 무승부는 없다고 가정한다.

(b) 두 모비율의 차에 대한 신뢰구간을 구하기 위해 필요한 표준편차를 계산하라.

(c) 두 모비율의 차에 대한 90% 신뢰구간을 구하라.

7.6 [연습문제 7.5]에 대한 물음에 답하라.

(a) 전체 경기에서 이 프로야구팀의 승률을 구하라. 단, 무승부는 없다고 가정한다.

(b) 일반적으로 원정경기보다 홈경기에서 승리할 확률이 높다는 것이 통념이다. 이를 가설로 표현하라.

(c) (b)의 가설을 검정하기 위한 Z 검정통계량과 유의확률을 계산하고, 이를 바탕으로 가설에 대한 결론을 제시하라.

7.7 서울에 사는 성인 남녀 간 복지 만족도의 차이를 조사하기 위해 설문조사를 실시했다. 서울에 거주하는 성인 497명을 단순랜덤추출하여 지역 복지시설 및 제도에 대한 만족도를 조사했다. 조사대상 중 남성은 267명, 여성은 230명이었고, 남성 응답자 중 161명이 '만족한다'고 답한 반면에 여성 응답자 중에서는 136명이 '만족한다'고 답했다. 성별에 따라 복지 만족도에 차이가 있다고 판단할 수 있는가?

7.8 뇌졸중 치료에 아스피린 처방이 효과가 있는지 검정하기 위해 처리군 78명과 대조군 77명을 설정하여 각각 아스피린과 위약을 6개월간 투여한 후, 환자의 상태변화를 조사했다. 6개월 후 조사 결과, 처리군에서는 63명, 대조군에서는 43명이 호전된 것으로 나타났다. 물음에 답하라.

(a) 두 환자군에서 호전된 환자의 비율을 각각 계산하라.

(b) 두 환자군의 호전 비율의 차에 대한 95% 신뢰구간을 구하라.

(c) 아스피린이 뇌졸중 치료에 효과가 있는지를 검정하고, 그 근거로 유의확률을 제시하라.

7.9 어느 고등학교에서 발전기금을 마련하기 위해 졸업생 대상으로 5년에 한 번씩 기부금을 모금해 왔다. 다음은 고등학교 기록부에 남아 있는 기부 참여 현황이다.

(단위 : 명)

졸업생 \ 기부 여부	기부함	기부하지 않음
1회	192	174
2회	240	258
3회	182	260
4회	263	339
5회	325	586

(a) 열(기수별) 합계와 행(기부 여부별) 합계를 구하라.

(b) 기수별로 기부금을 낸 졸업생 비율을 계산하고, 전체 졸업생을 기준으로 기부금을 낸 졸업생 비율도 계산하라.

(c) 기수별 기부 비율이 일정한지에 대한 가설을 세우고, 이 가설이 참이라고 가정할 때의 기대도수를 계산하라.

(d) (c)에서 구한 기대도수를 이용해 가설을 검정하고, 유의확률을 구하라.

7.10 많은 의사들은 고혈압과 심장발작으로 인한 사망 사이의 관계를 밝히기 위해 연구를 진행해 왔다. 이를 위해 35세부터 64세까지의 성인 남성을 대상으로 혈압을 측정하고, 추적조사를 실시해 5년 후 사망 여부를 조사했다. 아래는 조사 결과이고, 여기서 저혈압은 혈압계 측정치 140mmHg 이하, 고혈압은 그 이상을 의미한다. 물음에 답하라.

(단위 : 명)

혈압 상태 \ 생존 여부	사망	생존	합계
저혈압	21	2,655	2,676
고혈압	55	3,283	3,338

(a) 혈압 상태별 사망률을 구하라.

(b) 이 자료를 통해 고혈압과 심장발작으로 인한 사망이 서로 관련이 있다는 결론을 내릴 수 있는가? 검정을 수행하고 근거를 제시하라.

7.11 한 대학에서 3학년과 4학년 학생을 대상으로 강의평가를 실시했다. 학년에 따라 평가 결과에 차이가 있는지 검정하기 위해 3학년 330명과 4학년 170명을 랜덤추출해 조사했다. 다음은 조사 결과이다. 학년에 따라 강의평가가 다른지에 대한 검정을 통계계산 소프트웨어를 이용하여 유의수준 5%에서 실시하라.

(단위 : 명)

학년 \ 평가	나쁘다	보통이다	좋다	뛰어나다	합계
3학년	20	110	170	30	330
4학년	10	50	90	20	170
합계	30	160	260	50	500

7.12 색맹과 성별 간에 상관관계가 있는지를 확인하기 위해 1,000명을 단순랜덤추출하여 조사한 결과가 다음과 같다. 색맹과 성별이 서로 독립이라고 할 수 있는지 통계계산 소프트웨어를 이용하여 유의수준 5%에서 검정하라.

(단위 : 명)

색맹 여부 \ 성별	남	여
정상	442	514
색맹	38	6
합계	480	520

7.13 다음은 페이스북(Facebook) 사용자 806명을 랜덤하게 선택하여 페이스북의 개인정보 설정(privacy setting)의 사용법을 알고 있는지 조사한 결과이다.[6] 성별과 개인정보 설정 사용법의 인지 여부에 관계가 있는지를 통계계산 소프트웨어를 이용하여 유의수준 5%에서 검정하라.

(단위 : 명)

사용법 인지 여부 \ 성별	남	여	합계
알고 있다	288	378	666
잘 모른다	10	7	17
전혀 모른다	61	62	123
합계	359	447	806

7.14 심폐소생술(CPR; cardiopulmonary resuscitation)은 심장과 폐의 활동이 갑자기 멈췄을 때 실시하는 응급처치 방법이다. 심폐소생술 시행 시 혈액 희석제(blood thinner)[7]를 처방하는 경우가 있는데, 환자가 심폐소생술로 인해 신체 내부에 손상을 입은 경우에는 혈액 희석제가 치명적일 수도 있다. 다음은 심폐소생술을 받은 환자 중 혈액 희석제 사용 여부에 따른 생존 여부 조사 결과이다. 혈액 희석제 사용 여부에 따른 생존률에 차이가 있는지 통계계산 소프트웨어를 이용하여 유의수준 5%에서 검정하라.

(단위 : 명)

혈액 희석제 사용 여부 \ 생존 여부	생존	사망	합계
사용 안 함	11	39	50
사용함	14	26	40
합계	25	65	90

6 출처 : Survey USA. (2011). *News Poll* #17960. Data collected February 16–17, 2011.

7 혈액이 응고되는 것을 방지하는 약이다.

MEMO

CHAPTER

08

상관분석과 회귀분석

CONTENTS

이 장에서는 두 변수 사이의 관계에 대한 통계적 추론을 다룬다. 두 변수 간에 관계가 존재하는지를 살펴보는 상관분석과 그 관계식을 추론하는 회귀분석을 중심으로 논의한다. 특히 관계식이 일차식임을 가정할 때 그 계수를 추정하는 최소제곱법 개념과 이를 통해 얻은 추정량의 성질을 설명한다. 또한 이를 이용한 통계적 추론 방법을 살펴본다. 아울러 자료 해석 단계에서 필요한 분산분석 개념을 소개하고, 한 변수와 여러 변수 간 관계식에 대한 통계적 추론도 다룬다.

8.1 서론

자료를 이용하여 변수 간 관계를 분석하려는 경우가 흔히 있다. 예를 들어 지능지수와 학업성적, 흡연량과 수명, 공정온도와 제품 강도 등 두 변수 사이의 관계가 관심의 대상이 되는 경우가 많다.

이러한 두 변수 사이의 관계를 대략적으로 파악하기 위해서는 [그림 2-18]과 [그림 2-19]와 같은 산점도나 회귀도를 이용하면 편리하다. 그러나 두 변수 사이의 관계를 더욱 정밀하게 추론하려면 추론 대상을 명확히 설정하고 적절한 모형을 전제로 한 통계적 방법을 적용해야 한다.

두 변수 사이의 관계 유무 또는 관계의 강도를 분석하는 통계적 방법을 **상관분석**(correlation analysis)이라 하며, 일반적으로 표본상관계수를 이용하여 모상관계수에 대한 추론을 수행한다. 한편 두 변수 사이의 관계식을 파악하여 한 변수의 값으로부터 다른 변수의 값을 예측해야 하는 경우가 있다. 이러한 경우에 두 변수 사이의 함수 관계를 분석하는 통계적 방법을 **회귀분석**(regression analysis)이라 한다.

두 변수 사이의 함수 관계 중 가장 기본적인 형태인 일차함수(직선) 관계를 모형으로 하여 분석하는 방법을 **단순선형회귀분석**(simple linear regression analysis) 또는 **단순회귀분석**이라 한다. 반면에 두 개 이상의 변수가 하나의 변수에 영향을 미칠 때, 한 변수를 여러 변수의 함수로 나타내어 분석하는 방법을 **중회귀분석**(multiple regression analysis)이라 한다.

상관분석과 회귀분석이라는 용어는 영국의 통계학자 프랜시스 골턴[1]이 식물 씨앗의 크기 유전 및 부모와 자식 간 키의 유전적 관계를 연구하는 과정에서 처음 도입되었다. 특히 회귀분석은 골턴의 연구에서 사용된 '평균으로의 회귀'라는 표현에서 비롯된 것으로 알려져 있다.

1 프랜시스 골턴은 통계학, 심리학, 인류학 등 다양한 분야에 기여한 학자이다. 특히 상관관계(correlation)라는 개념과 용어를 처음으로 도입한 인물로 알려져 있다. 골턴은 사촌인 찰스 다윈(Charles Darwin)의 자연선택 이론에 깊은 영향을 받아 1883년 우생학(Eugenics)이라는 용어를 창안하고 이 개념을 학문적으로 정립했다. 골턴은 유니버시티 칼리지 런던(UCL)에 우생학 연구소를 설립하는 등 활발한 연구 활동을 펼쳤으며, 지능과 도덕성과 같은 특성은 유전된다고 주장했다. 또한 바람직한 특성을 가진 사람들의 번식을 장려하고 바람직하지 않은 특성을 가진 사람들의 번식을 억제하면 인류의 향상을 도모할 수 있다고 믿었다. 이러한 사상은 19세기 말과 20세기 초에 상당한 관심을 받으며 우생학 운동이 널리 퍼지는 계기가 되었다. 그러나 우생학은 시간이 흐르면서 심각한 윤리적 문제와 과학적 한계를 드러냈다. 이 개념은 과학적으로 충분한 근거를 갖추지 못했고, 인종차별을 정당화하고 인권을 침해하는 수단으로 악용되었다. 제2차 세계대전 이후 우생학에 대한 반발이 커지면서 골턴의 사상은 강한 비판을 받았다. 결국 UCL은 2020년 골턴과 후계자인 칼 피어슨(Karl Pearson)의 이름을 딴 건물에서 그 이름을 제거하기로 결정했다.

8.2 상관분석

집단 내 각 개체의 두 가지 특성을 변수 X, Y로 나타낼 때, 두 변수 사이에 선형관계가 얼마나 강한지를 나타내는 지표가 모상관계수 $\rho = \mathrm{Corr}(X, Y)$이다.[2] 모상관계수 ρ 값은 항상 -1과 1 사이에 있으며, ρ 값이 $+1$(또는 -1)에 가까울수록 두 변수 간의 선형(일차함수)관계가 강하다는 것을 의미한다. 특히 $+1$에 가까우면 기울기가 양수인 선형관계가 강하고, -1에 가까우면 기울기가 음수인 선형관계가 강하다. 반면에 ρ 값이 0에 가까울수록 두 변수 간에 선형관계가 거의 없음을 나타낸다.

두 변수 간의 관계를 대략적으로 파악하려면 산점도를 그리는 것이 유용하다. 또한 랜덤표본에서 두 특성의 자료가 (x_1, y_1), $\cdots$, (x_n, y_n)으로 주어지면 이를 이용하여 다음과 같은 표본상관계수를 모상관계수 ρ의 추정량으로 사용할 수 있다.[3]

$$r = \frac{\sum_{i=1}^{n}(x_i - \overline{x})(y_i - \overline{y})}{\sqrt{\sum_{i=1}^{n}(x_i - \overline{x})^2}\sqrt{\sum_{i=1}^{n}(y_i - \overline{y})^2}}$$

[그림 8-1]은 다양한 경우의 산점도와 각 경우의 표본상관계수 값을 나타낸다. 표본상관계수의 값 역시 항상 -1과 1 사이에 위치한다. [그림 8-1(a)]와 [그림 8-1(b)]에서 볼 수 있듯이 점들이 특정한 직선 주위에 밀집될수록 표본상관계수 값은 -1 또는 1에 가까워진다. 반면에 [그림 8-1(c)]와 [그림 8-1(d)]에서처럼 표본상관계수 값이 0에 가까우면 두 변수 사이의 선형관계가 약함을 의미하지만, 반드시 두 변수 간에 어떠한 관계도 존재하지 않는다는 뜻은 아니다.

2 자세한 내용은 2.2절과 3.6절을 참고하라.

3 자세한 내용은 2.4절을 참고하라.

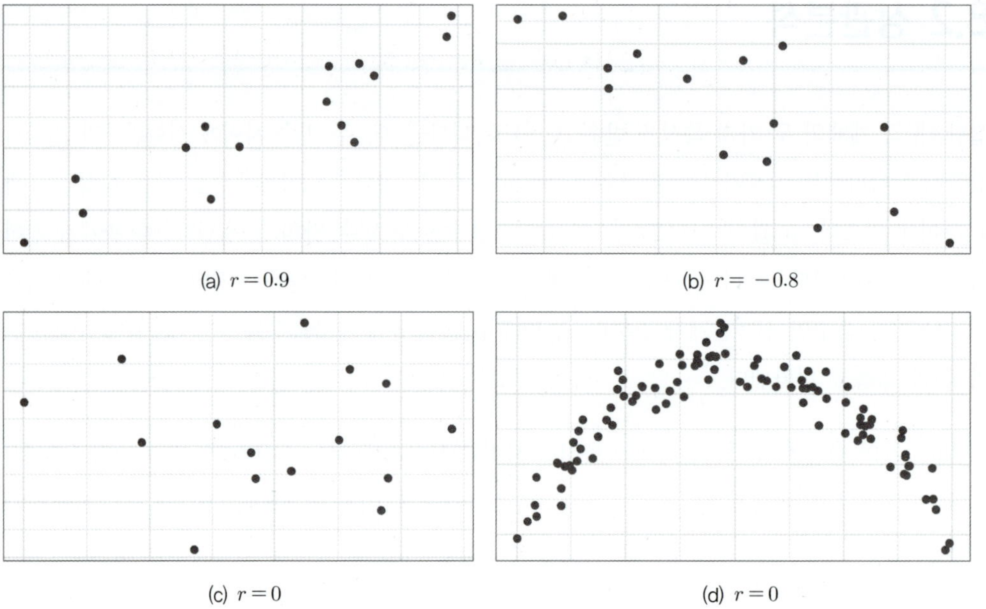

그림 8-1 여러 가지 경우의 산점도와 표본상관계수

예 8-1 랜덤하게 선정된 성인 남성 20명이 10분 동안 자전거 타기를 하면서 기록된 총거리와 소모열량에 대한 자료는 다음과 같다.

표 8-1 자전거 운동 중 기록된 거리와 소모열량

(단위 : km, kcal)

거리	3.4	3.0	4.3	4.5	3.8	4.3	3.2	3.4	3.1	3.1
소모열량	96	84	112	123	111	104	95	105	91	79
거리	3.2	3.5	3.2	3.2	3.1	3.4	3.2	3.1	3.9	4.6
소모열량	98	103	96	82	97	87	83	86	100	126

이 자료를 이용하여 산점도를 그리면 [그림 8-2]와 같다.

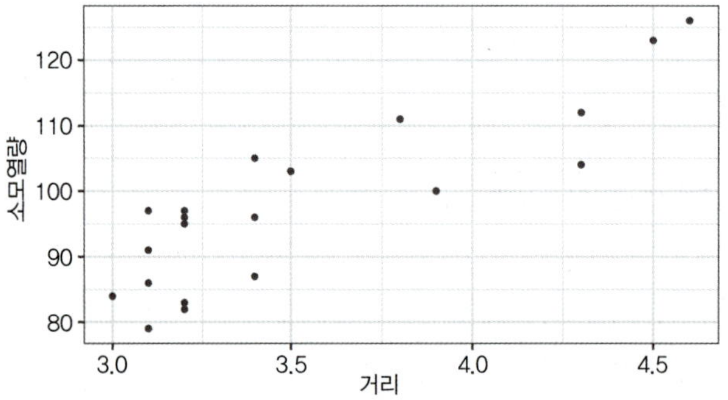

그림 8-2 거리와 소모열량 간의 산점도

거리와 소모열량 간의 표본상관계수를 계산하면 다음과 같다.

$$r = \frac{\sum_{i=1}^{n}(x_i - \overline{x})(y_i - \overline{y})}{\sqrt{\sum_{i=1}^{n}(x_i - \overline{x})^2}\sqrt{\sum_{i=1}^{n}(y_i - \overline{y})^2}} = \frac{110.88}{\sqrt{5.10}\sqrt{3258.55}} = 0.860$$

표본상관계수 r을 이용하여 모상관계수 ρ에 대한 추론을 수행하려면 모집단 분포가 **이변량정규분포**(bivariate normal distribution)[4]를 따른다는 가정을 전제로 한다. 이러한 가정하에서 상관관계의 유무를 검정하기 위한 가설검정 방법은 다음과 같다.[5]

상관관계의 유무에 관한 검정(이변량정규모집단의 경우)

귀무가설 $H_0 : \rho = 0$에 대한 검정통계량은 다음과 같다.

$$T = \sqrt{n-2}\frac{r}{\sqrt{1-r^2}}$$

검정통계량의 관측값이 t일 때, 다음이 성립한다.

	유의확률	유의수준 α의 기각역
(a) $H_1 : \rho > 0$	$P = P(T \geq t),\ T \sim t(n-2)$	$t \geq t_{\alpha}(n-2)$
(b) $H_1 : \rho < 0$	$P = P(T \leq t),\ T \sim t(n-2)$	$t \leq -t_{\alpha}(n-2)$
(c) $H_1 : \rho \neq 0$	$P = P(\lvert T \rvert \geq \lvert t \rvert),\ T \sim t(n-2)$	$\lvert t \rvert \geq t_{\alpha/2}(n-2)$

4 두 확률변수 $(X,\ Y)$의 결합확률밀도함수가 다음과 같이 주어졌을 때 이변량정규분포를 따른다고 한다. 이때 X와 Y의 주변분포는 평균과 표준편차가 각각 $(\mu_X,\ \sigma_X)$, $(\mu_Y,\ \sigma_Y)$인 정규분포를 따르는 것이 알려져 있다.

$$f(x,\ y) = \frac{1}{2\pi\sigma_X\sigma_Y\sqrt{1-\rho^2}}\exp\left(-\frac{1}{2(1-\rho^2)}\left[\left(\frac{x-\mu_X}{\sigma_X}\right)^2 - 2\rho\frac{(x-\mu_X)(y-\mu_Y)}{\sigma_X\sigma_Y} + \left(\frac{y-\mu_Y}{\sigma_Y}\right)^2\right]\right)$$

5 일반적인 가설의 검정이나 신뢰구간의 이론은 이 책의 범위를 넘으므로 다루지 않는다. 자세한 내용은 박성현, 이성임, & 임요한(2023)의 저서를 참고하기 바란다.

예제 8-1 [예 8-1]을 상기하자. 거리와 소모열량이 이변량정규분포를 따른다고 가정할 때, 두 변수 사이에 상관관계가 있는가를 유의수준 5%에서 검정하라.

풀이

검정하고자 하는 가설은 다음과 같다.

$$H_0 : \rho = 0, \quad H_1 : \rho \neq 0$$

[예 8-1]에서 $n=20$, $r=0.860$이므로 검정통계량은 다음과 같이 계산된다.

$$t = \sqrt{n-2}\frac{r}{\sqrt{1-r^2}} = \sqrt{20-2}\frac{0.860}{\sqrt{1-0.860^2}} = 7.150$$

[부록 C]의 t 분포표나 통계계산 소프트웨어를 이용하면 $t_{0.025}(18) = 2.101$이고 $|t| = |7.150| \geq 2.101$이므로 유의수준 5%에서 귀무가설 $H_0 : \rho = 0$이 기각된다. 통계계산 소프트웨어로 계산한 유의확률은 $P = 0.000001$이므로 이는 거리와 소모열량에 상관관계가 존재한다는 강한 증거가 됨을 의미한다.

8.3 단순회귀분석의 모형과 적합

두 변수 사이의 관계를 분석하여 한 변수의 값으로부터 다른 변수의 값을 예측하는 일은 실무와 연구에서 자주 필요하다. 예를 들어 플라스틱 제품의 생산 공정에서 사출온도를 이용해 제품 강도를 예측할 수 있다면, 이는 공정관리에 큰 도움이 될 것이다. 이처럼 다른 변수에 영향을 주는 변수를 **설명변수**(explanatory variable)라 하고, 그 영향을 받는 변수를 **반응변수**(response variable)라 한다.

회귀분석의 목적은 설명변수와 반응변수의 관계를 구체적인 함수 형태로 나타내고, 이를 이용하여 반응변수 값을 예측하는 것이다. 회귀분석의 첫 단계는 산점도 또는 회귀도를 이용하여 설명변수와 반응변수 간의 관계를 대략적으로 파악하고, 적절한 모형을 잠정적으로 설정하는 것이다.

예 8-2 한 커피전문점에서 기온과 따뜻한 음료의 매출 간의 관계를 분석하기 위해 지난 1년 중 12일을 랜덤으로 선정하여 따뜻한 음료 매출액과 해당 일의 최고기온 자료를 수집했다. [표 8-2]는 수집한 자료를 나타낸다.

표 8-2 최고기온과 따뜻한 음료 매출액

(단위 : ℃, 만 원)

최고기온	27.1	9.1	19.2	29.1	22.0	34.9
매출액	46.8	63.7	46.0	46.1	50.3	34.7
최고기온	16.5	7.6	13.1	2.6	23.5	5.6
매출액	57.8	63.2	52.7	62.9	45.3	69.9

이 자료를 바탕으로 최고기온(x)과 따뜻한 음료 매출액(y) 간의 관계를 대략적으로 파악하기 위해 산점도를 그린 결과는 [그림 8-3]에 나타나 있다.

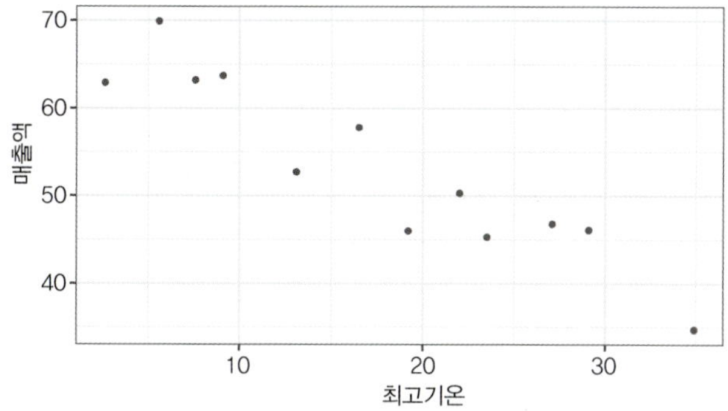

그림 8-3 최고기온에 따른 따뜻한 음료 매출액의 변화

[그림 8-3]을 살펴보면 두 변수는 기울기가 음수인 직선을 중심으로 약간 흩어져 분포됨을 알 수 있다. 즉 산점도에서 점들이 다음과 같은 미지의 직선 주위를 따라 분포하는 경향이 있다.

$$y = \alpha + \beta x$$

[예 8-2]에서와 같이 설명변수 값 x에 대응하는 반응변수 값이 $\alpha + \beta x$ 주위를 따라 분포한다고 가정하면, 반응변수 값 y는 다음과 같이 정의된 확률변수 Y의 관측값으로 생각할 수 있다.

$$Y = \alpha + \beta x + e, \quad E(e) = 0, \quad \mathrm{Var}(e) = \sigma^2$$

여기서 e는 평균이 0이고 분산이 σ^2인 오차항을 나타내는 확률변수이다. 또는 설명변수를 확률변수 X라 할 때, 그 관측값이 x일 때의 조건부기댓값은 $E(Y|X=x) = \alpha + \beta x$로 정의되고 조건부분산은 $\mathrm{Var}(Y|X=x) = \sigma^2$으로 일정하다고 볼 수도 있다.

이러한 모형을 **단순선형회귀모형**(simple linear regression model)이라 하며, 설명변수 값이 x_1, x_2, $\cdots$, x_n일 때 이에 대응하는 반응변수의 관측값 y_1, y_2, $\cdots$, y_n은 서로 독립적으로 관측된다고 가정한다. 이를 그래프로 표현한 것이 [그림 8-4]이다.

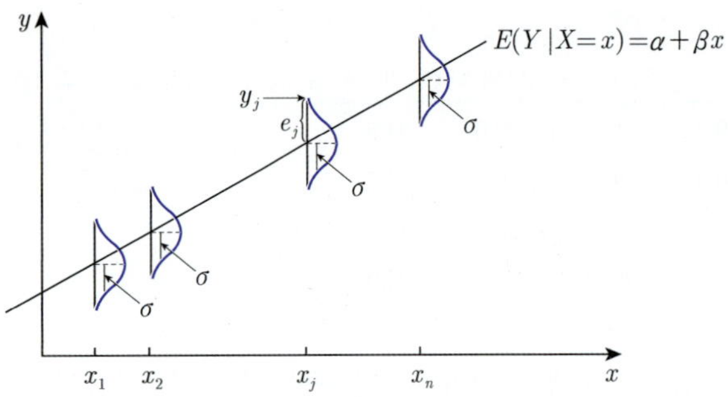

그림 8-4 단순선형회귀모형

단순선형회귀모형의 가정

다음 모형은 기본 가정 ❶~❸을 만족한다.

$$Y_i = \alpha + \beta x_i + e_i \text{ (단, } i = 1, 2, \cdots, n)$$

❶ 선형성 : $E(e_i) = 0$, 즉 $E(Y_i \mid X = x_i) = \alpha + \beta x_i$

(단, $-\infty < \alpha < \infty$, $-\infty < \beta < \infty$)

❷ 등분산성 : $\mathrm{Var}(e_1) = \mathrm{Var}(e_2) = \cdots = \mathrm{Var}(e_n) = \sigma^2 > 0$

❸ 독립성 : $e_1, e_2, \cdots, e_n$은 서로 독립

단순선형회귀모형에서 설명변수에 따른 반응변수의 평균값 변화를 나타내는 직선 $y = \alpha + \beta x$를 **모회귀직선**(population regression line)이라 한다. 이때 절편 α와 기울기 β를 **모회귀계수**(population regression coefficient)라 하고, 오차항의 분산 σ^2을 **오차분산**(error variance)이라 한다. 이러한 단순선형회귀모형의 적합[6], 즉 모회귀계수의 추정에는 **최소제곱법**(method of least squares)이 사용된다.

정의 8-1 최소제곱법

단순선형회귀모형 $Y_i = \alpha + \beta x_i + e_i$ (단, $i = 1, 2, \cdots, n$)에서 다음과 같은 제곱합을 최소로 하는 α, β 값을 추정량으로 사용한다.

$$\sum_{i=1}^{n} \{ Y_i - (\alpha + \beta x_i) \}^2$$

6 관측된 자료로부터 통계모형의 모수를 추정하는 과정을 **적합**(fitting)이라 한다.

최소제곱법을 사용하여 모회귀계수 α, β의 추정량 $\hat{\alpha}$, $\hat{\beta}$을 구하려면, 오차의 제곱합을 α, β에 대해 각각 편미분한 뒤 이를 0으로 놓아 연립방정식을 풀면 된다. 이러한 연립방정식을 **정규방정식**(normal equation)이라 하며, 다음과 같이 주어진다.

$$\begin{cases} -2\sum_{i=1}^{n}(y_i-\hat{\alpha}-\hat{\beta}x_i)=0 \\ -2\sum_{i=1}^{n}x_i(y_i-\hat{\alpha}-\hat{\beta}x_i)=0 \end{cases} \quad \text{또는} \quad \begin{cases} n\hat{\alpha}+\sum_{i=1}^{n}x_i\hat{\beta}=\sum_{i=1}^{n}y_i \\ \sum_{i=1}^{n}x_i\hat{\alpha}+\sum_{i=1}^{n}x_i^2\hat{\beta}=\sum_{i=1}^{n}x_iy_i \end{cases}$$

위 과정에서 구한 추정량 $\hat{\alpha}$, $\hat{\beta}$을 각각 α, β의 **최소제곱추정량**(least squares estimator)이라 한다. 또한 이를 이용하여 얻어진 직선 $\hat{y}=\hat{\alpha}+\hat{\beta}x$를 **최소제곱회귀직선**(least squares regression line)이라 한다.

여기서 주의해야 할 점은 $\hat{y}_i$가 반응변수 값의 추정량이 아니라 반응변수의 평균 $E(Y_i|X=x_i)=\alpha+\beta x$의 추정량이라는 점이다. 다만 편의상 $\widehat{E(Y_i|X=x_i)}$ 대신 $\hat{y}_i$로 나타낼 뿐이다.

최소제곱추정량은 일반적으로 컴퓨터를 이용하여 계산하지만, 이를 직접 계산한다면 다음과 같은 곱의 합 또는 제곱합 계산 공식을 사용하면 편리하다.

$$\sum_{i=1}^{n}(x_i-\bar{x})(y_i-\bar{y})=\sum_{i=1}^{n}x_iy_i-\frac{1}{n}\left(\sum_{i=1}^{n}x_i\right)\left(\sum_{i=1}^{n}y_i\right)$$

$$\sum_{i=1}^{n}(x_i-\bar{x})^2=\sum_{i=1}^{n}x_i^2-\frac{1}{n}\left(\sum_{i=1}^{n}x_i\right)^2$$

이러한 곱의 합과 제곱합을 각각 기호 $S_{(xy)}$, $S_{(xx)}$와 같이 표기하고, 이를 이용하여 $\hat{\beta}$을 다음과 같이 표현할 수 있다.

$$\hat{\beta}=\frac{S_{(xy)}}{S_{(xx)}}$$

최소제곱추정량과 최소제곱회귀직선

단순선형회귀모형에서

❶ α와 β의 최소제곱추정량 : $\hat{\alpha}=\bar{y}-\hat{\beta}\bar{x}$, $\hat{\beta}=\dfrac{\sum_{i=1}^{n}(x_i-\bar{x})(y_i-\bar{y})}{\sum_{i=1}^{n}(x_i-\bar{x})^2}$

❷ 최소제곱회귀직선 : $\hat{y}=\hat{\alpha}+\hat{\beta}x=\bar{y}+\hat{\beta}(x-\bar{x})$

예제 8-2 [예 8-2]를 상기하자. 최고기온을 설명변수 X로 두고 따뜻한 음료 매출액을 반응변수 Y로 두어 단순선형회귀모형을 가정하자. 이때 [표 8-2]의 자료를 이용하여 α와 β의 최소제곱추정량을 구하고, 산점도에 최소제곱회귀직선을 그려라.

풀이

[표 8-2]의 자료로부터 필요한 통계량을 계산하면 다음과 같다.

$$\bar{x} = \frac{210.3}{12} = 17.525, \quad \bar{y} = \frac{639.4}{12} = 53.283$$

$$S_{(xy)} = 10134.21 - \frac{1}{12} \times 210.3 \times 639.4 = -1071.275$$

$$S_{(xx)} = 4826.67 - \frac{1}{12} \times 210.3^2 = 1141.162$$

이제 모회귀계수 α, β의 최소제곱추정량을 계산하면 다음과 같다.

$$\hat{\beta} = \frac{S_{(xy)}}{S_{(xx)}} = -0.939, \quad \hat{\alpha} = \bar{y} - \hat{\beta}\bar{x} = 69.739$$

따라서 최소제곱회귀직선은 $\hat{y} = 69.739 - 0.939x$이다. 이 최소제곱회귀직선을 산점도에 함께 나타내면 [그림 8-5]와 같다.

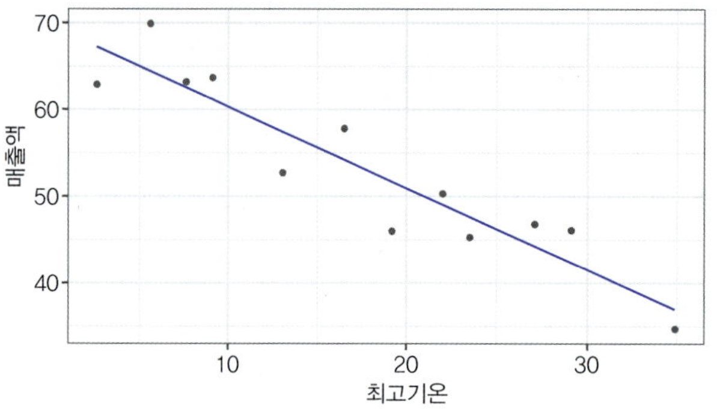

그림 8-5 [표 8-2]에 대한 산점도와 최소제곱회귀직선

[그림 8-5]를 통해 단순선형회귀모형의 적합 정도를 대략적으로 파악할 수 있다.

최소제곱회귀직선을 이용하여 설명변수 x_i 값에 대응하는 추정량 $\hat{y}_i = \hat{\alpha} + \hat{\beta}x_i$를 구하면, 이는 실제 관측값 y_i와 다를 수 있다. 이들의 차를 **잔차**(residual)라 하며, 다음과 같이 정의된다.

$$\hat{e}_i = y_i - \hat{y}_i \text{ (단, } i = 1, 2, \cdots, n)$$

잔차가 작은 값일수록 최소제곱회귀직선이 실제 자료를 잘 적합하고 있음을 의미한다.

잔차는 마치 오차항 e_i(단, $i=1, 2, \cdots, n$)의 관측값처럼 생각할 수 있고, 이는 오차분산 σ^2의 크기에 따라 크거나 작게 나타난다고 볼 수 있다. 이러한 잔차들의 제곱합을 **잔차제곱합**(residual sum of squares) 또는 **오차제곱합**(error sum of squares)이라 하고, 이를 기호 SSE로 표기한다. 잔차제곱합을 식으로 나타내면 다음과 같다.

$$\mathrm{SSE} = \sum_{i=1}^{n} (y_i - \hat{y}_i)^2$$

또한 잔차제곱합을 이용하여 오차분산 σ^2을 다음과 같이 추정할 수 있다.

$$\hat{\sigma}^2 = \frac{\mathrm{SSE}}{n-2} = \frac{1}{n-2} \sum_{i=1}^{n} (y_i - \hat{y}_i)^2$$

분모의 $(n-2)$는 잔차제곱합의 자유도[7]이고, 잔차제곱합을 그 자유도로 나눈 $\hat{\sigma}^2$을 **평균제곱오차**(mean squared error)라 한다. 평균제곱오차는 기호 MSE로 표기한다.

잔차제곱합과 오차분산의 추정

❶ 잔차제곱합 : $\mathrm{SSE} = \sum_{i=1}^{n} (y_i - \hat{y}_i)^2 = \sum_{i=1}^{n} \left\{ y_i - \bar{y} - \hat{\beta}(x_i - \bar{x}) \right\}^2$

❷ 평균제곱오차 : $\hat{\sigma}^2 = \mathrm{MSE} = \dfrac{\mathrm{SSE}}{n-2}$

잔차제곱합이나 평균제곱오차의 계산은 컴퓨터나 계산기를 이용하는 것이 일반적이지만, 이를 직접 계산한다면 다음과 같은 계산 공식을 사용하여 보다 효율적으로 구할 수 있다. $S_{(yy)}$는 $S_{(xx)}$와 유사하게 y_i, $\bar{y}$로 구한 값이다.

$$\mathrm{SSE} = S_{(yy)} - \hat{\beta}^2 S_{(xx)} = S_{(yy)} - \frac{S_{(xy)}^2}{S_{(xx)}}$$

예제 8-3 [예 8-2]를 상기하자. 단순선형회귀모형을 적용하여 오차분산 σ^2의 추정량을 구하라.

풀이

[표 8-2]의 자료로부터 필요한 통계량을 계산하면 다음과 같다.

7 증명은 [연습문제 8.1]로 남긴다.

$$S_{(xy)} = -1071.275, \ S_{(xx)} = 1141.162, \ S_{(yy)} = 1160.837$$

이로부터 잔차제곱합은 다음과 같이 구할 수 있다.

$$\mathrm{SSE} = 1160.837 - \frac{(-1071.275)^2}{1141.162} = 155.169$$

따라서 오차분산 σ^2의 추정량인 평균제곱오차는 $\hat{\sigma}^2 = \mathrm{MSE} = \frac{155.169}{10} = 15.517$로 계산된다.

이제 최소제곱회귀직선을 이용한 단순선형회귀모형이 실제 관측값을 얼마나 잘 설명하는지를 살펴보자. 반응변수의 관측값 $y_1, y_2, \cdots, y_n$이 평균 $\overline{y}$에서 떨어진 정도를 나타내는 $y_i - \overline{y}$(단, $i=1, 2, \cdots, n$)를 식 (8.1)과 같이 두 편차의 합으로 표현할 수 있다.

$$y_i - \overline{y} = (y_i - \hat{y}_i) + (\hat{y}_i - \overline{y}) \tag{8.1}$$

여기서 $y_i - \hat{y}_i$는 잔차로서 오차항에 기인하는 편차이다. $\hat{y}_i - \overline{y}$는 설명변수 X를 고려한 회귀직선에 의해 설명될 수 있는 편차로 [그림 8-6]에서 확인할 수 있다.

이러한 의미에서 $y_i - \overline{y}$를 **총편차**(total deviation)라 하고, 식 (8.1)을 **총편차의 분해식**이라 한다. 이제 식 (8.1)의 양변을 제곱한 후 모든 자료에 대해 합하면 피타고라스 정리와 유사한 관계가 성립함을 알 수 있다.[8]

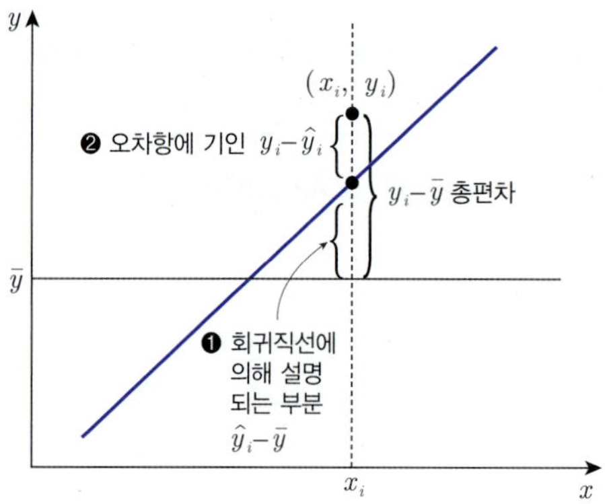

그림 8-6 총편차 $y_i - \overline{y}$의 분해

$$\sum_{i=1}^{n}(y_i - \overline{y})^2 = \sum_{i=1}^{n}(y_i - \hat{y}_i)^2 + \sum_{i=1}^{n}(\hat{y}_i - \overline{y})^2$$

이 식은 총편차의 제곱합이 '잔차의 제곱합'과 회귀모형 적합에 의해 설명되는 '편차의 제곱합'으로 분해될 수 있음을 나타낸다. 즉 자료의 변동은 ❶ 회귀직선에 의해 설명되는 부분과 ❷ 오차항에 기인하는 부분으로 나뉠 수 있다.

8 증명은 [연습문제 8.2]로 남긴다.

여기서 총편차의 제곱합은 **총제곱합**(total sum of squares)이라 하고, 기호 SST로 표기한다. 또한 회귀모형에 의해 설명되는 편차의 제곱합은 **회귀제곱합**(regression sum of squares)이라 하고, 기호 SSR로 표기한다.

$$\text{SST} = \sum_{i=1}^{n}(y_i - \bar{y})^2, \ \text{SSR} = \sum_{i=1}^{n}(\hat{y}_i - \bar{y})^2$$

SST의 자유도는 $(n-1)$, SSR의 자유도는 1로 알려져 있다.[9]

자료 전체의 흩어진 정도를 나타내는 총제곱합 SST 중 회귀모형 적합에 의해 설명되는 회귀제곱합 SSR의 비율이 높을수록, 회귀모형이 실제 관측값을 잘 설명하고 있음을 의미한다.

총제곱합의 분해

제곱합 : SST = SSE + SSR

$$\sum_{i=1}^{n}(y_i - \bar{y})^2 = \sum_{i=1}^{n}(y_i - \hat{y}_i)^2 + \sum_{i=1}^{n}(\hat{y}_i - \bar{y})^2$$

자유도 : $n-1 = (n-2) + 1$

이러한 의미에서 총제곱합 중 회귀제곱합이 차지하는 비율을 **회귀직선의 기여율** 또는 **결정계수**(coefficient of determination)라 하고, 다음과 같이 정의한다.

$$r^2 = \frac{\text{SSR}}{\text{SST}} = 1 - \frac{\text{SSE}}{\text{SST}}$$

회귀제곱합과 총제곱합은 각각 다음과 같이 $S_{(xx)}$, $S_{(xy)}$, $S_{(yy)}$에 대한 식으로 표현될 수 있다.

$$\text{SSR} = \sum_{i=1}^{n}(\hat{y}_i - \bar{y})^2 = \sum_{i=1}^{n}\hat{\beta}(x_i - \bar{x})^2 = \frac{S_{(xy)}^2}{S_{(xx)}}$$

$$\text{SST} = \sum_{i=1}^{n}(y_i - \bar{y})^2 = S_{(yy)}$$

결정계수 r^2도 $S_{(xx)}$, $S_{(xy)}$, $S_{(yy)}$에 대한 식으로 표현된다.

$$r^2 = \frac{\text{SSR}}{\text{SST}} = \frac{S_{(xy)}^2}{S_{(xx)}S_{(yy)}} = \left(\frac{S_{(xy)}}{\sqrt{S_{(xx)}}\sqrt{S_{(yy)}}}\right)^2$$

9 증명은 [연습문제 8.3]으로 남긴다.

즉 결정계수 r^2은 설명변수와 반응변수 간 표본상관계수의 제곱과 동일하다. 이는 결정계수 r^2이 1에 가까울수록 산점도의 점들이 회귀직선 주위에 밀집되며, 회귀모형이 실제 자료를 잘 설명하고 있음을 뜻한다.

결정계수

$$r^2 = \frac{\mathrm{SSR}}{\mathrm{SST}} = \frac{(S_{(xy)})^2}{S_{(xx)}S_{(yy)}}$$

예제 8-4 [예 8-2]를 상기하자. 단순선형회귀모형을 적용하여 결정계수를 구하고 이를 해석하라.

풀이

[예제 8-3]의 풀이 과정에서

$$S_{(xy)} = -1071.275,\ \ S_{(xx)} = 1141.162,\ \ S_{(yy)} = 1160.837$$

이므로 결정계수는 다음과 같다.

$$r^2 = \frac{(-1017.275)^2}{1141.162 \times 1160.837} = 0.866$$

이는 회귀직선이 전체 자료의 산포 중 86.6%를 설명한다는 뜻이고, [그림 8-5]의 산점도와 함께 고려하면 단순선형회귀모형이 관측 결과를 비교적 잘 설명한다고 판단할 수 있다.

마지막으로 [표 8-3]의 자료를 이용하여 회귀분석에서 통계량만을 기반으로 한 결론의 문제점에 대해 살펴보자.

표 8-3 모든 통계량이 거의 일치하는 두 조의 자료[10]

자료 A	x	10	8	13	9	11	14	6	4	12	7	5
	y	8.04	6.95	7.58	8.81	8.33	9.96	7.24	4.26	10.84	4.82	5.68
자료 B	x	10	8	13	9	11	14	6	4	12	7	5
	y	9.14	8.14	8.74	8.77	9.26	8.10	6.13	3.10	9.13	7.26	4.74

10 출처 : Anscombe, F. J. (1973). Graphs in Statistical Analysis. *The American Statistician*, 27(1), 17–21.

이 두 조의 자료에 대해 총제곱합, 잔차제곱합, 회귀제곱합, 최소제곱회귀계수 등 모든 통계량 값은 거의 동일하게 계산된다. 그러나 [그림 8-7]에서 볼 수 있듯이 두 조의 자료는 전혀 다른 관계를 나타낸다. 즉 통계량만을 기반으로 회귀분석을 해석하는 것은 한계가 있으므로 반드시 산점도 또는 8.5절에서 소개할 잔차분석을 함께 고려해야 한다.

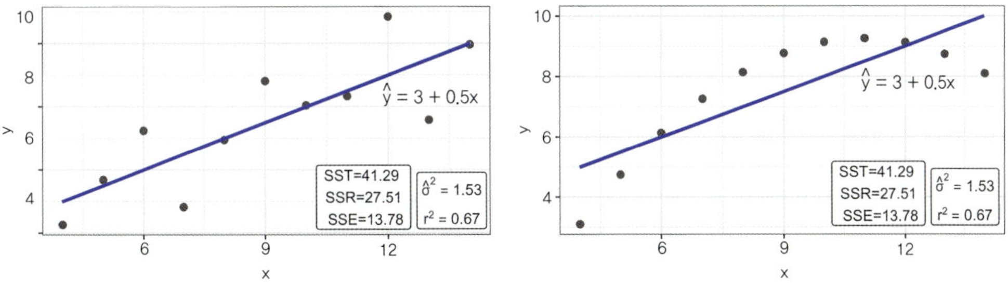

(a) 자료 A의 최소제곱회귀직선과 통계량 (b) 자료 B의 최소제곱회귀직선과 통계량

그림 8-7 통계량은 같지만 관계가 다른 [표 8-3]의 자료

8.4 단순회귀분석에서의 추론

단순선형회귀모형에서 선형성, 등분산성, 독립성이라는 기본 가정 외에, 오차항이 정규분포를 따른다는 가정을 추가로 할 수 있다면 모회귀계수에 대한 구간추정이나 가설검정과 같은 통계적 추론을 수행할 수 있다. 따라서 이러한 통계적 추론을 하려면 먼저 다음 가정[11]이 타당한지 검토해야 한다.

$$Y_i = \alpha + \beta x_i + e_i,\ e_i \overset{\text{iid}}{\sim} N(0,\ \sigma^2)\ \ (\text{단},\ i = 1,\ 2,\ \cdots,\ n)$$

단순선형회귀모형의 가정이 타당하다고 판단되면 단순회귀분석에서의 구간추정과 가설검정에 대해 살펴볼 수 있다. 먼저 설명변수 x를 고려한 회귀직선이 통계적으로 유의미한지 검정하는 방법을 알아보자. 이는 곧 설명변수 x에 대응하는 모회귀계수 β에 대한 다음 가설을 검정하는 것이다.

$$H_0 : \beta = 0,\ H_1 : \beta \neq 0$$

회귀직선이 유의하다면, 자료의 산포를 나타내는 총제곱합(SST) 중 회귀제곱합(SSR)의 비중이 커지고 잔차제곱합(SSE)의 비중은 작아질 것이다. 즉 $\dfrac{\text{SSR}}{\text{SSE}}$ 값이 클수록 회귀직선이 유의하다는 증거가 강해진다.

11 iid는 independent and identically distributed의 약자로 서로 독립이고 같은 분포를 따른다는 의미이다.

귀무가설 H_0가 참일 때, SSR과 SSE를 각각의 자유도로 나눈 값의 비로 정의되는 검정통계량 F는 자유도 $(1,\ n-2)$인 F 분포를 따른다.

$$F = \frac{\mathrm{SSR}/1}{\mathrm{SSE}/(n-2)} \sim F(1,\ n-2)$$

F 검정통계량 관측값이 f일 때, 유의확률은 다음과 같이 주어진다.

$$P = P(F \geq f),\quad F \sim F(1,\ n-2)$$

또한 유의수준 α에서의 기각역은 $f \geq F_\alpha(1,\ n-2)$이다.

회귀직선의 유의성검정 과정은 [표 8-4]와 같은 형태의 **분산분석표**(analysis of variance table)로 요약된다. 분산분석표에서 **평균제곱**(mean square)은 대응하는 제곱합을 해당하는 자유도로 나눈 값을 의미한다.

표 8-4 회귀직선의 유의성검정을 위한 분산분석표

요인	제곱합	자유도	평균제곱	F 값	유의확률
회귀	SSR	1	$\mathrm{MSR} = \frac{\mathrm{SSR}}{1}$	$f = \frac{\mathrm{MSR}}{\mathrm{MSE}}$	$P = P(F \geq f)$
잔차	SSE	$n-2$	$\mathrm{MSE} = \frac{\mathrm{SSE}}{n-2}$		
합계	SST	$n-1$			

예제 8-5 [예 8-2]를 상기하자. 단순선형회귀모형을 적용하여 회귀직선의 유의성검정을 수행하라.

풀이

[예제 8-3]의 풀이 과정에서 $S_{(xy)} = -1071.275$, $S_{(xx)} = 1141.162$, $S_{(yy)} = 1160.837$이므로, 이를 이용하여 각 제곱합을 계산하면 다음과 같다.

$$\mathrm{SST} = S_{(yy)} = 1160.837$$

$$\mathrm{SSR} = \frac{S^2_{(xy)}}{S_{(xx)}} = \frac{(-1071.275)^2}{1141.162} = 1005.668$$

$$\mathrm{SSE} = \mathrm{SST} - \mathrm{SSR} = 1160.837 - 1005.668 = 155.169$$

평균제곱과 F 검정통계량의 관측값을 구하면 다음과 같다.

$$\text{MSR} = \frac{\text{SSR}}{1} = 1005.668$$

$$\text{MSE} = \frac{\text{SSE}}{12-2} = 15.517$$

$$f = \frac{\text{MSR}}{\text{MSE}} = \frac{1005.668}{15.517} = 64.811$$

[부록 C]의 F 분포표 또는 통계계산 소프트웨어를 이용하면 $F \sim F(1,\ 10)$일 때 다음을 확인할 수 있다.

$$P(F \geq 64.811) < 0.001$$

통계계산 소프트웨어로 유의확률을 계산하면 $P = P(F \geq 64.811) = 0.00001$이다. 이로부터 회귀직선이 유의하다는 강한 증거가 있고, 이러한 검정 과정을 분산분석표로 정리하면 [표 8-5]와 같다.

표 8-5 [예제 8-5]의 분산분석표

요인	제곱합	자유도	평균제곱	F 값	유의확률
회귀	1005.668	1	1005.668	64.811	0.00001
잔차	155.169	10	15.517		
합계	1160.837	11			

다음으로 모회귀계수 β에 관한 구간추정과 일반적인 가설검정에 대해 알아보자. 모회귀계수 β의 최소제곱추정량 $\hat{\beta}$에 대해 다음이 성립한다.

$$E(\hat{\beta}) = \beta,\ \ \text{Var}(\hat{\beta}) = \frac{\sigma^2}{S_{(xx)}}$$

또한 $\hat{\beta}$이 정규분포를 따른다는 사실을 증명할 수 있고([연습문제 8.4] 참고), $\hat{\beta}$을 표준화하고 분모의 오차분산 σ^2을 그 추정량인 $\hat{\sigma}^2$으로 대체하면 다음과 같이 자유도 $(n-2)$인 t 분포를 따른다는 것을 보일 수 있다.

$$\frac{\hat{\beta} - \beta}{\hat{\sigma} / \sqrt{S_{(xx)}}} \sim t(n-2)$$

이를 이용하여 다음과 같이 모회귀계수 β에 대한 추론을 할 수 있다.

모회귀계수 β에 대한 추론

❶ β에 대한 $100(1-\alpha)\%$ 신뢰구간은 다음과 같다.

$$\left(\hat{\beta} - t_{\alpha/2}(n-2)\frac{\hat{\sigma}}{\sqrt{S_{(xx)}}},\ \hat{\beta} + t_{\alpha/2}(n-2)\frac{\hat{\sigma}}{\sqrt{S_{(xx)}}}\right)$$

❷ $H_0 : \beta = \beta_0$에 대한 검정통계량은 다음과 같다.

$$T = \frac{\hat{\beta} - \beta_0}{\hat{\sigma} / \sqrt{S_{(xx)}}}$$

검정통계량의 관측값이 t일 때, 다음이 성립한다.

	유의확률	유의수준 α의 기각역
(a) $H_1 : \beta > \beta_0$	$P = P(T \geq t),\ T \sim t(n-2)$	$t \geq t_{\alpha}(n-2)$
(b) $H_1 : \beta < \beta_0$	$P = P(T \leq t),\ T \sim t(n-2)$	$t \leq -t_{\alpha}(n-2)$
(c) $H_1 : \beta \neq \beta_0$	$P = P(\|T\| \geq \|t\|),\ T \sim t(n-2)$	$\|t\| \geq t_{\alpha/2}(n-2)$

예제 8-6 [예 8-2]를 상기하자. 단순선형회귀모형을 적용하여 다음과 같은 추론을 수행하라.

(a) 회귀직선의 유의성을 t 검정으로 유의수준 1%에서 검정하고, 분산분석표에서의 F 검정과의 관계를 설명하라.

(b) 최고기온이 10℃ 상승할 때 따뜻한 음료의 매출 감소액이 9만 원을 초과하는지 유의수준 5%에서 검정하라.

(c) 모회귀계수 β의 95% 신뢰구간을 구하고 그 의미를 해석하라.

풀이

[예제 8-2]의 풀이 과정에서 $n = 12$, $\hat{\beta} = -0.939$, $S_{(xx)} = 1141.162$를 얻었다. 또한 [예제 8-3]의 풀이 과정에서 구한 오차분산 추정량의 관측값은 $\hat{\sigma}^2 = \text{MSE} = 15.517$이다.

(a) 검정하고자 하는 가설은 다음과 같다.

$$H_0 : \beta = 0,\quad H_1 : \beta \neq 0$$

t 검정통계량의 관측값은 다음과 같이 계산된다.

$$t = \frac{\hat{\beta} - 0}{\hat{\sigma} / \sqrt{S_{(xx)}}} = \frac{-0.939}{\sqrt{15.517/1141.162}} = -8.053$$

[부록 C]의 t 분포표 또는 통계계산 소프트웨어를 이용하면 $t_{0.005}(12-2)=3.169$를 얻는다. 관측값 t에 대해 $|t| \geq t_{0.005}(10)$이 성립하므로 유의수준 1%에서 회귀직선이 유의하다고 판단된다. 이러한 회귀직선의 유의성검정은 분산분석표를 이용한 F 검정으로도 수행할 수 있으며, 두 검정 사이에는 다음 관계가 성립한다.

$$F=\frac{\mathrm{SSR}/1}{\mathrm{SSE}/(n-2)}=\frac{\hat{\beta}^2 S_{(xx)}}{\mathrm{MSE}}=\frac{\hat{\beta}^2}{\mathrm{MSE}/S_{(xx)}}=\left(\frac{\hat{\beta}-0}{\hat{\sigma}/\sqrt{S_{(xx)}}}\right)^2=T^2$$

즉 F 검정과 t 검정은 동일한 검정을 수행하는 다른 방식임을 알 수 있다.

(b) 매출액의 단위는 만 원이고, 기온의 측정단위는 ℃이다. 최고기온이 10℃ 상승할 때 매출 감소액이 9만 원을 초과하는지 검정하는 것은 최고기온이 1℃ 상승할 때 매출 감소액이 0.9만 원을 초과하는지 검정하는 것과 동일하다. 따라서 가설을 다음과 같이 세울 수 있다.

$$H_0 : \beta = -0.9, \quad H_1 : \beta < -0.9$$

t 검정통계량의 관측값은 다음과 같이 계산된다.

$$t=\frac{\hat{\beta}-(-0.9)}{\hat{\sigma}/\sqrt{S_{(xx)}}}=\frac{-0.939+0.9}{\sqrt{15.517/1141.162}}=-0.334$$

[부록 C]의 t 분포표 또는 통계계산 소프트웨어를 이용하면 $t_{0.05}(12-2)=1.812$임을 알 수 있다. 관측값 t에 대해 $t \leq -t_{0.05}(10)$이 성립하지 않으므로 유의수준 5%에서 귀무가설을 기각할 수 없다. 즉 최고기온이 1℃ 상승할 때 매출 감소액이 0.9만 원, 즉 최고기온이 10℃ 상승할 때 매출 감소액이 9만 원을 초과한다는 명확한 증거는 없다.

(c) [부록 C]의 t 분포표 또는 통계계산 소프트웨어를 이용하면 $t_{0.025}(12-2)=2.228$을 얻는다. 모회귀계수 β의 95% 신뢰구간을 구하기 위해 다음과 같이 계산할 수 있다.

$$\hat{\beta} \pm t_{0.025}(10)\frac{\hat{\sigma}}{\sqrt{S_{(xx)}}}=-0.939 \pm 2.228\sqrt{\frac{15.517}{1141.162}}=-0.939 \pm 0.260$$

따라서 β의 95% 신뢰구간은 $(-1.199,\ -0.679)$이다. 즉 최고기온이 1℃ 상승할 때 따뜻한 음료의 매출액은 6,790원에서 11,990원 사이로 감소한다고 신뢰수준 95%에서 결론지을 수 있다.

회귀분석에서 흔히 관심 갖는 대상은 설명변수의 값인 x에 대응하는 반응변수의 평균값인 $E(Y \mid X=x)=\alpha+\beta x$에 대한 추론이다. 이때 평균반응의 최소제곱추정량 $\hat{\alpha}+\hat{\beta}x$에 대한 기댓값과 분산은 다음과 같이 주어진다.

$$E(\hat{\alpha}+\hat{\beta}x)=\alpha+\beta x,\ \ \mathrm{Var}(\hat{\alpha}+\hat{\beta}x)=\left(n^{-1}+\frac{(x-\overline{x})^2}{S_{(xx)}}\right)\sigma^2$$

또한 $\hat{\alpha}+\hat{\beta}x$가 정규분포를 따른다는 사실을 보일 수 있다.[12] 여기서 $\hat{\alpha}+\hat{\beta}x$를 표준화하되 분모의 오차분산 σ^2을 그 추정량인 $\hat{\sigma}^2$으로 대체하면 자유도 $(n-2)$인 t 분포를 따르게 된다.

$$\frac{(\hat{\alpha}+\hat{\beta}x)-(\alpha+\beta x)}{\sqrt{\left(n^{-1}+(x-\overline{x})^2/S_{(xx)}\right)\hat{\sigma}^2}}\sim t(n-2)$$

이를 이용하여 평균반응 $\alpha+\beta x$에 관한 추론을 다음과 같이 수행할 수 있다.

평균반응 $E(Y\mid X=x)=\alpha+\beta x$에 대한 추론

❶ $\alpha+\beta x$에 대한 $100(1-\alpha)\%$ 신뢰구간은 다음과 같다.

$$\left((\hat{\alpha}+\hat{\beta}x)-t_{\alpha/2}(n-2)\hat{\sigma}\sqrt{n^{-1}+\frac{(x-\overline{x})^2}{S_{(xx)}}},\ (\hat{\alpha}+\hat{\beta}x)+t_{\alpha/2}(n-2)\hat{\sigma}\sqrt{n^{-1}+\frac{(x-\overline{x})^2}{S_{(xx)}}}\right)$$

❷ $H_0:\alpha+\beta x=\mu_0$에 대한 검정통계량은 다음과 같다.

$$T=\frac{(\hat{\alpha}+\hat{\beta}x)-\mu_0}{\hat{\sigma}\sqrt{n^{-1}+(x-\overline{x})^2/S_{(xx)}}}$$

검정통계량의 관측값이 t일 때, 다음이 성립한다.

	유의확률	유의수준 α의 기각역
(a) $H_1:\alpha+\beta x>\mu_0$	$P=P(T\geq t),\ T\sim t(n-2)$	$t\geq t_\alpha(n-2)$
(b) $H_1:\alpha+\beta x<\mu_0$	$P=P(T\leq t),\ T\sim t(n-2)$	$t\leq -t_\alpha(n-2)$
(c) $H_1:\alpha+\beta x\neq\mu_0$	$P=P(\lvert T\rvert\geq\lvert t\rvert),\ T\sim t(n-2)$	$\lvert t\rvert\geq t_{\alpha/2}(n-2)$

예제 8-7 [예 8-2]를 상기하자. 단순선형회귀모형을 적용하여 다음과 같은 추론을 수행하라.

(a) 최고기온이 $x=25$℃일 때, 따뜻한 음료의 평균 매출액이 40만 원보다 높은지 유의수준 1%에서 검정하라.

(b) 최고기온이 각각 $x=10$℃, 20℃, 30℃일 때 따뜻한 음료의 평균 매출액에 대한 95% 신뢰구간을 구하고, 이를 그래프로 나타내라.

12 증명은 [연습문제 8.4]로 남긴다.

풀이

[예제 8-2]와 [예제 8-3]에서 다음을 알 수 있다.

$$n=12,\ \bar{x}=17.525,\ S_{(xx)}=1141.162,\ \hat{y}=\hat{\alpha}+\hat{\beta}x=69.739-0.939x,\ \hat{\sigma}^2=15.517$$

(a) 검정하고자 하는 가설은 다음과 같다.

$$H_0:\alpha+25\beta=40,\ H_1:\alpha+25\beta>40$$

t 검정통계량의 관측값은 다음과 같이 계산된다.

$$t=\frac{(\hat{\alpha}+25\hat{\beta})-40}{\hat{\sigma}\sqrt{n^{-1}+(25-\bar{x})^2/S_{(xx)}}}=4.372$$

[부록 C]의 t 분포표 또는 통계계산 소프트웨어를 이용하면 $t_{0.01}(12-2)=2.764$를 얻을 수 있다. 관측값 t에 대해 $t\ \geq\ t_{0.01}(10)$이 성립하므로 유의수준 1%에서 귀무가설을 기각할 수 있다. 즉 최고기온이 25℃일 때 따뜻한 음료의 평균 매출액이 40만 원보다 높다는 뚜렷한 증거가 있다.

(b) 앞에서의 요약 통계량을 이용하여 최고기온이 $x=10$℃일 때 따뜻한 음료의 평균 매출액에 대해 다음과 같이 계산할 수 있다.

$$\begin{aligned}&(\hat{\alpha}+10\hat{\beta})\pm t_{0.025}(10)\,\hat{\sigma}\sqrt{n^{-1}+\frac{(10-\bar{x})^2}{S_{(xx)}}}\\&=(69.739-0.939\times 10)\pm 2.228\times\sqrt{15.517}\sqrt{\frac{1}{12}+\frac{(10-17.525)^2}{1141.162}}\\&=60.349\pm 3.200\end{aligned}$$

따라서 95% 신뢰구간은 (57.149, 63.549)이다. 유사한 방법으로 최고기온이 $x=20$℃와 $x=30$℃일 때 따뜻한 음료의 평균 매출액 $\alpha+\beta x$에 대한 95% 신뢰구간도 각각 다음과 같이 구할 수 있다.

$x=20$℃일 때 (48.345, 53.573)

$x=30$℃일 때 (37.455, 45.683)

각 x 값이 주어질 때 신뢰구간들의 상한을 연결하고, 하한을 마찬가지로 연결하면 잘록한 띠 모양을 얻을 수 있다. [그림 8-8]의 파란색 영역을 통해 이러한 형태를 확인할 수 있다.

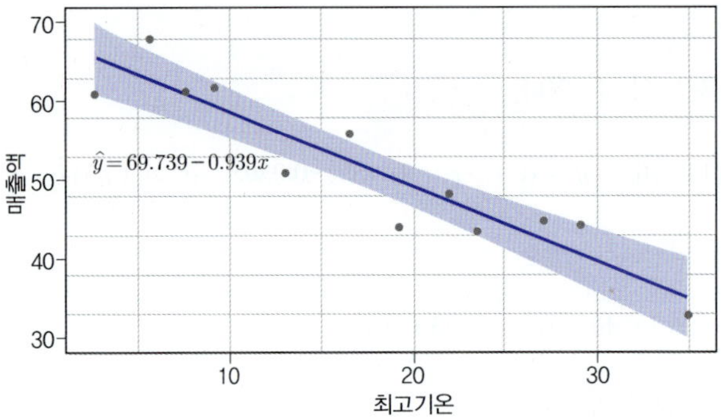

그림 8-8 [표 8-2]에 대한 산점도와 최소제곱회귀직선, 평균반응의 95% 신뢰구간

평균반응 $\alpha+\beta x$에 대한 신뢰구간의 공식에서 x가 관측된 설명변수 값들의 평균 $\bar{x}$에 가까워지고 제곱합 $S_{(xx)}$가 커질수록 신뢰구간의 길이가 짧아짐을 알 수 있다. 따라서 관심 대상인 설명변수 값 x를 중심으로 널리 퍼져있는 설명변수 값을 이용하여 반응변수를 관측하는 것이 바람직하다.

마지막으로 단순선형회귀모형에서 회귀직선의 절편 α에 대한 추론을 생각해보자. 이는 평균반응 $\alpha+\beta x$에 관한 추론의 공식에서 $x=0$인 경우에 해당하므로 다음과 같이 요약할 수 있다.

모회귀직선의 절편 α에 대한 추론

❶ α에 대한 $100(1-\alpha)\%$ 신뢰구간은 다음과 같다.

$$\left(\hat{\alpha}-t_{\alpha/2}(n-2)\hat{\sigma}\sqrt{n^{-1}+\frac{\bar{x}^2}{S_{(xx)}}},\ \hat{\alpha}+t_{\alpha/2}(n-2)\hat{\sigma}\sqrt{n^{-1}+\frac{\bar{x}^2}{S_{(xx)}}}\right)$$

❷ $H_0:\alpha=\alpha_0$에 대한 검정통계량은 다음과 같다.

$$T=\frac{\hat{\alpha}-\alpha_0}{\hat{\sigma}\sqrt{n^{-1}+\bar{x}^2/S_{(xx)}}}$$

검정통계량의 관측값이 t일 때, 다음이 성립한다.

	유의확률	유의수준 α의 기각역
(a) $H_1:\alpha>\alpha_0$	$P=P(T\geq t),\ T\sim t(n-2)$	$t\geq t_{\alpha}(n-2)$
(b) $H_1:\alpha<\alpha_0$	$P=P(T\leq t),\ T\sim t(n-2)$	$t\leq -t_{\alpha}(n-2)$
(c) $H_1:\alpha\neq\alpha_0$	$P=P(\lvert T\rvert\geq\lvert t\rvert),\ T\sim t(n-2)$	$\lvert t\rvert\geq t_{\alpha/2}(n-2)$

예제 8-8 [예 8-2]를 상기하자. 단순선형회귀모형을 적용하여 모회귀직선의 절편 α에 대한 95% 신뢰구간을 구하라.

풀이

[예제 8-2]와 [예제 8-3]에서 다음을 알 수 있다.

$$n=12,\ \bar{x}=17.525,\ S_{(xx)}=1141.162,\ \hat{\alpha}=69.739,\ \hat{\sigma}^2=15.517$$

$t_{0.025}(10)=2.228$이므로 다음과 같이 계산할 수 있다.

$$\hat{\alpha}\pm t_{0.025}(10)\hat{\sigma}\sqrt{n^{-1}+\frac{\bar{x}^2}{S_{(xx)}}}=69.739\pm 5.210$$

따라서 α의 95% 신뢰구간은 $(64.529,\ 74.949)$이다.

8.5 단순회귀분석에서의 잔차분석

회귀분석의 첫 단계는 산점도를 이용하여 두 변수의 관계를 대략적으로 파악하는 것이다. 관계가 직선형태를 따른다고 판단되면, 다음과 같은 단순선형회귀모형을 적용하는 것이 타당한지 검토하게 된다.

$$Y_i=\alpha+\beta x_i+e_i\ (\text{단, } i=1,\ 2,\ \cdots,\ n)$$

❶ **선형성** : $E(e_i)=0$, 즉 $E(Y_i\mid X=x_i)=\alpha+\beta x_i$

❷ **등분산성** : $\mathrm{Var}(e_1)=\mathrm{Var}(e_2)=\cdots=\mathrm{Var}(e_n)=\sigma^2>0$

❸ **독립성** : $e_1,\ e_2,\ \cdots,\ e_n$은 서로 독립

❹ **정규성** : $e_i\sim N(0,\ \sigma^2)$

단순선형회귀모형의 가정을 검토할 때 흔히 잔차 $\hat{e}_i=y_i-\hat{y}_i$를 활용한다. 기본 가정이 타당해야 8.4절에서 다룬 추론이 의미를 가진다. 단순선형회귀모형의 가정이 타당하면 다음의 표준화된 오차항이 서로 독립이고 표준정규분포 $N(0,\ 1)$을 따른다.

$$\frac{e_i}{\mathrm{SD}(e_i)}=\frac{Y_i-(\alpha+\beta x_i)}{\sigma}\ (\text{단, } i=1,\ 2,\ \cdots,\ n)$$

따라서 잔차 $\hat{e}_i$를 그 표준편차의 추정량 값인 $\widehat{\mathrm{SD}}(\hat{e}_i)$로 나눈 **스튜던트화 잔차**(studentized residual)인 $\hat{e}_{st,i}$를 표준화된 오차항의 관측값처럼 간주하고, 이를 이용하여 가정의 타당성을 검토할 수 있다.

$$\hat{e}_{st,i} = \frac{\hat{e}_i}{\widehat{\mathrm{SD}}(\hat{e}_i)} = \frac{y_i - \hat{y}_i}{\widehat{\mathrm{SD}}(Y_i - \hat{Y}_i)} \quad (\text{단, } i = 1,\ 2,\ \cdots,\ n)$$

즉 스튜던트화 잔차 $\hat{e}_{st,i}$(단, $i=1,\ 2,\ \cdots,\ n$)가 표준정규분포에서 서로 독립인 n개 관측값처럼 나타나면, 단순선형회귀모형의 가정이 타당하다고 판단할 수 있다.

이와 같이 잔차를 이용하여 가정을 검토하는 과정을 **잔차분석**(analysis of residual)이라 하며, 일반적으로 **잔차도**(residual plot)를 활용하여 분석한다. 잔차도는 좌표평면에 점 $(x_1,\ \hat{e}_{st,1})$, $\cdots$, $(x_n,\ \hat{e}_{st,n})$을 나타낸 것이다.

잔차분석

스튜던트화 잔차 $\hat{e}_{st,i} = \dfrac{\hat{\mathrm{e}}_\mathrm{i}}{\widehat{\mathrm{SD}}(\hat{\mathrm{e}}_\mathrm{i})}$ (단, $i = 1,\ 2,\ \cdots,\ n$), 즉

$$\frac{y_1 - \hat{y}_1}{\widehat{\mathrm{SD}}(\hat{e}_1)},\ \frac{y_2 - \hat{y}_2}{\widehat{\mathrm{SD}}(\hat{e}_2)},\ \cdots,\ \frac{y_n - \hat{y}_n}{\widehat{\mathrm{SD}}(\hat{e}_n)}$$

이 표준정규분포를 따르는 서로 독립인 n개의 관측값과 유사하게 나타나는지를 검토하여 단순선형회귀모형의 적용 타당성을 평가한다.

잔차분석은 보통 통계계산 소프트웨어에서 제공하는 잔차도를 이용하여 수행한다. [그림 8-9]는 [예 8-2]에서 단순선형회귀모형의 적용 타당성을 평가하기 위한 스튜던트화 잔차도이다.

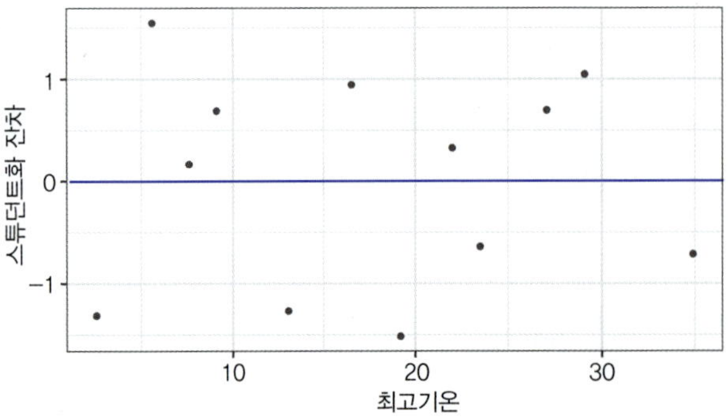

그림 8-9 [예 8-2]의 스튜던트화 잔차도

이 잔차도에서 스튜던트화 잔차가 다음과 같은 특징을 보이면 단순선형회귀모형의 적용이 타당하다고 판단할 수 있다.

❶ 잔차가 대략 0을 중심으로 대칭적으로 나타난다.
❷ 설명변수 값에 따라 잔차의 산포가 일정하다.
❸ 점들이 특정한 패턴을 보이지 않는다.
❹ 대략 95% 정도로 관측값이 ±2 범위 내에 위치한다.

[그림 8-9]는 조건 ❶~❹를 만족한다고 볼 수 있으므로 [예 8-2]에서 단순선형회귀모형을 적용하는 것이 타당하다는 결론을 내릴 수 있고, 8.4절에서 여러 가지 추론이 의미를 갖게 된다.

주어진 자료에 대해 단순선형회귀모형을 적용하여 통계적 추론을 수행할 때는 다음과 같은 절차를 따르는 것이 바람직하다.

❶ 산점도를 작성하여 두 변수 간의 대략적인 직선관계를 파악한다.
❷ 최소제곱회귀직선과 평균제곱오차를 구한 후 잔차분석을 수행한다. 이때 스튜던트화 잔차가 대체로 0을 중심으로 대칭적으로 분포하는지 확인한다. 잔차들이 대체로 ±2 범위 내에 위치하고, 특정한 패턴을 보이지 않는지 확인한다.
❸ 잔차분석에서 이상이 없으면 신뢰구간을 계산하거나 가설검정 등의 추론을 수행한다.

[그림 8-10]은 단순선형회귀모형의 가정에 어긋나는 대표적인 사례들을 나타낸 것이다.

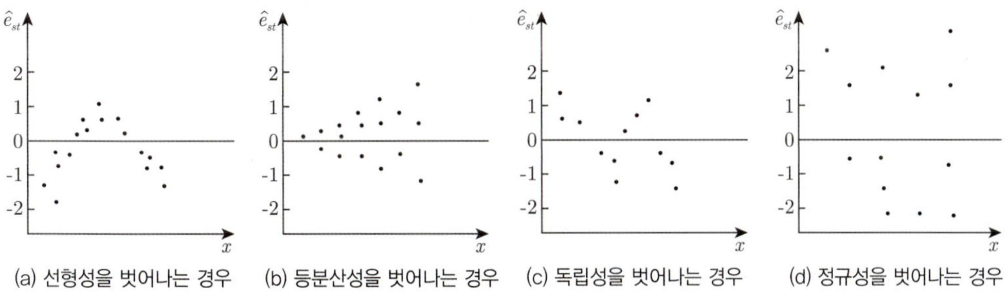

그림 8-10 단순선형회귀모형의 가정에 어긋나는 경우

[그림 8-10]에서와 같이 잔차분석 결과가 단순선형회귀모형의 적용이 타당하지 않음을 시사한다면 보다 적절한 회귀분석 기법을 선택해야 한다.[13]

13 박성현, 이성임, & 임요한(2023)의 저서를 참고해도 좋다.

예제 8-9 공동주택의 가구당 월간 전기요금이 월평균 기온에 따라 어떻게 변화하는지 알아보기 위해 조사한 결과가 [표 8-6]과 같다.

표 8-6 월평균 기온에 따른 월간 전기요금

(단위 : ℃, 천 원)

기온	전기요금	기온	전기요금	기온	전기요금	기온	전기요금	기온	전기요금
−2.2	14.0	0.8	12.2	8.2	12.9	15.2	11.9	21.8	10.3
−1.9	13.1	1.8	13.0	9.2	11.3	16.3	10.9	22.3	9.1
−1.7	14.4	3.9	11.3	14.2	10.8	21.1	9.6	23.6	7.5
−1.3	13.1	7.0	10.5	14.5	10.0	21.1	8.1	23.6	10.5
−0.7	14.8	8.0	9.7	14.9	9.9	21.5	9.2	24.8	10.0

(a) 단순선형회귀모형 적용이 가능한지 잔차분석을 하라.

(b) 유의수준 5%에서 회귀직선의 유의성검정을 하라.

(c) 월평균기온이 10℃일 때, 월평균 전기요금에 대한 95% 신뢰구간을 구하라.

풀이

[표 8-6]의 자료에 대해 산점도를 그리면 [그림 8-11]과 같다. 이 산점도에서 두 변수 사이에 대략적인 직선관계가 성립함을 알 수 있다.

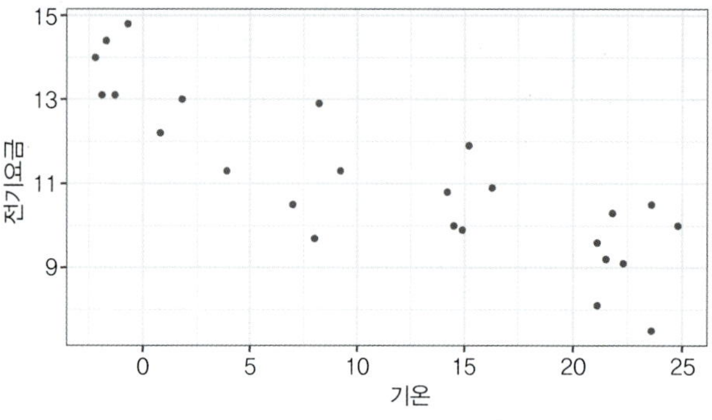

그림 8-11 [표 8-6]에 대한 산점도

(a) 이 자료에 대해 최소제곱회귀직선을 적합하기 위한 통계량을 계산하면 다음과 같다.

$$n = 25, \quad \bar{x} = 11.44, \quad \bar{y} = 11.124,$$

$$S_{(xx)} = 2210.44, \quad S_{(yy)} = 88.8856, \quad S_{(xy)} = -374.9945$$

이로부터 추정량을 다음과 같이 계산할 수 있다.

$$\hat{\beta} = \frac{S_{(xy)}}{S_{(xx)}} = -0.17, \qquad \hat{\alpha} = \bar{y} - \hat{\beta}\bar{x} = 13.06,$$

$$\hat{y} = \hat{\alpha} + \hat{\beta}x = 13.06 - 0.17x,$$

$$\hat{\sigma}^2 = \frac{\text{SSE}}{n-2} = \frac{(S_{(yy)} - S_{(xy)})^2 S_{(xx)}}{n-2} = 1.0987$$

이를 바탕으로 최소제곱회귀직선을 산점도에 그리면 [그림 8-12]와 같다.

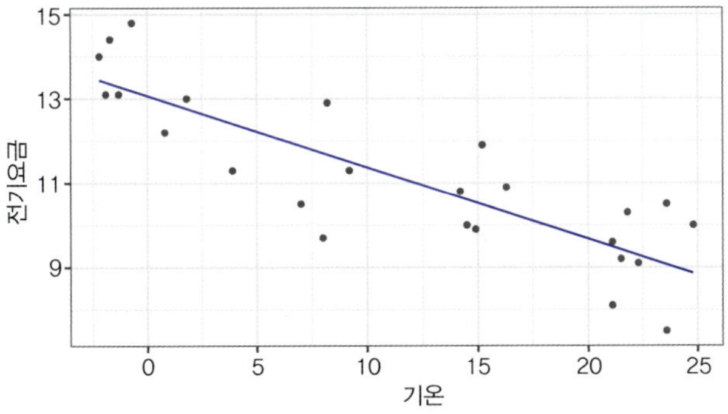

그림 8-12 [표 8-6]에 대한 산점도와 최소제곱회귀직선

최소제곱회귀직선 $\hat{y}_i = 13.06 - 0.17x_i$와 표준편차 $\hat{\sigma} = \sqrt{\hat{\sigma}^2}$을 이용하여 스튜던트화 잔차 $\hat{e}_{st,i} = \dfrac{y_i - \hat{y}_i}{\widehat{\text{SD}}(Y_i - \widehat{Y}_i)}$를 계산하여 잔차도를 그리면 [그림 8-13]과 같다. 잔차는 대략 0을 중심으로 대칭적으로 분포하고, 설명변수의 값에 따른 산포가 일정하며 특별한 패턴을 보이지 않는다. 또한 모두 ± 2 범위 내에 위치한다.

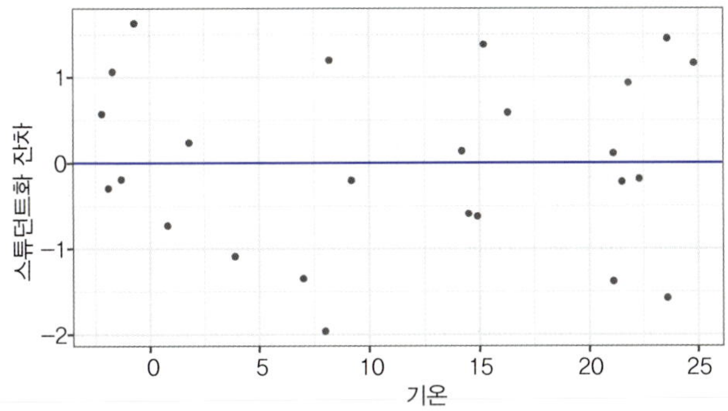

그림 8-13 [표 8-6]에 대한 잔차도

따라서 [그림 8-11]의 산점도와 잔차분석을 바탕으로 단순선형회귀모형의 적용이 타당하다고 판단할 수 있다. 이러한 회귀모형을 가정할 때, 회귀직선이 자료의 전체 산포를 얼마나 설명하는지를 확인하기 위해 결정계수를 계산하면 다음과 같다.

$$r^2 = \frac{\text{SSR}}{\text{SST}} = \frac{S_{(xy)}^2}{S_{(xx)}S_{(yy)}} = 0.7157$$

즉 전체 산포의 약 72%가 회귀직선에 의해 설명된다고 할 수 있다.

(b) 회귀직선의 유의성을 판단하기 위해 다음 가설을 검정한다.

$$H_0 : \beta = 0, \quad H_1 : \beta \neq 0$$

이를 위한 제곱합을 계산하면 다음과 같다.

$$\mathrm{SST} = S_{(yy)} = 88.8856, \quad \mathrm{SSR} = \frac{S_{(xy)}^2}{S_{(xx)}} = 63.6165, \quad \mathrm{SSE} = \mathrm{SST} - \mathrm{SSR} = 25.2691$$

여기서 자유도는 각각 $25-1=24$, 1, $25-2=23$이다. F 검정통계량의 관측값은 다음과 같다.

$$f = \frac{\mathrm{SSR}/1}{\mathrm{SSE}/23} = 57.902$$

통계계산 소프트웨어를 이용하면 $F_{0.05}(1, 23) = 4.28$을 얻는다. 관측값 f와 비교하면 $f \geq F_{0.05}(1, 23)$이다. 즉 유의수준 5%에서 회귀직선은 유의하다. 통계계산 소프트웨어를 이용하면 [표 8-7]과 같은 분산분석표가 제공되고, 유의확률은 $P = 0.0000001$이다.

표 8-7 회귀직선의 유의성검정을 위한 분산분석표

요인	제곱합	자유도	평균제곱	F 값	유의확률
회귀	63.6165	1	63.6165	57.902	0.0000001
잔차	25.2691	23	1.0987		
합계	88.8856	24			

(c) 월평균기온이 $x = 10$℃일 때 $E(Y|X=x) = \alpha + 10\beta$의 추정량 값은 다음과 같다.

$$\hat{\alpha} + 10\hat{\beta} = 13.06 + 10(-0.17) = 11.36$$

이 추정량의 표준오차는 다음과 같이 계산된다.

$$\hat{\sigma}\sqrt{n^{-1} + \frac{(x-\bar{x})^2}{S_{(xx)}}} = 0.2121$$

통계계산 소프트웨어에서 $t_{0.025}(23) = 2.069$를 얻을 수 있고, 다음과 같이 계산할 수 있다.

$$(\hat{\alpha} + 10\hat{\beta}) \pm t_{0.025}(23)\hat{\sigma}\sqrt{n^{-1} + \frac{(x-\bar{x})^2}{S_{(xx)}}} = 11.36 \pm 0.44$$

따라서 월간 평균 전기요금 $\alpha + \beta x$에 대한 95% 신뢰구간은 (10.92, 11.8)이다.

8.6 중회귀분석

일반적으로 반응변수의 변화는 두 개 이상의 설명변수에 의해 영향을 받는 경우가 많다. 이러한 경우에 여러 개의 설명변수를 적절히 선택하여 이들 설명변수의 함수로 반응변수의 변화를 설명하면, 하나의 설명변수만 사용하는 단순회귀분석보다 더 나은 분석 결과를 얻을 수 있다.

이처럼 반응변수의 변화를 설명하기 위해 두 개 이상의 설명변수를 고려하는 회귀모형을 **중회귀모형**(multiple regression model)이라 한다. 특히 p개 설명변수의 값, x_{1i}, x_{2i}, $\cdots$, x_{pi}에서 관측되는 반응변수 Y_i에 대해 다음과 같은 관계를 가정하는 모형을 **중선형회귀모형**(multiple linear regression model)이라 한다.

$$Y_i = \beta_0 + \beta_1 x_{1i} + \beta_2 x_{2i} + \cdots + \beta_p x_{pi} + e_i,\ e_i \overset{\text{iid}}{\sim} N(0,\ \sigma^2)\ \ (\text{단},\ i = 1,\ 2,\ \cdots,\ n)$$

여기서 β_0, β_1, $\cdots$, β_p는 미지의 모회귀계수로 실수이고, σ^2은 미지의 오차분산으로 양수이다.

이제 가장 간단한 경우로서 두 개의 설명변수를 포함한 중회귀모형에 대해 알아보자. 두 개의 설명변수를 고려하면 중선형회귀모형은 다음과 같이 표현된다.

$$Y_i = \beta_0 + \beta_1 x_{1i} + \beta_2 x_{2i} + e_i,\ e_i \overset{\text{iid}}{\sim} N(0,\ \sigma^2)\ \ (\text{단},\ i = 1,\ 2,\ \cdots,\ n)$$

이 모형에서 모회귀계수를 추정하기 위해 다음과 같이 정의된 오차항의 제곱합을 최소로 하는 최소제곱법을 사용한다.

$$\sum_{i=1}^{n} \{ Y_i - (\beta_0 + \beta_1 x_{1i} + \beta_2 x_{2i}) \}^2$$

따라서 β_0, β_1, β_2의 최소제곱추정량 $\hat{\beta}_0$, $\hat{\beta}_1$, $\hat{\beta}_2$를 구하려면 오차항의 제곱합을 β_0, β_1, β_2에 대해 각각 편미분하여 얻은 식을 0으로 놓은 연립방정식, 즉 다음의 정규방정식을 풀면 된다.

$$\begin{cases} -2\sum_{i=1}^{n}(y_i - \hat{\beta}_0 - \hat{\beta}_1 x_{1i} - \hat{\beta}_2 x_{2i}) = 0 \\ -2\sum_{i=1}^{n} x_{1i}(y_i - \hat{\beta}_0 - \hat{\beta}_1 x_{1i} - \hat{\beta}_2 x_{2i}) = 0 \\ -2\sum_{i=1}^{n} x_{2i}(y_i - \hat{\beta}_0 - \hat{\beta}_1 x_{1i} - \hat{\beta}_2 x_{2i}) = 0 \end{cases}$$

첫 번째 방정식을 정리하면 다음과 같이 표현할 수 있다.

$$\hat{\beta}_0 = \overline{y} - \hat{\beta}_1 \overline{x}_1 - \hat{\beta}_2 \overline{x}_2$$

이를 두 번째와 세 번째 방정식에 대입하여 정리하면 다음과 같은 방정식을 얻을 수 있다.

$$\begin{cases} S_{(11)}\hat{\beta}_1 + S_{(12)}\hat{\beta}_2 = S_{(1y)} \\ S_{(12)}\hat{\beta}_1 + S_{(22)}\hat{\beta}_2 = S_{(2y)} \end{cases}$$

여기서 $S_{(11)} = S_{(x_1x_1)}$, $S_{(22)} = S_{(x_2x_2)}$, $S_{(12)} = S_{(x_1x_2)}$, $S_{(1y)} = S_{(x_1y)}$, $S_{(2y)} = S_{(x_2y)}$이다.

이상을 정리하면 다음과 같다.

중선형회귀모형에서의 최소제곱추정량(설명변수가 두 개인 경우)

모회귀계수의 최소제곱추정량 $\hat{\beta}_0$, $\hat{\beta}_1$, $\hat{\beta}_2$는 다음 정규방정식의 해로 주어진다.

$$\begin{cases} S_{(11)}\hat{\beta}_1 + S_{(12)}\hat{\beta}_2 = S_{(1y)} \\ S_{(12)}\hat{\beta}_1 + S_{(22)}\hat{\beta}_2 = S_{(2y)} \\ \hat{\beta}_0 = \overline{y} - \hat{\beta}_1\overline{x}_1 - \hat{\beta}_2\overline{x}_2 \end{cases}$$

모회귀평면 $E(Y \mid x_1, x_2) = \beta_0 + \beta_1 x_1 + \beta_2 x_2$는 다음 식으로 추정한다.

$$\hat{y} = \hat{\beta}_0 + \hat{\beta}_1 x_1 + \hat{\beta}_2 x_2$$

예제 8-10 어느 체력센터를 방문한 성인 남성 10명에 대해 나이, 체지방율, 제자리멀리뛰기에 대한 자료를 [표 8-8]과 같이 얻었다. 나이와 체지방율에 따라 제자리멀리뛰기가 어떻게 변하는지를 알아보기 위해 제자리멀리뛰기를 반응변수 Y, 나이와 체지방율을 각각 설명변수 X_1, X_2로 하는 중선형회귀모형을 적용한다. 최소제곱법을 이용하여 모회귀계수와 모회귀평면을 추정하라.

표 8-8 나이와 체지방율에 따른 제자리멀리뛰기

(단위 : 세, %, cm)

나이	43	64	29	22	31	20	20	26	20	19
체지방율	22.7	31.9	12.3	18.4	16.4	26.9	16.0	17.5	22.5	14.5
제자리 멀리뛰기	206	120	250	224	219	195	260	190	226	222

풀이

[표 8-8]의 자료로부터 최소제곱추정에 필요한 통계량을 계산하면 다음과 같다.

$$n=10,\ \bar{x}_1=29.4,\qquad \bar{x}_2=19.91,\ \bar{y}=211.2$$

$$S_{(11)}=\sum_{i=1}^{n}(x_{1i}-\bar{x}_1)^2=1824.4,\qquad S_{(22)}=\sum_{i=1}^{n}(x_{2i}-\bar{x}_2)^2=329.989$$

$$S_{(12)}=\sum_{i=1}^{n}(x_{1i}-\bar{x}_1)(x_{2i}-\bar{x}_2)=472.56,\qquad S_{(1y)}=\sum_{i=1}^{n}(x_{1i}-\bar{x}_1)(y_i-\bar{y})=-3809.8$$

$$S_{(2y)}=\sum_{i=1}^{n}(x_{2i}-\bar{x}_2)(y_i-\bar{y})=-1723.02$$

따라서 최소제곱추정을 위한 다음의 정규방정식을 세울 수 있다.

$$\begin{cases}1824.4\hat{\beta}_1+472.56\hat{\beta}_2=-3809.8\\ 472.56\hat{\beta}_1+329.989\hat{\beta}_2=-1723.02\\ \hat{\beta}_0=211.2-29.4\hat{\beta}_1-19.91\hat{\beta}_2\end{cases}$$

이 정규방정식을 풀면 모회귀계수의 추정량 값은 $\hat{\beta}_0=316.198$, $\hat{\beta}_1=-1.1696$, $\hat{\beta}_2=-3.5465$이다. 이로부터 모회귀평면 $E(Y\mid x_1,\ x_2)=\beta_0+\beta_1x_1+\beta_2x_2$의 추정식은 다음과 같다.

$$\hat{y}=316.198-1.1696x_1-3.5465x_2$$

[예제 8-10]의 풀이 과정에서 알 수 있듯이 중회귀분석에서 요구되는 계산은 실제로 컴퓨터로 수행된다. 따라서 이러한 계산 과정보다는 중회귀분석의 모형과 분석 절차, 그리고 기본 개념에 대한 이해가 더 중요하다.

중회귀분석도 단순회귀분석과 마찬가지로 총편차 $y_i-\bar{y}$는 다음과 같이 잔차와 회귀에 의한 편차로 분해된다.

$$y_i-\bar{y}=(y_i-\hat{y}_i)+(\hat{y}_i-\bar{y})$$

이를 통해 총제곱합(SST)은 다음과 같이 잔차제곱합(SSE)과 회귀제곱합(SSR)으로 분해된다.

$$\begin{array}{ccccc}\displaystyle\sum_{i=1}^{n}(y_i-\bar{y})^2 & = & \displaystyle\sum_{i=1}^{n}(y_i-\hat{y}_i)^2 & + & \displaystyle\sum_{i=1}^{n}(\hat{y}_i-\bar{y})^2\\ \text{SST} & = & \text{SSE} & + & \text{SSR}\end{array}$$

설명변수가 p개일 때 자유도는 각각 $n-1$, $n-p-1$, p이고, 오차제곱평균과 회귀제곱평균은 각각 다음과 같다.

$$\text{MSE}=\frac{\text{SSE}}{n-p-1},\ \text{MSR}=\frac{\text{SSR}}{p}$$

중선형회귀모형에서의 오차분산 σ^2도 단순회귀분석과 마찬가지로 오차제곱평균을 사용하여 추정한다.

$$\hat{\sigma}^2 = \text{MSE} = \frac{\text{SSE}}{n-p-1}$$

자료 전체의 산포 중 추정된 회귀함수로 설명되는 부분의 비율을 나타내는 결정계수도 단순회귀분석과 마찬가지로 주어진다.[14]

$$R^2 = \frac{\text{SSR}}{\text{SST}}$$

중회귀분석에서 모회귀함수의 유의성에 대한 가설은 다음과 같이 설정할 수 있다.

$$H_0 : \beta_1 = \beta_2 = \cdots = \beta_p = 0$$

$$H_1 : \beta_1,\ \beta_2,\ \cdots,\ \beta_p\text{가 모두 0은 아니다.}$$

이를 검정하기 위해 다음의 F 검정통계량을 사용할 수 있다.

$$F = \frac{\text{MSR}}{\text{MSE}}$$

이 F 검정통계량은 귀무가설 H_0가 참일 때 $F \sim F(p,\ n-p-1)$을 따른다. 유의수준 α에서 귀무가설 H_0의 기각역은 검정통계량의 관측값 f에 대해 다음과 같이 주어진다.

$$f \ge F_\alpha(p,\ n-p-1)$$

유의확률은 다음과 같이 주어진다.

$$P = P(F \ge f),\ F \sim F(p,\ n-p-1)$$

중회귀분석의 유의성검정 결과는 통계계산 소프트웨어를 통해 [표 8-9]와 같은 분산분석표로 제공된다.

표 8-9 중회귀분석의 분산분석표

요인	제곱합	자유도	평균제곱	F 값	유의확률
회귀	SSR	p	MSR	$f = \frac{\text{MSR}}{\text{MSE}}$	$P = P(F \ge f)$
잔차	SSE	$n-p-1$	MSE		
합계	SST	$n-1$			

14 관례상 단순선형회귀분석에서는 r^2, 중선형회귀분석에서는 R^2을 사용한다.

예제 8-11 [예제 8-10]을 상기하자. 중선형회귀모형을 적용할 때, 제곱합이 다음과 같이 주어진다.

$$\mathrm{SST} = 13503.6,\ \ \mathrm{SSE} = 2936.9$$

이를 이용하여 모회귀함수의 유의성검정을 유의수준 5%에서 수행하고, 결정계수 R^2 값을 구하라.

풀이

주어진 총제곱합과 잔차제곱합으로부터 회귀제곱합을 구하면 다음과 같다.

$$\mathrm{SSR} = \mathrm{SST} - \mathrm{SSE} = 10566.7$$

설명변수가 $p=2$개이므로 SST, SSE, SSR의 자유도는 각각 $n-1=9$, $n-p-1=7$, $p=2$이다. 따라서 회귀평균제곱, 잔차평균제곱과 F 검정통계량은 다음과 같이 계산된다.

$$\mathrm{MSR} = \frac{\mathrm{SSR}}{2} = 5283.35,\ \ \mathrm{MSE} = \frac{\mathrm{SSE}}{7} = 419.557,\ \ f = \frac{\mathrm{MSR}}{\mathrm{MSE}} = 12.593$$

[부록 C]의 F 분포표 또는 통계계산 소프트웨어를 이용하면 $F_{0.05}(2, 7) = 4.737$을 얻고, 관측값 f에 대해 $f \geq F_{0.05}(2, 7)$이 성립한다. 즉 유의수준 5%에서 모회귀함수가 유의하다고 결론지을 수 있다. 통계계산 소프트웨어를 이용하면 유의확률이 $P=0.0048$임을 알 수 있다. 이러한 결과를 분산분석표로 정리하면 [표 8-10]과 같다.

표 8-10 [표 8-8]에 대한 중회귀분석의 분산분석표

요인	제곱합	자유도	평균제곱	F 값	유의확률
회귀	10566.7	2	5283.35	12.593	0.0048
잔차	2936.9	7	419.557		
합계	13503.6	9			

결정계수 값은 다음과 같이 계산된다.

$$R^2 = \frac{\mathrm{SSR}}{\mathrm{SST}} = 0.7825$$

따라서 자료 전체의 산포 중 약 78%가 추정된 회귀함수에 의해 설명된다고 할 수 있다.

중회귀분석에서도 단순회귀분석에서와 마찬가지로 [예제 8-11]과 같은 추론을 하려면 중선형회귀모형의 적용 타당성에 대한 검토가 선행되어야 한다. 이러한 검토는 단순회귀분석에서와 같이 스튜던트화 잔차를 이용하여 수행할 수 있다.

$$\hat{e}_{st,i} = \frac{y_i - \hat{y}_i}{\widehat{\mathrm{SD}}(Y_i - \widehat{Y}_i)} \quad (\text{단},\ i = 1,\ 2,\ \cdots,\ n)$$

중선형회귀모형에서는 설명변수가 여러 개 존재하므로 단순회귀분석처럼 단일 설명변수 값을 가로축으로 사용할 수 없다. 따라서 중선형회귀모형의 잔차도는 반응변수의 추정량 $\hat{y}$을 가로축으로, 잔차를 세로축으로 하여 점 $(\hat{y}_1,\ \hat{e}_{st,1})$, $(\hat{y}_2,\ \hat{e}_{st,2})$, $\cdots$, $(\hat{y}_n,\ \hat{e}_{st,n})$을 나타내는 잔차도를 이용한다.

[그림 8-14]는 [예제 8-10]의 자료에 대해 중선형회귀모형의 적용 타당성을 검토하기 위해 작성된 잔차도이다. 이 잔차도로부터 중선형회귀모형의 적용이 적절함을 확인할 수 있다. 따라서 [예제 8-11]과 같은 추론은 의미가 있으며, 중선형회귀모형을 기반으로 한 분석 결과를 신뢰할 수 있다.

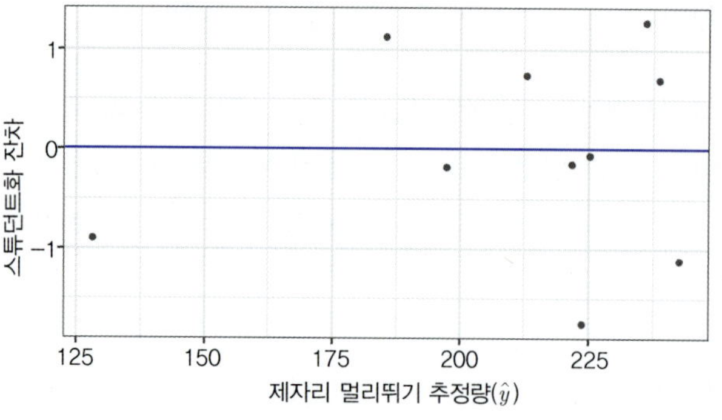

그림 8-14 [표 8-8]에 대한 잔차도

CHAPTER 08 연습문제

8.1 단순선형회귀모형에서 모회귀계수의 추정량은 $\hat{\beta} = \dfrac{S_{(xy)}}{S_{(xx)}}$, 평균반응의 추정량은 $\hat{y}_i = \overline{y} + \hat{\beta}(x_i - \overline{x})$로 주어진다. 이를 이용하여 잔차 $\hat{e}_i = y_i - \hat{y}_i$에 대해 다음 두 가지 선형조건이 항상 성립함을 보여라. 즉 n개의 잔차 $\hat{e}_1,\ \hat{e}_2,\ \cdots,\ \hat{e}_n$ 중 자유롭게 변할 수 있는 것은 $(n-2)$개뿐이다.

$$\sum_{i=1}^{n} \hat{e}_i = 0, \quad \sum_{i=1}^{n} x_i \hat{e}_i = 0$$

8.2 단순선형회귀모형에서 총편차의 분해식 $y_i - \overline{y} = (y_i - \hat{y}_i) + (\hat{y}_i - \overline{y})$에 대한 물음에 답하라.

(a) 이 분해식의 양변을 제곱하여 합할 때 나타나는 항 중에서 다음 항이 0임을 밝혀라.

$$2\sum_{i=1}^{n}(y_i - \hat{y}_i)(\hat{y}_i - \overline{y}) = 2\sum_{i=1}^{n}\hat{e}_i \hat{\beta}(x_i - \overline{x})$$

힌트 [연습문제 8.1]의 잔차에 대한 두 가지 선형조건을 이용한다.

(b) (a)를 이용하여 다음 총제곱합의 분해를 밝혀라.

$$\sum_{i=1}^{n}(y_i - \overline{y})^2 = \sum_{i=1}^{n}(y_i - \hat{y}_i)^2 + \sum_{i=1}^{n}(\hat{y}_i - \overline{y})^2$$

8.3 단순선형회귀모형의 회귀제곱합 SSR에 대해 $c_i = \dfrac{x_i - \overline{x}}{\sqrt{S_{(xx)}}}$라 할 때, 다음이 성립함을 밝혀라.

$$\mathrm{SSR} = \sum_{i=1}^{n}(\hat{y}_i - \overline{y})^2 = \hat{\beta}^2 S_{(xx)} = \left(\sum_{i=1}^{n} c_i y_i\right)^2$$

즉 SSR은 한 개의 일차결합식의 제곱으로 이루어진 것이고, 그 자유도는 1이다.

8.4 편차 $(y_i - \overline{y})$의 합이 0이라는 사실을 이용하여 단순선형회귀모형에서 다음이 성립함을 보여라.

(a) $\hat{\beta} = \sum_{i=1}^{n} c_i y_i \quad \left(\text{단, } c_i = \dfrac{x_i - \overline{x}}{S_{(xx)}}\right)$

(b) $\hat{\alpha} + \hat{\beta}x = \sum_{i=1}^{n} d_i y_i \quad \left(\text{단, } d_i = \dfrac{1}{n} + \dfrac{(x - \overline{x})(x_i - \overline{x})}{S_{(xx)}}\right)$

(c) $E(\hat{\beta}) = \beta$

(d) $\mathrm{Var}(\hat{\beta}) = \dfrac{\sigma^2}{S_{(xx)}}$

(e) $E(\hat{\alpha} + \hat{\beta}x) = \alpha + \beta x$

(f) $\mathrm{Var}(\hat{\alpha} + \hat{\beta}x) = \sigma^2\left(\dfrac{1}{n} + \dfrac{(x - \overline{x})^2}{S_{(xx)}}\right)$

힌트 (a), (b)를 이용하여 (c)~(f)가 성립함을 보일 수 있다.

8.5 다음 자료는 2014년부터 2023년까지 우리나라의 1인당 실질 국민총소득(GNI; Gross National Income)[15] x와 자동차 등록대수[16] y를 나타낸다.

(단위 : 년, 만 원, 만 대)

연도	x	y	연도	x	y
2014	3083	2012	2019	3532	2368
2015	3260	2099	2020	3530	2437
2016	3391	2180	2021	3657	2491
2017	3493	2253	2022	3639	2550
2018	3532	2320	2023	3703	2595

(a) 산점도를 그려라.

(b) 표본상관계수 r을 계산하라.

(c) 이변량정규분포인 모집단을 가정할 때, 모집단 상관계수 ρ에 대해 다음 가설을 유의수준 1%에서 검정하라.

$$H_0 : \rho = 0, \quad H_1 : \rho > 0$$

8.6 한 화학섬유제품에 대해 세척에 의한 신축의 영향을 조사하기 위해 샘플 10개를 랜덤하게 골라 세척 전후의 길이를 측정한 자료가 다음과 같다.

(단위 : mm)

	1	2	3	4	5	6	7	8	9	10
세척 전	97.6	97.5	99.0	97.8	100.7	101.0	98.5	101.5	98.6	97.8
세척 후	97.4	96.8	94.1	96.9	99.5	100.9	98.2	100.2	98.5	96.5

(a) 산점도를 그리고, 점 (99.0, 94.1)을 포함한 경우와 포함하지 않은 경우의 대략적인 직선관계에 대해 설명하라. 점 (99.0, 94.1)을 **이상점**(outlier)이라 한다.

(b) 관측값 (99.0, 94.1)을 제거하고 x와 y의 직선관계를 단순선형회귀직선으로 적합하라. 모회귀직선의 기울기 β에 대한 95% 신뢰구간을 구하라.

8.7 [연습문제 8.5]의 자료에 단순선형회귀모형을 적용할 때, 물음에 답하라.

(a) 분산분석표를 작성하라.

(b) 결정계수 값을 구하라.

(c) 오차의 표준편차 σ의 추정량 값을 구하라.

(d) 회귀직선의 유의성검정을 유의수준 1%에서 수행하라.

15 출처 : 한국은행, 통계청

16 출처 : 국토교통부

8.8 [연습문제 8.6]의 자료에 대해 다음 물음에 답하라.

(a) 이상점을 포함한 경우와 포함하지 않은 경우의 직선방정식을 각각 구하라.

(b) 이상점이 회귀방정식에 미치는 영향을 분산분석표의 F 값과 결정계수 값을 통해 비교하라.

※ (문제 8.9~8.11) 한 플라스틱 제품의 수율 y가 원료의 촉매량 x_1과 공정시간 x_2에 영향을 받는다고 가정하자. 다음 데이터를 이용하여 물음에 답하라.

(단위 : g, mm, %)

x_1	3.5	3.9	3.2	4.2	4.8	3.0	3.2	3.5	2.9	3.8
x_2	12	10	14	20	19	10	9	12	15	18
y	80.5	85.5	83.5	90.5	92.4	79.8	78.5	84.5	87.2	90.0

8.9 $\frac{1}{n-1}\sum_{i=1}^{n}(x_{1i}-\overline{x}_1)(y_i-\overline{y})$와 $\frac{1}{n-1}\sum_{i=1}^{n}(x_{2i}-\overline{x}_2)(y_i-\overline{y})$ 중 더 큰 값을 찾아라.

8.10 변수 x_1, x_2 중 [연습문제 8.9]에서 더 큰 값을 주는 설명변수와 y 사이에 회귀직선을 적합하라. 단순선형회귀모형을 적용하여 다음 질문에 답하라.

(a) 기울기 β의 95% 신뢰구간을 구하라.

(b) 기울기 β에 대한 가설 $H_0 : \beta = 1.0$, $H_1 : \beta \neq 1.0$을 유의수준 5%에서 검정하라.

(c) 이 설명변수 값이 실험된 범위 내에서, $E(Y \mid x)$의 95% 신뢰구간을 [그림 8-8]과 같이 그래프로 나타내라.

8.11 중선형회귀모형을 적용하여 $\hat{y} = \hat{\beta}_0 + \hat{\beta}_1 x_1 + \hat{\beta}_2 x_2$를 구하고, 분산분석표와 결정계수 값을 구하라.

8.12 중학교 2학년 학생 15명을 랜덤으로 추출하여 각 학생의 악력(x_1), 신장(x_2), 체중(x_3)을 설명변수로 설정하고, 원반던지기에서 던진 거리를 반응변수(y)로 측정한 결과는 다음과 같다.

(단위 : kg, cm, kg, m)

학생번호	x_1	x_2	x_3	y
1	28	146	34	22
2	46	169	57	36
3	39	160	48	24
4	25	156	38	22
5	34	161	47	27
6	29	168	50	29
7	38	154	54	26
8	23	153	40	23
9	42	160	62	31
10	27	152	39	24
11	35	155	46	23
12	39	154	54	27
13	38	157	57	31
14	32	162	53	25
15	25	142	32	23

(a) y와의 표본상관계수가 가장 큰 설명변수를 한 가지 구하라. 단순선형회귀모형을 적합하고, 결정계수 값을 계산하라.

(b) y와의 표본상관계수가 큰 설명변수를 두 가지 구하라. 중선형회귀모형을 적합하고, 결정계수 값을 계산하라.

(c) (b)의 중선형회귀모형에 대한 모회귀함수의 유의성검정을 분산분석을 통해 시행하라.

8.13 설명변수를 3개 사용하는 중선형회귀모형을 작성하고, 이 경우의 정규방정식을 구하라.

8.14 다음은 2021년부터 2023년까지 3년간 대한민국 월별 평균최대전력[17]과 평균기온[18]에 대한 자료이다.

(단위 : MW, ℃)

	평균최대전력			평균기온		
	2021년	2022년	2023년	2021년	2022년	2023년
1월	77620	79797	79463	−1.1	−0.8	−0.6
2월	72010	77278	76183	3.4	−0.1	2.5
3월	67268	71145	68151	8.7	7.7	9.4
4월	63917	66096	64932	13.2	13.8	13.1
5월	63388	66243	65016	16.6	18	17.9
6월	68857	71805	70645	21.7	22.4	22.3
7월	81158	82007	79213	26	25.9	25.5
8월	77300	80375	82736	24.8	25.3	26.4
9월	69327	70674	73483	21.3	21	22.6
10월	67052	66443	65754	15.1	14	14.7
11월	70028	68926	71252	8.3	9.6	7.9
12월	78180	82176	76530	1.9	−1.4	2.4

(a) 평균기온을 설명변수로, 평균최대전력을 반응변수로 설정하여 단순선형회귀모형을 적용한 후 결과를 확인하라. 유의수준 5%에서 이 회귀모형은 유의한지 판단하라.

(b) 적합된 단순선형회귀모형의 잔차도를 확인하라. 이 모형의 적용이 타당하다고 볼 수 있는지 판단하라.

(c) 평균기온과 평균최대전력 사이의 산점도를 확인하면 두 변수 사이에는 곡률(curvature)관계가 존재한다. 따라서 단순선형회귀모형의 적용이 적절하지 않다. 이러한 문제를 해결하기 위한 방법 중 하나로 설명변수에 다항식 항을 추가할 수 있다. 평균기온의 제곱을 새로운 변수로 추가하여 중선형회귀모형을 적합하여 결과를 확인해보자. 새로운 모형의 결정계수 값을 구하라. (b)에서 구한 단순선형회귀모형의 결정계수 값과 비교하라.

17 출처 : 전력통계정보시스템(https://epsis.kpx.or.kr)

18 출처 : 기상자료개방포털(https://data.kma.go.kr)

8.15 어느 해 프로야구 정규시즌에 50경기 이상 출전한 타자 중 랜덤으로 55명을 뽑아 연봉과 프로입단년도, 타율, 홈런 개수를 기록한 자료가 baseball.csv 파일에 정리되어 있다. 다음은 자료의 각 변수에 대한 설명이다.[19]

변수종류	변수명	설명
반응변수	salary	연봉(단위 : 만 원)
설명변수 1	year_start	프로입단년도
설명변수 2	avg	타율
설명변수 3	HR	홈런 개수

(a) 반응변수와 각 설명변수 간에 유의한 상관관계가 존재하는지 상관분석을 통해 확인하라.

(b) 주어진 자료를 사용하여 중선형회귀모형을 적합시키자. 유의수준 5%에서 모형이 유의한지 판단하라. 각 설명변수의 유의성을 검정하라.

(c) 적합된 회귀모형의 잔차도를 확인하라. 중선형회귀모형의 적용이 타당하다고 볼 수 있는지 판단하라.

(d) 변수들 간의 산점도를 확인하라. 일부 설명변수 값의 증가에 따라 연봉의 산포가 증가하므로 회귀모형의 가정인 등분산성을 만족하지 않을 수 있다. 이 문제를 해결하기 위해 반응변수를 로그변환(log transformation)하여 새로운 반응변수로 생성하라. 로그변환된 반응변수를 사용하여 중선형회귀모형을 적합시키고 새로운 잔차도를 확인하라. 새로운 잔차도는 어떠한 형태인가?

(e) 새로운 반응변수를 사용한 중선형회귀모형의 결과와 기존 반응변수를 사용한 결과를 비교하고, 어떤 차이가 있는지 설명하라.

※ **(문제 8.16~8.19)** 프랜시스 골턴이 1886년 '평균으로의 회귀' 현상을 발견한 연구 자료[20]가 galton.csv 파일에 정리되어 있다. 이 자료는 197쌍 부모의 898명의 성인 자녀의 키(`child_height`), 성별(`child_gender`), 그리고 부모의 키(`father`, `mother`)가 포함되어 있고, 측정 단위는 인치이다. 물음에 답하라.

8.16 골턴은 성인 자녀의 키와 부모의 키 사의의 관계를 연구했다. 성별에 따른 키 차이를 보정하기 위해 다음 방식으로 자료를 변환하라. 골턴과 같은 방식으로 자료를 보정하여 부모의 키를 가로축에, 자녀의 키를 세로축에 도시하는 산점도를 통계계산 소프트웨어를 이용해서 그려보아라.

> 자녀가 여성이면 키에 1.08을 곱한 값을 새로운 자녀의 키로 사용한다.
> 부모의 키는 어머니의 키에 1.08을 곱한 값과 아버지의 키를 평균 내어 사용한다.

19 출처 : KBO

20 출처 : Galton, F. (1886). Regression Towards Mediocrity in Hereditary Stature. *The Journal of the Anthropological Institute of Great Britain and Ireland*, 15, 246-263.

8.17 부모의 키를 설명변수, 자녀의 키를 반응변수로 설정하여 단순선형회귀모형을 최소제곱법으로 적합하라. 적합된 회귀직선을 [연습문제 8.16]의 산점도 위에 표시하라. 원점을 지나고 기울기가 1인 직선을 추가로 표시하여 두 직선을 비교하라. 적합된 직선의 기울기가 1보다 통계적으로 유의하게 작은지 검정하라. 결과가 유의하다면 이 결과를 '평균으로의 회귀' 현상과 연결지어 설명하라.

8.18 자녀의 키를 설명변수, 부모의 키를 반응변수로 설정하여 단순선형회귀모형을 최소제곱법으로 적합하라. 적합된 회귀직선을 [연습문제 8.16]에서 가로세로축을 뒤바꾸어 다시 그린 산점도 위에 표시하라. 원점을 지나고 기울기가 1인 직선을 추가로 표시하여 두 직선을 비교하라. 적합된 직선의 기울기가 1보다 통계적으로 유의하게 큰지 검정하라. 회귀분석 결과를 [연습문제 8.17]의 분석 결과와 비교하여 설명하라.

8.19 골턴은 '평균으로의 회귀' 현상을 부모 이전의 조상으로부터의 유전적 영향으로 설명했다. 이 현상을 유전을 배제하고 순수하게 통계학적 개념으로 설명할 수 있을까? 이를 확인하기 위해 부모의 키와 자녀의 키의 분포를 비교하여 설명하라. 유전적 요인 외에 '평균으로의 회귀' 현상에 영향을 미칠 수 있는 다른 요인에는 무엇이 있는지 논의하라.

CHAPTER

09

분산분석

CONTENTS

우리는 흔히 어떤 속성이 여러 가지 다른 조건에 따라 차이가 나는지, 그리고 차이의 발생 요인이 무엇인지에 관심을 갖는다. 이를 정확하게 규명하기 위해서는 철저한 사전 계획에 따라 실험하고 결과를 분석해야 한다. 실험 결과의 분석방법 중 3개 이상의 모평균 차를 비교하기 위한 대표적인 방법이 분산분석이다. 이 장에서는 분산분석의 개념과 목적을 설명하고, 분산분석법의 간단한 형태인 일원배치법과 이원배치법에 대해 다룬다.

9.1 분산분석이란

우리는 흔히 어떤 속성이 여러 가지 조건에 따라 차이가 나는지에 관심을 가진다. 예를 들어 여러 공법에 의해 생산되는 금속가공품의 인장강도를 비교하거나, 온도에 따른 화학공정의 생산성 차이, 약품 종류에 따른 치료 기간의 비교, 농도에 따른 직물의 인장강도 비교, 또는 기계와 작업자에 따라 품질에 차이가 있는지를 분석하는 경우가 많다.

이러한 문제에서는 일반적으로 실험을 계획하고 실시한 후 얻은 자료를 바탕으로 문제를 분석한다. 따라서 실험의 목적을 달성하려면 1장에서 언급했듯이 실험을 실시하기 전에 철저한 계획을 세워야 한다. 실험계획이 잘 이루어지면 결론을 명확히 해석할 수 있을 뿐만 아니라 분석도 용이하다.

여러 공법에 의해 생산된 금속가공품의 인장강도를 비교하기 위해 실험한 결과, 특정 공법에서 인장강도가 높게 나타났다고 가정하자. 이러한 결과는 공법에 따른 인장강도의 차이 때문일 수도 있고, 그 외의 요인(예를 들어 작업자의 작업능률 차이)으로 인해 나타났을 수도 있다. 그러므로 공법에 따른 인장강도의 차이를 명확히 알아내기 위해서는 각 공법마다 여러 번의 실험을 수행하고, 여러 명의 작업자를 할당하거나 한 작업자가 여러 번 실험을 반복해야 한다. 이때 관측된 자료의 변동은 작업자의 작업능률 차이 또는 동일 작업자의 작업능률 변동에 기인할 수 있다. 이와 더불어 공법에 따라 관측된 인장강도의 평균값이 다르게 나타나는 경우, 이는 공법에 따른 인장강도의 변동으로 생각할 수 있다. 따라서 공법에 따른 관측값의 변동이 공법 이외의 요인에 의한 변동보다 크다면 공법에 따라 인장강도에 차이가 있다고 판단할 수 있다.

이 장에서는 위와 같은 문제를 영국의 통계학자 R. A. 피셔(R. A. Fisher, 1890~1962)가 고안한 **분산분석**(ANOVA; analysis of variance)[1]이라는 방법으로 다룬다. 분산분석은 **실험계획법**(DOE; design of experiments)에서 가장 많이 사용하는 분석방법으로 이름에서 알 수 있듯이 특성값의 분산 또는 변동을 분석한다. 즉 특성값의 변동을 제곱합으로 나타내고, 이 제곱합을 실험에 관련된 요인별로 분해하여 오차에 비해 큰 영향을 주는 요인을 찾아내는 분석방법이다. 각 요인의 제곱합을 그 요인의 자유도로 나누면 그 요인의 평균제곱(즉 제곱의 평균)이 되며, 이를 오차에 의한 평균제곱과 비교하여 얼마나 큰 영향을 미치는지 검토한다. 따라서 분산분석은 특성값의 제곱합을 요인별로 분해하여 어떤 요인이 큰 평균제곱을 나타내는지를 규명하는 방법이라고 할 수 있다.

앞의 예에서 인장강도는 특성값이 되고 공법은 하나의 요인이 된다. 특성값의 변동을 나타내는

1 분산분석은 6장에서 다루었던 두 모평균 차에 대한 검정을 확장한 방법이다.

제곱합은 공법에 따른 변동과 작업자 작업능률 차이에 따른 변동(즉 오차)의 제곱합으로 분해할 수 있다. 특성값의 제곱합을 총제곱합이라 하고, 이는 [그림 9-1]과 같이 분해된다. 요인에 의한 제곱합은 공법이라는 명확한 이유에 기인하지만, 오차에 의한 제곱합은 아직 원인이 규명되지 않는 부분이라고 할 수 있다.

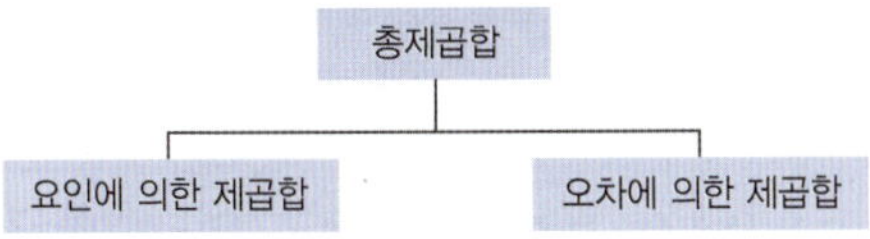

그림 9-1 총제곱합의 분해

이 장에서는 수준 비교를 목적으로 실험자가 미리 지정한 특정 수준만을 다루는 모형을 설명하고, 분산분석법으로 간단한 실험계획법인 **일원배치법**(one-way ANOVA)과 **이원배치법**(two-way ANOVA)을 다룬다. 일원배치법에서는 각 처리의 반복수가 동일한 경우와 동일하지 않은 경우로 나누어 설명하고, 이원배치법에서는 각 처리에서 반복이 없는 경우와 있는 경우로 나누어 설명한다.

9.2 일원배치법

일원배치법은 특성값에 대해 한 가지 인자만의 영향을 조사하고자 할 때 사용하는 실험계획법으로 가장 간단한 형태의 실험계획법이라 볼 수 있다. 9.1절의 예와 같이 여러 공법에 의해 생산된 금속가공품의 인장강도에 차이가 있는지, 그리고 어느 공법이 더 우수한지 알고 싶을 때 일원배치법을 활용한다.

일원배치법은 3개 이상의 처리효과를 비교하는 데 관심이 있다. 일원배치법에서는 각 수준에서의 반복수가 반드시 동일할 필요는 없으며, 보통 많이 사용되는 수준의 개수는 3~5, 반복수는 3~10이다. 실험 측정은 랜덤하게 선택된 순서로 시행되어야 한다. 따라서 이를 **완전랜덤화계획**이라고도 한다.[2] 예를 들어 A, B, C 세 가지 공법에서 각각 5회의 일원배치법을 계획한다고 하자. 이 경우 완전랜덤화하는 한 가지 방법은 $3 \times 5 = 15$개의 실험단위에 번호를 부여한 뒤, 제비뽑기나 난수표를 이용해 나오는 번호 순서대로 실험을 진행하는 것이다.

일원배치법의 통계적 모형은 k개의 모집단에서 서로 독립인 확률표본을 추출하는 것과 같다. 인자 A의 수준이 k개이고 i수준에서 n_i번의 반복 실험이 이루어진다고 생각하자. 일원배치법에서는 인자의 수준이 처리되고, 완전랜덤화계획에서는 $N = n_1 + n_2 + \cdots + n_k$개의 실험단위

2 자세한 내용은 1.5절을 참고하라.

중 n_1개의 실험단위를 랜덤추출하여 처리 1을 적용하며, 남은 실험단위에서 n_2개를 랜덤추출하여 처리 2를 적용한다. 이 과정을 반복하여 처리 k를 나머지 n_k개의 실험단위에 적용한다. 특히 $k=2$인 경우는 독립인 확률표본을 기반으로 한 두 처리효과의 비교방법에 해당한다.[3]

각 처리에 대한 반복수가 동일한 일원배치법을 생각해보자. 이때 일원배치법의 자료구조는 [표 9-1]과 같다.

표 9-1 일원배치법의 자료구조(반복수가 동일한 경우)

	처리 1	처리 2	$\cdots$	처리 k	
	y_{11}	y_{21}	$\cdots$	y_{k1}	
	y_{12}	y_{22}	$\cdots$	y_{k2}	
	$\vdots$	$\vdots$	$\vdots$	$\vdots$	
	y_{1n}	y_{2n}	$\cdots$	y_{kn}	
평균	$\overline{y}_{1.}$	$\overline{y}_{2.}$	$\cdots$	$\overline{y}_{k.}$	총평균 : $\overline{y}_{..}$

[표 9-1]에서 평균의 기호는 다음과 같다.

$$\overline{y}_{i.} = \frac{1}{n}\sum_{j=1}^{n} y_{ij},\ \ \overline{y}_{..} = \frac{1}{kn}\sum_{i=1}^{k}\sum_{j=1}^{n} y_{ij}\ \ (\text{단, } i=1,\ 2,\ \cdots,\ k)$$

k개의 처리효과를 비교하기 위한 유의성검정을 수행하기 위해서는 각 처리에 대한 모집단 모형이 필요하다. 이제 i번째 처리에서 얻어진 관측값을 생각해보자. 이 값들은 평균이 μ_i이고 분산이 σ^2인 정규분포 $N(\mu_i,\ \sigma^2)$에서의 크기 n인 확률표본으로 흔히 가정한다. 즉 다음과 같이 나타낼 수 있다.

$$Y_{ij} = \mu_i + e_{ij}\ \ (\text{단, } i=1,\ 2,\ \cdots,\ k\text{이고 } j=1,\ 2,\ \cdots,\ n)$$

여기서 e_{ij}는 실험 오차에 해당하는 확률변수로 평균이 0이고 분산이 σ^2인 정규분포 $N(0,\ \sigma^2)$을 따르며 서로 독립이다.

이 실험에서 전체 처리효과의 모평균을 μ라 하면 μ는 다음과 같이 정의된다.

$$\mu = \frac{1}{k}\sum_{i=1}^{k}\mu_i$$

여기서 $\alpha_i = \mu_i - \mu$를 i번째 처리효과라고 한다. α_i의 정의에 의해 $\sum_{i=1}^{k}\alpha_i = 0$이다. 이를 요약하면 다음과 같다.

3 자세한 내용은 6.3절을 참고하라.

일원배치법의 모형(반복수가 동일한 경우)

$$\begin{cases} Y_{ij} = \mu + \alpha_i + e_{ij} \\ e_{ij} \sim N(0,\ \sigma^2)\text{이고 서로 독립} \\ \sum_{i=1}^{k} \alpha_i = 0 \end{cases} \quad (\text{단, } i = 1,\ 2,\ \cdots,\ k\text{이고 } j = 1,\ 2,\ \cdots,\ n)$$

반복수가 동일한 일원배치법의 모집단 모형에서 오차항 e_{ij}를 서로 독립이고 $N(0,\ \sigma^2)$을 따르는 확률변수라고 가정했는데, 이를 좀 더 구체적으로 표현하면 다음과 같은 의미를 갖는다.

❶ **선형성** : $E(e_{ij}) = 0$, 즉 $E(Y_{ij}) = \mu + \alpha_i$

❷ **등분산성** : $\mathrm{Var}\,(e_{11}) = \cdots = \mathrm{Var}\,(e_{kn}) = \sigma^2 > 0$

❸ **독립성** : $e_{11},\ \cdots,\ e_{kn}$은 서로 독립

❹ **정규성** : $e_{ij} \sim N(0,\ \sigma^2)$

이제 k개의 처리효과 간에 유의한 차가 있는지 검정하는 유의성검정을 유도해보자. 처리효과의 유의성검정은 k개의 모평균 사이에 차이가 있는지를 검정하는 것과 동일하다.

처리효과의 유의성검정 방법을 유도하기 위해 총제곱합을 처리제곱합과 잔차제곱합으로 분해하는 방법을 생각해보자. 관측값 y_{ij}와 총평균 $\overline{y}_{..}$의 차인 총편차 $y_{ij} - \overline{y}_{..}$을 분해하면 다음과 같이 나타낼 수 있다.

$$(y_{ij} - \overline{y}_{..}) = (y_{ij} - \overline{y}_{i.}) + (\overline{y}_{i.} - \overline{y}_{..}) \tag{9.1}$$

여기서 편차 $(y_{ij} - \overline{y}_{i.})$은 실험에서 발생하는 불확실성을 나타내는 오차로, 이를 **잔차**라 한다. $(\overline{y}_{i.} - \overline{y}_{..})$은 i번째 처리의 평균과 총평균의 편차로, **처리효과의 편차**라 한다. 식 (9.1)을 **총편차의 분해식**이라 한다.

이제 총편차의 분해식의 양변을 제곱하여 합하면 다음이 성립한다.[4]

$$\sum_{i=1}^{k}\sum_{j=1}^{n}(y_{ij} - \overline{y}_{..})^2 = n\sum_{i=1}^{k}(\overline{y}_{i.} - \overline{y}_{..})^2 + \sum_{i=1}^{k}\sum_{j=1}^{n}(y_{ij} - \overline{y}_{i.})^2$$

이 식은 총편차의 제곱합이 처리에 의해 설명되는 **처리제곱합**(treatment sum of squares)과 잔차제곱합으로 분해될 수 있음을 보여준다. 각 항은 다음과 같다.

4 증명은 [연습문제 9.1]로 남긴다.

- **총편차의 제곱합** : 총변동이라고도 하며 이를 기호 SST로 표기한다.
- **처리제곱합** : **급간변동**(between sum of squares)이라고도 하며 이를 기호 SS_{tr}로 표기한다.
- **잔차제곱합** : **급내변동**(within sum of squares)이라고도 하며 이를 기호 SSE로 표기한다.

즉 다음과 같이 표현할 수 있다.

$$\mathrm{SST} = \sum_{i=1}^{k}\sum_{j=1}^{n}(y_{ij}-\bar{y}_{..})^2,\ \ \mathrm{SS}_{tr} = n\sum_{i=1}^{k}(\bar{y}_{i.}-\bar{y}_{..})^2,\ \ \mathrm{SSE} = \sum_{i=1}^{k}\sum_{j=1}^{n}(y_{ij}-\bar{y}_{i.})^2$$

관측값의 총 개수를 $N=kn$이라 하면 총제곱합의 자유도는 $(N-1)$, 처리제곱합의 자유도는 $(k-1)$, 잔차제곱합의 자유도는 $(N-k)$로 알려져 있다. 이를 요약하면 다음과 같다.

총제곱합의 분해

제곱합 : $\mathrm{SST} = \mathrm{SS}_{tr} + \mathrm{SSE}$

$$\sum_{i=1}^{k}\sum_{j=1}^{n}(y_{ij}-\bar{y}_{..})^2 = n\sum_{i=1}^{k}(\bar{y}_{i.}-\bar{y}_{..})^2 + \sum_{i=1}^{k}\sum_{j=1}^{n}(y_{ij}-\bar{y}_{i.})^2$$

자유도 : $N-1 = (k-1) + (N-k)$

일반적으로 제곱합을 자유도로 나눈 것을 평균제곱이라 한다. 이를 식으로 나타내면 다음과 같다.

$$(\text{평균제곱}) = \frac{\text{제곱합}}{\text{자유도}}$$

처리에 대한 평균제곱과 잔차에 대한 평균제곱은 각각 다음과 같이 나타낸다.

$$\mathrm{MS}_{tr} = \frac{\mathrm{SS}_{tr}}{k-1},\ \ \mathrm{MSE} = \frac{\mathrm{SSE}}{N-k}$$

이제 처리효과의 유의성에 대한 다음 가설을 검정해보자.

$$H_0 : \alpha_1 = \alpha_2 = \cdots = \alpha_k = 0$$

H_1 : 적어도 하나의 α_i는 0이 아니다.

이는 일원배치법 모형하에서 처리효과의 정의에 의해 $H_0 : \mu_1 = \mu_2 = \cdots = \mu_k$, 즉 처리별 모평균의 차이를 검정하는 것과 동일하다.

처리효과가 유의하다면 자료의 변동을 나타내는 총제곱합 중에서 처리제곱합 SS_{tr}이 차지하는 비중이 커지고 잔차제곱합 SSE가 차지하는 비중은 작아질 것이다. 즉 다음 F 검정통계량 값이 커질수록 처리효과가 유의하다는 증거가 강해진다.

$$F=\frac{\mathrm{MS}_{tr}}{\mathrm{MSE}}$$

한편 귀무가설 H_0가 참일 때, 다음이 성립하는 것이 알려져 있다.

$$F=\frac{\mathrm{MS}_{tr}}{\mathrm{MSE}}\sim F(k-1,\ N-k)$$

이러한 F 검정통계량의 관측값이 f이면 유의확률은 다음과 같다.

$$P=P(F\geq f),\ \ F\sim F(k-1,\ N-k)$$

유의수준 α의 기각역은 다음과 같이 주어진다.

$$f\geq F_{\alpha}(k-1,\ N-k)$$

따라서 처리효과의 유의성검정은 다음과 같이 요약할 수 있다.

처리효과의 유의성검정(반복수가 동일한 일원배치법)

귀무가설 $H_0:\alpha_1=\alpha_2=\ \cdots\ =\alpha_k=0$에 관한 검정통계량은 다음과 같다.

$$F=\frac{\mathrm{MS}_{tr}}{\mathrm{MSE}}$$

검정통계량의 관측값이 f일 때, 다음이 성립한다.

❶ 유의수준 α의 기각역 : $f\geq F_{\alpha}(k-1,\ N-k)$

❷ 유의확률 : $P=P(F\geq f),\ \ F\sim F(k-1,\ N-k)$

이와 같은 결과를 표로 요약하여 나타낸 것이 [표 9-2]의 분산분석표이다.

표 9-2 일원배치법의 분산분석표(반복수가 동일한 경우)

요인	제곱합	자유도	평균제곱	F 값	유의확률
회귀	$\mathrm{SS}_{tr}=n\sum_{i=1}^{k}(\bar{y}_{i.}-\bar{y}_{..})^2$	$k-1$	$\mathrm{MS}_{tr}=\frac{\mathrm{SS}_{tr}}{k-1}$	$f=\frac{\mathrm{MS}_{tr}}{\mathrm{MSE}}$	$P=P(F\geq f)$
잔차	$\mathrm{SSE}=\sum_{i=1}^{k}\sum_{j=1}^{n}(y_{ij}-\bar{y}_{i.})^2$	$N-k$	$\mathrm{MSE}=\frac{\mathrm{SSE}}{N-k}$		
합계	$\mathrm{SST}=\sum_{i=1}^{k}\sum_{j=1}^{n}(y_{ij}-\bar{y}_{..})^2$	$N-1$			

예제 9-1 어떤 직물을 가공할 때 처리액의 농도가 직물의 인장강도에 영향을 미치는지를 조사하기 위해, 네 가지 농도(A_1 : 3.0%, A_2 : 3.5%, A_3 : 4.0%, A_4 : 4.5%)에서 각 농도당 5회를 반복하여 총 20회의 실험을 랜덤하게 처리한 후 인장강도를 측정했다. 결과는 [표 9-3]과 같다. 이 자료에 대해 일원배치법 모형을 적용하여 농도에 따른 인장강도에 차이가 있는지 알아보기 위한 분산분석표를 작성하고, 적절한 가설을 유의수준 5%에서 검정하라.

표 9-3 네 가지 농도에 의한 인장강도

	A_1	A_2	A_3	A_4	
	47	51	50	22	
	58	62	38	23	
	51	31	47	28	
	61	46	27	42	
	46	49	23	25	
평균	52.6	47.8	37.0	28.0	총평균 : 41.35

풀이

이 예제는 일원배치법 모형에서 $k=4$, $n=5$인 경우로 다음과 같은 모형에서 오차항 e_{ij}에 대한 가정이 전제된다.

$$Y_{ij}=\mu+\alpha_i+e_{ij} \text{ (단, } i=1,\ 2,\ 3,\ 4\text{이고 } j=1,\ 2,\ 3,\ 4,\ 5)$$

검정하고자 하는 가설은 다음과 같다.

$$H_0 : \alpha_1=\alpha_2=\alpha_3=\alpha_4=0$$

H_1 :적어도 하나의 α_i는 0이 아니다.

[표 9-3]의 자료로부터 다음의 제곱합을 계산할 수 있다.

- $\text{SST}=(47-41.35)^2+\cdots+(25-41.35)^2=3334.55$
- $\text{SS}_{tr}=5[(52.6-41.35)^2+\cdots+(28.0-41.35)^2]=1826.55$
- $\text{SSE}=(47-52.6)^2+\cdots+(25-28.0)^2=1508.00$

이때 총제곱합 SST의 자유도는 $4\times5-1=19$이며, 처리제곱합 SS_{tr}의 자유도는 $4-1=3$, 잔차제곱합 SSE의 자유도는 $20-4=16$이다. 이로부터 평균제곱과 F 검정통계량의 관측값을 계산하면 다음과 같다.

$$\text{MS}_{tr}=\frac{\text{SS}_{tr}}{3}=608.85,\quad \text{MSE}=\frac{\text{SSE}}{16}=94.25,\quad f=\frac{\text{MS}_{tr}}{\text{MSE}}=\frac{608.85}{94.25}=6.46$$

[부록 C]의 F 분포표에서 $F \sim F(3,\ 16)$일 때, $0.001 < P(F \geq 6.46) < 0.01$임을 알 수 있다. 실제로 통계계산 소프트웨어로 유의확률을 구하면 $P = P(F \geq 6.46) = 0.0045$이다. 따라서 농도에 따라 직물의 인장강도에 유의한 차이가 있다는 결론을 유의수준 5%에서 내릴 수 있다. 이러한 검정과정을 분산분석표로 나타내면 [표 9-4]와 같다.

표 9-4 [예제 9-1]의 분산분석표

요인	제곱합	자유도	평균제곱	F 값	유의확률
회귀	1826.55	3	608.85	6.46	0.0045
잔차	1508.00	16	94.25		
합계	3334.55	19			

지금까지 우리는 각 수준 또는 처리에서 반복수가 동일한 경우를 다루었다. 그러나 실제 일원배치법에서는 특정 처리의 모평균 추정 정도를 높이기 위해 반복수가 처리에 따라 달라지는 경우가 생긴다. 이와 같이 반복수가 다른 경우에도 총제곱합을 분해하여 처리효과를 비교하는 방법은 반복수가 동일한 경우와 거의 같게 유도된다. 반복수가 다른 경우의 자료구조는 [표 9-5]와 같다.

표 9-5 일원배치법의 자료구조(반복수가 다른 경우)

	처리 1	처리 2	$\cdots$	처리 k	
	y_{11}	y_{21}	$\cdots$	y_{k1}	
	y_{12}	y_{22}	$\cdots$	y_{k2}	
	$\vdots$	$\vdots$	$\vdots$	$\vdots$	
	y_{1n_1}	y_{2n_2}	$\cdots$	y_{kn_k}	
평균	$\overline{y}_{1.}$	$\overline{y}_{2.}$	$\cdots$	$\overline{y}_{k.}$	총평균 : $\overline{y}_{..}$

[표 9-5]에서 전체 관측값의 개수를 $N = \sum_{i=1}^{k} n_i$라 하면, 평균의 기호는 다음과 같다.

$$\overline{y}_{i.} = \frac{1}{n_i}\sum_{j=1}^{n_i} y_{ij} \ (\text{단, } i = 1,\ 2,\ \cdots,\ k),\quad \overline{y}_{..} = \frac{1}{N}\sum_{i=1}^{k}\sum_{j=1}^{n_i} y_{ij}$$

반복수가 다른 일원배치법 모형에서 처리효과 전체의 모평균 μ는 다음과 같이 정의된다.

$$\mu = \frac{1}{N}\sum_{i=1}^{k} n_i \mu_i$$

이때 i번째 처리효과는 $\alpha_i = \mu_i - \mu$이므로 $\sum_{i=1}^{k} n_i \alpha_i = 0$이고, 오차항에 대한 가정은 반복수가 동일한 경우와 일치한다. 이를 요약하면 다음과 같다.

일원배치법의 모형(반복수가 다른 경우)

$$\begin{cases} Y_{ij} = \mu + \alpha_i + e_{ij} \\ e_{ij} \sim N(0,\ \sigma^2)\text{이고 서로 독립} \\ \sum_{i=1}^{k} n_i \alpha_i = 0 \end{cases} \quad (\text{단, } i = 1,\ 2,\ \cdots,\ k\text{이고 } j = 1,\ 2,\ \cdots,\ n_i)$$

총제곱합 SST는 앞에서와 마찬가지로 처리제곱합 SS_{tr}과 잔차제곱합 SSE의 합으로 표현될 수 있으며, 다음과 같이 나타난다.

$$\sum_{i=1}^{k}\sum_{j=1}^{n_i}(y_{ij} - \bar{y}_{..})^2 = \sum_{i=1}^{k} n_i (\bar{y}_{i.} - \bar{y}_{..})^2 + \sum_{i=1}^{k}\sum_{j=1}^{n_i}(y_{ij} - \bar{y}_{i.})^2$$

각 제곱합들의 자유도는 반복수가 동일한 경우와 같게 표현되지만 $N = \sum_{i=1}^{k} n_i$라는 차이가 존재한다. 따라서 처리효과의 유의성에 대한 다음 가설을 검정하기 위한 평균제곱들과 F 검정통계량은 반복수가 동일한 경우와 똑같은 형태로 표현된다.

$$H_0:\ \alpha_1 = \alpha_2 = \ \cdots\ = \alpha_k = 0$$

$$H_1:\ \text{적어도 하나의 } \alpha_i\text{는 0이 아니다.}$$

한편 귀무가설 H_0가 참일 때, 다음이 알려져 있다.

$$F = \frac{\mathrm{MS}_{tr}}{\mathrm{MSE}} \sim F\left(k-1,\ \sum_{i=1}^{k} n_i - k\right)$$

이러한 F 검정통계량의 관측값이 f이면 유의확률은 다음과 같다.

$$P = P(F \ge f),\ \ F \sim F\left(k-1,\ \sum_{i=1}^{k} n_i - k\right)$$

유의수준 α의 기각역은 다음과 같이 주어진다.

$$f \ge F_\alpha\left(k-1,\ \sum_{i=1}^{k} n_i - k\right)$$

정리하면 반복수가 다른 일원배치법에서 처리효과의 유의성검정은 다음과 같이 요약할 수 있다.

처리효과의 유의성검정(반복수가 다른 일원배치법)

귀무가설 $H_0 : \alpha_1 = \alpha_2 = \cdots = \alpha_k = 0$에 관한 검정통계량은 다음과 같다.

$$F = \frac{\mathrm{MS}_{tr}}{\mathrm{MSE}}$$

검정통계량의 관측값이 f일 때, 다음이 성립한다.

❶ 유의수준 α의 기각역 : $f \ge F_\alpha\left(k-1,\ \sum_{i=1}^{k} n_i - k\right)$

❷ 유의확률 : $P = P(F \ge f)$, $F \sim F\left(k-1,\ \sum_{i=1}^{k} n_i - k\right)$

이와 같은 결과를 표로 요약하여 나타낸 것이 [표 9-6]의 분산분석표이다.

표 9-6 일원배치법의 분산분석표(반복수가 다른 경우)

요인	제곱합	자유도	평균제곱	F 값	유의확률
회귀	$\mathrm{SS}_{tr} = \sum_{i=1}^{k} n_i(\bar{y}_{i.} - \bar{y}_{..})^2$	$k-1$	$\mathrm{MS}_{tr} = \frac{\mathrm{SS}_{tr}}{k-1}$	$f = \frac{\mathrm{MS}_{tr}}{\mathrm{MSE}}$	$P = P(F \ge f)$
잔차	$\mathrm{SSE} = \sum_{i=1}^{k}\sum_{j=1}^{n_i}(y_{ij} - \bar{y}_{i.})^2$	$\sum_{i=1}^{k} n_i - k$	$\mathrm{MSE} = \frac{\mathrm{SSE}}{\sum_{i=1}^{k} n_i - k}$		
합계	$\mathrm{SST} = \sum_{i=1}^{k}\sum_{j=1}^{n_i}(y_{ij} - \bar{y}_{..})^2$	$\sum_{i=1}^{k} n_i - 1$			

예제 9-2 한 영화에 대한 평론 사이트별 평점에 차이가 있는지 알아보기 위해 사이트 1에서 4회, 사이트 2에서 5회, 사이트 3에서 6회, 총 15회의 평점을 랜덤하게 추출하여 [표 9-7]을 얻었다. 이 자료에 대해 일원배치법 모형을 적용하여 평론 사이트에 따라 평점에 차이가 있는지를 유의수준 5%에서 검정하라. 단, 평점 기준은 모두 10점 만점으로 계산되었다.

표 9-7 세 평론 사이트별 평점

	사이트 1	사이트 2	사이트 3	
	2	4	6	
	3	5	5	
	4	6	7	
	5	4	4	
		3	6	
			8	
평균	3.5	4.4	6.0	총평균 : 4.8

풀이

이 예제는 $k=3$, $n_1=4$, $n_2=5$, $n_3=6$인 일원배치법 모형으로 평론 사이트별 평점 간의 유의성을 판단하기 위해 다음 가설을 설정한다.

$$H_0: \alpha_1=\alpha_2=\alpha_3=0$$

$$H_1: \text{적어도 하나의 } \alpha_i\text{는 0이 아니다.}$$

[표 9-7]의 자료로부터 다음의 제곱합을 계산할 수 있다.

- $\text{SST}=(2-4.8)^2+\cdots+(8-4.8)^2=36.4$
- $\text{SS}_{tr}=4(3.5-4.8)^2+\cdots+6(6.0-4.8)^2=16.2$
- $\text{SSE}=(2-3.5)^2+\cdots+(8-6.0)^2=20.2$

여기서 SST의 자유도는 $4+5+6-1=14$, SS_{tr}의 자유도는 $3-1=2$, SSE의 자유도는 $15-3=12$이다. 이로부터 평균제곱과 F 검정통계량의 관측값을 계산하면 다음과 같다.

$$\text{MS}_{tr}=\frac{\text{SS}_{tr}}{2}=8.1,\ \text{MSE}=\frac{\text{SSE}}{12}=1.68,\ f=\frac{\text{MS}_{tr}}{\text{MSE}}=\frac{8.1}{1.68}=4.82$$

[부록 C]의 F 분포표에서 $F\sim F(2,\ 12)$일 때, 유의확률은 $0.025<P(F\geq 4.82)<0.05$임을 알 수 있다. 실제로 통계계산 소프트웨어로 유의확률을 구하면 $P=P(F\geq 4.82)=0.0292$이다. 따라서 평점 사이트에 따라 평점에 유의한 차이가 있다는 결론을 유의수준 5%에서 내릴 수 있다. 이러한 검정과정을 분산분석표로 나타내면 [표 9-8]과 같다.

표 9-8 [예제 9-2]의 분산분석표

요인	제곱합	자유도	평균제곱	F 값	유의확률
회귀	16.2	2	8.1	4.82	0.0292
잔차	20.2	12	1.68		
합계	36.4	14			

9.3 반복이 없는 이원배치법

이원배치법은 특성값에 영향을 주는 두 개의 인자에 대해 각각의 영향을 조사하기 위해 사용하는 분산분석법이다. 이원배치법은 두 인자의 각 수준 조합에서 반복이 있는 경우와 반복이 없는 경우로 나뉜다. 이 절에서는 반복이 없는 이원배치법에 대해 살펴본다. 단, 여기서 다루는 모든 인자는 모수인자이다.

두 개의 인자를 A, B로 표기하고 각 수준을 다음과 같이 나타낸다.

- **인자 A의 수준** : A_1, A_2, $\cdots$, A_p
- **인자 B의 수준** : B_1, B_2, $\cdots$, B_q

이원배치법에서는 인자 A의 한 수준과 인자 B의 한 수준의 조합이 하나의 처리가 되며, 따라서 전체적으로 pq개의 처리가 존재한다. 이원배치법의 완전랜덤화계획은 모든(pq회) 실험을 랜덤하게 결정하여 시행한다. 예를 들어 인자 A의 한 수준을 고정한 상태에서 인자 B의 수준을 변화시키며 실험하는 방식은 랜덤화 원칙에 위배되므로, 이는 이원배치법에 의한 실험이 아님에 유의해야 한다.

반복이 없는 이원배치법의 자료구조는 [표 9-9]와 같다.

표 9-9 이원배치법의 자료구조(반복이 없는 경우)

인자 B의 수준 / 인자 A의 수준	B_1	$\cdots$	B_j	$\cdots$	B_q	평균
A_1	y_{11}	$\cdots$	y_{1j}	$\cdots$	y_{1q}	$\bar{y}_{1.}$
$\vdots$	$\vdots$		$\vdots$		$\vdots$	$\vdots$
A_i	y_{i1}	$\cdots$	y_{ij}	$\cdots$	y_{iq}	$\bar{y}_{i.}$
$\vdots$	$\vdots$		$\vdots$		$\vdots$	$\vdots$
A_p	y_{p1}	$\cdots$	y_{pj}	$\cdots$	y_{pq}	$\bar{y}_{p.}$
평균	$\bar{y}_{.1}$	$\cdots$	$\bar{y}_{.j}$	$\cdots$	$\bar{y}_{.q}$	총평균 : $\bar{y}_{..}$

[표 9-9]에서 평균의 기호는 다음과 같다.

$$\bar{y}_{i.} = \frac{1}{q}\sum_{j=1}^{q} y_{ij} \quad (\text{단, } i=1,\ 2,\ \cdots,\ p)$$

$$\bar{y}_{.j} = \frac{1}{p}\sum_{i=1}^{p} y_{ij} \quad (\text{단, } j=1,\ 2,\ \cdots,\ q)$$

$$\bar{y}_{..} = \frac{1}{pq}\sum_{i=1}^{p}\sum_{j=1}^{q} y_{ij}$$

반복이 없는 이원배치법에서는 인자 A와 인자 B의 효과가 관측값에 영향을 미친다. 처리 전체의 모평균을 μ, 인자 A의 i번째 처리효과를 α_i, 인자 B의 j번째 처리효과를 β_j라 하면, 모형은 다음과 같이 정의된다.

이원배치법의 모형(반복이 없는 경우)

$$\begin{cases} Y_{ij} = \mu + \alpha_i + \beta_j + e_{ij} \\ e_{ij} \sim N(0,\ \sigma^2)\text{이고 서로 독립} \\ \sum_{i=1}^{p} \alpha_i = 0,\ \sum_{j=1}^{q} \beta_j = 0 \end{cases} \quad (\text{단, } i=1,\ 2,\ \cdots,\ p\text{이고 } j=1,\ 2,\ \cdots,\ q)$$

이원배치법에서 관심 있는 가설은 인자의 각 수준에 따라 처리효과의 차이가 있는지를 검정하는 것이다. 즉 인자 A의 유의성검정과 인자 B의 유의성검정을 위한 가설은 각각 다음과 같다.

$$H_0 : \alpha_1 = \cdots = \alpha_p = 0,\ H_1 : \text{적어도 한 } \alpha_i\text{는 } 0\text{이 아니다.}$$

$$H_0 : \beta_1 = \cdots = \beta_q = 0,\ H_1 : \text{적어도 한 } \beta_j\text{는 } 0\text{이 아니다.}$$

이와 같이 주어진 가설을 검정하기 위한 검정법을 유도하기 위해 총제곱합을 인자 A의 효과에 의한 제곱합과 인자 B의 효과에 의한 제곱합, 그리고 잔차제곱합으로 분해하는 방법을 생각해보자. 관측값 y_{ij}와 총평균 $\bar{y}_{..}$ 간의 차인 총편차 $y_{ij} - \bar{y}_{..}$은 다음과 같이 분해될 수 있다.

$$(y_{ij} - \bar{y}_{..}) = (\bar{y}_{i.} - \bar{y}_{..}) + (\bar{y}_{.j} - \bar{y}_{..}) + (y_{ij} - \bar{y}_{i.} - \bar{y}_{.j} + \bar{y}_{..})$$

여기서 $(\bar{y}_{i.} - \bar{y}_{..})$은 인자 A의 i번째 수준의 효과에 의한 편차이고, $(\bar{y}_{.j} - \bar{y}_{..})$은 인자 B의 j번째 수준의 효과에 의한 편차이다. 또한 $(y_{ij} - \bar{y}_{i.} - \bar{y}_{.j} + \bar{y}_{..})$은 오차에 의한 편차로서 잔차에 해당한다.

총편차의 분해식의 양변을 제곱하여 정리하면 다음과 같은 관계가 성립한다.

$$\sum_{i=1}^{p}\sum_{j=1}^{q}(y_{ij} - \bar{y}_{..})^2 = q\sum_{i=1}^{p}(\bar{y}_{i.} - \bar{y}_{..})^2 + p\sum_{j=1}^{q}(\bar{y}_{.j} - \bar{y}_{..})^2 + \sum_{i=1}^{p}\sum_{j=1}^{q}(y_{ij} - \bar{y}_{i.} - \bar{y}_{.j} + \bar{y}_{..})^2$$

여기서 분해한 제곱합은 다음과 같이 정의한다.

- **총제곱합** : $\text{SST} = \sum_{i=1}^{p}\sum_{j=1}^{q}(y_{ij} - \bar{y}_{..})^2$
- **인자 A의 제곱합** : $\text{SS}_A = q\sum_{i=1}^{p}(\bar{y}_{i.} - \bar{y}_{..})^2$
- **인자 B의 제곱합** : $\text{SS}_B = p\sum_{j=1}^{q}(\bar{y}_{.j} - \bar{y}_{..})^2$
- **잔차제곱합** : $\text{SSE} = \sum_{i=1}^{p}\sum_{j=1}^{q}(y_{ij} - \bar{y}_{i.} - \bar{y}_{.j} + \bar{y}_{..})^2$

이때 SST의 자유도는 $(pq-1)$, SS_A의 자유도는 $(p-1)$, SS_B의 자유도는 $(q-1)$, SSE의 자유도는 $(p-1)(q-1)$로 알려져 있다.

인자 A와 B의 처리에 대한 평균제곱과 잔차에 대한 평균제곱은 각각 다음과 같이 나타낸다.

$$\mathrm{MS}_A = \frac{\mathrm{SS}_A}{p-1}, \ \mathrm{MS}_B = \frac{\mathrm{SS}_B}{q-1}, \ \mathrm{MSE} = \frac{\mathrm{SSE}}{(p-1)(q-1)}$$

인자 A와 B에 대한 유의성검정을 위한 F 검정통계량은 각각 다음과 같다.

$$F_A = \frac{\mathrm{MS}_A}{\mathrm{MSE}}, \ F_B = \frac{\mathrm{MS}_B}{\mathrm{MSE}}$$

각각의 귀무가설 H_0들이 참일 때, 다음이 성립한다.

$$F_A = \frac{\mathrm{MS}_A}{\mathrm{MSE}} \sim F(p-1, \ (p-1)(q-1)), \ F_B = \frac{\mathrm{MS}_B}{\mathrm{MSE}} \sim F(q-1, \ (p-1)(q-1))$$

F 검정통계량의 관측값을 f_A, f_B라 하면 유의확률은 각각 다음과 같다.

$$P_A = P(F_A \ge f_A), \ F_A \sim F(p-1, \ (p-1)(q-1))$$
$$P_B = P(F_B \ge f_B), \ F_B \sim F(q-1, \ (p-1)(q-1))$$

유의수준 α의 기각역은 각각 다음과 같다.

$$f_A \ge F_\alpha(p-1, \ (p-1)(q-1)), \ f_B \ge F_\alpha(q-1, \ (p-1)(q-1))$$

따라서 인자 A와 인자 B의 처리효과에 대한 유의성검정은 다음과 같이 요약할 수 있다.

처리효과의 유의성검정(반복이 없는 이원배치법)

인자 A	인자 B
귀무가설 $H_0 : \alpha_1 = \alpha_2 = \cdots = \alpha_p = 0$에 관한 검정통계량 $F_A = \frac{\mathrm{MS}_A}{\mathrm{MSE}}$ 검정통계량의 관측값이 f_A일 때, 다음이 성립한다.	귀무가설 $H_0 : \beta_1 = \beta_2 = \cdots = \beta_q = 0$에 관한 검정통계량 $F_B = \frac{\mathrm{MS}_B}{\mathrm{MSE}}$ 검정통계량의 관측값이 f_B일 때, 다음이 성립한다.

❶ **유의수준 α의 기각역** $f_A \geq F_\alpha(p-1, (p-1)(q-1))$ ❷ **유의확률** $P_A = P(F_A \geq f_A)$, $F_A \sim F(p-1, (p-1)(q-1))$	❶ **유의수준 α의 기각역** $f_B \geq F_\alpha(q-1, (p-1)(q-1))$ ❷ **유의확률** $P_B = P(F_B \geq f_B)$, $F_B \sim F(q-1, (p-1)(q-1))$

이와 같은 결과를 표로 요약하여 나타낸 것이 [표 9-10]의 분산분석표이다.

표 9-10 이원배치법의 분산분석표(반복이 없는 경우)

요인	제곱합	자유도	평균제곱	F 값	유의확률
인자 A	SS_A	$p-1$	$MS_A = \dfrac{SS_A}{p-1}$	$f_A = \dfrac{MS_A}{MSE}$	$P_A = P(F_A \geq f_A)$
인자 B	SS_B	$q-1$	$MS_B = \dfrac{SS_B}{q-1}$	$f_B = \dfrac{MS_B}{MSE}$	$P_B = P(F_B \geq f_B)$
잔차	SSE	$(p-1)(q-1)$	$MSE = \dfrac{SSE}{(p-1)(q-1)}$		
합계	SST				

예제 9-3 한 연구자가 식이요법과 운동을 병행한 다이어트 방법의 효과를 비교하기 위해 실험을 진행했다. 20대 성인 남성 중 체형과 체질이 비슷한 20명을 랜덤으로 선별한 뒤, 식이요법(A)을 5종류(A_1, A_2, A_3, A_4, A_5)로 선택하고, 운동(B)을 4종(B_1 : 러닝, B_2 : 근력운동, B_3 : 수영, B_4 : 요가) 중 랜덤으로 택하여 참가자에게 할당했다. 4주 후 체중 감소량을 측정한 결과는 [표 9-11]과 같다. 이 자료에 대해 이원배치법 모형을 적용하여 식이요법과 운동 종류가 체중 감소량에 유의한 영향을 미치는지 유의수준 5%로 검정하라.

표 9-11 식이요법과 운동 종류에 따른 체중 감소량

(단위 : kg)

	A_1	A_2	A_3	A_4	A_5	평균
B_1	7.9	7.2	5.1	5.8	6.8	6.56
B_2	7.5	6.6	4.8	5.6	6.5	6.20
B_3	6.9	6.4	4.4	5.4	6.4	5.90
B_4	6.5	6.2	4.1	4.5	5.8	5.42
평균	7.20	6.60	4.60	5.33	6.38	총평균 : 6.02

풀이

인자 A(식이요법의 종류)와 인자 B(운동 종류)의 유의성을 판단하기 위해 다음과 같은 가설을 설정하자.

$$H_0 : \alpha_1 = \cdots = \alpha_5 = 0,\ H_1 : \text{적어도 하나의 } \alpha_i \text{는 0이 아니다.}$$

$$H_0 : \beta_1 = \cdots = \beta_4 = 0,\ H_1 : \text{적어도 하나의 } \beta_j \text{는 0이 아니다.}$$

이 가설을 검정하기 위한 제곱합을 계산하면 다음과 같다.

- $SS_A = 4[(7.20-6.02)^2 + \cdots + (6.38-6.02)^2] = 17.417$
- $SS_B = 5[(6.56-6.02)^2 + \cdots + (5.42-6.02)^2] = 3.492$
- $SST = (7.9-6.02)^2 + \cdots + (5.8-6.02)^2 = 21.232$
- $SSE = SST - SS_A - SS_B = 0.323$

여기서 SS_A의 자유도는 $5-1=4$, SS_B의 자유도는 $4-1=3$, SST의 자유도는 $5\times4-1=19$, SSE의 자유도는 $(5-1)(4-1)=12$이다. 이로부터 평균제곱과 F 검정 통계량의 관측값을 계산하면 다음과 같다.

$$MS_A = \frac{SS_A}{4} = 4.354,\ MS_B = \frac{SS_B}{3} = 1.164,\ MSE = \frac{SSE}{12} = 0.027$$

$$f_A = \frac{MS_A}{MSE} = 161.77,\ f_B = \frac{MS_B}{MSE} = 43.24$$

[부록 C]의 F 분포표에서 $F(4, 12)$와 $F(3, 12)$ 값을 이용하자. 그러면 유의확률이 각각 $P(F_A \geq 161.77) < 0.001$과 $P(F_B \geq 43.24) < 0.001$이다. 실제로 통계계산 소프트웨어로 구하면 $P_A = P(F_A \geq 161.77) \approx 2.5 \times 10^{-10}$과 $P_B = P(F_B \geq 43.24) \approx 1.0 \times 10^{-6}$이다.

이로부터 식이요법의 종류에 따라 체중 감소량에 유의한 차이가 있다는 결론을 유의수준 5%에서 내릴 수 있다. 또한 운동 종류에 따라서도 체중 감소량이 유의하게 다르다는 결과를 얻을 수 있다. 이러한 검정과정을 분산분석표로 나타내면 [표 9-12]와 같다.

표 9-12 [예제 9-3]의 분산분석표

요인	제곱합	자유도	평균제곱	F 값	유의확률
인자 A	17.417	4	4.354	161.77	<0.001
인자 B	3.492	3	1.164	43.24	<0.001
잔차	0.323	12	0.027		
합계	21.232	19			

9.4 반복이 있는 이원배치법

실험에서는 각 수준의 조합(처리)에서 1회의 실험을 시행하는 것보다 가능하면 2회 이상의 실험을 반복하는 것이 실험결과의 신뢰도를 높일 수 있어 바람직하다. 물론 반복 횟수는 전체적인 비용과 실험의 필요성에 따라 결정될 것이다.

이 절에서는 두 개의 인자 A, B의 수준수가 각각 p, q이고 반복수가 r회인 이원배치법을 다룬다. 반복이 있는 이원배치법에서는 완전랜덤화계획이 필요하다. 즉 pqr회의 전체 실험이 랜덤하게 선택된 순서로 시행되어야 한다. 예를 들어 인자수준의 조합(pq)의 순서만 랜덤으로 선택하고, 각 수준의 조합에서 r회의 실험을 연속으로 시행한다면 전체 실험이 완전랜덤화되지 않는다. 이때 해당 실험은 반복이 있는 이원배치법에 해당하지 않음을 유의해야 한다.

반복이 없는 이원배치법과 비교했을 때, 반복이 있는 이원배치법의 가장 큰 장점은 인자수준의 조합에서 발생하는 효과를 분리하여 구할 수 있다는 것이다. 이 인자수준의 조합에서 발생하는 효과를 **교호작용**(interaction)이라 하며, 이는 인자 A의 효과가 인자 B의 수준 변화에 따라 달라지는 모형에서 나타난다.

반복이 없는 이원배치법의 모집단모형에서는 $E(e_{ij})=0$이므로 다음이 성립한다.

$$E(Y_{ij})=\mu+\alpha_i+\beta_j$$

즉 인자 A의 각 수준에서의 기댓값 차이는 B의 수준에 무관하게 일정하게 유지된다. 예를 들어 A의 첫 번째 수준과 세 번째 수준에서의 기댓값 차이는 B의 모든 수준에 대해 다음과 같다.

$$(\mu+\alpha_1+\beta_j)-(\mu+\alpha_3+\beta_j)=\alpha_1-\alpha_3$$

이를 그림으로 나타내면 [그림 9-2]와 같다. 그림에서처럼 A의 각 수준을 연결하는 선분들이 서로 평행하면 두 인자 A, B 사이에 교호작용이 존재하지 않음을 뜻한다.

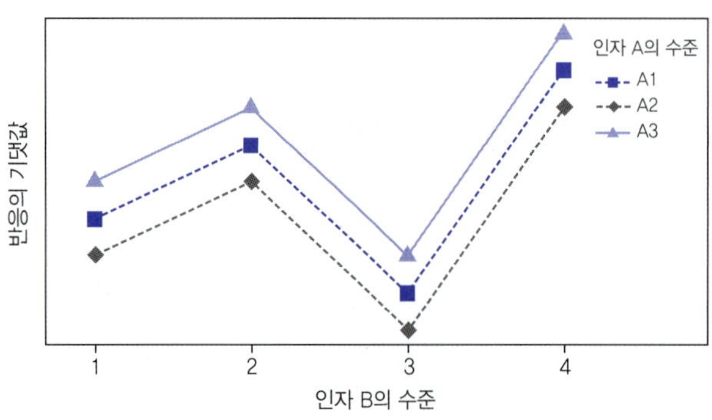

그림 9-2 교호작용이 없는 경우

한편 [그림 9-3]은 B_1에서 A_3가 A_1보다 높은 기댓값을 갖지만, B_2에서는 A_1이 A_3보다 높은 기댓값을 가진다. 이와 같이 A의 각 수준에서의 기댓값 차이가 B의 수준에 따라 변할 때, A와 B는 교호작용이 있다고 한다. 이 경우에는 반복이 없는 이원배치법을 사용할 수 없고, 반복이 있는 이원배치법을 사용해야 한다.

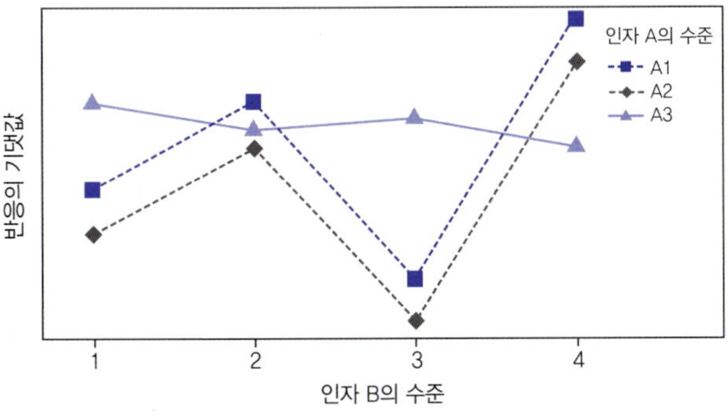

그림 9-3 교호작용이 있는 경우

반복이 있는 이원배치법의 자료구조는 [표 9-13]과 같다.

표 9-13 이원배치법의 자료구조(반복이 있는 경우)

B의 수준 / A의 수준	B_1	B_2	$\cdots$	B_q	평균
A_1	y_{111}	y_{121}	$\cdots$	y_{1q1}	$\bar{y}_{1..}$
	y_{112}	y_{122}	$\cdots$	y_{1q2}	
	$\vdots$	$\vdots$	$\vdots$	$\vdots$	
	y_{11r}	y_{12r}	$\cdots$	y_{1qr}	
	$\bar{y}_{11.}$	$\bar{y}_{12.}$	$\cdots$	$\bar{y}_{1q.}$	
A_2	y_{211}	y_{221}	$\cdots$	y_{2q1}	$\bar{y}_{2..}$
	y_{212}	y_{222}	$\cdots$	y_{2q2}	
	$\vdots$	$\vdots$	$\vdots$	$\vdots$	
	y_{21r}	y_{22r}	$\cdots$	y_{2qr}	
	$\bar{y}_{21.}$	$\bar{y}_{22.}$	$\cdots$	$\bar{y}_{2q.}$	
$\vdots$	$\vdots$	$\vdots$	$\cdots$	$\vdots$	$\vdots$
A_p	y_{p11}	y_{p21}	$\cdots$	y_{pq1}	$\bar{y}_{p..}$
	y_{p12}	y_{p22}	$\cdots$	y_{pq2}	
	$\vdots$	$\vdots$	$\vdots$	$\vdots$	
	y_{p1r}	y_{p2r}	$\cdots$	y_{pqr}	
	$\bar{y}_{p1.}$	$\bar{y}_{p2.}$	$\cdots$	$\bar{y}_{pq.}$	
평균	$\bar{y}_{.1.}$	$\bar{y}_{.2.}$	$\cdots$	$\bar{y}_{.q.}$	총평균 : $\bar{y}_{...}$

[표 9-13]의 자료구조에서 평균의 기호는 다음과 같다.

$$\bar{y}_{ij.} = \frac{1}{r}\sum_{k=1}^{r} y_{ijk} \text{ (단, } i=1,\ 2,\ \cdots,\ p\text{이고 } j=1,\ 2,\ \cdots,\ q\text{)}$$

$$\bar{y}_{i..} = \frac{1}{qr}\sum_{j=1}^{q}\sum_{k=1}^{r} y_{ijk} \text{ (단, } i=1,\ 2,\ \cdots,\ p\text{)}$$

$$\bar{y}_{.j.} = \frac{1}{pr}\sum_{i=1}^{p}\sum_{k=1}^{r} y_{ijk} \text{ (단, } j=1,\ 2,\ \cdots,\ q\text{)}$$

$$\bar{y}_{...} = \frac{1}{pqr}\sum_{i=1}^{p}\sum_{j=1}^{q}\sum_{k=1}^{r} y_{ijk}$$

처리 전체의 모평균을 μ, 인자 A의 i번째 처리효과를 α_i, 인자 B의 j번째 처리효과를 β_j라 하고, 인자 A의 i번째 수준과 인자 B의 j번째 수준 간 교호작용의 효과를 γ_{ij}라 하면 반복이 있는 이원배치법의 모형은 다음과 같다.

이원배치법의 모형(반복이 있는 경우)

$$\begin{cases} Y_{ijk} = \mu + \alpha_i + \beta_j + \gamma_{ij} + e_{ijk} \\ e_{ijk} \sim N(0,\ \sigma^2)\text{이고 서로 독립} \\ \sum_{i=1}^{p}\alpha_i = 0,\ \sum_{j=1}^{q}\beta_j = 0,\ \sum_{i=1}^{p}\gamma_{ij} = \sum_{j=1}^{q}\gamma_{ij} = 0 \end{cases}$$

(단, $i=1,\ 2,\ \cdots,\ p$이고 $j=1,\ 2,\ \cdots,\ q$이고 $k=1,\ 2,\ \cdots,\ r$)

반복이 있는 이원배치법에서 관심 있는 가설은 인자 A, B의 각 수준에 따라 처리효과의 차이가 있는지뿐만 아니라, 두 인자 간 교호작용의 효과가 존재하는지이다. 각 인자 수준에서의 유의성 검정은 9.3절의 반복이 없는 경우와 동일하므로, 지금은 교호작용에 대한 유의성검정을 다룬다.

교호작용의 유의성검정에 대한 가설은 다음과 같이 표현할 수 있다.

$H_0 : \gamma_{ij} = 0$ (단, $i=1,\ 2,\ \cdots,\ p$이고 $j=1,\ 2,\ \cdots,\ q$)

H_1 : 적어도 한 γ_{ij}는 0이 아니다.

이 가설의 검정법을 유도하기 위해 관측값 y_{ijk}와 총평균 $\bar{y}_{...}$과의 편차를 분해하면 다음과 같다.

$$(y_{ijk} - \bar{y}_{...}) = (\bar{y}_{i..} - \bar{y}_{...}) + (\bar{y}_{.j.} - \bar{y}_{...}) + (\bar{y}_{ij.} - \bar{y}_{i..} - \bar{y}_{.j.} + \bar{y}_{...}) + (y_{ijk} - \bar{y}_{ij.})$$

여기서 $(\bar{y}_{i..} - \bar{y}_{...})$은 인자 A의 i번째 수준의 효과에 의한 편차이고, $(\bar{y}_{.j.} - \bar{y}_{...})$은 인자 B의 j번째 수준의 효과에 의한 편차이다. 또한 $(y_{ijk} - \bar{y}_{i..} - \bar{y}_{.j.} + \bar{y}_{...})$은 교호작용의 효과에 의한

편차이고, $(y_{ijk}-\overline{y}_{ij.})$은 잔차에 해당한다.

총편차 분해식의 양변을 제곱하여 정리하면 다음과 같은 관계가 성립한다.

$$\sum_{i=1}^{p}\sum_{j=1}^{q}\sum_{k=1}^{r}(y_{ijk}-\overline{y}_{...})^2 = qr\sum_{i=1}^{p}(\overline{y}_{i..}-\overline{y}_{...})^2 + pr\sum_{j=1}^{q}(\overline{y}_{.j.}-\overline{y}_{...})^2 + r\sum_{i=1}^{p}\sum_{j=1}^{q}(y_{ij.}-\overline{y}_{i..}-\overline{y}_{.j.}+\overline{y}_{...})^2 + \sum_{i=1}^{p}\sum_{j=1}^{q}\sum_{k=1}^{r}(y_{ijk}-\overline{y}_{ij.})^2$$

여기서 제곱합은 다음과 같이 정의한다.

- **총제곱합** : $\mathrm{SST} = \sum_{i=1}^{p}\sum_{j=1}^{q}\sum_{k=1}^{r}(y_{ijk}-\overline{y}_{...})^2$
- **인자 A의 제곱합** : $\mathrm{SS}_A = qr\sum_{i=1}^{p}(\overline{y}_{i..}-\overline{y}_{...})^2$
- **인자 B의 제곱합** : $\mathrm{SS}_B = pr\sum_{j=1}^{q}(\overline{y}_{.j.}-\overline{y}_{...})^2$
- **교호작용의 제곱합** : $\mathrm{SS}_{A\times B} = r\sum_{i=1}^{p}\sum_{j=1}^{q}(\overline{y}_{ij.}-\overline{y}_{i..}-\overline{y}_{.j.}+\overline{y}_{...})^2$
- **잔차제곱합** : $\mathrm{SSE} = \sum_{i=1}^{p}\sum_{j=1}^{q}\sum_{k=1}^{r}(y_{ijk}-\overline{y}_{ij.})^2$

여기서 SST의 자유도는 $(pqr-1)$, SS_A의 자유도는 $(p-1)$, SS_B의 자유도는 $(q-1)$, $\mathrm{SS}_{A\times B}$의 자유도는 $(p-1)(q-1)$, SSE의 자유도는 $pq(r-1)$로 알려져 있다.

교호작용에 대한 평균제곱과 잔차에 대한 평균제곱은 각각 다음과 같다.

$$\mathrm{MS}_{A\times B} = \frac{\mathrm{SS}_{A\times B}}{(p-1)(q-1)},\quad \mathrm{MSE} = \frac{\mathrm{SSE}}{pq(r-1)}$$

인자 A와 B의 교호작용에 대한 유의성검정을 위한 F 검정통계량은 다음과 같다.

$$F = \frac{\mathrm{MS}_{A\times B}}{\mathrm{MSE}}$$

귀무가설 H_0가 참일 때, 다음이 성립한다.

$$F = \frac{\mathrm{MS}_{A\times B}}{\mathrm{MSE}} \sim F((p-1)(q-1),\ pq(r-1))$$

F 검정통계량의 관측값을 $f_{A\times B}$라 하면 유의확률은 다음과 같다.

$$P = P(F \ge f_{A\times B}),\quad F \sim F((p-1)(q-1),\ pq(r-1))$$

유의수준 α의 기각역은 다음과 같다.

$$f_{A\times B} \geq F_{\alpha}((p-1)(q-1),\ pq(r-1))$$

따라서 인자 A와 인자 B의 교호작용에 대한 유의성검정은 다음과 같이 요약할 수 있다.

교호작용의 유의성검정

귀무가설 $H_0 : \gamma_{ij} = 0$(단, $i=1, \cdots, p$이고 $j=1, \cdots, q$)에 관한 검정통계량

$$F = \frac{\mathrm{MS}_{A\times B}}{\mathrm{MSE}}$$

검정통계량의 관측값이 $f_{A\times B}$일 때, 다음이 성립한다.

❶ 유의수준 α의 기각역 : $f_{A\times B} \geq F_{\alpha}((p-1)(q-1),\ pq(r-1))$

❷ 유의확률 : $P = P(F \geq f_{A\times B}),\ F \sim F((p-1)(q-1),\ pq(r-1))$

이와 같은 결과를 표로 요약하여 나타낸 것이 [표 9-14]의 분산분석표이다.

표 9-14 이원배치법의 분산분석표(반복이 있는 경우)

요인	제곱합	자유도	평균제곱	F 값	유의확률
인자 A	SS_A	$p-1$	$\mathrm{MS}_A = \frac{\mathrm{SS}_A}{p-1}$	$f_A = \frac{\mathrm{MS}_A}{\mathrm{MSE}}$	$P_A = P(F_A \geq f_A)$
인자 B	SS_B	$q-1$	$\mathrm{MS}_B = \frac{\mathrm{SS}_B}{q-1}$	$f_B = \frac{\mathrm{MS}_B}{\mathrm{MSE}}$	$P_B = P(F_B \geq f_B)$
교호작용	$\mathrm{SS}_{A\times B}$	$(p-1)(q-1)$	$\mathrm{MS}_{A\times B} = \frac{\mathrm{SS}_{A\times B}}{(p-1)(q-1)}$	$f_{A\times B} = \frac{\mathrm{MS}_{A\times B}}{\mathrm{MSE}}$	$P_{A\times B} = P(F_{A\times B} \geq f_{A\times B})$
잔차	SSE	$pq(r-1)$	$\mathrm{MSE} = \frac{\mathrm{SSE}}{pq(r-1)}$		
합계	SST	$pqr-1$			

예제 9-4 세 종류의 기계(A_1, A_2, A_3)와 기능공 세 명(B_1, B_2, B_3)이 제품 품질에 미치는 영향을 조사하기 위해 2회 반복이 있는 이원배치법으로 생산성을 측정한 결과 [표 9-15]를 얻었다. 이 자료에 대해 이원배치법 모형을 적용하여 각 인자와 교호작용의 효과에 대해 유의수준 5%에서 검정하라.

표 9-15 기계의 종류와 기능공에 따른 생산성

	B_1	B_2	B_3	평균
A_1	9, 14	14, 16	19, 22	15.67
A_2	13, 16	18, 26	14, 18	17.5
A_3	11, 12	11, 17	15, 16	13.67
평균	12.5	17	17.33	총평균 : 15.61

풀이

각 효과의 유의성을 판단하기 위해 다음 가설을 설정하자.

$H_0 : \alpha_1 = \alpha_2 = \alpha_3 = 0$, H_1 : 적어도 하나의 α_i는 0이 아니다.

$H_0 : \beta_1 = \beta_2 = \beta_3 = 0$, H_1 : 적어도 하나의 β_j는 0이 아니다.

$H_0 : \gamma_{ij} = 0$, H_1 : 적어도 하나의 γ_{ij}는 0이 아니다. (단, $i=1, 2, 3$이고 $j=1, 2, 3$)

이를 검정하기 위한 제곱합을 계산하면 다음과 같다.

- $\text{SS}_A = 3\times 2[(15.67-15.61)^2 + \cdots + (13.67-15.61)^2] = 44.11$
- $\text{SS}_B = 3\times 2[(12.5-15.61)^2 + \cdots + (17.33-15.61)^2] = 87.44$
- $\text{SS}_{A\times B} = 2[(11.5-15.67-12.5+15.61)^2 + \cdots + (15.5- \cdots +15.61)^2] = 74.22$
- $\text{SST} = (9-15.61)^2 + \cdots + (16-15.61)^2 = 288.28$
- $\text{SSE} = \text{SST} - \text{SS}_A - \text{SS}_B - \text{SS}_{A\times B} = 82.51$

여기서 SS_A의 자유도는 $3-1=2$, SS_B의 자유도는 $3-1=2$이며, $\text{SS}_{A\times B}$의 자유도는 $(3-1)(3-1)=4$, SST의 자유도는 $3\times 3\times 2-1=17$, SSE의 자유도는 $3\times 3\times (2-1)=9$이다. 이로부터 평균제곱과 F 검정통계량의 관측값을 계산하면 다음과 같다.

$$\text{MS}_A = \frac{\text{SS}_A}{2} = 22.06, \qquad \text{MS}_B = \frac{\text{SS}_B}{2} = 43.72,$$

$$\text{MS}_{A\times B} = \frac{\text{SS}_{A\times B}}{4} = 18.56, \qquad \text{MSE} = \frac{\text{SSE}}{9} = 9.17$$

$$f_A = \frac{\text{MS}_A}{\text{MSE}} = 2.41, \quad f_B = \frac{\text{MS}_B}{\text{MSE}} = 4.77, \quad f_{A\times B} = \frac{\text{MS}_{A\times B}}{\text{MSE}} = 2.02$$

[부록 C]의 F 분포표에서 $F(2, 9)$와 $F(4, 9)$를 이용하면 유의확률이 각각 다음을 만족함을 알 수 있다.

$$0.1 < P(F_A \ge 2.41), \quad 0.025 < P(F_B \ge 4.77) < 0.05, \quad 0.1 < P(F_{A\times B} \ge 2.02)$$

실제로 통계계산 소프트웨어로 유의확률을 계산하면 다음과 같다.

$$P_A = P(F_A \geq 2.41) = 0.146, \quad P_B = P(F_B \geq 4.77) = 0.039, \quad P_{A\times B} = P(F_{A\times B} \geq 2.02) = 0.174$$

이로부터 기능공에 따라 생산성에 유의한 차이가 있다는 결론을 유의수준 5%에서 내릴 수 있다. 반면 기계의 종류와 교호작용은 생산성에 유의한 영향을 미치지 않는 것으로 나타났다. 이러한 검정과정을 분산분석표로 나타내면 [표 9-16]과 같다.

표 9-16 [예제 9-4]의 분산분석표

요인	제곱합	자유도	평균제곱	F 값	유의확률
인자 A	44.11	2	22.06	2.41	0.146
인자 B	87.44	2	43.72	4.77	0.039
교호작용	74.22	4	18.56	2.02	0.174
잔차	82.51	9	9.17		
합계	288.28	17			

분산분석에서도 회귀분석과 마찬가지로 유의성검정을 수행하기 전에 오차항의 타당성을 검토해야 한다. 분산분석에서 이러한 검토는 평균반응의 추정값을 가로축으로, 스튜던트화 잔차를 세로축으로 표시한 잔차도를 이용할 수 있다.

[그림 9-4]는 [예제 9-4]의 자료에 대해 이원배치법의 적용 타당성을 검토하기 위해 작성된 잔차도이다. 이 잔차도로부터 이원배치법의 적용이 타당함을 알 수 있고, [예제 9-4]에서 수행한 검정이 의미가 있다고 판단할 수 있다.

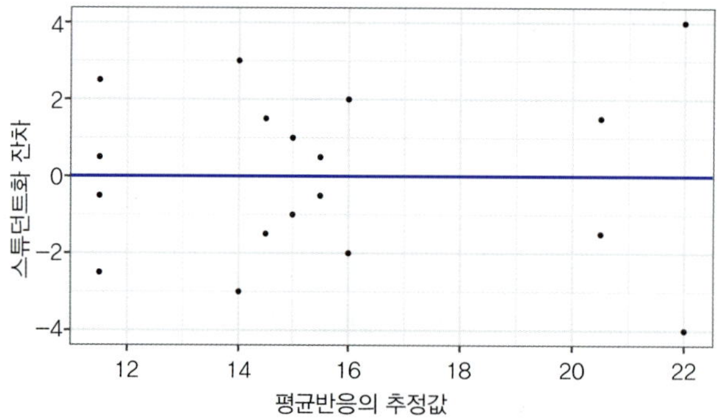

그림 9-4 [예제 9-4]에서 스튜던트화 잔차도

또한 분산분석에서 유의성검정만으로 끝내면 자료를 충분히 활용하지 못했다고 볼 수 있다. 인자의 수준 간에 유의한 차가 있다고 판단되는 경우에는 각 수준의 모평균을 추정하거나 다른 추론을 수행할 수 있다. 그러나 이 책의 범위를 넘어서는 것이므로 여기에서는 다루지 않는다.

CHAPTER 09 연습문제

9.1 총편차 분해식 $(y_{ij}-\overline{y}_{..})=(\overline{y}_{i.}-\overline{y}_{..})+(y_{ij}-\overline{y}_{i.})$을 생각하자. 분해식의 양변을 제곱하여 합하면 다음과 같은 총제곱합의 분해를 얻을 수 있음을 보여라.

$$\sum_{i=1}^{k}\sum_{j=1}^{n}(y_{ij}-\overline{y}_{..})^2=n\sum_{i=1}^{k}(\overline{y}_{i.}-\overline{y}_{..})^2+\sum_{i=1}^{k}\sum_{j=1}^{n}(y_{ij}-\overline{y}_{i.})^2$$

힌트 $\sum_{j=1}^{n}(y_{ij}-\overline{y}_{i.})=0$을 이용한다.

9.2 4개 회사(A_1, A_2, A_3, A_4)에서 입하된 전지의 기전력[5]을 비교하기 위해 각 회사로부터 6개의 전지를 랜덤으로 선정하여 기전력을 측정한 결과 다음 관측값을 얻었다. 이 관측값에 대해 일원배치법 모형을 적용하여 회사 간 기전력의 차이가 있는지 유의수준 5%에서 검정하라.

(단위 : Volt)

A_1	1.52	1.50	1.50	1.49	1.52	1.53
A_2	1.55	1.54	1.57	1.56	1.56	1.55
A_3	1.48	1.47	1.46	1.50	1.48	1.48
A_4	1.57	1.59	1.60	1.58	1.57	1.59

9.3 체인점을 세 군데 운영하는 빵집이 있다. 이 빵집의 대표는 각 체인점 간 빵 맛에 대한 선호도(A_1, A_2, A_3)에 차이가 있는지 비교하기 위해, 시식 테스터 10명에게 각 지점의 빵 세 가지를 랜덤한 순서대로 시식하게 한 후, 다음과 같이 10점 만점의 선호도 점수를 받았다. 이 자료에 대해 일원배치법 모형을 적용하여 지점에 따른 빵 맛에 대한 선호도의 차이가 있는지 유의수준 1%에서 검정하라.

(단위 : 점)

A_1	7	8	5	9	6	5	10	8	7	9
A_2	6	6	3	8	6	4	9	6	5	7
A_3	9	10	7	8	8	6	10	9	8	10

5 전지가 생산할 수 있는 최대 전압이다.

9.4 어떤 화학약품의 합성공정에서 4종류의 원료(A_1, A_2, A_3, A_4)가 합성 수량에 미치는 영향을 조사하기로 했다. 그러나 원료의 양에 한도가 있어 각 수준의 반복수를 일정하게 유지할 수 없었다. 모든 실험은 랜덤한 순서로 수행했으며, 다음과 같은 관측값을 얻었다. 이 자료에 대해 일원배치법 모형을 적용하여 원료에 따라 합성 수량에 차이가 있는지 유의수준 1%에서 검정하라.

A_1	118	129	113	111	131	121		
A_2	84	93	111	112	102	98	116	97
A_3	102	94	82	94	80			
A_4	100	84	107	113	98	99		

9.5 인자 A에서 4수준, 인자 B에서 5수준을 택하여 각 수준의 조합마다 반복 없이, 즉 20회의 실험을 랜덤한 순서로 수행하여 관측값을 얻고 분산분석표의 일부를 작성한 결과가 다음과 같다.

요인	제곱합	자유도	평균제곱	F 값
인자 A	350.6			
인자 B				
잔차 E	30			
합계	2200.77			

(a) 분산분석표의 빈칸을 채워라.

(b) 이 실험에 대해 이원배치법 모형을 적용할 때 귀무가설 H_0와 대립가설 H_1을 각각 제시하라.

(c) H_0가 참일 때, 인자 B에 대한 F 검정통계량의 분포를 구하라. 인자 B에 대한 유의확률을 구하고 유의수준 5%에서 검정하라.

9.6 한 패션 브랜드는 전 세계 여러 도시에서 동일한 옷을 판매한다. 이 브랜드는 디자인(A) 5종류와 도시(B) 4곳을 선정하여 각 디자인별로 4개 도시에서의 한 달 매출량을 측정했다. 그 결과는 다음과 같다. 이 자료에 대해 이원배치법 모형을 적용하여 인자 A, B가 매출량에 미치는 영향을 유의수준 5%에서 검정하라.

(단위 : 1,000벌)

인자 B / 인자 A	B_1	B_2	B_3	B_4
A_1	100	56	15	36
A_2	120	66	13	31
A_3	120	64	14	33
A_4	115	57	16	30
A_5	128	54	15	26

9.7 유기합성 반응에서 원료 4종류(A_1, A_2, A_3, A_4)와 반응온도 5종류(B_1 : 85°C, B_2 : 95°C, B_3 : 105°C, B_4 : 115°C, B_5 : 125°C)가 수율에 미치는 영향을 조사하기로 했다. 원료와 반응온도의 조합으로 총 20개의 실험을 구성하고, 이를 랜덤한 순서로 수행한 결과 다음 표를 얻었다. 이 자료에 대해 이원배치법 모형을 적용하여 인자 A, B가 수율에 미치는 영향을 유의수준 5%에서 검정하라.

(단위 : %)

인자 B / 인자 A	B_1	B_2	B_3	B_4	B_5
A_1	64	55	49	55	74
A_2	61	62	57	61	76
A_3	67	64	49	64	70
A_4	63	62	47	58	68

9.8 어떤 합성수지를 성형할 때 기존에는 성형온도 90°C, 중합시간 3분, 촉매량 1.5%를 사용했다. 그러나 강도가 충분히 나오지 않아 성형온도와 촉매량을 변화시켜 그 영향을 검토하고, 필요하면 작업표준을 개정하고자 한다. 이를 위해 성형온도를 85°C, 90°C, 95°C, 100°C, 촉매량을 0.5%, 1.0%, 1.5%로 설정하고, 각 수준 조합마다 2회씩 실험을 수행하여 총 24회의 실험을 랜덤한 순서로 수행했다. 관찰값은 다음 표와 같다. 이 자료에 대해 이원배치법 모형을 적용하여 유의수준 5%에서 각 요인의 영향을 검정하라.

(단위 : kg/cm^2)

성형온도 / 촉매량	A_1	A_2	A_3	A_4
B_1	12.5, 13.3	12.6, 13.0	12.9, 13.2	13.0, 13.4
B_2	12.6, 13.2	12.5, 13.1	13.1, 12.8	12.9, 13.5
B_3	11.9, 12.1	12.0, 12.3	12.7, 13.2	14.2, 14.0

9.9 스마트폰 카메라의 성능을 비교하기 위해 네 종류의 스마트폰으로 야외촬영을 한 후 재생 시 화면의 떨림을 측정했다. 측정 결과가 다음과 같을 때, 통계계산 소프트웨어를 이용하여 유의수준 5%에서 요인의 영향을 검정하라.

스마트폰 1	20	10	17	20	15	
스마트폰 2	10	14	10	12	19	20
스마트폰 3	10	14	8	8		
스마트폰 4	8	13	20	8	10	12

9.10 어떤 중간원료로부터 제품이 되는 공정에서, 제품의 수율에 미치는 영향을 조사하기 위해 가열온도 A를 $A_1 = 100°\text{C}$, $A_2 = 120°\text{C}$, $A_3 = 140°\text{C}$로, 공정압력 B를 $B_1 = 50\text{psi}$, $B_2 = 60\text{psi}$, $B_3 = 70\text{psi}$로 설정하여 실험을 수행했다. 각 수준의 조합마다 반복 2회의 실험을 수행한 결과는 다음 표와 같다. 이 자료에 대해 통계계산 소프트웨어를 이용하여 유의수준 5%에서 요인의 영향을 검정하라.

(단위 : %)

공정압력 \ 가열온도	A_1	A_2	A_3
B_1	61.0, 60.2	64.1, 63.2	65.2, 66.1
B_2	63.3, 62.7	66.2, 65.4	66.6, 67.2
B_3	61.3, 61.9	63.2, 64.2	66.0, 66.4

CHAPTER

10

비모수적 추론

CONTENTS

이 장에서는 두 모집단의 위치모수의 차에 대한 추론과 한 모집단의 위치모수에 대한 추론으로서 비모수적 검정법을 살펴본다. 자료에 이상점이 있거나 분포의 형태가 정규분포에 비해 두터운 꼬리를 갖는 경우에는 정규이론에 기반한 t 검정의 검정력이 급격히 저하될 수 있다. 이러한 상황에서 대안으로 사용할 수 있는 방법으로 관측값의 부호와 순위를 이용한 비모수적 검정법인 윌콕슨 순위합 검정과 윌콕슨 부호순위 검정을 소개한다. 또한 다양한 예제를 통해 실제 검정법을 연습하고 t 검정과 비교해본다.

10.1 서론

전통적인 통계적 방법은 대부분 모집단에 대해 '정규성'을 가정하여 이론이 개발되었다. 예를 들어 $X_1, \cdots, X_n$이 정규분포 $N(\mu, \sigma^2)$을 따르는 확률표본일 때, 다음과 같이 정의된 확률변수 T가 자유도 $(n-1)$인 t 분포를 따른다는 사실을 이용하여 모평균 μ에 관한 검정 문제와 구간 추정 문제를 다룬다.

$$T = \frac{\overline{X} - \mu}{S/\sqrt{n}}$$

그러나 정규분포는 이론적인 분포일 뿐이며, 실제로 관측된 모집단이 정확히 정규분포를 따르지 않는 경우가 많다. 그런데도 정규성을 가정하여 얻어진 결과를 실제 문제에 적용할 수 있는 것은 중심극한정리 때문이다. 즉 표본 크기 n이 충분히 클 때 $\frac{\sqrt{n}(\overline{X} - \mu)}{\sigma}$의 분포가 표준정규분포 $N(0, 1)$에 수렴하므로 정규성을 가정한 결과가 근사적으로 성립한다.

하지만 관측값에 이상점이 있거나 관측값의 분포가 정규분포와는 거리가 멀 때 정규성을 가정한 이론을 적용하면 추론 결과에 심각한 오류가 발생할 수 있다. 예를 들어 신뢰수준이 가정된 값보다 낮아지거나 검정력이 크게 떨어지며 신뢰구간의 길이가 비효율적으로 길어질 수 있다. 이러한 경우에는 전통적인 정규이론에 기반한 방법 대신 다른 방법을 고려하는 것이 적절하다.

정규분포를 가정하고 모수 μ 또는 σ^2에 대한 추론을 수행하거나 분포함수에 대해 특정 모수모형을 가정하여 추론하는 방법을 **모수적 방법**(parametric method)이라 한다. 반면 모집단에 대해 특정 분포함수의 모수모형을 가정하지 않고 추론하는 방법을 **비모수적 방법**(nonparametric method)이라 한다. 비모수적 방법에서 모집단에 대한 주요 가정은 '연속성'과 '대칭성'에 국한된다. 즉 '모집단의 분포함수가 연속'이라는 가정이나 '모집단의 분포함수가 연속이고 대칭'이라는 가정을 사용하는 경우가 많다.

비모수적 방법에서는 특정 분포를 가정하지 않으므로 관측값이 어떤 분포를 따르더라도 항상 적용할 수 있다. 이처럼 모집단 분포와 무관하게 적용할 수 있는 방법을 **분포무관 방법**(distribution-free method)이라 한다. 예를 들어 검정에서 귀무가설하에 검정통계량 분포가 모집단 분포와 무관하다면 이를 분포무관 검정이라 한다.

비모수적 방법에서 흔히 사용하는 도구는 **부호**(sign)와 **순위**(rank)이다. 부호는 관측값이 0보다 크면 1, 작으면 0으로 나타내는 방식으로 정의할 수 있다. 순위는 관측값을 크기순으로 정렬했을 때 각 값의 위치를 작은 쪽에서부터 번호로 나타낸 것이다. 예를 들어 다음과 같은 관측값 5개의 순위를 R_i라 하자.

$$X_1 = 15,\ X_2 = 18,\ X_3 = 11,\ X_4 = 36,\ X_5 = 14$$

이때 순위는 다음과 같이 나타낼 수 있다.

$$R_1 = 3,\ R_2 = 4,\ R_3 = 1,\ R_4 = 5,\ R_5 = 2$$

이제 관측값 X_1, X_2, $\cdots$, X_n 대신 순위 R_1, R_2, $\cdots$, R_n을 사용하면 관측값 중 이상점이 있어도 그 영향을 줄일 수 있다.

10.2 윌콕슨 순위합 검정

두 모집단의 평균에 관한 추론 문제 또는 두 처리 효과의 비교와 같은 문제를 **이표본 문제**(two-sample problem)라 한다. 이러한 이표본 문제에서 대표적인 비모수적 방법은 **윌콕슨 순위합 검정**(Wilcoxon rank-sum test)이다.

두 모집단(또는 처리)을 비교하기 위해 두 모집단의 분포함수를 각각 $F(x)$와 $G(x) = F(x-\Delta)$라 하고, 각 모집단에서 크기가 각각 m, n인 표본을 추출한다고 가정한다. 즉 확률표본을 다음과 같이 생각한다.

- X_1, X_2, $\cdots$, X_m : 연속분포 $F(x)$에서 추출한 확률표본
- Y_1, Y_2, $\cdots$, Y_n : 연속분포 $F(x-\Delta)$에서 추출한 확률표본

이 모형에서는 두 분포의 모양이 동일하고, Y의 분포는 X의 분포를 Δ만큼 평행이동하여 얻은 것으로 간주할 수 있다. 따라서 Δ를 **이동모수**(shift parameter)라 한다. 이 Δ는 두 모평균의 차 $\Delta = \mu_Y - \mu_X$로 이해할 수도 있다. 이와 같은 자료구조를 요약하면 다음과 같다.

이표본 위치문제의 자료구조

- X_1, X_2, $\cdots$, X_m : 연속분포 $F(x)$에서 추출한 확률표본
- Y_1, Y_2, $\cdots$, Y_n : 연속분포 $F(x-\Delta)$에서 추출한 확률표본

이표본 위치 문제에서 $\Delta = 0$은 X와 Y의 분포가 동일함을 뜻하며, $\Delta > 0$은 Y의 중심위치가 X의 중심위치보다 큼을 뜻한다. 같은 방법으로 $\Delta < 0$과 $\Delta \neq 0$을 이해할 수 있다. 이를 가설로 나타내면 다음과 같다.

이동모수에 대한 가설

❶ $H_0 : \Delta = 0$, $H_1 : \Delta > 0$

❷ $H_0 : \Delta = 0$, $H_1 : \Delta < 0$

❸ $H_0 : \Delta = 0$, $H_1 : \Delta \neq 0$

대립가설 $H_1 : \Delta > 0$하에서 X의 분포함수 $F(x)$와 Y의 분포함수 $G(x) = F(x - \Delta)$의 모양은 [그림 10-1]과 같다.

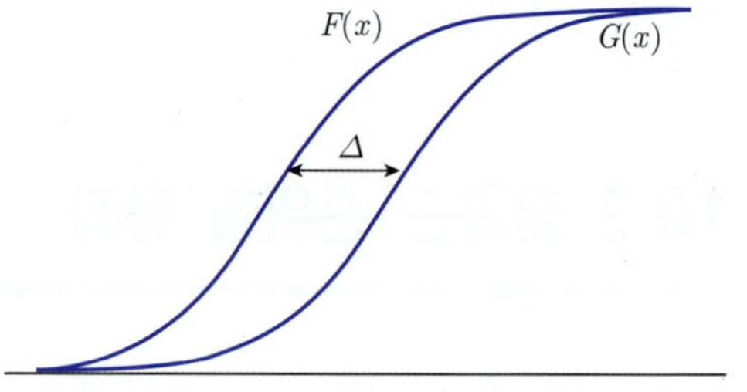

그림 10-1 $H_1 : \Delta > 0$하에서 두 분포의 모양

이제 순위를 이용한 검정법을 살펴보자. m개의 X 표본과 n개의 Y 표본을 섞은 표본을 **혼합표본**(combined sample)이라 하며, 이 혼합표본에서 Y 표본의 순위를 조사한다. 대립가설 $H_1 : \Delta > 0$하에서는 Y가 X보다 확률적으로 큰 경향이 있으므로 Y 표본의 순위는 X 표본의 순위보다 커지는 경향이 있다. 따라서 혼합표본에서 Y 표본의 순위의 합이 클수록 대립가설 $H_1 : \Delta > 0$을 지지하는 근거가 된다.

혼합표본에서 Y 표본의 순위를 다음과 같이 정의한다.

$$R_j = (X\text{와 } Y\text{의 혼합표본에서 } Y_j\text{의 순위})$$

이때 **윌콕슨 순위합통계량**(Wilcoxon rank-sum statistic)은 다음과 같이 정의된다.

$$W = \sum_{j=1}^{n} R_j$$

이를 정리하면 다음과 같다.

정의 10-1 윌콕슨 순위합통계량

$$W = \sum_{j=1}^{n} R_j$$

여기서 R_j는 X와 Y의 혼합표본에서 Y_j의 순위

순위합통계량 W에 기초한 검정을 수행하려면 귀무가설하에서 W의 분포를 구하고, 이를 이용해 기각역을 결정해야 한다. 예를 들어 $m = 3$, $n = 2$일 때 귀무가설하에서 W의 분포를 구해

보자. 귀무가설 $H_0 : \Delta = 0$하에서는 X와 Y가 동일한 분포를 따르므로 다음과 같은 혼합표본은 크기 5인 $F(x)$에서의 확률표본으로 간주할 수 있다.

$$\{X_1,\ X_2,\ X_3,\ Y_1,\ Y_2\}$$

여기서 중복된 값이 없는 서로 다른 값(즉 동점이 없는 경우)이라고 가정한다. 따라서 $m = 3$개의 X와 $n = 2$개의 Y의 모든 배열은 동일한 확률로 발생하고, 모든 배열의 경우의 수는 10가지이다. 이들 10가지 배열에서 W 값과 그 확률을 표로 정리하면 [표 10–1]과 같다.

표 10–1 10가지 가능한 배열에서 W 값과 확률

번호	배열	W 값	확률
1	$y\ y\ x\ x\ x$	3	0.1
2	$y\ x\ y\ x\ x$	4	0.1
3	$y\ x\ x\ y\ x$	5	0.1
4	$y\ x\ x\ x\ y$	6	0.1
5	$x\ y\ y\ x\ x$	5	0.1
6	$x\ y\ x\ y\ x$	6	0.1
7	$x\ y\ x\ x\ y$	7	0.1
8	$x\ x\ y\ y\ x$	7	0.1
9	$x\ x\ y\ x\ y$	8	0.1
10	$x\ x\ x\ y\ y$	9	0.1

[표 10–1]에 대해 H_0하에서 W의 가능한 모든 값을 계산한 결과, 이 분포를 [표 10–2]와 같이 나타낼 수 있다. 즉 $m = 3$, $n = 2$일 때 W의 분포는 모집단의 분포 F와 무관하다. 따라서 윌콕슨 순위합통계량 W에 기초한 검정은 분포무관 검정법이다. 예를 들어 $m = 3$, $n = 2$일 때 유의수준 $\alpha = 0.10$에서 대립가설 $H_1 : \Delta > 0$에 대한 기각역은 $W \geq 9$로 주어진다. 이러한 기각역은 모집단 분포 F와 무관하게 적용된다.

표 10–2 H_0하에서 W의 분포

w	3	4	5	6	7	8	9	합계
$P(W = w)$	0.1	0.1	0.2	0.2	0.2	0.1	0.1	1.0

일반적으로 모든 m과 n에 대해 W의 분포를 구할 수 있으며, [부록 C]의 윌콕슨 순위합통계량 누적확률분포표나 통계계산 소프트웨어를 이용하여 W의 양쪽 꼬리 부분에 해당하는 확률을 계산할 수 있다. 이제 윌콕슨 순위합통계량 누적확률분포표를 이용하는 방법을 알아보자.

[부록 C]에서는 표본 크기가 작은 표본을 Y 표본으로 간주하고 귀무가설 H_0하에서 W의 확률

분포를 제공한다. W_s는 혼합표본에서 작은 표본의 순위합을 나타내고, W_s의 오른쪽 꼬리에 대한 확률 $P(W_s \geq x)$ 값과 왼쪽 꼬리에 대한 확률 $P(W_s \leq x^*)$ 값이 제공된다.

예를 들어 $m=7$, $n=3$일 때 작은 표본 크기가 3, 큰 표본 크기가 7일 때 $x=25$, $x^*=8$에서 $P=0.033$이다. 즉 윌콕슨 순위합통계량 누적확률분포표로부터 다음을 알 수 있다.

$$P(W_s \geq 25) = 0.033 = P(W_s \leq 8)$$

순위합통계량 누적확률분포표는 윌콕슨 검정의 기각역을 결정하는 데 사용되며, 윌콕슨 순위합 검정의 절차를 요약하면 다음과 같다.

윌콕슨 순위합 검정

표본 크기가 큰 표본을 X 표본, 작은 표본을 Y 표본으로 간주하고 다음과 같이 정의한다.

$$W = (X\text{와 } Y\text{의 혼합표본에서 } Y \text{ 표본의 순위합})$$

귀무가설 $H_0 : \Delta = 0$을 검정하기 위한 기각역은 다음과 같다.

- $H_1 : \Delta > 0$일 때, $W \geq c$
- $H_1 : \Delta < 0$일 때, $W \leq c^*$
- $H_1 : \Delta \neq 0$일 때, $W \geq c_1$ 또는 $W \leq c_1^*$

다만 기각값들은 다음 조건을 만족한다.

$$P(W \geq c) = \alpha,\ P(W \leq c^*) = \alpha,\ P(W \geq c_1) = \frac{\alpha}{2} = P(W \leq c_1^*)$$

예제 10-1 A 도시와 B 도시의 월별 미세먼지 농도의 차이가 있는지 확인하고자 한다. 두 도시는 인구밀도와 지리적 환경이 비슷하다. 두 도시의 3월부터 11월까지 9개월 간 월별 평균 미세먼지(PM_{10}) 농도를 조사한 결과, 다음 [표 10-3]과 같은 자료를 얻었다. 두 도시의 월별 미세먼지 농도에 차이가 있는지 유의수준 5%에서 윌콕슨 순위합 검정을 시행하라.

표 10-3 A, B 도시의 월별 평균 미세먼지(PM_{10}) 농도

(단위 : $\mu g/m^3$)

	3월	4월	5월	6월	7월	8월	9월	10월	11월
A 도시	33	28	23	25	18	17	25.5	27	26
B 도시	22	18.5	19.5	20	16	24	22.5	21.5	21

풀이

귀무가설과 대립가설을 다음과 같이 세운다.

$$H_0 : \Delta = 0, \quad H_1 : \Delta \neq 0$$

윌콕슨 순위합통계량을 계산하기 위해 [표 10-4]와 같은 계산표를 작성한다.

표 10-4 [표 10-3]의 자료에 대한 순위합통계량 계산표

X_i	순위	Y_i	순위
33	18	22	9
28	17	18.5	4
23	11	19.5	5
25	13	20	6
18	3	16	1
17	2	24	12
25.5	14	22.5	10
27	16	21.5	8
26	15	21	7

$W_s = 62$

[부록 C]의 윌콕슨 순위합통계량 누적확률분포표로부터 $m = n = 9$일 때 다음이 성립한다.

$$P(W_s \geq 109) = 0.02 = P(W_s \leq 62)$$

양쪽검정의 유의확률은 $2 \times 0.02 = 0.04$이므로 유의수준 5%에서 귀무가설을 기각하고, 두 도시의 미세먼지 농도가 다르다는 결론을 내릴 수 있다.

예제 10-2 A 회사의 타이어는 B 회사의 타이어보다 약 20% 더 비싸다. 실제로 A 회사 타이어와 B 회사 타이어의 품질을 비교하기 위해 각 회사에서 타이어를 8개씩 표본으로 뽑아 10,000km 주행 후 마모율을 조사했다. 그러나 시험 과정에서 한 자료가 측정되지 않아 [표 10-5]와 같은 자료를 얻었다. A 회사의 타이어가 B 회사의 타이어보다 우수하다고 할 수 있는지, 윌콕슨 순위합 검정을 시행하여 결론을 내려라.

표 10-5 A, B 회사 타이어의 마모율

(단위 : %)

A 회사	15	22	27	18	13	19	25	
B 회사	20	16	17	26	28	24	30	33

풀이

A 회사의 표본 크기가 작으므로 A 회사를 Y 표본으로 정한다. 또한 품질이 우수하다는 것은 마모율이 작은 것을 의미하므로 귀무가설과 대립가설은 다음과 같이 설정한다.

$$H_0 : \Delta = 0, \quad H_1 : \Delta < 0$$

순위합통계량의 계산표는 [표 10-6]과 같고, 윌콕슨 순위합통계량은 $W_s = 44$로 계산된다.

표 10-6 [표 10-5]의 자료에 대한 순위합통계량 계산표

X_i	순위	Y_i	순위
16	3	13	1
17	4	15	2
20	7	18	5
24	9	19	6
26	11	22	8
28	13	25	10
30	14	27	12
33	15		

$W_s = 44$

[부록 C]의 윌콕슨 순위합통계량 누적확률분포표로부터 $m = 8$, $n = 7$일 때, 다음이 성립한다.

$$P(W_s \le 44) = 0.095$$

유의확률은 9.5%로 유의수준 5%보다 크고 유의수준 10%보다 작다. 즉 유의수준 5%에서는 귀무가설을 기각하지 못하며, 유의수준 10%에서는 귀무가설을 기각한다. 따라서 유의수준 10%에서 A 회사의 타이어가 B 회사의 타이어보다 우수하다고 결론지을 수 있다.

지금까지는 관측값에 동점이 없는 경우만 다루었다. 그러나 모집단 분포가 연속이라 하더라도 실제 자료는 반올림 등의 과정에서 동점이 발생할 수 있다. 자료에 동점이 있을 경우, 평균순위를 사용하여 순위합통계량 값을 계산한다. 다만 동점을 사용하면 W_s의 분포표가 근사적으로 성립하므로 근사검정이 된다.

m과 n 값이 커서 분포표를 사용할 수 없을 때는 W의 정규근사를 이용한다. 즉 W의 평균과 분산을 이용하여 표준화한 통계량이 근사적으로 표준정규분포를 따름을 이용해 Z 검정을 시행할 수 있다. W의 정규근사는 다음과 같다.

정리 10-1 W의 정규근사

귀무가설 $H_0 : \Delta = 0$하에서 다음이 성립한다.

$$E(W) = \frac{n(m+n+1)}{2}, \quad \mathrm{Var}(W) = \frac{mn(m+n+1)}{12}$$

이때 m과 n이 크면 다음 통계량은 근사적으로 표준정규분포 $N(0, 1)$을 따른다.

$$Z_W = \frac{W - E(W)}{\sqrt{\mathrm{Var}(W)}}$$

예제 10-3 [예제 10-2]의 자료를 이용하여 W의 정규근사에 의한 검정을 시행하라.

풀이

[예제 10-2]에서 $W=44$이고, W의 기댓값과 분산은 다음과 같이 계산된다.

$$E(W) = \frac{n(m+n+1)}{2} = \frac{7(8+7+1)}{2} = 56$$

$$\mathrm{Var}(W) = \frac{mn(m+n+1)}{12} = \frac{8\times 7(8+7+1)}{12} = 74.67$$

이를 이용하면 통계량 Z_W는 다음과 같이 계산된다.

$$Z_W = \frac{W - E(W)}{\sqrt{\mathrm{Var}(W)}} = \frac{44-56}{\sqrt{74.67}} = -1.39$$

표준정규분포표 또는 통계계산 소프트웨어를 이용하여 $P(Z \le -1.39) = 0.0823$임을 알 수 있다. 따라서 단측검정에서의 유의확률은 8.23%이고, [예제 10-2]에서 얻은 결과와 매우 유사하다.

예제 10-4 외과수술에서 새로운 방법 A가 개발되어 기존 방법 B와 비교하고자 한다. A와 B 두 방법을 각각 환자 10명에게 적용하여 회복일수를 측정한 결과는 [표 10-7]과 같다. A가 B보다 더 효과적이라고 할 수 있는지 다음 검정을 수행하라.

표 10-7 A, B 방법을 적용했을 때 회복일수

(단위 : 일)

A	8	9	11	12	16	17	19	19	21	45
B	13	16	18	18	20	20	21	23	25	72

(a) t 검정

(b) 윌콕슨 순위합 검정

(c) 윌콕슨 순위합의 정규근사 검정

풀이

회복일수가 적을수록 수술방법이 더 효과적이므로 B 방법을 Y 표본으로 간주했을 때 귀무가설과 대립가설은 각각 다음과 같다.

$$H_0 : \Delta = 0, \quad H_1 : \Delta > 0$$

(a) A, B 방법에 대한 통계량은 다음과 같다.

$$A : \bar{x} = 17.7, \quad \sum(x_i - \bar{x})^2 = 1010.1$$
$$B : \bar{y} = 24.6, \quad \sum(y_i - \bar{y})^2 = 2600.4$$

따라서 다음을 알 수 있다.

$$s_p^2 = \frac{1010.1 + 2600.4}{18} = 200.6, \quad s_p = 14.16,$$
$$t = \frac{\bar{y} - \bar{x}}{s_p\sqrt{\frac{1}{m} + \frac{1}{n}}} = \frac{24.6 - 17.7}{14.16 \times \sqrt{\frac{1}{10} + \frac{1}{10}}} = 1.09$$

[부록 C]의 t 분포표에서 $t_{0.1}(18) = 1.330$이므로 t 검정의 유의확률은 10% 이상임을 알 수 있다. 즉 A가 B보다 효과적이라고 할 수 없다.

(b) 순위합통계량의 계산표는 [표 10-8]과 같다.

표 10-8 [표 10-7]의 자료에 대한 순위합통계량 계산표

X_i	순위	Y_i	순위
8	1	13	5
9	2	16	6.5
11	3	18	9.5
12	4	18	9.5
16	6.5	20	13.5
17	8	20	13.5
19	11.5	21	15.5
19	11.5	23	17
21	15.5	25	18
45	19	72	20
			$W_s = 128$

[표 10-8]에서 $W_s = 128$임을 알 수 있다. [부록 C]의 윌콕슨 순위합통계량 누적확률분포표에서 $m = n = 10$일 때, 다음을 알 수 있다.

$$P(W_s \geq 128) = 0.045$$

유의확률은 4.5%이다. 따라서 유의수준 5%에서 검정하면 A 방법이 B 방법보다 효과적이라고 할 수 있다.

(c) 정규근사를 위해 W의 기댓값과 분산을 구하면 다음과 같다.

$$E(W) = \frac{n(m+n+1)}{2} = \frac{10 \times 21}{2} = 105$$

$$\mathrm{Var}(W) = \frac{mn(m+n+1)}{12} = \frac{10 \times 10 \times 21}{12} = 175$$

이를 이용하면 통계량 Z_W는 다음과 같다.

$$Z_W = \frac{W - E(W)}{\sqrt{\mathrm{Var}(W)}} = \frac{128 - 105}{\sqrt{175}} = 1.74$$

[부록 C]의 표준정규분포표 또는 통계계산 소프트웨어를 이용하면 $P(Z \geq 1.74) = 0.0409$임을 알 수 있다. 즉 유의확률은 4.09%이다. 따라서 A 방법이 B 방법보다 효과적이라고 할 수 있다.

[예제 10-4]에서 윌콕슨 검정의 유의확률은 약 4~4.5%인 반면 t 검정의 유의확률은 10% 이상으로 나타났다. 이는 t 검정으로는 A 방법이 B 방법보다 더 효과적임을 감지하지 못한다는 것을 의미한다. 이러한 결과의 원인은 이상점이라 할 수 있는 45와 72 같은 큰 값 때문이다. 이상점은 t 검정의 검정력을 약화시키는 요인으로 작용한다. 만약 45와 72가 정상적으로 얻은 자료가 아니라 잘못 관측되거나 합병증이 있는 특이한 환자의 회복일수라면, 분석에서 제외하는 것이 적절할 것이다. 두 데이터를 제외하고 t 통계량을 계산하면 다음과 같다.

$$\overline{x} = 14.67, \ \sum(x_i - \overline{x})^2 = 182.00$$

$$\overline{y} = 19.33, \ \sum(y_i - \overline{y})^2 = 104.00$$

$$s_p^2 = \frac{182.00 + 104.00}{16} = 17.88, \ s_p = 4.23, \ t = \frac{19.33 - 14.67}{4.23 \times \sqrt{\frac{1}{9} + \frac{1}{9}}} = 4.957$$

[부록 C]의 t 분포표에서 $t_{0.0005}(16) = 4.015$이므로 유의확률은 0.05% 이하가 된다. 이는 A 방법이 B 방법보다 효과적임을 입증하는 결과를 보여준다. 이처럼 자료에 이상점이 있거나 자료의 분포가 정규분포와는 크게 다르면 t 검정보다 윌콕슨 검정이 더 효과적일 때가 많다.

10.3 윌콕슨 부호순위 검정

한 모집단의 중심에 관한 추론문제를 해결하는 대표적인 비모수적 방법은 **윌콕슨 부호순위 검정**(Wilcoxon signed-rank test)이다. 모집단의 중심을 모평균으로 가정할 경우, 6.1절에서 설명한 바와 같이 t 분포를 이용한 추론이 가능하다. 그러나 비모수적 접근은 중앙값에 초점을 맞추며, 자료의 분포에 대한 가정을 최소화하면서 추론을 수행한다. 이를 위해 다음을 정의한다.

X_1, X_2, $\cdots$, X_n : 연속이고 대칭인 분포 $F(x-\theta)$에서 추출한 확률표본

이때 θ는 **위치모수**(location parameter)라 하며, 평균이나 중앙값과 같은 개념으로 이해한다. 이와 같이 한 모집단의 위치에 관한 문제에서는 모집단 분포가 연속이고 대칭이라는 가정을 둔다.

한 모집단 위치문제의 자료구조

X_1, X_2, $\cdots$, X_n은 연속이고 대칭인 분포 $F(x-\theta)$에서의 확률표본

이제 순위를 이용한 검정법을 생각해보자. 예를 들어 $n=4$개의 관측값이 [그림 10-2]와 같이 주어진 두 경우를 비교해보자. [그림 10-2(a)]와 [그림 10-2(b)]에서 모두 양의 관측값의 개수는 3개로 동일하지만 [그림 10-2(a)]에서 음의 관측값은 [그림 10-2(b)]와 비교하여 상대적으로 0으로부터 더 멀리 떨어져 있다.

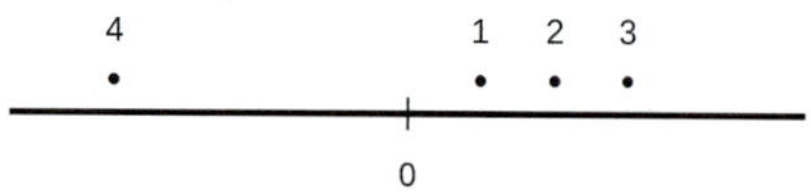

(a) 음의 관측값이 상대적으로 0에서 더 멀리 떨어짐

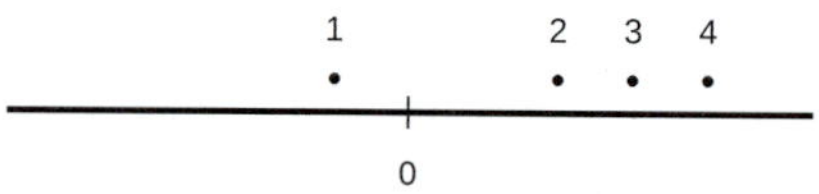

(b) 음의 관측값이 상대적으로 0에서 가까움

그림 10-2 $n=4$**일 때 두 경우의 관측값**

두 경우의 차이를 표현하는 방법으로 **절대순위**(absolute rank)를 고려할 수 있다. 절대순위는 0으로부터 떨어진 거리를 기준으로 부여하는 순위를 말한다. 부호에 상관없이 0에 가까운 관측값일수록 낮은 순위를 가진다. [그림 10-2]에서 각 관측값에 해당하는 순위가 표시되어 있다. 이때 양의 관측값에 대한 절대순위의 합을 통계량으로 사용하여 위치모수가 0이라는 귀무가설을 검정할 수 있다. [그림 10-2]에서 양의 관측값에 대한 절대순위의 합은 다음과 같다.

- [그림 10-2(a)] : $T=1+2+3=6$
- [그림 10-2(b)] : $T=2+3+4=9$

자료가 0의 오른쪽으로 많이 치우칠수록 양의 관측값의 순위가 커지거나 개수가 많아지므로 양의 관측값에 대한 절대순위의 합이 커진다. 이 개념을 일반화해보자.

귀무가설 $H_0 : \theta = \theta_0$를 검정하기 위해 다음을 정의한다.

$$Z_i = X_i - \theta_0 \ (\text{단, } i = 1, \cdots, n)$$

그러면 $Z_1, \cdots, Z_n$은 귀무가설하에서 0에 대해 대칭인 분포를 따른다. 이제 $|Z_1|, \cdots, |Z_n|$ 중 $|Z_i|$의 절대순위를 R_i^+라 할 때 **윌콕슨 부호순위통계량**(Wilcoxon signed-rank statistic)은 다음과 같이 정의된다.

$$W^+ = (\text{양의 } Z_i\text{에 대한 절대순위 } R_i^+ \text{의 합})$$

귀무가설 H_0하에서는 Z_i들이 0에 대해 대칭이므로 양의 Z_i의 절대순위나 음의 Z_i의 절대순위는 동일한 균일분포를 따른다. 또한 Z_i의 부호가 $+$일 확률과 $-$일 확률은 각각 $\frac{1}{2}$이다. 따라서 양의 절대순위의 합 W^+의 분포는 F에 무관하고, 윌콕슨 부호순위 검정은 분포무관검정이 된다.

[부록 C]에는 윌콕슨 부호순위통계량의 양쪽 꼬리에 대한 분포가 포함되어 있다. 즉 W^+의 오른쪽 꼬리에 대한 확률인 $P(W^+ \geq x)$와 왼쪽 꼬리에 대한 확률인 $P(W^+ \leq x^*)$ 값이 주어진다. 예를 들어 $n = 4$일 때, $P(W^+ \geq 9) = 0.125 = P(W^+ \leq 1)$이 성립한다. 윌콕슨 부호순위 검정법의 절차를 요약하면 다음과 같다.

윌콕슨 부호순위 검정

다음과 같은 순서로 검정을 수행한다.

❶ $Z_i = X_i - \theta_0$ (단, $i = 1, \cdots, n$)을 구한다.

❷ $|Z_1|, \cdots, |Z_n|$ 중 $|Z_i|$의 절대순위 R_i^+를 구한다.

❸ 윌콕슨 부호순위통계량의 값을 구한다.

$$W^+ = (\text{양의 } Z_i\text{에 대한 절대순위 } R_i^+ \text{의 합})$$

귀무가설 $H_0 : \theta = \theta_0$를 검정하기 위한 기각역은 다음과 같다.

- $H_1 : \theta > \theta_0$일 때, $W^+ \geq c$
- $H_1 : \theta < \theta_0$일 때, $W^+ \leq c^*$
- $H_1 : \theta \neq \theta_0$일 때, $W^+ \geq c_1$ 또는 $W^+ \leq c_1^*$

다만 기각값들은 다음 조건을 만족한다.

$$P(W^+ \geq c) = \alpha, \ P(W^+ \leq c^*) = \alpha, \ P(W^+ \geq c_1) = \frac{\alpha}{2} = P(W^+ \leq c_1^*)$$

예제 10-5 스마트워치 제조사의 주장에 따르면 스마트워치를 이용하여 심박수를 측정할 때 평균적인 오차 범위가 5bpm(beats per minute)이라 한다. 여기서 오차 범위는 실제 심박수와 측정된 심박수 간 차이의 절댓값을 의미한다. 소비자 단체는 이 주장이 옳지 않고 실제 오차 범위가 5bpm을 초과한다는 것을 입증하려고 한다. 이를 위해 스마트워치 10대를 랜덤추출하여 신체조건이 비슷한 10명에게 각각 착용하도록 했다. 이후 개인별 심전도 모니터를 통한 실제 심박수와 스마트워치 측정값을 비교하여 오차 범위를 계산하여 다음과 같은 자료를 얻었다. 소비자 단체의 주장이 옳다고 할 수 있는지 윌콕슨 부호순위 검정을 시행하라.

(단위 : bpm)

3.5	2.6	7.8	6.0	6.8	3.1	8.8	8.5	7.7	4.5

풀이

문제에 적합한 귀무가설과 대립가설은 각각 다음과 같다.

$$H_0: \theta = 5, \quad H_1: \theta > 5$$

각 관측값에서 $\theta_0 = 5$를 뺀 $Z_i = X_i - 5$를 계산하면 다음과 같다.

(단위 : bpm)

-1.5	-2.4	2.8	1.0	1.8	-1.9	3.8	3.5	2.7	-0.5

이들에 대한 윌콕슨 부호순위통계량의 값은 [표 10-9]와 같이 계산한다.

표 10-9 [예제 10-5]의 자료에 대한 부호순위통계량 계산표

음의 Z_i	절대순위	양의 Z_i	절대순위
-0.5	1	1.0	2
-1.5	3	1.8	4
-1.9	5	2.7	7
-2.4	6	2.8	8
		3.5	9
		3.8	10

$W^+ = 40$

[부록 C]의 윌콕슨 부호순위통계량 누적확률분포표에 따르면 $n = 10$일 때, 다음이 성립한다.

$$P(W^+ \geq 40) = 0.116$$

유의수준 5%에서 귀무가설을 기각할 수 없으므로 심박수의 오차 범위가 5bpm을 초과한다고 결론을 내릴 수 없다.

관측값 또는 $|Z_i|$ 값에 동점이 있으면 평균순위를 사용한다. 이때에는 순위합통계량에서와 마찬가지로 W^+의 분포표는 근사적으로만 성립한다. n이 커서 분포표를 이용할 수 없을 때는 W^+의 정규근사를 사용할 수 있다. W^+의 정규근사는 다음과 같다.

정리 10-2 W^+의 정규근사

귀무가설 $H_0 : \theta = \theta_0$하에서 다음이 성립한다.

$$E(W^+) = \frac{n(n+1)}{4}, \quad \mathrm{Var}(W^+) = \frac{n(n+1)(2n+1)}{24}$$

이때 n이 충분히 크면 다음은 근사적으로 표준정규분포 $N(0,\ 1)$을 따른다.

$$Z_{W^+} = \frac{W^+ - E(W^+)}{\sqrt{\mathrm{Var}(W^+)}}$$

두 모평균의 차에 대한 추론문제에서 대응비교방법을 6.2절에서 다루었다. 실험대상이 지나치게 이질적이면 전체를 랜덤하게 두 그룹으로 나누는 것보다 동질적인 쌍끼리 묶어 실험을 시행하는 것이 바람직하다. 즉 묶인 쌍의 관측값 차이를 이용해 추론문제를 다루는 것이 대응비교(paired comparison) 방법이다.

n개의 쌍으로 된 관측값을 $(X_1,\ Y_1),\ \cdots,\ (X_n,\ Y_n)$이라 하고, 각 쌍에서 두 관측값의 차를 $D_1,\ \cdots,\ D_n$이라 하자. 이를 수식으로 나타내면 다음과 같다.

$$D_i = Y_i - X_i \ (\text{단},\ i = 1,\ \cdots,\ n)$$

이때 이동모수에 대한 다음 가설을 고려하자.

$$H_0 : \Delta = 0,\ H_1 : \Delta > 0$$

이는 D_i들의 위치모수에 대한 다음 가설로 바뀌는 셈이 된다.

$$H_0 : \theta = 0,\ H_1 : \theta > 0$$

따라서 D_i들에 윌콕슨 부호순위 검정을 적용하여 대응비교를 시행할 수 있다.

예제 10-6 통계학을 쉽게 학습할 수 있도록 교육과정을 개편했다. 개편 효과를 확인하기 위해 연구팀은 시험을 통해 같은 점수를 받은 일란성 쌍둥이 16쌍을 모집했다. 쌍둥이 중 한 명은 기존 교육과정 B를, 다른 한 명은 새로 개편된 교육과정 A를 이수하도록 했고, 이후 새로운 시험을 통해 두 교육과정의 효과를 측정했다. [표 10-10]은 16쌍 쌍둥이들이 교육과정 이수 후 치른 시험 점수와 쌍둥이 간 점수 차이를 나타낸다. 새로 개편된 교육과정이 기존 교육과정보다 더 효과적인지 윌콕슨 부호순위 검정을 유의수준 5%에서 실시하라.

표 10-10 16쌍 쌍둥이의 교육과정 이수 후 시험 점수와 점수 차이

A	70	85	73	75	65	80	71	80
B	65	43	45	80	84	71	52	42
$Z=A-B$	5	42	28	−5	−19	9	19	38
A	51	72	76	79	59	84	56	57
B	78	62	38	80	54	87	38	43
$Z=A-B$	−27	10	38	−1	5	−3	18	14

풀이

쌍둥이의 점수 차이인 Z의 위치모수를 θ라 할 때, 문제에 적합한 가설은 다음과 같다.

$$H_0 : \theta = 0, \quad H_1 : \theta > 0$$

부호순위통계량의 계산표는 [표 10-11]과 같다.

표 10-11 [표 10-10]의 자료에 대한 부호순위통계량 계산표

음의 Z_i	절대순위	양의 Z_i	절대순위
−1	1	5	4
−3	2	5	4
−5	4	9	6
−19	10.5	10	7
−27	12	14	8
		18	9
		19	10.5
		28	13
		38	14.5
		38	14.5
		42	16

$W^+ = 106.5$

정규근사를 이용하기 위해 W^+의 기댓값과 분산을 구하면 다음과 같다.

$$E(W^+) = \frac{n(n+1)}{4} = \frac{16 \times 17}{2} = 68$$

$$\mathrm{Var}(W^+) = \frac{n(n+1)(2n+1)}{24} = \frac{16 \times 17 \times 33}{24} = 374$$

따라서 통계량 Z_{W^+}는 다음과 같다.

$$Z_{W^+} = \frac{W^+ - E(W^+)}{\sqrt{\mathrm{Var}(W^+)}} = \frac{106.5 - 68}{\sqrt{374}} = 1.99$$

[부록 C]의 표준정규분포표 또는 통계계산 소프트웨어를 통해 다음을 알 수 있다.

$$P(Z \geq 1.99) = 0.0233$$

단측검정에서 유의확률이 0.0233은 2.33%이고, 유의수준 5%보다 작다. 따라서 귀무가설 H_0를 기각할 수 있다. 이는 새로 개편된 교육과정 A가 기존 교육과정 B보다 더 효과적이라는 것을 의미한다.

CHAPTER 10 연습문제

10.1 두 종류의 비료 A, B가 토마토 생산량에 미치는 영향을 조사하기 위해 다음 자료를 얻었다. 두 비료의 수확량에 차이가 있다고 할 수 있는가? 유의수준 5%에서 윌콕슨 순위합 검정을 실시하라.

(단위 : kg)

A	42	45	35	50	41	62
B	32	38	44	28	25	33

10.2 한 전기차 제조업체에서 두 가지 충전 시스템을 비교하기 위해 실험을 진행했다. A, B 두 종류의 충전 시스템을 각각 사용하여 전기차 배터리를 10%에서 80%까지 충전하는 데 걸리는 시간을 측정하여 다음과 같은 자료를 얻었다. 두 시스템 간 충전 시간에 차이가 있다고 할 수 있는가? 유의수준 5%에서 윌콕슨 순위합 검정을 실시하라.

(단위 : %)

A	1215	1650	1294	1369	1641	1488	1509
B	1811	1351	1729	1400	1855	1942	1750

10.3 다음은 두 진통제 A, B에 대해 진통효과가 시작될 때까지의 시간을 측정한 자료이다. 진통제 B가 A보다 진통효과가 빨리 시작된다고 할 수 있는가? 각 검정에 대해 유의확률을 구하고 검정 결과를 비교하라.

(단위 : 분)

A	11.3	10.2	9.7	12.4	25.7	11.1	8.7	12.1	13.9	11.4
B	8.7	11.3	6.4	7.4	7.5	10.1	14.3	13.4	11.7	7.7

(a) 윌콕슨 순위합 검정
(b) 윌콕슨 순위합의 정규근사 검정
(c) 이표본 문제에서 t 검정

10.4 설날과 추석 명절 연휴기간 동안의 일평균 국제공항 이용 승객 수를 비교하려고 한다. 다음은 어느 해의 각 연휴기간 동안 일별 공항 이용 승객 수를 나타낸 자료이다. 추석의 일평균 공항 이용 승객 수가 설날보다 많았다고 할 수 있는가? 각 검정에 대해 유의확률을 구하고 검정 결과를 비교하라.

(단위 : 천 명)

설날	201.1	194.8	181.4	191.8	201.9	
추석	204.8	207.4	200.7	184.2	199.9	212.9

(a) 윌콕슨 순위합 검정

(b) 윌콕슨 순위합의 정규근사 검정

(c) 이표본 문제에서 t 검정

10.5 한 통조림 제품은 내용물 무게가 350g으로 표시되어 있다. 통조림의 생산 공정에는 평균 무게가 355g이 되도록 관리하고 있다. 이를 확인하기 위해 다음과 같은 자료를 얻었다. 평균 무게가 355g을 벗어난다는 근거가 있는가? 윌콕슨 부호순위 검정에서 유의확률을 구하라.

(단위 : g)

356	350	348	358	353	354	345	351	342	359

10.6 한 스마트폰 제조업체는 자사의 스마트폰 A 모델이 한 번 완전 충전 후 평균 15시간 사용 가능하다고 주장한다. 그러나 소비자 단체는 이 주장이 옳지 않음을 입증하려고 한다. 이를 위해 A 모델 10개를 랜덤하게 추출하여 배터리 지속 시간을 측정한 결과, 다음과 같은 자료를 얻었다. 소비자 단체의 주장이 옳다고 할 수 있는가? 윌콕슨 부호순위 검정에서 유의확률을 구하라.

(단위 : 시간)

13.4	14.1	11.0	16.1	14.8	15.1	13.7	15.8	13.5	14.0

10.7 두 종류의 사료 A, B가 젖소의 우유생산량에 미치는 영향을 조사하기 위해 젖소 20마리를 영양상태가 비슷한 쌍으로 묶어 일주일 동안 평균 우유생산량을 측정한 결과, 다음과 같은 자료를 얻었다. 여기서 사료 A는 B보다 비싸다고 한다. 사료 A가 B보다 더 많은 우유를 생산케 하는가? 각 검정에 대해 유의확률을 구하고 검정 결과를 비교하라.

(단위 : L)

쌍번호	1	2	3	4	5	6	7	8	9	10
A	65	48	55	53	46	38	57	56	70	38
B	60	50	52	42	40	42	35	48	50	44

(a) 윌콕슨 부호순위 검정

(b) 윌콕슨 부호순위의 정규근사 검정

(c) 대응비교 t 검정

(d) 독립표본에 의한 이표본 문제에서 t 검정

10.8 한 연구원은 게임중독이 청소년의 학업 성적에 부정적인 영향을 크게 미친다고 주장한다. 이를 확인하기 위해 특정 유행 게임을 하루 3시간 이상 플레이하는 고등학생 9명을 대상으로 해당 게임 출시 이전과 이후의 평균 성적을 조사했다. 조사 결과는 다음과 같다. 이 연구원의 주장은 옳은가? 각 과정에 대해 유의확률을 구하고 검정 결과를 비교하라.

(단위 : 시간)

학생번호	1	2	3	4	5	6	7	8	9
게임 출시 이전	82.5	90	80	75.5	96	88	77	83	89
게임 출시 이후	77	80.5	88	70	92	81	81.5	75	86.5

(a) 윌콕슨 부호순위 검정
(b) 윌콕슨 부호순위의 정규근사 검정
(c) 대응비교 t 검정
(d) 독립표본에 의한 이표본 문제에서 t 검정

10.9 이표본 문제에서 U_{ij}를 다음과 같이 정의한다.

$$U_{ij} = \begin{cases} 1, & X_i < Y_j \text{일 때} \\ 0, & \text{아닐 때} \end{cases}$$

만-위트니 통계량(Mann-Whitney Test Statistic)은 다음과 같이 U_{ij}의 합으로 정의된다. 단, $X_i = Y_j$인 경우는 발생하지 않는다고 가정한다.

$$U = \sum_{i=1}^{m}\sum_{j=1}^{n} U_{ij} = (Y \text{ 관측값이 } X \text{ 관측값보다 크게 되는 모든 횟수})$$

이때 U와 W 사이에 다음 선형관계가 성립함을 보여라.

$$W = U + \frac{n(n+1)}{2}$$

10.10 윌콕슨 부호순위통계량은 다음과 같이 쓸 수 있다.

$$W^+ = 1 \times T_1 + 2 \times T_2 + \cdots + n \times T_n$$

여기서 $Z_i = Y_i - \theta_0$ (단, $i = 1, \cdots, n$)일 때 T_i는 다음과 같이 정의된다.

$$T_i = \begin{cases} 1, & \text{절대순위가 } i\text{인 } Z_i\text{의 부호가 } +\text{일 때} \\ 0, & \text{절대순위가 } i\text{인 } Z_i\text{의 부호가 } -\text{일 때} \end{cases}$$

단, $Z_i = 0$인 관측값은 존재하지 않고 $|Z_i|$들 사이에 동점 또한 발생하지 않는다고 가정한다. 모집단의 분포가 연속이고 대칭이라 가정하자. 귀무가설 $H_0 : \theta = \theta_0$하에서 $P(T_i = 0) = P(T_i = 1) = 0.5$이고, T_i들은 서로 독립이다. 이를 이용하여 다음을 증명하라.

$$E(W^+) = \frac{n(n+1)}{4}, \quad \mathrm{Var}(W^+) = \frac{n(n+1)(2n+1)}{24}$$

CHAPTER

11

시계열분석

CONTENTS

이 장에서는 연도별, 계절별, 월별 또는 일별로 시간의 흐름에 따라 순서대로 관측되는 값들인 시계열자료의 분석 방법에 대해 설명한다. 앞서 다룬 대부분의 자료는 동일한 시점에서 관측되거나, 관측 시점의 차이가 분석에 큰 영향을 미치지 않는 경우가 많았다. 이때 시간의 흐름에 따른 자료 간 상관관계가 없다고 가정하여 서로 독립인 자료로 분석할 수 있었다. 그러나 시계열자료는 시간의 흐름에 따라 관측되는 특성을 가지므로 일반적으로 독립이 아니다. 따라서 앞서 다루었던 분석법이 적합하지 않은 경우가 많다. 시계열자료의 대표적인 예로는 물가지수, 종합주가지수, 국민총생산, 자동차생산량 등이 있다.

11.1 시계열자료의 여러 가지 형태

시계열자료(time series data)는 시간의 흐름에 따라 순서대로 관측된 자료로, 과거의 패턴을 분석하여 미래를 예측하거나 동태적 관계를 이해하는 데 활용되는 통계학적 자료 유형이다. 시계열자료는 생성되는 특성에 따라 연속형 시계열과 이산형 시계열로 나눌 수 있다. **연속형 시계열**은 시간의 모든 지점에서 관측이 가능한 자료로, 주로 연속적인 시간 흐름에서 측정된 값들로 구성된다. **이산형 시계열**은 특정한 시간 간격에서만 관측되는 자료로, 연속적인 시간 중 특정 시점(예를 들어 연, 월, 일 또는 초 단위)에서 데이터가 수집된다. 대부분의 시계열자료는 실제로는 연속적으로 생성되지만, 일정한 시간 간격을 두고 관측되므로 이산형 시계열로 나타나는 경우가 많다.

시계열자료의 분석에서 중요한 요소는 관측시점과 다음 관측시점 사이의 간격인 **시차**(time lag)이다. 시계열자료는 일반적으로 시간 t를 이용하여 다음과 같이 표현한다.

$$\{Z_t \ : \ t=1,\ 2,\ 3,\ \cdots\} \text{ 또는 } Z_1,\ Z_2,\ Z_3,\ \cdots$$

시계열자료를 분석하는 목적은 다음과 같이 크게 두 가지로 나눌 수 있다.

❶ **미래 예측** : 과거의 패턴이 유지된다는 가정하에, 현재까지 수집된 자료를 분석하여 미래를 예측(forecast)한다.

❷ **시스템 이해 및 제어** : 시계열자료를 생성하는 시스템(system) 또는 확률과정(stochastic process)을 모형화하여 이를 이해(understand) 또는 제어(control)한다.

시계열자료 분석의 첫 단계는 **시계열그림**(time series plot)을 그리는 것이다. 시계열그림은 시간 t를 가로축, 시계열의 관측값 Z_t를 세로축으로 하여 시계열자료의 변화를 시각적으로 나타낸 것이다. 이러한 시계열그림을 그리는 이유는 다른 통계자료 분석과 마찬가지로 시계열의 특징을 한눈에 파악하여 자료에 내재된 패턴을 이해하고 적절한 분석모형이나 방법을 선택하는 데 도움을 주기 때문이다.

전통적으로 시계열자료를 분석하는 방법은 시계열이 여러 성분(부분)으로 구성되어 있다고 보고, 각 성분을 구별하여 조사하는 것이다. 시계열을 여러 성분으로 분리하는 것에 대해 학자들 사이에 다양한 의견이 있지만, 이러한 접근은 시계열의 특성을 이해하는 데 유용하다. 따라서 이 절에서는 전통적으로 사용되어 온 시계열 성분에 대해 설명한다.

시계열에 나타나는 성분으로는 **계통성분**(systematic component)과 **랜덤성분** 또는 **불규칙성분**이 있다. 계통성분은 다시 장기적인 변화를 설명하는 **추세성분**과 반복적인 단기 변화를 설명하는 **계절성분** 또는 **순환성분**으로 나눌 수 있다. 이를 도식으로 나타내면 [그림 11-1]과 같다.

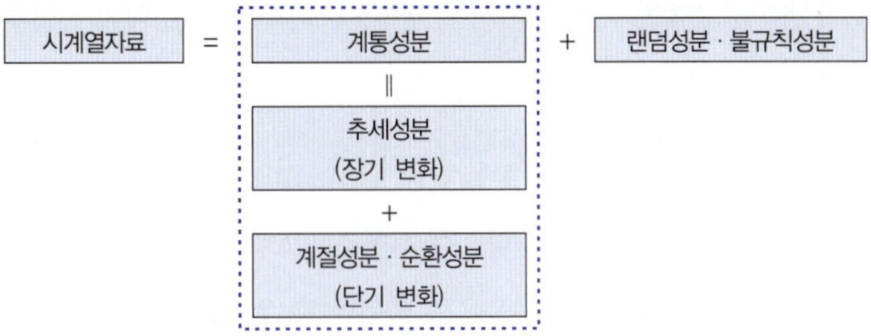

그림 11-1 시계열자료에서 나타나는 성분

불규칙성분(random component, irregular component)은 시간에 따른 규칙적인 움직임과는 관계없이 랜덤한 원인으로 인해 발생하는 변동을 의미한다. [그림 11-2]는 불규칙성분으로만 구성된 시계열의 형태를 보여준다. 이러한 시계열은 식 (11.1)과 같은 모형으로 설명할 수 있다.

$$Z_t = \beta_0 + \epsilon_t \tag{11.1}$$

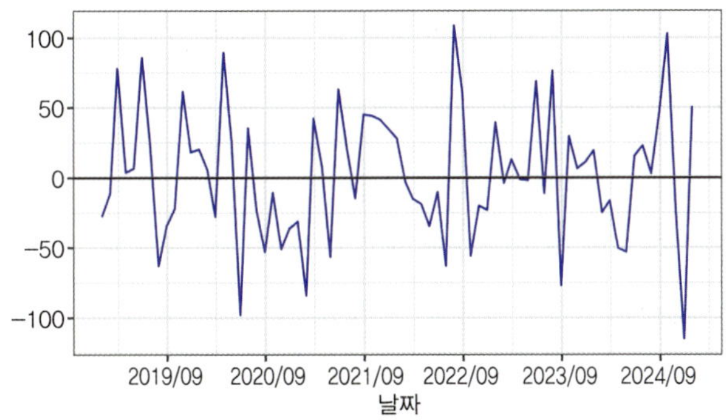

그림 11-2 불규칙성분만을 갖는 시계열그림

[그림 11-2]와는 달리 시간이 경과함에 따라 관측값이 지속적으로 증가하거나 감소하는 추세를 보이는 변동을 **추세성분**(trend component)이라 한다. 이러한 추세는 반드시 직선적일 필요는 없으며, 이차곡선 형태 또는 S자 형태를 띨 수도 있다. [그림 11-3]은 직선적인 추세(linear trend) 성분을 갖는 시계열의 예를 보여준다.

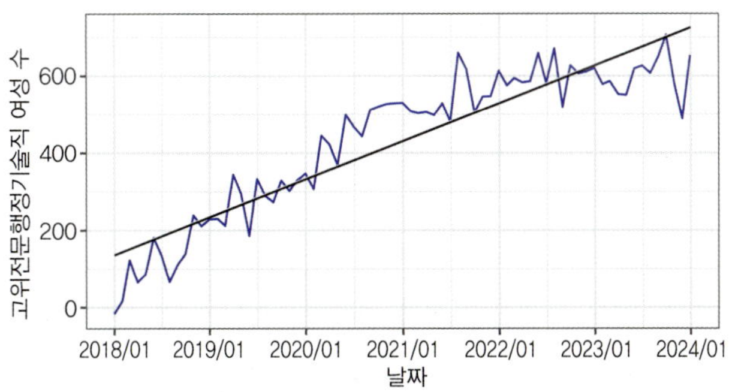

그림 11-3 추세성분을 갖는 시계열그림

시계열이 [그림 11-3]과 같이 직선적인 추세를 따라 증가하는 경우, 다음과 같은 형태의 **선형추세모형**(linear trend model)을 적용할 수 있다.

$$Z_t = \beta_0 + \beta_1 t + \epsilon_t \tag{11.2}$$

이때 $\beta_0 + \beta_1 t$는 추세성분을, ϵ_t는 불규칙성분을 나타낸다. 즉 선형추세모형은 시계열 Z_t를 직선적인 추세성분과 특정한 패턴을 찾을 수 없는 불규칙성분으로 구분할 수 있는 모형이다. [그림 11-3]에서는 선형추세성분이 검은색 추세선으로 표시되어 있다.

추세성분이 [그림 11-3]과 같이 직선적이지 않고 곡선 형태를 따르는 경우, 다음과 같은 모형을 이용하여 추세성분을 설명할 수 있다.

$$Z_t = \beta_0 + \beta_1 t + \beta_2 t^2 + \epsilon_t$$

이때 $\beta_0 + \beta_1 t + \beta_2 t^2$은 이차함수 그래프 형태의 추세성분을, ϵ_t는 불규칙성분을 나타낸다. 또는 이보다 고차인 다항식 형태의 모형을 이용하여 추세성분을 설명할 수도 있다.

$$Z_t = \beta_0 + \beta_1 t + \beta_2 t^2 + \cdots + \beta_k t^k + \epsilon_t$$

시간에 따른 시계열의 변동이 일정하지 않고, 계절 변화에 따른 변동만을 나타내는 경우가 있다. [그림 11-4]는 이러한 계절 변화에 따른 주기적인 변동만을 포함하는 시계열의 예를 보여준다. 예를 들어 바캉스 용품과 같이 계절의 영향을 많이 받는 상품의 판매량, 강우량 또는 기온과 같은 시계열은 여름에는 증가하고 겨울에는 감소하는 등 계절에 따라 변화를 보인다. 이와 같이 주, 월, 또는 계절 주기에 따라 변동하는 성분을 **계절성분**(seasonal component)이라 한다.

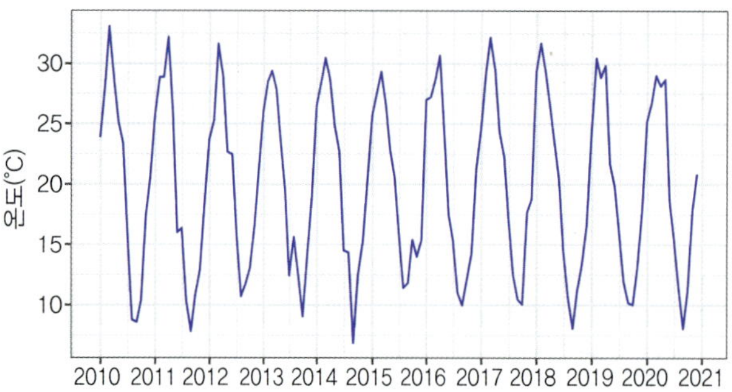

그림 11-4 계절성분을 갖는 시계열그림

일반적으로 계절성분은 주기가 짧아 한 시계열 내에서 여러 번 반복되는 성분을 의미한다. 한편 계절성분처럼 주기적인 변화를 가지지만 그 변화가 계절에 의한 것이 아니라 주기가 긴 경우의 변동을 **순환성분**(cyclical component)이라 한다. 경제학에서는 순환성분을 경기순환(business cycle)이라고도 하며, 대표적인 예로 50년에서 60년 주기를 갖는 콘트라디에프 주기(Kondratiev cycle), 9년에서 10년 주기를 갖는 주글라 주기(Juglar cycle), 40개월 주기를 갖는 키친 주기(Kitchin cycle) 등이 있다. 자연현상에서 나타나는 순환성분의 예로는 약 11년 주기를 갖는 태양 흑점의 수와 위도 변화 등이 있다.

[그림 11-4]와 같이 선형추세 없이 계절성분만을 계통성분으로 갖는 시계열은 삼각함수 또는 지시함수(indicator function)를 이용하여 설명할 수 있다. 예를 들어 주기가 12개월인 계절성분을 가진 시차가 1개월인 시계열은 삼각함수를 사용하여 다음과 같은 모형으로 표현할 수 있다.

$$Z_t = \beta_0 + \beta_1 \sin\left(\frac{2\pi t}{12}\right) + \beta_2 \cos\left(\frac{2\pi t}{12}\right) + \epsilon_t \tag{11.3}$$

이 모형의 계통성분인 $\beta_0 + \beta_1 \sin\left(\frac{2\pi t}{12}\right) + \beta_2 \cos\left(\frac{2\pi t}{12}\right)$는 $t=1$일 때와 $t=13$일 때 같은 값을 가지므로 12개월 주기의 계절성분을 나타낸다. 많은 경제 관련 자료는 추세성분과 계절성분을 동시에 포함하고 있다. 이는 경제 관련 자료가 시간에 따라 증가하면서도 계절성을 보이는 경우가 많기 때문이다. 예를 들어 비행기 이용 승객 수, 아이스크림과 군고구마 같은 계절 상품의 판매량을 생각해 볼 수 있다. [그림 11-5]는 추세성분과 계절성분을 동시에 갖는 시계열의 예를 보여준다.

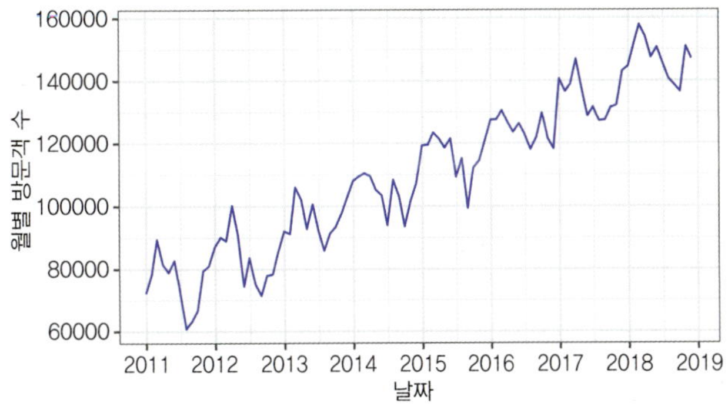

그림 11-5 추세성분과 계절성분을 갖는 시계열그림

이러한 시계열은 다음과 같은 모형을 통해 설명할 수 있다.

$$Z_t = \beta_0 + \beta_1 t + \beta_2 \sin\left(\frac{2\pi t}{12}\right) + \beta_3 \cos\left(\frac{2\pi t}{12}\right) + \epsilon_t \tag{11.4}$$

이때 $\beta_0 + \beta_1 t$는 추세성분을, $\beta_2 \sin\left(\frac{2\pi t}{12}\right) + \beta_3 \cos\left(\frac{2\pi t}{12}\right)$는 주기가 12개월인 계절성분을 나타낸다. [그림 11-5]에서는 시간의 경과에 따라 자료의 변동폭이 일정하게 유지되는 시계열의 예를 보여준다. 반면 [그림 11-6]은 시간이 증가함에 따라 변동폭이 커지는 시계열의 예를 나타낸다. 특히 여러 경제 지표들은 계절성을 가질 뿐만 아니라, 시간의 흐름에 따른 추세와 함께 변동폭이 커지는 특징을 보인다.

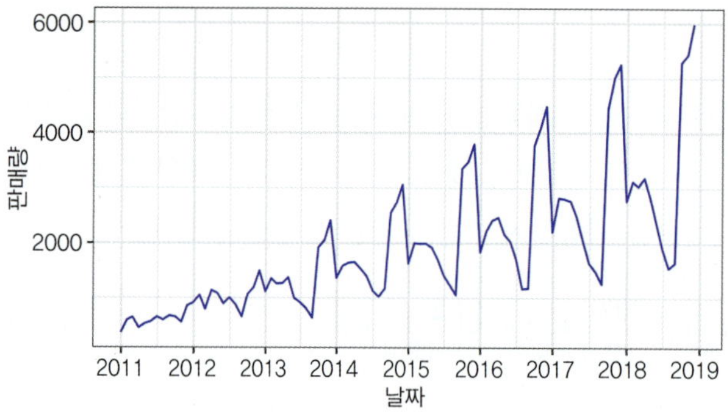

그림 11-6 추세성분과 계절성분을 갖고 시간의 변화에 따라 변동폭이 커지는 시계열그림

이러한 자료를 분석할 때 시계열의 로그변환을 먼저 적용한 후 식 (11.4)와 같은 모형을 적합시키는 것이 일반적이다. 즉 다음과 같은 모형을 사용할 수 있다.

$$\log Z_t = \beta_0 + \beta_1 t + \beta_2 \sin\left(\frac{2\pi t}{12}\right) + \beta_3 \cos\left(\frac{2\pi t}{12}\right) + \epsilon_t$$

이 모형에 적용된 로그변환은 데이터의 변동폭을 완화하는 역할을 하며, 변환된 데이터의 간단한 모형화를 통해 분석과 예측을 쉽게 만들어 준다. 다만 예측된 값은 로그 스케일로 표현되므로 이를 해석하거나 실제로 사용할 때는 원래의 스케일로 바꾸어 주는 **지수변환**(exponential transformation)[1]이 필요하다.

지금까지 설명한 형태의 시계열에서는 추세성분, 계절성분이 뚜렷하게 드러나는 예를 다루었지만, 실제 자료에서는 이러한 성분을 명확하게 구분하기 어려운 경우가 많다. 즉 추세성분, 계절성분, 불규칙성분과 같은 요소들만으로 시계열을 구분하는 것은 쉽지 않다. 또한 [그림 11-7]에서 볼 수 있듯이 한 시계열자료에서도 시점에 따라 두 개의 추세선(trend line)을 필요로 하는 경우가 발생할 수 있다. 이러한 변화는 시계열에 변화점(change point)이 존재할 수 있다는 뜻이다. 시계열그림을 그리는 주된 목적 중 하나는 이러한 성분 간의 구분이 어렵거나 변화점이 존재할 때, 자료의 특성을 한눈에 파악할 수 있도록 돕는 것이다.

1 x를 지수변환하면 $\exp(x) = e^x$이다.

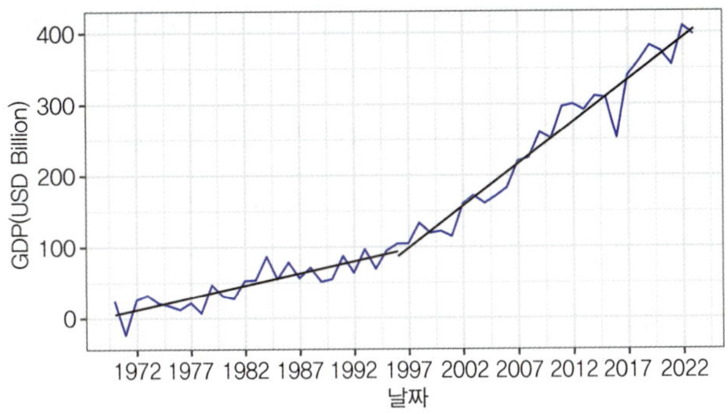

그림 11-7 시계열 내에 변화점이 있어 추세선이 두 개인 시계열그림

11.2 시계열자료의 분석방법

시계열은 매우 다양한 형태로 나타날 수 있으며, 이러한 복잡한 시계열자료를 효과적으로 설명할 수 있는 모형을 개발하는 일은 결코 간단하지 않다. 전통적으로 시계열자료를 분석하는 방법 중 하나는 시간을 설명변수로, 분석 대상 변수를 종속변수로 설정하여 회귀모형을 통해 추세를 분석하는 것이다. 즉 관측값 Z_t를 시간 t의 함수로 표현하는 방법이다. 이 방법에서는 관측값 Z_t를 다음과 같이 시간 t의 다항식으로 표현된 추세성분에 불규칙성분을 더해 나타낸다.

$$Z_t = \beta_0 + \beta_1 t + \beta_2 t^2 + \cdots + \beta_k t^k + \epsilon_t \tag{11.5}$$

식 (11.5)와 같은 모형을 **선형다항추세모형**(linear polynomial trend model) 또는 그냥 **다항추세모형**(polynomial trend model)이라 한다. 다항추세모형은 다음과 같은 중회귀모형의 특별한 경우로, j번째 설명변수 X_{jt}가 시간 t의 함수로 결정된다는 점이 특징이다. 여기서 설명변수의 값은 $X_{1t} = t$, $X_{2t} = t^2$과 같이 시간 t로 결정된다.

$$Z_t = \beta_0 + \beta_1 X_{1t} + \beta_2 X_{2t} + \cdots + \beta_k X_{kt} + \epsilon_t$$

또 다른 예로 추세 성분을 시간 t의 비선형 함수로 설명할 수 있으며 관측값 Z_t를 다음과 같은 **비선형추세모형**(nonlinear trend model)으로 표현할 수 있다.

$$Z_t = \exp(\beta_0 + \beta_1 X_t)\epsilon_t$$

많은 경우에 하나의 시계열모형이 특정 시점에서는 자료를 잘 설명할 수 있지만, 시간이 지나면 다른 모형이 더 잘 설명할 수도 있다. 이는 시계열을 생성하는 시스템이 시간이 경과하면서 변화할 수 있기 때문이다. 따라서 과거 자료를 이용하여 예측할 때, 모든 자료를 동일하게 다루기보다는 최근 자료에 더 큰 비중을 주는 예측법을 사용하는 것이 합리적이다.

또한 시계열자료가 변동폭이 큰 계절성분이나 추세로 설명하기 어려운 불규칙성분을 포함하는 경우, 시계열의 추세를 정확하게 파악하기 어렵다. 이럴 때 계절성분이나 불규칙성분을 제거하여 전반적인 추세를 명확하게 하고 예측을 용이하게 하는 방법이 **평활화 기법**(smoothing method) 또는 **평활법**이다. 평활법의 대표적인 방법으로는 **이동평균법**(moving average method)과 **지수평활법**(exponential smoothing method)이 있다.

이동평균법은 표본평균처럼 관측값 전체에 동일한 가중값을 주지 않고, 최근의 일부 자료에만 가중값을 주는 방법이다. 반면 **지수평활법**은 최근의 자료에 더 큰 가중값을 주고 과거로 갈수록 가중값을 지수적으로 감소시키는 방식이다. 지수평활법은 과거 관측값들을 지수적으로 가중평균하여 예측값으로 활용한다. 지수평활법은 다음과 같은 장점 때문에 지금도 널리 사용되고 있다.

❶ 주로 최근 자료를 기반으로 미래를 예측하므로 시계열을 생성하는 시스템에 변화가 생겨도 유연하게 대처할 수 있다.
❷ 계산이 간단하고 많은 양의 자료를 저장할 필요가 없다.

지수평활법은 주로 예측 목적으로 사용되고, 이동평균법은 계절성분을 제거하여 추세를 시각화하거나 **계절조정**(seasonal adjustment)을 하는 데 주로 사용된다. 이외에도 시계열을 여러 변동성분으로 분해하여 각 성분을 개별적으로 추정한 뒤, 이를 다시 합쳐 원래의 시계열을 재구성하는 **성분 분해법**(decomposition method)이 있다. 조지 박스(George box)와 귈림 젠킨스(Gwilym Jenkins)가 제안한 **자기회귀 이동평균 모형**(ARMA; Autoregressive moving average)과 **자기회귀 누적 이동평균 모형**(ARIMA; Autoregressive integrated moving average)은 시계열분석에서 가장 널리 사용되는 모형으로 박스-젠킨스의 3단계 모형적합방법론[2]의 핵심을 이룬다. 이외에도 다양한 방법이 혼합된 전이함수모형, 자기상관오차를 갖는 회귀모형 등이 있다.

이 책에서 다루는 시계열분석방법은 추세분석법, 이동평균법, 그리고 지수평활법이다. 이러한 분석법들은 시계열자료에 내재된 패턴, 즉 추세를 기술적으로 설명하려는 목적으로 설계된 방법이다. 이 방법들은 왜 추세가 발생하는지 또는 계절 변동의 원인이 무엇인지에 대한 근본적인 설명을 제공하지 않는다. 대신 그러한 변동이 존재한다는 사실을 발견하고 이를 확인하는 데 초점을 맞춘다. 이러한 방법들은 경험적(empirical)인 성격을 가지며, 직관적으로 이해하기 쉽고 사용이 편리하다는 점에서 널리 활용된다. 이 세 가지 방법 이외의 고급시계열모형 및 분석방법은 이 책의 범위를 넘어서는 내용이므로 다루지 않는다.[3]

---

2 박스-젠킨스의 3단계 모형적합방법론은 시계열모형을 적합하는 체계적인 절차로 모형의 식별, 모형의 추정, 모형의 진단 단계로 이루어져 있다. 11.3절에서 자세하게 설명한다.

3 자세한 내용은 Box, Jenkins, & Reinsel(2015)의 저서와 Hyndman & Athanasopoulos(2021)의 저서, 그리고 조신섭, 손영숙, & 성병찬(2019)의 저서를 참고하기 바란다.

11.3 추세분석법

[그림 11-2]와 같이 시계열이 일정한 수준을 중심으로 위아래로 무작위로 움직이는 경우에는 상수평균모형을 고려할 수 있다. [그림 11-3]과 같이 일정한 추세를 가지고 증가하거나 감소하는 경우에는 선형추세모형 또는 이차추세모형(quadratic trend model)이 적합하다. [그림 11-4]와 같이 일정한 주기를 두고 동일한 패턴이 반복되는 경우에는 계절추세모형(seasonal trend model)을 사용하고, 계절성을 가지면서 동시에 일정한 선형추세를 따라 움직이는 경우에는 선형계절추세모형(linear seasonal trend model)이 적합하다. 한편 비선형추세모형은 시계열이 기하급수적으로 증가하거나 비선형적으로 움직일 때 주로 사용된다.

주어진 시계열을 분석하기 위해서는 일반적으로 모형의 **식별**, 모형의 **추정** 및 모형의 **진단**이라는 3단계 과정을 따라 자료를 가장 잘 설명해 주는 모형을 찾는다.

❶ **모형의 식별단계** : 분석 대상 시계열의 시계열그림을 작성하여 자료의 특성을 파악한다. 자료를 설명하기에 적당하다고 판단되는 잠정적인 모형을 선택한다.

❷ **모형의 추정단계** : 최소제곱법 또는 최대가능도추정법 등을 적용하여 모형의 모수를 추정한다.

❸ **모형의 진단단계** : 추정된 모형이 잘 적합하는지 확인하기 위해 잔차를 분석한다. 잔차분석 결과가 적합하지 않다면 모형을 수정하거나 다른 모형을 선택한다.

추세분석에서 사용될 모형들은 회귀분석에서 모형을 적합시키는 데 사용되는 방법과 동일한 기법을 적용할 수 있다. 따라서 모형의 식별단계에서 주어진 자료가 모형을 적합하는 데 필요한 가정(예 : 등분산성)을 만족하지 못하는 경우, 로그변환 등의 방법을 통해 자료를 변환할 수 있다. 변환 후에는 시계열그림을 다시 작성하여 변환된 자료의 특성을 파악하고, 변환된 자료에 적합한 모형을 잠정적으로 선택하면 된다.

[그림 11-2]와 같은 시계열은 다음과 같은 형태의 **상수평균모형**(constant mean model)으로 설명할 수 있다.

$$Z_t = \beta_0 + \epsilon_t$$

여기서 ϵ_t는 서로 독립이고 평균 0, 분산 σ^2을 갖는 오차항 또는 불규칙성분이고 β_0는 상수평균으로 미지의 모수이며, 과거 자료 Z_1, ⋯, Z_n(시점 n까지의 시계열자료)을 이용해 추정한다. 상수평균 β_0는 최소제곱법에 의해 다음과 같이 추정할 수 있다.

$$\hat{\beta}_0 = \frac{1}{n}\sum_{t=1}^{n} Z_t = \overline{Z}$$

시점 n을 원점으로 하여 시점 n으로부터 시차 l 후의 예측값(l-step-ahead forecast)을 $Z_n(l) = E(Z_{n+l} \mid Z_n, Z_{n-1}, \cdots)$이라 하자. 상수평균모형을 가정했을 때, 시차 l 후의 예측값은 다음과 같이 계산된다.

$$Z_n(l) = \hat{\beta}_0 = \overline{Z} \quad (\text{단, } l = 1,\ 2,\ \cdots)$$

예측값 $Z_n(l)$에 대한 예측오차 제곱합은 다음과 같이 주어진다.

$$E[Z_{n+l} - Z_n(l)]^2 = \left(1 + \frac{1}{n}\right)\sigma^2$$

오차항의 변동 크기를 나타내는 모수 σ^2의 추정량으로 다음을 사용할 수 있다.

$$\hat{\sigma}^2 = \frac{1}{n-1}\sum_{t=1}^{n}(Z_t - \overline{Z})^2$$

불규칙성분인 ϵ_t가 정규분포를 따른다고 가정하면, 시차 l 후의 시계열값 Z_{n+l}의 $100(1-\alpha)\%$ **예측구간**(prediction interval)은 다음과 같이 주어진다.[4]

$$\overline{Z} \pm t_{\alpha/2}(n-1)\hat{\sigma}\left(1 + \frac{1}{n}\right)^{1/2}$$

여기서 $t_{\alpha/2}(n-1)$은 자유도 $(n-1)$인 t 분포의 제$\left(1 - \frac{\alpha}{2}\right)$백분위수이다.

새로운 관측값 Z_{n+1}이 얻어지면 시점 $(n+1)$에서 시차 l 이후의 예측값은 다음과 같이 계산할 수 있다.

$$\begin{aligned} Z_{n+1}(l) &= \frac{1}{n+1}(Z_1 + \cdots + Z_n + Z_{n+1}) \\ &= \frac{n}{n+1}Z_n(l) + \frac{1}{n+1}Z_{n+1} \\ &= Z_n(l) + \frac{1}{n+1}[Z_{n+1} - Z_n(l)] \end{aligned}$$

여기서 새로운 예측값은 시점 n에서 예측값 $Z_n(l)$과 예측오차 $e_n(l) = Z_{n+1} - Z_n(l)$의 선형결합으로 얻는다. 이 식을 이용하면 모든 관측값을 저장할 필요 없이 가장 최근의 예측값과 가장 최근의 예측오차만 저장해 두고도 새로운 예측값을 구할 수 있다. 따라서 이 예측 갱신 방법은 계산과 저장 측면에서 매우 효율적이다.

4 여기서 미래의 관측값 또는 랜덤인 Z_{n+l}에 대한 예측구간 $(L,\ U)$는 다음과 같이 정의된다. $\alpha = 0.05$일 때 95% 예측구간 $(L,\ U)$는 $P(L < Z_{n+l} < U) \geq 95\%$를 만족한다. 즉 Z_{n+l}이 구간 $(L,\ U)$ 내에서 관측될 확률이 95% 이상임을 뜻한다. 앞서 나온 모형의 모수에 대한 신뢰구간과는 다른 개념임을 주지하자.

예제 11-1 [표 11-1]은 어느 대학에서 통계학 강의를 수강한 학생 수에 대한 가상의 시계열자료이다. 상수평균모형을 이용하여 물음에 답하라.

표 11-1 통계학 강의를 수강한 학생 수에 대한 가상의 시계열자료

(단위 : 명)

학기	학생 수	학기	학생 수	학기	학생 수	학기	학생 수
2012/S1	1,372	2015/S1	1,423	2018/S1	1,420	2021/S1	1,435
2012/S2	1,388	2015/S2	1,337	2018/S2	1,406	2021/S2	1,376
2013/S1	1,478	2016/S1	1,366	2019/S1	1,372	2022/S1	1,347
2013/S2	1,404	2016/S2	1,378	2019/S2	1,489	2022/S2	1,389
2014/S1	1,406	2017/S1	1,461	2020/S1	1,425	2023/S1	1,349
2014/S2	1,486	2017/S2	1,418	2020/S2	1,302	2023/S2	1,364

(a) 2026년 1학기의 이 대학의 통계학 강의 수강 학생의 예측값과 95% 예측구간을 구하라.

(b) 2024년 1학기의 수강생 수가 1,500명일 때의 새로운 예측값을 구하라.

풀이

주어진 시계열의 평균은 $\overline{Z}=1399.625$(약 1,400명), 표준편차는 $\hat{\sigma}=47.83$이다. 따라서 $l=5$ 시차 후의 예측값인 2026년 1학기 수강생 예측값은 $Z_n(l)=\hat{\beta}_0=\overline{Z}=1399.625$이다. 참고로 상수평균모형이므로 2024년 1학기의 수강생 예측값 역시 1399.625명이다.

(a) $n=24$, $\alpha=0.05$일 때 $t_{\alpha/2}(n-1)=2.069$이므로 다음이 성립한다.

$$\begin{aligned}\overline{Z}\pm t_{\alpha/2}(n-1)\,\hat{\sigma}\left(1+\frac{1}{n}\right)^{1/2}&=1399.625\pm 2.069\times 47.83\times\left(1+\frac{1}{24}\right)^{1/2}\\&=1399.625\pm 100.001\end{aligned}$$

즉 95% 예측구간은 (1298.624, 1500.626)이므로 2026년 1학기에는 대략 1,300명에서 1,500명 정도가 수강할 것으로 예측할 수 있다.

(b) 2024년 1학기의 수강생 수가 $Z_{n+1}=1500$(명)일 때, 예측값 1399.625와의 예측오차는 $Z_{n+1}-Z_n(l)=1500-1399.625=100.375$이다. 따라서 가장 최근의 예측값과 가장 최근의 1시차 후의 예측오차를 이용하여 새로운 예측값을 다음과 같이 구할 수 있다.

$$\begin{aligned}Z_{n+1}(l)&=Z_n(l)+\frac{1}{n+1}[Z_{n+1}-Z_n(l)]\\&=1399.625+\frac{1}{24+1}\times 100.375=1403.64\end{aligned}$$

시계열자료가 $Z_t = \beta_0 + \beta_1 t + \epsilon_t$와 같은 선형추세모형을 따를 때는 8장에서 다룬 회귀분석을 이용하여 분석할 수 있다.

예 11-1 다음은 2018년부터 2024년까지 고위전문행정기술직에 종사하는 여성 수에 대한 가상의 시계열자료를 분석한 예이다. 시계열그림을 작성하면 [그림 11-8]과 같이 뚜렷한 선형(1차)추세가 있음을 알 수 있다.

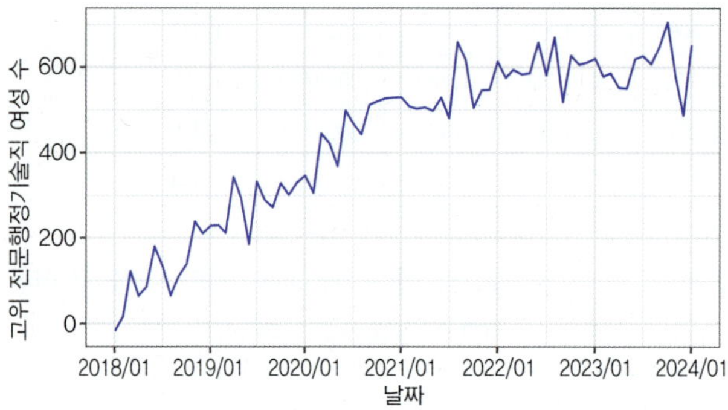

그림 11-8 고위전문행정기술직에 종사하는 여성 수의 시계열그림

선형추세모형을 적합시킨 결과 $R^2 = 0.8373$이며 분산분석표는 [표 11-2]와 같다.

표 11-2 고위전문행정기술직에 종사하는 여성 수의 분석 결과에 대한 분산분석표

요인	제곱합	자유도	평균제곱	F 값	유의확률
모형	2,170,954	1	2,170,954	365.48	$< 2.2e-16$
오차	421,736	71	5,940		
합계	2,592,690	72			
변수	회귀계수	표준오차	T 값	유의확률	
절편	−4,578	262.1	−17.46	$< 2e-16$	
Date	0.2689	0.01407	19.12	$< 2e-16$	

추정된 모수들이 모두 유의하고 R^2 값도 80% 이상이므로 추세모형이 비교적 잘 적합되었다고 생각할 수 있다. 적합된 모형은 다음과 같다.

$$\widehat{\text{Female}} = -4578 + 0.269 \times \text{Date}$$

여기서 Date는 숫자로 표현되는 값으로, 예를 들어 2018년 1월 1일은 1970년 1월 1일[5]부터 17,532일이 지난 시점을 의미한다. Female은 주어진 Date에서 고위전문행정기술직에 종사하는 여성 수이고, $\widehat{\text{Female}}$은 그 예측값이다.

5 1970년 1월 1일은 프로그래밍과 데이터 분석에서 시간을 계산하기 위해 쓰이는 기준 시점이다. R, 파이썬 등의 통계계산 소프트웨어를 비롯해 대다수의 프로그래밍 언어, 컴퓨터 운영체제에서 사용된다.

회귀분석을 이용한 추세분석에서는 모형을 적합한 후 반드시 잔차를 검토하여 오차에 대한 가정에 문제가 없는지를 확인해야 한다. 잔차분석 시 잔차의 시계열그림을 작성하여 이상점 또는 특별한 패턴이 있는지 반드시 확인해야 한다. [그림 11-9]에 제시된 잔차의 시계열그림을 살펴보면 잔차는 독립이 아니며, 일정 기간 동일한 부호를 갖는 잔차가 계속 나타나는 것을 확인할 수 있다. 이는 잔차 사이에 양의 상관이 존재함을 의미하고, 오차가 서로 독립이고 동일한 분포를 따른다는 일반적인 회귀모형의 가정을 위배한다. 이때에는 자기상관오차를 고려한 회귀모형을 적합시키는 것이 바람직하다.[6]

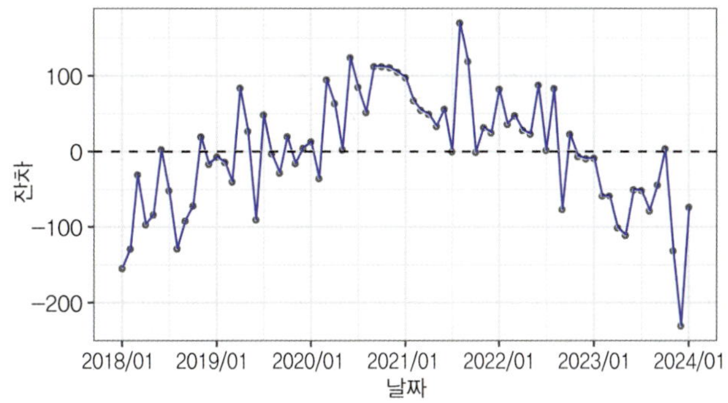

그림 11-9 잔차의 시계열그림

11.4 이동평균법

이동평균법은 전체 자료를 사용하는 대신, 최근 관측값 m개의 평균을 구해 지엽적인 변동을 제거하고 장기적인 추세를 쉽게 파악할 수 있도록 해주는 방법이다. 계절성분을 평활하기 위해서는 m 값을 계절 주기와 동일하게 설정한다. 이동평균법은 불규칙성분과 계절성분을 평활함으로써 계절조정에 자주 활용되며, 추세성분과 순환성분을 다른 성분으로부터 분리하고자 할 때도 널리 사용된다. 시계열자료가 다음과 같은 모형을 따른다고 생각해보자.

$$Z_t = \beta_0 + \epsilon_t$$

여기서 β_0는 시간에 따라 변할 수 있는 미지의 모수이다. 즉 이 모형은 지엽적으로 동일한 수준을 중심으로 변동하지만, 시간에 따라 수준이 변화한다고 해석할 수 있다. 이러한 경우 모든 관측값에 동일한 가중값을 주고 구한 β_0의 최소제곱추정량 $\hat{\beta}_0 = \frac{1}{n}\sum_{t=1}^{n} Z_t = \overline{Z}$ 대신, 최근 관측값 m개만 사용하여 식 (11.6)과 같이 새로운 추정량을 예측에 이용하는 것이 이동평균법이다.

6 이 내용은 이 책의 범위를 벗어나므로 자세한 내용은 Hyndman & Athanasopoulos(2021)의 저서를 참고하기 바란다.

$$M_n = \frac{1}{m} \sum_{t=n-m+1}^{n} Z_t = \frac{1}{m}(Z_{n-m+1} + Z_{n-m+2} + \cdots + Z_n) \tag{11.6}$$

M_n을 **단순이동평균**(simple moving average)이라 하며, 시점 n에서 시차 l 이후인 Z_{n+l}의 예측값으로 사용된다. 이 방법은 l 값과 관계없이 항상 동일한 값이다.

$$Z_n(l) = M_n$$

이동평균법은 적용 목적에 따라 m 값을 다르게 설정한다. m 값이 크면 평활 효과가 커져 M_n 값이 지엽적인 변화에 둔감해지고, m 값이 작으면 M_n 값은 지엽적인 변화를 빠르게 반영한다. 그러나 처음 관측값 m개를 이용해 $(m+1)$번째 값을 예측하므로 처음 m개의 예측값은 계산할 수 없다는 한계가 있다. 또한 관측 시점과 관계없이 모든 관측값에 동일한 가중값을 준다는 단점이 있다.

일반적으로 이동평균은 예측보다는 주어진 시계열자료의 불규칙성분과 계절성분을 평활(제거)하여 추세를 파악하기 위한 계절조정 목적으로 사용된다. 이러한 계절조정을 위해 단순이동평균의 식 (11.6) 대신 식 (11.7)과 같은 **중심이동평균**(centered moving average)을 사용할 수 있다.

$$M_n = \frac{1}{2k+1}(Z_{n-k} + \cdots + Z_{n+k}) \tag{11.7}$$

식 (11.7)에서는 계산의 편의상 $m = 2k+1$이라 가정한다.

예 11-2 다음은 2000년부터 2024년 1분기까지의 분기별 전국 출생아 수 자료이다.[7]

(단위 : 명)

178245	152324	151913	157607	161437	136920	131907	129670	140157
123005	119727	114022	133304	121051	117707	122974	132259	115630
115593	113476	118216	106313	108074	106104	119423	110753	111082
110501	126767	117315	128434	124306	127560	111416	115866	111050
120664	107525	110135	106525	120550	111369	117792	120460	128997
116100	116491	109677	128802	117652	123317	114779	119432	105518
109651	101854	116004	107103	110808	101520	117952	110126	108263
102079	112366	102337	102192	89348	98529	89532	89638	80072
89760	82040	80480	74542	83030	75395	73683	70568	73595
68263	68900	61579	70125	66129	66551	57757	68339	60149
64175	56523	64468	56142	56743	52618	60474		

7 출처 : 통계청 국가통계포털

이 자료에 중심이동평균법을 적용하여 얻은 평활값을 나타낸 결과가 [표 11−3]이다.

표 11−3 중심이동평균법에 의한 전국 출생아 수 자료의 평활결과

연번	연도 / 분기	실제값	평활값	
			$m=3$	$m=11$
1	2000/1	178245	NA	NA
2	2000/2	152324	160827.3	NA
3	2000/3	151913	153948	NA
4	2000/4	157607	156985.7	NA
5	2001/1	161437	151988	NA
6	2001/2	136920	143421.3	143901.1
7	2001/3	131907	132832.3	138062.6
8	2001/4	129670	133911.3	136333.5
9	2002/1	140157	130944	133527.9
10	2002/2	123005	127629.7	129900.6
⋮	⋮	⋮	⋮	⋮
89	2022/1	68339	62081.67	62903.36
90	2022/2	60149	64221	62463.73
91	2022/3	64175	60282.33	60872.18
92	2022/4	56523	61722	60358.09
93	2023/1	64468	59044.33	NA
94	2023/2	56142	59117.67	NA
95	2023/3	56743	55167.67	NA
96	2023/4	52618	56611.67	NA
97	2024/1	60474	NA	NA

앞에서 설명한 것처럼 평활 정도를 조절하는 m 값이 클수록 평활 효과가 커져 완만한 경향성을 더 쉽게 파악할 수 있다. [표 11−3]에서는 $m=3$과 $m=11$ 두 가지 경우의 이동평균을 적용하여 평활값을 계산했다. $m=11$인 경우, 평활값의 변화가 상대적으로 적어 주된 변동 추세를 더 명확히 파악할 수 있다. 여기서 $m=3$은 앞과 뒤의 자료를 1개씩 잃는 데 반해, $m=11$은 앞과 뒤의 자료를 5개씩 잃는다. 이는 m 값이 커질수록 평활 정도가 커서 추세를 더 부드럽게 판별할 수 있으나 자료 손실이 증가한다는 단점을 보여준다.

[그림 11−10]에서 확인할 수 있듯이 평활되지 않은 시계열은 불규칙성분의 영향을 받아 그래프가 부드럽지 않다. 반면에 평활된 시계열은 부드럽게 추세를 잘 보여준다. $m=11$과 $m=3$의 결과를 비교하면 $m=11$일 때 얻은 곡선이 더 완만함을 확인할 수 있다.

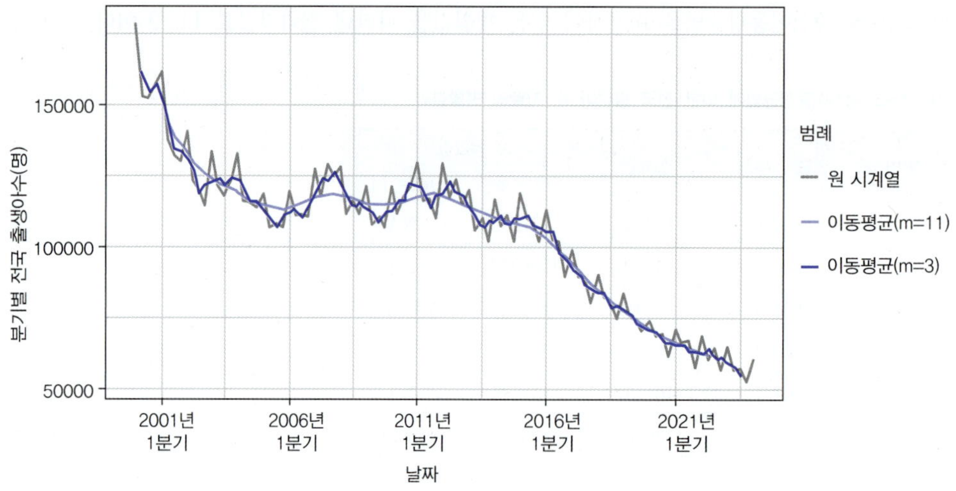

그림 11-10 중심이동평균에 의한 평활그림($m=3$과 $m=11$)

만약 시계열이 식 (11.2)와 같은 선형추세를 갖거나 이차추세를 갖는 경우에는 이중이동평균 또는 삼중이동평균법을 사용한다.[8]

11.5 지수평활법

11.4절에서 설명한 이동평균법은 최근 관측값 m개만을 이용하여 계산하므로 전체 관측값을 활용하지 못한다는 단점이 있다. 또한 최근 자료가 더 많은 정보를 담고 있음에도 m개의 최근 관측값에 모두 동일한 가중값을 준다는 한계가 있다. 이에 비해 **지수평활법**은 최근 자료에 더 큰 비중을 두고, 관측값 전체를 이용하여 예측값을 계산한다. 또한 지수평활된 예측값을 갱신할 때는 단지 값 2개만 필요하다는 장점이 있다.

식 (11.1)과 같이 시간에 따라 변할 수 있는 미지의 모수를 포함한 모형을 생각해보자. Z_1, Z_2, $\cdots$, Z_n이 관측되었을 때, 이동평균법과 달리 지수평활법은 최근 관측값에 더 큰 가중값을 주고 과거로 갈수록 가중값을 지수적으로 줄여나간다. 이를 통해 시점 n에서 1시차 후 Z_{n+1}의 예측값은 식 (11.8)과 같이 계산된다.

$$\begin{aligned} Z_n(1) &= c\sum_{t=0}^{n-1}(1-w)^t Z_{n-t} \\ &= c[Z_n + (1-w)Z_{n-1} + \cdots + (1-w)^{n-1}Z_1] \end{aligned} \tag{11.8}$$

8 자세한 내용은 Abraham & Ledolter(2013)의 저서를 참고하기 바란다.

식 (11.8)에서 c는 가중값의 합이 1이 되도록 해주는 **정규화상수**(normalizing constant)로 조건 $c\sum_{t=0}^{n-1}(1-w)^t=1$을 만족해야 한다. n이 커질수록 c 값은 w와 같아진다. 따라서 n 값이 클 때, 지수평활법에 의한 시점 n에서 1시차 후의 예측값은 식 (11.9)와 같이 표현된다.

$$\begin{aligned} Z_n(1) &= \sum_{j\geq 0} w(1-w)^j Z_{n-j} \\ &= wZ_n + w(1-w)Z_{n-1} + w(1-w)^2 Z_{n-2} + \cdots \end{aligned} \tag{11.9}$$

이때 다음 식이 성립하므로 이는 식 (11.1)을 따르는 시계열의 예측 방법으로 타당하다.

$$E(Z_n(1)) = E\left(w\sum_{j\geq 0}(1-w)^j Z_{n-j}\right) = w\sum_{j\geq 0}\beta_0 = \frac{w}{1-(1-w)}\beta_0 = \beta_0$$

식 (11.8)과 식 (11.9)에서 w는 **평활상수**(smoothing constant)라 하며, 일반적으로 0.05와 0.3 사이의 값을 사용한다. 이렇게 평활된 예측값을 **단순지수평활값**(simple exponential smoothing value)이라 하며, 시점 n에서 1시차 후의 예측값은 다음과 같이 표기한다.

$$S_n = Z_n(1)$$

모든 $l=1,\ 2,\ \cdots$에 대해 시점 n에서 시차 l 이후의 예측값 $Z_n(l)$은 모두 S_n과 동일하다.

시점 $(n-1)$에서의 단순지수평활값을 S_{n-1}이라 하면, 시점 n에서의 단순지수평활값 S_n은 다음과 같이 표현할 수 있다.

$$\begin{aligned} S_n &= wZ_n + (1-w)S_{n-1} \\ &= S_{n-1} + w(Z_n - S_{n-1}) \end{aligned} \tag{11.10}$$

식 (11.10)에 의하면 새로운 예측값 S_n은 가장 최근 예측값 S_{n-1}과 새로운 관측값 Z_n의 선형결합으로 표현된다. 따라서 이미 계산된 시점 $(n-1)$에서의 예측값 S_{n-1}과 시점 n에서의 관측값 Z_n만을 이용하여 새로운 예측값 $Z_n(l)=S_n$(단, $l=1,\ 2,\ \cdots$)을 쉽게 생산할 수 있다. 이는 이동평균법과 달리 갱신된 값(updated value)을 신속하게 구할 수 있음을 의미한다. 이러한 방식으로 식 (11.10)에 따라 예측값 $Z_n(l)$을 계산하는 방법을 **단순지수평활법**이라 한다.

식 (11.10)을 이용하여 예측값을 구하려면 S_1을 구해야 하므로 초기평활값 S_0와 평활상수 w 값이 필요하다.

$$S_1 = wZ_1 + (1-w)S_0$$

초기평활값 S_0는 주어진 자료 이전의 과거 자료에 대한 정보가 있다면 이를 활용하여 설정할 수 있다. 그러나 과거 자료가 없다면 초기평활값은 주관적으로 결정할 수밖에 없다. 실제로 초기평활값 S_0의 선택은 평활상수 w와 연관이 있다. 그러나 n이 크면 S_0에 주어지는 가중값 $(1-w)^n$이 n이 커짐에 따라 급속히 작아지므로 초기추정값은 큰 영향을 미치지 않는다. 반면에 평활상수 w의 선택은 매우 중요하다. 평활상수 w 값이 작으면 예측값은 시계열 변화에 대해 느리게 반응하고, w 값이 크면 예측값은 최근 관측값에 크게 영향을 받아 시계열 변화에 대해 민감하게 반응한다. 일반적으로 w는 시간에 따라 변하지 않는 상수로 간주하고 0.05와 0.3 사이의 값을 사용하는 것이 권장된다. 다음 논의를 통해 주어진 자료를 이용하여 w 값을 구하는 원리를 알아보자.

다음과 같이 시점 $(t-1)$에서 **1 시차 후의 예측오차**(1-step-ahead prediction error)를 정의하자.

$$e_{t-1}(1) = Z_t - S_{t-1}$$

이때 다음과 같이 정의된 예측오차 제곱합을 최소화하는 w 값을 사용하는 것이 바람직하다.

$$\mathrm{SSE}(w) = \sum_{t=1}^{n} e_{t-1}^2(1)$$

초기평활값의 선택은 평활상수 w와 밀접한 연관이 있다. 시계열의 수준이 급격히 변하는 경우에는 1에 가까운 w 값이 예측오차 제곱합을 작게 하므로, 초기평활값으로 Z_1을 선택하는 것이 바람직하다. 반면에 시계열의 변화가 완만할 경우에는 w 값이 0에 가까울 가능성이 높으므로 표본평균 $\overline{Z}$를 선택하는 것이 타당하다.

예제 11-2 2018년 1월부터 2024년 12월 사이의 우리나라 KOSPI 지수의 월별 종가 자료가 [표 11-4]에 주어져 있다. 이 자료를 이용하여 물음에 답하라.

표 11-4 우리나라 KOSPI 지수

년＼월	1	2	3	4	5	6	7	8	9	10	11	12
18	2566.46	2427.36	2445.85	2515.38	2423.01	2326.13	2295.26	2322.88	2343.07	2029.69	2096.86	2041.04
19	2204.85	2195.44	2140.67	2203.59	2041.74	2130.62	2024.55	1967.79	2063.05	2083.48	2087.96	2197.67
20	2119.01	1987.01	1754.64	1947.56	2029.6	2108.33	2249.37	2326.17	2327.89	2267.15	2591.34	2873.47
21	2976.21	3012.95	3061.42	3147.86	3203.92	3296.68	3202.32	3199.27	3068.82	2970.68	2839.01	2977.65
22	2663.34	2699.18	2757.65	2695.05	2685.9	2332.64	2451.5	2472.05	2155.49	2293.61	2472.53	2236.4
23	2425.08	2412.85	2476.86	2501.53	2577.12	2564.28	2632.58	2556.27	2465.07	2277.99	2535.29	2655.28
24	2497.09	2642.36	2746.63	2692.06	2636.52	2797.82	2770.69	2674.31	2593.27	2556.15	2455.91	2399.49

(a) 초기평활값 S_0를 표본평균 $\overline{Z}$로 두고, 평활상수를 $w=0.3$, $w=0.1$로 두는 각각의 경우에 대해 단순지수평활값 $S_1, S_2, \cdots, S_{83}$을 구하라.

(b) 주어진 자료의 시계열그림을 그리고, 평활상수 $w=0.1$과 $w=0.3$인 각 경우의 단순지수평활값 $S_0, S_1, \cdots, S_{83}$의 시계열그림과 비교하여 w의 변화에 따른 효과를 기술하라.

풀이

(a) 주어진 시계열자료의 길이는 $T=84$이므로 초기평활값은 다음과 같이 계산한다.

$$S_0=\overline{Z}=\frac{1}{T}\sum_{i=1}^{T}Z_i=2478.221$$

평활상수 $w=0.3$인 경우를 먼저 다룬다. 시점 $n=1$에서 첫 번째 관측값인 Z_1만을 이용한 1시차 후의 예측값(지수평활값) S_1은 식 (11.10)을 이용하여 다음과 같이 구한다.

$$S_1=S_0+w(Z_1-S_0)=2478.221+0.3\times(2566.46-2478.221)=2504.693$$

마찬가지로 지수평활값 S_2는 이전 시점의 예측값 S_1과 두 번째 관측값 Z_2를 이용하여 다음과 같이 구한다.

$$S_2=S_1+w(Z_2-S_1)=2504.693+0.3\times(2427.36-2504.693)=2481.493$$

이 값은 시점 2까지의 데이터(예측값 S_1과 관측값 Z_2)를 이용하여 시점 3의 시계열값 Z_3를 예측하는 값임을 명심하자. 위와 같은 방법으로 지수평활값 S_0, S_1, S_2, $\cdots$, S_{83}를 모두 구할 수 있으며, [표 11-5]에 $w=0.3$, $w=0.1$의 각 경우에 대해 정리되어 있다.

(b) [표 11-5]에 정리된 원래의 지수와 지수평활된 값의 시계열그림은 [그림 11-11]에 겹쳐 나타나 있다. 이동평균법의 경우와 마찬가지로 지수평활된 시계열이 훨씬 완만하게 움직이는 것을 확인할 수 있다. 평활계수 w 값에 따라 평활 정도가 달라지는 것을 확인하기 위해 $w=0.1$과 $w=0.3$인 경우의 지수평활된 값을 [그림 11-11]에서 비교해보면 $w=0.3$인 경우는 원래의 시계열과 훨씬 더 가깝게 움직이고, $w=0.1$인 경우는 원래의 시계열보다 완만하게 움직임을 알 수 있다.

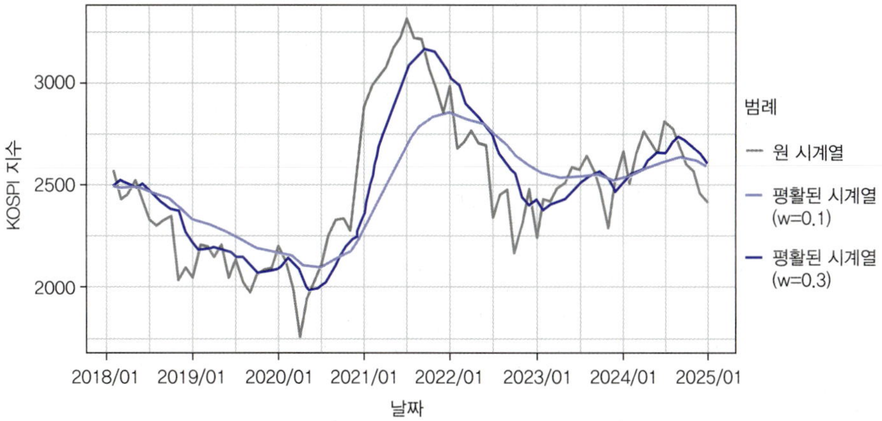

그림 11-11 원래 지수와 지수평활된($w=0.3$, $w=0.1$) 값의 시계열그림

표 11-5 단순지수평활에 의한 종합주가지수의 평활결과

년도	월	실제값	지수평활된 값		년도	월	실제값	지수평활된 값	
			$w=0.3$	$w=0.1$				$w=0.3$	$w=0.1$
2018	1	2566.46	2478.221	2478.221	2021	7	3202.32	3100.57	2674.830
	2	2427.36	2504.693	2487.045		8	3199.27	3131.095	2727.579
	3	2445.85	2481.493	2481.076		9	3068.82	3151.547	2774.748
	4	2515.38	2470.8	2477.554		10	2970.68	3126.729	2804.155
	5	2423.01	2484.174	2481.336		11	2839.01	3079.914	2820.808
	6	2326.13	2465.825	2475.504		12	2977.65	3007.643	2822.628
	7	2295.26	2423.916	2460.566	2022	1	2663.34	2998.645	2838.130
	8	2322.88	2385.319	2444.036		2	2699.18	2898.054	2820.651
	9	2343.07	2366.588	2431.920		3	2757.65	2838.392	2808.504
	10	2029.69	2359.532	2423.035		4	2695.05	2814.169	2803.419
	11	2096.86	2260.58	2383.701		5	2685.9	2778.433	2792.582
	12	2041.04	2211.464	2355.017		6	2332.64	2750.673	2781.914
2019	1	2204.85	2160.337	2323.619		7	2451.5	2625.263	2736.986
	2	2195.44	2173.691	2311.742		8	2472.05	2573.134	2708.438
	3	2140.67	2180.215	2300.112		9	2155.49	2542.809	2684.799
	4	2203.59	2168.352	2284.168		10	2293.61	2426.613	2631.868
	5	2041.74	2178.923	2276.110		11	2472.53	2386.712	2598.042
	6	2130.62	2137.768	2252.673		12	2236.4	2412.458	2585.491
	7	2024.55	2135.624	2240.468	2023	1	2425.08	2359.64	2550.582
	8	1967.79	2102.302	2218.876		2	2412.85	2379.272	2538.032
	9	2063.05	2061.948	2193.767		3	2476.86	2389.346	2525.513
	10	2083.48	2062.279	2180.696		4	2501.53	2415.6	2520.648
	11	2087.96	2068.639	2170.974		5	2577.12	2441.379	2518.736
	12	2197.67	2074.435	2162.673		6	2564.28	2482.101	2524.575
2020	1	2119.01	2111.406	2166.172		7	2632.58	2506.755	2528.545
	2	1987.01	2113.687	2161.456		8	2556.27	2544.502	2538.949
	3	1754.64	2075.684	2144.011		9	2465.07	2548.033	2540.681
	4	1947.56	1979.371	2105.074		10	2277.99	2523.144	2533.120
	5	2029.6	1969.828	2089.323		11	2535.29	2449.598	2507.607
	6	2108.33	1987.759	2083.351		12	2655.28	2475.305	2510.375
	7	2249.37	2023.931	2085.849	2024	1	2497.09	2529.298	2524.866
	8	2326.17	2091.562	2102.201		2	2642.36	2519.635	2522.088
	9	2327.89	2161.945	2124.598		3	2746.63	2556.453	2534.115
	10	2267.15	2211.728	2144.927		4	2692.06	2613.506	2555.367
	11	2591.34	2228.355	2157.149		5	2636.52	2637.072	2569.036
	12	2873.47	2337.25	2200.568		6	2797.82	2636.907	2575.784
2021	1	2976.21	2498.116	2267.858		7	2770.69	2685.181	2597.988
	2	3012.95	2641.544	2338.694		8	2674.31	2710.833	2615.258
	3	3061.42	2752.966	2406.119		9	2593.27	2699.876	2621.163
	4	3147.86	2845.502	2471.649		10	2556.15	2667.894	2618.374
	5	3203.92	2936.21	2539.270		11	2455.91	2634.371	2612.152
	6	3296.68	3016.523	2605.735		12	2399.49	2580.833	2596.527

CHAPTER 11 연습문제

11.1 다음은 2020년 1월부터 2023년 12월까지의 월별 실업률 자료이다.[9]

(단위 : %)

4.00	3.30	3.80	3.80	4.50	4.30	4.20	3.20	3.90	4.20
4.10	4.60	5.40	4.00	3.90	3.70	3.80	3.70	3.30	2.80
3.00	3.20	3.10	3.80	3.60	2.70	2.70	2.70	2.80	2.90
2.90	2.50	2.80	2.80	2.90	3.30	2.90	2.60	2.70	2.60
2.50	2.60	2.80	2.40	2.60	2.50	2.80	3.30		

(a) 주어진 자료를 바탕으로 시계열그림을 작성하라.

(b) 적절한 추세모형을 적합시켜 2024년 1월부터 12월까지의 예측값을 구하라.

11.2 단순이동평균법은 시계열모형에 추세가 없는 경우에 사용하는 방법이다. 시계열자료가 직선추세를 가지고 증가하는 모형 $Z_t = \beta_0 + \beta_1 t + \epsilon_t$를 따른다고 하자. 이때 단순이동평균 M_n의 기댓값이 다음과 같이 됨을 보여라.

$$E(M_n) = \beta_0 + \beta_1 n - \frac{m-1}{2}\beta_1$$

11.3 시계열자료가 직선추세를 가지고 증가하는 모형 $Z_t = \beta_0 + \beta_1 t + \epsilon_t$를 따른다고 하자. 이때 단순지수평활값 S_n의 기댓값은 n이 클 때 다음과 같음을 보여라.

$$E(S_n) = E(Z_n) - \frac{1-w}{w}\beta_1$$

11.4 시점 $(t-1)$에서 1시차 후의 예측오차를 $e_{t-1}(1) = Z_t - S_{t-1}$이라 할 때, 평활상수 w 값은 $\mathrm{SSE}(w) = \sum_{t=1}^{n} e_{t-1}^2(1)$을 최소로 하는 값을 사용하는 것이 좋다. [연습문제 11.1]의 자료를 이용하여 $\mathrm{SSE}(w)$를 최소로 하는 w 값을 구하라.

9 출처 : 통계청

11.5 [연습문제 11.1]의 자료에 대한 다음 물음에 답하라.

(a) 최근 m개($m=3$, 6)만의 자료를 이용하는 이동평균법을 적용하라. m 값을 변경하며 이동평균의 결과를 계산하고, 이동평균 결과에서 계절성분이 어떻게 변하는지 설명하라.

(b) 이동평균법을 사용하여 2024년 1월부터 12월까지의 12개월 예측값을 구하라.

(c) [연습문제 11.1]에서 구한 예측값과 (b)에서 구한 예측값을 비교하고, 그 차이를 분석하라.

11.6 다음은 2017년 1월부터 2023년 12월까지 7년 간의 전국 주택건설 착공실적자료이다.[10] 이 자료를 바탕으로 시계열그림을 작성하고, 지수평활법($w=0.3$, $w=0.1$)을 적용하여 평활된 시계열을 비교하라.

(단위 : 1,000호)

26.7	36.1	37.3	33.8	34.9	50.7	40.0	51.6	47.9	34.8	46.6	103.9
25.2	24.5	51.8	43.3	52.7	35.7	35.8	30.4	31.8	30.1	35.4	74.0
24.4	24.0	28.5	36.4	41.5	42.1	32.7	38.2	24.1	41.8	39.6	105.7
16.5	23.4	36.0	47.3	44.7	50.2	60.1	28.3	45.2	31.2	37.2	106.2
28.0	42.3	58.7	45.3	52.4	42.6	41.6	36.9	49.8	53.5	50.7	81.9
18.8	25.5	39.8	34.4	30.5	39.4	34.6	38.1	32.9	36.9	27.1	25.3
21.4	14.3	21.4	11.7	12.3	16.5	14.8	14.3	14.2	22.0	34.7	44.6

10 출처 : 국토교통부 통계누리

CHAPTER

12

표본조사

CONTENTS

표본조사의 기초 개념으로 전수조사와 표본조사의 장단점을 살펴보고, 표본오차와 비표본오차의 뜻을 이해한다. 특히 비표본오차의 심각성을 파악하고 다양한 표본추출법과 각각의 장단점을 이해하도록 한다. 이론적으로 중요한 층화랜덤추출법을 이용하여 추출한 표본에서의 모평균과 모비율의 추정 그리고 그 표준오차에 대해 알아본다. 실제 표본조사에서 발생할 수 있는 문제인 랜덤하지 않은 표본을 사용할 때 나타날 수 있는 편의의 심각성을 이해하고, 설문지 작성 시 유의해야 할 점들을 살펴본다.

12.1 표본조사의 기초 개념

표본조사란

모집단의 특성을 파악하거나 정보를 얻기 위해 모집단 전체를 조사하거나 일부를 조사하여 전체를 추정할 수 있다. 모집단 전체를 조사하는 방법을 **전수조사** 또는 **총조사**(census)라 하며, 모집단의 일부인 표본을 추출하여 이를 기반으로 모집단의 특성을 파악하는 것을 **표본조사**(sampling survey)라 한다.

이론적으로는 전수조사를 시행하면 모집단에 대한 정확한 정보를 얻을 수 있으나, 실제로는 전수조사할 수 없거나 오히려 오류의 가능성이 커지는 경우가 많다. 예를 들어 이성교제에 대한 우리나라 청소년들의 의식구조를 조사하기 위해 전수조사를 시행하려면 모든 청소년을 조사해야 한다. 이는 시간적·경제적으로 불가능한 경우가 많다. 한 개인이 모든 청소년을 조사한다면 몇 년이 걸릴지 모르고, 결과가 나올 때는 이미 의미가 없을 수도 있다. 또한 조사를 빠르게 진행하기 위해 수만 명의 조사원을 투입해 전수조사를 시행한다면 경제적으로 큰 부담이 될 것이다. 따라서 여론조사나 의식조사와 같은 경우는 전수조사보다는 표본조사를 활용하는 것이 타당하다.

표본조사를 통해 모집단에 대한 정보를 얻으려면 모집단의 정의와 표본추출 대상을 명확히 설정해야 한다. 예를 들어 우리나라 대학생의 의식구조를 조사할 경우, '대학생'을 4년제 대학의 재학생만으로만 정의할 것인지, 대학의 휴학생 및 대학원생까지 포함할 것인지 분명히 정해야 한다. 이렇게 연구 대상이 되는 모집단을 **목표모집단**(target population)이라 한다.

표본조사에서는 목표모집단 전체에서 표본을 추출하는 것이 이상적이지만, 실용적으로는 어려움이 많을 수 있다. 예를 들어 전국 대학의 모든 대학생을 목표모집단으로 삼는다면 이들 중에서 고르게 표본을 추출하는 것이 타당하지만, 모든 대학생의 명단과 연락처를 취합하기에는 여러 어려움이 있다. 목표모집단 중 실제 표본추출의 대상이 되는 목록이나 기준을 **표본추출틀**(sampling frame) 또는 **표집틀**이라 한다. 표본추출틀은 연구자가 접근할 수 있는 목표모집단의 부분집합이고, 이를 기반으로 표본을 추출한다. 이렇게 표본추출의 대상으로 삼는 모집단을 **표집모집단**(sampled population)이라 한다. 예를 들어 목표모집단이 '한국의 모든 성인'인 경우, 표본추출틀은 '전화번호부에 등록된 성인'을 사용할 수 있다. 이때 전화번호부에 등록되지 않은 성인은 표집모집단에서 제외되므로 표집모집단과 목표모집단이 일치하지 않을 수 있다.

모집단을 구성하여 표본추출의 대상이 되는 각 개체를 **표집단위**(sampling unit) 또는 **추출단위**라 한다. 예를 들어 대학생의 의식구조 조사에서는 각 '대학생'이 표집단위이고, 농어촌 가구의 소득을 조사할 때는 각 '가구'가 표집단위이다.

모집단에서 어떤 개체 또는 표집단위를 어떤 방법으로 표집할 것인지를 명시하는 과정을 **표본설계**(sampling design)라 한다. 추정하고자 하는 모집단 모수의 특성과 모집단의 특성을 고려하여 가장 효율적인 표본추출 방법을 선택하고, 표집모집단에서 표본으로 뽑히는 개체를 결정한다. 대표적인 표본추출 방법은 12.2절에서 다루기로 한다.

오차와 편의

모집단을 전수조사하는 대신 일부만을 조사하여 전체 모집단에 대해 추론하는 과정에서 발생하는 통계적 오차를 **표본오차**(sampling error)라 한다. 목표모집단과 표집모집단의 차이, 조사과정에서 조사원의 미숙함, 설문지의 부정확한 표현 등으로 인해 발생하는 표본오차 이외의 오차를 **비표본오차**(nonsampling error)라 한다. 표본조사에서는 표본오차와 비표본오차가 혼합되어 나타난다. 일반적으로 표본오차는 표본 크기 n이 증가함에 따라 $\frac{1}{\sqrt{n}}$의 속도로 감소하도록 설계된다. 반면에 비표본오차는 표본 크기와 무관하게 나타나며, 전수조사에서 더 크게 나타날 수도 있다. 이로 인해 표본오차와 비표본오차의 합으로 나타나는 전체 오차는 표본 크기가 커짐에 따라 감소하다가 어느 한계를 넘으면 비표본오차로 인해 더 이상 줄어들지 않는 특징이 있다.

표본조사에서 표본오차의 크기는 이론적으로 파악할 수 있으므로 표본 크기에 따라 그 크기를 조절할 수 있다. 그러나 비표본오차는 추정하거나 예측하기 어려워 이를 줄이기 위해 표본조사의 계획, 자료수집, 분석 과정에서 발생할 수 있는 오류를 최소화하는 노력이 필요하다. 비표본오차가 발생하는 주요 원인은 다음과 같다.

❶ **설문의 결함** : 질문 내용이 명확하지 않거나 특정 대답을 유도하는 설문은 왜곡된 결과를 초래할 수 있다.

❷ **잘못된 응답 및 조사원의 미숙** : 응답자가 질문에 잘못 답하거나 질문이 잘못 전달될 경우 발생하는 오차를 **응답오류**(response error)라 한다. 이는 응답자가 부정확한 정보를 제공하거나 질문을 오해했을 때, 또는 조사원이 조사 목적이나 내용을 잘못 전달하거나 부실하게 조사했을 때 발생할 수 있다.

❸ **무응답오류**(non-response error, non-response bias) : 표본으로 선택된 사람이 조사에 응하지 않을 때 발생하는 오차 또는 편의이다. 응답률이 낮으면 표본이 모집단을 잘 대표하지 못할 수 있다. 특히 무응답자가 특별한 경향을 가진 경우 이를 전혀 고려하지 않으면 큰 오류로 이어질 수 있다.

❹ **조사단위의 누락 또는 포함 오류**(coverage error) : 표본설계 과정에서 일부 조사단위가 표집모집단에서 누락되거나 표본추출틀과 목표모집단이 크게 차이날 경우 심각한 오류가 발생할 수 있다.

❺ **수집 및 분석 과정의 오류**(processing error) : 자료 수집 과정에서 잘못 기록하거나 컴퓨터 입력 과정에서 발생하는 오류도 오차의 원인이 된다.

이와 같은 비표본오차는 원인이 다양하고 예측이 어려우므로 표본조사의 각 과정에서 이러한 오류가 발생할 원인을 최소화하기 위해 세심한 주의를 기울여야 한다.

모집단의 특성치를 추정할 때 추정량의 기댓값과 모수 간의 차이 $E(\hat{\theta})-\theta$를 **편향**이라 한다. 그러나 표본조사에서 사용하는 **편의**라는 용어는 더 넓은 의미로 사용한다.[1] 즉 추정량이 편향되어 있을 때도 표본조사에서는 편의가 발생하지만, 대부분의 편의는 비표본오차의 발생 원인에서 언급된 다양한 요인에 의해 발생한다. 특히 심각한 편의의 원인은 표본설계의 잘못에서 비롯된다.

표본설계의 잘못으로 인해 추정값에 심각한 편의가 발생한 대표적인 사례를 살펴보자.

영국의 의회는 양원제로 구성되어 있으며, 국민에 의해 직접 선출되는 하원(House of Commons)과 임명되거나 세습된 귀족, 성직자 및 전문가들로 구성된 상원(House of Lords)으로 나뉜다. 실제 정치적 권한은 하원이 더 크며, 특히 하원 다수당의 대표가 총리가 되기 때문에 정부 운영에 대한 중요한 권한 역시 하원이 가진다. 1992년 이후 영국의 보수당은 단 한 번도 과반의 하원 의석을 확보한 적이 없었다. 2015년 영국 총선을 앞두고, 당시의 여러 여론조사 기관들은 과거에 성공적으로 선거 결과를 예측한 경험을 바탕으로 이번 총선에서도 정확한 결과를 제공할 것으로 기대되었다. 특히 여론조사 기관들은 선거운동 기간인 5주 동안 다양한 표본을 바탕으로 조사를 실시했다. 그 결과 어느 정당도 과반수를 차지하지 못하고 보수당과 노동당의 지지율이 비슷할 것으로 예측되었으며, 노동당이 연정해야 할 가능성도 제기되었다. 그러나 실제 투표 결과 보수당은 331석을 차지하며 압도적인 승리를 거두었고, 노동당은 보수당보다 91석 적은 의석 수를 얻어 크게 뒤처졌다. 이는 많은 사람이 놀랄 만큼 예측과 다른 결과였다. 이러한 예측 실패에 대해 영국 여론조사회(BPC; British Polling Council)는 여론조사 방법론에 대한 심층 분석을 실시했다. 그 결과 주요 오류는 두 가지로 요약되었다.

❶ **표집모집단의 잘못된 선정** : 2015년 영국 총선 여론조사에서 가장 큰 문제는 표본추출틀이 대표성을 확보하지 못한 점이었다. 노동당 지지자들이 과도하게 대표된 반면 보수당 지지자들은 과소 대표되었다. 조사에 응답한 사람들은 대개 설문조사에 응답하기 쉬운 도시노동자 계층이었으며, 고령층 보수당 지지자들은 상대적으로 설문조사에 응답하기 어려운 집단이었다. 이처럼 표본추출틀이 모집단의 특정 계층만을 지나치게 포함하면 조사 결과가 현실을 정확히 반영하지 못할 가능성이 크다.

1 편향과 편의는 모두 동일한 영단어 bias에 대응되지만, 이론적으로 계산이 가능한 편향과 구분하기 위해 편의라는 용어를 사용한다.

❷ **무응답자에 대한 무관심** : 여론조사에서 응답한 사람들의 성향이 응답하지 않은 사람들과 다를 수 있다. 보수당 지지자들이 응답하지 않은 비율이 높았을 가능성이 있으며, 이는 보수당의 실질적인 지지율을 과소평가하는 원인이 되었다. 무응답자에 대한 고려가 충분히 이루어지지 않은 점도 예측 실패의 중요한 원인으로 분석되었다.

이와 같은 오류는 우리 주변에서도 흔히 발생할 수 있다. 예를 들어 국민 의식구조를 조사하면서 특정 아파트 단지 내의 학교 학부모만을 표본으로 삼거나, 특정 지역 주민을 대상으로 한 전화 여론조사에서 휴대전화 사용자를 제외하고 집 전화번호 사용자만을 표본추출틀로 삼는 것은 심각한 편의를 초래할 수 있다. 이러한 사례를 통해 표본설계의 중요성을 다시 한번 강조할 필요가 있다.

12.2 표본추출법

표본추출법에는 여러 가지 방법이 있다. 여기서는 가장 기본적인 추출법인 단순랜덤추출법을 비롯하여 계통추출법, 층화추출법, 집락추출법, 그리고 층화집락추출법에 대해 간단히 살펴본다.

단순랜덤추출법

N개의 표집단위 또는 개체가 있는 모집단에서 n개의 표본을 추출할 때, 각 개체가 모두 표본에 선정될 가능성이 동일하도록 표본을 추출하는 방법을 **단순랜덤추출법**이라 한다. 이는 N개의 개체에서 n개의 표본을 추출하는 전체 $\binom{N}{n}$가지의 모든 경우가 동일한 확률을 갖도록 하는 방법이다.

단순랜덤추출법을 사용하여 표본을 추출할 때는 다음과 같은 절차를 따른다.

❶ 각 표집단위에 1부터 N까지의 일련번호를 부여한다.
❷ 일련번호 중 n개를 무작위로 선택한다.

이를 위해 일반적으로 컴퓨터의 난수 생성기(random number generator)를 이용한다. 모집단 규모가 작으면 제비뽑기와 같이 번호를 적은 종이를 섞어서 무작위로 추출할 수도 있다.

체계적 표본추출법

체계적 표본추출법 또는 **계통추출법**은 표집단위를 차례로 나열한 후 일정한 간격으로 표본을 추출하는 방법이다. 계통추출법은 단순랜덤추출법에 비해 추출 방법이 간편하고 모집단 전체에서 골고루 표본이 추출되는 장점이 있다.

모집단과 표본 크기를 각각 N과 n이라 할 때, $k=\frac{N}{n}$을 **추출간격**(sampling interval)이라 한다. 체계적 표본추출법에서는 1번부터 k번 사이의 표집단위에서 랜덤하게 하나를 선택한 후, 이후 매 k번째를 표본으로 선택한다. 예를 들어 $N=10000$명 중 $n=200$명을 체계적 표본추출법으로 추출하려면 $k=\frac{10000}{200}=50$의 추출간격을 사용하면 된다. 처음 조사에 포함될 일련번호는 1부터 50 사이에서 무작위로 선택한다.[2] 예를 들어 23번이 선택됐다면 표본에 포함되는 일련번호는 23, 73, 123, 173, 223, 273, ⋯, 9973번이다.

선거에서 투표 후 투표소를 떠나는 유권자를 대상으로 어떤 선택을 했는지를 조사하는 출구조사는 체계적 표본추출법을 활용하는 사례 중 하나이다. 출구조사에서는 각 투표소의 유권자를 포함하는 표본추출틀의 전체 수(N)와 표본 크기(n)를 미리 정확히 알기 어려운 경우가 많다. 따라서 추출간격 k를 미리 지정하여 체계적 표본추출법을 시행한다. 예를 들어 2022년 제20대 대통령 선거 방송 3사 공동 출구조사와 2024년 제22대 국회의원선거 방송사 공동 출구조사에서는 추출간격 $k=5$의 체계적 표본추출법이 사용되었다.

체계적 표본추출법은 간편하고 모집단에서 골고루 표본을 추출할 수 있는 장점으로 인해 대규모 표본설계에서 자주 사용된다. 그러나 모집단의 순서에 주기성이 존재하고, 그 주기성이 추출간격 k와 일치하면 심각한 편의가 발생할 수 있음에 유의해야 한다.

층화랜덤추출법

모집단을 여러 개의 **층**(strata)으로 나눈 뒤, 각 층에서 단순랜덤추출법으로 표본을 추출하여 이들 전체를 표본으로 간주하는 추출법을 **층화랜덤추출법**(stratified random sampling) 또는 간단히 **층화추출법**이라 한다.

층화추출법에서는 층을 만들 때 층 내부는 동질적으로, 층 간은 서로 이질적이도록 하는 것이 일반적이다. 이렇게 함으로써 모집단의 다양한 개체가 골고루 표본에 포함되도록 하여 추정량의 정밀도를 높이는 것이 층화의 기본 원리이다. 이 때문에 층화추출법은 모든 표본추출법 중 이론적으로 가장 중요한 방법으로 간주된다.

---

2 이때 각각 동일한 가능성으로 선정되도록 한다.

예를 들어 어느 대학의 재학생 의식구조를 조사할 때, 단과대학과 학년별로 의식구조가 다르다고 가정하자. 이때 단과대학과 학년을 층화의 기준으로 삼는 것이 적절할 것이다. 단과대학 내 같은 학년에 속한 재학생이 모두 비슷한 의식구조를 가진다면 적은 수의 표본만으로도 각 층의 특성치를 정확히 추정할 수 있다. 이는 대학 전체의 의식구조를 추정할 때 정밀도를 크게 높이는 결과를 가져온다. 따라서 층을 나눌 때는 층 내부에서 동질적이도록 층화의 기준을 정하는 것이 중요하다.

집락추출법

집락추출법(cluster sampling)은 모집단을 **집락**(cluster)이라 부르는 부모집단으로 나누고, 그 집락들 중 일부를 단순랜덤추출하여 추출된 집락을 전수조사하거나 그 집락에서 다시 단순랜덤추출법으로 표본을 뽑는 방법이다. 추출된 집락을 전수조사하는 방법을 **1단집락추출법**(single-stage cluster sampling)이라 하고, 추출된 집락에서 다시 표집단위를 랜덤추출하여 표본을 뽑는 방법을 **2단집락추출법**(two-stage cluster sampling)이라 한다.

집락추출법에서는 추출된 집락을 전수조사하거나 추출된 집락에서만 표본을 추출하므로 각 집락의 특성이 모집단의 특성과 유사할수록 적합하다. 즉 집락들 간의 이질성이 적고 각 집락이 모집단 전체를 대표할 수 있을 때 모집단의 특성을 정확히 추정할 수 있다.

집락추출법의 제일 큰 장점은 비용 절감이다. 예를 들어 어느 대학의 재학생 의식구조를 조사한다고 하자. 조사 내용이 전공 분야와는 무관하며 주로 학년에 따라 달라진다고 가정할 경우, 학과를 집락으로 간주하여 몇 개의 학과를 랜덤하게 선택한 뒤 선택된 학과에서 단순랜덤추출법으로 표본을 뽑거나 선택된 학과 전체를 표본으로 삼는 것이 집락추출법이다. 이렇게 집락추출법을 활용하면 몇 개의 학과만을 상대로 전수조사하거나 표본조사를 수행함으로써 단순랜덤추출법이나 층화랜덤추출법에 비해 조사 비용을 크게 줄일 수 있다.

층화집락추출법

실제 표본설계에서는 지금까지 설명한 여러 표본추출법이 복합적으로 사용되는 경우가 많다. **층화집락추출법**(stratified cluster sampling)은 1차 표집단위에서 층화를 수행한 후, 각 층에서 1차 표집단위를 집락으로 추출하고 추출된 집락을 전수조사하거나 표본조사하는 방법이다. 추출된 집락을 전수조사하면 **층화 1단집락추출법**이라 하고, 1차로 추출된 집락에서 다시 2차 표집단위를 단순랜덤추출법으로 선택하면 **층화 2단집락추출법**이라 한다.

예를 들어 어느 대학의 재학생 의식구조를 조사한다고 하자. 단과대학별로 의식구조에 상당한 차이가 있지만, 단과대학 내의 학과별로는 의식구조에 큰 차이가 없다고 가정한다. 이때 단과대학을 층으로 설정하고 학과를 1차 표집단위인 집락으로 간주할 수 있다. 각 단과대학에서 1차 표집단위인 학과를 랜덤하게 추출하고, 추출된 학과에서 2차 표집단위인 학생을 단순랜덤추출법으로 선택하면, 이는 층화 2단집락추출을 적용한 것이다.

12.3 층화랜덤추출법에 의한 추정

표본추출법 중 가장 중요한 방법은 층화랜덤추출법이다. 따라서 이 절에서는 층화랜덤추출법에 의한 모평균과 모비율의 추정법을 살펴본다.

N개의 표집단위로 된 모집단이 h개의 층으로 나뉘어 있으며, 각 층의 크기를 N_i라 하자. 층화랜덤추출법에서 전체 표본 크기 n을 각 층에 배분하는 방법으로 흔히 사용되는 방법은 **비례배분**(proportional allocation) 방법이다. 비례배분 방법은 각 층의 크기에 비례하여 각 층의 표본 크기를 결정하는 방법이다. 따라서 i번째 층의 표본 크기는 다음과 같이 결정된다.

$$n_i = n\left(\frac{N_i}{N}\right) \text{ (단, } i = 1,\ 2,\ \cdots,\ h)$$

평균에 관한 문제에서는 i번째 층의 평균과 분산을 각각 μ_i와 σ_i^2이라 하고, 비율에 관한 문제에서는 i번째 층의 속성 비율을 P_i라 한다. 그러면 모평균과 모비율에 대한 추정량, 분산, 표준오차는 다음과 같다.

정의 12-1 모평균의 추정

❶ 추정량 : $\overline{X}_{\text{st}} = \frac{N_1}{N}\overline{X}_1 + \frac{N_2}{N}\overline{X}_2 + \cdots + \frac{N_h}{N}\overline{X}_h = \frac{1}{N}\sum_{i=1}^{h} N_i \overline{X}_i$

❷ 추정량의 분산 : $\text{Var}(\overline{X}_{\text{st}}) = \frac{1}{N^2}\sum_{i=1}^{h} N_i^2\left(\frac{N_i - n_i}{N_i - 1}\right)\frac{\sigma_i^2}{n_i}$

❸ 추정량의 표준오차 : $\widehat{\text{SE}}(\overline{X}_{\text{st}}) = \sqrt{\frac{1}{N^2}\sum_{i=1}^{h} N_i^2\left(1 - \frac{n_i}{N_i}\right)\frac{S_i^2}{n_i}}$

여기서 $\overline{X}_i$와 S_i^2은 i번째 층의 표본평균과 표본분산이고, $\overline{X}_{\text{st}}$에서의 첨자 st는 stratified에서 유래한 약어이다.

정의 12-2 모비율의 추정

❶ 추정량 : $\hat{P}_{\text{st}} = \frac{N_1}{N}\hat{P}_1 + \frac{N_2}{N}\hat{P}_2 + \cdots + \frac{N_h}{N}\hat{P}_h = \frac{1}{N}\sum_{i=1}^{h} N_i \hat{P}_i$

❷ 추정량의 분산 : $\text{Var}(\hat{P}_{\text{st}}) = \frac{1}{N^2}\sum_{i=1}^{h} N_i^2 \left(\frac{N_i - n_i}{N_i - 1}\right)\frac{P_i(1-P_i)}{n_i}$

❸ 추정량의 표준오차 : $\widehat{\text{SE}}(\hat{P}_{\text{st}}) = \sqrt{\frac{1}{N^2}\sum_{i=1}^{h} N_i^2 \left(1 - \frac{n_i}{N_i}\right)\frac{\hat{P}_i(1-\hat{P}_i)}{n_i}}$

여기서 $\hat{P}_i$는 i번째 층의 표본비율인 $\hat{P}_i = \frac{X_i}{n_i}$이다.

[정의 12-1]과 [정의 12-2]의 공식 ❷에서 $\frac{N_i - n_i}{N_i - 1}$는 모집단이 유한모집단이기 때문에 곱해지는 항이다. 이 항은 **유한모집단수정항**(finite population correction factor)이라 한다. 표준오차의 추정 공식에서는 치우침이 없는 추정을 위해 이 값이 $\frac{N_i - n_i}{N_i}$로 대체되어 사용된다. [정의 12-1]과 [정의 12-2]의 공식 ❸은 모수인 층별분산 σ_i^2과 비율 P_i를 그 추정량인 S_i^2과 $\hat{P}_i$로 대체한 값으로, 표준오차를 추정한 값이다.

각 층의 표본평균과 표본분산의 추정값을 사용한 신뢰수준 95%에서 모평균의 신뢰구간은 다음과 같다.

$$\bar{x}_{\text{st}} \pm z_{0.025}\widehat{\text{SE}}(\bar{X}_{\text{st}}) = \bar{x}_{\text{st}} \pm 1.96\sqrt{\frac{1}{N^2}\sum_{i=1}^{h} N_i^2 \left(1 - \frac{n_i}{N_i}\right)\frac{s_i^2}{n_i}}$$

표본비율의 추정값을 사용한 신뢰수준 95%에서의 신뢰구간도 다음과 같다.

$$\hat{p}_{\text{st}} \pm z_{0.025}\widehat{\text{SE}}(\hat{P}_{\text{st}}) = \hat{p}_{\text{st}} \pm 1.96\sqrt{\frac{1}{N^2}\sum_{i=1}^{h} N_i^2 \left(1 - \frac{n_i}{N_i}\right)\frac{\hat{p}_i(1-\hat{p}_i)}{n_i}}$$

이때 신뢰구간 너비의 절반인 $z_{0.025}\widehat{\text{SE}}(\bar{X}_{\text{st}})$와 $z_{0.025}\widehat{\text{SE}}(\hat{P}_{\text{st}})$를 **오차범위**(margin of error)라 한다.[3]

3 오차범위 대신 **오차한계** 또는 **허용오차**라는 용어를 사용하기도 한다.

예제 12-1 어느 소도시의 가구당 월 생계비를 조사하기 위해 이 도시를 생활 수준에 따라 3개의 지역(층)으로 나누고 각 층에서 층화추출법을 통해 [표 12-1]의 자료를 얻었다. 이 도시의 가구당 평균 월 생계비를 추정하고, 가구당 평균 월 생계비의 95% 신뢰구간을 구하라.

표 12-1 지역별 가구당 월 생계비

(단위 : 십만 원)

지역(층)	N_i	n_i	$\bar{x}_i$	s_i^2
1	2,800	30	18.5	12.2
2	5,600	60	15.2	11.3
3	3,400	30	10.7	10.5
합계	$N=11,800$	$n=120$		

풀이

가구당 평균 월 생계비의 추정값은 다음과 같이 구한다.

$$\bar{x}_{\text{st}} = \frac{1}{11800}(2800 \times 18.5 + 5600 \times 15.2 + 3400 \times 10.7) = 14.69$$

추정량 분산의 추정값은 다음과 같다.

$$\begin{aligned}\widehat{\text{Var}}(\overline{X}_{\text{st}}) &= \frac{1}{11800^2}\left\{2800^2\left(1-\frac{30}{2800}\right)\left(\frac{12.2}{30}\right)+5600^2\left(1-\frac{60}{5600}\right)\left(\frac{11.3}{60}\right)\right. \\ &\qquad \left.+3400^2\left(1-\frac{30}{3400}\right)\left(\frac{10.5}{30}\right)\right\} \\ &= 0.09342\end{aligned}$$

이를 이용하면 표준오차는 $\widehat{\text{SE}}(\overline{X}_{\text{st}}) = \sqrt{0.09342} = 0.3056$이다. 가구당 평균 월 생계비의 95% 신뢰구간을 구하기 위해 다음과 같이 계산할 수 있다.

$$\bar{x}_{\text{st}} \pm z_{0.025}\widehat{\text{SE}}(\overline{X}_{\text{st}}) = 14.69 \pm 1.96 \times 0.3056 = 14.69 \pm 0.60$$

즉 95% 신뢰구간은 (14.09, 15.29)이다.

예제 12-2 어느 대학에서는 대학 정책에 대한 재학생들의 지지도를 조사하기 위해 대학을 특성이 비슷한 단과대학끼리 묶어 A, B, C 3개의 층으로 나누고, 각 층에서 층화추출법을 통해 [표 12-2]의 자료를 얻었다. 지지도에 대한 추정값을 구하고, 지지율의 95% 신뢰구간을 구하라.

표 12-2 단과대학별 대학 정책에 대한 재학생들의 지지도

단과대학(층)	N_i	n_i	$\hat{p}_i$
A	3,500	35	0.56
B	4,500	45	0.60
C	2,000	20	0.40

풀이

지지도(모비율)의 추정값은 다음과 같다.

$$\hat{p}_{\text{st}} = \frac{1}{10000}(3500 \times 0.56 + 4500 \times 0.60 + 2000 \times 0.40) = 0.546$$

모비율에 대한 추정량 분산의 추정값은 다음과 같다.

$$\begin{aligned}\widehat{\text{Var}}(\hat{P}_{\text{st}}) = \frac{1}{10000^2}\Bigg\{&3500^2\left(1 - \frac{35}{3500}\right)\left(\frac{0.56 \times 0.44}{35-1}\right) + 4500^2\left(1 - \frac{45}{4500}\right)\left(\frac{0.60 \times 0.40}{45-1}\right)\\ &+ 2000^2\left(1 - \frac{20}{2000}\right)\left(\frac{0.40 \times 0.60}{20-1}\right)\Bigg\}\\ = 0.00247&\end{aligned}$$

이를 이용하면 표준오차는 $\widehat{\text{SE}}(\hat{P}_{\text{st}}) = \sqrt{0.00247} = 0.0497$이다. 지지율의 95% 신뢰구간을 구하기 위해 다음과 같이 계산할 수 있다.

$$\hat{p}_{\text{st}} \pm z_{0.025}\widehat{\text{SE}}(\hat{P}_{\text{st}}) = 0.564 \pm 1.96 \times 0.0497 = 0.564 \pm 0.097$$

즉 95% 신뢰구간은 $(0.467,\ 0.661) = (46.7\%,\ 66.1\%)$이다.

12.4 실제 조사에서의 문제점

언론 매체에서 발표되는 여론조사 결과 설명에서는 다음과 같은 내용을 흔히 접할 수 있다.

> "이번 조사는 휴대전화 가상번호(안심번호)를 활용한 무선 자동응답 방식으로 실시됐다. 표본 크기는 1,003명이며, 응답률은 2.3%, 표본오차는 95% 신뢰수준에서 ±3.1%포인트였다."

여기서 표본오차 3.1%는 12.3절에서 설명한 오차범위에 해당한다. 오차범위는 모집단을 전수조사하지 않고 일부만 조사할 때 발생하는 오차, 즉 표본오차의 크기를 설명하는 개념이다. 이는 비표본오차를 포함하지 않은 수치이다. 통계를 전문적으로 다루는 연구소, 상담소, 또는 여론조

사 전문회사에서 시행하는 표본조사에서는 올바른 통계이론과 풍부한 경험을 바탕으로 표본을 설계하고 자료를 수집하므로 비표본오차가 비교적 적다. 이러한 오차범위에 대한 설명은 조사 결과의 신뢰성을 잘 나타내는 지표가 된다.

그러나 통계 비전문가가 표본조사를 실시할 경우 비표본오차가 급격히 증가하여 결과에 대한 신뢰성이 의문시되는 경우가 많다. 표본조사에서 흔히 발생하는 대표적인 두 가지 오류는 '랜덤에 대한 오해 또는 경시'와 '설문의 부적절한 표현'이다. 따라서 이러한 문제점을 자세히 살펴보기로 한다.

랜덤의 개념

표본을 랜덤하게 뽑는다는 것은 단순히 아무렇게나 뽑는 것을 의미하지 않는다. 랜덤추출에서는 미리 정해진 확률에 따라 표집단위를 표본으로 뽑아야 한다. 12.1절의 [오차와 편의]에서도 언급했듯이 모집단 전체에서 통계 이론에 따라 랜덤하게 표본을 추출하지 않으면 비표본오차 또는 편의가 심각하게 커질 수 있다.

예를 들어 한 대학원생이 석사논문 연구로 '세대별 집안일 역할 분담과 성평등 의식'을 조사한다고 가정하자. 이 연구의 표본을 설계할 때 전국의 모든 가구를 표집모집단으로 설정하고 설문조사를 진행한다면, 경제적·시간적으로 한 개인이 감당하기 어려울 것이다. 이로 인해 실제 조사 과정에서 여러 편법이 동원되는 것이 현실이다. 이때 조사 비용을 절감하기 위해 통계이론에서 정의하는 랜덤 개념을 완전히 무시하면 조사 결과에 심각한 편의가 발생할 수 있다. 예를 들어 특정 아파트 단지 내에 있는 고등학생들에게 설문지를 나누어 주고, 각 학생의 부모가 답변한 결과를 수집한다고 가정하자. 이때 표집모집단은 특정 아파트 단지에 거주하고 고등학생 자녀를 둔 가족으로 제한된다. 따라서 자녀가 없는 가족이나 고령층은 조사대상에서 거의 제외된다. 이러한 제안으로 인해 '세대별' 분석이 어려워질 뿐만 아니라, 사회·경제적 특성이 유사한 특정 아파트 단지의 세대들을 조사하므로 표집모집단과 목표모집단에 심각한 차이가 발생한다.

비슷한 사례로 12.1절에서 언급한 2015년 영국 총선 여론조사에서는 표집모집단이 잘못 선정되어 표집모집단에서 랜덤하게 추출한 표본과 모집단을 대표하는 표본 간에 큰 차이가 발생했다. 이러한 오류는 '랜덤'하게 표본을 뽑는다는 것을 단순히 '아무렇게나 뽑는다'고 오해하거나, 비용 절감 또는 표본추출의 용이성을 위해 편법적인 방법을 사용하는 데서 기인한다.

랜덤하게 표본을 뽑는다는 것은 각 표집단위가 표본으로 뽑힐 확률을 미리 설정하고, 이에 따라 확률적으로 무작위 추출을 수행한다는 것을 의미한다. 이러한 랜덤 개념을 무시한 추출법을 사용하면 비표본오차와 편의가 심각하게 커질 수 있음을 반드시 유념해야 한다.

설문의 작성

설문지는 특정한 대답을 유도하거나 질문의 뜻이 모호하여 응답자가 혼란을 느끼는 일이 없도록 신중히 작성해야 한다. 특정한 대답을 유도하는 설문의 예는 다음과 같다.

1. 조상의 뜻을 기리고 자녀들에게 전통을 가르치기 위해 제사 제도는 전통적인 의식대로 행해져야 한다고 생각하십니까?
   ❶ 예　　　　❷ 아니오
2. 사회 발전과 의식 변화에 맞추어 제사 제도는 간소화되어야 한다고 생각하십니까?
   ❶ 예　　　　❷ 아니오

위의 두 질문은 모두 '예'라는 응답을 유도하는 방식으로 작성되었다. 만약 [질문 1]과 [질문 2]를 독립적으로 묻는다면, 제사는 전통적인 의식을 유지해야 한다는 비율과 제사를 간소화해야 한다는 비율의 합이 100%를 초과할 가능성이 크다.

질문의 뜻이 모호하거나 응답자의 주관적 해석에 따라 답변이 달라질 수 있는 설문의 예는 다음과 같다.

1. 당신은 현재의 생활에 만족하십니까?
   ❶ 예　　　　❷ 아니오
2. 당신은 친구가 많다고 생각하십니까?
   ❶ 예　　　　❷ 아니오

[질문 1]은 생활 만족도를 측정하려는 의도로 보이지만, '현재의 생활'이 무엇을 포함하는지 명확히 정의되지 않아 응답자가 혼란을 느낄 가능성이 크다. 생활 만족도를 정확히 측정하려면 직장, 결혼생활, 가정생활, 여가생활, 친구 관계 등 다양한 측면을 포함하는 문항을 구성하고, 이를 종합적으로 평가해야 한다. [질문 2]는 '친구'와 '많다'라는 표현이 주관적으로 해석될 여지가 있다. 어떤 응답자는 친구 3명도 많다고 생각할 수 있고, 다른 응답자는 친구 10명도 적다고 생각할 수 있기 때문이다. 이처럼 모호한 표현은 질문 의도에 맞는 정확한 답변을 기대하기 어렵게 만든다.

선거철에 여론조사라는 명목으로 실제로는 선거운동을 하는 사례가 흔하다. 다음은 그 예이다.

1. 당신은 입후보자 OOO가 민주화 운동에 일생을 바친 사실을 아십니까?
   ❶ 예　　　　❷ 아니오
2. 당신은 입후보자 OOO가 전직 장관으로서 경제전문가인 사실을 아십니까?
   ❶ 예　　　　❷ 아니오

이러한 질문은 여론조사를 빙자해 특정 입후보자의 경력을 홍보하려는 의도가 명백하다. 이는 여론조사를 가장하여 통계조사를 악용하는 사례이다.

설문지의 문제점을 사전에 발견하고 수정하기 위해 예비조사를 실시하는 것이 바람직하다. 예를 들어 다음 질문을 생각해보자.

• 당신의 한 달 여가비 예산은 얼마입니까?
  ❶ 10만 원 미만　❷ 10~50만 원　❸ 50~100만 원　❹ 100만 원 초과

이 설문이 대학생을 대상으로 작성되었다면 응답자 상당수가 ❶에 답할 가능성이 크다. 이때 대학생이 여가비 지출이 적다는 정보만 얻을 수 있고, 여가비 분포에 대한 유용한 정보를 얻지 못한다. 이러한 문제는 예비조사를 통해 쉽게 발견하고, 문항을 적절히 수정하여 해결할 수 있다.

설문 문항이 지나치게 많으면 응답자가 쉽게 지쳐 불성실한 답변을 할 가능성이 크다. 성실한 답변을 얻기 위해서는 문항 수를 적정 수준으로 제한하고, 응답자가 설문 참여에 소비한 시간에 대해 정당한 사례를 제공하는 것도 효과적이다.

설문지를 작성할 때는 각 문항을 세심하게 검토하고 점검해야 한다. 아무리 표본설계를 정교하게 했더라도 설문지가 잘못 작성되면 왜곡된 정보를 제공할 가능성이 크다.

CHAPTER 12 연습문제

12.1 다음 각 경우에 목표모집단과 표집모집단을 설명하고, 문제점을 지적하라.

(a) 대학생의 의식구조를 조사하기 위해 전국 대도시에 있는 대학 중 10개 대학을 랜덤하게 뽑아 표본조사를 실시했다.

(b) 어느 회사에서는 사원의 의견을 수렴하기 위해 각 부서별로 평사원을 5명씩 랜덤하게 뽑아 설문조사를 실시했다.

(c) 현 정부에 대한 지지율을 조사하기 위해 소셜미디어 서비스 회원목록에서 300명을 랜덤하게 뽑아 개별 메시지를 보내 인터뷰를 실시했다.

(d) 어느 행동과학연구소에서는 청소년의 행동 발달을 연구하는 한 프로젝트에 참여하고자 지원한 500명을 표본으로 하여 조사를 실시했다.

(e) 어느 병원에서는 우리나라의 성인병 현황을 조사하기 위해 그 병원에서 진료받은 경력이 있는 성인 300명을 표본으로 뽑아 조사했다.

12.2 다음 설문에서 문제점을 지적하라.

(a) 인권이 유린되는 것을 막기 위해 사형제도를 폐지하는 것이 옳다고 생각하십니까?

(b) 사회적 혼란을 막기 위해 교육공무원의 파업은 허용될 수 없다고 생각하십니까?

(c) 환경 파괴를 막기 위해 정부가 화석 연료 사용을 금지하는 것이 옳다고 생각하십니까?

(d) 범죄 예방을 위해 모든 공공장소에 감시 카메라를 설치하는 것이 필요하다고 생각하십니까?

(e) 당신은 육류를 얼마나 섭취하십니까?

(f) 당신은 담배를 많이 피우십니까?

12.3 어느 소도시에서는 가구당 월평균 의료비 지출을 조사하기 위해, 가구주의 연령대에 따라 3개의 집단(층)으로 나누고 각 층에서 단순랜덤추출법으로 조사한 결과 다음 자료를 얻었다. 이를 바탕으로 가구당 월평균 의료비 지출과 표준오차를 구하라. 또한 월평균 의료비 지출의 95% 신뢰구간도 구하라.

연령대(층)	전체 가구 수(가구)	표본 가구 수(가구)	월평균 의료비 지출(천 원)	표준편차(천 원)
1	20,000	100	25.3	9.5
2	30,000	150	35.7	12.1
3	15,000	50	42.5	15.3

12.4 어느 대학에서는 학생들의 주당 평균 운동시간을 조사하기 위해 학년에 따라 층으로 나누고, 각 층에서 단순랜덤추출법으로 조사한 결과 다음의 자료를 얻었다. 이를 바탕으로 주당 평균 운동 시간과 표준오차를 구하라. 또한 주당 평균 운동시간의 95% 신뢰구간도 구하라.

학년(층)	전체 학생 수(명)	표본 학생 수(명)	주당 평균 운동 시간(시간)	표준편차(시간)
1	4,200	100	15.3	2.2
2	3,800	100	14.2	4.8
3	3,500	100	10.8	2.2
4	3,300	100	8.5	7.5

12.5 어느 회사에서는 직원들의 건강 증진을 위한 운동 참여율을 조사하기 위해, 직무 유형을 기준으로 3개의 그룹으로 나누고 각 그룹에서 단순랜덤추출법으로 조사한 결과 다음 자료를 얻었다. 이를 바탕으로 각 직무 유형별 운동 참여율의 추정값을 구하고, 운동 참여율의 95% 신뢰구간도 구하라.

직무 유형	전체 직원 수(명)	표본 직원 수(명)	운동 참여율(%)
사무직	5,000	200	40
생산직	3,500	150	35
연구직	2,000	100	50

12.6 어느 도시에서는 가구별 재활용 참여율을 조사하기 위해, 가구의 주거 형태를 기준으로 층을 나누고, 각 층에서 단순랜덤추출법으로 조사한 결과 다음 자료를 얻었다. 이를 바탕으로 각 주거 형태별 재활용 참여율의 추정값을 구하고, 재활용 참여율의 95% 신뢰구간도 구하라.

주거형태	전체 가구 수	표본 가구 수	재활용 참여율(%)
아파트	3,200	100	32
빌라	3,000	100	38
단독	2,500	100	44
연립	2,300	100	48

12.7 2023년에 시행된 초등학생 대상 사교육비 조사 자료를 기반으로 작성된 다음 가상의 명부를 표본추출틀로 사용하라. 이 명부에서 표본 크기 $n = 5$의 표본을 각 방법으로 추출하고, 사교육 참여 시간의 평균을 주 단위로 추정하라. 또한 각 방법을 각각 10회 반복하여 추정된 평균의 변동을 조사하라.

(a) 단순랜덤추출법

(b) 방과후학교 참여 여부를 층으로 한 층화추출법

(c) 체계적 표본추출법(계통추출법)

연번	방과후학교 참여 여부	사교육 참여 시간 (시간/주)	사교육비 총비용 (만 원/연)
1	참여	6	317
2	참여	0	42
3	참여	0	0
4	참여	0	0
5	참여	0	0
6	참여	5	220
7	참여	8	157
8	참여	6	1536
9	참여	4	1049
10	참여	0	0
11	참여	10	466
12	미참여	4	161
13	미참여	8	585
14	미참여	30	2216
15	미참여	21	799
16	미참여	20	849
17	미참여	16	876
18	미참여	18	765
19	미참여	17	1067
20	미참여	4	257

12.8 표본설계의 잘못으로 인해 조사 결과에 편의가 발생한 다음 사례를 읽고, 심각한 오류의 원인을 두 가지 이상 설명하라.

> 1936년 미국 대통령선거에서 프랭클린 D. 루스벨트(Franklin D. Roosevelt, 1882 ~1945)는 현직 대통령으로서 재선에 도전한 민주당 후보였고, 앨프레드 모스먼 랜던(Alfred Mossman Landon, 1887~1987)은 공화당 후보로 출마했다. 당시 《리터러리 다이제스트(Literary Digest)》 잡지는 이전 선거에서 성공적인 예측으로 유명세를 떨치고 있었고, 이번 선거에서도 대규모 여론조사를 실시하기로 했다.
> 이들은 잡지 구독자 명부, 전화번호부, 자동차 등록대장에서 총 1,000만 명을 추출해 모의투표 용지를 발송했으며, 이 중 238만 명이 응답했다. 이 대규모 표본을 기반으로 분석한 결과, 랜던 후보가 32개 주에서 승리하고 루스벨트 후보는 16개 주에서 승리할 것으로 예측되었다. 그러나 실제 선거 결과는 루스벨트 후보가 48개 주 중 46개 주에서 승리했으며, 전국투표율에서도 62%의 압도적인 지지를 받았다.

MEMO

APPENDIX

A

일반통계학 실습 with R

CONTENTS

A.1 R 기초

R과 R Studio

R은 데이터 분석을 위한 통계 및 그래픽 기능을 지원하는 자유 소프트웨어 환경이다. 하나의 컴퓨터 언어이자 다양한 패키지 집합으로 구성되어 있고, 이를 활용하여 자유롭게 데이터 분석을 수행할 수 있다. R은 통계, 금융, 바이오인포매틱스, 그래픽스 등 다양한 분야에서 활용 가능하며, 모든 기능이 무료로 제공된다.

R은 공식 사이트(https://cran.r-project.org)에서 사용자의 운영체제에 맞는 R 설치파일을 다운로드할 수 있다. R을 설치하려면 다음 단계를 따르면 된다.

❶ R 공식 사이트에서 제공하는 [Download and Install R] 링크 중 사용자의 운영체제에 맞는 링크를 선택한다.

❷ Subdirectories의 [base] 링크를 클릭하여 기본적인 프로그램 설치 파일을 다운로드한다. [contrib] 링크에는 부가 패키지가 포함되어 있고, 이는 필요할 때 R 프로그램 내에서 설치할 수 있으므로 초기에 반드시 설치할 필요는 없다.

❸ 다운로드한 파일을 실행하여 프로그램을 설치한다. 설치 후 환경설정을 수정할 수 있으므로 기본으로 제공되는 디폴트 옵션으로 설치하는 것이 좋다.

R Studio는 R을 위한 통합개발환경(IDE; Integrated Development Environment)으로, 스크립트 편집, 데이터 시각화, 패키지 설치 및 그래픽 생성 등 R 작업을 편리하게 수행할 수 있도록 지원한다. R Studio 역시 무료로 공식 사이트(https://posit.co/download/rstudio-desktop)에서 다운로드할 수 있다. 다음 단계를 따라 R Studio를 설치할 수 있으며, 사전에 R을 먼저 설치해야 한다.

❶ 페이지 중간의 [2: Install RStudio]에서 다운로드 버튼을 클릭해 설치를 진행한다. 해당 사이트에서는 사용자의 운영체제에 맞는 설치 파일을 자동으로 제공한다.

❷ 설치 파일을 다운로드한 후 실행하여 설치를 진행한다. 기본으로 제공되는 디폴트 옵션으로 설치하는 것이 좋다.

R Studio는 [그림 A-1]과 같이 네 개의 창으로 구성되어 있다.

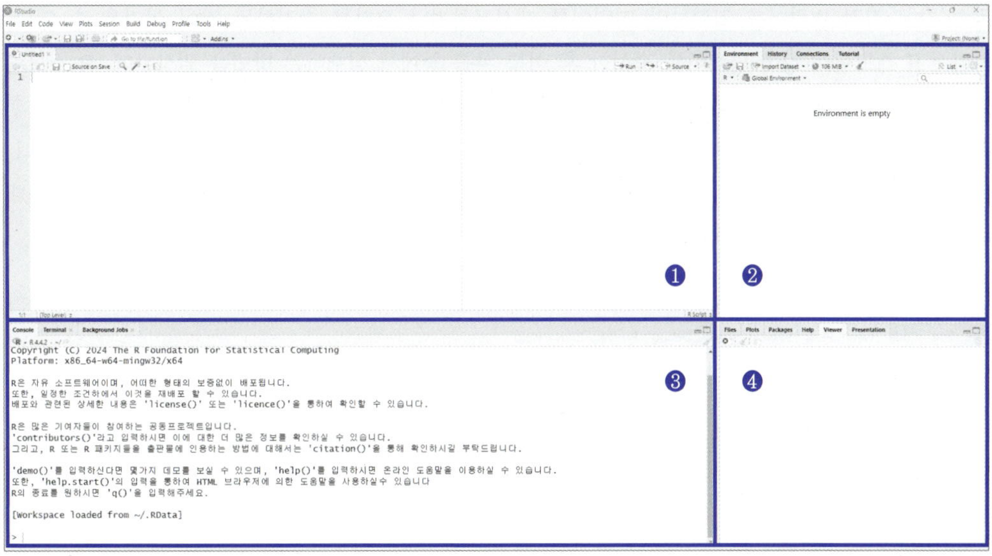

그림 A-1 R Studio의 화면구성

❶ **R 스크립트 창**(R Script and Data View) : **R** 스크립트(명령어)를 작성하고 데이터를 확인할 수 있다.

❷ **작업공간·히스토리 창**(Workspace and History) : **R** 세션이 실행되는 동안의 모든 작업 과정과 생성물들이 기록된다.

❸ **콘솔 창**(Console) : **R** 스크립트를 실행하고 결과를 확인할 수 있다.

❹ **파일·플롯·패키지·도움 창**(Files, Plots, Packages and Help) : 디렉터리 내의 파일을 확인하거나 그래프를 출력한다. 또한 추가 패키지를 설치할 수 있고, 도움말을 통해 **R**에 관한 추가 정보를 얻을 수 있다.

R Studio를 사용하는 방법을 알아보자. 콘솔 창에 명령어를 입력하고 실행하면 해당 명령어의 결과가 즉시 출력된다. 예를 들어 [그림 A-2]와 같이 **1+2**를 입력하고 실행하면 결과로 **3**이 출력된다.

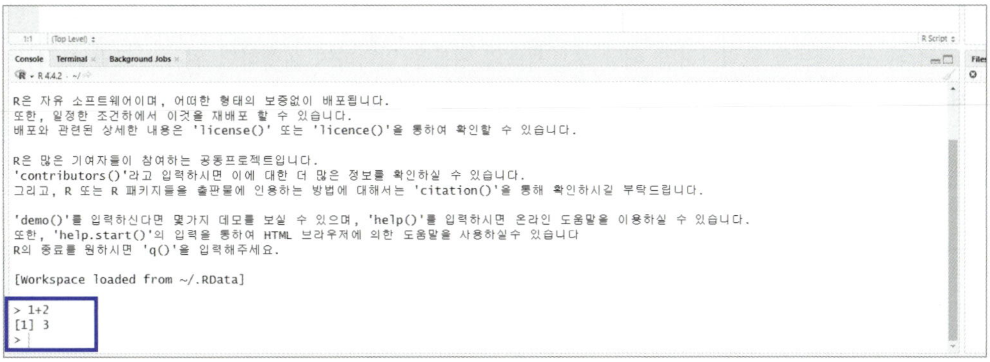

그림 A-2 R Studio 콘솔 창의 명령어 입력 및 결과 출력

콘솔 창에 직접 명령어를 입력하면 명령어를 재사용하거나 오타를 수정하는 것이 어려울 수 있다. 따라서 **R** 스크립트 창에 명령어를 작성한 후 이를 콘솔 창에서 실행하는 방법을 권장한다. **R** 스크립트 창은 명령어 편집기로, 일종의 메모장과 같은 역할을 한다. **R** 스크립트 창에 명령어를 입력한 후 문장 끝에 커서를 위치시킨 뒤 Ctrl + Enter를 누르면 해당 라인의 명령어가 콘솔 창에서 실행된다. 여러 줄의 명령어를 한 번에 모두 실행하려면 [그림 A-3]과 같이 실행하려는 스크립트를 모두 선택한 후 Ctrl + Enter를 누른다.

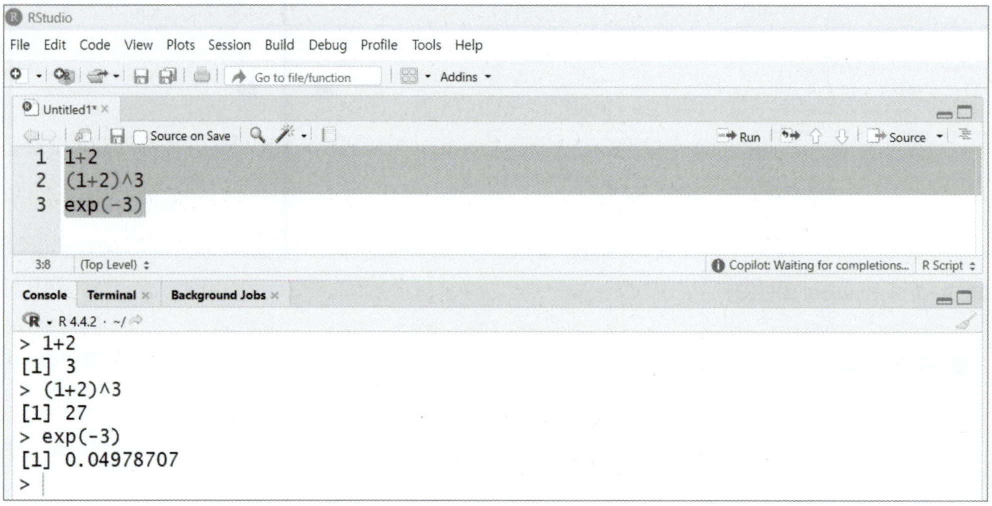

그림 A-3 여러 줄의 명령어 동시 실행

이렇게 실행된 계산 결과는 출력만 이루어질 뿐, 변수로 저장되지 않는다. 따라서 자료를 변수에 할당하여 저장하는 작업이 필요하다. 이후 설명에서는 **R** 스크립트 창에 명령어를 입력한 후 실행하는 방법을 기준으로 설명을 진행한다.

R에서 변수명은 알파벳, 숫자, 언더바(_), 점(.)으로 구성될 수 있고, 첫 글자는 문자 또는 점(.)으로 시작해야 한다. 또한 변수명에는 공백을 포함할 수 없고, 대소문자를 구별한다. 변수를 선언하고 값을 할당할 때는 연산자 <-, =, ->를 사용한다. **R**에서 자료가 저장되는 변수를 **오브젝트**(object)라고 한다. 저장된 오브젝트를 출력하려면 해당 오브젝트의 이름을 입력하여 실행하면 된다. [그림 A-4]는 앞서 실행된 계산 결과를 각각의 오브젝트로 저장한 결과이다.

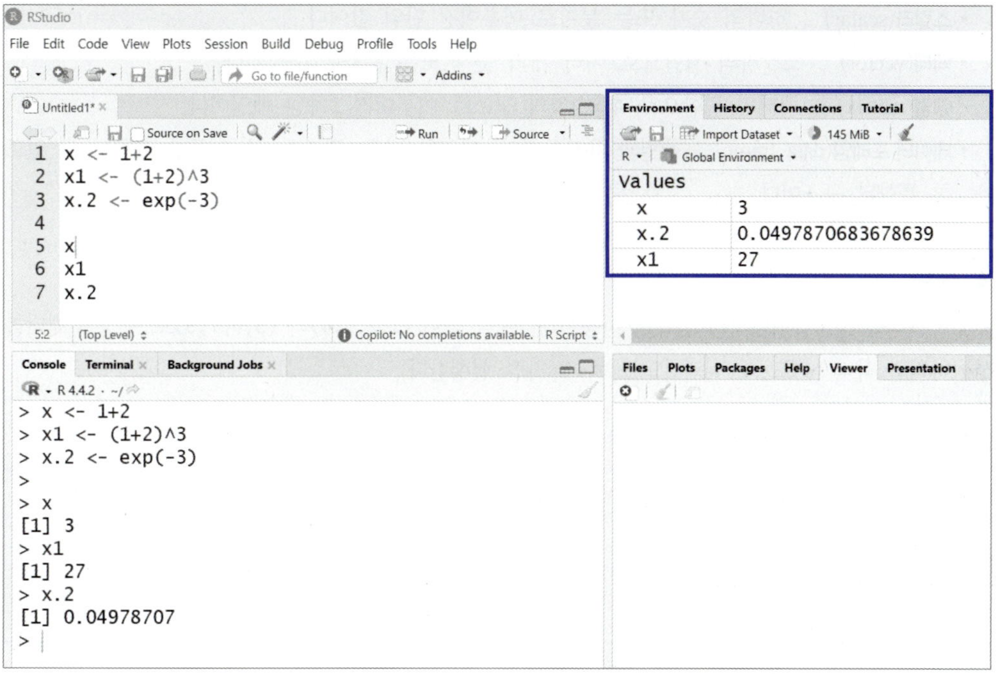

그림 A-4 오브젝트 저장 결과

오브젝트가 생성되면 작업공간에서 생성된 오브젝트 목록을 확인할 수 있다. 문자열을 변수로 저장하려면 [그림 A-5]와 같이 문자열을 따옴표("")로 묶으면 된다.

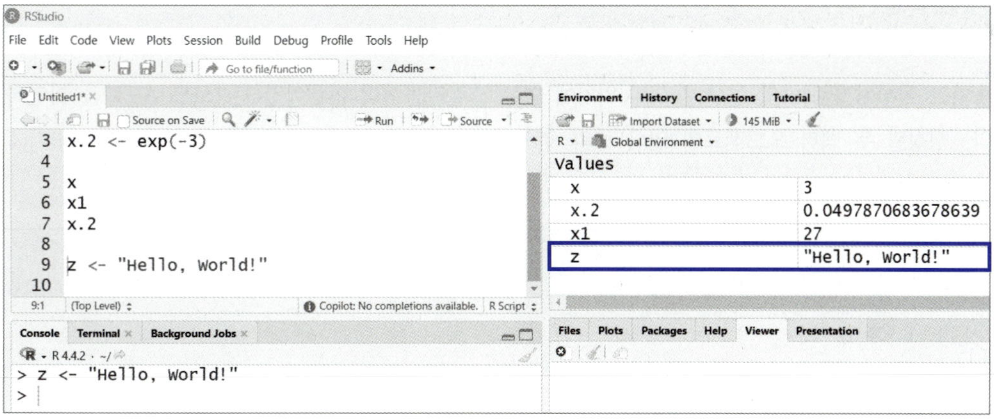

그림 A-5 문자열 변수 저장

R의 자료형

오브젝트에 저장될 수 있는 자료형에는 스칼라, 벡터, 행렬, 데이터 프레임, 함수 등이 있다. 각각의 특징은 다음과 같다.

- **스칼라**(scalar) : 하나의 숫자 또는 문자로 이루어진 단일 값이다.
- **벡터**(vector) : 스칼라의 집합으로 여러 개의 숫자 또는 문자로 구성된다.
- **행렬**(matrix) : 벡터의 집합으로 행과 열의 구조로 이루어진 2차원 배열이다.
- **데이터 프레임**(data frame) : 행렬과 유사하지만, 다양한 변수, 관측치, 범주 등을 포함할 수 있도록 특화된 구조이다.

■ 벡터

R에서 벡터를 생성하려면 c() 함수를 사용한다. 예를 들어 (1,2,3,4)와 (5,6,7,8)로 구성된 벡터를 생성하려면 각각 [코드 A-1]과 [코드 A-2]처럼 실행한다.

코드 A-1

```
a <- c(1,2,3,4)
a
```

```
[1] 1 2 3 4
```

코드 A-2

```
b <- c(5,6,7,8)
b
```

```
[1] 5 6 7 8
```

숫자로 이루어진 벡터의 연산은 같은 위치에 있는 스칼라들끼리 이루어진다. [코드 A-3]을 확인하라. 생성된 두 벡터 오브젝트의 연산 결과 역시 또 다른 오브젝트로 저장할 수 있다.

코드 A-3

```
a+b
```

```
[1]  6  8 10 12
```

벡터는 동일한 타입의 스칼라로 구성되므로 하나의 벡터 안에 문자와 숫자가 동시에 포함되면 숫자형 스칼라는 자동으로 문자형으로 변환된다. c() 함수 외에도 seq(), rep() 함수를 사용하여 벡터를 생성할 수 있다. seq() 함수는 일정한 간격으로 숫자를 생성하는 함수이다. [코드 A-4]와 같이 from, to, by 옵션을 사용하여 시작값, 끝값, 간격을 지정할 수 있다. [코드 A-5]와 같이 length.out 옵션을 사용하면 생성할 숫자의 개수를 지정할 수 있다.

코드 A-4

```
a2 <- seq(from = 1, to = 10, by = 2)
a2
```

```
[1] 1 3 5 7 9
```

코드 A-5

```
a2_2 <- seq(from = 1, to = 10, length.out = 4)
a2_2
```

```
[1]  1  4  7 10
```

rep() 함수는 특정 값을 반복하여 생성하는 함수이다. [코드 A-6]과 같이 times 옵션을 사용하여 값의 반복 횟수를 지정할 수 있다.

코드 A-6

```
a3 <- rep(1, times = 5)
a3
```

```
[1] 1 1 1 1 1
```

: 함수는 시작값과 끝값을 지정하여 그사이의 연속된 숫자를 생성하는 데 사용된다. [코드 A-7]을 확인하자.

코드 A-7

```
a1 <- 1:5
a1
```

```
[1] 1 2 3 4 5
```

▪ 행렬

행렬은 열(column)과 행(row)으로 이루어진 2차원 벡터이다. R에서 행렬을 생성하려면 matrix() 함수를 이용한다. [코드 A-8]과 같이 nrow, ncol 옵션을 사용하여 행과 열의 개수를 지정한다. 입력 데이터는 벡터이므로 [코드 A-9]와 같은 형태로 입력할 수도 있다. byrow 옵션을 TRUE로 설정하면 행 우선으로 데이터가 입력되고, FALSE로 설정하면 열 우선으로 데이터가 입력된다. [코드 A-10]을 확인하라.

코드 A-8

```
A <- matrix(c(1,2,3,4,5,6), nrow = 2, ncol = 3)
A
```

```
     [,1] [,2] [,3]
[1,]    1    3    5
[2,]    2    4    6
```

코드 A-9

```
B <- matrix(1:9, nrow = 3, ncol = 3)
B
```

```
     [,1] [,2] [,3]
[1,]    1    4    7
[2,]    2    5    8
[3,]    3    6    9
```

코드 A-10

```
C <- matrix(1:9, nrow = 3, ncol = 3, byrow = TRUE)
C
```

```
     [,1] [,2] [,3]
[1,]    1    2    3
[2,]    4    5    6
[3,]    7    8    9
```

길이가 동일한 벡터를 결합하여 행렬을 생성하려면 `cbind()` 또는 `rbind()` 함수를 이용한다. 벡터와 마찬가지로 행렬에는 한 가지 유형의 스칼라만 저장할 수 있다. 다양한 사용 방법은 [코드 A-11]~[코드 A-13]을 확인하라.

코드 A-11

```
a1 <- 1:5
a2 <- seq(from = 1, to = 10, by = 2)
a3 <- rep(1, times = 5)
b1 <- c("M", "F", "M", "F", "M")

cbind(a1, a2, a3)
```

```
     a1 a2 a3
[1,]  1  1  1
[2,]  2  3  1
```

```
[3,]  3  5  1
[4,]  4  7  1
[5,]  5  9  1
```

코드 A-12

```
rbind(a1, a2, a3)
```

```
   [,1] [,2] [,3] [,4] [,5]
a1    1    2    3    4    5
a2    1    3    5    7    9
a3    1    1    1    1    1
```

코드 A-13

```
cbind(a1, b1)
```

```
     a1  b1
[1,] "1" "M"
[2,] "2" "F"
[3,] "3" "M"
[4,] "4" "F"
[5,] "5" "M"
```

■ 데이터 프레임

데이터 프레임은 R에서 가장 중요한 자료형이다. 행렬과 유사한 형태를 가지지만 다양한 변수, 관측치, 범주 등을 표현하는 데 특화되어 있다. 즉 행렬은 한 가지 유형의 스칼라만 저장할 수 있는 반면, 데이터 프레임은 문자와 숫자 등 서로 다른 자료 유형을 혼합하여 사용할 수 있다. 예를 들어 [표 A-1]과 같은 학생 5명에 대한 시험 성적 자료가 있다고 하자.

표 A-1 학생 5명에 대한 시험 성적 자료

번호	성별	수학	영어
1	M	90	85
2	F	85	88
3	M	88	90
4	F	92	95
5	M	95	92

이 자료는 5개의 행과 4개의 열로 이루어진 행렬의 형태를 띤다. 그러나 번호, 수학 점수, 영어 점수는 숫자형 벡터이고 성별은 문자형 벡터이므로 이 자료는 행렬이 아니라 데이터 프레임으로 정의해야 한다. [코드 A-14]와 [코드 A-15]를 확인해보자.

코드 A-14

```
id <- c(1, 2, 3, 4, 5)
gender <- c("M", "F", "M", "F", "M")
math <- c(90, 85, 88, 92, 95)
english <- c(85, 88, 90, 95, 92)

df <- data.frame(id, gender, math, english)
df
```

```
  id gender math english
1  1      M   90      85
2  2      F   85      88
3  3      M   88      90
4  4      F   92      95
5  5      M   95      92
```

코드 A-15

```
cbind(id, gender, math, english)
```

```
     id  gender math english
[1,] "1" "M"    "90" "85"
[2,] "2" "F"    "85" "88"
[3,] "3" "M"    "88" "90"
[4,] "4" "F"    "92" "95"
[5,] "5" "M"    "95" "92"
```

[코드 A-14]에서 오브젝트로 저장된 데이터 프레임은 [그림 A-6]과 같이 작업공간의 목록에 새로운 오브젝트로 추가된 것을 확인할 수 있다.

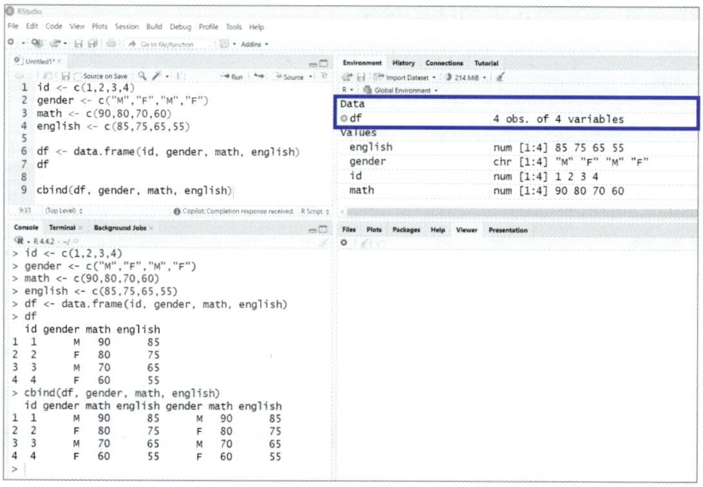

그림 A-6 데이터 프레임 오브젝트 저장

[그림 A-7]과 같이 작업공간에서 해당 오브젝트의 이름을 클릭하면 스크립트 창에서 자료를 확인할 수 있다. 또는 View() 함수를 사용하여 확인할 수도 있다.

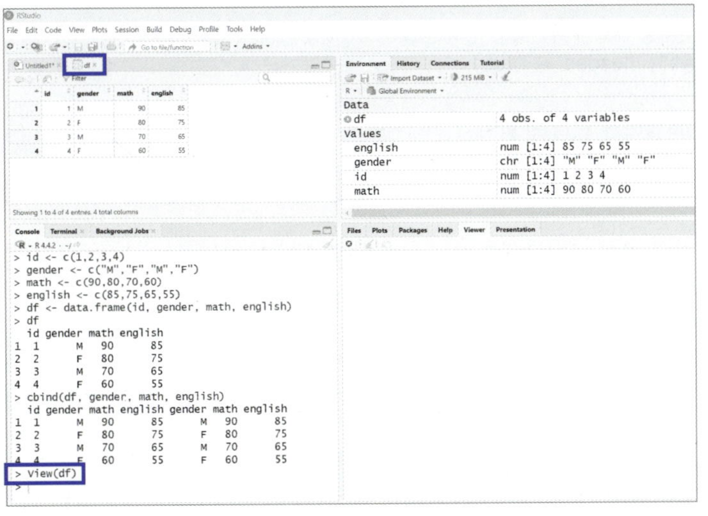

그림 A-7 데이터 프레임 오브젝트 확인

R에서 외부 자료를 불러오는 방법을 살펴보자. read.table(), read.csv() 함수를 사용하여 컴퓨터에 저장된 파일을 읽어온 후, 이를 데이터 프레임으로 변환할 수 있다. 일반적으로 텍스트 파일이나 csv 파일로부터 데이터를 불러오는 방법이 많이 사용된다. 불러오는 데이터는 **현재 작업 디렉터리**(working directory)에 저장되어 있어야 한다. 만약 파일이 다른 경로에 있으면 파일의 전체 경로를 입력해야 한다. [코드 A-16]은 현재 작업 디렉터리를 확인하기 위한 코드이다.

코드 A-16

```
getwd()
```

```
[1] "D:/stat_R_ex/일반통계학 실습 R"
```

setwd( ) 함수를 사용하면 현재 작업 디렉터리를 변경할 수 있다. [코드 A-17]은 현재 작업 디렉터리를 D 드라이브의 example_file 폴더로 변경하는 코드이다.

코드 A-17

```
setwd("D:/example_file")
getwd()
```

```
[1] "D:/example_file"
```

자료의 첫 번째 행은 변수명을 나타내는 경우가 많다. 첫 번째 행을 관측값이 아닌 변수명으로 인식하도록 하려면 header 옵션을 TRUE로 설정해야 한다.

참고로 해시기호(#) 이후의 내용은 주석으로 처리되어, R은 주석 내용을 제외하고 코드를 실행한다.

코드 A-18

```
# 'read.table()'을 활용한 텍스트 파일에서 데이터 읽기
df <- read.table("data.txt", header = TRUE)

# 'read.csv()'를 활용한 csv 파일에서 데이터 읽기
df <- read.csv("data.csv", header = TRUE)
```

데이터 파일 앞에 ./을 붙이면 현재 작업 디렉터리에 있는 파일을 불러올 수 있다. 또는 [코드 A-19]와 같이 ./file/을 사용하면 현재 작업 디렉터리 내의 특정 폴더(file)에 있는 파일을 불러올 수 있다.

코드 A-19

```
# 'read.csv()'를 활용한 csv 파일에서 데이터 읽기
df <- read.csv("./file/data.csv", header = TRUE)
```

R의 연산

R의 기본적인 산술 연산, 논리 연산, 비교 연산, 벡터 연산 등에 대해 살펴보자. [코드 A-20]은 R에서 사용하는 산술 연산자의 종류와 예시이다.

코드 A-20

```
1 + 2      # 덧셈
3 - 1      # 뺄셈
2 * 3      # 곱셈
4 / 2      # 나눗셈
5 %% 2     # 나머지
2 ^ 3      # 제곱
sqrt(4)    # 제곱근
```

```
> 1 + 2
[1] 3
> 3 - 1
[1] 2
> 2 * 3
[1] 6
> 4 / 2
[1] 2
> 5 %% 2
[1] 1
> 2 ^ 3
```

```
[1] 8
> sqrt(4)
[1] 2
```

R에서는 논리 연산자를 사용하여 논리값(TRUE 또는 FALSE)을 반환할 수 있다. [코드 A-21]은 논리 연산자의 종류와 예시이다.

코드 A-21

```
TRUE & TRUE    # AND
TRUE | FALSE   # OR
!TRUE          # NOT
```

```
> TRUE & TRUE
[1] TRUE
> TRUE | FALSE
[1] TRUE
> !TRUE
[1] FALSE
```

특히 xor 연산자는 두 값 중 하나만 TRUE일 때 TRUE를 반환한다. [코드 A-22]를 확인하라.

코드 A-22

```
xor(TRUE, FALSE)
xor(FALSE, FALSE)
xor(TRUE, TRUE)
```

```
> xor(TRUE, FALSE)
[1] TRUE
> xor(FALSE, FALSE)
[1] FALSE
> xor(TRUE, TRUE)
[1] FALSE
```

R에서는 비교 연산자를 사용하여 두 값의 비교 결과를 반환할 수 있다. 비교 연산의 결과는 TRUE 또는 FALSE로 나타난다. [코드 A-23]은 비교 연산자의 종류와 예시이다.

코드 A-23

```
1 == 1    # 같다
1 != 2    # 같지 않다
2 > 1     # 크다
1 < 2     # 작다
```

```
2 >= 2    # 크거나 같다
1 <= 2    # 작거나 같다
```

```
> 1 == 1
[1] TRUE
> 1 != 2
[1] TRUE
> 2 > 1
[1] TRUE
> 1 < 2
[1] TRUE
> 2 >= 2
[1] TRUE
> 1 <= 2
[1] TRUE
```

[코드 A-24]는 값을 저장한 a와 b에 비교 연산자를 사용한 결과를 보여준다.

코드 A-24

```
a <- 1    # 변수 a에 1을 저장
b <- 2    # 변수 b에 2를 저장

a > b
a < b
a == b
a != b
a >= b
a <= b
```

```
> a <- 1
> b <- 2
>
> a > b
[1] FALSE
> a < b
[1] TRUE
> a == b
[1] FALSE
> a != b
[1] TRUE
> a >= b
[1] FALSE
> a <= b
[1] TRUE
```

R에서는 벡터 연산을 통해 벡터의 각 원소에 대해 연산을 수행할 수 있다. [코드 A-25]는 벡터 연산의 예시이다.

코드 A-25

```
a <- c(1, 2, 3, 4)
b <- c(5, 6, 7, 8)

a + b
a - b
a * b
a / b
a %% b
a ^ b
```

```
> a <- c(1, 2, 3, 4)
> b <- c(5, 6, 7, 8)
>
> a + b
[1]  6  8 10 12
> a - b
[1] -4 -4 -4 -4
> a * b
[1]  5 12 21 32
> a / b
[1] 0.2000000 0.3333333 0.4285714 0.5000000
> a %% b
[1] 1 2 3 4
> a ^ b
[1]     1    64  2187 65536
```

제어문

R에서도 코드가 차례대로 실행되는 것이 원칙이지만, for, while, repeat 그리고 if문과 같은 제어문을 사용하면 코드 실행 순서를 변경하거나 반복적으로 수행할 수 있다. 여기서는 for문과 if문의 간단한 예를 살펴본다.

[코드 A-26]은 1부터 5까지 출력하는 for문의 예이다.

코드 A-26

```
for(i in 1:5){
  print(i)
}
```

```
[1] 1
[1] 2
[1] 3
[1] 4
[1] 5
```

[코드 A-27]은 1부터 10까지의 합을 출력하는 for문의 예이다.

코드 A-27

```
sum_i = 0
for(i in 1:10){
  sum_i = sum_i + i
}

print(sum_i)
```

```
[1] 55
```

[코드 A-28]은 구구단의 2단과 3단을 출력하는 이중 for문의 예이다.

코드 A-28

```
for(i in 2:3){
  for(j in 1:9){
    print(paste(i, "x", j, "=", i*j))
  }
}
```

```
[1] "2 x 1 = 2"
[1] "2 x 2 = 4"
[1] "2 x 3 = 6"
[1] "2 x 4 = 8"
[1] "2 x 5 = 10"
[1] "2 x 6 = 12"
[1] "2 x 7 = 14"
[1] "2 x 8 = 16"
[1] "2 x 9 = 18"
[1] "3 x 1 = 3"
[1] "3 x 2 = 6"
[1] "3 x 3 = 9"
[1] "3 x 4 = 12"
[1] "3 x 5 = 15"
[1] "3 x 6 = 18"
[1] "3 x 7 = 21"
```

```
[1] "3 x 8 = 24"
[1] "3 x 9 = 27"
```

[코드 A-29]는 x가 짝수인지 구분하는 if문이다.

코드 A-29

```
x <- 10
y <- 5

if(x %% 2 == 0){
  print("짝수입니다.")
} else {
  print("홀수입니다.")
}
```

```
[1] "짝수입니다."
```

[코드 A-30]은 y가 짝수인지 구분하는 if문이다.

코드 A-30

```
if(y %% 2 == 0){
  print("짝수입니다.")
} else {
  print("홀수입니다.")
}
```

```
[1] "홀수입니다."
```

[코드 A-31]은 for문과 if문을 결합하여 1부터 10까지의 수 중에서 짝수만 출력한다.

코드 A-31

```
for(i in 1:10){
  if(i %% 2 == 0){
    print(i)
  }
}
```

```
[1] 2
[1] 4
[1] 6
[1] 8
[1] 10
```

패키지 설치 및 불러오기

R에서는 다양한 **패키지**(package)를 설치하여 사용할 수 있다. 패키지는 R의 기능을 확장하거나 특정 목적에 맞는 함수들을 모아놓은 것이다. 패키지를 설치하려면 `install.packages()` 함수를 사용한다. 이때 [코드 A-32]와 같이 `install.packages()` 함수의 인자로 설치할 패키지의 이름을 따옴표로 묶어 입력한다.

코드 A-32

```
install.packages("설치할 패키지 이름")
```

■ 패키지 불러오기

R에서 패키지를 사용하려면 `library()` 함수를 사용하여 패키지를 불러와야 한다. 이때는 [코드 A-33]과 같이 `library()` 함수의 인자로 불러올 패키지의 이름을 따옴표 없이 입력한다.

코드 A-33

```
library(불러올 패키지 이름)
```

패키지 내부 함수에 대한 도움말을 확인하려면 `help()` 함수를 사용한다. `help()` 함수의 인자로 함수명을 입력하면 해당 함수에 대한 도움말을 확인할 수 있다. 물음표(?) 기호를 사용하여 함수명을 입력해도 동일한 도움말을 확인할 수도 있다. [코드 A-34]를 실행하면 `sum()` 함수에 대한 도움말이 R Studio의 오른쪽 하단 도움(Help) 창에 표시된다.

코드 A-34

```
help(sum)
?sum
```

A.2 2장 모집단과 표본 실습

R에서 다양한 그림 생성

R에서는 그래프 생성 내장함수 또는 ggplot2 패키지의 `ggplot()` 함수를 이용하여 다양한 그래프를 생성할 수 있다. 이제 `ggplot()` 함수 및 R 기본 내장함수를 이용하여 본문에서 다룬 그래프를 생성하는 방법을 살펴보자. 다음 장부터는 특별한 경우를 제외하고 `ggplot()` 함수를 이용하여 그래프를 생성한다.

[표 2-1]의 자료를 이용한 막대그래프 [그림 2-1]을 생성해보자. 기본 내장함수인 `barplot()` 함수

를 이용하면 [코드 A-35]와 같이 생성할 수 있다. 추가로 xlab, ylab 옵션을 사용하여 축 이름을 설정할 수 있고, col 옵션을 사용하여 막대 색상을 설정할 수 있다. 사용 가능한 색상의 종류는 colors() 함수를 실행하면 확인할 수 있다.

코드 A-35

```
# 데이터 입력
df_2.1 <- data.frame(
  Name = c("John Smith", "Emily Johnson", "Michael Lee", "Sarah Davis"),
  vote = c(0.367, 0.281, 0.271, 0.081)
)

# 막대그래프 생성
barplot(df_2.1$vote, names.arg = df_2.1$Name, xlab = "Name", ylab = "Vote", col =
"blue")
```

ggplot2 패키지를 부르면 ggplot() 함수를 이용하여 [코드 A-36]과 같이 코드를 작성할 수 있다. ggplot() 함수에서도 옵션을 통해 그림의 막대 색상, 선 색상, 막대의 투명도 등을 설정할 수 있다. geom_bar() 함수 내부의 fill 옵션은 막대의 내부 색상을 지정한다. color 옵션은 막대의 경계선의 색상을 지정한다. size 옵션은 막대 경계선의 두께를 지정한다. alpha 옵션은 막대 내부 색상의 투명도를 조절하며, 0과 1 사이의 값을 지정할 수 있다. theme_bw() 함수는 배경을 그리드가 있는 흰색으로 지정하고, theme() 함수의 axis.text 옵션은 x, y축에 표기되는 값의 색상을 지정한다. 이처럼 ggplot() 함수의 그림 옵션은 매우 다양하다. 옵션에 대한 자세한 내용은 ? 또는 help() 함수를 이용하여 확인하거나 ggplot2 패키지의 공식문서를 참고하면 좋다.[1] 이후에 소개하는 코드는 꼭 필요한 경우를 제외하면 기본 옵션으로 작성한다. 이에 따라 본문의 그림과 약간의 차이가 발생할 수 있다.

[코드 A-36]과 같이 입력해도 [그림 2-1]을 생성할 수 있다.

코드 A-36

```
# ggplot2 패키지 로드
library(ggplot2)

# 막대그래프 생성
ggplot(df_2.1, aes(x = Name, y = vote)) +
  geom_bar(stat = "identity", fill = "blue", color = "blue", size = 0.8, alpha = 0.5) +
  labs(x = "Name", y = "Vote") +
  theme_bw() +
  theme(axis.text = element_text(color = "black"))
```

[표 2-3]의 자료를 이용한 [그림 2-3], [그림 2-4], [그림 2-5]를 생성해보자. [코드 A-37]과 같이 기본 내장함수인 hist() 함수를 이용하면 [그림 2-3]을 생성할 수 있다.

1 ggplot2 공식문서 : https://ggplot2.tidyverse.org/index.html

코드 A-37

```
# 데이터 입력
length_intervals <- seq(130, 190, by = 10)
mid_points <- seq(135, 185, by = 10)
frequencies <- c(0.05, 0.1, 0.3, 0.3, 0.2, 0.05)
rep_data <- rep(mid_points, times = frequencies*500)

df_2.3 <- data.frame(length = rep_data)

# 상대도수 그래프 생성
hist(df_2.3$length, breaks = length_intervals, freq = FALSE,
     border = "black", xlab = "", ylab = "", main = "")
```

[코드 A-38]과 같이 ggplot() 함수를 이용해도 [그림 2-3]을 생성할 수 있다.

코드 A-38

```
# 상대도수 그래프 생성
ggplot(df_2.3, aes(x = length)) +
  geom_histogram(breaks = length_intervals, aes(y = after_stat(density)), color =
"black") +
  labs(x = "", y = "", title = "") +
  theme_bw()
```

[코드 A-39]와 같이 hist() 함수를 이용하면 [그림 2-4]를 생성할 수 있다.

코드 A-39

```
# 데이터 입력
length_intervals <- seq(130, 190, by = 5)
mid_points <- seq(132.5, 187.5, by = 5)
frequencies <- c(0.01, 0.04, 0.04, 0.06, 0.2, 0.1, 0.2, 0.1, 0.05, 0.15, 0.03, 0.02)
rep_data <- rep(mid_points, times = frequencies*500)

df_2.4 <- data.frame(value = rep_data)

# 상대도수 그래프 생성
hist(df_2.4$value, breaks = length_intervals, freq = FALSE, ylim = c(0, 0.045),
     border = "black", xlab = "", ylab = "", main = "")
```

[코드 A-40]과 같이 ggplot() 함수를 이용해도 [그림 2-4]를 생성할 수 있다.

코드 A-40

```
# 상대도수 그래프 생성
ggplot(df_2.4, aes(x = value)) +
  geom_histogram(breaks = length_intervals, aes(y = ..density..), color = "black") +
  ylim(0, 0.045) +
  labs(x = "", y = "", title = "") +
  theme_bw()
```

[코드 A-41]처럼 ggplot() 함수에 geom_density() 함수를 추가하면 [그림 2-5(a)]와 같이 도수그래프와 밀도곡선을 같이 그릴 수 있다.

코드 A-41

```
# 상대도수 그래프 생성
ggplot(df_2.4, aes(x = value)) +
  geom_histogram(breaks = length_intervals, aes(y = ..density..), color = "black") +
  geom_density(adjust = 2, aes(x = value), color = "black", size=1) + # 밀도곡선 추가
  ylim(0, 0.045) +
  labs(x = "", y = "", title = "") +
  theme_bw()
```

[코드 A-42]와 같이 geom_density() 함수를 단독으로 사용하여 밀도곡선만 그릴 수도 있다. 결과는 [그림 2-5(b)]와 같다.

코드 A-42

```
# 밀도곡선만 그리기
ggplot(df_2.4, aes(x = value)) +
  geom_density(adjust = 2, aes(x = value), color = "black", size=1) + # 밀도곡선 추가
  ylim(0, 0.045) +
  labs(x = "", y = "", title = "") +
  theme_bw()
```

이번에는 이차원 모집단 분포를 나타내는 [그림 2-6]을 그려보자. R에서는 tidyverse 패키지와 plot3D 패키지를 이용하여 3차원 그래프를 그릴 수 있고, viridis 패키지로 색상을 지정할 수 있다. [코드 A-43]의 실행결과는 [그림 2-6(a)]이고, [코드 A-44]의 실행결과는 [그림 2-6(b)]이다.

코드 A-43

```
# 여러 패키지 동시에 설치할 경우 아래 줄 주석 해제
# install.packages(c("tidyverse", "plot3D", "viridis"))

# 패키지 로드
library(tidyverse)
```

```
library(plot3D)
library(viridis)

# 데이터 입력
mydata <- matrix(c(0.1, 0.2, 0.2, 0.1,
                   0.2, 0.3, 0.3, 0.2,
                   0.2, 0.3, 0.3, 0.2,
                   0.1, 0.2, 0.2, 0.1), 4)
mydata <- mydata * 10
rownames(mydata) <- as.character(0:3)
colnames(mydata) <- as.character(0:3)
m <- matrix(rep(seq(1:ncol(mydata)),each = nrow(mydata)),
            nrow = nrow(mydata))

# 이차원 막대그래프 생성
hist3D(z = mydata, scale = F,
       expand = 0.3,
       bty = "b2",
       theta =20, phi = 55, d = 2, r = 20,
       border = "black", shade = 0.2, ltheta = 80, space = 0.7,
       ticktype = "detailed", zmin = 0, zlim = c(0,max(mydata)),
       col = viridis(ncol(mydata)),
       colvar = mydata,
       colkey = F, axes = F)
```

코드 A-44

```
# 데이터 입력
x <- seq(-3, 3, 0.05)
y <- seq(-3, 3, 0.05)
f <- function(x, y){ dnorm(x)*dnorm(y) }
z <- outer(x, y, f)

# 밀도곡선
persp3D(
  x = x,
  y = y,
  z = z,
  bty = "b2",  # 박스 스타일을 없애기 위한 설정
  phi = 20,
  theta = 110,
  ltheta = 160,
  lphi = 50,
  xlab = "",
  ylab = "",
  zlab = "",
```

```
  cex.axis = 1,
  nticks = 3,
  ticktype = "detailed",
  facets = FALSE,
  colkey = F,
  zlim = c(0, 0.18)
)
```

[표 2-5]를 이용하여 이차원 막대그래프 [그림 2-10]을 그려보자. [코드 A-45]의 실행결과는 [그림 2-10(a)]이고, [코드 A-46]의 실행결과는 [그림 2-10(b)]이다.

코드 A-45

```
# 데이터 입력
z_1 = matrix(c(0.1, NA, NA, 0.2, 0.2, NA, 0.1, 0.1, 0.3), 3)

# 이차원 막대그래프 생성
hist3D(
  x = 0:2,
  y = 0:2,
  z = z_1,
  bty = "b2",  # 박스 스타일을 없애기 위한 설정
  phi = 30,
  theta = 20,
  ltheta = 200,
  lphi = 100,
  cex.axis = 0.8,
  xlab = "Characteristic 2",
  ylab = "Characteristic 1",
  zlab = "",   # z축 레이블 표시 안 함
  col = viridis(ncol(z_1)),
  colvar = z_1,
  border = "black",
  nticks = 3,
  ticktype = "detailed",
  space = 0.6,
  zlim = c(0, 0.5)
)
```

코드 A-46

```
# 데이터 입력
z_2 = matrix(c(NA, NA, 0.1, NA, 0.2, 0.2, 0.4, 0.1, NA), 3)

# 이차원 막대그래프 생성
```

```
hist3D(
  x = 0:2,
  y = 0:2,
  z = z_2,
  bty = "b2",  # 박스 스타일을 없애기 위한 설정
  phi = 30,
  theta = 20,
  ltheta = 200,
  lphi = 100,
  cex.axis = 0.8,
  xlab = "Characteristic 2",
  ylab = "Characteristic 1",
  zlab = "",   # z축 레이블 표시 안 함
  col = viridis(ncol(z_2)),
  colvar = z_2,
  border = "black",
  nticks = 3,
  ticktype = "detailed",
  space = 0.6,
  zlim = c(0, 0.5)
)
```

[표 1-1]을 이용하여 원형그래프 [그림 2-11(b)]를 그려보자. [코드 A-47]과 같이 기본 내장함수인 `pie()` 함수를 이용하여 그릴 수 있다. 여기서 `gray.colors(4)` 옵션을 사용하여 회색 명도를 조정했고, `init.angle = 90` 옵션을 사용하여 원형그래프가 12시 정각 방향에서 그려지게 설정했다.

코드 A-47

```
# 데이터 입력
df_1.1 <- data.frame(
  name = c("John Smith", "Emily Johnson", "Michael Lee", "Sarah Davis"),
  vote = c(0.42, 0.37, 0.15, 0.06)
)

# 자료의 순서를 맞게 하기 위해 Name 변수를 factor로 변환
df_1.1$Name <- factor(df_1.1$name, levels = df_1.1$name)

# 원형그래프 생성
pie(df_1.1$vote, labels = "", col = gray.colors(4), init.angle = 90)

# 범례 지정
legend("topright", legend = df_1.1$name, fill = gray.colors(4))
```

[코드 A-48]과 같이 `ggplot()` 함수를 이용해서도 그릴 수 있다.

코드 A-48

```
# 원형그래프 생성
ggplot(df_1.1, aes(x = "", y = vote, fill = Name)) +
  geom_bar(stat = "identity", width = 1) +
  coord_polar(theta = "y") +
  scale_fill_manual(values = c("black", "grey20", "grey60", "grey90")) +
              # 표시될 색상 지정
  labs(title = "", x = "", y = "") +
  theme_void() # 배경 제거
```

[예제 2-6]의 자료를 이용하여 도수다각형(꺾은선그래프) [그림 2-14]를 그리려면 [코드 A-49]와 같이 입력한다.

코드 A-49

```
# 데이터 입력
x <- c(
  183, 168, 165, 158, 180, 176, 168, 160, 160, 150, 180, 183, 170,
  170, 185, 170, 165, 170, 168, 154, 152, 173, 173, 165, 163, 163,
  160, 178, 138, 171, 163, 168, 165, 165, 178, 170, 168, 183, 145, 174
)

df_2.6 <- data.frame(val = x)

y <- hist(x, probability = T,
          breaks = c(137.5, 145.5, 153.5, 161.5, 169.5, 177.5, 185.5), plot = F)

df_2.6.2 <- data.frame(x = c(135, y$mids, 187),
                       y = c(0, y$density, 0)
)

# 도수다각형 생성
ggplot(df_2.6, aes(x = val)) +
  geom_histogram(aes(y = after_stat(density)),
                 breaks = c(137.5, 145.5, 153.5, 161.5, 169.5, 177.5, 185.5),
                 color = "black") +
  labs(x = "", y = "") +
  theme_bw() +
  geom_line(aes(x = x, y = y), df_2.6.2, linewidth = 1, color = "black")
```

[예제 2-6]의 자료를 이용하여 줄기-잎 그림 [그림 2-15]를 그려보자. R의 기본 내장함수인 stem() 함수를 이용하여 [코드 A-50]과 같이 입력하면 줄기-잎 그림의 최종과정(3단계)에 해당하는 그림이 나타난다. 이때 scale 옵션을 이용하여 줄기와 잎의 간격을 조절할 수 있다. scale > 1로 설정하면 줄기의 수가 증가하여 데이터를 세밀하게 살펴볼 수 있고, scale < 1로 설정하면 줄기의 수가 감소하여 데이터를 간략하게 살펴볼 수 있다.

코드 A-50

```
# 줄기-잎 그림 생성
stem(df_2.6$val, scale = 0.5)
```

```
  The decimal point is 1 digit(s) to the right of the |

  13 | 8
  14 | 5
  15 | 0248
  16 | 0003335555588888
  17 | 000001334688
  18 | 003335
```

이번에는 [예제 2-7]의 자료를 이용한 산점도를 그려보자. 기본 내장함수 plot()을 이용하여 [코드 A-51]과 같이 입력하면 [그림 2-18]을 얻는다.

코드 A-51

```
# 데이터 입력
df_2.7 <- data.frame(
  weight = c(82, 57, 79, 82, 50, 57, 50, 54, 52, 60, 73, 57, 63, 57, 57, 79, 52, 48,
             60, 54, 60, 77, 54, 70, 55, 50, 66, 57, 49, 54, 59, 37, 93, 49, 74, 55,
             63, 69, 79, 65),
  height = c(183, 176, 180, 170, 152, 163, 163, 170, 168, 168, 183, 165, 173, 160,
             168, 168, 165, 160, 170, 170, 173, 178, 165, 183, 158, 160, 170, 168,
             165, 138, 165, 145, 180, 150, 185, 154, 163, 171, 178, 174)
)

# 산점도 생성
plot(df_2.7$weight, df_2.7$height, xlab = "Weight", ylab = "Height")
```

[코드 A-52]와 같이 ggplot() 함수를 이용해도 동일한 결과를 얻는다. 참고로 [코드 A-52]를 실행하면 축 이름이 영어로 표기된다. ggplot() 함수에서 한글을 사용하려면 특정 함수와 옵션이 필요하며, 이는 [코드 A-103]에서 확인할 수 있다. 이러한 이유로 〈부록〉에서는 몇 가지 특별한 경우를 제외하고 모든 축 이름과 제목을 영어로 사용했다.

코드 A-52

```
# 산점도 생성
ggplot(df_2.7, aes(x = weight, y = height)) +
  geom_point(size = 2) +
  labs(x = "Weight", y = "Height") +
  theme_bw()
```

이번에는 산점도에 회귀도를 추가하여 [그림 2-19]를 그려보자. %>% 연산자를 사용하려면 dplyr 패키지가 필요하므로 [코드 A-53]과 같이 패키지를 불러온 뒤 코드를 작성한다.

코드 A-53

```
# 패키지 로드
library(dplyr)

# 회귀도 생성
bin_width <- 10

regressogram <- df_2.7 %>%
  mutate(bin = cut(weight, breaks = seq(36.5, 96.5, by = bin_width),
                   include.lowest = TRUE)) %>%
  group_by(bin) %>%
  summarise(bin_mean = mean(weight), y_mean = mean(height))

regressogram$bin_min = seq(36.5, 86.5, by = bin_width)

re = rbind(regressogram, c(regressogram$bin[nrow(regressogram)], 96.5, 180, 96.5))
re[7,2] = 96.5
re[7,3] = 180
re[7,4] = 96.5

# 회귀도 추가
ggplot(df_2.7, aes(x = weight, y = height)) +
  geom_point(size = 2) +
  geom_step(data = re, aes(x = bin_min, y = y_mean), color = "black", size = 1.5) +
  labs(x = "Weight", y = "Height")+
  theme_bw()
```

모집단 특성값 계산

[코드 A-54]와 같이 입력하면 [예제 2-2]의 모집단 자료를 이용하여 모평균을 계산할 수 있다.

코드 A-54

```
# 데이터 입력
df_2.2 <- data.frame(
  x = 0:4,
  p_x = c(0.1, 0.3, 0.3, 0.2, 0.1)
)

# 평균 계산
m <- rep(NA, nrow(df_2.2))  # x*p_x를 저장할 벡터 생성
```

```
for(i in 1:nrow(df_2.2)){
  m[i] <- df_2.2$x[i] * df_2.2$p_x[i]
}

print(sum(m))
```

```
[1] 1.9
```

for문 대신 [코드 A-55]와 같이 벡터연산을 활용해도 동일한 결과를 얻을 수 있다.

코드 A-55

```
# 모평균 계산
m <- sum(df_2.2$x * df_2.2$p_x)

# 결과 확인
cat("모평균: ", m)
```

```
모평균:  1.9
```

[예제 2-2]의 모집단 자료를 이용하여 모분산과 모표준편차를 계산하려면 [코드 A-56]과 같이 입력하면 되며, 이 실행결과는 [예제 2-3]과 동일하다.

코드 A-56

```
# 분산 계산
m = sum(df_2.2$x * df_2.2$p_x)
sigma_2 = sum((df_2.2$x - m)^2 * df_2.2$p_x)

# 표준편차 계산
sigma = sqrt(sum((df_2.2$x - m)^2 * df_2.2$p_x)) %>% round(2)

# 결과 확인
cat("모분산: ", sigma_2, ", 모표준편차: ", sigma)
```

```
모분산:  1.29 , 모표준편차:  1.14
```

[표 2-5]의 자료를 이용하여 모집단별로 모공분산과 모상관계수를 계산해보자. 모집단 A에 대해 [코드 A-57]과 같이 입력하면 된다.

코드 A-57

```
# 모집단 A 데이터 입력
df_2.5_a <- matrix(c(0.1,0,0,0.2,0.2,0,0.1,0.1,0.3), 3)
```

```
# 특성의 값을 나타내는 벡터 생성
c_vec1 = c_vec2 = 0:2

# 데이터 프레임 행/열 합 입력
sum_row = c(0.1, 0.4, 0.5)
sum_col = c(0.4, 0.3, 0.3)

# 모평균 계산
m_1 = sum(c_vec1 * sum_row)
m_2 = sum(c_vec1 * sum_col)

# 모표준편차 계산
sigma_1 = sqrt(sum((c_vec1 - m_1)^2 * sum_row)) %>% round(4)
sigma_2 = sqrt(sum((c_vec2 - m_2)^2 * sum_col)) %>% round(4)
```

[코드 A-58]과 같이 입력하고 실행하면 모집단 A의 모평균과 모표준편차를 확인할 수 있다.

코드 A-58

```
# 모평균 및 표준편차 확인
cat("모평균1: ", m_1, ", 모평균2: ", m_2, "\n")
cat("모표준편차1: ", sigma_1, ", 모표준편차2: ", sigma_2, "\n")
```

```
> cat("모평균1: ", m_1, ", 모평균2: ", m_2, "\n")
모평균1:  1.4 , 모평균2:  0.9
> cat("모표준편차1: ", sigma_1, ", 모표준편차2: ", sigma_2, "\n")
모표준편차1:  0.6633 , 모표준편차2:  0.8307
```

이제 모공분산을 계산해보자. [코드 A-59]는 공분산을 계산하는 과정 일부이며, 공분산을 저장할 벡터 cov_vec를 생성한다.

코드 A-59

```
# 공분산 계산: 반복문 사용
cov_vec = c()  # 공분산을 저장할 벡터 생성

for(i in 1:3){
  for(j in 1:3){
    cov_vec = c(cov_vec, (c_vec1[i] - m_1) * (c_vec2[j] - m_2) * df_2.5_a[j, i])
    cat("(",c_vec1[i],"-", m_1, ")*(", c_vec2[j], "-", m_2, ")*", df_2.5_a[j, i],
"\n")
  }
}
```

```
( 0 - 1.4 )*( 0 - 0.9 )* 0.1
( 0 - 1.4 )*( 1 - 0.9 )* 0
```

```
( 0 - 1.4 )*( 2 - 0.9 )* 0
( 1 - 1.4 )*( 0 - 0.9 )* 0.2
( 1 - 1.4 )*( 1 - 0.9 )* 0.2
( 1 - 1.4 )*( 2 - 0.9 )* 0
( 2 - 1.4 )*( 0 - 0.9 )* 0.1
( 2 - 1.4 )*( 1 - 0.9 )* 0.1
( 2 - 1.4 )*( 2 - 0.9 )* 0.3
```

[코드 A-60]과 같이 입력하면 모집단 A의 모공분산과 모상관계수를 계산할 수 있다.

코드 A-60

```
cov <- sum(cov_vec)

# 상관계수 계산
cor = (cov / (sigma_1 * sigma_2)) %>% round(4)

# 공분산 및 상관계수 확인
cat("모공분산: ", cov, ", 모상관계수: ", cor)
```

```
모공분산:  0.34 , 모상관계수:  0.6171
```

동일한 방법으로 모집단 B의 모공분산과 모상관계수를 구할 수 있다. [코드 A-61]~[코드 A-64]를 확인하라.

코드 A-61

```
# 모집단 B 데이터 입력
df_2.5_b <- matrix(c(0,0,0.4,0,0.2,0.1,0.1,0.2,0), 3, byrow = T)

# 특성의 값을 나타내는 벡터 생성
c_vec1 = c_vec2 = 0:2

# 데이터 프레임 행/열 합 입력
sum_row = c(0.1, 0.4, 0.5)
sum_col = c(0.4, 0.3, 0.3)

# 모평균 계산
m_1 = sum(c_vec1 * sum_row)
m_2 = sum(c_vec1 * sum_col)

# 모표준편차 계산
sigma_1 = sqrt(sum((c_vec1 - m_1)^2 * sum_row)) %>% round(4)
sigma_2 = sqrt(sum((c_vec2 - m_2)^2 * sum_col)) %>% round(4)
```

코드 A-62

```
# 모평균 및 표준편차 확인
cat("모평균1: ", m_1, ", 모평균2: ", m_2, "\n")
cat("모표준편차1: ", sigma_1, ", 모표준편차2: ", sigma_2, "\n")
```

```
> cat("모평균1: ", m_1, ", 모평균2: ", m_2, "\n")
모평균1:  1.4 , 모평균2:  0.9
> cat("모표준편차1: ", sigma_1, ", 모표준편차2: ", sigma_2, "\n")
모표준편차1:  0.6633 , 모표준편차2:  0.8307
```

코드 A-63

```
# 공분산 계산: 반복문 사용
cov_vec = c()  # 공분산을 저장할 벡터 생성

for(i in 1:3){
  for(j in 1:3){
    cov_vec = c(cov_vec, (c_vec1[i] - m_1) * (c_vec2[j] - m_2) * df_2.5_b[j, i])
    cat("(",c_vec1[i],"-", m_1, ")*(", c_vec2[j], "-", m_2, ")*", df_2.5_b[j, i],
"\n")
  }
}
```

```
( 0 - 1.4 )*( 0 - 0.9 )* 0
( 0 - 1.4 )*( 1 - 0.9 )* 0
( 0 - 1.4 )*( 2 - 0.9 )* 0.1
( 1 - 1.4 )*( 0 - 0.9 )* 0
( 1 - 1.4 )*( 1 - 0.9 )* 0.2
( 1 - 1.4 )*( 2 - 0.9 )* 0.2
( 2 - 1.4 )*( 0 - 0.9 )* 0.4
( 2 - 1.4 )*( 1 - 0.9 )* 0.1
( 2 - 1.4 )*( 2 - 0.9 )* 0
```

코드 A-64

```
cov <- sum(cov_vec)

# 상관계수 계산
cor = (cov / (sigma_1 * sigma_2)) %>% round(4)

# 공분산 및 상관계수 확인
cat("모공분산: ", cov, ", 모상관계수: ", cor)
```

```
모공분산:  -0.46 , 모상관계수:  -0.8348
```

요약통계량 계산

R에서 요약통계량을 계산하는 방법은 다양하다. 여기서는 summary(), mean(), quantile(), IQR(), sd(), var(), cov(), cor() 등을 이용하여 요약통계량을 계산하는 방법을 살펴보자.

[예제 2-6]의 표본자료를 이용하여 표본평균, 절사평균, 표본사분위수를 계산해보자. [코드 A-65]와 같이 mean(), quantile() 함수를 이용하여 표본평균과 표본사분위수를 계산할 수 있다. 또한 mean() 함수의 trim 옵션을 이용하여 절사평균을 계산할 수 있다.

코드 A-65

```
# 데이터 입력
x <- c(
  183, 168, 165, 158, 180, 176, 168, 160, 160, 150, 180, 183, 170,
  170, 185, 170, 165, 170, 168, 154, 152, 173, 173, 165, 163, 163,
  160, 178, 138, 171, 163, 168, 165, 165, 178, 170, 168, 183, 145, 174
)

df_2.6 <- data.frame(val = x)

# 표본평균 계산
m = mean(df_2.6$val)

# 10% 절사평균 계산
m_trim = mean(df_2.6$val, trim = 0.1) %>% round(2)

# 표본사분위수 계산
q1 = quantile(df_2.6$val, 0.25, type = 2)
q2 = quantile(df_2.6$val, 0.5, type = 2)
q3 = quantile(df_2.6$val, 0.75, type = 2)
  # type = 2 : 사분위수 계산 시 두 값의 평균으로 계산
```

표본평균, 10% 절사평균, 표본사분위수의 계산 결과는 [코드 A-66]에서 확인할 수 있다.

코드 A-66

```
# 요약통계량 확인
cat("표본평균: ", m, ", 10% 절사평균: ", m_trim, "\n")
cat("제1사분위수: ", q1, ", 제2사분위수: ", q2, ", 제3사분위수: ", q3)
```

```
> cat("표본평균: ", m, ", 10% 절사평균: ", m_trim, "\n")
표본평균:  167.45 , 10% 절사평균:  168.09
> cat("제1사분위수: ", q1, ", 제2사분위수: ", q2, ", 제3사분위수: ", q3)
제1사분위수:  163 , 제2사분위수:  168 , 제3사분위수:  173.5
```

[코드 A-67]과 같이 summary() 함수를 이용하여 최댓값(Max), 최솟값(Min), 중앙값(Median), 평균

(Mean), 표본사분위수(1st Qu와 3rd Qu)를 한 번에 계산할 수 있다.

코드 A-67

```
# summary() 함수를 이용한 요약통계량 확인
summary(df_2.6$val, quantile.type = 2)
```

```
   Min. 1st Qu.  Median    Mean 3rd Qu.    Max.
  138.0   163.0   168.0   167.4   173.5   185.0
```

[예제 2-6]의 표본자료를 이용하여 표본분산, 표본표준편차, 표본사분위수범위를 계산해보자. [코드 A-68]과 같이 var(), sd(), IQR() 함수를 이용하여 표본분산, 표본표준편차, 표본사분위수범위를 계산할 수 있다.

코드 A-68

```
# 표본분산 및 표본표준편차 계산
s2 = var(df_2.6$val) %>% round(2)
s = sd(df_2.6$val) %>% round(2)

# 표본사분위수범위 계산
iqr = IQR(df_2.6$val, type = 2)
```

표본분산, 표본표준편차, 표본사분위수범위의 계산 결과는 [코드 A-69]에서 확인할 수 있다.

코드 A-69

```
# 요약통계량 확인
cat("표본분산: ", s2, ", 표본표준편차: ", s, "\n")
cat("표본사분위수범위: ", iqr)
```

```
> cat("표본분산: ", s2, ", 표본표준편차: ", s, "\n")
표본분산:  108.61 , 표본표준편차:  10.42
> cat("표본사분위수범위: ", iqr)
표본사분위수범위:  10.5
```

[예제 2-7]의 자료를 이용하여 표본공분산과 표본상관계수를 계산해보자. [코드 A-70]과 같이 cov(), cor() 함수를 이용하여 표본공분산과 표본상관계수를 계산할 수 있다.

코드 A-70

```
# 데이터 입력
df_2.7 <- data.frame(
  weight = c(82, 57, 79, 82, 50, 57, 50, 54, 52, 60, 73, 57, 63, 57, 57, 79, 52, 48,
             60, 54, 60, 77, 54, 70, 55, 50, 66, 57, 49, 54, 59, 37, 93, 49, 74, 55,
```

```
              63, 69, 79, 65),
  height = c(183, 176, 180, 170, 152, 163, 163, 170, 168, 168, 183, 165, 173, 160,
             168, 168, 165, 160, 170, 170, 173, 178, 165, 183, 158, 160, 170, 168,
             165, 138, 165, 145, 180, 150, 185, 154, 163, 171, 178, 174)
)

# 표본공분산 계산
cov = cov(df_2.7$height, df_2.7$weight) %>% round(2)

# 표본상관계수 계산
cor = cor(df_2.7$height, df_2.7$weight) %>% round(3)

# 요약통계량 확인
cat("표본공분산: ", cov, ", 표본상관계수: ", cor)
```

```
표본공분산:  90.59 , 표본상관계수:  0.728
```

A.3 3장 확률과 확률분포 실습

순열과 조합 계산하기

[코드 A-71]을 통해 간단한 순열과 조합의 계산 방법을 살펴보자. 순열은 factorial() 함수, 조합은 choose() 함수를 사용한다.

코드 A-71

```
factorial(5)    # 5!
factorial(4)    # 4!
choose(5, 0)    # 5C0
choose(5, 1)    # 5C1
factorial(5) / (factorial(1) * factorial(5-1))    # 5!/((5-1)!1!)
```

```
> factorial(5)
[1] 120
> factorial(4)
[1] 24
> choose(5, 0)
[1] 1
> choose(5, 1)
[1] 5
> factorial(5) / (factorial(1) * factorial(5-1))
[1] 5
```

choose() 함수를 이용하여 [예제 3-7]의 이산확률변수의 확률질량함수를 계산해보자. [코드 A-72]를 확인하라.

코드 A-72

```
# 이산확률변수의 확률질량함수 계산
p_vec <- rep(NA, 4)

for(i in 0:3){
  p_vec[i+1] <- choose(8, 3-i) * choose(4, i) / choose(12, 3)
}

# 확률질량함수 확인
df_3.1 <- data.frame(x = c("p(0)","p(1)","p(2)","p(3)"), p_x = p_vec)
df_3.1
```

```
     x        p_x
1 p(0) 0.25454545
2 p(1) 0.50909091
3 p(2) 0.21818182
4 p(3) 0.01818182
```

A.4 4장 표본분포 실습

정규분포 확률

R에서는 pnorm()과 qnorm() 함수를 이용하여 정규분포의 확률과 백분위수를 계산할 수 있다. [예제 4-2]의 확률은 [코드 A-73]과 같이 구할 수 있다. norm 앞에 p를 붙인 pnorm()은 누적확률을 계산하는 함수, q를 붙인 qnorm()은 분위수를 계산하는 함수이다. 다른 분포에도 동일한 형식으로 누적확률과 분위수를 계산하는 함수가 있다. 또한 앞에 d를 붙이면 확률밀도함숫값을 계산하는 함수, r을 붙이면 해당 분포의 난수를 생성하는 함수이다.

코드 A-73

```
# 패키지 로드
library(dplyr)

# 정규분포 확률 계산
p_1 = pnorm(-1.9, mean = 0, sd = 1)
p_2 = 1- pnorm(2.1, mean = 0, sd = 1)

p = p_1 + p_2
```

```r
# 결과 확인
cat("p(Z < -1.9) + p(Z > 2.1) = ", p%>% round(4))
```

```
p(Z < -1.9) + p(Z > 2.1) =  0.0466
```

[예제 4-3]과 같이 표준정규분포에서 백분위수를 구하려면 [코드 A-74]처럼 입력한다.

코드 A-74

```r
# 정규분포 백분위수 계산
q = qnorm(1 - 0.025, mean = 0, sd = 1) %>% round(2)

# 결과 확인
cat("z = ", q)
```

```
z =  1.96
```

[예제 4-4]는 정규분포의 확률을 구하는 문제이므로 [코드 A-75]처럼 입력하자. 마지막 줄은 표준화가 유효한지 확인하기 위해 추가했다.

코드 A-75

```r
# 정규분포 확률 계산
p_N = 1 - pnorm(75, mean = 60, sd = 10)
p_Z = 1 - pnorm((75-60) / 10 , mean = 0, sd = 1)

# 두 값이 일치하는지 확인
cat("p_N = p_Z :", p_Z == p_N, "\n")
```

```
p_N = p_Z : TRUE
```

따라서 [예제 4-4]의 답은 [코드 A-76]의 실행결과와 동일하다.

코드 A-76

```r
# 결과 확인
cat("p(X > 75) = ", p_N %>% round(4))
```

```
p(X > 75) =  0.0668
```

이항분포 확률

R에서는 dbinom(), pbinom(), qbinom() 함수를 이용하여 이항분포 확률과 백분위수를 계산할 수 있다. dbinom() 함수는 이항분포의 확률질량함숫값, 즉 특정한 한 값에서의 확률을 계산한다.

이항분포 확률을 계산하는 문제인 [예제 4-7]을 풀기 위해 [코드 A-77]과 같이 작성한다. [코드 A-77]의 실행결과는 [예제 4-7(a)]의 답이다.

코드 A-77

```
# 이항분포 확률 계산
p_1 = dbinom(0, size = 20, prob = 0.2)
p_2 = pbinom(6, size = 20, prob = 0.2) - pbinom(3, size = 20, prob = 0.2)
p_3 = 1 - pbinom(1, size = 20, prob = 0.2)

# 결과 확인
cat("p(X = 0) = ", p_1 %>% round(3), "\n")
```

```
p(X = 0) =  0.012
```

[예제 4-7(b)]와 [예제 4-7(c)]의 각 답은 [코드 A-78]의 실행결과와 동일하다.

코드 A-78

```
cat("p(4 <= X <= 6) = ", p_2 %>% round(3), "\n")
cat("p(X >= 2) = ", p_3%>% round(3))
```

```
> cat("p(4 <= X <= 6) = ", p_2 %>% round(3), "\n")
p(4 <= X <= 6) =  0.502
> cat("p(X >= 2) = ", p_3%>% round(3))
p(X >= 2) =  0.931
```

중심극한정리

(0, 1)에서 균등분포를 따르는 난수 y_i를 10개 생성한 후, 다음과 같은 평균 $\bar{y} = \frac{1}{10}\sum_{i=1}^{10} x_i$를 구하는 과정을 100번 반복한다. [코드 A-79]와 같이 입력하면 이들 100개의 평균값에 대한 히스토그램을 작성할 수 있다. (0, 1)에서 균등분포를 따르는 난수는 runif() 함수로 생성한다. 참고로 난수를 생성할 때 시드(seed)를 고정했다. 이는 **재현성**(reproducibility)을 확보하기 위함인데, 시드를 고정하면 동일한 난수가 생성되므로 동일한 코드와 데이터로 분석을 수행할 때마다 항상 동일한 결과를 얻는다.

코드 A-79

```
library(ggplot2)
averages <- numeric(100)
```

```
# 난수 생성을 위한 시드 설정
set.seed(25)

for (i in 1:100) {
  temp <- 0
  for (j in 1:10) {
    x <- runif(1, min = 0, max = 1)  # (0, 1)에서 균등분포를 따르는 난수 한 개 생성
    temp <- temp + x
  }
  averages[i] <- mean(temp)
}

# 히스토그램 생성
ggplot(data.frame(averages), aes(x = averages)) +
  geom_histogram(aes(y = ..density..), bins = 10, color="black") +
  stat_function(fun = dnorm, args = list(mean = mean(averages), sd = sd(averages)),
                color = "black", size = 1) +
  labs(x = "Sample Means", y = "Density") +
  theme_bw()
```

정규분포 분위수대조도

정규분포 $N(2, 3^2)$을 따르는 난수 100개를 생성하고, 이들에 대한 분위수대조도를 그려보자.

코드 A-80

```
# 패키지 로드
# install.packages("qqplotr")
library(qqplotr)
library(ggplot2)

# 난수 생성을 위한 시드 설정
set.seed(1)

# 난수 생성
x <- rnorm(100, mean = 2, sd = 3)  # N(2, 3^2)을 따르는 난수 100개 생성
# ggplot을 그리기 위해 데이터 프레임으로 변환
x <- data.frame(sample = x)

# 분위수대조도 생성
ggplot(x, aes(sample = sample)) +
  stat_qq_point(color = "black") +
  stat_qq_line(color = "black") +
  labs(title = "", x = "", y = "") +      # 라벨 제거
  theme_bw() +
```

```
theme(axis.ticks.x = element_blank(),   # x축 tick marker 제거
      axis.ticks.y = element_blank(),   # y축 tick marker 제거
      axis.text = element_blank()       # 축 눈금값 제거
      )
```

A.5 5장 통계적 추론 실습

신뢰구간

[예 5-2]와 동일한 방법으로 모평균이 0, 모표준편차가 10인 정규모집단에서 표본 25개를 생성하여 신뢰구간을 구하는 과정을 20번 반복한다. 이렇게 구한 신뢰구간 20개 중 모평균 0을 포함하는 신뢰구간의 개수를 구해보자. [코드 A-81]과 같이 시드를 설정하면 모평균 0을 포함하는 신뢰구간이 총 18개 있음을 알 수 있다.

코드 A-81

```
# 시드 설정
set.seed(1234)

# 데이터 및 모수 설정
mu <- 0
sigma <- 10
n <- 25

x <- seq(mu - 4 * sigma, mu + 4 * sigma, length = 1000)
y <- dnorm(x, mean = mu, sd = sigma)
df1 <- data.frame(x = x, y = y)

# 빈 데이터 프레임 생성
ci_data <- data.frame(
  id = 1:20,
  lower = rep(NA, 20),
  upper = rep(NA, 20),
  mean = rep(NA, 20)
)

# 시뮬레이션을 통한 신뢰구간 계산
for (i in 1:20) {
  sampled <- rnorm(n, mean = mu, sd = sigma)
  sample_mean <- mean(sampled)
  error_margin <- 1.645 * sigma / sqrt(n)
```

```
  ci_data$lower[i] <- sample_mean - error_margin
  ci_data$upper[i] <- sample_mean + error_margin
  ci_data$mean[i] <- sample_mean
}

# 모평균 0을 포함하는 신뢰구간의 개수
num <- sum(ci_data$lower < mu & ci_data$upper > mu)

# 결과 확인
cat("모평균 0을 포함하는 신뢰구간의 개수: ", num)
```

```
모평균 0을 포함하는 신뢰구간의 개수:  18
```

[코드 A-82]와 같이 입력하면 신뢰구간이 모평균 0을 포함하는지를 시각적으로 확인할 수 있다. 실행결과는 [그림 5-2(b)]와 같다.

코드 A-82

```
# 그림으로 확인
ggplot(ci_data, aes(x = id)) +
  geom_segment(aes(x = lower, xend = upper, y = id, yend = id), size = 0.5) +
  geom_point(aes(x = mean, y = id), size = 0.7) +
  geom_vline(xintercept = mu, linetype = "dashed") +
  labs(x = NULL, y = NULL) +
  theme_bw()
```

가설검정

4장에서 배운 내용을 이용하여 P 값을 이용한 가설검정을 수행할 수 있다. 또한 기각역을 구하여 관측된 검정통계량이 기각역에 속하는지 확인하는 방법으로도 가설검정을 수행할 수 있다.

먼저 단측검정을 다루는 [예제 5-4]에서 P 값을 구해 가설검정을 수행해보자. [코드 A-83]과 같이 입력한다.

코드 A-83

```
# 패키지 로드
library(dplyr)

# 데이터 입력
bar_x <- 38000
n <- 100
```

```
# 귀무가설하에서 모수 설정
mu_0 <- 37000
sigma <- 5000

# P 값 계산
P <- 1 - pnorm(bar_x, mean = mu_0, sd = sigma / sqrt(n))
P <- P %>% round(4)
```

[코드 A-84]와 같이 입력하면 가설검정 결과를 확인할 수 있다.

코드 A-84

```
# 결과 확인
cat("P 값:", P, "\n")
cat("P 값", P, "이 0.05보다 작으므로 귀무가설을 기각한다.")
```

```
> cat("P 값:", P, "\n")
P 값: 0.0228
> cat("P 값", P, "이 0.05보다 작으므로 귀무가설을 기각한다.")
P 값 0.0228 이 0.05보다 작으므로 귀무가설을 기각한다.
```

이번에는 양측검정을 다루는 [예제 5-5]에서 P 값을 구해 가설검정을 수행해보자. 먼저 [코드 A-85]와 같이 입력한다.

코드 A-85

```
# 데이터 입력
bar_x <- 0.8404
n <- 3

# 귀무가설하에서 모수 설정
mu_0 <- 0.85
sigma <- 0.0123

# z 값 계산
z <- (bar_x - mu_0) / (sigma / sqrt(n))
z <- z %>% round(2)

# P 값 계산
P <- 2 * pnorm(z)
P <- P %>% round(4)
```

[코드 A-86]과 같이 입력하면 가설검정 결과를 확인할 수 있다.

코드 A-86

```
# 결과 확인
cat("P 값:", P, "\n")
cat("P 값", P, "이 0.05보다 크므로 귀무가설을 기각하지 않는다.")
```

```
> cat("P 값:", P, "\n")
P 값: 0.177
> cat("P 값", P, "이 0.05보다 크므로 귀무가설을 기각하지 않는다.")
P 값 0.177 이 0.05보다 크므로 귀무가설을 기각하지 않는다.
```

단측검정을 다루는 [예제 5-6]에서 기각역을 구해 가설검정을 수행해보자. [코드 A-87]과 같이 입력하면 임곗값을 확인할 수 있다.

코드 A-87

```
# 귀무가설하에서 모수 설정
mu_0 <- 30
sigma <- 5
n <- 50

# 기각역의 임곗값(critical value) 계산
z_alpha <- qnorm(1-alpha)
z_alpha <- z_alpha %>% round(3)
critical_value <- - z_alpha

# 관측된 검정통계량 계산
bar_x <- 28.5
z <- (bar_x - mu_0) / (sigma / sqrt(n))
z <- z %>% round(3)

# 결과 확인
cat("임곗값:", critical_value, "\n")
```

```
임곗값: -1.645
```

[코드 A-88]과 같이 입력하면 표본평균의 관측값과 검정 결과를 출력할 수 있다.

코드 A-88

```
cat("검정통계량:", z, "\n")
cat("검정통계량", z, "이 임곗값", critical_value, "보다 작으므로 귀무가설을
기각한다.")
```

```
> cat("검정통계량:", z, "\n")
검정통계량: -2.121
```

```
> cat("검정통계량", z, "이 임곗값", critical_value, "보다 작으므로 귀무가설을
기각한다.")
검정통계량 -2.121 이 임곗값 -1.645 보다 작으므로 귀무가설을 기각한다.
```

양측검정을 다루는 [예제 5-7]에서 기각역을 구해 가설검정을 수행해보자. [코드 A-89]와 같이 입력하면 임곗값을 확인할 수 있다.

코드 A-89

```
# 귀무가설하에서 모수 설정
mu_0 <- 55
sigma <- 0.9
n <- 9

# 기각역의 임곗값(critical value) 계산
alpha <- 0.01
critical_value <- qnorm(alpha/2)
critical_value <- critical_value %>% round(3)

# 관측된 검정통계량 계산
bar_x <- 55.63
z <- (bar_x - mu_0) / (sigma / sqrt(n))
z <- z %>% round(1)

# 결과 확인
cat("임곗값:", critical_value, abs(critical_value), "\n")
```

```
임곗값: -2.576 2.576
```

[코드 A-90]과 같이 입력하면 표본평균의 관측값과 검정 결과를 출력할 수 있다.

코드 A-90

```
cat("검정통계량:", z, "\n")
cat("검정통계량", z, "이 임곗값 사이에 존재하므로 귀무가설을 기각하지 않는다.")
```

```
> cat("검정통계량:", z, "\n")
검정통계량: 2.1
> cat("검정통계량", z, "이 임곗값 사이에 존재하므로 귀무가설을 기각하지 않는다.")
검정통계량 2.1 이 임곗값 사이에 존재하므로 귀무가설을 기각하지 않는다.
```

A.6 6장 분포에 관한 추론 실습

모평균에 관한 추론

모표준편차 σ가 알려지지 않았다면 모평균 μ에 대한 추론은 t 분포를 이용하여 수행할 수 있다. R에서는 t.test() 함수를 이용하여 t 분포에 기반한 모평균 추론을 수행한다. 또한 P 값과 신뢰구간을 계산하기 위해 pt(), qt() 함수를 이용할 수 있다.

[예제 6-1]은 t 분포를 이용하여 모평균에 대한 신뢰구간을 구하는 문제이다. 자료의 정규성을 확인하기 위해 먼저 분위수대조도를 생성하는 코드인 [코드 A-91]을 입력한다. [코드 A-91]의 실행결과는 [그림 6-1]과 같다.

코드 A-91

```
# 패키지 로드
library(ggplot2)

# 데이터 입력
tree_cnt <- data.frame(x =  c(43, 28, 23, 18, 46, 39, 40, 43, 36, 25, 26, 28,
                              20, 22, 17, 26, 17, 12, 16, 35, 37, 12, 32, 47,
                              20, 25, 13, 20, 46, 23, 37, 29, 23, 37, 34, 27,
                              33, 29, 24, 19, 37, 23, 37, 28, 27, 35, 30, 26,
                              33, 35)
                       )

n <- length(tree_cnt$x)

# 통계량 계산
mean <- mean(tree_cnt$x)
sd <- sd(tree_cnt$x)

# 분위수대조도 생성
ggplot(tree_cnt, aes(sample = x)) +
  stat_qq_point(color = "black") +
  stat_qq_line(color = "black") +
  labs(title = "", x = "", y = "") +     # 라벨 제거
  theme_bw() +
  theme(axis.ticks.x = element_blank(), # x축 tick marker 제거
        axis.ticks.y = element_blank(), # y축 tick marker 제거
        axis.text = element_blank()     # 축 눈금값 제거
        )
```

[코드 A-92]와 같이 t.test() 함수를 이용하여 신뢰구간을 구할 수 있다.

코드 A-92

```
# 신뢰구간 계산
alpha <- 0.01
ci <- t.test(tree_cnt$x, conf.level = 1-alpha)$conf.int %>% round(3)

# 결과 확인
cat("신뢰구간: (", ci[1],",", ci[2],")", "\n")
```

```
신뢰구간: ( 25.294 , 32.226 )
```

[코드 A-93]과 같이 qt() 함수를 이용해도 신뢰구간을 구할 수 있다.

코드 A-93

```
# 백분위수 계산
t_alpha <- qt(1-alpha/2, df = n-1)

# 신뢰구간 계산
ci <- c(mean - t_alpha * sd / sqrt(n), mean + t_alpha * sd / sqrt(n)) %>% round(3)

# 결과 확인
cat("신뢰구간: (", ci[1],",", ci[2],")", "\n")
```

```
신뢰구간: ( 25.294 , 32.226 )
```

[코드 A-92], [코드 A-93]의 실행결과와 [예제 6-1]의 답이 다른 이유는 [부록 C]의 t 분포표를 활용하는 방식에 차이가 있기 때문이다. [코드 A-92], [코드 A-93]은 자유도 50인 t 분포의 백분위수 값으로 근사하지 않고 자유도 49인 t 분포의 백분위수를 직접 사용했다는 차이점이 있다.

[예제 6-2]는 t 분포를 이용하여 모평균에 대한 가설검정을 수행하는 문제이다. 자료의 정규성을 확인하기 위해 먼저 분위수대조도를 생성하는 코드인 [코드 A-94]를 입력한다. [코드 A-94]의 실행결과는 [그림 6-2]와 같다.

코드 A-94

```
# 패키지 로드
library(dplyr)

# 데이터 입력
time <- data.frame(x = c(2000, 1975, 1900, 2000, 1950, 1850, 1950, 2100, 1975))

n <- length(time$x)
```

```
# 통계량 계산
mean <- mean(time$x)
sd <- sd(time$x)

# 검정통계량의 관측값 계산
t_0 <- ((mean - 1950) / (sd / sqrt(n))) %>% round(3)

# 정규분포 분위수대조도 생성
ggplot(time, aes(sample = x)) +
  stat_qq_point(color = "black") +
  stat_qq_line(color = "black") +
  labs(title = "", x = "", y = "") +      # 라벨 제거
  theme_bw() +
  theme(axis.ticks.x = element_blank(), # x축 tick marker 제거
        axis.ticks.y = element_blank(), # y축 tick marker 제거
        axis.text = element_blank()     # 축 눈금값 제거
        )
```

[코드 A-95]와 같이 t.test() 함수를 이용해 P 값을 계산할 수 있다.

코드 A-95

```
# P 값 계산
P <- t.test(time$x, mu = 1950, alternative = "greater")$p.value %>% round(3)

# 결과 확인
cat("P 값:", P, "\n")
```

```
P 값: 0.246
```

[코드 A-96]과 같이 pt() 함수를 이용해도 P 값을 계산할 수 있다.

코드 A-96

```
# P 값 계산
P2 <- (1 - pt(t_0, df = n-1)) %>% round(3)

# 결과 확인
cat("P 값:", P2, "\n")
```

```
P 값: 0.247
```

참고로 소수점 올림, 내림 등의 계산 방식에 따라 일부 결괏값이 약간 다를 수 있다.

대응비교

R에서 대응비교를 수행하려면 t.test() 함수에 paired = TRUE 옵션을 설정하면 된다. [예제 6-4]는 대응비교를 통해 모평균에 대한 신뢰구간을 구하는 문제이다. 이를 풀기 위해 먼저 [코드 A-97]과 같이 입력한다.

코드 A-97

```
library(qqplotr)

# 데이터 입력
painkiller <- data.frame(
  A = c(4.8, 4.0, 5.8, 4.9, 5.3, 7.4),
  B = c(4.0, 4.2, 5.2, 4.9, 5.6, 7.1)
)

diff <- data.frame(diff = painkiller$A - painkiller$B)

n <- length(diff$diff)

# 통계량 계산
mean <- mean(diff$diff)
sd <- sd(diff$diff)
```

[코드 A-98]과 같이 qt() 함수를 이용해 신뢰구간을 계산할 수 있다.

코드 A-98

```
# 백분위수 계산
alpha <- 0.05
t_alpha <- qt(1 - alpha / 2, df = n - 1)

# 신뢰구간 계산
ci <- c(mean - t_alpha * sd / sqrt(n), mean + t_alpha * sd / sqrt(n)) %>% round(2)

# 결과 확인
cat("신뢰구간: (", ci[1],",", ci[2],")", "\n")
```

```
신뢰구간: ( -0.26 , 0.66 )
```

[코드 A-99]와 같이 t.test() 함수를 이용해도 신뢰구간을 계산할 수 있다.

코드 A-99

```
# 신뢰구간 계산
ci_2 <- t.test(diff$diff, conf.level = 1-alpha)$conf.int %>% round(2)
```

```r
# 결과 확인
cat("신뢰구간: (", ci_2[1],",", ci_2[2],")", "\n")
```

```
신뢰구간: ( -0.26 , 0.66 )
```

t.test() 함수에 paired = TRUE 옵션을 주고 신뢰구간을 계산하는 방법은 [코드 A-100]과 같다.

코드 A-100

```r
# 신뢰구간 계산
ci_3 <- t.test(painkiller$A, painkiller$B, paired = TRUE, conf.level =
1-alpha)$conf.int %>% round(2)

# 결과 확인
cat("신뢰구간: (", ci_3[1],",", ci_3[2],")", "\n")
```

```
신뢰구간: ( -0.26 , 0.66 )
```

[표 6-2]의 자료를 이용해 [예제 6-5]의 모평균을 비교하는 가설설정을 수행해보자. pt() 함수를 이용하여 P 값을 계산하려면 [코드 A-101]과 같이 입력한다.

코드 A-101

```r
# 데이터 입력
kcal <- data.frame(
  un_equip = c(23.9, 23.9, 20.0, 19.2, 22.2, 11.8, 21.7, 27.7, 15.6, 22.5, 23.2,
               19.3, 15.2, 10.0, 11.2),
  equip = c(25.2, 28.2, 24.9, 20.2, 19.7, 16.9, 22.6, 20.8, 23.8, 18.3, 23.7, 22.5,
            16.2, 12.1, 22.5)
)

diff <- data.frame(diff = kcal$un_equip - kcal$equip)

n <- length(diff$diff)

# 통계량 계산
mean <- mean(diff$diff) %>% round(2)
sd <- sd(diff$diff) %>% round(2)

t_d <- ((mean - 0) / (sd / sqrt(n))) %>% round(2)

# P 값 계산
P <- pt(t_d, df = n - 1) %>% round(3)
```

```
# 결과 확인
cat("P 값:", P, "\n")
```

```
P 값: 0.056
```

t.test() 함수에 paired = TRUE 옵션을 주고 P 값을 계산하려면 [코드 A-102]와 같이 입력한다.

코드 A-102

```
# P 값 계산
P2 <- t.test(kcal$un_equip, kcal$equip, paired = TRUE, alternative =
'less')$p.value %>% round(3)

# 결과 확인
cat("P 값:", P2, "\n")
```

```
P 값: 0.055
```

이표본에 의한 모평균의 비교

R에서 이표본을 이용해 모평균을 비교하려면 t.test() 함수를 사용할 수 있다. 이때 var.equal 옵션을 이용하면 두 모집단의 분산이 동일하다(공통분산)는 가정을 설정할 수 있다.

이표본에 의한 모평균을 비교하는 [예제 6-7]을 코드로 구현해보자.

참고로 [코드 A-103]은 한글 출력을 위한 코드이다. 윈도 환경에 맞게 작성되었으며, Mac OS나 리눅스 환경에서는 정상적으로 작동하지 않을 수 있으므로 주의해야 한다.

코드 A-103

```
# 필요한 패키지 설치
# install.packages("showtext")
library(showtext)

# Google Fonts에서 한글 폰트 추가(예: Noto Sans KR)
font_add_google(name = "Noto Sans KR", family = "notosans")
showtext_auto(enable = TRUE)  # showtext 활성화
```

[코드 A-104]를 실행하면 [예제 6-7]의 데이터를 입력하고 오프라인 자료에 대한 분위수대조도를 생성한다.

코드 A-104

```
# 데이터 입력
off = c(169, 206, 257, 294, 252, 283, 240, 207, 230, 183, 298, 269, 256, 277, 300,
        126, 318, 184)
on = c(289, 334, 278, 268, 336, 438, 388, 388, 394, 394, 425, 386, 356, 342, 305, 365,
       355, 312, 209, 458)

# 각 자료별 정규분포 분위수대조도 생성
ggplot(data.frame(off = off), aes(sample = off)) +
  stat_qq_point(color = "black") +
  stat_qq_line(color = "black") +
  labs(title = "오프라인", x = "", y = "") +  # 라벨 제거
  theme_bw() +
  theme(axis.ticks.x = element_blank(),       # x축 tick marker 제거
        axis.ticks.y = element_blank(),       # y축 tick marker 제거
        axis.text = element_blank(),          # 축 눈금값 제거
        plot.title = element_text(size=20)    # 제목 크기 설정
        )
```

[코드 A-105]를 실행하면 온라인 자료에 대한 분위수대조도를 생성한다. 참고로 마지막 줄은 한글 폰트를 비활성화하는 코드인데, 다른 그림을 그릴 때 점과 라벨의 비율이 이상해지는 문제를 방지하기 위함이다.

코드 A-105

```
ggplot(data.frame(on = on), aes(sample = on)) +
  stat_qq_point(color = "black") +
  stat_qq_line(color = "black") +
  labs(title = "온라인", x = "", y = "") +  # 라벨 제거
  theme_bw() +
  theme(axis.ticks.x = element_blank(),     # x축 tick marker 제거
        axis.ticks.y = element_blank(),     # y축 tick marker 제거
        axis.text = element_blank(),        # 축 눈금값 제거
        plot.title = element_text(size=20)  # 제목 크기 설정
        )

# showtext 비활성화
showtext_auto(enable = FALSE)
```

통계량과 검정통계량을 계산하여 검정을 수행하려면 [코드 A-106]과 같이 입력한다.

코드 A-106

```
n_off <- length(off)
n_on <- length(on)
```

```
# 통계량 계산
mean_off <- mean(off)
mean_on <- mean(on)
sd_off <- sd(off)
sd_on <- sd(on)

# 검정통계량 계산
t_0 <- (mean_off - mean_on) / sqrt((sd_off^2 / n_off) + (sd_on^2 / n_on))

# 자유도 계산
df <- ((sd_off^2 / n_off + sd_on^2 / n_on)^2) / (((sd_off^2 / n_off)^2 / (n_off - 1))
+ ((sd_on^2 / n_on)^2 / (n_on - 1)))

# 임겟값 계산
alpha <- 0.05
t_alpha <- qt(1-alpha, df = df) %>% round(3)
critical_value <- - t_alpha

# 결과 확인
cat("임곗값:", critical_value, "\n")
cat("검정통계량:", t_0 %>% round(3), "\n")
cat("검정통계량", t_0 %>% round(3), "이 기각역에 포함되므로 귀무가설을 기각한다.")
```

```
> cat("임곗값:", critical_value, "\n")
임곗값: -1.688
> cat("검정통계량:", t_0 %>% round(3), "\n")
검정통계량: -5.875
> cat("검정통계량", t_0 %>% round(3), "이 기각역에 포함되므로 귀무가설을
기각한다.")
검정통계량 -5.875 이 기각역에 포함되므로 귀무가설을 기각한다.
```

[코드 A-107]과 같이 pt() 함수를 이용해 P 값을 계산할 수 있다.

코드 A-107

```
# P 값 계산
P <- pt(t_0, df = df)

# 결과 확인
cat("P 값:", P, "\n")
```

```
P 값: 5.155319e-07
```

[코드 A-108]과 같이 t.test() 함수를 이용해도 P 값을 계산할 수 있다.

코드 A-108

```
# P 값 계산
P2 <- t.test(off, on, var.equal = F, alternative = 'less')$p.value

# 결과 확인
cat("P 값:", P2, "\n")
```

```
P 값: 5.155319e-07
```

[예제 6-8]은 두 모집단의 분산이 동일하다고 가정하여 이표본에 의한 모평균의 비교를 수행하는 문제이다. 이를 풀기 위해 먼저 [코드 A-109]와 같이 입력한다.

코드 A-109

```
# 데이터 입력
datum <- data.frame(
  sema = c(5.12, 4.87, 5.64, 5.01, 5.49, 5.25),
  placebo = c(3.62, 3.98, 4.14, 3.25, 4.42, 3.60)
)

# 통계량 계산
mean_sema <- mean(datum$sema) %>% round(2)
mean_placebo <- mean(datum$placebo) %>% round(2)
sd_sema <- sd(datum$sema) %>% round(2)
sd_placebo <- sd(datum$placebo) %>% round(2)

n_sema <- length(datum$sema)
n_placebo <- length(datum$placebo)

# 합동 표본표준편차 계산
s_p <- sqrt(((n_sema - 1) * sd_sema^2 + (n_placebo - 1) * sd_placebo^2) / (n_sema +
n_placebo - 2))

# 검정통계량 계산
t_0 <- (mean_sema - mean_placebo) / (s_p * sqrt(1/n_sema + 1/n_placebo))
```

[코드 A-110]과 같이 pt() 함수를 이용해 P 값을 계산할 수 있다. 여기서 P 값이 매우 작아 round() 함수로 소수점 넷째 자리에서 반올림한 결과가 0이 되었다.

코드 A-110

```
# P 값 계산
P <- 2*min(pt(t_0, df = n_sema + n_placebo - 2), 1-pt(t_0, df = n_sema + n_placebo
- 2))
```

```
# 결과 확인
cat("P 값:", P %>% round(3), "\n")
```

```
P 값: 0
```

[코드 A-111]과 같이 t.test() 함수를 이용해도 P 값을 계산할 수 있다.

코드 A-111

```
# P 값 계산
P2 <- t.test(datum$sema, datum$placebo, var.equal = T, alternative =
'two.sided')$p.value

# 결과 확인
cat("P 값:", P2 %>% round(3), "\n")
```

```
P 값: 0
```

[코드 A-112]와 같이 qt() 함수를 이용해 백분위수와 신뢰구간을 계산할 수 있다.

코드 A-112

```
# 백분위수 계산
alpha <- 0.05
t_alpha_2 <- qt(1-alpha/2, df = n_sema + n_placebo - 2) %>% round(3)

# 신뢰구간 계산
ci <- c(mean_sema - mean_placebo - t_alpha_2 * s_p * sqrt(1/n_sema + 1/n_placebo),
        mean_sema - mean_placebo + t_alpha_2 * s_p * sqrt(1/n_sema + 1/n_placebo))
      %>% round(2)

# 결과 확인
cat("백분위수:", t_alpha_2, "\n",
    "신뢰구간: (", ci[1], ",", ci[2], ")")
```

```
백분위수: 2.228
신뢰구간: ( 0.93 , 1.85 )
```

모분산에 관한 추론

모분산 또는 모분산 비율에 대한 추론은 각각 χ^2 분포와 F 분포를 이용하여 수행할 수 있다. R에서는 pchisq(), qchisq() 함수를 사용해 χ^2 분포의 확률값과 백분위수를 계산하고, pf(), qf() 함수를 사용해 F 분포의 확률값과 백분위수를 계산할 수 있다. 또한 var.test() 함수를 이용하여 모분산

비율에 관한 추론을 수행할 수 있다.

[예제 6-9]는 모분산에 관한 추론을 수행하는 문제이다. 이를 풀기 위해 먼저 [코드 A-113]과 같이 입력한다.

코드 A-113

```
# 데이터 입력
coffee <- data.frame(
  gram = c(11.15, 9.62, 9.83, 10.85, 12.66, 9.51, 11.23, 9.38, 9.11, 8.56)
)

n <- length(coffee$gram)

# 통계량 계산
mean <- mean(coffee$gram)
sd <- sd(coffee$gram) %>% round(2)

# 검정통계량 계산
chi_0 <- ((n - 1) * sd^2 / 1.5^2) %>% round(2)
```

[코드 A-114]와 같이 pchisq() 함수를 이용해 P 값을 계산할 수 있다.

코드 A-114

```
# P 값 계산
P <- 1 - pchisq(chi_0, df = n - 1)

# 결과 확인
cat("P 값:", P %>% round(2), "\n")
```

```
P 값: 0.72
```

[코드 A-115]와 같이 qchisq() 함수를 이용해 백분위수, 모분산 신뢰구간, 모표준편차 신뢰구간을 계산할 수 있다.

코드 A-115

```
# 백분위수 계산
alpha <- 0.1
chi_alpha_2 <- qchisq(1 - alpha / 2, df = n - 1) %>% round(2)
chi_1_alpha_2 <- qchisq(alpha / 2, df = n - 1) %>% round(2)

# 신뢰구간 계산
ci <- c(( (n - 1) * sd^2) / chi_alpha_2, ((n - 1) * sd^2) / chi_1_alpha_2 ) %>%
round(3)
```

```
# 결과 확인
cat("백분위수:", chi_1_alpha_2, chi_alpha_2, "\n",
    "모분산 신뢰구간: (", ci[1], ",", ci[2], ")", "\n",
    "모표준편차 신뢰구간: (", sqrt(ci[1]) %>% round(2), ",", sqrt(ci[2]) %>%
round(2), ")")
```

```
백분위수: 3.33 16.92
모분산 신뢰구간: ( 0.818 , 4.156 )
모표준편차 신뢰구간: ( 0.9 , 2.04 )
```

[예제 6-10]은 모표준편차의 비에 관한 추론을 수행하는 문제이다. 이를 풀기 위해 먼저 [코드 A-116]과 같이 입력한다.

코드 A-116

```
# 데이터 입력
datum <- data.frame(
  Epoxy = c(1.75, 2.12, 2.05, 1.97),
  MMA = c(1.77, 1.59, 1.70, 1.69)
)

n_epoxy <- length(datum$Epoxy)
n_mma <- length(datum$MMA)

# 통계량 계산
mean_epoxy <- mean(datum$Epoxy) %>% round(2)
mean_mma <- mean(datum$MMA) %>% round(2)
sd_epoxy <- sd(datum$Epoxy) %>% round(3)
sd_mma <- sd(datum$MMA) %>% round(3)

# 검정통계량 계산
f_0 <- (sd_epoxy^2 / sd_mma^2) %>% round(3)
```

[코드 A-117]과 같이 pf() 함수를 이용해 P 값을 계산할 수 있다.

코드 A-117

```
# P 값 계산
P <- min(2 * pf(f_0, df1 = n_epoxy - 1, df2 = n_mma - 1),
         2 * (1 - pf(f_0, df1 = n_epoxy - 1, df2 = n_mma - 1))) %>% round(3)

# 결과 확인
cat("P 값:", P, "\n")
```

```
P 값: 0.237
```

[코드 A-118]과 같이 var.test() 함수를 이용해도 P 값을 계산할 수 있다.

코드 A-118

```
# P 값 계산
P2 <- var.test(datum$Epoxy, datum$MMA)$p.value
P2 <- P2 %>% round(3)

# 결과 확인
cat("P 값:", P2, "\n")
```

```
P 값: 0.236
```

참고로 [코드 A-117]에서 pf() 함수를 사용할 때 [예제 6-10]의 Epoxy와 MMA의 평균, 표준편차 및 F 통계량 값을 동일하게 맞추기 위해 소수점 3~4번째 자리에서 반올림을 수행했다. 이에 따라 pf() 함수를 사용해 계산한 P 값과 var.test() 함수를 사용해 계산한 P 값이 약간 다르게 나타날 수 있다.

[코드 A-119]와 같이 qf() 함수를 이용해 백분위수, 모분산 비율 신뢰구간, 모표준편차 비율 신뢰구간을 계산할 수 있다.

코드 A-119

```
# 백분위수 계산
alpha <- 0.05
f_alpha_2 <- qf(1 - alpha/2, df1 = n_epoxy - 1, df2 = n_mma - 1) %>% round(3)

# 신뢰구간 계산
ci <- c((sd_epoxy^2 / sd_mma^2) / f_alpha_2, (sd_epoxy^2 / sd_mma^2) * f_alpha_2)
%>% round(3)

# 결과 확인
cat("백분위수:", f_alpha_2, "\n",
    "모분산 비율 신뢰구간: (", ci[1], ",", ci[2], ")", "\n",
    "모표편차 비율 신뢰구간: (", sqrt(ci[1]) %>% round(3), ",", sqrt(ci[2]) %>%
round(3), ")")
```

```
백분위수: 15.439
모분산 비율 신뢰구간: ( 0.303 , 72.176 )
모표편차 비율 신뢰구간: ( 0.550 , 8.496 )
```

[코드 A-120]과 같이 var.test() 함수를 이용해도 신뢰구간을 계산할 수 있다.

코드 A-120

```
# 신뢰구간 계산
ci_2 <- var.test(datum$Epoxy, datum$MMA)$conf.int %>% round(3)

# 결과 확인
cat("모분산 비율 신뢰구간: (", ci_2[1], ",", ci_2[2], ")", "\n",
    "모표편차 비율 신뢰구간: (", sqrt(ci_2[1]) %>% round(3), ",", sqrt(ci_2[2]) %>%
round(3), ")")
```

```
모분산 비율 신뢰구간: ( 0.304 , 72.417 )
모표편차 비율 신뢰구간: ( 0.551 , 8.51 )
```

A.7 7장 이산자료의 분석 실습

모비율의 추정과 검정

R에서 모비율에 대한 추론은 이항분포를 이용하여 수행한다. 이항분포와 관련된 값들은 dbinom(), pbinom(), qbinom() 함수를 이용하여 구할 수 있다. 정규근사 후의 계산은 4장에서 배운 확률 개념을 이용하여 수행할 수 있으므로 생략한다.

[예제 7-3]은 모비율의 유의성검정을 수행하는 문제이다. *P* 값을 구하기 위해 [코드 A-121]과 같이 입력한다.

코드 A-121

```
# 패키지 로드
library(dplyr)

# 데이터 입력
n <- 20
x <- 3
p_0 <- 0.05

# P 값 계산
P <- 1 - pbinom(x - 1, size = n, prob = p_0)

# 결과 확인
cat("P 값:", P %>% round(3), "\n")
```

```
P 값: 0.075
```

범주형 자료에 의한 여러 모집단의 비교

범주형 자료를 이용한 여러 모집단의 비교는 분할표로 나타낸 뒤 카이제곱분포를 이용하여 근사적으로 수행할 수 있다. R에서는 chisq.test() 함수를 이용하여 분할표로 표현된 자료에 대한 검정을 수행한다.

[예제 7-8]은 여러 개의 이항모집단을 비교하는 문제이다. 먼저 [코드 A-122]와 같이 입력하면 귀무가설 H_0에서 추정 기대도수를 구할 수 있다.

코드 A-122

```
# 데이터 입력
region_1 <- c(198, 202)
region_2 <- c(140, 210)
region_3 <- c(133, 217)

LNG <- rbind(region_1, region_2, region_3)

# 기대도수 확인
chisq.test(LNG)$expected %>% round(2)
```

```
           [,1]   [,2]
region_1 171.27 228.73
region_2 149.86 200.14
region_3 149.86 200.14
```

[코드 A-123]과 같이 입력하면 검정통계량과 P 값을 구할 수 있다.

코드 A-123

```
# 검정 통계량
chi_0 <- chisq.test(LNG)$statistic %>% round(2)

# P 값 계산
P <- chisq.test(LNG)$p.value %>% round(3)

# 결과 확인
cat("검정통계량:", chi_0, ", P 값:", P, "\n")
```

```
검정통계량: 11.75 , P 값: 0.003
```

[예제 7-9]는 다항모집단의 동질성검정을 수행하는 문제이다. 먼저 [코드 A-124]와 같이 입력하면 귀무가설 H_0하에서 추정 기대도수를 구할 수 있다. 이 결과는 [표 7-8]과 동일하다.

코드 A-124

```
# 데이터 입력
region_1 <- c(20, 28, 23, 14, 12)
region_2 <- c(14, 34, 21, 14, 12)
region_3 <- c(4, 12, 10, 20, 53)

pollution <- rbind(region_1, region_2, region_3)

# 기대도수 확인
chisq.test(pollution)$expected %>% round(2)
```

```
          [,1]  [,2]  [,3]  [,4]  [,5]
region_1 12.67 24.67 18.00 16.00 25.67
region_2 12.41 24.16 17.63 15.67 25.14
region_3 12.93 25.18 18.37 16.33 26.20
```

[코드 A-125]와 같이 입력하면 검정통계량과 P 값을 구할 수 있다.

코드 A-125

```
# 검정통계량
chi_0 <- chisq.test(pollution)$statistic %>% round(2)

# P 값 계산
P <- chisq.test(pollution)$p.value

# 결과 확인
cat("검정통계량:", chi_0, ", P 값:", P, "\n")
```

```
검정통계량: 70.64 , P 값: 3.661825e-12
```

범주형 자료에 의한 독립성의 검정

[예제 7-10]은 두 특성의 독립성 검정을 수행하는 문제이다. 먼저 [코드 A-126]과 같이 입력하면 귀무가설 H_0가 참일 때 추정 기대도수를 구할 수 있다.

코드 A-126

```
# 데이터 입력
xs_car <- c(6, 27, 19)
s_car <- c(8, 36, 17)
m_car <- c(21, 45, 33)
l_car <- c(14, 18, 6)

distance <- rbind(xs_car, s_car, m_car, l_car)
```

```
# 기대도수 확인
chisq.test(distance)$expected %>% round(2)
```

```
        [,1]  [,2] [,3]
xs_car 10.19 26.21 15.6
s_car  11.96 30.74 18.3
m_car  19.40 49.90 29.7
l_car   7.45 19.15 11.4
```

[코드 A-127]과 같이 입력하면 검정통계량과 P 값을 구할 수 있다.

코드 A-127

```
# 검정통계량
chi_0 <- chisq.test(distance)$statistic %>% round(2)

# P 값 계산
P <- chisq.test(distance)$p.value %>% round(3)

# 결과 확인
cat("검정통계량:", chi_0, ", P 값:", P, "\n")
```

```
검정통계량: 14.16 , P 값: 0.028
```

A.8 8장 상관분석과 회귀분석 실습

상관분석

R에서 표본상관계수는 cor()를 이용하여 구할 수 있고, 이에 대한 추론은 cor.test() 함수를 이용하여 수행할 수 있다.

[예 8-1]과 [예제 8-1]의 상관분석을 수행하기 위해 먼저 [코드 A-128]과 같이 입력한다. 이 코드의 실행결과는 [그림 8-2]와 같다.

코드 A-128

```
# 패키지 로드
library(ggplot2)
library(dplyr)

# 데이터 불러오기(파일 위치 확인 필요)
bicycle <- read.csv("./stat_data/bicycle.csv")
```

```r
# 열 이름 변경하기
names(bicycle) <- c("distance", "kcal")

# 산점도 생성
ggplot(bicycle, aes(x = distance, y = kcal)) +
  geom_point() +
  labs(title = "", x = "Distnace(km)", y = "kcal") +
  theme_bw()
```

[코드 A-129]와 같이 cor() 함수를 이용해 상관계수를 계산할 수 있다. 실행결과는 [예 8-1]과 동일하다.

코드 A-129

```r
# 데이터 입력
distance <- bicycle$distance
kcal <- bicycle$kcal

# 상관계수 계산
corr <- cor(distance, kcal) %>% round(2)

# 결과 확인
cat("상관계수:", corr, "\n")
```

```
상관계수: 0.86
```

[코드 A-130]과 같이 cor.test() 함수를 이용해 상관계수 유의성검정을 수행할 수 있다.

코드 A-130

```r
# 상관계수 유의성검정
cor.test(distance, kcal)
```

```

	Pearson's product-moment correlation

data:  distance and kcal
t = 7.1593, df = 18, p-value = 1.147e-06
alternative hypothesis: true correlation is not equal to 0
95 percent confidence interval:
 0.6745703 0.9435880
sample estimates:
      cor
0.8602859
```

단순회귀분석의 모형과 적합

R에서 회귀분석은 lm() 함수를 이용하여 수행할 수 있고, 회귀분석의 결과는 summary() 함수를 이용하여 확인할 수 있다.

[예 8-2], [예제 8-2], [예제 8-3], [예제 8-4]는 최고기온과 따뜻한 음료 매출액에 대한 단순회귀분석을 수행하는 문제이다. 회귀분석을 시행하기 위해 [코드 A-131]과 같이 데이터를 입력한다. 이 코드의 실행결과는 [그림 8-3]과 같다.

코드 A-131

```
# 데이터 입력
temp_sale <- read.csv("./stat_data/temp_sale.csv")

# 열 이름 변경하기
names(temp_sale) <- c("temperature", "sales")

# 산점도 생성
ggplot(temp_sale, aes(x = temperature, y = sales)) +
  geom_point() +
  labs(title = "", x = "Temperature", y = "Sales") +
  theme_bw()
```

[코드 A-132]와 같이 lm() 함수를 이용해 회귀분석을 수행할 수 있다.

코드 A-132

```
# 회귀분석
fit <- lm(sales ~ temperature, data = temp_sale)

# 회귀분석 결과 확인
summary(fit)
```

```
Call:
lm(formula = sales ~ temperature, data = temp_sale)

Residuals:
    Min      1Q  Median      3Q     Max 
-5.7109 -2.8793  0.9086  2.7693  5.4220 

Coefficients:
            Estimate Std. Error t value Pr(>|t|)    
(Intercept)  69.7351     2.3386  29.819 4.21e-11 ***
temperature  -0.9388     0.1166  -8.051 1.11e-05 ***
---
Signif. codes:  0 '***' 0.001 '**' 0.01 '*' 0.05 '.' 0.1 ' ' 1
```

```
Residual standard error: 3.939 on 10 degrees of freedom
Multiple R-squared:  0.8663,    Adjusted R-squared:  0.853
F-statistic: 64.81 on 1 and 10 DF,  p-value: 1.114e-05
```

geom_smooth() 함수를 이용하면 산점도에 회귀선을 추가할 수 있다. [코드 A-133]을 확인하라. 실행결과는 [그림 8-5]와 같다.

코드 A-133

```
# 산점도에 회귀선 추가
ggplot(temp_sale, aes(x = temperature, y = sales)) +
  geom_point() +
  geom_smooth(method = "lm", se = F, color = "black") +
  labs(title = "", x = "Temperature", y = "Sales") +
  theme_bw()
```

[코드 A-132]와 같이 lm() 함수로 수행한 회귀분석 결과에 summary() 함수를 적용하면 Residual standard error 값을 얻을 수 있다. 이는 $\hat{\sigma}$ 값에 해당하며, 이 값을 제곱하면 오차분산의 추정량을 구할 수 있다. [코드 A-134]를 확인하라. 실행결과는 [예제 8-3]의 결과와 동일하다.

코드 A-134

```
# 오차분산의 추정량
sigma2_hat <- summary(fit)$sigma^2 %>% round(3)

# 결과 확인
cat("오차분산의 추정량:", sigma2_hat, "\n")
```

```
오차분산의 추정량: 15.517
```

[코드 A-132]와 같이 lm() 함수로 수행한 회귀분석 결과에 summary() 함수를 적용하면 Multiple R-squared 값도 얻을 수 있는데, 이 값이 결정계수 r^2이다. [코드 A-135]를 확인하라. 실행결과는 [예제 8-4]의 결과와 동일하다.

코드 A-135

```
# 결정계수
R2 <- summary(fit)$r.squared %>% round(3)

# 결과 확인
cat("결정계수:", R2, "\n")
```

```
결정계수: 0.866
```

단순회귀분석에서의 추론

[예제 8-5], [예제 8-6], [예제 8-7], [예제 8-8]은 최고기온과 따뜻한 음료 매출액에 대한 단순회귀분석에서의 추론을 수행하는 문제이다. [코드 A-136]은 이에 대한 회귀직선의 유의성검정을 수행하고 분산분석표를 도출하는 코드이다. 실행결과를 [표 8-5]와 비교해보라.

코드 A-136

```
# 데이터 입력
temperature <- temp_sale$temperature
sales <- temp_sale$sales

# SST, SSE, SSR 계산
S_yy <- sum((sales - mean(sales))^2)
S_xy <- sum((temperature - mean(temperature)) * (sales - mean(sales)))
S_xx <- sum((temperature - mean(temperature))^2)

SST <- S_yy
SSR <- S_xy^2 / S_xx
SSE <- SST - SSR

# MSR, MSE 계산
MSR <- SSR / 1
MSE <- SSE / (length(temperature) - 2)

# f 값 계산
f <- MSR / MSE

# P 값 계산
P <- 1 - pf(f, df1 = 1, df2 = length(temperature) - 2)

# 분산분석표 생성
anova <- data.frame(Factor = c("Regression", "Residual", "Total"),
                    DF = c(1, length(temperature) - 2, length(temperature) - 1),
                    Sum_of_Squares = c(SSR, SSE, SST),
                    Mean_Square = c(MSR, MSE, NA),
                    F = c(f, NA, NA),
                    P = c(P, NA, NA))

# 결과 확인
print(anova)
```

```
      Factor  DF  Sum_of_Squares  Mean_Square         F            P
1 Regression   1       1005.6676   1005.66758  64.81108 1.114263e-05
2   Residual  10        155.1691     15.51691        NA           NA
3      Total  11       1160.8367           NA        NA           NA
```

[예제 8-6(a)]는 모회귀계수 β에 대해 귀무가설 $H_0 : \beta = 0$의 검정을 수행하는 문제이다. 이러한 회귀계수에 대한 추론은 summary() 함수의 결과에서 Coefficients 항목을 이용하여 수행할 수 있다. [코드 A-137]을 확인하라.

코드 A-137

```
# 회귀계수에 대한 추론
t_0 <- summary(fit)$coefficients[2, 3]
P <- summary(fit)$coefficients[2, 4]
P <- round(P, 5)

# F 값
f <- summary(fit)$fstatistic[1]

# 결과 확인
cat("t-검정통계량:", t_0 %>% round(3), "\n",
    "t-검정통계량의 제곱:", t_0^2, ", F-검정통계량:", f, "\n",
    "P 값:", P)
```

```
t-검정통계량: -8.051
t-검정통계량의 제곱: 64.81108 , F-검정통계량: 64.81108
P 값: 1e-05
```

[예제 8-6(b)]는 다음과 같은 가설을 검정하는 문제이다.

$$H_0 : \beta = -0.9, \quad H_1 : \beta < -0.9$$

[코드 A-138]과 같이 입력하면 가설검정을 수행할 수 있다.

코드 A-138

```
# 검정통계량
t_0.9 <- (summary(fit)$coefficients[2, 1] + 0.9) / sqrt(sigma2_hat / S_xx)

# P 값 계산
P_0.9 <- pt(t_0.9, df = length(temperature) - 2)

# 결과 확인
cat("t-검정통계량:", t_0.9 %>% round(3), "\n",
    "P 값:", P_0.9 %>% round(3))
```

```
t-검정통계량: -0.332
P 값: 0.373
```

[예제 8-6(c)]는 모회귀계수 β의 신뢰구간을 구하는 문제이다. [코드 A-139]와 같이 qt() 함수를 이용해 신뢰구간을 계산할 수 있다.

코드 A-139

```
# 백분위수 계산
alpha <- 0.05
t_alpha_2 <- qt(1 - alpha / 2, df = length(temperature) - 2)

# 표준오차 계산
SE <- summary(fit)$coefficients[2, 2]

# 신뢰구간 계산
ci <- c(summary(fit)$coefficients[2, 1] - t_alpha_2 * SE,
        summary(fit)$coefficients[2, 1] + t_alpha_2 * SE
        ) %>% round(3)

# 결과 확인
cat("신뢰구간: (", ci[1], ",", ci[2], ")")
```

```
신뢰구간: ( -1.199 , -0.679 )
```

[예제 8-7]은 평균반응 $E(Y \mid X=x)=\alpha+\beta x$에 대한 추론 문제로, 다음 가설검정을 수행한다.

$$H_0: \alpha+25\beta=40, \quad H_1: \alpha+25\beta>40$$

[코드 A-140]과 같이 pt() 함수를 이용해 [예제 8-7(a)]의 가설검정을 수행할 수 있다.

코드 A-140

```
# 검정통계량
n <- length(temperature)
bar_x <- mean(temperature)

t_40 <- (summary(fit)$coefficients[1, 1] + 25 * summary(fit)$coefficients[2, 1] -
40) / sqrt(sigma2_hat * (1 / n + (25 - bar_x)^2 / S_xx))

# P 값 계산
P_40 <- 1 - pt(t_40, df = n - 2)

# 결과 확인
cat("t-검정통계량:", t_40 %>% round(3), "\n",
    "P 값:", P_40 %>% round(3))
```

```
t-검정통계량: 4.373
P 값: 0.001
```

[코드 A-141]과 같이 qt() 함수를 이용해 각각 $x=10$℃, $x=20$℃, $x=30$℃일 때 따뜻한 음료의 평균 매출액(평균반응)에 대한 95% 신뢰구간을 계산할 수 있다. [예제 8-7(b)]의 결과와 비교해보라.

코드 A-141

```
# x = 10, 20, 30일 때의 평균반응에 대한 신뢰구간 계산
x <- c(10, 20, 30)
n <- length(temperature)
bar_x <- mean(temperature)
alpha_hat <- summary(fit)$coefficients[1, 1]
beta_hat <- summary(fit)$coefficients[2, 1]
t_alpha_2 <- qt(1-alpha/2, df = n - 2)
SE <- sqrt(sigma2_hat * (1/n + (x - bar_x)^2 / S_xx))

# 신뢰구간 계산
ci <- data.frame(x = x,
                 lower = alpha_hat + x * beta_hat - t_alpha_2 * SE,
                 upper = alpha_hat + x * beta_hat + t_alpha_2 * SE
                 ) %>% round(3)

# 결과 확인
print(ci)
```

```
   x  lower  upper
1 10 57.147 63.548
2 20 48.346 53.574
3 30 37.458 45.686
```

[코드 A-142]와 같이 geom_smooth() 함수의 se 옵션을 T로 설정하면 [그림 8-8]과 같은 결과를 얻을 수 있다. 여기서 기본값은 신뢰수준 95%이다. 실행결과의 잘록한 띠 모양은 각 x 값이 주어질 때 신뢰구간들의 상한을 연결하고, 하한도 연결한 것이다.

코드 A-142

```
# [표 8-2]의 자료에 대한 산점도와 최소제곱회귀직선, 평균반응의 95% 신뢰구간
ggplot(temp_sale, aes(x = temperature, y = sales)) +
  geom_point() +
  geom_smooth(method = "lm", se = T, color = "black") +
  labs(title = "", x = "Temperature", y = "Sales") +
  theme_bw()
```

[예제 8-8]은 모회귀직선의 절편 α에 대한 추론 문제이다. [코드 A-137]의 모회귀계수 β에 대한 추론과 비슷하게 summary() 함수의 결과를 이용하면 α에 대한 신뢰구간을 구할 수 있다. [코드 A-143]을 확인하라.

코드 A-143

```
# 백분위수 계산
alpha <- 0.05
t_alpha_2 <- qt(1 - alpha / 2, df = length(temperature) - 2)

# 표준오차 계산
SE <- summary(fit)$coefficients[1, 2]

# 신뢰구간 계산
ci <- c(summary(fit)$coefficients[1, 1] - t_alpha_2 * SE,
        summary(fit)$coefficients[1, 1] + t_alpha_2 * SE
        ) %>% round(3)

# 결과 확인
cat("신뢰구간: (", ci[1], ",", ci[2], ")")
```

```
신뢰구간: ( 64.524 , 74.946 )
```

단순회귀분석에서의 잔차분석

회귀분석에서 모형의 적용이 타당한지 판단하기 위해 잔차분석을 수행할 수 있다. 단순회귀분석에서 잔차분석을 수행하는 [예제 8-9]를 구현해보자. 먼저 [코드 A-144]와 같이 데이터를 입력한다.

코드 A-144

```
# 데이터 입력
temperature <- c(-2.2, -1.9, -1.7, -1.3, -0.7, 0.8, 1.8, 3.9, 7.0, 8.0,
                 8.2 , 9.2, 14.2, 14.5, 14.9, 15.2, 16.3, 21.1, 21.1, 21.5,
                 21.8, 22.3, 23.6, 23.6, 24.8)
cost <- c(14.0, 13.1, 14.4, 13.1, 14.8, 12.2, 13.0, 11.3, 10.5, 9.7,
          12.9, 11.3, 10.8, 10.0, 9.9, 11.9, 10.9, 9.6, 8.1, 9.2,
          10.3, 9.1, 7.5, 10.5, 10.0)
```

[코드 A-145]와 같이 입력하면 [코드 A-144]에 입력한 자료의 산점도와 최소제곱회귀직선을 얻을 수 있다. 실행결과는 [그림 8-12]와 같다.

코드 A-145

```
# 산점도 생성
ggplot(data.frame(temperature = temperature, cost = cost), aes(x = temperature, y
= cost)) +
  geom_point() +
  geom_smooth(method = "lm", se = F, color = "black") +
```

```
  labs(title = "", x = "Temperature", y = "Cost") +
  theme_bw()
```

[코드 A-146]과 같이 입력하면 잔차도를 얻을 수 있다. 실행결과는 [그림 8-13]과 같다.

코드 A-146

```
# 회귀분석
fit <- lm(cost ~ temperature)

# 표준화 잔차
std_res <- rstandard(fit)

# 잔차도
ggplot(data.frame(temperature = temperature, cost = cost), aes(x = temperature, y
= std_res)) +
  geom_point() +
  geom_hline(yintercept = 0, color = "black") +
  labs(title = "", x = "Temperature", y = "Residuals") +
  theme_bw()
```

[코드 A-147]과 같이 입력하면 결정계수를 계산할 수 있다. 실행결과는 [예제 8-9(a)]의 결과와 동일하다.

코드 A-147

```
# 결정계수
R2 <- summary(fit)$r.squared %>% round(4)

# 결과 확인
cat("결정계수:", R2, "\n")
```

```
결정계수: 0.7157
```

[예제 8-9(c)]는 평균반응 $\alpha + 10\beta$에 대한 추론 문제이다. 이를 수행하기 위해 [코드 A-148]과 같이 입력하면 추정량 값, 표준오차, $\alpha + 10\beta$에 대한 95% 신뢰구간을 계산할 수 있다.

코드 A-148

```
# 추정량 계산
x <- 10
alpha <- summary(fit)$coefficients[1, 1]
beta <- summary(fit)$coefficients[2, 1]

# 추정량 값
y_hat_x_10 <- (alpha + x * beta) %>% round(2)
```

```
# 표준오차 계산
n <- length(temperature)
bar_x <- mean(temperature)
S_xx <- sum((temperature - bar_x)^2)
sigma_hat <- summary(fit)$sigma

SE <- (sigma_hat * sqrt(1 / n + (x - bar_x)^2 / S_xx)) %>% round(4)

# 백분위수 계산
alpha <- 0.05
t_alpha_2 <- qt(1 - alpha / 2, df = n - 2)

# 신뢰구간 계산
ci <- c(y_hat_x_10 - t_alpha_2 * SE, y_hat_x_10 + t_alpha_2 * SE) %>% round(2)

# 결과 확인
cat("추정량 값:", y_hat_x_10, ", 표준오차: ", SE, "\n",
    "신뢰구간: (", ci[1], ",", ci[2], ")")
```

```
추정량 값: 11.37 , 표준오차:  0.2121
신뢰구간: ( 10.93 , 11.81 )
```

중회귀분석

R에서 중회귀분석은 단순회귀분석과 마찬가지로 lm() 함수를 이용하여 수행할 수 있다. lm() 함수에 여러 개의 설명변수를 [코드 A-149]와 같이 입력할 수 있다.

코드 A-149

```
lm( y ~ x1 + x2 + x3, ...)
```

[예제 8-10], [예제 8-11]은 성인 10명의 나이(age), 체지방율(body_fat_percentage), 제자리멀리뛰기(standing_long_jump) 데이터를 이용한 중회귀분석 문제이다. 이를 수행하기 위해 먼저 [코드 A-150]과 같이 입력한다. 실행결과를 통해 jump.csv에는 키(height)와 몸무게(weight) 데이터도 있음을 알 수 있다.

코드 A-150

```
# 데이터 입력
jump <- read.csv("./stat_data/jump.csv")

print(jump)
```

```
   age height weight body_fat_percentage standing_long_jump
1   43  163.8   72.5                22.7                206
2   64  167.1   72.2                31.9                120
3   29  175.0   70.1                12.3                250
4   22  177.0   89.0                18.4                224
5   31  170.0   63.9                16.4                219
6   20  172.0   64.5                26.9                195
7   20  169.6   63.4                16.0                260
8   26  180.9   70.4                17.5                190
9   20  185.4   93.4                22.5                226
10  19  181.3   70.1                14.5                222
```

[코드 A-151]과 같이 입력하면 중회귀모형의 적합 결과를 확인할 수 있다.

코드 A-151

```
# 중회귀분석
fit <- lm(standing_long_jump ~ age + body_fat_percentage, data = jump)

# 회귀분석 결과 확인
summary(fit)
```

```
Call:
lm(formula = standing_long_jump ~ age + body_fat_percentage,
    data = jump)

Residuals:
    Min      1Q  Median      3Q     Max
-33.724  -6.851  -1.808  12.579  23.939

Coefficients:
                    Estimate Std. Error t value Pr(>|t|)
(Intercept)         316.1976    23.3719  13.529 2.83e-06 ***
age                  -1.1696     0.6046  -1.934   0.0943 .
body_fat_percentage  -3.5465     1.4217  -2.495   0.0413 *
---
Signif. codes:  0 '***' 0.001 '**' 0.01 '*' 0.05 '.' 0.1 ' ' 1

Residual standard error: 20.48 on 7 degrees of freedom
Multiple R-squared:  0.7825,    Adjusted R-squared:  0.7204
F-statistic: 12.59 on 2 and 7 DF,  p-value: 0.004798
```

[코드 A-152]와 같이 입력하면 모회귀함수의 유의성검정을 수행할 수 있다. 실행결과를 [표 8-10]의 분산분석표와 비교해보라.

코드 A-152

```
# SST, SSE, SSR 계산
SST <- sum((jump$standing_long_jump - mean(jump$standing_long_jump))^2)
SSE <- sum(fit$residuals^2)
SSR <- SST - SSE

# MSR, MSE 계산
MSR <- SSR / 2
MSE <- SSE / (length(jump$standing_long_jump) - 3)

# f 값 계산
f <- MSR / MSE

# P 값 계산
P <- 1 - pf(f, df1 = 2, df2 = length(jump$standing_long_jump) - 3)

# 분산분석표 생성
anova <- data.frame(Factor = c("Regression", "Residual", "Total"),
                    DF = c(2, length(jump$standing_long_jump) - 3,
                           length(jump$standing_long_jump) - 1),
                    Sum_of_Squares = c(SSR, SSE, SST) %>% round(1),
                    Mean_Square = c(MSR %>% round(2), MSE %>% round(3), NA),
                    F_vlaue = c(f, NA, NA) %>% round(3),
                    P = c(P, NA, NA) %>% round(4)
                    )

# 결과 확인
print(anova)
```

```
      Factor  DF  Sum_of_Squares  Mean_Square  F_vlaue       P
1 Regression   2         10566.7     5283.360   12.593  0.0048
2   Residual   7          2936.9      419.555       NA      NA
3      Total   9         13503.6           NA       NA      NA
```

[코드 A-153]과 같이 입력하면 [예제 8-11]의 결정계수 R^2을 계산할 수 있다.

코드 A-153

```
# 결정계수
R2 <- summary(fit)$r.squared %>% round(4)

# 결과 확인
cat("결정계수:", R2, "\n")
```

```
결정계수: 0.7825
```

[코드 A-154]와 같이 입력하면 [표 8-8]의 자료에 대한 잔차도를 얻을 수 있다. 실행결과는 [그림 8-14]와 같다.

코드 A-154

```
# 표준화 잔차
std_res <- rstandard(fit)

# 적합값
fitted <- fitted(fit)

# 잔차도
ggplot(data.frame(fitted = fitted, std_res = std_res), aes(x = fitted, y = std_res)) +
  geom_point() +
  geom_hline(yintercept = 0, color = "black") +
  labs(title = "", x = "Fitted values", y = "Residuals") +
  theme_bw()
```

A.9 9장 분산분석 실습

일원배치법

R을 이용하여 분산분석을 수행하려면 stats 패키지의 aov() 함수를 사용한다. 이 함수는 각 처리의 반복수가 동일한 경우와 동일하지 않은 경우 모두 적용할 수 있다. 다만 분석을 수행하기 전에 설명변수가 요인변수(factor)인지 확인해야 한다.

[예제 9-1]은 반복수가 동일한 일원배치법 문제이다. 처리효과의 유의성검정을 시행하기 위해 [코드 A-155]와 같이 입력한다. head() 함수에 의해 실행결과는 Response의 처음 6개 값만 나타난다. [표 9-3]의 데이터와 비교해보라.

코드 A-155

```
# 데이터 입력
strength <-  data.frame(
    Group = factor(rep(c("A1", "A2", "A3", "A4"), each = 5)),
    Response = c(47, 58, 51, 61, 46,
                 51, 62, 31, 46, 49,
                 50, 38, 47, 27, 23,
                 22, 23, 28, 42, 25)
)

head(strength)
```

```
  Group Response
1    A1       47
2    A1       58
3    A1       51
4    A1       61
5    A1       46
6    A2       51
```

[코드 A-156]과 같이 입력하면 분산분석을 수행할 수 있다. 실행결과를 [표 9-4]의 분산분석표와 비교해보라.

코드 A-156

```
# 모형적합
model_aov_same <- aov(Response ~ Group, data = strength)

# 결과 확인
summary(model_aov_same)
```

```
            Df Sum Sq Mean Sq F value  Pr(>F)   
Group        3   1827   608.9    6.46 0.00451 **
Residuals   16   1508    94.3                   
---
Signif. codes:  0 '***' 0.001 '**' 0.01 '*' 0.05 '.' 0.1 ' ' 1
```

[예제 9-2]는 반복수가 다른 일원배치법 문제이다. 처리효과의 유의성검정을 시행하기 위해 [코드 A-157]과 같이 입력한다. 실행결과는 Response의 처음 6개 값만 나타난다. [표 9-7]의 데이터와 비교해보라.

코드 A-157

```
# 데이터 입력
rating <- data.frame(
    Group = factor(rep(c("Site1", "Site2", "Site3"), c(4, 5, 6))),
    Response = c(2, 3, 4, 5,
                 4, 5, 6, 4, 3,
                 6, 5, 7, 4, 6, 8)
)

head(rating)
```

```
  Group Response
1 Site1        2
2 Site1        3
3 Site1        4
```

```
4 Site1        5
5 Site2        4
6 Site2        5
```

[코드 A-158]과 같이 입력하면 분산분석을 수행할 수 있다. 실행결과를 [표 9-8]의 분산분석표와 비교해보라.

코드 A-158

```
# 모형적합
model_aov_diff <- aov(Response ~ Group, data = rating)

# 결과 확인
summary(model_aov_diff)
```

```
            Df Sum Sq Mean Sq F value Pr(>F)
Group        2   16.2   8.100   4.812 0.0292 *
Residuals   12   20.2   1.683
---
Signif. codes:  0 '***' 0.001 '**' 0.01 '*' 0.05 '.' 0.1 ' ' 1
```

반복이 없는 이원배치법

[예제 9-3]은 반복이 없는 이원배치법 문제이다. 처리효과의 유의성검정을 시행하기 위해 [코드 A-159]와 같이 입력한다. 실행결과는 kg_data의 처음 6개 값만 나타난다. [표 9-11]의 데이터와 비교해보라.

코드 A-159

```
# 데이터 입력
A <- factor(rep(c("A1", "A2", "A3","A4","A5"), each = 4))
B <- factor(rep(c("B1", "B2", "B3","B4"), times = 5))
Y <- c(7.9, 7.5, 6.9, 6.5,
       7.2, 6.6, 6.4, 6.2,
       5.1, 4.8, 4.4, 4.1,
       5.8, 5.6, 5.4, 4.5,
       6.8, 6.5, 6.4, 5.8)

kg_data <- data.frame(A, B, Y)

head(kg_data)
```

```
   A  B   Y
1 A1 B1 7.9
2 A1 B2 7.5
3 A1 B3 6.9
4 A1 B4 6.5
5 A2 B1 7.2
6 A2 B2 6.6
```

[코드 A-160]은 분산분석을 수행하는 코드이다. 실행결과를 [표 9-12]의 분산분석표와 비교해보라.

코드 A-160

```
# 모형적합
model_aov <- aov(Y ~ A + B, data = kg_data,
                 contrasts = list(A = contr.sum, B = contr.sum))

# 결과 확인
summary(model_aov)
```

```
            Df Sum Sq Mean Sq F value   Pr(>F)
A            4 17.417   4.354  161.77 2.51e-10 ***
B            3  3.492   1.164   43.24 1.04e-06 ***
Residuals   12  0.323   0.027
---
Signif. codes:  0 '***' 0.001 '**' 0.01 '*' 0.05 '.' 0.1 ' ' 1
```

반복이 있는 이원배치법

[예제 9-4]는 2회 반복이 있는 이원배치법 문제이다. 교호작용의 유의성검정을 시행하기 위해 [코드 A-161]과 같이 입력한다. 실행결과는 productivity의 처음 6개 값만 나타난다. [표 9-15]의 데이터와 비교해보라.

코드 A-161

```
# 데이터 입력
A <- factor(rep(c("A1", "A2", "A3"), each = 3 * 2))
B <- factor(rep(c("B1","B1", "B2", "B2", "B3","B3"), times = 3))
Y <- c(9,14, 14,16, 19,22,
       13,16, 18,26, 14,18,
       11,12, 11,17, 15,16)

productivity <- data.frame(A, B, Y)
```

```
head(productivity)
```

```
   A  B  Y
1 A1 B1  9
2 A1 B1 14
3 A1 B2 14
4 A1 B2 16
5 A1 B3 19
6 A1 B3 22
```

[코드 A-162]와 같이 interaction.plot( ) 함수를 이용해 교호작용의 효과를 시각적으로 확인할 수 있다.

코드 A-162

```
interaction.plot(productivity$B, productivity$A, productivity$Y,
                 type = "b",                          # 선과 점 표시
                 col = c("blue", "red", "green"),     # 선 색상
                 pch = c(15, 18, 17),                 # 점 모양
                 xlab = "Level of factor B",
                 ylab = "Mean of Y",
                 trace.label = "Level of factor A",
                 axes = F)
axis(1); axis(2)
```

[코드 A-163]은 분산분석을 수행하는 코드이다. 실행결과를 [표 9-16]의 분산분석표와 비교해보라.

코드 A-163

```
# 모형적합
model_aov <- aov(Y ~ A + B + A:B, data = productivity,
                 contrasts = list(A = contr.sum, B = contr.sum))

# 결과 확인
summary(model_aov)
```

```
            Df Sum Sq Mean Sq F value Pr(>F)
A            2  44.11   22.06   2.406 0.1455
B            2  87.44   43.72   4.770 0.0387 *
A:B          4  74.22   18.56   2.024 0.1744
Residuals    9  82.50    9.17
---
Signif. codes:  0 '***' 0.001 '**' 0.01 '*' 0.05 '.' 0.1 ' ' 1
```

분산분석에서 오차항의 타당성을 검토하려면 잔차도를 이용한다. [코드 A-164]의 실행결과는 [예제 9-4]에서 스튜던트화 잔차도를 나타내는 [그림 9-4]와 같다.

코드 A-164

```
# 패키지 로드
library(ggplot2)

# 표준화 잔차
std_res <- rstandard(model_aov)

# 적합값
fitted <- fitted(model_aov)

# 잔차도
ggplot(data.frame(fitted = fitted, std_res = std_res),
  aes(x = fitted, y = std_res)) +
  geom_point() +
  geom_hline(yintercept = 0, color = "black") +
  scale_x_continuous(breaks = seq(12,22,2)) +
    # x축의 눈금을 12부터 22까지 2간격으로 설정
  labs(title = "", x = "Fitted values", y = "Residuals") +
  theme_bw()
```

A.10 10장 비모수적 추론 실습

윌콕슨 순위합 검정

이표본에서 두 모평균의 차(이동모수)에 대한 비모수적 비교방법으로 윌콕슨 순위합 검정을 사용한다. R에서 윌콕슨 순위합 검정은 `stats` 패키지의 `wilcox.test()` 함수를 사용하며, μ(mu) 값을 설정하지 않는다.

[예제 10-4]는 윌콕슨 순위합 검정과 근사검정 문제이다. [코드 A-165]와 같이 `rank()` 함수를 이용해 순위합을 계산할 수 있고, 실행결과는 [표 10-8]의 순위합통계량 계산표와 동일하다.

코드 A-165

```
library(stats)
data_A <- c(8, 9, 11, 12, 16, 17, 19, 19, 21, 45)
data_B <- c(13, 16, 18, 18, 20, 20, 21, 23, 25, 72)

# 혼합 표본
data <- c(data_A, data_B)

# 순위합 계산
rank_A <- rank(data, ties.method = "average")[1:10]
rank_B <- rank(data, ties.method = "average")[11:20]
```

```
# 순위 확인
data.frame(A = data_A, rank_A = rank_A,
           B = data_B, rank_B = rank_B
)
```

```
    A rank_A  B rank_B
1   8    1.0 13    5.0
2   9    2.0 16    6.5
3  11    3.0 18    9.5
4  12    4.0 18    9.5
5  16    6.5 20   13.5
6  17    8.0 20   13.5
7  19   11.5 21   15.5
8  19   11.5 23   17.0
9  21   15.5 25   18.0
10 45   19.0 72   20.0
```

[코드 A-166]과 같이 입력하면 A, B 방법의 순위합을 확인할 수 있다.

코드 A-166

```
# 순위합 확인
cat("A의 순위합:", sum(rank_A), ", B의 순위합:", sum(rank_B), "\n")
```

```
A의 순위합: 82 , B의 순위합: 128
```

[코드 A-167]과 같이 입력하면 [예제 10-4(a)]의 t 검정을 수행할 수 있다. [코드 A-167]에서 [예제 10-4]와 동일한 검정통계량 값이 나오도록 t.test() 함수에 data_B를 먼저 입력했다. 이로 인해 실행결과에서 mean of x 값은 data_B의 평균이다.

코드 A-167

```
# t 검정
t.test(data_B, data_A, paired = F, alternative = "g", var.equal = T)
```

```
	Two Sample t-test

data:  data_B and data_A
t = 1.0894, df = 18, p-value = 0.1452
alternative hypothesis: true difference in means is greater than 0
95 percent confidence interval:
 -4.083163       Inf
sample estimates:
mean of x mean of y
     24.6      17.7
```

[코드 A-168]과 같이 입력하면 [예제 10-4(b)]의 윌콕슨 순위합 검정을 수행할 수 있다. 이때 근사 검정이 아닌 정확한 검정을 수행하려면 exact = TRUE 옵션을 설정한다. 이에 대해서는 [코드 A-169] 이후의 설명을 참고하라.

코드 A-168

```
# 윌콕슨 순위합 검정
wilcox.test(data_B, data_A, paired = F, alternative = "g", exact = TRUE)

	Wilcoxon rank sum test with continuity correction

data:  data_B and data_A
W = 73, p-value = 0.04419
alternative hypothesis: true location shift is greater than 0
```

[코드 A-169]와 같이 입력하면 [예제 10-4(c)]의 윌콕슨 순위합의 정규근사 검정을 수행할 수 있다.

코드 A-169

```
# 윌콕슨 순위합의 정규근사 검정
wilcox.test(data_B, data_A, paired = F, alternative = "g", correct = FALSE)

	Wilcoxon rank sum test

data:  data_B and data_A
W = 73, p-value = 0.04076
alternative hypothesis: true location shift is greater than 0
```

[코드 A-168], [코드 A-169]에서 사용한 wilcox.test() 함수에 대해 주의해야 할 점이 있다.

❶ wilcox.test() 함수의 검정통계량 W 값은 첫 번째로 입력된 데이터의 순위합이다. 따라서 [예제 10-4]와 동일한 결과를 얻기 위해 data_B를 먼저 입력해야 한다.

❷ wilcox.test() 함수로 검정을 수행한 결과 중 W 값은 [예제 10-4]의 W_s 값과 일치하지 않는다. 이는 wilcox.test() 함수가 순위합을 계산할 때 다음과 같은 식으로 계산하기 때문이다.

$$W = \sum_{i=1}^{m} R_i - \frac{m(m+1)}{2}$$

따라서 [예제 10-4]의 W_s 값은 $W + \frac{m(m+1)}{2}$로 계산해야 한다. 여기서 W는 **만-위트니 U 통계량**(Mann-Whitney U Test statistic)이라 한다.

❸ wilcox.test() 함수는 자료에 tie(동일한 값이 존재하는 경우)가 있을 때 연속성 수정을 적용한 근사검정 값을 제공하므로, 이때의 P 값은 정확한 값이 아니다.

❹ exact 옵션은 wilcox.test() 함수로 순위합 검정을 수행할 때 정규근사 검정을 수행할지를 결정한다. correct 옵션은 정규근사 검정을 수행할 때 연속성 수정을 적용할지를 결정한다.

[예제 10-4]에서는 정규근사를 수행할 때 연속성 수정을 적용하지 않으므로 correct = FALSE로 둔다.

❺ 정규근사를 위한 연속성 수정은 다음과 같이 계산된 Z_W 값을 통해 유의확률을 구하는 것을 의미한다.

$$Z_W = \frac{(W-0.5)-E(W)}{\sqrt{\text{Var}(W)}}$$

[코드 A-170]과 같이 입력하면 wilcox.test() 함수의 W 값과 W_s 값을 계산할 수 있다.

코드 A-170

```
# W 값 계산
W <- wilcox.test(data_B, data_A, paired = F, alternative = "g",
                 exact = TRUE, correct = FALSE)$statistic

# W_s 값 계산
W_s <- W + 10 * (10 + 1) / 2

# 결과 확인
cat("W 값:", W, ", W_s 값:", W_s)
```

```
W 값: 73 , W_s 값: 128
```

윌콕슨 부호순위 검정

R을 이용하여 윌콕슨 부호순위 검정을 일표본문제에 적용할 수 있다. 대응표본에서 두 시점 간 변화를 비교하거나, 한 모평균(위치모수)의 값에 대한 가설 $H_0: \theta = \mu$, $H_1: \theta \neq \mu$를 검정하는 비모수적 방법으로 윌콕슨 부호순위 검정을 수행하면 된다. 이 검정은 stats 패키지의 wilcox.test() 함수에서 μ(mu) 값을 설정하여 이용한다. 또한 alternative 옵션을 활용하면 대립가설의 형태에 맞는 검정을 수행할 수 있다.

[예제 10-5]는 일표본의 윌콕슨 부호순위 검정 문제이다. [코드 A-171]과 같이 입력하면 검정을 수행할 수 있다. 참고로 wilcox.test() 함수에서 검정통계량 V 값은 [예제 10-5]의 W^+ 값을 나타낸다.

코드 A-171

```
library(stats)

# 데이터 입력
data <- c(3.5, 2.6, 7.8, 6.0, 6.8, 3.1, 8.8, 8.5, 7.7, 4.5)
```

```
# 윌콕슨 부호순위 검정
wilcox.test(data, mu=5, alternative = "greater")
```

```
	Wilcoxon signed rank exact test

data:  data
V = 40, p-value = 0.1162
alternative hypothesis: true location is greater than 5
```

[예제 10-6]은 두 관측값의 차의 윌콕슨 부호순위 검정 문제이다. 이 문제는 두 가지 방법으로 수행할 수 있다. 첫 번째로 [코드 A-172]와 같이 입력하여 검정을 수행할 수 있다.

코드 A-172

```
data_A <- c(70, 85, 73, 75, 65, 80, 71, 80,
            51, 72, 76, 79, 59, 84, 56, 57)
data_B <- c(65, 43, 45, 80, 84, 71, 52 ,42,
            78, 62, 38, 80, 54, 87, 38, 43)

# 방법 1
wilcox.test(data_A, data_B, paired = T, alternative = "greater", digits.rank = 3,
correct = FALSE)
```

```
	Wilcoxon signed rank test

data:  data_A and data_B
V = 106.5, p-value = 0.02314
alternative hypothesis: true location shift is greater than 0
```

[코드 A-173]과 같이 입력해도 검정을 수행할 수 있다.

코드 A-173

```
# 방법 2
wilcox.test(data_A - data_B, alternative = "greater", digits.rank = 5, correct =
FALSE)
```

```
	Wilcoxon signed rank test

data:  data_A - data_B
V = 106.5, p-value = 0.02314
alternative hypothesis: true location is greater than 0
```

[코드 A-172], [코드 A-173]을 실행할 때 주의해야 할 점은 다음과 같다.

- 윌콕슨 부호순위 검정은 paired = TRUE 옵션을 통해 수행할 수 있고, 또는 데이터를 data_A - data_B 형태로 입력한 뒤 검정을 수행할 수도 있다.
- wilcox.test() 함수의 digits.rank 옵션은 순위합을 계산할 때 유효한 소수점 이하 자리수를 설정한다.

A.11 11장 시계열분석 실습

R에서는 stats 패키지의 ts() 함수를 이용하여 시계열자료를 생성할 수 있다. 이때 start와 frequency 옵션을 이용하여 시계열자료의 시작 시점과 주기를 설정한다.

추세분석법

forecast 패키지의 meanf() 함수를 사용하여 추세를 분석할 수 있다. 이때 h 옵션을 설정하면 예측할 시점을 지정할 수 있다.

[예제 11-1]은 상수평균모형을 이용한 추세분석법 문제이다. [코드 A-174]와 같이 입력하면 2026년 1학기 수강생 예측값과 95% 예측구간을 계산할 수 있다.

코드 A-174

```
# 패키지 설치
# install.packages("forecast")
library(tidyverse)
library(forecast)

# 데이터 입력
df_registry <- read.csv("./stat_data/registry.csv")

# 시계열자료 생성
students <- df_registry$students
student_ts <- ts(students, start = c(2012, 1), frequency = 2)

# 상수평균모형(Mean Model) 적합
mean_model <- meanf(student_ts, h = 5)
  # h=5 : 다음 5주기 예측

# 2026년 1학기 예측값과 95% 예측구간 출력
z <- mean_model$mean[length(mean_model$mean)]
z_lower <- mean_model$lower[length(mean_model$lower)]
z_upper <- mean_model$upper[length(mean_model$upper)]
```

```
# 결과 확인
cat("2026년 1학기 예측값:", z, "\n",
    "95% 예측구간: (", z_lower, ",", z_upper, ")")
```

```
2026년 1학기 예측값: 1399.625
95% 예측구간: ( 1298.621 , 1500.629 )
```

[코드 A-175]와 같이 입력하면 2024년 1학기 수강생이 1,500명일 때의 2026년 1학기 수강생에 대한 새로운 예측값을 계산할 수 있다.

코드 A-175

```
beta_0 <- mean_model$mean[length(mean_model$mean)]
pred_2026 = beta_0 + (1/25) * (1500 - beta_0)

# 결과 확인
cat("2026년 1학기 예측값:", pred_2026, "\n")
```

```
2026년 1학기 예측값: 1403.64
```

[예 11-1]은 선형추세모형을 이용한 추세분석법 문제이다. [코드 A-176]과 같이 입력하면 분산분석표를 구할 수 있다. [표 11-2]의 모형, 오차 값과 비교해보라.

코드 A-176

```
# 데이터 입력
df_trend <- read.csv("./stat_data/trend_ts.csv")

# 날짜를 Date 형식으로 변환
df_trend$Date <- as.Date(df_trend$Date)

# 선형회귀모형 적합
trend_model <- lm(Female ~ Date, data = df_trend)

# ANOVA 테이블 생성
anova(trend_model)
```

```
Analysis of Variance Table

Response: Female
          Df  Sum Sq Mean Sq F value    Pr(>F)
Date       1 2170954 2170954  365.48 < 2.2e-16 ***
Residuals 71  421736    5940
---
Signif. codes:  0 '***' 0.001 '**' 0.01 '*' 0.05 '.' 0.1 ' ' 1
```

[코드 A-177]과 같이 입력하면 회귀분석 결과를 확인할 수 있다. [표 11-2]의 절편(intercept), Date 값과 비교해보라.

코드 A-177

```
# 회귀분석 결과 확인
summary(trend_model)
```

```
Call:
lm(formula = Female ~ Date, data = df_trend)

Residuals:
     Min       1Q   Median       3Q      Max
-230.818  -51.677    2.162   51.424  170.278

Coefficients:
              Estimate Std. Error t value Pr(>|t|)
(Intercept) -4.578e+03  2.621e+02  -17.46   <2e-16 ***
Date         2.689e-01  1.407e-02   19.12   <2e-16 ***
---
Signif. codes:  0 '***' 0.001 '**' 0.01 '*' 0.05 '.' 0.1 ' ' 1

Residual standard error: 77.07 on 71 degrees of freedom
Multiple R-squared:  0.8373,    Adjusted R-squared:  0.835
F-statistic: 365.5 on 1 and 71 DF,  p-value: < 2.2e-16
```

이동평균법

zoo 패키지의 rollmean() 함수를 사용하면 이동평균법을 수행할 수 있다. 이때 k 옵션으로 이동평균의 기간을 설정할 수 있고, fill 옵션으로 결측값을 채울 수 있다. align 옵션으로 이동평균이 계산되는 위치를 지정할 수 있다.

[예 11-2]는 중심이동평균법 문제이다. [코드 A-178]과 같이 입력하면 $m=3$, $m=11$ 두 가지 경우의 이동평균을 적용하여 평활값을 계산한 뒤 처음 10개 값을 확인할 수 있다. [표 11-3]의 상위 부분과 비교해보라.

코드 A-178

```
library(zoo)

# csv 파일 읽기
birth_df <- read.csv("./stat_data/birth_df.csv")

# 날짜를 Date 형식으로 변환
birth_df$date <- as.Date(birth_df$date)
```

```
# 2000년 이후의 데이터 필터링
birth_df_filtered <- birth_df %>% filter(year >= 2000)

# 시간 지연 m = 3, 11의 이동평균 계산
birth_df_filtered <- birth_df_filtered %>%
  arrange(date) %>%
  mutate(moving_avg3 = rollmean(birth, k = 3, fill = NA, align = "center")) %>%
  mutate(moving_avg11 = rollmean(birth, k = 11, fill = NA, align = "center"))

# 처음 10개 값 출력
head(birth_df_filtered[, c(1, 2, 7, 8)], 10)
```

```
         time  birth moving_avg3 moving_avg11
1  2000.1/4 178245          NA           NA
2  2000.2/4 152324    160827.3           NA
3  2000.3/4 151913    153948.0           NA
4  2000.4/4 157607    156985.7           NA
5  2001.1/4 161437    151988.0           NA
6  2001.2/4 136920    143421.3     143901.1
7  2001.3/4 131907    132832.3     138062.6
8  2001.4/4 129670    133911.3     136333.5
9  2002.1/4 140157    130944.0     133527.9
10 2002.2/4 123005    127629.7     129900.6
```

마지막 10개 값을 확인하려면 [코드 A-179]와 같이 입력한다.

코드 A-179

```
# 마지막 10개 값 출력
tail(birth_df_filtered[, c(1, 2, 7, 8)], 10)
```

```
         time birth moving_avg3 moving_avg11
88 2021.4/4 57757    64215.67     64063.18
89 2022.1/4 68339    62081.67     62903.36
90 2022.2/4 60149    64221.00     62463.73
91 2022.3/4 64175    60282.33     60872.18
92 2022.4/4 56523    61722.00     60358.09
93 2023.1/4 64468    59044.33           NA
94 2023.2/4 56142    59117.67           NA
95 2023.3/4 56743    55167.67           NA
96 2023.4/4 52618    56611.67           NA
97 2024.1/4 60474          NA           NA
```

[코드 A-180]과 같이 입력하면 $m=3$, $m=11$일 때 중심평균이동에 의한 평활그림을 확인할 수 있다. 이는 [그림 11-10]과 같다.

코드 A-180

```
# x축에 표시할 날짜 포맷: 생략해도 무방
format_quarters <- function(x) {
  paste(year(x), c("/"), c("1Q", "2Q", "3Q", "4Q")[quarter(x)], sep = "")
}

# 시계열그림
ggplot(birth_df_filtered, aes(x = date)) +
  geom_line(aes(y = birth, color = "Original Data")) +
  geom_line(aes(y = moving_avg3, color = "Moving Average (m = 3)"),
            linetype = "dashed") +
  geom_line(aes(y = moving_avg11, color = "Moving Average (m = 11)"),
            linetype = "dotted") +
  labs(x = "Time", y = "Birth", color = "") +
  scale_x_date(labels = format_quarters,
               breaks = seq(min(birth_df$date),
                            max(birth_df$date),
                            by = "5 years")) +
  theme_minimal()
```

지수평활법

[예제 11-2]는 지수평활법 문제이다. [코드 A-181]과 같이 입력하면 평활상수가 0.1, 0.3일 때 단순 지수평활값을 계산한 뒤 처음 12개 값을 확인할 수 있다. [표 11-5]와 비교해보라.

코드 A-181

```
# 데이터 입력
KS11_monthly_df <- read.csv("./stat_data/KS11_monthly.csv")
KS11_monthly_df$Date <- as.Date(KS11_monthly_df$Date)

# 2018년 이후의 데이터 필터링
KS11_monthly_df <- KS11_monthly_df %>% filter(year(Date) >= 2018)

# 지수 평활화 적용(w = 0.3)
n <- length(KS11_monthly_df$Close)
S_0 <- mean(KS11_monthly_df$Close)
es_03 <- S_0
w <- 0.3

for(i in 1:(n-1)){
  es_03 <- c(es_03,
             w * KS11_monthly_df$Close[i] + (1-w) * es_03[i])
}
```

```r
KS11_monthly_df$Smoothed_Close_03 <- es_03

# 지수 평활화 적용(w = 0.1)
es_01 <- S_0
w <- 0.1
for(i in 1:(n-1)){
  es_01 <- c(es_01,
             w * KS11_monthly_df$Close[i] + (1-w) * es_01[i])
}
KS11_monthly_df$Smoothed_Close_01 <- es_01

# 처음 12개 값 출력
head(KS11_monthly_df, 12)
```

```
         Date   Close Smoothed_Close_03 Smoothed_Close_01
1  2018-01-31 2566.46          2478.221          2478.221
2  2018-02-28 2427.36          2504.693          2487.045
3  2018-03-31 2445.85          2481.493          2481.076
4  2018-04-30 2515.38          2470.800          2477.554
5  2018-05-31 2423.01          2484.174          2481.336
6  2018-06-30 2326.13          2465.825          2475.504
7  2018-07-31 2295.26          2423.916          2460.566
8  2018-08-31 2322.88          2385.319          2444.036
9  2018-09-30 2343.07          2366.588          2431.920
10 2018-10-31 2029.69          2359.532          2423.035
11 2018-11-30 2096.86          2260.580          2383.701
12 2018-12-31 2041.04          2211.464          2355.017
```

마지막 12개 값을 확인하려면 [코드 A-182]와 같이 입력한다.

코드 A-182

```r
# 마지막 12개 값 출력
tail(KS11_monthly_df, 12)
```

```
         Date   Close Smoothed_Close_03 Smoothed_Close_01
73 2024-01-31 2497.09          2529.298          2524.866
74 2024-02-29 2642.36          2519.635          2522.088
75 2024-03-31 2746.63          2556.453          2534.115
76 2024-04-30 2692.06          2613.506          2555.367
77 2024-05-31 2636.52          2637.072          2569.036
78 2024-06-30 2797.82          2636.907          2575.784
79 2024-07-31 2770.69          2685.181          2597.988
80 2024-08-31 2674.31          2710.833          2615.258
81 2024-09-30 2593.27          2699.876          2621.163
82 2024-10-31 2556.15          2667.894          2618.374
```

```
83 2024-11-30 2455.91           2634.371           2612.152
84 2024-12-31 2399.49           2580.833           2596.527
```

[코드 A-183]과 같이 입력하면 평활상수가 0.1, 0.3일 때 원래 지수와 지수평활된 값의 시계열그림을 확인할 수 있다. 이는 [그림 11-11]과 같다.

코드 A-183

```
# ggplot으로 시각화
ggplot(KS11_monthly_df, aes(x = as.Date(Date))) +
  geom_line(aes(y = Close, color = "Time Series(data)")) +
  geom_line(aes(y = Smoothed_Close_03, color = "Smoothed Series (w = 0.3)"),
linetype = "dashed") +
  geom_line(aes(y = Smoothed_Close_01, color = "Smoothed Series (w = 0.1)"),
linetype = "dotted") +
  labs(x = "Date", y = "KOSPI Index", color = "Series") +
  scale_x_date(date_labels = "%Y/%m", date_breaks = "1 year") +
  theme_minimal()
```

여러 주가지수 불러오기

마지막으로 여러 주가지수를 R에서 불러오는 방법을 설명한다. quantmod 패키지의 getSymbols() 함수를 사용하면 미국 야후 파이낸스(Yahoo! Finance)의 자료를 불러올 수 있다. 예를 들어 KOSPI 종합지수는 ^KS11이라는 심볼(symbol)을 가지며, [코드 A-184]와 같이 지정하면 2000년부터 오늘까지의 주가지수 시계열자료를 가져올 수 있다. 만약 주가 정보가 정상적으로 불러와지지 않는다면 quantmod 패키지를 다시 설치하고 업데이트하는 것을 권장한다.

코드 A-184

```
# install.packages("quantmod")
library(quantmod)
library(xts)

# Yahoo! Finance의 KOSPI 자료 가져오기
getSymbols("^KS11", src = "yahoo", from = "2000-01-01", to = Sys.Date())
```

```
[1] "KS11"
```

처음 6개 값을 확인하려면 [코드 A-185]와 같이 입력한다.

코드 A-185

```
# 처음 6개 값 출력
head(KS11)
```

```
           KS11.Open KS11.High KS11.Low KS11.Close KS11.Volume KS11.Adjusted
2000-01-04   1028.33   1066.18  1016.59    1059.04      195900       1059.04
2000-01-05   1006.87   1026.52   984.05     986.31      257700        986.31
2000-01-06   1013.95   1014.90   953.50     960.79      203500        960.79
2000-01-07    949.17    970.16   930.84     948.65      215700        948.65
2000-01-10    979.67    994.94   974.82     987.24      240200        987.24
2000-01-11    992.17   1005.87   981.23     981.33      257100        981.33
```

주식 종목의 심볼은 야후 파이낸스 사이트(https://finance.yahoo.com) 상단의 검색창에서 찾을 수 있다. 몇 가지 예를 [표 A-2]에서 소개한다.

표 A-2 주식 종목의 심볼 예시

주식 종목	심볼
대한항공(Korean Airlines Co., Ltd.)	003490.KS
삼성전자(Samsung Electronics Co., Ltd.)	005930.KS
한국전력(Korea Electric Power Corporation)	015760.KS
미국 S&P 500	^GSPC
애플(Apple Inc.)	AAPL

예시로 대한항공의 주가를 불러온 뒤 로그변환된 종가를 시각화해보자. 먼저 [코드 A-186]과 같이 입력하여 대한항공의 주가를 가져온다.

코드 A-186

```
# 대한항공 주식 데이터 가져오기
getSymbols("003490.KS")
```

```
[1] "003490.KS"
```

[코드 A-187]과 같이 입력하면 처음 6개 값을 확인할 수 있다. 여기서 변수 003490.KS는 숫자로 시작하는데, 백틱기호(`)를 이용하여 `003490.KS`로 입력해야 R에서 정상적으로 인식한다.

코드 A-187

```
# 처음 6개 값 출력
head(`003490.KS`)
```

```
           003490.KS.Open 003490.KS.High 003490.KS.Low 003490.KS.Close
2007-01-02       24011.48       24621.08      24011.48        24045.34
```

```
2007-01-03       24214.68      24384.01      23537.34       23638.94
2007-01-04       24011.48      24688.81      23909.88       24553.34
2007-01-05       24892.01      25501.61      24722.68       25061.34
2007-01-08       25095.21      25975.74      25095.21       25738.68
2007-01-09       25535.48      26077.34      25129.08       26077.34
           003490.KS.Volume 003490.KS.Adjusted
2007-01-02           985096          21879.45
2007-01-03           665803          21509.66
2007-01-04          1464111          22341.70
2007-01-05          2388985          22803.94
2007-01-08          1589432          23420.26
2007-01-09           907329          23728.42
```

[코드 A-188]과 같이 입력하면 로그변환된 종가를 시각화할 수 있다.

코드 A-188

```
# 종가 추출 및 로그변환
`003490.KS`$log_Close <- log10(Cl(`003490.KS`))

# ggplot을 사용한 시각화
ggplot(data = fortify.zoo(`003490.KS`), aes(x = Index, y = log_Close)) +
  geom_line(color = "blue") +
  labs(x = "Date", y = "Log of Close Price") +
  theme_minimal()
```

A.12 12장 표본조사 실습

표본추출법에는 여러 가지 방법이 있다. 여기서는 가장 기본적인 단순랜덤추출법을 비롯해 계통추출법과 층화추출법을 살펴본다. 이제 privedu1m.csv 파일에 담긴 사교육 관련 자료를 모집단으로 두고, 표본 크기 $n=100$명의 표본을 각 방법으로 추출한 뒤 이를 이용하여 평균 **사교육비총비용**을 추정해 보자. 참고로 이 파일은 2023년에 통계청에서 시행한 초·중·고등학생 대상 사교육비 조사 자료를 기반으로 작성된 가상 명부로, 그 분포가 원 자료와 비슷하게 생성되었다. 총 $N=1,000,000$명의 초·중·고등학생 정보를 포함하고 있다.

단순랜덤추출법

R에서는 단순랜덤추출법을 수행할 때 `sample()` 함수를 사용한다. 이때 `sample()` 함수의 `size` 옵션은 표본 크기를 설정한다. 이외에도 dplyr 패키지의 `slice_sample()` 함수를 사용할 수도 있다.

slice_sample() 함수의 n 옵션으로 표본 크기를 설정할 수 있고, prop 옵션으로 전체 데이터에서 추출할 비율을 설정할 수 있다.

privedu1m.csv 파일의 모집단에서 표본 크기 $n=100$의 단순랜덤추출법을 수행하여 사교육비총비용의 표본평균을 구하자. 먼저 [코드 A-189]와 같이 데이터를 입력한다.

코드 A-189

```
library(dplyr)

# 데이터 입력
privedu1m <- read.csv("./stat_data/privedu1m.csv")
N <- nrow(privedu1m)
n <- 100

head(privedu1m)
```

```
  지역구분코드 학교급구분코드 방과후학교참여여부 사교육참여시간수 사교육비총비용
1     읍면지역       초등학교               참여              3.8            161
2         서울         일반고             미참여              7.9            585
3     중소도시         일반고             미참여              0.0              0
4     중소도시         중학교             미참여              5.8            317
5       광역시         중학교             미참여             20.7            799
6         서울         일반고               참여             19.7            849
```

[코드 A-190]과 같이 입력하면 표본 크기 $n=100$의 단순랜덤추출법을 수행하여 사교육비총비용의 표본평균을 구한다.

코드 A-190

```
# 단순랜덤추출법
set.seed(123)
sample_index <- sample(1:nrow(privedu1m), 100)
sample_data <- privedu1m[sample_index,]

sample_data2 <- slice_sample(privedu1m, n = 100)
sample_data3 <- slice_sample(privedu1m, prop = n / N)

# 결과 확인
cat("단순랜덤추출 표본평균 1:", mean(sample_data$사교육비총비용), "\n",
    "단순랜덤추출 표본평균 2:", mean(sample_data2$사교육비총비용), "\n",
    "단순랜덤추출 표본평균 3:", mean(sample_data3$사교육비총비용), "\n",
    "모평균:", mean(privedu1m$사교육비총비용))
```

```
단순랜덤추출 표본평균 1: 482.35
단순랜덤추출 표본평균 2: 432.73
```

```
단순랜덤추출 표본평균 3: 527.81
모평균: 510.2357
```

계통추출법

이번에는 privedu1m.csv 파일의 모집단에서 표본 크기 $n = 100$의 계통추출법을 수행하여 **사교육비총비용**의 표본평균을 구하자. [코드 A-191]을 확인하라.

코드 A-191

```
# 계통추출법
k <- N / n    # 추출간격

set.seed(123)
sample_index_first <- sample(1:k, 1)

sample_index <- seq(sample_index_first, by = k, length.out = n)
sample_data <- privedu1m[sample_index,]

# 결과 확인
cat("계통추출 표본평균:", mean(sample_data$사교육비총비용), "\n",
    "모평균:", mean(privedu1m$사교육비총비용))
```

```
계통추출 표본평균: 438.22
모평균: 510.2357
```

층화추출법

dplyr 패키지의 group_by() 함수와 summarise() 함수를 사용하면 층화추출법을 수행할 수 있다. 이때 summarise() 함수로 각 층의 크기, 추출해야 할 표본 크기 등을 계산할 수 있다. 이는 [코드 A-192]와 같은 형태로 사용된다.

코드 A-192

```
group_by(데이터 프레임, 그룹 기준 변수) %>% summarise(그룹별 계산할 변수1 = 계산식1,
그룹별 계산할 변수2 = 계산식2, …)
```

데이터가 세 그룹 A, B, C로 나뉠 때 그룹별 크기와 전체 자료의 수 대비 그룹 비율을 계산하고, 각 그룹의 평균을 계산하려면 [코드 A-193]과 같이 입력한다. [코드 A-192]의 활용법을 확인하라.

코드 A-193

```
library(dplyr)

# 데이터 입력
set.seed(12)

dat <- data.frame(
  group = c(rep("A", 10), rep("B", 20), rep("C", 30)),
  value = rnorm(60)
)

# 그룹별 크기, 비율 및 평균값 계산
groupd_dat <- group_by(dat, group) %>%
  summarise(N_i = n(), proportion_i = n() / nrow(dat), mean_i = mean(value))

groupd_dat
```

```
# A tibble: 3 × 4
  group    N_i proportion_i   mean_i
  <chr>  <int>        <dbl>    <dbl>
1     A     10        0.167   -0.467
2     B     20        0.333  0.00678
3     C     30          0.5  -0.0438
```

이제 privedu1m.csv 파일의 모집단에서 표본 크기 $n=100$의 층화추출법을 수행하여 **사교육비총비용**의 표본평균을 구하자. 여기서 **지역구분코드**(읍면지역, 서울, 중소도시, 광역시)에 따라 사교육 참여 시간이 다를 것으로 예상되므로 총 네 가지 **지역구분코드**를 층으로 설정하여 층화추출법을 적용한다. [코드 A-194]를 확인하라.

코드 A-194

```
# 층화추출법(비례배분)
strat <- group_by(privedu1m, 지역구분코드) %>%
  summarise(N_i = n(), proportion_i = n()/N,
            n_i = floor(proportion_i * n))
strat
```

```
# A tibble: 4 × 4
  지역구분코드     N_i proportion_i   n_i
         <chr>   <int>        <dbl> <dbl>
1       광역시  292895        0.293    29
2         서울  126194        0.126    12
3     읍면지역  214794        0.215    21
4     중소도시  366117        0.366    36
```

이는 각 층에서 모집단의 $\frac{1}{10000}$ 비율을 표본 크기로 설정한 것과 같다. 따라서 [코드 A-195]와 같이 각 층에서 0.0001의 비율로 단순랜덤추출을 시행한 후, 추출된 표본을 이용해 **사교육비총비용**의 평균을 계산한다.

코드 A-195

```
set.seed(12)

sample_st <- group_by(privedu1m, 지역구분코드) %>%
  slice_sample(prop = 0.0001) %>%
  summarise(n_i = n(), mean = mean(사교육비총비용))

sample_st
```

```
# A tibble: 4 × 3
  지역구분코드   n_i  mean
     <chr>      <int> <dbl>
1   광역시        29   665.
2     서울        12 1164.
3 읍면지역        21   359.
4 중소도시        36   502.
```

[코드 A-196]과 같이 입력하면 층화추출법의 결과를 확인할 수 있다.

코드 A-196

```
# 결과 확인
mean_st <- sum(strat$N_i * sample_st$mean) / N

cat("층화추출 표본평균:", mean_st, "\n",
    "모평균:", mean(privedu1m$사교육비총비용))
```

```
층화추출 표본평균: 602.3038
모평균: 510.2357
```

100회 반복

이제 앞서 시행한 단순랜덤추출법, 계통추출법, 층화추출법을 각각 100회 반복하여 **사교육비총비용**의 표본평균을 구하고, 이를 통해 표본평균의 변동을 확인해보자. [코드 A-197]을 확인하라.

코드 A-197

```
# 100회 반복
iter <- 100    # 반복 횟수 지정

mean_sr <- rep(0, iter)
mean_sy <- rep(0, iter)
mean_st <- rep(0, iter)

set.seed(123)  # 시드 고정

for(i in 1:iter){
  # 단순랜덤추출법
  sample_index <- sample(1:nrow(privedu1m), 100)
  sample_data <- privedu1m[sample_index,]
  mean_sr[i] <- mean(sample_data$사교육비총비용)

  # 계통추출법
  sample_index_first <- sample(1:k, 1)
  sample_index <- seq(sample_index_first, by = k, length.out = n)
  sample_data <- privedu1m[sample_index,]
  mean_sy[i] <- mean(sample_data$사교육비총비용)

  # 층화추출법
  sample_st <- group_by(privedu1m, 지역구분코드) %>%
    slice_sample(prop = 0.0001) %>%
    summarise(n_i = n(), mean = mean(사교육비총비용))
  mean_st[i] <- sum(strat$N_i * sample_st$mean) / N
}

# 결과 확인
cat("-----------------------------------------------------------\n",
    "단순랜덤추출 표본평균의 100회 평균값:", mean(mean_sr), "\n",
    "계통추출 표본평균의 100회 평균값:", mean(mean_sy), "\n",
    "층화추출 표본평균의 100회 평균값:", mean(mean_st), "\n",
    "모평균:", mean(privedu1m$사교육비총비용), "\n",
    "-----------------------------------------------------------\n",
    "단순랜덤추출 표본평균 변동:", sd(mean_sr), "\n",
    "계통추출 표본평균 변동:", sd(mean_sy), "\n",
    "층화추출 표본평균 변동:", sd(mean_st), "\n",
    "-----------------------------------------------------------\n")
```

```
-----------------------------------------------------------
단순랜덤추출 표본평균의 100회 평균값: 506.0423
계통추출 표본평균의 100회 평균값: 504.0271
층화추출 표본평균의 100회 평균값: 506.4629
모평균: 510.2357
-----------------------------------------------------------
```

```
단순랜덤추출 표본평균 변동: 48.66437
계통추출 표본평균 변동: 55.33434
층화추출 표본평균 변동: 44.51964
------------------------------------------------------------
```

표본평균의 변동은 다음과 같이 확인할 수 있다. 총 반복 횟수를 B라 하고, ℓ을 몇 번째 반복인지 나타내는 지표로 두자. 즉 $\ell=1, \cdots, B$이다. 또한 각 반복에서 추출된 표본 크기는 추출방법에 관계없이 n으로 동일하다고 가정한다. 그러면 ℓ번째 반복에서 추출된 단순랜덤추출, 계통추출, 층화추출의 표본을 각각 다음과 같이 나타낼 수 있다.

- **단순랜덤추출** : $X_{sr,1}^{(\ell)},\ X_{sr,2}^{(\ell)},\ \cdots,\ X_{sr,n}^{(\ell)}$
- **계통추출** : $X_{sy,1}^{(\ell)},\ X_{sy,2}^{(\ell)},\ \cdots,\ X_{sy,n}^{(\ell)}$
- **층화추출** : $X_{st,1}^{(\ell)},\ X_{st,2}^{(\ell)},\ \cdots,\ X_{st,n}^{(\ell)}$

각 반복에서 추출된 표본의 평균은 다음과 같이 계산된다.

$$\overline{X}_{sr}^{(\ell)}=\frac{1}{n}\sum_{i=1}^{n}X_{sr,i}^{(\ell)},\quad \overline{X}_{sy}^{(\ell)}=\frac{1}{n}\sum_{i=1}^{n}X_{sy,i}^{(\ell)},\quad \overline{X}_{st}^{(\ell)}=\frac{1}{n}\sum_{i=1}^{n}X_{st,i}^{(\ell)}$$

따라서 각 표본추출 방법마다 총 B개의 표본평균이 생성되고, 이를 이용하여 B번 계산된 표본평균의 평균값을 다음과 같이 구할 수 있다.

$$\overline{X}_{sr}^{(*)}=\frac{1}{B}\sum_{\ell=1}^{B}\overline{X}_{sr}^{(\ell)},\quad \overline{X}_{sy}^{(*)}=\frac{1}{B}\sum_{\ell=1}^{B}\overline{X}_{sy}^{(\ell)},\quad \overline{X}_{st}^{(*)}=\frac{1}{B}\sum_{\ell=1}^{B}\overline{X}_{st}^{(\ell)}$$

최종적으로 표본평균의 변동은 다음과 같이 계산된다.

$$\mathrm{SD}_{sr}=\sqrt{\frac{1}{B-1}\sum_{\ell=1}^{B}(\overline{X}_{sr}^{(\ell)}-\overline{X}_{sr}^{(*)})^2}$$

$$\mathrm{SD}_{sy}=\sqrt{\frac{1}{B-1}\sum_{\ell=1}^{B}(\overline{X}_{sy}^{(\ell)}-\overline{X}_{sy}^{(*)})^2}$$

$$\mathrm{SD}_{st}=\sqrt{\frac{1}{B-1}\sum_{\ell=1}^{B}(\overline{X}_{st}^{(\ell)}-\overline{X}_{st}^{(*)})^2}$$

MEMO

APPENDIX

B

일반통계학 실습 with Python

CONTENTS

B.1 Python 기초

Python과 통합개발환경

파이썬(Python)은 C, C++, JAVA보다 문법이 간단하여 입문자가 배우기 쉬운 프로그래밍 언어이다. 또한 R과 마찬가지로 다양한 라이브러리를 활용해 자유롭게 데이터 분석을 수행할 수 있다. 파이썬은 단순히 교육용 언어에 그치지 않고 기업 실무에서도 널리 사용되며, 다양한 분야에서 활용되는 유연한 프로그래밍 언어로 자리 잡고 있다.

파이썬을 설치하려면 다음 단계를 따르면 된다.

❶ 공식 사이트(https://www.python.org/downloads)에서 사용자의 운영체제에 맞는 링크를 클릭한다.

❷ 필요한 버전의 installer 링크를 클릭해 설치 파일을 다운로드한다.

❸ 다운로드한 파일을 실행하여 프로그램을 설치한다.

❹ 정상적으로 설치되었는지 확인하기 위해 Windows [시작] 메뉴에서 [Python x.x] 프로그램[1]을 찾는다. [IDLE(Python x.x 64-bit)]를 클릭한 후, [그림 B-1]과 같은 화면이 나타나면 정상적으로 설치된 것이다. 그림 상단에 3.8.10이라는 숫자가 있으므로 버전 3.8.10을 설치했음을 확인할 수 있다.

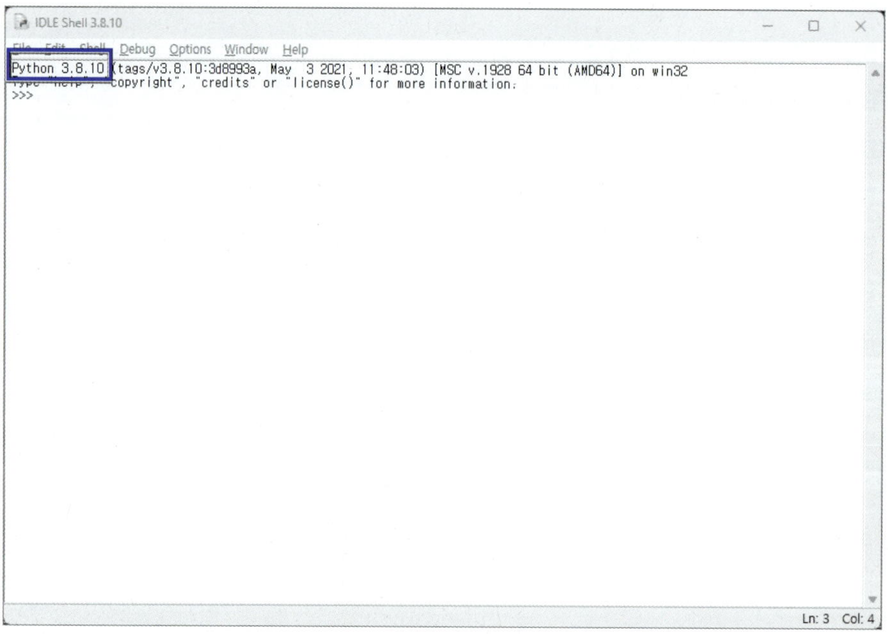

그림 B-1 파이썬 설치 확인을 위한 IDLE 화면

1 Python 뒤의 x.x는 설치된 파이썬 버전을 의미하고, 설치 시기와 파일에 따라 값이 다를 수 있다.

통합개발환경(IDE)은 개발자가 소프트웨어를 개발하는 전 과정을 지원하는 도구로 소스 코드 작성, 실행, 저장 등 개발에 필요한 다양한 기능을 하나의 프로그램 안에서 제공한다. IDE는 기본 파이썬 인터프리터보다 더 긴 코드와 복잡한 프로젝트를 효율적으로 관리할 수 있어 개발자의 생산성을 크게 향상시킨다. 널리 사용되는 파이썬 IDE로 마이크로소프트 비주얼 스튜디오 코드(Microsoft Visual Studio Code, VS Code), 주피터 노트북(Jupyter Notebook), 구글 코랩(Google Colab) 등이 있고, 각각 고유한 특징과 장점을 갖는다. 이러한 IDE는 코드 자동완성, 디버깅, 버전 관리 등 다양한 기능을 제공하여 개발자가 더 쉽고 빠르게 프로그래밍할 수 있도록 돕는다. 다음에 소개하는 여러 가지 IDE 중 하나를 선택해 제시된 링크 또는 인터넷 검색을 활용해 환경을 구축(설치 및 설정)하고 사용법을 익히도록 하자. 이 책에서 사용한 코드와 실행결과는 Python 3.8.10 버전과 VS CODE 1.96.4 버전을 기준으로 한다.

❶ **VS CODE 공식 사이트**[2] : https://code.visualstudio.com

❷ **Jupyter Notebook 공식 사이트** : https://jupyter.org

❸ **Google Colab 공식 사이트**[3] : https://colab.research.google.com

파이썬의 표현식, 연산, 변수

표현식(expression)은 정해진 문법에 따라 주어진 데이터를 처리하는 방법을 컴퓨터에 전달하는 문장이다. 프로그래밍 언어의 문장도 인간의 언어와 마찬가지로 정해진 규칙, 즉 문법에 맞춰야 한다. 예를 들어 1 + 2는 수학적인 연산을 나타내는 표현식이다.

주석(comment)은 해시기호(#)를 사용하며, 실행되지 않는 부분이다. 주로 코드에 대한 설명을 추가하거나 특정 코드를 임시로 실행하지 않을 때 사용한다. 작성한 코드의 결과를 출력하려면 print() 함수를 사용한다. [코드 B-1]에서 주석과 print() 함수의 사용법을 확인할 수 있다.

코드 B-1

```
# 주석은 이렇게 작성

print("Hello, World!")
```

```
Hello, World!
```

R과 달리 파이썬은 특정 위치에서 띄어쓰기를 하지 않거나, 반대로 필요하지 않은 곳에서 띄어쓰기를 하면 오류가 발생할 수 있다. [코드 B-2]를 확인하라.[4]

2 튜토리얼 : https://code.visualstudio.com/docs/languages/python

3 구글 검색창에 'Google Colab 튜토리얼'을 검색하면 튜토리얼 사이트로 이동할 수 있다.

4 코딩을 진행하는 환경에 따라 오류 메시지가 일부 달라질 수 있다.

코드 B-2

```
"들여쓰기 실험"
 "들여쓰기 해도 될까?" # 이 부분에서 오류
```

```
  Cell In[5], line 2
    "들여쓰기 해도 될까?" # 이 부분에서 오류
    ^
IndentationError: unexpected indent
```

파이썬에서 숫자를 입력하면 해당 숫자가 출력되고, 계산기처럼 사칙연산도 수행할 수 있다. [코드 B-3]을 확인해보자.

코드 B-3

```
print(1234)
print(1234 + 5678)
print(1234 - 5678)
print(1234 * 5678)
print(1234 / 5678)
```

```
1234
6912
-4444
7006652
0.2173300457907714
```

파이썬은 사칙연산뿐만 아니라 제곱, 몫, 나머지 등 다양한 연산을 제공한다. [표 B-1]은 숫자를 이용하는 표현식에서 사용할 수 있는 **연산자**(operator)이다.

표 B-1 파이썬 연산자 종류

연산자	의미	예시	값
+	덧셈	2+3	5
-	뺄셈	2-1	1
*	곱셈	2*3	6
/	나눗셈	7/3	2.6667
%	나머지	7%3	1
//	몫	10//3	3
**	제곱	3**4	81

여러 개의 연산자가 포함된 경우 연산순서는 수학에서의 연산순서와 동일하다. 즉 'PEMDAS'순으로 계산한다.

❶ **P**arenthesis(괄호)

❷ **E**xponents(지수)

❸ **M**ultiplication(곱하기)와 **D**ivision(나누기)

❹ **A**ddition(더하기)와 **S**ubtraction(빼기)

동일한 종류의 연산자가 두 개 이상 있는 경우는 왼쪽부터 수행된다. [코드 B-4]를 확인하자.

코드 B-4

```
print(12 * (3+4))     # 괄호
print(3 * 2 ** 3)     # 지수
print(3 + 6 / 2)      # 곱하기와 나누기
print(3 - 6 + 2)      # 더하기와 빼기
print(4 / 2 * 3)      # 나누기와 곱하기
```

```
84
24
6.0
-1
6.0
```

문법을 따르지 않은 잘못된 표현식을 사용하면 파이썬은 오류 메시지(error message)를 출력한다. [코드 B-5]의 실행결과에 따르면 문법 오류가 발생했음을 알 수 있고, ^ 표시를 통해 오류가 발생한 위치도 확인할 수 있다.

코드 B-5

```
1+*2
```

```
Cell In[18], line 1
    1+*2
      ^
SyntaxError: invalid syntax
```

비교하는 표현식을 실행하면 참(True)과 거짓(False)이 반환된다. True와 False는 참과 거짓을 나타내는 **예약어**이므로 변수 이름으로 사용할 수 없다. 파이썬에서 사용하는 비교 연산자로 <, <=, >, >=, !=, ==가 있다. [코드 B-6]은 비교 연산자를 통해 참 또는 거짓을 출력하는 코드이다.

코드 B-6

```
print(-1 < 5)
print(1234 >= 1234)
print(1234 == 12345)   # 같다
print(1234 != 1234)    # 같지 않다
```

```
True
True
False
False
```

파이썬에서 사용하는 논리연산자로 and, or, not이 있다. 논리연산자도 예약어이므로 변수 이름으로 사용할 수 없다. [코드 B-7]에서는 예약어를 변수로 사용할 경우 발생하는 오류를 보여준다.

코드 B-7

```
True = 123
```

```
  Cell In[23], line 1
    True = 123
    ^
SyntaxError: cannot assign to True
```

비교 연산자와 논리연산자가 함께 사용되면 비교 연산자의 우선순위가 더 높다. 따라서 비교연산이 먼저 수행된 후 논리연산이 수행된다. 또한 같은 종류의 연산자가 두 개 이상 있으면 왼쪽부터 수행된다. [코드 B-8]을 확인하자.

코드 B-8

```
print(1234 < 1234 or 1234 <= 12345)
print(1234 < 1234 and 1234 <= 12345)
print(not 1234 <= 1234)
```

```
True
False
False
```

파이썬에서는 벡터연산을 통해 벡터의 각 원소에 대해 연산을 수행할 수 있다. [코드 B-9]는 벡터연산의 예시로, 벡터연산을 지원하는 numpy 라이브러리[5]를 사용했다.

코드 B-9

```
import numpy as np

# 벡터연산
a = np.array([1, 2, 3, 4])
b = np.array([5, 6, 7, 8])
```

5 라이브러리 사용법은 [코드 B-25]에서 다룰 예정이다.

```
print(a + b)   # 덧셈
print(a - b)   # 뺄셈
print(a * b)   # 곱셈
print(a / b)   # 나눗셈
print(a % b)   # 나머지
print(a ** b)  # 거듭제곱
```

```
[ 6  8 10 12]
[-4 -4 -4 -4]
[ 5 12 21 32]
[0.2        0.33333333 0.42857143 0.5       ]
[1 2 3 4]
[    1    64  2187 65536]
```

프로그래밍 언어에서 변수는 자료를 담거나 표현식의 결과를 담는 그릇으로 비유할 수 있다. 변수는 = 연산자를 사용하여 선언하고, = 연산자의 오른쪽에는 변수에 저장할 값 또는 값을 계산하는 표현식을 쓴다. R과 달리 <- 연산자는 사용할 수 없다. 표현식에는 앞에서 정의된 변수를 활용할 수 있다. 앞으로 자료를 '변수'로 통일하여 사용한다. 변수를 활용하는 [코드 B-10]과 [코드 B-11]을 살펴보자.

코드 B-10

```
a = 1234
a
```

```
1234
```

코드 B-11

```
b = 1111 + 2222
a+b
```

```
4567
```

변수에 저장된 자료를 변경할 수 있다. [코드 B-10]에서 변수 a 값은 1234였지만, [코드 B-12]를 실행하면 -1234로 변경됨을 알 수 있다.

코드 B-12

```
a = -1234
a
```

```
-1234
```

[코드 B-13]을 실행하면 변수 a 값이 변수 b에 저장되어 있던 3333으로 변경된다.

코드 B-13

```
a = b
a
```

```
3333
```

변수를 사용하는 이유는 작업을 더 편리하고 이해하기 쉽게 처리하기 위함이다. 이를 위해 변수 이름을 의미 있게 정하는 것이 중요하다. 변수 이름을 정할 때는 다음과 같은 규칙을 준수해야 한다.

- 대소문자를 구분한다. 예를 들어 day와 Day는 다른 변수이다.
- 이름에 문자, 숫자, 언더바(_)를 포함할 수 있지만 숫자로 시작할 수 없다.
- 파이썬 변수에는 문자열도 저장할 수 있다.
- 문자열은 작은따옴표('')와 큰따옴표("")를 모두 사용해 정의할 수 있다.

[코드 B-14]와 [코드 B-15]를 통해 규칙을 확인하라.

코드 B-14

```
name_1 = 'John Doe'
name_1
```

```
'John Doe'
```

코드 B-15

```
name_2 = "John Doe"
name_2
```

```
'Jane Doe'
```

문자열 안에 작은따옴표(')가 포함된 경우, 전체 문자열을 큰따옴표(")로 감싸면 된다. 작은따옴표로 문자열을 정의하면 시작과 끝을 구별하기 어려우므로 작은따옴표 앞에 역슬래시(backslash, \)를 붙여 보호해야 한다. [코드 B-16]과 [코드 B-17]을 확인하라.

코드 B-16

```
text_1 = "You've got mail"
text_1
```

```
'You've got mail'
```

코드 B-17

```
text_2 = 'You\'ve got mail'
text_2
```

```
'You've got mail'
```

문자열 안에 큰따옴표(")가 포함된 경우에도 큰따옴표 앞에 역슬래시(\)를 붙여 보호해야 한다. [코드 B-18]을 확인하라.

코드 B-18

```
text_3 = "He said\"yes\""
text_3
```

```
'He said "yes"'
```

참고로 역슬래시(\)를 사용할 때 주의할 점이 있다. 역슬래시로 시작하는 일부 문자열은 특수한 의미나 기능을 가진다. 이를 **이스케이프 시퀀스**(escape sequence)라 한다. 예를 들어 `\n`은 줄바꿈(newline)을 의미한다. [코드 B-19]와 [코드 B-20]은 역슬래시 사용에 대한 예를 보여준다.

코드 B-19

```
text_4 = 'C:\my\name'
print(text_4)
```

```
C:\my
ame
```

코드 B-20

```
print("첫 번째 줄\n두 번째 줄")
```

```
첫 번째 줄
두 번째 줄
```

특수 문자열이 원래의 기능을 하지 않도록 하려면, 문자열을 정의할 때 앞에 `r`을 붙이면 된다. [코드 B-21]을 확인하라.

코드 B-21

```
text_5 = r'C:\my\name'
print(text_5)
```

```
C:\my\name
```

함수와 라이브러리

파이썬에서 **함수**(function)란 특정 작업을 수행하는 코드를 모아놓은 것으로, 이를 활용하면 반복 작업을 줄일 수 있다. 예를 들어 [코드 B-1]부터 꾸준히 사용한 print() 함수는 괄호 안에 주어진 문자열이나 변수 값을 출력하는 기능을 가진다. 파이썬은 기본적인 수학함수를 제공하지만, 모든 함수가 기본적으로 설치되어 있지는 않다. [코드 B-22]는 파이썬의 기본 함수가 아닌 log() 함수를 사용했을 때 발생하는 오류를 보여준다.

코드 B-22

```
log(2)
```

```
---------------------------------------------------------------------------
NameError                                 Traceback (most recent call last)
Cell In[40], line 1
----> 1 log(2)

NameError: name 'log' is not defined
```

사용자 정의 함수는 프로그래머가 특정 작업을 수행하도록 직접 정의한 함수로, 파이썬 내장함수와 달리 사용자가 원하는 로직을 구현하여 재사용할 수 있는 코드 블록을 제공한다. 파이썬에서 함수를 정의하려면 def 키워드를 사용하며, 함수 이름과 매개변수를 지정해야 한다. 또한 함수는 return문을 통해 결과를 반환할 수 있다. [코드 B-23]은 이름과 나이를 입력하면 인사말을 반환하는 사용자 정의 함수의 예이다.

코드 B-23

```
def greet(name, age):
    return f"안녕하세요, {name}님! 나이는 {age}살입니다."

print(greet("철수",25))
```

```
안녕하세요, 철수님! 나이는 25살입니다.
```

람다함수(lambda function)는 한 줄로 간단히 정의되는 익명함수로 매우 간단한 사용자 정의 함수가 필요할 때 활용할 수 있다. [코드 B-24]는 람다함수를 이용하여 두 변수의 합을 반환하는 코드이다.

코드 B-24

```
add = lambda x, y : x + y
print(add(3, 5))
```

```
8
```

[코드 B-22]에서 소개한 log() 함수는 기본적으로 제공되지 않으므로 수학과 관련된 함수들이 포함된 **라이브러리**(library), **패키지**(package) 또는 **모듈**(module)을 불러와야 한다. 라이브러리는 특정한 주제와 관련된 함수 및 프로그램을 모아놓은 것으로, R의 패키지와 유사한 개념으로 이해하면 된다. 예를 들어 수학함수를 사용하려면 수학 라이브러리 math를 불러와야 한다. 특정 라이브러리를 불러오는 명령어는 import이다. R의 패키지와 마찬가지로 설치되어 있지 않은 라이브러리는 직접 설치해야 한다.

[코드 B-25]는 xlrd 라이브러리를 설치하고 불러오는 과정을 보여준다. 참고로 %pip install 방법은 사용하는 환경에 따라 pip install, !pip install 등 다양한 방식으로 실행할 수 있고, pip 명령어와 파이썬 버전 간의 충돌 등으로 인해 문제가 발생할 수도 있다. 따라서 정상적으로 설치되었을 때의 실행결과도 코딩 환경에 따라 다를 수 있다.

코드 B-25

```
%pip install xlrd
import xlrd
```

```
Collecting xlrd
  Downloading xlrd-2.0.1-py2.py3-none-any.whl.metadata (3.4 kB)
Downloading xlrd-2.0.1-py2.py3-none-any.whl (96 kB)
Installing collected packages: xlrd
Successfully installed xlrd-2.0.1
Note: you may need to restart the kernel to use updated packages.
```

R과 다르게 파이썬은 불러온 라이브러리에서 원하는 함수를 직접 호출할 수 있도록 지정하는 코드가 필요하다. [코드 B-26]은 math 라이브러리를 불러왔지만, 라이브러리에 있는 함수를 호출하지 않고 사용하려 할 때 발생하는 오류를 보여준다.

코드 B-26

```
import math
log(2)
```

```
---------------------------------------------------------------------------
NameError                                 Traceback (most recent call last)
Cell In[44], line 1
----> 1 log(2)

NameError: name 'log' is not defined
```

라이브러리에 있는 함수를 사용하려면 해당 라이브러리 이름 뒤에 마침표(.)를 붙이고 그다음에 함수 이름을 작성해야 한다. [코드 B-27]은 math 라이브러리에 포함된 log() 함수와 exp() 함수를 올바르게 사용하는 방법을 보여준다.

코드 B-27

```
print(math.log(2))
print(math.exp(22))
```

```
0.6931471805599453
3584912846.131592
```

참고로 math 라이브러리에 포함된 다양한 수학함수의 사용법은 파이썬 math 모듈 매뉴얼[6]에서 확인할 수 있다. 각 모듈마다 공식 매뉴얼이 존재하므로 필요한 정보를 검색하여 확인할 수 있다.

리스트

파이썬에서 **리스트**(list)는 데이터를 모아놓은, 순서가 있는 복합체 또는 집합이다. 리스트를 정의하려면 대괄호([]) 안에 데이터 또는 변수를 쉼표(,)로 구분하여 넣으면 된다. 리스트의 **원소**(element)는 동일한 자료형(정수, 실수, 문자열 등)일 필요가 없다. 또한 리스트의 원소로 또 다른 리스트를 포함할 수도 있다. [코드 B-28]과 [코드 B-29]는 리스트의 예이다.

코드 B-28

```
list_1 = [1, 2, 0.5, 'chair']
list_1
```

```
[1, 2, 0.5, 'chair']
```

코드 B-29

```
list_2 = [list_1, "A", [1, 2, 3]]
list_2
```

```
[[1, 2, 0.5, 'chair'], 'A', [1, 2, 3]]
```

리스트의 각 원소는 순서에 따라 지정된 값을 가지는데, 이를 **인덱스**(index)라고 한다. 인덱스를 이용해 리스트의 특정 원소에 접근할 수 있다. **슬라이싱**(slicing)은 인덱스를 이용해 리스트의 특정 부분을 추출하는 방법이다. 슬라이싱을 수행하려면 리스트 이름 뒤에 대괄호([])를 사용하고, 그 안에 인덱스를 넣으면 된다.

파이썬 인덱스는 0부터 시작한다!

R에서는 인덱스가 1부터 시작하지만, 파이썬에서는 1이 아닌 0부터 시작한다는 점을 유념해야 한다.

[코드 B-30]은 리스트 alphabet_list에서 인덱스가 0인 원소 a를 가져오는 슬라이싱의 예이다.

6 https://docs.python.org/3/library/math.html

코드 B-30

```
alphabet_list = ['a', 'b', 'c', 'd', 'e']
alphabet_list[0]
```

```
'a'
```

[코드 B-31]과 같이 리스트의 인덱스 범위를 벗어난 값으로 슬라이싱하면 오류가 발생한다.

코드 B-31

```
alphabet_list[5]
```

```
---------------------------------------------------------------------------
IndexError                                Traceback (most recent call last)
Cell In[51], line 1
----> 1 alphabet_list[5]

IndexError: list index out of range
```

포함연산자 in은 특정 변수나 숫자가 리스트에 포함되는지를 확인하는 연산자이다. [코드 B-32]는 포함연산자를 활용하여 특정 문자가 리스트에 포함되어 있는지 확인하는 코드이다.

코드 B-32

```
print('a' in alphabet_list)

is_it_in = 'b'
print(is_it_in in alphabet_list)

is_it_in = 'f'
print(is_it_in in alphabet_list)
```

```
True
True
False
```

데이터 처리

데이터 처리 작업을 위해 pandas 라이브러리에서 제공하는 **데이터 프레임**(data frame)과 이를 다룰 수 있는 다양한 함수들의 사용법을 익혀보자. 또한 외부 데이터를 불러오는 방법도 함께 살펴보자.

라이브러리를 불러올 때 사용하는 코드 as는 라이브러리 이름을 줄여서 사용할 때 활용된다. [코드 B-33]은 pandas 라이브러리를 불러와 pd라는 별칭(alias)으로 지정하는 코드이다.

코드 B-33

```
import pandas as pd
```

pandas 라이브러리의 데이터 프레임은 표 형태의 스프레드시트 형식 자료구조를 제공한다. 즉 2차원 행렬 데이터로 이루어져 있으며, 행(row)은 개별 데이터(레코드)를, 열(column)은 변수를 나타낸다.

[코드 B-34]는 2023년 국내에 개봉한 영화 5편의 이름(name), 국적(type), 관객 수(views)로 구성되며, 5개의 행과 3개 열을 가진 데이터 프레임 df를 생성하는 코드이다.

코드 B-34

```
df = pd.DataFrame(
    { 'name' : ['서울의 봄', '밀수', '엘리멘탈', '스즈메의 문단속', '30일'],
      'type' : ['kor', 'kor', 'for', 'for', 'kor'],
      'views': [ 11854779, 5143219, 7238453 , 5574358, 2165358]
    } )
df
```

```
          name  type     views
0        서울의 봄   kor  11854779
1           밀수   kor   5143219
2         엘리멘탈   for   7238453
3   스즈메의 문단속   for   5574358
4          30일   kor   2165358
```

[코드 B-34]를 자세히 살펴보자. pd.DataFrame() 함수는 별칭을 pd로 설정한 pandas 라이브러리의 DataFrame() 함수를 사용하여 데이터 프레임을 생성한다. 함수 내부의 중괄호({})는 사전(dictionary) 형식으로 데이터를 정의한다. 중괄호 안의 데이터는 순서대로 다음과 같은 의미를 가진다.

❶ 'name' : 이름 열로, 리스트의 각 원소는 개별 영화의 이름을 나타낸다.
❷ 'type' : 국적 열로, 리스트의 원소 중 'kor'은 국내영화, 'for'은 해외영화를 의미한다.
❸ 'views' : 관객 수 열로, 리스트의 각 원소는 해당 영화의 관객 수를 나타내며 정수로 구성된다.

데이터 프레임 df에서 가장 왼쪽 열에 표시된 숫자 0, 1, 2, 3, 4는 각 행의 인덱스를 나타낸다. 특정 열을 따로 선택하여 슬라이싱할 수 있고, 이때 열 이름(문자열)을 인덱스로 지정할 수 있다. [코드 B-35]는 데이터 프레임 슬라이싱의 한 가지 예를 보여준다.

코드 B-35

```
df['name']
```

```
0      서울의 봄
1         밀수
```

```
2          엘리멘탈
3    스즈메의 문단속
4             30일
Name: name, dtype: object
```

두 개 이상의 열을 슬라이싱하려면 리스트를 사용해야 한다. [코드 B-36]은 두 개 이상의 열을 슬라이싱하는 코드로, 슬라이싱할 열 이름을 리스트 형태로 지정한다.

코드 B-36

```
df[['name', 'views']]
```

```
            name      views
0         서울의 봄   11854779
1             밀수    5143219
2          엘리멘탈    7238453
3    스즈메의 문단속    5574358
4             30일    2165358
```

특정 열을 선택할 때 대괄호([])를 사용할 수도 있지만, 마침표(.)를 사용할 수도 있다. [코드 B-37]을 확인하라.

코드 B-37

```
df.views
```

```
0    11854779
1     5143219
2     7238453
3     5574358
4     2165358
Name: views, dtype: int64
```

데이터 프레임에서 하나의 열은 **시리즈**(series)라 부른다. [코드 B-38]은 관객 수가 700만 명 이상이면 `True`, 그렇지 않으면 `False`를 반환하는 시리즈를 생성하는 코드이다.

코드 B-38

```
df['views'] >= 7000000
```

```
0     True
1    False
2     True
3    False
```

```
4    False
Name: views, dtype: bool
```

[코드 B−39]는 [코드 B−38]에서 생성한 시리즈를 이용하여 관객 수가 700만 명 이상인 행을 슬라이싱하는 코드이다.

코드 B-39

```
df[ df['views'] >= 7000000 ]
```

```
        name    type     views
0     서울의 봄    kor   11854779
2      엘리멘탈    for    7238453
```

데이터 프레임에서 숫자로 구성된 열의 기초통계량을 구하려면 `describe()` 함수를 사용한다. [코드 B−40]을 통해 `describe()` 함수가 반환하는 값을 확인해보자. 여기서 **e+06**과 같은 표현이 나타날 수 있는데, 이는 10^6을 의미한다. 예를 들어 **6.3e+06**은 6.3×10^6을 나타낸다.

코드 B-40

```
df.describe()
```

```
              views
count  5.000000e+00
mean   6.395233e+06
std    3.558472e+06
min    2.165358e+06
25%    5.143219e+06
50%    5.574358e+06
75%    7.238453e+06
max    1.185478e+07
```

데이터 프레임 `df`의 마침표(.) 뒤에 나오는 함수 또는 표현식을 데이터 프레임의 **메서드**(method)라 한다. 마침표 뒤에 나오는 함수는 데이터 프레임에 대해 특정 작업을 수행하고, 마침표 뒤에 나오는 표현식은 데이터 프레임의 특정 성질을 나타낸다. 예를 들어 데이터 프레임 `df`의 각 열에서 최댓값도 구할 수도 있다. [코드 B−41]은 `max()` 함수를 사용하여 각 열의 최댓값을 구하는 코드이다. 여기서 `max()` 함수를 문자열 열에 적용하면, 알파벳(가나다)순으로 가장 마지막에 시작하는 값을 반환한다.

코드 B-41

```
df.max()
```

```
name     엘리멘탈
type          kor
```

```
views        11854779
dtype: object
```

[코드 B-42]의 shape() 함수는 데이터 프레임의 행과 열의 개수를 반환한다.

코드 B-42

```
df.shape
```

```
(5, 3)
```

데이터 프레임의 원소는 행과 열의 숫자 인덱스를 사용하여 슬라이싱할 수도 있다. 이때 .iloc 메서드를 사용하며, 대괄호([]) 안에서 행과 열의 인덱스를 쉼표(,)로 구분하여 지정한다. [코드 B-43]은 데이터 프레임 df의 다섯 번째 행(index=4)과 첫 번째 열(index=0)에 해당하는 원소를 반환하는 코드이다.

코드 B-43

```
df.iloc[4,0]
```

```
'30일'
```

이제 외부 데이터를 불러오는 법을 살펴보자. 파이썬에서는 파일을 불러와서 작업할 수 있다. 이때 불러올 파일이 **현재 작업 디렉터리**(current directory)에 존재해야 한다. 만약 파일이 다른 위치에 있으면 파일의 전체 경로를 입력해야 한다. [코드 B-44]는 현재 작업 디렉터리를 확인하기 위해 os 라이브러리의 getcwd() 함수를 사용하는 코드이다.[7]

코드 B-44

```
import os
current_directory = os.getcwd()
print("현재 디렉터리:", current_directory)
```

```
현재 디렉터리: d:\stat_py_ex\일반통계학 실습 Python
```

현재 작업 디렉터리를 변경하려면 os.chdir() 함수를 사용한다. [코드 B-45]는 현재 작업 디렉터리를 D 드라이브의 example_folder 폴더로 변경하는 코드이다.

코드 B-45

```
import os
os.chdir('D:/example_folder')
```

7 사용자가 파이썬 파일을 생성한 위치에 따라 디렉터리가 다르게 나올 수 있다.

```
# 변경 후 디렉터리 확인
print("변경 후 디렉터리:", os.getcwd())
```

```
변경 후 디렉터리: D:\example_folder
```

다음은 파이썬에서 파일을 불러오는 함수의 종류이다.

- open() : 텍스트 파일을 읽는 파이썬 내장함수
- read_csv() : csv 파일을 불러오는 pandas 라이브러리 함수
- read_excel() : 엑셀 파일을 불러오는 pandas 라이브러리 함수

[코드 B-46]은 현재 작업 디렉터리에 file.txt 파일이 존재한다고 가정하고 작성한 것이다.

코드 B-46

```
with open('file.txt', 'r') as file:
    data_txt = file.read()
```

[코드 B-47]은 현재 작업 디렉터리에 file.csv 파일이 존재한다고 가정하고 작성한 것이다.

코드 B-47

```
import pandas as pd
df = pd.read_csv('file.csv')
```

[코드 B-48]은 현재 작업 디렉터리에 file.xlsx 파일이 존재한다고 가정하고 작성한 것이다.

코드 B-48

```
df = pd.read_excel('file.xlsx')
```

제어문

for문, while문, if문과 같은 제어문을 사용하면 코드 실행 순서를 변경하거나 반복적으로 수행할 수 있다. 여기서는 for문과 if문의 예를 간단히 살펴본다.

for문은 콜론(:)으로 끝나고, 반복할 문장은 반드시 들여쓰기해야 한다. 반복문(for문)은 range() 함수와 함께 사용하는 경우가 많다. range() 함수의 첫 번째 인자는 시작값, 두 번째 인자는 (끝값−1)이다. 세 번째 인자는 값이 변화하는 간격을 나타낸다. [코드 B-49]로 range() 함수의 사용법을 확인하자.

코드 B-49

```
abc = range(1, 6, 2)
print(list(abc))
```

```
[1, 3, 5]
```

[코드 B-50]은 1부터 5까지 출력하는 for문의 예이다.

코드 B-50

```
for i in range(1, 6, 1):
    print(i)
```

```
1
2
3
4
5
```

[코드 B-51]은 1부터 10까지의 합을 출력하는 for문의 예이다.

코드 B-51

```
sum_i = 0
for i in range(1, 11, 1):
    sum_i = sum_i + i

print(sum_i)
```

```
55
```

[코드 B-52]는 구구단의 2단과 3단을 출력하는 이중 for문의 예이다.

코드 B-52

```
for i in range(2, 4):          # range(2, 4)는 2부터 3까지를 포함
    for j in range(1, 10):  # range(1, 10)은 1부터 9까지를 포함
        print(f"{i} x {j} = {i * j}")
```

```
2 x 1 = 2
2 x 2 = 4
2 x 3 = 6
2 x 4 = 8
2 x 5 = 10
2 x 6 = 12
```

```
2 x 7 = 14
2 x 8 = 16
2 x 9 = 18
3 x 1 = 3
3 x 2 = 6
3 x 3 = 9
3 x 4 = 12
3 x 5 = 15
3 x 6 = 18
3 x 7 = 21
3 x 8 = 24
3 x 9 = 27
```

[코드 B-53]은 x, y가 짝수인지 구분하는 if문이다.

코드 B-53

```python
x = 10
y = 5

if x % 2 == 0:
    print("짝수입니다.")
else:
    print("홀수입니다.")

if y % 2 == 0:
    print("짝수입니다.")
else:
    print("홀수입니다.")
```

```
짝수입니다.
홀수입니다.
```

[코드 B-54]는 for문과 if문을 결합하여 1부터 10까지의 수 중에서 짝수만 출력한다.

코드 B-54

```python
for i in range(1, 11):
    if i % 2 == 0:
        print(i)
```

```
2
4
6
8
10
```

B.2 2장 모집단과 표본 실습

파이썬에서 다양한 그림 생성

파이썬에서는 matplotlib 라이브러리와 seaborn 라이브러리를 활용하여 다양한 그래프와 도표를 생성할 수 있다. 이제 본문에서 다룬 그림을 matplotlib과 seaborn 라이브러리를 이용하여 생성하는 방법을 살펴보자. 다음 장부터는 특별한 경우를 제외하고 matplotlib 라이브러리를 이용하여 그래프를 생성한다.

[표 2-1]의 자료를 이용한 막대그래프 [그림 2-1]을 생성해보자. matplotlib 라이브러리의 bar() 함수를 이용하면 [코드 B-55]와 같이 생성할 수 있다. bar() 함수의 옵션을 통해 그림의 막대 색상, 선 색상, 막대의 투명도 등을 설정할 수 있다. bar() 함수 내부의 color 옵션은 막대 내부 색상을 지정한다. alpha 옵션은 막대 내부 색상의 투명도를 조절하며, 0과 1 사이의 값을 지정할 수 있다. edgecolor 옵션은 막대 경계선 색상을 지정하고, linewidth 옵션은 막대 경계선의 굵기를 지정한다. xlabel(), ylabel() 함수를 사용하여 각 축의 이름을 설정할 수 있다. 또한 show() 함수를 사용하여 그림을 출력한다.

코드 B-55

```
# 라이브러리 로드
import matplotlib.pyplot as plt
import pandas as pd

# 데이터 입력
df_2_1 = pd.DataFrame({
    'Name': ["John Smith", "Emily Johnson", "Michael Lee", "Sarah Davis"],
    'Vote': [0.367, 0.281, 0.271, 0.081]
})

# 막대그래프 생성
plt.bar(df_2_1['Name'], df_2_1['Vote'], color='blue', alpha=0.5, edgecolor='blue',
linewidth=2)
plt.xlabel('Name')
plt.ylabel('Vote')
plt.show()
```

이처럼 matplotlib 라이브러리에는 다양한 함수와 옵션이 존재한다. 자세한 내용은 공식문서[8]를 참고하면 좋다. 또한 matplotlib과 R의 그래프 생성 방식 및 내부 옵션이 다르므로, R에서 그린 그래프와 다소 차이가 있을 수 있다. 이후에 소개하는 코드는 꼭 필요한 경우를 제외하면 기본 옵션으로 작성한다. 이로 인해 파이썬에서 생성한 그림과 본문의 그림에 약간의 차이가 발생할 수 있다.

8 matplotlib 라이브러리 공식문서 : https://matplotlib.org/stable/index.html

matplotlib 라이브러리의 colors를 통해 사용가능한 색상의 종류를 확인할 수 있다. [코드 B-56]은 사용가능한 색상 중 CSS4 색상 목록에서 상위 3개의 이름을 출력하는 코드이다.

코드 B-56

```
import matplotlib.colors as mcolors

# CSS4 색상 목록 상위 3개 출력
colors = list(mcolors.CSS4_COLORS.keys())
print(colors[:3])
```

```
['aliceblue', 'antiquewhite', 'aqua']
```

seaborn 라이브러리의 barplot() 함수를 사용하면 [코드 B-57]처럼 막대그래프를 그릴 수 있다.

코드 B-57

```
# 라이브러리 로드
import seaborn as sns

# 막대그래프 생성
sns.barplot(x='Name', y='Vote', data=df_2_1)
plt.xlabel('Name')
plt.ylabel('Vote')
plt.ylim(0, 0.4)
plt.show()
```

[표 2-3]의 자료를 이용한 [그림 2-3], [그림 2-4], [그림 2-5]를 생성해보자. [코드 B-58]과 같이 matplotlib 라이브러리의 hist() 함수를 이용하면 [그림 2-3]을 생성할 수 있다.

코드 B-58

```
# 라이브러리 로드
import numpy as np

# 데이터 입력
length_intervals = np.arange(130, 200, 10)
mid_points = np.arange(135, 186, 10)
frequencies = np.array([0.05, 0.1, 0.3, 0.3, 0.2, 0.05])
rep_data = np.repeat(mid_points, (frequencies * 500).astype(int))

df_2_3 = pd.DataFrame({'length': rep_data})

# 상대도수 그래프 생성
plt.hist(df_2_3['length'], bins=length_intervals, density=True,
```

```
        edgecolor='black')
plt.show()
```

seaborn 라이브러리를 사용하여 [그림 2-3]을 생성하려면 histplot() 함수의 stat 옵션을 'densitiy'로 설정하면 된다. [코드 B-59]를 확인하라. 참고로 [코드 B-59] 중간의 백슬래시(\)는 **줄연속 문자**(line continuation character)로, 줄바꿈할 때 오류가 발생하지 않게 해준다.

코드 B-59

```
# 상대도수 그래프 생성(seaborn 라이브러리 사용)
sns.histplot(df_2_3['length'], bins=length_intervals, kde=False, \
color='black', edgecolor='black', stat = 'density')
plt.xlabel('')
plt.ylabel('')
plt.show()
```

[코드 B-60]과 같이 입력하면 matplotlib 라이브러리를 사용하여 [그림 2-4]를 그릴 수 있다.

코드 B-60

```
# 데이터 입력
length_intervals = np.arange(130, 195, 5)
mid_points = np.arange(132.5, 188.5, 5)
frequencies = np.array([0.01, 0.04, 0.04, 0.06, 0.2, 0.1, 0.2, 0.1, 0.05, 0.15,
                        0.03, 0.02])
rep_data = np.repeat(mid_points, (frequencies * 500).astype(int))

df_2_4 = pd.DataFrame({'value': rep_data})

# 상대도수 그래프 생성(matplotlib 라이브러리 사용)
plt.hist(df_2_4['value'], bins=length_intervals, \
density=True, edgecolor='black')
plt.ylim(0, 0.045)
plt.xlabel('')
plt.ylabel('')
plt.title('')
plt.show()
```

[코드 B-61]과 같이 입력하면 seaborn 라이브러리를 사용하여 [그림 2-4]를 그릴 수 있다.

코드 B-61

```
# 상대도수 그래프 생성(seaborn 라이브러리 사용)
sns.histplot(df_2_4['value'], bins=length_intervals, kde=False, \
color='black', edgecolor='black', stat = 'density')
plt.xlabel('')
plt.ylabel('')
plt.title('')
plt.show()
```

[코드 B-62]와 같이 seaborn 라이브러리의 kdeplot() 함수를 사용하면 상대도수 그래프에 밀도곡선을 추가하여 [그림 2-5(a)]와 같은 그림을 그릴 수 있다.

코드 B-62

```
# 상대도수 그래프와 밀도곡선 생성
sns.histplot(df_2_4['value'], bins=length_intervals, kde=False, \
color='black', edgecolor='black', stat = 'density')
sns.kdeplot(df_2_4['value'], bw_adjust=2, color='black')
plt.ylim(0, 0.045)
plt.xlim(125, 195)
plt.xlabel('')
plt.ylabel('')
plt.title('')
plt.show()
```

[코드 B-63]과 같이 kdeplot() 함수를 사용하면 [그림 2-5(b)]처럼 밀도곡선만 그릴 수 있다.

코드 B-63

```
# 밀도곡선만 생성(seaborn 라이브러리 사용)
sns.kdeplot(df_2_4['value'], bw_adjust=2, color='black')
plt.ylim(0, 0.045)
plt.xlim(125, 195)
plt.xlabel('')
plt.ylabel('')
plt.title('')
plt.show()
```

파이썬에서는 mpl_toolkits.mplot3d에서 Asex3D를 불러와 3차원 그래프를 그릴 수 있다. 또한 matplotlib 라이브러리에서 cm을 불러와 그래프 색상을 지정할 수 있다. [코드 B-64]의 실행결과는 [그림 2-6(a)]이고, [코드 B-65]의 실행결과는 [그림 2-6(b)]이다.

코드 B-64

```
from mpl_toolkits.mplot3d import Axes3D
from matplotlib import cm

# 데이터 입력
mydata = np.array([[0.1, 0.2, 0.2, 0.1],
                   [0.2, 0.3, 0.3, 0.2],
                   [0.2, 0.3, 0.3, 0.2],
                   [0.1, 0.2, 0.2, 0.1]]) * 10

# 이차원 막대그래프 생성
fig = plt.figure()
ax = fig.add_subplot(111, projection='3d')

x, y = np.meshgrid(np.arange(mydata.shape[1]), np.arange(mydata.shape[0]))
                # X, Y좌표 생성
x = x.flatten() # X좌표 평탄화, 1차원 배열로 변환
y = y.flatten()
z = np.zeros_like(x)
dx = dy = 0.5   # 막대의 너비
dz = mydata.flatten()

ax.bar3d(x, y, z, dx, dy, dz, shade=True, color=cm.viridis(dz / dz.max()))

plt.show()
```

코드 B-65

```
# 데이터 입력
x = np.arange(-3, 3.05, 0.05)
y = np.arange(-3, 3.05, 0.05)
x, y = np.meshgrid(x, y)
z = (1 / (2 * np.pi)) * np.exp(-0.5 * (x**2 + y**2))

# 밀도곡선
fig = plt.figure()
ax = fig.add_subplot(111, projection='3d')

ax.plot_surface(x, y, z, cmap='viridis', edgecolor='none')

ax.view_init(elev=20, azim=110)
ax.set_xlabel('')
ax.set_ylabel('')
ax.set_zlabel('')
ax.set_zlim(0, 0.18)
```

```
plt.show()
```

[코드 B-66]의 실행결과는 [그림 2-10(a)]이고, [코드 B-67]의 실행결과는 [그림 2-10(b)]이다.

코드 B-66

```
import numpy as np
import matplotlib.pyplot as plt
from mpl_toolkits.mplot3d import Axes3D
from matplotlib import cm

# 데이터 입력
z_1 = np.array([[0.1, np.nan, np.nan],
                [0.2, 0.2, np.nan],
                [0.1, 0.1, 0.3]])

# 이차원 막대그래프 생성
fig = plt.figure()
ax = fig.add_subplot(111, projection='3d')

x, y = np.meshgrid(np.arange(z_1.shape[1]), np.arange(z_1.shape[0]))
x = x.flatten()
y = y.flatten()
z = np.zeros_like(x)
dx = dy = 0.5
dz = np.nan_to_num(z_1.flatten(), nan=0)

ax.bar3d(x, y, z, dx, dy, dz, shade=True, color=cm.viridis(dz / dz.max()))

ax.set_xlabel('Characteristic 2')
ax.set_ylabel('Characteristic 1')
ax.set_zlabel('')
ax.set_zlim(0, 0.5)

plt.show()
```

코드 B-67

```
# 데이터 입력
z_2 = np.array([[np.nan, np.nan, 0.1],
                [np.nan, 0.2, 0.2],
                [0.4, 0.1, np.nan]])

# 이차원 막대그래프 생성
fig = plt.figure()
ax = fig.add_subplot(111, projection='3d')
```

```
x, y = np.meshgrid(np.arange(z_2.shape[1]), np.arange(z_2.shape[0]))
x = x.flatten()
y = y.flatten()
z = np.zeros_like(x)
dx = dy = 0.5
dz = np.nan_to_num(z_2.flatten(), nan=0)

ax.bar3d(x, y, z, dx, dy, dz, shade=True, color=cm.viridis(dz / dz.max()))

ax.set_xlabel('Characteristic 2')
ax.set_ylabel('Characteristic 1')
ax.set_zlabel('')
ax.set_zlim(0, 0.5)

plt.show()
```

[표 1-1]을 이용하여 원형그래프 [그림 2-11(b)]를 그려보자. [코드 B-68]과 같이 pie() 함수를 이용하여 그릴 수 있다. 여기서 색상은 회색 명도로 조정했고, startangle=90 옵션을 사용하여 원형그래프가 12시 정각 방향에서 그려지게 설정했다.

코드 B-68

```
# 데이터 입력
data = {
    'Name': ["John Smith", "Emily Johnson", "Michael Lee", "Sarah Davis"],
    'Vote': [0.42, 0.37, 0.15, 0.06]
}

df_1_1 = pd.DataFrame(data)

# 회색 명암 색상 리스트
gray_colors = ['dimgray', 'gray', 'darkgray', 'lightgray']

# 원형그래프 생성
plt.pie(df_1_1['Vote'], colors=gray_colors, startangle=90)
plt.legend(df_1_1['Name'], loc='upper right', bbox_to_anchor=(1.3, 1))
plt.show()
```

[예제 2-6]의 자료를 이용하여 도수다각형(꺾은선그래프) [그림 2-14]를 그려보자. [코드 B-69]와 같이 hist() 함수를 이용하여 히스토그램을 그린 후, plot() 함수를 이용하여 선을 추가할 수 있다. plot() 함수의 linestyle 옵션은 선 스타일을 설정할 수 있으므로 직선 형태로 그래프를 그릴 수 있다.

코드 B-69

```
# 데이터 입력
x = [
    183, 168, 165, 158, 180, 176, 168, 160, 160, 150, 180, 183, 170,
    170, 185, 170, 165, 170, 168, 154, 152, 173, 173, 165, 163, 163,
    160, 178, 138, 171, 163, 168, 165, 165, 178, 170, 168, 183, 145, 174
]

df_2_6 = pd.DataFrame({'val': x})

y, bin_edges = np.histogram(x, bins=[137.5, 145.5, 153.5, 161.5, 169.5, 177.5,
185.5], density=True)
df_2_6_2 = pd.DataFrame({
    'x': np.concatenate(([135], (bin_edges[:-1] + bin_edges[1:]) / 2, [187])),
    'y': np.concatenate(([0], y, [0]))
})

# 도수다각형 생성
plt.figure(figsize=(10, 6))
plt.hist(df_2_6['val'], bins=[137.5, 145.5, 153.5, 161.5, 169.5, 177.5, 185.5],
density=True, edgecolor='black')
plt.plot(df_2_6_2['x'], df_2_6_2['y'], color='black', linewidth=2, linestyle='-')
plt.xlabel('')
plt.ylabel('')
plt.title('')
plt.show()
```

[예제 2-6]의 자료를 이용하여 줄기-잎 그림의 최종과정(3단계)인 [그림 2-15]를 그려보자. 파이썬에서 줄기-잎 그림을 그리려면 stemgraphic 라이브러리를 불러와야 한다. 여기서 scale 옵션으로 줄기와 잎의 간격을 조절할 수 있고, asc 옵션으로 줄기-잎 그림을 내림차순 또는 오름차순으로 정렬할 수 있다. [코드 B-70]을 확인하라.

코드 B-70

```
# 라이브러리 로드
%pip install stemgraphic
import stemgraphic

# 줄기-잎 그림 생성 / 내림차순으로 정렬
stemgraphic.stem_graphic(x, scale=10, asc=False)
```

이번에는 [예제 2-7]의 자료를 이용한 산점도를 그려보자. matplotlib 라이브러리를 이용하여 [코드 B-71]과 같이 입력하면 [그림 2-18]을 얻는다. 참고로 [코드 B-71]을 실행하면 축 이름이 영어로 표기된다. matplotlib 라이브러리에서 한글을 사용하려면 별도의 설정이 필요하며, [코드 B-110]에서 확인할 수 있다. 이러한 이유로 〈부록〉에서는 몇 가지 특별한 경우를 제외하고 모든 축 이름과 제목을 영어로 사용했다.

코드 B-71

```
# 데이터 입력
data = {
    'weight': [82, 57, 79, 82, 50, 57, 50, 54, 52, 60, 73, 57, 63, 57, 57, 79, 52,
               48, 60, 54, 60, 77, 54, 70, 55, 50, 66, 57, 49, 54, 59, 37, 93, 49,
               74, 55, 63, 69, 79, 65],
    'height': [183, 176, 180, 170, 152, 163, 163, 170, 168, 168, 183, 165, 173, 160,
               168, 168, 165, 160, 170, 170, 173, 178, 165, 183, 158, 160, 170, 168,
               165, 138, 165, 145, 180, 150, 185, 154, 163, 171, 178, 174]
}
df_2_7 = pd.DataFrame(data)

# 산점도 생성
plt.scatter(df_2_7['weight'], df_2_7['height'])
plt.xlabel('Weight')
plt.ylabel('Height')
plt.show()
```

이번에는 산점도에 회귀도를 추가하여 [그림 2-19]를 그려보자. [코드 B-72]와 같이 회귀도를 그리기 위해 구간을 설정하고, 해당 구간별 키의 평균을 구해 계단형태의 그림을 그릴 수 있다. 이를 위해 step() 함수를 사용했다. 여기서 where 옵션은 키 평균(y)값이 몸무게 평균(x)값을 기준으로 어떤 방식으로 연결될지를 지정한다. post 옵션은 이를테면 (1,2), (2,3)과 같은 자료가 있을 때, x 값 1~2 범위에서 y 값 2를 유지하도록 설정한다.

코드 B-72

```
# 구간 설정
bin_width = 10
bins = np.arange(36.5, df_2_7['weight'].max() + bin_width - (df_2_7['weight'].max()
% bin_width), bin_width)

# 구간별 평균 계산
df_2_7['bin'] = pd.cut(df_2_7['weight'], bins=bins)
df_summary = df_2_7.groupby('bin').agg(
    bin_mean=('weight', 'mean'),
    y_mean=('height', 'mean')
).reset_index()
df_summary['bin_min'] = bins[:-1]

# 마지막 행 추가
last_row = pd.DataFrame({
```

```
    'bin': [pd.Interval(bins[-2], bins[-1], closed='right')],
    'bin_mean': [bins[-1]],
    'y_mean': [df_summary['y_mean'].iloc[-1]],
    'bin_min': [bins[-1]]
})
extended_df_summary = pd.concat([df_summary, last_row], ignore_index=True)

# 회귀도 그리기
plt.scatter(df_2_7['weight'], df_2_7['height'], color='blue')
plt.step(extended_df_summary['bin_min'], \
extended_df_summary['y_mean'], color='black', where='post')
plt.xlabel('Weight')
plt.ylabel('Height')
plt.grid(True)
plt.show()
```

모집단 특성값 계산

[코드 B-73]과 같이 입력하면 [예제 2-2]의 모집단 자료를 이용하여 모평균을 계산할 수 있다. 추가로 `print(f'텍스트 {변수}')` 형식으로 입력하면, 입력한 텍스트와 변수에 저장된 값을 함께 출력할 수 있다.

코드 B-73

```
# 데이터 입력
data = {
    'x': [0, 1, 2, 3, 4],
    'p_x': [0.1, 0.3, 0.3, 0.2, 0.1]
}
df_2_2 = pd.DataFrame(data)

m = []
for i in range(len(df_2_2)):
    m.append(df_2_2['x'][i] * df_2_2['p_x'][i])

mean = sum(m)

print(f'모평균: {mean}')
```

```
모평균: 1.9
```

for문 대신 [코드 B-9]에서 살펴본 벡터연산을 활용하여 [코드 B-74]와 같이 입력해도 동일한 결과를 얻을 수 있다.

코드 B-74

```
# 평균 계산
m = df_2_2['x'] * df_2_2['p_x']
mean = m.sum()

print(f'모평균: {mean}')
```

```
모평균: 1.9
```

[예제 2-2]의 모집단 자료를 이용하여 모분산과 모표준편차를 계산해보자. [코드 B-75]를 확인하라. 추가로 round() 함수는 입력한 자리수까지 반올림을 수행하는 함수이다.

코드 B-75

```
# 분산 계산
m = (df_2_2['x'] * df_2_2['p_x']).sum()
sigma_2 = ((df_2_2['x'] - m) ** 2 * df_2_2['p_x']).sum()

# 표준편차 계산
sigma = np.sqrt(sigma_2).round(2)

print(f"모분산: {sigma_2}, 모표준편차: {sigma}")
```

```
모분산: 1.29, 모표준편차: 1.14
```

[표 2-5]의 자료를 이용하여 모집단별로 모공분산과 모상관계수를 계산해보자. [코드 B-76]과 같이 입력하고 실행하면 모집단 A의 행 기준과 열 기준으로 계산된 모평균과 모표준편차를 확인할 수 있다.

코드 B-76

```
# 모집단 A 데이터 입력
df_2_5_a = np.array([[0.1, 0.2, 0.1],
                     [0.0, 0.2, 0.1],
                     [0.0, 0.0, 0.3]])

# 특성 값을 나타내는 벡터 생성
c_vec1 = c_vec2 = np.array([0, 1, 2])

# 데이터 프레임 행/열 합 입력
sum_row = np.array([0.1, 0.4, 0.5])
sum_col = np.array([0.4, 0.3, 0.3])

# 모평균 계산
m_1 = np.sum(c_vec1 * sum_row).round(2)
m_2 = np.sum(c_vec1 * sum_col).round(2)
```

```
# 모표준편차 계산
sigma_1 = np.sqrt(np.sum((c_vec1 - m_1)**2 * sum_row)).round(4)
sigma_2 = np.sqrt(np.sum((c_vec2 - m_2)**2 * sum_col)).round(4)

# 모평균 및 표준편차 확인
print(f"모평균1: {m_1}, 모평균2: {m_2}")
print(f"모표준편차1: {sigma_1}, 모표준편차2: {sigma_2}")
```

```
모평균1: 1.4, 모평균2: 0.9
모표준편차1: 0.6633, 모표준편차2: 0.8307
```

[코드 B-77]은 이중 반복문을 이용하여 모집단 A의 모공분산과 모상관계수를 계산하는 코드이다.

코드 B-77

```
# 공분산 계산 : 반복문 사용
cov_vec = []

for i in range(3):
    for j in range(3):
        cov_vec.append((c_vec1[i] - m_1) * (c_vec2[j] - m_2) * df_2_5_a[j, i])
        print(f"({c_vec1[i]} - {m_1}) * ({c_vec2[j]} - {m_2}) * {df_2_5_a[j, i]}")

cov = np.sum(cov_vec)

# 상관계수 계산
cor = (cov / (sigma_1 * sigma_2)).round(4)

# 공분산 및 상관계수 확인
print(f"모공분산: {cov}, 모상관계수: {cor}")
```

```
(0 - 1.4) * (0 - 0.9) * 0.1
(0 - 1.4) * (1 - 0.9) * 0.0
(0 - 1.4) * (2 - 0.9) * 0.0
(1 - 1.4) * (0 - 0.9) * 0.2
(1 - 1.4) * (1 - 0.9) * 0.2
(1 - 1.4) * (2 - 0.9) * 0.0
(2 - 1.4) * (0 - 0.9) * 0.1
(2 - 1.4) * (1 - 0.9) * 0.1
(2 - 1.4) * (2 - 0.9) * 0.3
모공분산: 0.34, 모상관계수: 0.6171
```

[코드 B-78]과 같이 입력하고 실행하면 모집단 B의 행 기준과 열 기준으로 계산된 모평균과 모표준편차를 확인할 수 있다.

코드 B-78

```
# 모집단 B 데이터 입력
df_2_5_b = np.array([[0, 0, 0.4],
                     [0, 0.2, 0.1],
                     [0.1, 0.2, 0]])

# 특성 값을 나타내는 벡터 생성
c_vec1 = c_vec2 = np.array([0, 1, 2])

# 데이터 프레임 행/열 합 입력
sum_row = np.array([0.1, 0.4, 0.5])
sum_col = np.array([0.4, 0.3, 0.3])

# 모평균 계산
m_1 = np.sum(c_vec1 * sum_row).round(2)
m_2 = np.sum(c_vec1 * sum_col).round(2)

# 모표준편차 계산
sigma_1 = np.sqrt(np.sum((c_vec1 - m_1)**2 * sum_row)).round(4)
sigma_2 = np.sqrt(np.sum((c_vec2 - m_2)**2 * sum_col)).round(4)

# 모평균 및 표준편차 확인
print(f"모평균1: {m_1}, 모평균2: {m_2}")
print(f"모표준편차1: {sigma_1}, 모표준편차2: {sigma_2}")
```

```
모평균1: 1.4, 모평균2: 0.9
모표준편차1: 0.6633, 모표준편차2: 0.8307
```

[코드 B-79]는 이중 반복문을 이용하여 모집단 B의 모공분산과 모상관계수를 계산하는 코드이다.

코드 B-79

```
# 공분산 계산 : 반복문 사용
cov_vec = []

for i in range(3):
    for j in range(3):
        cov_vec.append((c_vec1[i] - m_1) * (c_vec2[j] - m_2) * df_2_5_b[j, i])
        print(f"({c_vec1[i]} - {m_1}) * ({c_vec2[j]} - {m_2}) * {df_2_5_b[j, i]}")

cov = np.sum(cov_vec).round(2)

# 상관계수 계산
cor = (cov / (sigma_1 * sigma_2)).round(4)

# 공분산 및 상관계수 확인
```

```
print(f"모공분산: {cov}, 모상관계수: {cor}")
```

```
(0 - 1.4) * (0 - 0.9) * 0.0
(0 - 1.4) * (1 - 0.9) * 0.0
(0 - 1.4) * (2 - 0.9) * 0.1
(1 - 1.4) * (0 - 0.9) * 0.0
(1 - 1.4) * (1 - 0.9) * 0.2
(1 - 1.4) * (2 - 0.9) * 0.2
(2 - 1.4) * (0 - 0.9) * 0.4
(2 - 1.4) * (1 - 0.9) * 0.1
(2 - 1.4) * (2 - 0.9) * 0.0
모공분산: -0.46, 모상관계수: -0.8348
```

요약통계량 계산

파이썬에서 요약통계량을 계산하는 방법은 다양하다. 여기서는 describe(), mean(), trim_mean(), quantile(), var(), std(), iqr(), cov(), corrcoef() 등을 이용하여 요약통계량을 계산하는 방법을 살펴보자.

[예제 2-6]의 표본자료를 이용하여 표본평균, 절사평균, 표본사분위수를 계산해보자. [코드 B-80]과 같이 mean(), quantile() 함수로 표본평균과 표본사분위수를 계산할 수 있다. quantile() 함수의 interpolation 옵션은 백분위수를 계산할 때 해당 백분위수에 정확한 값이 존재하지 않으면 어떻게 사잇값을 정하는지(보간하는지)를 지정한다. 여기서는 midpoint 방식을 사용하며, 백분위수에 가장 인접한 두 값의 중간값을 반환한다. 또한 scipy.stats 라이브러리의 trim_mean() 함수를 사용하여 절사평균을 계산할 수 있다.

코드 B-80

```
from scipy.stats import trim_mean

# 데이터 입력
x = [
    183, 168, 165, 158, 180, 176, 168, 160, 160, 150, 180, 183, 170,
    170, 185, 170, 165, 170, 168, 154, 152, 173, 173, 165, 163, 163,
    160, 178, 138, 171, 163, 168, 165, 165, 178, 170, 168, 183, 145, 174
]
df_2_6 = pd.DataFrame({'val': x})

# 표본평균 계산
m = df_2_6['val'].mean()

# 10% 절사평균 계산
m_trim = trim_mean(df_2_6['val'], 0.1).round(2)
```

```
# 표본사분위수 계산
q1 = df_2_6['val'].quantile(0.25, interpolation='midpoint')
q2 = df_2_6['val'].quantile(0.5, interpolation='midpoint')
q3 = df_2_6['val'].quantile(0.75, interpolation='midpoint')

# 요약통계량 확인
print(f"표본평균: {m}, 10% 절사평균: {m_trim}")
print(f"제1사분위수: {q1}, 제2사분위수: {q2}, 제3사분위수: {q3}")
```

```
표본평균: 167.45, 10% 절사평균: 168.09
제1사분위수: 163.0, 제2사분위수: 168.0, 제3사분위수: 173.5
```

[코드 B-81]과 같이 describe() 메서드를 사용해서 개수(count), 표본평균(mean), 표본표준편차(std), 최솟값(min), 최댓값(max), 표본사분위수(25%, 50%, 75%)를 한 번에 계산할 수 있다.

코드 B-81

```
df_2_6.describe()
```

```
        val
count   40.000000
mean    167.450000
std     10.421747
min     138.000000
25%     163.000000
50%     168.000000
75%     173.250000
max     185.000000
```

[예제 2-6]의 표본자료를 이용하여 표본분산, 표본표준편차, 표본사분위수범위를 계산해보자. [코드 B-82]와 같이 var(), std() 함수 및 scipy.stats 라이브러리의 iqr() 함수를 이용하여 표본분산, 표본표준편차, 표본사분위수범위를 계산할 수 있다. std() 함수를 사용할 때 주의해야 할 점이 있는데, 표본표준편차를 구할 때 ddof=1 옵션을 설정해야 한다는 것이다. 이 옵션을 설정하지 않으면 n-1이 아닌 n으로 나누어 계산하므로 정확하지 않은 값을 얻는다.

코드 B-82

```
from scipy.stats import iqr

# 표본분산 및 표본표준편차 계산
s2 = round(np.var(df_2_6['val'], ddof=1), 2)
s = round(np.std(df_2_6['val'], ddof=1), 2)

# 표본사분위수범위 계산
```

```
iqr_value = iqr(df_2_6['val'], interpolation='midpoint')

# 요약통계량 확인
print(f"표본분산: {s2}, 표본표준편차: {s}")
print(f"표본사분위수범위: {iqr_value}")
```

```
표본분산: 108.61, 표본표준편차: 10.42
표본사분위수범위: 10.5
```

[예제 2-7]의 자료를 이용하여 표본공분산과 표본상관계수를 계산해보자. [코드 B-83]과 같이 cov(), corrcoef() 함수를 이용하여 표본공분산과 표본상관계수를 계산할 수 있다.

코드 B-83

```
# 데이터 입력
data = {
    'height': [183, 176, 180, 170, 152, 163, 163, 170, 168, 168, 183, 165, 173, 160,
               168, 168, 165, 160, 170, 170, 173, 178, 165, 183, 158, 160, 170, 168,
               165, 138, 165, 145, 180, 150, 185, 154, 163, 171, 178, 174],
    'weight': [82, 57, 79, 82, 50, 57, 50, 54, 52, 60, 73, 57, 63, 57, 57, 79, 52,
               48, 60, 54, 60, 77, 54, 70, 55, 50, 66, 57, 49, 54, 59, 37, 93, 49,
               74, 55, 63, 69, 79, 65]
}
df_2_7 = pd.DataFrame(data)

# 표본공분산 계산
cov = np.cov(df_2_7['height'], df_2_8['weight'])[0, 1].round(2)

# 표본상관계수 계산
cor = np.corrcoef(df_2_7['height'], df_2_8['weight'])[0, 1].round(3)

# 요약통계량 확인
print(f"표본공분산: {cov}, 표본상관계수: {cor}")
```

```
표본공분산: 90.59, 표본상관계수: 0.728
```

B.3 3장 확률과 확률분포 실습

순열과 조합 계산하기

이제 이산확률변수의 확률질량함수 계산을 위해 이산형 자료의 연산방법을 살펴본다. [코드 B-84]는 팩토리얼, 조합, 순열을 계산하는 코드이다. 팩토리얼 계산을 위해 math 라이브러리를, 조합 계산을 위해 scipy에서 special을 불러왔다.

코드 B-84

```
import math
import scipy.special

print(math.factorial(5))         # 5!
print(math.factorial(4))         # 4!

print(scipy.special.comb(5, 0))  # 5C0
print(scipy.special.comb(5, 1))  # 5C1

print(math.factorial(5) / (math.factorial(1)*math.factorial(5-1)))  # 5!/((5-1)!1!)
```

```
120
24
1.0
5.0
5.0
```

[코드 B-84]에서 살펴본 계산을 활용하여 [예제 3-7]의 이산확률변수에 대한 확률질량함수를 계산해보자. [코드 B-85]를 확인하라.

코드 B-85

```
import pandas as pd
# 이산확률변수의 확률질량함수 계산
p_vec = []

for i in range(4):
    p = scipy.special.comb(8, 3-i) * scipy.special.comb(4, i) / \
    scipy.special.comb(12, 3)
    p_vec.append(p)

# 확률질량함수 확인
df_3_1 = pd.DataFrame({'x': ["p(0)", "p(1)", "p(2)", "p(3)"], 'p_x': p_vec})
print(df_3_1)
```

```
      x       p_x
0  p(0)  0.254545
1  p(1)  0.509091
2  p(2)  0.218182
3  p(3)  0.018182
```

B.4 4장 표본분포 실습

정규분포 확률

파이썬에서 spicy.stat 라이브러리의 norm 뒤에 .cdf를 붙인 norm.cdf()는 누적확률을 계산하는 함수, .ppf를 붙인 norm.ppf()는 분위수를 계산하는 함수이다. 다른 분포에도 동일한 형식으로 누적확률과 분위수를 계산하는 함수가 있다. 또한 뒤에 .pdf를 붙이면 연속형 분포의 확률밀도함숫값을 계산하는 함수, .pmf를 붙이면 이산형 분포의 확률밀도함숫값을 계산하는 함수, .rvs를 붙이면 해당 분포의 난수를 생성하는 함수이다. [예제 4-2]의 확률은 [코드 B-86]과 같이 계산할 수 있다. 여기서 norm.cdf() 함수의 첫 번째 인자는 누적확률 값을 구하려는 위치, 두 번째 인자(loc)는 해당 정규분포의 평균, 세 번째 인자(scale)는 표준편차를 나타낸다.

코드 B-86

```
import scipy.stats as stats

# 정규분포 확률 계산
p_1 = stats.norm.cdf(-1.9, loc=0, scale=1)
p_2 = 1 - stats.norm.cdf(2.1, loc=0, scale=1)

p = p_1 + p_2

# 결과 확인
print(f"p(Z < -1.9) + p(Z > 2.1) = {round(p, 4)}")
```

```
p(Z < -1.9) + p(Z > 2.1) = 0.0466
```

[예제 4-3]의 백분위수는 [코드 B-87]과 같이 구할 수 있다. 여기서 norm.ppf() 함수의 첫 번째 인자는 백분위수 값을 구하려는 확률값, 두 번째 인자(loc)는 해당 정규분포의 평균, 세 번째 인자(scale)는 표준편차를 나타낸다.

코드 B-87

```
# 정규분포 백분위수 계산
q = stats.norm.ppf(1-0.025, loc=0, scale=1).round(2)

# 결과 확인
print(f"z = {q}")
```

```
z = 1.96
```

[예제 4-4]는 정규분포의 확률을 구하는 문제이므로 [코드 B-88]처럼 입력하자. 비교 연산자(==)를 사용한 부분은 표준화가 유효한지 확인하기 위해 추가했다.

코드 B-88

```
# 정규분포 확률 계산
p_N = 1 - stats.norm.cdf(75, loc=60, scale=10)
p_Z = 1 - stats.norm.cdf((75-60)/10, loc=0, scale=1)

# 두 값이 일치하는지 확인
print(f"p_N = p_Z : {p_Z == p_N}")

# 결과 확인
print(f"p(X > 75) = {round(p_N, 4)}")
```

```
p_N = p_Z : True
p(X > 75) = 0.0668
```

이항분포 확률

파이썬에서는 scipy.stats 라이브러리의 binom.pmf(), binom.cdf(), binom.ppf() 함수를 이용하여 이항분포의 확률과 백분위수를 계산할 수 있다. binom.pmf() 함수는 이항분포의 확률질량함숫값, 즉 특정한 한 값에서의 확률을 계산한다.

이항분포 확률을 계산하는 문제 [예제 4-7]을 풀기 위해 [코드 B-89]와 같이 작성한다. [코드 B-89]의 실행결과는 [예제 4-7]의 답이다.

코드 B-89

```
# 이항분포 확률 계산
p_1 = stats.binom.pmf(0, n=20, p=0.2)
p_2 = stats.binom.cdf(6, n=20, p=0.2) - stats.binom.cdf(3, n=20, p=0.2)
p_3 = 1- stats.binom.cdf(1, n=20, p=0.2)
# 결과 확인
print(f"p(X = 0) = {round(p_1, 3)}")
print(f"p(4 <= X <= 6) = {round(p_2, 3)}")
print(f"p(X >= 2) = {round(p_3, 3)}")
```

```
p(X = 0) = 0.012
p(4 <= X <= 6) = 0.502
p(X >= 2) = 0.931
```

중심극한정리

$(0, 1)$에서 균등분포를 따르는 난수 y_i를 10개 생성한 후, 다음과 같은 평균 $\bar{y} = \frac{1}{10}\sum_{i=1}^{10} x_i$를 구하는 과정을 100번 반복한다. [코드 B-90]과 같이 입력하면 100개의 평균값에 대한 히스토그램을 작성할

수 있고, 생성된 히스토그램의 모양이 정규분포와 유사함을 확인할 수 있다. 이를 통해 중심극한정리를 직관적으로 이해할 수 있다. (0, 1)에서 균등분포를 따르는 난수는 numpy 라이브러리의 random.uniform() 함수로 생성한다. 참고로 난수를 생성할 때 시드(seed)를 고정했다. 이는 **재현성**(reproducibility)을 확보하기 위함인데, 시드를 고정하면 동일한 난수들이 생성되므로 동일한 코드와 데이터로 분석을 수행할 때마다 항상 동일한 결과를 얻을 수 있다. 한 가지 더 살펴보면, 동일한 시드를 부여하더라도 R과 파이썬에서 생성되는 난수 값은 다를 수 있다.

코드 B-90

```
import numpy as np
import matplotlib.pyplot as plt
import seaborn as sns
from scipy.stats import norm

# 난수 생성을 위한 시드 설정
np.random.seed(123)

averages = []

for i in range(100):
    temp = 0
    for j in range(10):
        x = np.random.uniform(0, 1)  # (0, 1)에서 균등분포를 따르는 난수 한 개 생성
        temp += x
    averages.append(temp / 10)

# 히스토그램 생성
plt.figure(figsize=(10, 6))
sns.histplot(averages, bins=10, kde=False, color='skyblue', \
edgecolor='black', stat='density')
mean = np.mean(averages)
std = np.std(averages)
x = np.linspace(min(averages), max(averages), 100)
plt.plot(x, norm.pdf(x, mean, std), color='black', linewidth=1)
plt.xlabel('Sample Means')
plt.ylabel('Density')
plt.grid(True)
plt.show()
```

정규분포 분위수대조도

정규분포 $N(2, 3^2)$을 따르는 난수 100개를 생성하고, 이들에 대한 분위수대조도를 그려보자. [코드 B-91]은 statsmodels의 api를 불러와 ggplot() 함수를 사용하는 코드이다. 여기서 line='q' 옵션을 설정해야 그래프에 기준선이 추가된다.

코드 B-91

```
import statsmodels.api as sm

# 난수 생성을 위한 시드 설정
np.random.seed(1)

# 난수 생성 : N(2, 3^2)을 따르는 난수 100개 생성
x = np.random.normal(loc=2, scale=3, size=100)

sm.qqplot(x, line='q')
plt.show()
```

[코드 B-92]는 scipy의 stats를 불러와 probplot() 함수를 사용하는 코드이다. 여기서 dist 옵션을 설정하면 비교하고자 하는 분포의 백분위수를 기준으로 분위수대조도를 그려준다. 실행결과를 보면 statsmodels를 사용한 그림과 약간 다른 것을 확인할 수 있다. 분위수대조도를 그리는 함수마다 직선을 그리는 방식이 서로 다르기 때문이다.

코드 B-92

```
# 데이터 프레임으로 변환
df = pd.DataFrame({'sample': x})

# 분위수대조도 생성
plt.figure(figsize=(8, 6))
stats.probplot(df['sample'], dist="norm", plot=plt)
plt.title('')
plt.xlabel('')
plt.ylabel('')
plt.grid(True)

# x축, y축 tick marker 및 축 눈금값 제거
plt.gca().tick_params(axis='x', which='both', bottom=False, \
top=False, labelbottom=False)
plt.gca().tick_params(axis='y', which='both', left=False, \
right=False, labelleft=False)

plt.show()
```

B.5 5장 통계적 추론 실습

신뢰구간

[예 5-2]와 동일한 방법으로 모평균이 0, 모표준편차가 10인 정규모집단에서 표본 25개를 생성하여 신뢰구간을 구하는 과정을 20번 반복한다. 이렇게 구한 신뢰구간 20개 중 모평균 0을 포함하는 신뢰구간의 개수를 구해보자. [코드 B-93]을 확인하라. 여기서 시드 값을 변경하면 0을 포함하는 신뢰구간의 개수가 달라질 수 있다.

코드 B-93

```
import numpy as np
import pandas as pd
import scipy.stats as stats

# 시드 설정
np.random.seed(1234)

# 데이터 및 모수 설정
mu = 0
sigma = 10
n = 25

x = np.linspace(mu - 4 * sigma, mu + 4 * sigma, 1000)
y = stats.norm.pdf(x, loc=mu, scale=sigma)
df1 = pd.DataFrame({'x': x, 'y': y})

# 빈 데이터 프레임 생성
ci_data = pd.DataFrame({
    'id': np.arange(1, 21),
    'lower': np.nan,
    'upper': np.nan,
    'mean': np.nan
})

# 시뮬레이션을 통한 신뢰구간 계산
for i in range(20):
    sampled = np.random.normal(loc=mu, scale=sigma, size=n)
    sample_mean = np.mean(sampled)
    error_margin = 1.645 * sigma / np.sqrt(n)
    ci_data.at[i, 'lower'] = sample_mean - error_margin
    ci_data.at[i, 'upper'] = sample_mean + error_margin
    ci_data.at[i, 'mean'] = sample_mean

# 모평균 0을 포함하는 신뢰구간의 개수
```

```
num = np.sum((ci_data['lower'] < mu) & (ci_data['upper'] > mu))

# 결과 확인
print(f"모평균 0을 포함하는 신뢰구간의 개수: {num}")
```

```
모평균 0을 포함하는 신뢰구간의 개수: 18
```

[코드 B-94]와 같이 입력하면 신뢰구간이 모평균 0을 포함하는지를 시각적으로 확인할 수 있다. 여러 개의 신뢰구간을 한 번에 표시하기 위해 `plot()` 함수를 `for`문 내에 배치했다. 실행결과는 [그림 5-2(b)]와 같은 형태이지만, 파이썬과 R에서 생성된 난수가 동일하지 않으므로 완전히 동일한 그림은 아니다.

코드 B-94

```
import matplotlib.pyplot as plt

# 신뢰구간 시각화
plt.figure(figsize=(10, 6))

# 신뢰구간을 선으로 표시
for i in range(len(ci_data)):
    plt.plot([ci_data['lower'][i], ci_data['upper'][i]], [ci_data['id'][i], \
              ci_data['id'][i]], color='black', linewidth=0.5)

# 표본평균을 점으로 표시
plt.scatter(ci_data['mean'], ci_data['id'], color='black', s=7)

# 모평균을 수직선으로 표시
plt.axvline(x=mu, color='black', linestyle='dashed')

# 축 레이블 제거
plt.xlabel('')
plt.ylabel('')

# 배경 스타일 설정
plt.grid(True)
plt.show()
```

가설검정

4장에서 배운 내용을 이용하여 P 값을 이용한 가설검정을 수행할 수 있다. 또한 기각역을 구하여 관측된 검정통계량이 기각역에 속하는지 확인하는 방법으로도 가설검정을 수행할 수 있다. 먼저 단측검정을 다루는 [예제 5-4]에서 P 값을 구해 가설검정을 수행해보자. [코드 B-95]와 같이 입력한다.

코드 B-95

```
# 데이터 입력
bar_x = 38000
n = 100

# 귀무가설하에서 모수 설정
mu_0 = 37000
sigma = 5000

# P 값 계산
P = 1 - stats.norm.cdf(bar_x, loc=mu_0, scale=sigma/np.sqrt(n))
P = round(P, 4)

# 결과 확인
print(f"P 값: {P}")
print(f"P 값 {P}이 0.05보다 작으므로 귀무가설을 기각한다.")
```

```
P 값: 0.0228
P 값 0.0228이 0.05보다 작으므로 귀무가설을 기각한다.
```

이번에는 양측검정을 다루는 [예제 5-5]에서 P 값을 구해 가설검정을 수행해보자. 먼저 [코드 B-96]과 같이 입력한다.

코드 B-96

```
# 데이터 입력
bar_x = 0.8404
n = 3

# 귀무가설하에서 모수 설정
mu_0 = 0.85
sigma = 0.0123

# z 값 계산
z = (bar_x - mu_0) / (sigma / np.sqrt(n))
z = round(z, 2)

# P 값 계산
P = 2 * stats.norm.cdf(z)
P = round(P, 4)

# 결과 확인
print(f"P 값: {P}")
print(f"P 값 {P}이 0.05보다 크므로 귀무가설을 기각하지 않는다.")
```

```
P 값: 0.177
```

```
P 값 0.177이 0.05보다 크므로 귀무가설을 기각하지 않는다.
```

단측검정을 다루는 [예제 5-6]에서 기각역을 구해 가설검정을 수행해보자. [코드 B-97]과 같이 입력하면 임곗값을 확인할 수 있다.

코드 B-97

```
# 귀무가설하에서 모수 설정
mu_0 = 30
sigma = 5
n = 50

# 기각역의 임곗값(critical value) 계산
alpha = 0.05
z_alpha = stats.norm.ppf(1-alpha)
z_alpha = round(z_alpha, 3)
critical_value = -z_alpha

# 관측된 검정통계량 계산
bar_x = 28.5
z = (bar_x - mu_0) / (sigma / np.sqrt(n))
z = round(z, 3)

# 결과 확인
print(f"임곗값: {critical_value}")
print(f"검정통계량: {z}")
print(f"검정통계량 {z}이 임곗값 {critical_value}보다 작으므로 귀무가설을
기각한다.")
```

```
임곗값: -1.645
검정통계량: -2.121
검정통계량 -2.121이 임곗값 -1.645보다 작으므로 귀무가설을 기각한다.
```

양측검정을 다루는 [예제 5-7]에서 기각역을 구해 가설검정을 수행해보자. [코드 B-98]과 같이 입력하면 임곗값을 확인할 수 있다.

코드 B-98

```
# 귀무가설하에서 모수 설정
mu_0 = 55
sigma = 0.9
n = 9

# 기각역의 임곗값 계산
alpha = 0.01
```

```
critical_value = stats.norm.ppf(alpha / 2)
critical_value = round(critical_value, 3)

# 관측된 검정통계량 계산
bar_x = 55.63
z = (bar_x - mu_0) / (sigma / np.sqrt(n))
z = round(z, 1)

# 결과 확인
print(f"임곗값: {critical_value}, {abs(critical_value)}")
print(f"검정통계량: {z}")
print(f"검정통계량 {z}이 임곗값 사이에 존재하므로 귀무가설을 기각하지 않는다.")
```

```
임곗값: -2.576, 2.576
검정통계량: 2.1
검정통계량 2.1이 임곗값 사이에 존재하므로 귀무가설을 기각하지 않는다.
```

B.6 6장 분포에 관한 추론 실습

모평균에 관한 추론

모표준편차 σ가 알려지지 않았다면 모평균 μ에 대한 추론은 t 분포를 이용하여 수행할 수 있다. 파이썬에서는 scipy.stats 라이브러리의 ttest_1samp() 함수를 이용하여 t 분포에 기반한 모평균 추론을 수행한다. 또한 P 값과 신뢰구간을 계산하기 위해 t.cdf(), t.ppf() 함수를 이용할 수 있다. 신뢰구간은 scipy.stats 라이브러리의 t.interval() 함수를 이용해도 된다.

[예제 6-1]은 t 분포를 이용하여 모평균에 대한 신뢰구간을 구하는 문제이다. 자료의 정규성을 확인하기 위해 먼저 분위수대조도를 생성하는 코드인 [코드 B-99]를 입력한다. [코드 B-99]의 실행결과는 [그림 6-1]과 같다.

코드 B-99

```
import pandas as pd
import statsmodels.api as sm
import matplotlib.pyplot as plt

# 데이터 입력
tree_cnt = pd.DataFrame({
    'x': [43, 28, 23, 18, 46, 39, 40, 43, 36, 25, 26, 28,
          20, 22, 17, 26, 17, 12, 16, 35, 37, 12, 32, 47,
          20, 25, 13, 20, 46, 23, 37, 29, 23, 37, 34, 27,
```

```
        33, 29, 24, 19, 37, 23, 37, 28, 27, 35, 30, 26,
        33, 35]
})

# 정규분포 분위수대조도 생성
sm.qqplot(tree_cnt['x'], line='q')
plt.show()
```

[코드 B-99]의 실행결과에서 주의할 점이 있다. R과 파이썬은 분위수대조도를 그리는 방식에서 내부적인 차이가 있으므로, 동일한 데이터를 사용하더라도 완전히 동일한 그래프가 생성되지 않을 수 있다.

[코드 B-100]은 t.interval() 함수를 이용하여 모평균에 대한 신뢰구간을 구하는 코드이다. 여기서 정규분포의 모수 대신 loc에는 표본평균을 입력하고, scale에는 $\frac{S}{\sqrt{n}}$ 값을 입력해야 한다는 점에 주의하자. sem() 함수는 데이터를 입력하면 $\frac{S}{\sqrt{n}}$ 값을 계산해준다.

코드 B-100

```
import scipy.stats as stats
import numpy as np

# 신뢰구간 계산
alpha = 0.01
ci = stats.t.interval(1 - alpha, len(tree_cnt['x']) - 1,
loc=np.mean(tree_cnt['x']), scale=stats.sem(tree_cnt['x']))

# 결과 확인
print(f"신뢰구간: ({ci[0]:.3f}, {ci[1]:.3f})")   # .3f : 소수점 셋째 자리까지 표시
```

```
신뢰구간: (25.294, 32.226)
```

[코드 B-101]은 t.ppf() 함수를 이용하여 직접 오차한계를 계산한 후 신뢰구간을 구하는 코드이다.

코드 B-101

```
n = len(tree_cnt['x'])
mean = np.mean(tree_cnt['x'])
sd = np.std(tree_cnt['x'], ddof=1)

# 백분위수 계산
t_alpha_2 = stats.t.ppf(1 - alpha / 2, df=n-1)

# 신뢰구간 계산
ci = (mean - t_alpha_2 * sd / np.sqrt(n), mean + t_alpha_2 * sd / np.sqrt(n))
```

```
# 결과 확인
print(f"신뢰구간: ({ci[0]:.3f}, {ci[1]:.3f})")
```

```
신뢰구간: (25.294, 32.226)
```

[코드 B-100], [코드 B-101]의 실행결과와 [예제 6-1]의 답이 다른 이유는 [부록 C]의 t 분포표를 활용하는 방식에 차이가 있기 때문이다. [코드 B-100], [코드 B-101]은 자유도 50인 t 분포의 백분위수 값으로 근사하지 않고 자유도 49인 t 분포의 백분위수를 직접 사용했다는 차이점이 있다.

[예제 6-2]는 t 분포를 이용하여 모평균에 대한 가설검정을 수행하는 문제이다. 자료의 정규성을 확인하기 위해 먼저 분위수대조도를 생성하는 코드인 [코드 B-102]를 입력한다. [코드 B-102]의 실행결과는 [그림 6-2]와 같다.

코드 B-102

```
# 데이터 입력
time = pd.DataFrame({'x': [2000, 1975, 1900, 2000, 1950, 1850, 1950, 2100, 1975]})

n = len(time['x'])

# 통계값 계산
mean = time['x'].mean()
sd = time['x'].std()

# 검정통계량의 관측값 계산
t_0 = round((mean - 1950) / (sd / np.sqrt(n)), 3)

# 정규분포 분위수대조도 생성
sm.qqplot(time['x'], line='q')
plt.show()
```

[코드 B-103]은 ttest_1samp() 함수를 이용하여 모분산을 알지 못할 때 평균에 대한 가설검정을 수행하는 코드이다. ttest_1samp() 함수는 검정통계량과 P 값을 반환하는데, 귀무가설이 $\mu = 1950$이므로 popmean=1950 옵션을 지정하고, 대립가설이 $\mu > 1950$이므로 alternative='greater' 옵션을 설정한다.

코드 B-103

```
import scipy.stats as stats

# 데이터 입력
time = np.array([2000, 1975, 1900, 2000, 1950, 1850, 1950, 2100, 1975])
```

```
# P 값 계산
t_stat, P = stats.ttest_1samp(time, popmean=1950, alternative='greater')
P = round(P, 3)

# 결과 확인
print(f"P 값: {P}")
```

```
P 값: 0.246
```

[코드 B-104]와 같이 t.cpf() 함수를 이용해도 P 값을 계산할 수 있다.

코드 B-104

```
# 통계값 계산
n = len(time)
mean = np.mean(time)
sd = np.std(time, ddof=1)

# 검정통계량의 관측값 계산
t_0 = (mean - 1950) / (sd / np.sqrt(n))
t_0 = round(t_0, 3)

# P 값 계산
P2 = (1 - stats.t.cdf(t_0, df=n-1))
P2 = round(P2, 3)

# 결과 확인
print(f"P 값: {P2}")
```

```
P 값: 0.247
```

참고로 소수점 올림, 내림 등의 계산 방식에 따라 일부 결괏값이 약간 다를 수 있다.

대응비교

파이썬에서 대응비교를 수행하려면 ttest_rel() 함수를 이용한다. [예제 6-4]는 대응비교를 통해 모평균에 대한 신뢰구간을 구하는 문제이다. 이를 풀기 위해 먼저 [코드 B-105]와 같이 입력한다.

코드 B-105

```
import scipy.stats as stats

# 데이터 입력
painkiller = pd.DataFrame({
    'A': [4.8, 4.0, 5.8, 4.9, 5.3, 7.4],
```

```
    'B': [4.0, 4.2, 5.2, 4.9, 5.6, 7.1]
})

diff = pd.DataFrame({'diff': painkiller['A'] - painkiller['B']})

n = len(diff['diff'])

# 통계값 계산
mean = diff['diff'].mean()
sd = diff['diff'].std()
```

[코드 B-106]과 같이 t.ppf() 함수를 이용해 신뢰구간을 계산할 수 있다.

코드 B-106

```
# 백분위수 계산
alpha = 0.05
t_alpha = stats.t.ppf(1 - alpha / 2, df=n-1)

# 신뢰구간 계산
ci = np.round([mean - t_alpha * sd / np.sqrt(n), mean + t_alpha * sd / np.sqrt(n)],
2)

# 결과 확인
print(f"신뢰구간: ({ci[0]}, {ci[1]})")
```

```
신뢰구간: (-0.26, 0.66)
```

[코드 B-107]과 같이 t.interval() 함수를 이용해도 신뢰구간을 계산할 수 있다.

코드 B-107

```
# 신뢰구간 계산
alpha = 0.05
ci_2 = stats.t.interval(1-alpha, len(diff['diff'])-1, loc=np.mean(diff['diff']),
scale=stats.sem(diff['diff']))

# 결과 확인
print(f"신뢰구간: ({ci_2[0]:.2f}, {ci_2[1]:.2f})")
```

```
신뢰구간: (-0.26, 0.66)
```

[표 6-2]의 자료를 이용해 [예제 6-5]의 모평균을 비교하는 가설검정을 수행해보자. t.cdf() 함수를 이용하여 P 값을 계산하려면 [코드 B-108]과 같이 입력한다.

코드 B-108

```
# 데이터 입력
kcal = pd.DataFrame({
    'un_equip': [23.9, 23.9, 20.0, 19.2, 22.2, 11.8, 21.7, 27.7, 15.6, 22.5, 23.2,
                 19.3, 15.2, 10.0, 11.2],
    'equip': [25.2, 28.2, 24.9, 20.2, 19.7, 16.9, 22.6, 20.8, 23.8, 18.3, 23.7,
              22.5, 16.2, 12.1, 22.5]
})

diff = pd.DataFrame({'diff': kcal['un_equip'] - kcal['equip']})

n = len(diff['diff'])

# 통계값 계산
mean = round(diff['diff'].mean(), 2)
sd = round(diff['diff'].std(), 2)

t_d = round((mean - 0) / (sd / np.sqrt(n)), 2)

# P 값 계산
P = round(stats.t.cdf(t_d, df=n-1), 3)

# 결과 확인
print(f"P 값: {P}")
```

```
P 값: 0.056
```

[코드 B-109]와 같이 ttest_1samp() 함수를 이용해도 P 값을 구할 수 있다.

코드 B-109

```
# P 값 계산, 단측검정
t_stat, P = stats.ttest_1samp(kcal['un_equip'] - kcal['equip'], popmean=0,
alternative='less')

# 결과 확인
print(f"P 값: {P:.3f}")
```

```
P 값: 0.055
```

이표본에 의한 모평균의 비교

파이썬에서 이표본을 이용해 모평균을 비교하려면 ttest_ind() 함수를 사용할 수 있다. 이때 equal_var 옵션을 이용하면 두 모집단의 분산이 동일하다(공통분산)는 가정을 설정할 수 있다.

[코드 B-110]을 실행하면 [예제 6-7]의 데이터를 입력한 후, 오프라인 자료에 대한 분위수대조도를 생성한다. 참고로 이 코드의 앞부분은 matplotlib에서 한글을 사용하기 위한 설정을 포함한다. 이를 위해 전역 폰트 설정이 필요하며, 윈도 환경에서는 'Malgun Gothic', Mac OS 환경에서는 'AppleGothic' 폰트를 사용한다. 구글 코랩에서는 이러한 설정으로도 한글을 사용하지 못할 수 있다. 따라서 사용 환경에 따라 한글 폰트 설정을 별도로 지정해야 한다.

코드 B-110

```
import matplotlib as mpl

# 전역 폰트 설정
plt.rcParams['font.family'] = 'Malgun Gothic'
# 음수 부호가 깨지는 문제 방지
plt.rcParams['axes.unicode_minus'] = False

# 데이터 입력
off = np.array([169, 206, 257, 294, 252, 283, 240, 207, 230, 183, 298, 269, 256, 277,
                300, 126, 318, 184])
on = np.array([289, 334, 278, 268, 336, 438, 388, 388, 394, 394, 425, 386, 356, 342,
               305, 365, 355, 312, 209, 458])

# 정규분포 분위수대조도 생성
sm.qqplot(off, line='q')
plt.title('오프라인')
plt.show()
```

[코드 B-111]을 실행하면 온라인 자료에 대한 분위수대조도를 생성한다.

코드 B-111

```
# 정규분포 분위수대조도 생성
sm.qqplot(on, line='q')
plt.title('온라인')
plt.show()
```

[코드 B-112]는 t.ppf() 함수를 이용하여 신뢰구간을 계산하는 코드이다.

코드 B-112

```
n_off = len(off)
n_on = len(on)

# 통계값 계산
mean_off = np.mean(off)
mean_on = np.mean(on)
```

```
sd_off = np.std(off, ddof=1)
sd_on = np.std(on, ddof=1)

# 검정통계량 계산
t_0 = (mean_off - mean_on) / np.sqrt((sd_off**2 / n_off) + (sd_on**2 / n_on))

# 자유도 계산
df = ((sd_off**2 / n_off + sd_on**2 / n_on)**2) / (((sd_off**2 / n_off)**2 / (n_off
- 1)) + ((sd_on**2 / n_on)**2 / (n_on - 1)))

# 백분위수 계산
alpha = 0.05
t_alpha_2 = round(stats.t.ppf(1 - alpha/2, df), 3)

# 신뢰구간 계산
ci = [
    mean_off - mean_on - t_alpha_2 * np.sqrt((sd_off**2 / n_off)+(sd_on**2 / n_on)),
    mean_off - mean_on + t_alpha_2 * np.sqrt((sd_off**2 / n_off)+(sd_on**2 / n_on))
]

# 결과 확인
print(f"자유도: {round(df, 2)}, 백분위수: {t_alpha_2}")
print(f"신뢰구간: ({ci[0]:.4f}, {ci[1]:.4f})")
```

```
자유도: 35.91, 백분위수: 2.028
신뢰구간: (-147.1510, -71.6268)
```

[코드 B-113]과 같이 t.cdf() 함수를 이용해 P 값을 계산할 수 있다. 여기서 P 값이 매우 0에 가까우므로 소수점 13자리까지 표기하도록 print() 함수의 출력 형식을 설정했다.

코드 B-113

```
# P 값 계산
P = stats.t.cdf(t_0, df)

# 결과 확인 : 소수점 13자리까지 표시
print(f"P 값: {P:.13f}")
```

```
P 값: 0.0000005155319
```

[코드 B-114]와 같이 ttest_ind() 함수를 이용해도 P 값을 계산할 수 있다. 여기서 equal_var=False 옵션을 설정하여 공통분산이 아닌 이표본 t 검정을 수행했음을 알 수 있다.

코드 B-114

```
t_stat, P = stats.ttest_ind(off, on, equal_var=False, alternative='less')

# 결과 확인
print(f"P 값: {P:.13f}")
```

```
P 값: 0.0000005155319
```

[예제 6-8]은 두 모집단의 분산이 동일하다고 가정하여 이표본에 의한 모평균의 비교를 수행하는 문제이다. 이를 풀기 위해 먼저 [코드 B-115]와 같이 입력한다.

코드 B-115

```
# 데이터 입력
datum = pd.DataFrame({
    'sema': [5.12, 4.87, 5.64, 5.01, 5.49, 5.25],
    'placebo': [3.62, 3.98, 4.14, 3.25, 4.42, 3.60]
})

# 통계값 입력
mean_sema = 5.23
mean_placebo = 3.84
sd_sema = 0.29
sd_placebo = 0.42

n_sema = len(datum['sema'])
n_placebo = len(datum['placebo'])

# 합동 표본표준편차 계산
s_p = np.sqrt(((n_sema - 1) * sd_sema**2 + (n_placebo - 1) * sd_placebo**2) / (n_sema
+ n_placebo - 2))

# 검정통계량 계산
t_0 = (mean_sema - mean_placebo) / (s_p * np.sqrt(1 / n_sema + 1 / n_placebo))
```

[코드 B-116]과 같이 `t.cdf()` 함수를 사용해 P 값을 계산할 수 있다. 여기서 P 값이 매우 작아 `round()` 함수로 소수점 넷째 자리에서 반올림한 결과가 0이 되었다.

코드 B-116

```
# P 값 계산
P = min(2 * (1 - stats.t.cdf(t_0, df=n_sema+n_placebo-2)), \
2 * stats.t.cdf(t_0, df=n_sema+n_placebo-2))

# 결과 확인
```

```
print(f"P 값: {round(P, 3)}")
```

```
P 값: 0.0
```

[코드 B-117]과 같이 ttest_ind() 함수를 사용해도 P 값을 계산할 수 있다. 여기서 equal_var=True 옵션을 설정하여 공통분산 가정을 적용했다.

코드 B-117

```
# P 값 계산
t_stat, P2 = stats.ttest_ind(datum['sema'], datum['placebo'], equal_var=True, \
alternative='two-sided')

# 결과 확인
print(f"P 값: {round(P2, 3)}")
```

```
P 값: 0.0
```

[코드 B-118]과 같이 t.ppf() 함수를 이용해 백분위수와 신뢰구간을 계산할 수 있다.

코드 B-118

```
# 백분위수 계산
alpha = 0.05
t_alpha_2 = round(stats.t.ppf(1 - alpha / 2, df=n_sema+n_placebo-2), 3)

# 신뢰구간 계산
ci = np.round([
    mean_sema - mean_placebo - t_alpha_2 * s_p * np.sqrt(1/n_sema + 1/n_placebo),
    mean_sema - mean_placebo + t_alpha_2 * s_p * np.sqrt(1/n_sema + 1/n_placebo)
], 2)

# 결과 확인
print(f"백분위수: {t_alpha_2}")
print(f"신뢰구간: ({ci[0]}, {ci[1]})")
```

```
백분위수: 2.228
신뢰구간: (0.93, 1.85)
```

모분산에 관한 추론

모분산 또는 모분산 비율에 대한 추론은 각각 카이제곱분포와 F 분포를 이용하여 수행할 수 있다. 파이썬에서는 chi2.cdf(), chi2.ppf() 함수를 사용해 카이제곱분포의 확률값과 백분위수를 계산하고, f.cdf(), f.ppf() 함수를 사용해 F 분포의 확률값과 백분위수를 계산할 수 있다.

[예제 6-9]는 모분산에 관한 추론을 수행하는 문제이다. 이를 풀기 위해 먼저 [코드 B-119]와 같이 입력한다.

코드 B-119

```
# 데이터 입력
coffee = pd.DataFrame({
    'gram': [11.15, 9.62, 9.83, 10.85, 12.66, 9.51, 11.23, 9.38, 9.11, 8.56]
})

n = len(coffee['gram'])

# 통계값 계산
mean = coffee['gram'].mean()
sd = round(coffee['gram'].std(), 2)

# 검정통계량 계산
chi_0 = round(((n - 1) * sd**2 / 1.5**2), 2)
```

[코드 B-120]과 같이 chi2.cdf() 함수를 이용해 P 값을 계산할 수 있다.

코드 B-120

```
# P 값 계산
P = 1 - stats.chi2.cdf(chi_0, df=n-1)

# 결과 확인
print(f"P 값: {round(P, 2)}")
```

```
P 값: 0.72
```

[코드 B-121]과 같이 chi2.ppf() 함수를 이용해 백분위수, 모분산 신뢰구간, 모표준편차 신뢰구간을 계산할 수 있다.

코드 B-121

```
# 백분위수 계산
alpha = 0.1
chi_alpha_2 = round(stats.chi2.ppf(1 - alpha / 2, df=n-1), 2)
chi_1_alpha_2 = round(stats.chi2.ppf(alpha / 2, df=n-1), 2)

# 신뢰구간 계산
ci = np.round([
    ((n - 1) * sd**2) / chi_alpha_2,
    ((n - 1) * sd**2) / chi_1_alpha_2
], 3)
```

```
# 결과 확인
print(f"백분위수: {chi_1_alpha_2}, {chi_alpha_2}")
print(f"모분산 신뢰구간: ({ci[0]}, {ci[1]})")
print(f"모표준편차 신뢰구간: ({np.sqrt(ci[0]):.2f}, {np.sqrt(ci[1]):.2f})")
```

```
백분위수: 3.33, 16.92
모분산 신뢰구간: (0.818, 4.156)
모표준편차 신뢰구간: (0.90, 2.04)
```

[예제 6-10]은 모표준편차의 비에 관한 추론을 수행하는 문제이다. 이를 풀기 위해 먼저 [코드 B-122]와 같이 입력한다.

코드 B-122

```
# 데이터 입력
datum = pd.DataFrame({
    'Epoxy': [1.75, 2.12, 2.05, 1.97],
    'MMA': [1.77, 1.59, 1.70, 1.69]
})

n_epoxy = len(datum['Epoxy'])
n_mma = len(datum['MMA'])

mean_epoxy = round(np.mean(datum['Epoxy']), 2)
mean_mma = round(np.mean(datum['MMA']), 2)
sd_epoxy = round(np.std(datum['Epoxy'], ddof=1), 3)
sd_mma = round(np.std(datum['MMA'], ddof=1), 3)

# 검정통계량 계산
f_0 = round((sd_epoxy**2) / (sd_mma**2), 3)

# 결과 확인
mean_epoxy, mean_mma, sd_epoxy, sd_mma, f_0
```

```
(1.97, 1.69, 0.16, 0.074, 4.675)
```

[코드 B-123]과 같이 `f.cdf()` 함수를 이용해 P 값을 계산할 수 있다.

코드 B-123

```
# P 값 계산
P = min(2 * (1 - stats.f.cdf(f_0, n_epoxy - 1, n_mma - 1)), \
2 * stats.f.cdf(f_0, n_epoxy - 1, n_mma - 1))

# 결과 확인
```

```
print(f"P 값: {round(P, 3)}")
```

```
P 값: 0.237
```

파이썬에서 공통분산 검정을 진행하는 함수가 일반적으로 사용되는 통계분석 관련 라이브러리에서 직접 제공되지 않는다. 따라서 사용자 정의 함수를 활용하여 공통분산 검정을 수행할 수 있다.

[코드 B-124]에서 def로 정의된 var_test() 함수는 검정하고자 하는 두 자료를 입력하면 검정통계량, 분자·분모 자유도, 공통분산 검정에 대한 P 값을 반환한다.

코드 B-124

```
from scipy.stats import f

# 공통분산 검정을 위한 사용자 정의 함수 작성
def var_test(sample1, sample2):
    n1 = len(sample1)
    n2 = len(sample2)
    dfn = n1 - 1
    dfd = n2 - 1
    m1 = round(np.mean(sample1), 2)
    m2 = round(np.mean(sample2), 2)
    s1 = round(np.std(sample1, ddof=1), 3)
    s2 = round(np.std(sample2, ddof=1), 3)
    F = round(s1**2 / s2**2, 3)
    pval = min(2 * f.cdf(F, dfn=dfn, dfd=dfd), 2 * (1 - f.cdf(F, dfn=dfn, dfd=dfd)))
    print("F test to compare two variances")
    print("F = %s, num df = %s, denom df = %s, p-value = %s" % (round(F, 3), \
dfn, dfd, round(pval, 3)))

# 공통분산 검정
var_test(datum['Epoxy'], datum['MMA'])
```

```
F test to compare two variances
F = 4.675, num df = 3, denom df = 3, p-value = 0.237
```

[코드 B-125]와 같이 f.ppf() 함수를 이용해 백분위수, 모분산 비율 신뢰구간 및 모표준편차 비율 신뢰구간을 계산할 수 있다.

코드 B-125

```
# 백분위수 계산
alpha = 0.05
f_alpha_2 = round(stats.f.ppf(1 - alpha / 2, dfn=n_epoxy-1, dfd=n_mma-1), 3)
```

```
# 신뢰구간 계산
ci = np.round([
    (sd_epoxy**2 / sd_mma**2) / f_alpha_2,
    (sd_epoxy**2 / sd_mma**2) * f_alpha_2
], 3)

# 결과 확인
print(f"백분위수: {f_alpha_2}")
print(f"모분산 비율 신뢰구간: ({ci[0]}, {ci[1]})")
print(f"모표편차 비율 신뢰구간: ({np.sqrt(ci[0]):.3f}, {np.sqrt(ci[1]):.3f})")
```

```
백분위수: 15.439
모분산 비율 신뢰구간: (0.303, 72.176)
모표편차 비율 신뢰구간: (0.550, 8.496)
```

B.7 7장 이산자료의 분석 실습

모비율의 추정과 검정

파이썬에서 모비율에 대한 추론은 이항분포를 이용하여 수행한다. 이항분포와 관련된 값들은 binom.pmf(), binom.cdf(), binom.ppf() 함수를 이용하여 구할 수 있다. 정규근사 후의 계산은 4장에서 배운 확률 개념을 이용하여 수행할 수 있으므로 생략한다.

[예제 7-3]은 모비율의 유의성검정을 수행하는 문제이다. P 값을 구하기 위해 [코드 B-126]과 같이 입력한다.

코드 B-126

```
# 라이브러리 로드
import scipy.stats as stats

# 데이터 입력
n = 20
x = 3
p_0 = 0.05

# P 값 계산
P = 1 - stats.binom.cdf(x-1, n, p_0)

# 결과 확인
print(f"P 값: {round(P, 3)}")
```

```
P 값: 0.075
```

범주형 자료에 의한 여러 모집단의 비교

범주형 자료를 이용한 여러 모집단의 비교는 분할표로 나타낸 뒤 카이제곱분포를 이용하여 근사적으로 수행할 수 있다. 파이썬에서는 chi2_contingency() 함수를 이용하여 분할표로 표현된 자료에 대한 검정을 수행한다.

[예제 7-8]은 여러 개의 이항모집단을 비교하는 문제이다. [코드 B-127]은 chi2_contingency() 함수를 이용하여 검정통계량, P 값, H_0에서 추정 기대도수 등을 계산한 후, 기대도수를 데이터 프레임 형식으로 출력한 코드이다.

코드 B-127

```
# 라이브러리 로드
import numpy as np
import pandas as pd

# 데이터 입력
region_1 = [198, 202]
region_2 = [140, 210]
region_3 = [133, 217]

LNG = np.array([region_1, region_2, region_3])

# 검정통계량 및 P 값 계산
chi2, p, dof, expected = stats.chi2_contingency(LNG)

# 기대도수를 확인하기 위해 데이터 프레임 생성
expected = pd.DataFrame(expected, index=['region_1', 'region_2', 'region_3'],\
 columns=['A', 'B'])

print(round(expected, 2))
```

```
               A       B
region_1  171.27  228.73
region_2  149.86  200.14
region_3  149.86  200.14
```

[코드 B-128]과 같이 입력하면 검정통계량과 P 값을 확인할 수 있다.

코드 B-128

```
# 결과 확인
chi_0 = round(chi2, 2)
P = round(p, 3)

print(f"검정통계량: {chi_0}, P 값: {P}")
```

```
검정통계량: 11.75, P 값: 0.003
```

[예제 7-9]는 다항모집단의 동질성검정을 수행하는 문제이다. [코드 B-129]는 chi2_contingency() 함수를 이용하여 검정통계량, P 값, H_0에서 추정 기대도수 등을 계산한 후, 기대도수를 데이터 프레임 형식으로 출력한 코드이다. [코드 B-129]의 실행결과는 [표 7-8]과 같다.

코드 B-129

```
# 데이터 입력
region_1 = [20, 28, 23, 14, 12]
region_2 = [14, 34, 21, 14, 12]
region_3 = [4, 12, 10, 20, 53]

pollution = np.array([region_1, region_2, region_3])

# 검정통계량 및 P 값 계산
chi2, p, dof, expected = stats.chi2_contingency(pollution)

# 기대도수를 확인하기 위해 데이터 프레임 생성
expected = pd.DataFrame(expected, index=['region_1', 'region_2', 'region_3'], \
 columns=['A', 'B', 'C', 'D', 'E'])

print(round(expected, 2))
```

```
              A      B      C      D      E
region_1  12.67  24.67  18.00  16.00  25.67
region_2  12.41  24.16  17.63  15.67  25.14
region_3  12.93  25.18  18.37  16.33  26.20
```

[코드 B-130]과 같이 입력하면 검정통계량과 P 값을 구할 수 있다.

코드 B-130

```
# 결과 확인
chi_0 = round(chi2, 2)

print(f"검정통계량: {chi_0}, P 값: {p:.18f}")
```

```
검정통계량: 70.64, P 값: 0.000000000003661825
```

범주형 자료에 의한 독립성 검정

[예제 7-10]은 두 특성의 독립성 검정을 수행하는 문제이다. [코드 B-131]은 chi2_contingency() 함수를 이용하여 검정통계량, P 값, H_0에서 추정 기대도수 등을 계산한 후, 기대도수를 데이터 프레임 형식으로 출력한 코드이다.

코드 B-131

```
# 데이터 입력
xs_car = [6, 27, 19]
s_car = [8, 36, 17]
m_car = [21, 45, 33]
l_car = [14, 18, 6]

distance = np.array([xs_car, s_car, m_car, l_car])

# 검정통계량 및 P 값 계산
chi2, p, dof, expected = stats.chi2_contingency(distance)

# 기대도수를 확인하기 위해 데이터 프레임 생성
expected = pd.DataFrame(expected, index=['xs_car', 's_car', 'm_car', 'l_car'], \
 columns=['A', 'B', 'C'])

print(round(expected, 2))
```

```
            A      B     C
xs_car  10.19  26.21  15.6
s_car   11.96  30.74  18.3
m_car   19.40  49.90  29.7
l_car    7.45  19.15  11.4
```

[코드 B-132]와 같이 입력하면 검정통계량과 P 값을 확인할 수 있다.

코드 B-132

```
# 결과 확인
chi_0 = round(chi2, 2)

print(f"검정통계량: {chi_0}, P 값: {p:.3f}")
```

```
검정통계량: 14.16, P 값: 0.028
```

B.8 8장 상관분석과 회귀분석 실습

상관분석

파이썬에서 표본상관계수는 np.corrcoef() 함수를 이용하고, 이에 대한 추론은 stats.pearsonr() 함수를 이용하여 수행할 수 있다.

[예 8-1]과 [예제 8-1]의 상관분석을 수행하기 위해 먼저 [코드 B-133]과 같이 입력한다. 이 코드의 실행결과는 [그림 8-2]와 같다.

코드 B-133

```
import pandas as pd
import matplotlib.pyplot as plt
import seaborn as sns
# 데이터 불러오기(파일 위치 확인 필요)
bicycle = pd.read_csv("./stat_data/bicycle.csv")

# 열 이름 변경하기
bicycle.columns = ["distance", "kcal"]

# 산점도 생성
plt.figure(figsize=(10, 6))
sns.scatterplot(data=bicycle, x="distance", y="kcal")
plt.title("")
plt.xlabel("Distance(km)")
plt.ylabel("kcal")
plt.grid(True)
plt.show()
```

[코드 B-134]와 같이 np.corrcoef() 함수를 이용해 상관계수를 계산할 수 있다. 실행결과는 [예 8-1]과 동일하다.

코드 B-134

```
import numpy as np

# 열 이름 변경하기
bicycle.columns = ["distance", "kcal"]

# 데이터 입력
distance = bicycle["distance"]
kcal = bicycle["kcal"]
```

```
# 상관계수 계산
corr = np.corrcoef(distance, kcal)[0, 1]
corr = round(corr, 2)

# 결과 확인
print(f"상관계수: {corr}")
```

```
상관계수: 0.86
```

[코드 B−135]와 같이 stats.pearsonr() 함수를 이용해 상관계수 유의성검정을 수행할 수 있다. 이 코드의 실행결과는 표본상관계수 값과 유의성검정에 대한 P 값이다.

코드 B−135

```
import scipy.stats as stats

# 상관계수의 유의성검정
correlation_test = stats.pearsonr(distance, kcal)

# 결과 확인
print(f"상관계수: {correlation_test[0]:.3f}")
print(f"P 값: {correlation_test[1]}")
```

```
상관계수: 0.860
P 값: 1.1472653405430996e-06
```

단순회귀분석의 모형과 적합

파이썬에서 회귀분석은 statsmodels 라이브러리의 ols() 함수를 이용하여 수행할 수 있고, 회귀분석의 결과는 summary() 함수를 이용하여 확인할 수 있다.

[예 8−2], [예제 8−2], [예제 8−3], [예제 8−4]는 최고기온과 따뜻한 음료 매출액에 대한 단순회귀분석을 수행하는 문제이다. 회귀분석을 시행하기 위해 [코드 B−136]과 같이 데이터를 입력한다. 이 코드의 실행결과는 [그림 8−3]과 같다.

코드 B−136

```
# 데이터 불러오기
temp_sale = pd.read_csv("./stat_data/temp_sale.csv")

# 열 이름 변경하기
temp_sale.columns = ["temperature", "sales"]

# 산점도 생성
plt.figure(figsize=(10, 6))
```

```
sns.scatterplot(data=temp_sale, x="temperature", y="sales")
plt.title("")
plt.xlabel("Temperature")
plt.ylabel("Sales")
plt.grid(True)
plt.show()
```

[코드 B-137]과 같이 회귀분석을 수행하기 위해 ols() 함수에 'sales ~ temperature' 형식으로 분석하고자 하는 모형을 지정한다. 이때 반응변수는 물결기호(~)의 왼쪽에, 설명변수는 오른쪽에 배치한다.

코드 B-137

```
import statsmodels.formula.api as smf

# 회귀분석
fit = smf.ols('sales ~ temperature', data=temp_sale).fit()

# 회귀분석 결과 확인
print(fit.summary())
```

```
OLS Regression Results
==============================================================================
Dep. Variable:                  sales   R-squared:                       0.866
Model:                            OLS   Adj. R-squared:                  0.853
Method:                 Least Squares   F-statistic:                     64.81
Date:                Thu, 09 Jan 2025   Prob (F-statistic):           1.11e-05
Time:                        02:56:14   Log-Likelihood:                -32.385
No. Observations:                  12   AIC:                             68.77
Df Residuals:                      10   BIC:                             69.74
Df Model:                           1
Covariance Type:            nonrobust
==============================================================================
                 coef    std err          t      P>|t|      [0.025      0.975]
------------------------------------------------------------------------------
Intercept     69.7351      2.339     29.819      0.000      64.524      74.946
temperature   -0.9388      0.117     -8.051      0.000      -1.199      -0.679
==============================================================================
Omnibus:                        2.433   Durbin-Watson:                   1.999
Prob(Omnibus):                  0.296   Jarque-Bera (JB):                1.011
Skew:                          -0.206   Prob(JB):                        0.603
Kurtosis:                       1.639   Cond. No.                         41.3
==============================================================================
```

파이썬에서 회귀선을 그리기 위해 [코드 B-138]과 같이 fittedvalues 메서드를 사용하여 적합된 값을 받아와 회귀선을 그릴 수 있다. 실행결과는 [그림 8-5]와 같다.

코드 B-138

```
# 예측된 값 추가
temp_sale["fitted"] = fit.fittedvalues

# 산점도에 회귀선 추가
plt.figure(figsize=(10, 6))
sns.scatterplot(data=temp_sale, x="temperature", y="sales")
plt.plot(temp_sale["temperature"], temp_sale["fitted"], color="black")
plt.xlabel("Temperature")
plt.ylabel("Sales")
plt.grid(True)
plt.show()
```

[코드 B-139]와 같이 mse_resid 메서드를 이용하여 오차분산의 추정 $\hat{\sigma}^2$ 값을 구할 수 있다. 여기서 fit는 ols() 함수를 사용하여 생성된 회귀분석 결과이다. 실행결과는 [예제 8-3]의 결과와 동일하다.

코드 B-139

```
# 오차분산의 추정값 계산
sigma2_hat = round(fit.mse_resid, 3)

# 결과 확인
print(f"오차분산의 추정값: {sigma2_hat}")
```

```
오차분산의 추정값: 15.517
```

[코드 B-140]과 같이 ols() 함수의 회귀분석 결과 fit에 rsquared 메서드를 이용하여 결정계수 r^2 값을 구할 수 있다. 실행결과는 [예제 8-4]의 결과와 동일하다.

코드 B-140

```
# 결정계수 계산
R2 = round(fit.rsquared, 3)

# 결과 확인
print(f"결정계수: {R2}")
```

```
결정계수: 0.866
```

단순회귀분석에서의 추론

[예제 8-5], [예제 8-6], [예제 8-7], [예제 8-8]은 최고기온과 따뜻한 음료 매출액에 대한 단순회귀분석에서의 추론을 수행하는 문제이다. [코드 B-141]은 이에 대한 회귀직선의 유의성검정을 수행하고 분산분석표를 도출하는 코드이다. 실행결과를 [표 8-5]와 비교해보라.

코드 B-141

```
# 데이터 입력
temperature = temp_sale["temperature"]
sales = temp_sale["sales"]

# SST, SSE, SSR 계산
S_yy = np.sum((sales - np.mean(sales))**2)
S_xy = np.sum((temperature - np.mean(temperature)) * (sales - np.mean(sales)))
S_xx = np.sum((temperature - np.mean(temperature))**2)

SST = S_yy
SSR = S_xy**2 / S_xx
SSE = SST - SSR

# MSR, MSE 계산
MSR = SSR / 1
MSE = SSE / (len(temperature) - 2)

# f 값 계산
f = MSR / MSE

# P 값 계산
P = 1 - stats.f.cdf(f, dfn=1, dfd=len(temperature) - 2)

# 분산분석표 생성
anova = pd.DataFrame({
    "Factor": ["Regression", "Residual", "Total"],
    "DF": [1, len(temperature) - 2, len(temperature) - 1],
    "Sum_of_Squares": [SSR, SSE, SST],
    "Mean_Square": [MSR, MSE, np.nan],
    "F": [f, np.nan, np.nan],
    "P": [P, np.nan, np.nan]
})

# 결과 확인
print(anova)
```

```
       Factor  DF  Sum_of_Squares  Mean_Square          F         P
0  Regression   1     1005.667576  1005.667576  64.811076  0.000011
1    Residual  10      155.169090    15.516909        NaN       NaN
```

```
2       Total  11      1160.836667          NaN          NaN          NaN
```

[예제 8-6(a)]는 모회귀계수 β에 대해 귀무가설 $H_0 : \beta = 0$의 검정을 수행하는 문제이다. [코드 B-142]와 같이 ols() 함수의 회귀분석 결과 fit에 tvalues, pvalues 메서드를 이용하여 회귀계수에 대한 추론을 수행할 수 있다.

코드 B-142

```
# 회귀계수에 대한 추론
inter, t_0 = fit.tvalues
inter_P, P = fit.pvalues

# F 값
f = fit.fvalue

# 결과 확인
print(f"t-검정통계량: {round(t_0, 3)}")
print(f"t-검정통계량의 제곱: {t_0**2:.4f}, F-검정통계량: {f:.4f}")
print(f"P 값: {P}")
```

```
t-검정통계량: -8.051
t-검정통계량의 제곱: 64.8111, F-검정통계량: 64.8111
P 값: 1.1142626336795626e-05
```

[예제 8-6(b)]는 다음과 같은 가설을 검정하는 문제이다.

$$H_0 : \beta = -0.9, \quad H_1 : \beta < -0.9$$

[코드 B-143]과 같이 입력하면 가설검정을 수행할 수 있다.

코드 B-143

```
# S_xx 계산
S_xx = np.sum((temperature - np.mean(temperature))**2)

# 검정통계량
t_0_9 = (fit.params.iloc[1] + 0.9) / np.sqrt(sigma2_hat / S_xx)

# P 값 계산
P_0_9 = stats.t.cdf(t_0_9, df=len(temperature)-2)

# 결과 확인
print(f" t-검정통계량: {round(t_0_9, 3)}")
print(f"P 값: {round(P_0_9, 3)}")
```

```
t-검정통계량: -0.332
P 값: 0.373
```

[예제 8-6(c)]는 모회귀계수 β의 신뢰구간을 구하는 문제이다. [코드 B-144]와 같이 `t.ppf()` 함수를 이용해 신뢰구간을 계산할 수 있다.

코드 B-144

```
# 백분위수 계산
alpha = 0.05
t_alpha_2 = stats.t.ppf(1 - alpha / 2, df=len(temp_sale)-2)

# 표준오차 계산
SE = fit.bse.iloc[1]

# 신뢰구간 계산
ci = [
    round(fit.params.iloc[1] - t_alpha_2 * SE, 3),
    round(fit.params.iloc[1] + t_alpha_2 * SE, 3)
]

# 결과 확인
print(f"신뢰구간: ({ci[0]}, {ci[1]})")
```

```
신뢰구간: (-1.199, -0.679)
```

[예제 8-7]은 평균반응 $E(Y\,|\,X=x)=\alpha+\beta x$에 대한 추론 문제로, 다음 가설검정을 수행한다.

$$H_0:\alpha+25\beta=40,\quad H_1:\alpha+25\beta>40$$

[코드 B-145]와 같이 `t.cdf()` 함수를 이용해 [예제 8-7(a)]의 가설검정을 수행할 수 있다.

코드 B-145

```
# 오차분산의 추정값 계산
sigma2_hat = fit.mse_resid

# S_xx 계산
S_xx = np.sum((temperature - np.mean(temperature))**2)

# n과 bar_x 계산
n = len(temperature)
bar_x = np.mean(temperature)

# t-검정통계량 계산
t_40 = (fit.params.iloc[0] + 25 * fit.params.iloc[1] - 40) / np.sqrt(sigma2_hat * (1
```

```
/ n + (25 - bar_x)**2 / S_xx))

# P 값 계산
P_40 = 1 - stats.t.cdf(t_40, df=n-2)

# 결과 확인
print(f" t-검정통계량: {round(t_40, 3)}")
print(f"P 값: {round(P_40, 3)}")
```

```
t-검정통계량: 4.373
P 값: 0.001
```

[코드 B-146]과 같이 t.ppf() 함수를 이용해 $x=10$℃, $x=20$℃, $x=30$℃일 때 따뜻한 음료의 평균 매출액(평균반응)에 대한 95% 신뢰구간을 계산할 수 있다. [예제 8-7(b)]의 결과와 비교해보라.

코드 B-146

```
# 오차분산의 추정값 계산
sigma2_hat = fit.mse_resid

# S_xx 계산
S_xx = np.sum((temperature - np.mean(temperature))**2)

# n과 bar_x 계산
n = len(temperature)
bar_x = np.mean(temperature)

# x = 10, 20, 30일 때의 평균반응에 대한 신뢰구간 계산
x = np.array([10, 20, 30])
alpha = 0.05
t_alpha = stats.t.ppf(1 - alpha / 2, df=n-2)

lower = fit.params.iloc[0] + x * fit.params.iloc[1] - t_alpha * np.sqrt(sigma2_hat
* (1 / n + (x - bar_x)**2 / S_xx))
upper = fit.params.iloc[0] + x * fit.params.iloc[1] + t_alpha * np.sqrt(sigma2_hat
* (1 / n + (x - bar_x)**2 / S_xx))

ci = pd.DataFrame({
    "x": x,
    "lower": np.round(lower, 3),
    "upper": np.round(upper, 3)
})

# 결과 확인
print(ci)
```

	x	lower	upper
0	10	57.147	63.548
1	20	48.346	53.574
2	30	37.458	45.686

[코드 B-147]과 같이 Statsmodels의 get_prediction() 메서드를 이용하면 각 데이터 포인트에 대한 예측값과 신뢰구간의 상한 및 하한을 구할 수 있다.

코드 B-147

```
import matplotlib.pyplot as plt

pred = fit.get_prediction(temp_sale["temperature"].sort_values()) # x 값 정렬
ci = pred.summary_frame(alpha=0.05)
ci
```

	mean	mean_se	mean_ci_lower	mean_ci_upper	obs_ci_lower	obs_ci_upper
0	67.294291	2.078939	62.662127	71.926455	57.369966	77.218616
1	64.478018	1.796305	60.475602	68.480434	54.831535	74.124501
2	62.600503	1.622499	58.985351	66.215655	53.108158	72.092848
3	61.192366	1.502741	57.844050	64.540683	51.798405	70.586328
4	57.437336	1.248728	54.654996	60.219676	48.229909	66.644762
5	54.245560	1.143399	51.697908	56.793212	45.106314	63.384806
6	51.710914	1.153787	49.140116	54.281713	42.565189	60.856640
7	49.082393	1.251149	46.294660	51.870126	39.873335	58.291451
8	47.674257	1.333609	44.702790	50.645723	38.407925	56.940588
9	44.294729	1.593643	40.743870	47.845588	34.826684	53.762775
10	42.417214	1.764900	38.484772	46.349656	32.799554	52.034874
11	36.972420	2.323364	31.795642	42.149197	26.782507	47.162332

[코드 B-148]과 같이 신뢰구간의 상한과 하한을 matplotlib 라이브러리의 plt.fill_between() 함수를 이용하면 [그림 8-8]과 같은 결과를 얻을 수 있다. 실행결과의 잘록한 띠 모양은 각 x 값이 주어질 때 신뢰구간들의 상한을 연결하고, 하한도 연결한 것이다.

코드 B-148

```
# 신뢰영역 그리기
plt.figure(figsize=(10, 6))
plt.scatter(temp_sale["temperature"], temp_sale["sales"], color='black')
plt.plot(temp_sale["temperature"], fit.fittedvalues, color='black')
plt.fill_between(temp_sale["temperature"].sort_values(), ci["mean_ci_lower"], \
 ci["mean_ci_upper"], color='gray', alpha=0.5)
plt.xlabel("Temperature")
plt.ylabel("Sales")
plt.title("Temperature vs Sales with Confidence Interval")
```

```
plt.grid(True)
plt.show()
```

[예제 8-8]은 모회귀직선의 절편 α에 대한 추론 문제이다. [코드 B-142]에서 모회귀계수 β에 대한 추론을 수행한 것과 마찬가지로 tvalues, pvalues 메서드를 사용하여 신뢰구간을 구할 수 있다. 여기서는 ols() 결과에 bse 메서드를 적용하여 회귀계수의 표준오차를 구한 후, 이를 이용하여 신뢰구간을 구하는 방법을 살펴본다. [코드 B-149]를 확인하라.

코드 B-149

```
# 백분위수 계산
alpha = 0.05
t_alpha_2 = stats.t.ppf(1 - alpha / 2, df=len(temp_sale)-2)

# 표준오차(Standard Error) 계산
SE = fit.bse.iloc[0]

# 신뢰구간 계산
ci = [
    round(fit.params.iloc[0] - t_alpha_2 * SE, 3),
    round(fit.params.iloc[0] + t_alpha_2 * SE, 3)
]

# 결과 확인
print(f"신뢰구간: ({ci[0]}, {ci[1]})")
```

```
신뢰구간: (64.524, 74.946)
```

단순회귀분석에서의 잔차분석

회귀분석에서 모형의 적용이 타당한지 판단하기 위해 잔차분석을 수행할 수 있다. 단순회귀분석에서 잔차분석을 수행하는 [예제 8-9]를 구현해보자. 먼저 [코드 B-150]과 같이 데이터를 입력한다.

코드 B-150

```
# 데이터 입력
temperature = [-2.2, -1.9, -1.7, -1.3, -0.7, 0.8, 1.8, 3.9, 7.0, 8.0,
               8.2, 9.2, 14.2, 14.5, 14.9, 15.2, 16.3, 21.1, 21.1, 21.5,
               21.8, 22.3, 23.6, 23.6, 24.8]
cost = [14.0, 13.1, 14.4, 13.1, 14.8, 12.2, 13.0, 11.3, 10.5, 9.7,
        12.9, 11.3, 10.8, 10.0, 9.9, 11.9, 10.9, 9.6, 8.1, 9.2,
        10.3, 9.1, 7.5, 10.5, 10.0]
```

```
# 데이터 프레임 생성
data = pd.DataFrame({'temperature': temperature, 'cost': cost})
```

[코드 B-151]과 같이 입력하면 [코드 B-150]에 입력한 자료의 산점도와 최소제곱회귀직선을 얻을 수 있다. 실행결과는 [그림 8-12]와 같다.

코드 B-151

```
# 최소제곱법 수행
model = smf.ols(formula='cost ~ temperature', data=data).fit()

# 산점도 생성 및 최소제곱회귀직선 그리기
plt.figure(figsize=(10, 6))
sns.scatterplot(data=data, x='temperature', y='cost')
plt.plot(data['temperature'], model.fittedvalues, color='black')
plt.xlabel("Temperature")
plt.ylabel("Cost")
plt.title("")
plt.grid(True)
plt.show()
```

[코드 B-152]와 같이 입력하면 잔차도를 얻을 수 있다. 실행결과는 [그림 8-13]과 같다.

코드 B-152

```
# 표준화 잔차 계산
std_res = model.get_influence().resid_studentized_internal

# 잔차도 생성
plt.figure(figsize=(10, 6))
sns.scatterplot(x=temperature, y=std_res)
plt.axhline(y=0, color='black')
plt.xlabel("Temperature")
plt.ylabel("Residuals")
plt.title("")
plt.grid(True)
plt.show()
```

[코드 B-153]과 같이 입력하면 결정계수를 계산할 수 있다. 실행결과는 [예제 8-9(a)]의 결과와 동일하다.

코드 B-153

```
# 결정계수 계산
R2 = round(model.rsquared, 4)
```

```
# 결과 확인
print(f"결정계수: {R2}")
```

```
결정계수: 0.7157
```

[예제 8-9(c)]는 평균반응 $\alpha + 10\beta$에 대한 추론 문제이다. 이를 수행하기 위해 [코드 B-154]와 같이 입력하면 추정값, 표준오차, $\alpha + 10\beta$에 대한 95% 신뢰구간을 계산할 수 있다.

코드 B-154

```
# 추정값 계산
x = 10
alpha = model.params.iloc[0]
beta = model.params.iloc[1]

# 추정값
y_hat_x_10 = round(alpha + x * beta, 2)

# 표준오차 계산
n = len(temperature)
bar_x = np.mean(temperature)
S_xx = np.sum((temperature - bar_x)**2)
sigma_hat = model.mse_resid**0.5

SE = round(sigma_hat * np.sqrt(1 / n + (x - bar_x)**2 / S_xx), 4)

# 백분위수 계산
alpha = 0.05
t_alpha_2 = stats.t.ppf(1 - alpha / 2, df=n-2)

# 신뢰구간 계산
ci = [
    round(y_hat_x_10 - t_alpha_2 * SE, 2),
    round(y_hat_x_10 + t_alpha_2 * SE, 2)
]

# 결과 확인
print(f" 추정값: {y_hat_x_10}, 표준오차: {SE}")
print(f"신뢰구간: ({ci[0]}, {ci[1]})")
```

```
추정값: 11.37, 표준오차: 0.2121
신뢰구간: (10.93, 11.81)
```

중회귀분석

파이썬에서 중회귀분석은 단순회귀분석과 마찬가지로 ols() 함수를 이용하여 수행할 수 있다. 이때 ols() 함수에 여러 개의 설명변수를 [코드 B-155]와 같이 입력할 수 있다.

코드 B-155

```
import statsmodels.formula.api as smf
smf.ols(y ~ x1 + x2 + x3, ...)
```

[예제 8-10], [예제 8-11]은 성인 10명의 나이(age), 체지방율(body_fat_percentage), 제자리멀리뛰기(standing_long_jump) 데이터를 이용한 중회귀분석 문제이다. 이를 수행하기 위해 먼저 [코드 B-156]과 같이 입력한다. 실행결과를 통해 jump.csv에는 키(height)와 몸무게(weight) 데이터도 있음을 알 수 있다.

코드 B-156

```
import pandas as pd

# 데이터 입력
jump = pd.read_csv("./stat_data/jump.csv")

# 데이터 출력
print(jump)
```

```
   age  height  weight  body_fat_percentage  standing_long_jump
0   43   163.8    72.5                 22.7                 206
1   64   167.1    72.2                 31.9                 120
2   29   175.0    70.1                 12.3                 250
3   22   177.0    89.0                 18.4                 224
4   31   170.0    63.9                 16.4                 219
5   20   172.0    64.5                 26.9                 195
6   20   169.6    63.4                 16.0                 260
7   26   180.9    70.4                 17.5                 190
8   20   185.4    93.4                 22.5                 226
9   19   181.3    70.1                 14.5                 222
```

[코드 B-157]과 같이 입력하면 중회귀분석의 모형의 적합 결과를 확인할 수 있다.

코드 B-157

```
# 중회귀분석
model = smf.ols('standing_long_jump ~ age + body_fat_percentage', \
 data=jump).fit()

# 회귀분석 결과 확인
```

```
print(model.summary())
```

```
                            OLS Regression Results
==============================================================================
Dep. Variable:     standing_long_jump   R-squared:                       0.783
Model:                            OLS   Adj. R-squared:                  0.720
Method:                 Least Squares   F-statistic:                     12.59
Date:                Thu, 09 Jan 2025   Prob (F-statistic):            0.00480
Time:                        02:56:15   Log-Likelihood:                -42.602
No. Observations:                  10   AIC:                             91.20
Df Residuals:                       7   BIC:                             92.11
Df Model:                           2
Covariance Type:            nonrobust
==============================================================================
                      coef  std err          t     P>|t|    [0.025    0.975]
------------------------------------------------------------------------------
Intercept         316.1976   23.372     13.529     0.000   260.932   371.463
age                -1.1696    0.605     -1.934     0.094    -2.599     0.260
body_fat_percentage -3.5465   1.422     -2.495     0.041    -6.908    -0.185
==============================================================================
Omnibus:                        0.580   Durbin-Watson:                   2.962
Prob(Omnibus):                  0.748   Jarque-Bera (JB):                0.479
Skew:                          -0.427   Prob(JB):                        0.787
Kurtosis:                       2.354   Cond. No.                         137.
==============================================================================
```

[코드 B-158]과 같이 입력하면 모회귀함수의 유의성검정을 수행할 수 있다. 실행결과를 [표 8-10]의 분산분석표와 비교해보라.

코드 B-158

```
# SST, SSE, SSR 계산
SST = np.sum((jump['standing_long_jump'] - \
 np.mean(jump['standing_long_jump']))**2)
SSE = np.sum(model.resid**2)
SSR = SST - SSE

# MSR, MSE 계산
MSR = SSR / 2
MSE = SSE / (len(jump['standing_long_jump'])-3)

# f 값 계산
f = MSR / MSE

# P 값 계산
P = 1 - stats.f.cdf(f, dfn=2, dfd=len(jump['standing_long_jump']) - 3)
```

```
# 분산분석표 생성
anova = pd.DataFrame({
    'Factor': ['Regression', 'Residual', 'Total'],
    'DF': [2, len(jump['standing_long_jump']) - 3, \
 len(jump['standing_long_jump']) - 1],
    'Sum_of_Squares': [round(SSR, 1), round(SSE, 1), round(SST, 1)],
    'Mean_Square': [round(MSR, 2), round(MSE, 3), np.nan],
    'F_value': [round(f, 3), np.nan, np.nan],
    'P': [round(P, 4), np.nan, np.nan]
})

# 결과 확인
print(anova)
```

```
       Factor  DF  Sum_of_Squares  Mean_Square  F_value       P
0  Regression   2         10566.7     5283.360   12.593  0.0048
1    Residual   7          2936.9      419.555      NaN     NaN
2       Total   9         13503.6          NaN      NaN     NaN
```

[코드 B-159]와 같이 입력하면 결정계수 R^2을 계산할 수 있다. 실행결과는 [예제 8-11]의 결과와 동일하다.

코드 B-159

```
# 결정계수 계산
R2 = round(model.rsquared, 4)

# 결과 확인
print(f"결정계수: {R2}")
```

```
결정계수: 0.7825
```

[코드 B-160]과 같이 입력하면 [표 8-8]의 자료에 대한 잔차도를 얻을 수 있다. 실행결과는 [그림 8-14]와 같다.

코드 B-160

```
# 표준화 잔차 계산
std_res = model.get_influence().resid_studentized_internal

# 잔차도 생성
plt.figure(figsize=(10, 6))
sns.scatterplot(x=model.fittedvalues , y=std_res)
plt.axhline(y=0, color='black')
plt.xlabel("Fitted values")
```

```
plt.ylabel("Residuals")
plt.title("")
plt.grid(True)
plt.show()
```

B.9 9장 분산분석 실습

일원배치법

파이썬을 이용하여 분산분석을 수행하려면 statmodels 라이브러리의 ols() 함수를 이용하고, 분산분석표를 출력하려면 anova_lm() 함수를 사용한다. 각 처리에서의 반복수가 동일한 경우와 동일하지 않은 경우 모두 적용할 수 있다. 다만 분석을 수행하기 전에 설명변수가 요인변수(factor)인지 확인해야 한다. 설명변수를 요인변수로 지정하기 위해서는 C() 함수로 감싸주어야 한다.

[예제 9-1]은 반복수가 동일한 일원배치법 문제이다. 처리효과의 유의성검정을 시행하기 위해 [코드 B-161]과 같이 입력한다. head() 함수에 의해 실행결과는 Response의 처음 5개 값만 나타난다. [표 9-3]의 데이터와 비교해보라.

코드 B-161

```
import pandas as pd
from statsmodels.formula.api import ols

# 데이터 입력
strength = pd.DataFrame({
    'Group': pd.Categorical(['A1', 'A1', 'A1', 'A1', 'A1',
                             'A2', 'A2', 'A2', 'A2', 'A2',
                             'A3', 'A3', 'A3', 'A3', 'A3',
                             'A4', 'A4', 'A4', 'A4', 'A4']),
    'Response': [47, 58, 51, 61, 46,
                 51, 62, 31, 46, 49,
                 50, 38, 47, 27, 23,
                 22, 23, 28, 42, 25]
})

strength.head()
```

```
   Group  Response
0     A1        47
1     A1        58
2     A1        51
```

```
3         A1          61
4         A1          46
```

[코드 B-162]와 같이 입력하면 분산분석을 수행할 수 있다. 실행결과를 [표 9-4]의 분산분석표와 비교해보라.

코드 B-162

```
import statsmodels.api as sm

# 모형적합
model_aov_same = ols('Response ~ C(Group)', data=strength).fit()

# 결과 확인
anova_table = sm.stats.anova_lm(model_aov_same, typ=2)
print(anova_table)
```

```
           sum_sq    df         F    PR(>F)
C(Group)  1826.55   3.0  6.459947  0.004514
Residual  1508.00  16.0       NaN       NaN
```

[예제 9-2]는 반복수가 다른 일원배치법 문제이다. 처리효과의 유의성검정을 시행하기 위해 [코드 B-163]과 같이 입력한다. 실행결과는 Response의 처음 5개 값만 나타난다. [표 9-7]의 데이터와 비교해보라.

코드 B-163

```
# 데이터 입력
rating = pd.DataFrame({
    'Group': pd.Categorical(['Site1', 'Site1', 'Site1', 'Site1',
                             'Site2', 'Site2', 'Site2', 'Site2', 'Site2',
                             'Site3', 'Site3', 'Site3', 'Site3', 'Site3', 'Site3'
]),
    'Response': [2, 3, 4, 5,
                 4, 5, 6, 4, 3,
                 6, 5, 7, 4, 6, 8]
})

# 데이터의 처음 5개 행 출력
print(rating.head())
```

```
   Group  Response
0  Site1         2
1  Site1         3
2  Site1         4
```

```
3  Site1        5
4  Site2        4
```

[코드 B-164]와 같이 입력하면 분산분석을 수행할 수 있다. 실행결과를 [표 9-8]의 분산분석표와 비교해보라.

코드 B-164

```
# 모형적합
model_aov_diff = ols('Response ~ C(Group)', data=rating).fit()

# 결과 확인
anova_table = sm.stats.anova_lm(model_aov_diff, typ=2)
print(anova_table)
```

```
          sum_sq    df         F    PR(>F)
C(Group)    16.2   2.0  4.811881  0.029208
Residual    20.2  12.0       NaN       NaN
```

반복이 없는 이원배치법

[예제 9-3]은 반복이 없는 이원배치법 문제이다. 처리효과의 유의성검정을 시행하기 위해 [코드 B-165]와 같이 입력한다. 실행결과는 kg_data의 처음 5개 값만 나타난다. [표 9-11]의 데이터와 비교해보라.

코드 B-165

```
# 데이터 입력
A = pd.Categorical(['A1', 'A1', 'A1', 'A1',
                    'A2', 'A2', 'A2', 'A2',
                    'A3', 'A3', 'A3', 'A3',
                    'A4', 'A4', 'A4', 'A4',
                    'A5', 'A5', 'A5', 'A5'])
B = pd.Categorical(['B1', 'B2', 'B3', 'B4',
                    'B1', 'B2', 'B3', 'B4',
                    'B1', 'B2', 'B3', 'B4',
                    'B1', 'B2', 'B3', 'B4',
                    'B1', 'B2', 'B3', 'B4'])
Y = [7.9, 7.5, 6.9, 6.5,
     7.2, 6.6, 6.4, 6.2,
     5.1, 4.8, 4.4, 4.1,
     5.8, 5.6, 5.4, 4.5,
     6.8, 6.5, 6.4, 5.8]
```

```
kg_data = pd.DataFrame({'A': A, 'B': B, 'Y': Y})

# 데이터의 처음 5개 행 출력
print(kg_data.head())
```

```
    A   B    Y
0  A1  B1  7.9
1  A1  B2  7.5
2  A1  B3  6.9
3  A1  B4  6.5
4  A2  B1  7.2
```

[코드 B-166]과 같이 입력하면 분산분석을 수행할 수 있다. 이때 ols() 함수에 C(A, Sum)과 같이 입력하면, 해당 변수의 처리효과의 합이 0이라는 제약을 만족하는 모형의 분석을 수행한다. 실행결과를 [표 9-12]의 분산분석표와 비교해보라.

코드 B-166

```
# 모형적합
model_aov = ols('Y ~ C(A, Sum) + C(B, Sum)', data=kg_data).fit()

# 결과 확인
anova_table = sm.stats.anova_lm(model_aov, typ=2)
print(anova_table)
```

```
           sum_sq    df           F        PR(>F)
C(A, Sum)  17.417   4.0  161.767802  2.510500e-10
C(B, Sum)   3.492   3.0   43.244582  1.040248e-06
Residual    0.323  12.0         NaN           NaN
```

반복이 있는 이원배치법

[예제 9-4]는 2회 반복이 있는 이원배치법 문제이다. 교호작용의 유의성검정을 시행하기 위해 [코드 B-167]과 같이 입력한다. 실행결과는 productivity의 처음 5개 값만 나타난다. [표 9-15]의 데이터와 비교해보라.

코드 B-167

```
# 데이터 입력
A = pd.Categorical(['A1', 'A1', 'A1', 'A1', 'A1', 'A1',
                    'A2', 'A2', 'A2', 'A2', 'A2', 'A2',
                    'A3', 'A3', 'A3', 'A3', 'A3', 'A3'])
B = pd.Categorical(['B1', 'B1', 'B2', 'B2', 'B3', 'B3',
                    'B1', 'B1', 'B2', 'B2', 'B3', 'B3',
```

```
                  'B1', 'B1', 'B2', 'B2', 'B3', 'B3'])
Y = [9, 14, 14, 16, 19, 22,
     13, 16, 18, 26, 14, 18,
     11, 12, 11, 17, 15, 16]

productivity = pd.DataFrame({'A': A, 'B': B, 'Y': Y})

# 데이터의 처음 5개 행 출력
print(productivity.head())
```

```
    A   B   Y
0  A1  B1   9
1  A1  B1  14
2  A1  B2  14
3  A1  B2  16
4  A1  B3  19
```

[코드 B-168]과 같이 seaborn 라이브러리의 pointplot() 함수를 이용해 교호작용의 효과를 시각적으로 확인할 수 있다.

코드 B-168

```
import seaborn as sns

# 상호작용 플롯 생성
plt.figure(figsize=(10, 6))
sns.pointplot(data=productivity, x='B', y='Y', hue='A',
              palette=['blue','red','green'], markers=['o','s','^'], \
              linestyles=['-', '--', '-.'])
plt.xlabel('Level of factor B')
plt.ylabel('Mean of Y')
plt.title('Interaction Plot')
plt.legend(title='Level of factor A')
plt.show()
```

[코드 B-169]와 같이 입력하면 분산분석을 수행할 수 있다. 실행결과를 [표 9-16]의 분산분석표와 비교해보라.

코드 B-169

```
# 모형적합
model_aov = ols('Y ~ C(A, Sum) + C(B, Sum) + C(A, Sum):C(B, Sum)', \
 data=productivity).fit()

# 결과 확인
```

```
anova_table = sm.stats.anova_lm(model_aov, typ=2)
print(anova_table)
```

```
                        sum_sq   df         F    PR(>F)
C(A, Sum)            44.111111  2.0  2.406061  0.145519
C(B, Sum)            87.444444  2.0  4.769697  0.038696
C(A, Sum):C(B, Sum)  74.222222  4.0  2.024242  0.174446
Residual             82.500000  9.0       NaN       NaN
```

분산분석에서 오차항의 타당성을 검토하려면 잔차도를 이용한다. [코드 B-170]의 실행결과는 [예제 9-4]에서 스튜던트화 잔차도를 나타내는 [그림 9-4]와 같다.

코드 B-170

```
# 표준화 잔차 계산
influence = model_aov.get_influence()
std_res = influence.resid_studentized_internal

# 적합값
fitted = model_aov.fittedvalues

# 잔차도 생성
plt.figure(figsize=(10, 6))
sns.scatterplot(x=fitted, y=std_res)
plt.axhline(y=0, color='black')
plt.xlabel('Fitted values')
plt.ylabel('Residuals')
plt.xticks(ticks=range(12, 23, 2))  # x축의 눈금을 12부터 22까지 2간격으로 설정
plt.title('')
plt.grid(True)
plt.show()
```

B.10 10장 비모수적 추론 실습

윌콕슨 순위합 검정

이표본에서 두 모평균(이동모수)의 차이에 대한 비모수 비교방법으로 윌콕슨 순위합 검정을 사용한다. 파이썬에서 (정확한) 윌콕슨 순위합 검정은 scipy.stats 라이브러리의 mannwhitneyu() 함수를 이용하여 수행하고, 정규근사 검정은 ranksums() 함수를 이용하여 수행한다.

[예제 10-4]는 윌콕슨 순위합 검정과 근사검정 문제이다. [코드 B-171]과 같이 rankdata(), ranks() 함수를 이용해 순위와 순위합을 계산할 수 있고, 실행결과는 [표 10-8]의 순위합통계량 계산표와 같다.

코드 B-171

```
import numpy as np
import pandas as pd
from scipy.stats import rankdata

data_A = np.array([8, 9, 11, 12, 16, 17, 19, 19, 21, 45])
data_B = np.array([13, 16, 18, 18, 20, 20, 21, 23, 25, 72])

# 혼합 표본
data = np.concatenate((data_A, data_B))

# 순위합 계산
ranks = rankdata(data, method='average')
rank_A = ranks[:10]
rank_B = ranks[10:]

# 순위 확인
df = pd.DataFrame({
    'A': data_A,
    'rank_A': rank_A,
    'B': data_B,
    'rank_B': rank_B
})
print(df)

# 순위합 확인
print(f"A의 순위합: {np.sum(rank_A)}, B의 순위합: {np.sum(rank_B)}")
```

```
    A  rank_A   B  rank_B
0   8     1.0  13     5.0
1   9     2.0  16     6.5
2  11     3.0  18     9.5
3  12     4.0  18     9.5
4  16     6.5  20    13.5
5  17     8.0  20    13.5
6  19    11.5  21    15.5
7  19    11.5  23    17.0
8  21    15.5  25    18.0
9  45    19.0  72    20.0
A의 순위합: 82.0, B의 순위합: 128.0
```

[코드 B-172]와 같이 입력하면 [예제 10-4(a)]의 t 검정을 수행할 수 있다. 파이썬에서 이표본 검정을 수행할 때는 ttest_ind() 함수를 사용한다. 이때 공통분산 유무에 대한 옵션을 지정하지 않으면

기본값으로 공통분산을 가정하여 검정을 진행한다. 반면에 R의 t.test() 함수는 기본적으로 공통분산을 가정하지 않으므로 주의해야 한다.

코드 B-172

```
from scipy.stats import ttest_ind

# t검정
t_stat, p_value = ttest_ind(data_B, data_A, alternative='greater')

print(f"t-statistic: {t_stat:.4f}, p-value: {p_value:.4f}")
```

```
t-statistic: 1.0894, p-value: 0.1452
```

[코드 B-173]과 같이 입력하면 [예제 10-4(b)]의 윌콕슨 순위합 검정을 수행할 수 있다. 이때 근사 검정이 아닌 정확한 검정을 수행하려면 mannwhitneyu() 함수를 사용해야 한다. 이에 대해서는 [코드 B-174] 이후의 설명을 참고하라.

코드 B-173

```
from scipy.stats import mannwhitneyu

# 윌콕슨 순위합 검정
stat, p_value = mannwhitneyu(data_B, data_A, alternative='greater', \
method = 'exact')

print(f"Wilcoxon rank-sum (Mann-Whitney U) p-value: {p_value:.3f}")
```

```
Wilcoxon rank-sum (Mann-Whitney U) p-value: 0.045
```

[코드 B-174]와 같이 ranksums() 함수를 사용하면 [예제 10-4(c)]의 윌콕슨 순위합의 정규근사 검정을 수행할 수 있다.

코드 B-174

```
from scipy.stats import ranksums

# 윌콕슨 순위합의 정규근사 검정
stat, p_value = ranksums(data_B, data_A, alternative='greater')

print(f"Wilcoxon rank-sum asymptoic normal test statistic: {stat:.2f}, \
p-value: {p_value:.4f}")
```

```
Wilcoxon rank-sum asymptoic normal test statistic: 1.74, p-value: 0.0410
```

[코드 B-173]과 [코드 B-174]에서 사용한 mannwhitneyu() 함수와 ranksums() 함수에 대해 주의해야 할 점이 있다. ranksums() 함수는 기본적으로 정규근사 검정의 통계량과 유의확률을 제공한다. 따라서 정확한 윌콕슨 순위합 검정을 수행하려면 ranksums() 함수가 아니라 **만-위트니 U 검정(Mann-Whitney U Test)**을 사용해야 한다. 만-위트니 U 검정은 윌콕슨 순위합 검정과 동일한 검정 결과를 제공하며, mannwhitneyu() 함수를 사용하면 된다. 이때 method = 'exact' 옵션을 지정하면 근사검정이 아닌 정확 검정이 실행된다.

윌콕슨 부호순위검정

파이썬을 이용하여 윌콕슨 부호순위 검정을 일표본문제에 적용할 수 있다. 이 검정은 대응표본에서 두 시점 간 변화를 비교하거나, 한 모평균(위치모수)의 값에 대한 가설 $H_0: \theta = \mu$, $H_1: \theta \neq \mu$를 검정하는 비모수적 방법으로 윌콕슨 부호순위 검정을 수행하면 된다. 이 검정은 scipy.stats 라이브러리의 wilcoxon() 함수를 사용한다. 이때 특정 값 μ에 대한 검정을 수행하려면 데이터 값에서 μ를 빼준 후 검정을 수행해야 한다. 또한 alternative 옵션을 활용하면 대립가설의 형태에 맞는 검정을 수행할 수 있다.

[예제 10-5]는 일표본의 윌콕슨 부호순위 검정 문제이다. [코드 B-175]와 같이 입력하면 검정을 수행할 수 있다.

코드 B-175

```
from scipy.stats import wilcoxon

# 데이터 입력
data = np.array([3.5, 2.6, 7.8, 6.0, 6.8, 3.1, 8.8, 8.5, 7.7, 4.5])

# 윌콕슨 부호순위 검정
stat, p_value = wilcoxon(data - 5, alternative='greater')

print(f"Wilcoxon signed-rank statistic: {stat}, p-value: {p_value:.3f}")
```

```
Wilcoxon signed-rank statistic: 40.0, p-value: 0.116
```

[예제 10-6]은 두 관측값의 차의 윌콕슨 부호순위 검정 문제이다. 이 문제는 두 가지 방법으로 수행할 수 있다. [코드 B-176]을 확인하라.

코드 B-176

```
data_A = np.array([70, 85, 73 ,75, 65, 80, 71, 80,
                   51, 72, 76, 79, 59, 84, 56, 57])
data_B = np.array([65, 43, 45, 80, 84, 71, 52 ,42,
                   78, 62, 38, 80, 54, 87, 38, 43])
```

```
# 방법 1 : 윌콕슨 부호순위 검정(짝지어진 데이터)
stat1, p_value1 = wilcoxon(data_A, data_B, alternative='greater', \
 method='approx')

# 방법 2 : 윌콕슨 부호순위 검정(차잇값 사용)
stat2, p_value2 = wilcoxon(data_A - data_B, alternative='greater', \
 method='approx')

print(f"Method 1 - Wilcoxon signed-rank : {stat1}, p-value: {p_value1:.5f}")
print(f"Method 2 - Wilcoxon signed-rank : {stat2}, p-value: {p_value2:.5f}")
```

```
Method 1 - Wilcoxon signed-rank : 106.5, p-value: 0.02314
Method 2 - Wilcoxon signed-rank : 106.5, p-value: 0.02314
```

B.11 11장 시계열분석 실습

추세분석법

[예제 11-1]은 상수평균모형을 이용한 추세분석법 문제이다. [코드 B-177]과 같이 입력하면 2026년 1학기 수강생 예측값과 95% 예측구간을 계산할 수 있다.

코드 B-177

```
import pandas as pd
import numpy as np
from scipy import stats

# 데이터 입력
df_registry = pd.read_csv("./stat_data/registry.csv")
students = df_registry['students']
# 모수 추정
beta_0 = np.mean(students)
sigma = np.std(students, ddof=1)

# 신뢰구간
alpha = 0.05
t_alpha_2 = stats.t.ppf(1 - alpha / 2, df=len(students)-1)
lb = beta_0 - t_alpha_2 * sigma * np.sqrt(1 + 1 / len(students))
ub = beta_0 + t_alpha_2 * sigma * np.sqrt(1 + 1 / len(students))

# 결과 확인
print(f"2026년 1학기 예측값: {beta_0:.3f}")
print(f"95% 예측구간: ({lb:.3f}, {ub:.3f})")
```

```
2026년 1학기 예측값: 1399.625
95% 예측구간: (1298.621, 1500.629)
```

[코드 B-178]과 같이 입력하면 2024년 1학기 수강생이 1,500명일 때의 2026년 1학기 수강생에 대한 새로운 예측값을 계산할 수 있다.

코드 B-178

```
pred_2026 = beta_0 + (1 / 25) * (1500 - beta_0)

# 결과 확인
print(f"2026년 1학기 예측값: {pred_2026:.2f}")
```

```
2026년 1학기 예측값: 1403.64
```

[예 11-1]은 선형추세모형을 이용한 추세분석법 문제이다. [코드 B-179]와 같이 입력하면 분산분석표와 회귀분석 결과를 구할 수 있다. [표 11-2]의 모형, 오차 값 및 절편(intercept), Date 값과 비교해보라. 여기서 주의해야 할 점이 있는데, [표 11-2]의 Date는 1970년 1월 1일을 기준으로 설정되어 있다. 파이썬에서 동일한 결과를 얻으려면 `Date` 변수에 대한 변환이 필요하다. 즉 trend_ts.csv 데이터의 `Date` 변수를 1970년 1월 1일을 기준으로 경과한 일수로 변환해야 한다.

코드 B-179

```
from datetime import datetime
import statsmodels.formula.api as smf
import statsmodels.api as sm

# 데이터 입력
df_trend = pd.read_csv("./stat_data/trend_ts.csv")

# 1970년 1월 1일 기준 설정
base_day = datetime(1970, 1, 1)

# Date 변수를 datetime 형식으로 변환
df_trend['Date'] = pd.to_datetime(df_trend['Date'])

# 경과된 일수 계산하여 새로운 열 추가
df_trend['days_since_base'] = (df_trend['Date'] - base_day).dt.days
    # datetime 객체의 차이를 timedelta 객체로 반환
    # dt.days를 사용하여 datetime에서 일수정보를 추출

# 선형회귀 모형 적합
trend_model = smf.ols('Female ~ days_since_base', data=df_trend).fit()
```

```
# ANOVA 테이블 생성
anova_table = sm.stats.anova_lm(trend_model, typ=2)

# 회귀분석 결과 확인
summary = trend_model.summary()

# 결과 출력
print(anova_table)
print(summary)
```

```
                      sum_sq    df           F        PR(>F)
days_since_base  2.170954e+06   1.0  365.484255  1.030315e-29
Residual         4.217356e+05  71.0         NaN           NaN

                            OLS Regression Results
==============================================================================
Dep. Variable:                 Female   R-squared:                       0.837
Model:                            OLS   Adj. R-squared:                  0.835
Method:                 Least Squares   F-statistic:                     365.5
Date:                Thu, 09 Jan 2025   Prob (F-statistic):           1.03e-29
Time:                        02:56:16   Log-Likelihood:                -419.73
No. Observations:                  73   AIC:                             843.5
Df Residuals:                      71   BIC:                             848.0
Df Model:                           1
Covariance Type:            nonrobust
==============================================================================
                      coef    std err          t      P>|t|      [0.025      0.975]
------------------------------------------------------------------------------
Intercept       -4578.2025    262.144    -17.464      0.000   -5100.903   -4055.502
days_since_base     0.2689      0.014     19.118      0.000       0.241       0.297
==============================================================================
Omnibus:                        1.712   Durbin-Watson:                   0.773
Prob(Omnibus):                  0.425   Jarque-Bera (JB):                1.370
Skew:                          -0.335   Prob(JB):                        0.504
Kurtosis:                       3.024   Cond. No.                     5.42e+05
==============================================================================
```

이동평균법

pandas 패키지의 rolling() 함수를 이용하여 이동평균법을 수행할 수 있다. 이때 window 옵션으로 이동평균의 기간을 설정할 수 있고, center 옵션으로 이동평균이 계산되는 위치를 설정할 수 있다.

[예 11-2]는 중심이동평균법 문제이다. [코드 B-180]과 같이 입력하면 $m=3$, $m=11$ 두 가지 경우의 이동평균을 적용하여 평활값을 계산한 뒤 처음 10개 값을 확인할 수 있다. [표 11-3]의 상위 부분과 비교해보라.

코드 B-180

```
# csv 파일 읽기
birth_df = pd.read_csv("./stat_data/birth_df.csv")

# 날짜를 Date 형식으로 변환
birth_df['date'] = pd.to_datetime(birth_df['date'])

# 2000년 이후의 데이터 필터링
birth_df_filtered = birth_df[birth_df['year'] >= 2000]

# 인덱스 초기화: 1부터 시작
birth_df_filtered.index = range(1, len(birth_df_filtered) + 1)

# 시간 지연 m = 3, 11의 이동 평균 계산
birth_df_filtered = birth_df_filtered.sort_values('date')
birth_df_filtered['moving_avg3'] = birth_df_filtered['birth'].rolling(window=3,
center=True).mean().round(2)
birth_df_filtered['moving_avg11'] = birth_df_filtered['birth'].rolling(window=11,
center=True).mean().round(2)

# 처음 10개 값 출력
print(birth_df_filtered[['date', 'birth', 'moving_avg3', \
 'moving_avg11']].head(10))
```

```
         date   birth  moving_avg3  moving_avg11
1  2000-01-01  178245          NaN           NaN
2  2000-04-01  152324    160827.33           NaN
3  2000-07-01  151913    153948.00           NaN
4  2000-10-01  157607    156985.67           NaN
5  2001-01-01  161437    151988.00           NaN
6  2001-04-01  136920    143421.33     143901.09
7  2001-07-01  131907    132832.33     138062.64
8  2001-10-01  129670    133911.33     136333.55
9  2002-01-01  140157    130944.00     133527.91
10 2002-04-01  123005    127629.67     129900.64
```

마지막 10개 값을 확인하려면 [코드 B-181]과 같이 입력한다.

코드 B-181

```
# 마지막 10개 값 출력
print(birth_df_filtered[['date', 'birth', 'moving_avg3', \
 'moving_avg11']].tail(10))
```

```
         date  birth  moving_avg3  moving_avg11
88 2021-10-01  57757     64215.67      64063.18
```

```
89 2022-01-01  68339      62081.67      62903.36
90 2022-04-01  60149      64221.00      62463.73
91 2022-07-01  64175      60282.33      60872.18
92 2022-10-01  56523      61722.00      60358.09
93 2023-01-01  64468      59044.33           NaN
94 2023-04-01  56142      59117.67           NaN
95 2023-07-01  56743      55167.67           NaN
96 2023-10-01  52618      56611.67           NaN
97 2024-01-01  60474           NaN           NaN
```

[코드 B-182]와 같이 입력하면 $m=3$, $m=11$일 때 중심평균이동에 의한 평활그림을 확인할 수 있다. 이는 [그림 11-10]과 같다.

코드 B-182

```
import matplotlib.pyplot as plt
import seaborn as sns
import matplotlib.dates as mdates

# 시계열 그래프
plt.figure(figsize=(12, 6))
sns.lineplot(data=birth_df_filtered, x='date', y='moving_avg11',
             label='Moving Average (m = 11)', linestyle=':',
             color='orange')
sns.lineplot(data=birth_df_filtered, x='date', y='moving_avg3',
             label='Moving Average (m = 3)', linestyle='--',
             color='green')
sns.lineplot(data=birth_df_filtered, x='date', y='birth',
             label='Original Data', color='#87CEEB')
# x축 tick 설정(R 그림과 동일하게 하기 위함. 생략해도 무방)
plt.gca().xaxis.set_major_locator(mdates.YearLocator(5))
plt.gca().xaxis.set_major_formatter(mdates.DateFormatter('%Y/1Q'))
plt.gca().set_xticks(pd.to_datetime(['2001', '2006', '2011', '2016', '2021']))

# 그래프 출력
plt.xlabel('Time')
plt.ylabel('Birth')
plt.legend(title='')
plt.title('Time Series of Birth Data')
plt.grid(True)
plt.show()
```

지수평활법

[예제 11-2]는 지수평활법 문제이다. [코드 B-183]과 같이 입력하면 평활상수가 0.1, 0.3일 때 단순 지수평활값을 계산한 뒤 처음 12개 값을 확인할 수 있다. [표 11-5]와 비교해보라.

코드 B-183

```
# 데이터 입력
KS11_monthly_df = pd.read_csv("./stat_data/KS11_monthly.csv")

# 날짜 열을 datetime 형식으로 변환
KS11_monthly_df['Date'] = pd.to_datetime(KS11_monthly_df['Date'])

# 2018년 이후의 데이터 필터링
KS11_monthly_df = KS11_monthly_df[KS11_monthly_df['Date'].dt.year >= 2018]

# 지수 평활화 적용(w=0.3)
n = len(KS11_monthly_df['Close'])
S_0 = np.mean(KS11_monthly_df['Close'])
es_03 = [S_0]
w = 0.3

for i in range(n-1):
    es_03.append(w * KS11_monthly_df['Close'].iloc[i] + (1 - w) * es_03[i])

KS11_monthly_df['Smoothed_Close_03'] = es_03

# 지수 평활화 적용(w=0.1)
es_01 = [S_0]
w = 0.1

for i in range(n-1):
    es_01.append(w * KS11_monthly_df['Close'].iloc[i] + (1 - w) * es_01[i])

KS11_monthly_df['Smoothed_Close_01'] = es_01

# 인덱스 초기화
KS11_monthly_df.index = range(1, len(KS11_monthly_df) + 1)

# 처음 12개 값 출력
print(KS11_monthly_df.head(12).round(3))
```

```
         Date    Close  Smoothed_Close_03  Smoothed_Close_01
1  2018-01-31  2566.46           2478.221           2478.221
2  2018-02-28  2427.36           2504.693           2487.045
3  2018-03-31  2445.85           2481.493           2481.076
4  2018-04-30  2515.38           2470.800           2477.554
```

```
5  2018-05-31  2423.01           2484.174           2481.336
6  2018-06-30  2326.13           2465.825           2475.504
7  2018-07-31  2295.26           2423.916           2460.566
8  2018-08-31  2322.88           2385.319           2444.036
9  2018-09-30  2343.07           2366.588           2431.920
10 2018-10-31  2029.69           2359.532           2423.035
11 2018-11-30  2096.86           2260.580           2383.701
12 2018-12-31  2041.04           2211.464           2355.017
```

마지막 12개 값을 확인하려면 [코드 B-184]와 같이 입력한다.

코드 B-184

```
# 마지막 12개 값 출력
print(KS11_monthly_df.tail(12).round(3))
```

```
         Date    Close  Smoothed_Close_03  Smoothed_Close_01
73 2024-01-31  2497.09           2529.298           2524.866
74 2024-02-29  2642.36           2519.635           2522.088
75 2024-03-31  2746.63           2556.453           2534.115
76 2024-04-30  2692.06           2613.506           2555.367
77 2024-05-31  2636.52           2637.072           2569.036
78 2024-06-30  2797.82           2636.907           2575.784
79 2024-07-31  2770.69           2685.181           2597.988
80 2024-08-31  2674.31           2710.833           2615.258
81 2024-09-30  2593.27           2699.876           2621.163
82 2024-10-31  2556.15           2667.894           2618.374
83 2024-11-30  2455.91           2634.371           2612.152
84 2024-12-31  2399.49           2580.833           2596.527
```

[코드 B-185]와 같이 입력하면 평활상수가 0.1, 0.3일 때 원래 지수와 지수평활된 값의 시계열그림을 확인할 수 있다. 이는 [그림 11-11]과 같다.

코드 B-185

```
import pandas as pd
import matplotlib.pyplot as plt
import seaborn as sns

# 날짜 형식으로 변환
KS11_monthly_df['Date'] = pd.to_datetime(KS11_monthly_df['Date'])

# 시각화
plt.figure(figsize=(12, 6))
plt.plot(KS11_monthly_df['Date'], KS11_monthly_df['Smoothed_Close_01'], \
```

```
 label='Smoothed Series (w = 0.1)', linestyle=':', color='green')
plt.plot(KS11_monthly_df['Date'], KS11_monthly_df['Smoothed_Close_03'], \
 label='Smoothed Series (w = 0.3)', linestyle='--', color='orange')
plt.plot(KS11_monthly_df['Date'], KS11_monthly_df['Close'], \
 label='Time Series(data)', color='#87CEEB')

# 레이블 설정
plt.xlabel('Date')
plt.ylabel('KOSPI Index')
plt.legend(title='Series')

# 최소한의 테마 설정
sns.set_theme(style="whitegrid")
plt.show()
```

여러 주가지수 불러오기

마지막으로 여러 주가지수를 파이썬에서 불러오는 방법을 설명한다. yfinance 패키지의 download() 함수를 사용하면 미국 야후 파이낸스(Yahoo! Finance)의 자료를 불러올 수 있다. 예를 들어 KOSPI 종합지수는 ^KS11이라는 심볼(symbol)을 가지며, [코드 B-186]과 같이 지정하면 2000년부터 오늘까지의 주가지수 시계열자료를 가져올 수 있다.

코드 B-186

```
import yfinance as yf

# Yahoo! Finance의 KOSPI 자료 가져오기
ks11 = yf.download("^KS11", start="2000-01-01", \
 end=pd.Timestamp.today().strftime('%Y-%m-%d'))

# 처음 5개 값 출력
print(ks11.head())
```

```
[*********************100%***********************]  1 of 1 completed
Price          Adj Close        Close         High          Low         Open  \
Ticker             ^KS11        ^KS11        ^KS11        ^KS11        ^KS11
Date
2000-01-04   1059.040039  1059.040039  1066.180054  1016.590027  1028.329956
2000-01-05    986.309998   986.309998  1026.520020   984.049988  1006.869995
2000-01-06    960.789978   960.789978  1014.900024   953.500000  1013.950012
2000-01-07    948.650024   948.650024   970.159973   930.840027   949.169983
2000-01-10    987.239990   987.239990   994.940002   974.820007   979.669983

Price         Volume
Ticker         ^KS11
```

```
Date
2000-01-04  195900
2000-01-05  257700
2000-01-06  203500
2000-01-07  215700
2000-01-10  240200
```

주식 종목의 심볼은 야후 파이낸스 사이트(https://finance.yahoo.com) 상단의 검색창에서 찾을 수 있다. 몇 가지 예를 [표 B-2]에서 소개한다.

표 B-2 주식 종목의 심볼 예시

주식 종목	심볼
대한항공(Korean Airlines Co.,Ltd.)	003490.KS
삼성전자(Samsung Electronics Co., Ltd.)	005930.KS
한국전력(Korea Electric Power Corporation)	015760.KS
미국 S&P 500	^GSPC
애플(Apple Inc.)	AAPL

예시로 대한항공의 주가를 불러온 뒤 로그변환된 종가를 시각화해보자. [코드 B-187]을 확인하라. [부록 A]의 R 실습과 달리 데이터를 불러오는 시점이 다르므로 그래프 형태가 다르게 나타날 수 있다.

코드 B-187

```
# 대한항공 주식 데이터 가져오기
kor_air = yf.download("003490.KS", start="2000-01-01", \
 end=pd.Timestamp.today().strftime('%Y-%m-%d'))

# 처음 5개 값 출력
print(kor_air.head())

# 종가 추출 및 로그변환
kor_air['log_Close'] = np.log10(kor_air['Close'])

# 시각화
plt.figure(figsize=(12, 6))
sns.lineplot(data=kor_air, x=kor_air.index, y='log_Close', color='blue')

# 레이블 설정
plt.xlabel('Date')
plt.ylabel('Log of Close Price')
plt.title('Log of Close Price for Korean Air')
plt.grid(True)
plt.show()
```

```
[*********************100%***********************]  1 of 1 completed
Price          Adj Close        Close         High          Low         Open  \
Ticker         003490.KS    003490.KS    003490.KS    003490.KS    003490.KS
Date
2000-01-04   6871.833496  7992.536621  7992.536621  7247.469238  7247.469238
2000-01-05   7628.900391  8873.070312  8873.070312  7518.402832  7857.069824
2000-01-06   6755.360840  7857.069824  8805.336914  7653.869629  8805.336914
2000-01-07   6988.304199  8128.002930  8297.336914  7721.603027  8128.002930
2000-01-10   6842.714355  7958.669922  8263.469727  7890.936523  7992.536621

Price          Volume
Ticker      003490.KS
Date
2000-01-04    3318010
2000-01-05    3905018
2000-01-06    2749162
2000-01-07    2352607
2000-01-10    1541190
```

B.12 12장 표본조사 실습

표본추출법에는 여러 가지 방법이 있다. 여기서는 가장 기본적인 단순랜덤추출법을 비롯해 계통추출법과 층화추출법을 살펴본다. 이제 privedu1m.csv 파일에 담긴 사교육 관련 자료를 모집단으로 두고, 표본 크기 $n=100$명의 표본을 각 방법으로 추출한 뒤 이를 이용하여 평균 **사교육비총비용**을 추정해보자. 참고로 이 파일은 2023년에 통계청에서 시행한 초·중·고등학생 대상 사교육비 조사 자료를 기반으로 작성된 가상 명부로, 그 분포가 원 자료와 비슷하게 생성되었다. 총 $N=1{,}000{,}000$명의 초·중·고등학생 정보를 포함하고 있다.

단순랜덤추출법

파이썬에서는 단순랜덤추출법을 수행할 때 numpy 라이브러리의 random.choice() 함수를 사용한다. 이때 random.choice() 함수의 size 옵션으로 표본 크기를 설정할 수 있다. 또한 단순랜덤추출의 대상이 되는 인덱스를 지정한 후, 해당 인덱스를 이용해 표본을 추출할 수 있다.

pandas 라이브러리의 sample() 함수를 이용해 단순랜덤추출법을 수행할 수도 있다. 이때 sample() 함수의 n 옵션으로 표본 크기를 설정하고, frac 옵션으로 전체 데이터에서 추출할 표본의 비율을 설정할 수 있다.

privedu1m.csv 파일의 모집단에서 표본 크기 $n=100$의 단순랜덤추출법을 수행하여 **사교육비총비용**의 표본평균을 구하자. 먼저 [코드 B-188]과 같이 데이터를 입력한다.

코드 B-188

```
import pandas as pd

# 데이터 입력
privedu1m = pd.read_csv("./stat_data/privedu1m.csv")
N = len(privedu1m)
n = 100

print(privedu1m.head())
```

```
   지역구분코드  학교급구분코드  방과후학교참여여부  사교육참여시간수  사교육비총비용
0     읍면지역       초등학교           참여         3.8       161
1       서울       일반고          미참여         7.9       585
2     중소도시       일반고          미참여         0.0         0
3     중소도시       중학교          미참여         5.8       317
4      광역시       중학교          미참여        20.7       799
```

[코드 B-189]와 같이 입력하면 표본 크기 $n=100$의 단순랜덤추출법을 수행하여 사교육비총비용의 표본평균을 구한다. 참고로 R과 동일하게 시드 값을 지정했지만([코드 A-190] 참고), 프로그래밍 언어마다 난수 생성 방식이 다르므로 R 실습 결과와 정확히 동일한 값을 얻을 수는 없다.

코드 B-189

```
import numpy as np

# 단순랜덤추출법
np.random.seed(123)
sample_index = np.random.choice(privedu1m.index, size=100, replace=False)
sample_data = privedu1m.loc[sample_index]

sample_data2 = privedu1m.sample(n=100)
sample_data3 = privedu1m.sample(frac=n/N)

# 결과 확인
print(f"단순랜덤추출 표본평균 1: {sample_data['사교육비총비용'].mean()}")
print(f"단순랜덤추출 표본평균 2: {sample_data2['사교육비총비용'].mean()}")
print(f"단순랜덤추출 표본평균 3: {sample_data3['사교육비총비용'].mean()}")
print(f"모평균: {privedu1m['사교육비총비용'].mean().round(4)}")
```

```
단순랜덤추출 표본평균 1: 504.2
단순랜덤추출 표본평균 2: 486.93
단순랜덤추출 표본평균 3: 471.84
모평균: 510.2357
```

계통추출법

이번에는 privedu1m.csv 파일의 모집단에서 표본 크기 $n=100$의 계통추출법을 수행하여 **사교육비총비용**의 표본평균을 구하자. [코드 B-190]을 확인하라.

코드 B-190

```
# 계통추출법
k = N / n  # 추출간격

np.random.seed(123)
sample_index_first = np.random.randint(1, k + 1)

sample_index = np.arange(sample_index_first, N, k)[:n]
sample_data = privedu1m.iloc[sample_index]

# 결과 확인
print(f"계통추출 표본평균: {sample_data['사교육비총비용'].mean().round(4)}")
print(f"모평균: {privedu1m['사교육비총비용'].mean().round(4)}")
```

```
계통추출 표본평균: 492.4
모평균: 510.2357
```

층화추출법

pandas 라이브러리의 groupby() 함수와 agg() 함수를 사용하면 층화추출법을 수행할 수 있다. 이때 agg() 함수로 각 층의 크기, 추출해야 할 표본 크기 등을 계산할 수 있다. [코드 B-191]을 통해 groupby() 함수와 agg() 함수의 사용 형태를 확인하라.

코드 B-191

```
groupby(데이터 프레임, 그룹 기준 변수).agg(
    그룹별 계산할 변수1=('원본 변수', 계산식1),
    그룹별 계산할 변수2=('원본 변수', 계산식2),
    ...)
```

데이터가 세 그룹 A, B, C로 나뉘어 있을 때 그룹별 크기와 전체 자료의 수 대비 그룹 비율을 계산하고, 각 그룹의 평균을 계산하려면 [코드 B-192]와 같이 입력한다. [코드 B-191]의 활용법을 확인하라.

코드 B-192

```
# 데이터 입력
np.random.seed(12)

dat = pd.DataFrame({
```

```
    'group': ['A'] * 10 + ['B'] * 20 + ['C'] * 30,
    'value': np.random.randn(60)
})

# 그룹별 크기, 비율 및 평균 값 계산
grouped_dat = dat.groupby('group').agg(
    N_i=('value', 'size'),
    proportion_i=('value', lambda x: len(x) / len(dat)),
    mean_i=('value', 'mean')
).reset_index()     # 인덱스 초기화

print(grouped_dat)
```

```
  group  N_i  proportion_i    mean_i
0     A   10      0.166667 -0.049858
1     B   20      0.333333 -0.332008
2     C   30      0.500000 -0.044542
```

이제 privedu1m.csv 파일의 모집단에서 표본 크기 $n=100$의 층화추출법을 수행하여 **사교육비총비용**의 표본평균을 구하자. 여기서 **지역구분코드**(읍면지역, 서울, 중소도시, 광역시)에 따라 사교육 참여 시간이 다를 것으로 예상되므로 총 네 가지 **지역구분코드**를 층으로 설정하여 층화추출법을 적용한다. [코드 B-193]을 확인하라.

코드 B-193

```
# 층화추출법(비례배분)
strat = privedu1m.groupby('지역구분코드').agg(
    N_i=('지역구분코드', 'size'),
    proportion_i=('지역구분코드', lambda x: len(x) / N),
    n_i=('지역구분코드', lambda x: np.floor(len(x) / N * n))
).reset_index()
print(strat)
```

```
  지역구분코드     N_i  proportion_i   n_i
0       광역시  292895      0.292895  29.0
1         서울  126194      0.126194  12.0
2     읍면지역  214794      0.214794  21.0
3     중소도시  366117      0.366117  36.0
```

이는 각 층에서 모집단의 $\frac{1}{10000}$ 비율을 표본 크기로 설정한 것과 같다. 따라서 [코드 B-194]와 같이 각 층에서 0.0001의 비율로 단순랜덤추출을 시행한 후, 추출된 표본을 이용해 **사교육비총비용**의 평균을 계산한다.

코드 B-194

```
# 랜덤 시드 설정
np.random.seed(12)

# 층화추출법
sample_st_list = []
for name, group in privedu1m.groupby('지역구분코드'):
    sample_size = int(len(group) * 0.0001)
    sample_st_list.append(group.sample(n=sample_size, random_state=12))

sample_st = pd.concat(sample_st_list).reset_index(drop=True)

# 그룹별 요약 통계 계산
summary_st = sample_st.groupby('지역구분코드').agg(
    n_i=('사교육비총비용', 'size'),
    mean=('사교육비총비용', 'mean')
).reset_index()

summary_st
```

```
   지역구분코드  n_i        mean
0        광역시   29  388.931034
1         서울   12  877.583333
2       읍면지역   21  288.190476
3       중소도시   36  657.500000
```

[코드 B-195]와 같이 입력하면 층화추출법의 결과를 확인할 수 있다.

코드 B-195

```
# 층화추출 표본평균 계산
mean_st = np.sum(strat['N_i'] * summary_st['mean']) / N

# 결과 확인
print(f"층화추출 표본평균: {mean_st.round(4)}")
print(f"모평균: {privedu1m['사교육비총비용'].mean().round(4)}")
```

```
층화추출 표본평균: 527.2852
모평균: 510.2357
```

100회 반복

이제 앞서 시행한 단순랜덤추출법, 계통추출법, 층화추출법을 각각 100회 반복하여 **사교육비총비용**의 표본평균을 구하고, 이를 통해 표본평균의 변동을 확인해보자. [코드 B-196]을 확인하라.

코드 B-196

```
# 100회 반복
iter = 100  # 반복 횟수 지정

mean_sr = np.zeros(iter)
mean_sy = np.zeros(iter)
mean_st = np.zeros(iter)

np.random.seed(302)  # 시드 고정

for i in range(iter):
    # 단순랜덤추출법
    sample_index = np.random.choice(privedu1m.index, size=100, replace=False)
    sample_data = privedu1m.loc[sample_index]
    mean_sr[i] = sample_data['사교육비총비용'].mean()

    # 계통추출법
    sample_index_first = np.random.randint(1, k + 1)
    sample_index = np.arange(sample_index_first, N, k)[:n]
    sample_data = privedu1m.iloc[sample_index]
    mean_sy[i] = sample_data['사교육비총비용'].mean()

    # 층화추출법
    sample_st_list = []
    for name, group in privedu1m.groupby('지역구분코드'):
        sample_size = int(len(group) * 0.0001)
        sample_st_list.append(group.sample(n=sample_size))
    sample_st = pd.concat(sample_st_list).reset_index(drop=True)
    summary_st = sample_st.groupby('지역구분코드').agg(
        n_i=('사교육비총비용', 'size'),
        mean=('사교육비총비용', 'mean')
    ).reset_index()

    mean_st[i] = np.sum(strat['N_i'] * summary_st['mean']) / N

# 결과 확인
print("------------------------------------------------------------")
print(f"단순랜덤추출 표본평균의 100회 평균값: {mean_sr.mean().round(4)}")
print(f"계통추출 표본평균의 100회 평균값: {mean_sy.mean().round(4)}")
print(f"층화추출 표본평균의 100회 평균값: {mean_st.mean().round(4)}")
print(f"모평균: {privedu1m['사교육비총비용'].mean().round(4)}")
print("------------------------------------------------------------")
print(f"단순랜덤추출 표본평균 변동: {mean_sr.std(ddof=1).round(4)}")
print(f"계통추출 표본평균 변동: {mean_sy.std(ddof=1).round(4)}")
print(f"층화추출 표본평균 변동: {mean_st.std(ddof=1).round(4)}")
print("------------------------------------------------------------")
```

```
------------------------------------------------------------
단순랜덤추출 표본평균의 100회 평균값: 517.4851
계통추출 표본평균의 100회 평균값: 501.0992
층화추출 표본평균의 100회 평균값: 510.0749
모평균: 510.2357
------------------------------------------------------------
단순랜덤추출 표본평균 변동: 50.1386
계통추출 표본평균 변동: 57.7711
층화추출 표본평균 변동: 49.1304
------------------------------------------------------------
```

표본평균의 변동은 다음과 같이 확인할 수 있다. 총 반복 횟수를 B라 하고, ℓ을 몇 번째 반복인지 나타내는 지표로 두자. 즉 $\ell=1, \cdots, B$이다. 또한 각 반복에서 추출된 표본 크기는 추출방법에 관계없이 n으로 동일하다고 가정한다. 그러면 ℓ번째 반복에서 추출된 단순랜덤추출, 계통추출, 층화추출의 표본을 각각 다음과 같이 나타낼 수 있다.

- **단순랜덤추출** : $X_{sr,1}^{(\ell)}, X_{sr,2}^{(\ell)}, \cdots, X_{sr,n}^{(\ell)}$
- **계통추출** : $X_{sy,1}^{(\ell)}, X_{sy,2}^{(\ell)}, \cdots, X_{sy,n}^{(\ell)}$
- **층화추출** : $X_{st,1}^{(\ell)}, X_{st,2}^{(\ell)}, \cdots, X_{st,n}^{(\ell)}$

각 반복에서 추출된 표본의 평균은 다음과 같이 계산된다.

$$\overline{X}_{sr}^{(\ell)} = \frac{1}{n}\sum_{i=1}^{n} X_{sr,i}^{(\ell)}, \quad \overline{X}_{sy}^{(\ell)} = \frac{1}{n}\sum_{i=1}^{n} X_{sy,i}^{(\ell)}, \quad \overline{X}_{st}^{(\ell)} = \frac{1}{n}\sum_{i=1}^{n} X_{st,i}^{(\ell)}$$

따라서 각 표본추출 방법마다 총 B개의 표본평균이 생성되고, 이를 이용하여 B번 계산된 표본평균의 평균값을 다음과 같이 구할 수 있다.

$$\overline{X}_{sr}^{(*)} = \frac{1}{B}\sum_{\ell=1}^{B} \overline{X}_{sr}^{(\ell)}, \quad \overline{X}_{sy}^{(*)} = \frac{1}{B}\sum_{\ell=1}^{B} \overline{X}_{sy}^{(\ell)}, \quad \overline{X}_{st}^{(*)} = \frac{1}{B}\sum_{\ell=1}^{B} \overline{X}_{st}^{(\ell)}$$

최종적으로 표본평균의 변동은 다음과 같이 계산된다.

$$\mathrm{SD}_{sr} = \sqrt{\frac{1}{B-1}\sum_{\ell=1}^{B}\left(\overline{X}_{sr}^{(\ell)} - \overline{X}_{sr}^{(*)}\right)^2}$$

$$\mathrm{SD}_{sy} = \sqrt{\frac{1}{B-1}\sum_{\ell=1}^{B}\left(\overline{X}_{sy}^{(\ell)} - \overline{X}_{sy}^{(*)}\right)^2}$$

$$\mathrm{SD}_{st} = \sqrt{\frac{1}{B-1}\sum_{\ell=1}^{B}\left(\overline{X}_{st}^{(\ell)} - \overline{X}_{st}^{(*)}\right)^2}$$

APPENDIX

C

여러 가지 분포표

CONTENTS

C.1 표준정규분포표

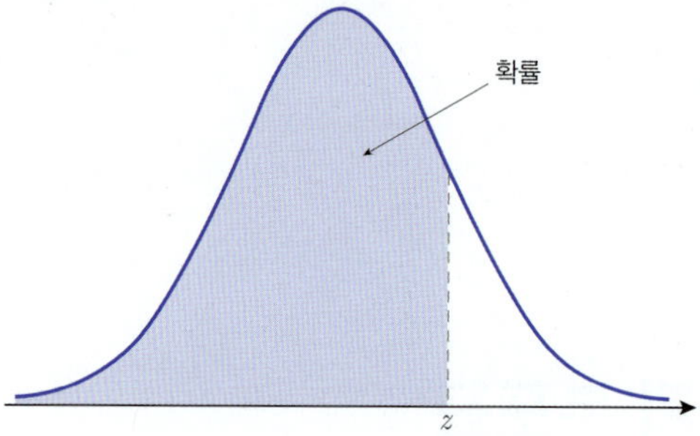

표의 숫자는 z보다 같거나 작은 확률을 나타낸다.

z	0.00	0.01	0.02	0.03	0.04	0.05	0.06	0.07	0.08	0.09
0.0	0.5000	0.5040	0.5080	0.5120	0.5160	0.5199	0.5239	0.5279	0.5319	0.5359
0.1	0.5398	0.5438	0.5478	0.5517	0.5557	0.5596	0.5636	0.5675	0.5714	0.5753
0.2	0.5793	0.5832	0.5871	0.5910	0.5948	0.5987	0.6026	0.6064	0.6103	0.6141
0.3	0.6179	0.6217	0.6255	0.6293	0.6331	0.6368	0.6406	0.6443	0.6480	0.6517
0.4	0.6554	0.6591	0.6628	0.6664	0.6700	0.6736	0.6772	0.6808	0.6844	0.6879
0.5	0.6915	0.6950	0.6985	0.7019	0.7054	0.7088	0.7123	0.7157	0.7190	0.7224
0.6	0.7257	0.7291	0.7324	0.7357	0.7389	0.7422	0.7454	0.7486	0.7517	0.7549
0.7	0.7580	0.7611	0.7642	0.7673	0.7704	0.7734	0.7764	0.7794	0.7823	0.7852
0.8	0.7881	0.7910	0.7939	0.7967	0.7995	0.8023	0.8051	0.8078	0.8106	0.8133
0.9	0.8159	0.8186	0.8212	0.8238	0.8264	0.8289	0.8315	0.8340	0.8365	0.8389
1.0	0.8413	0.8438	0.8461	0.8485	0.8508	0.8531	0.8554	0.8577	0.8599	0.8621
1.1	0.8643	0.8665	0.8686	0.8708	0.8729	0.8749	0.8770	0.8790	0.8810	0.8830
1.2	0.8849	0.8869	0.8888	0.8907	0.8925	0.8944	0.8962	0.8980	0.8997	0.9015
1.3	0.9032	0.9049	0.9066	0.9082	0.9099	0.9115	0.9131	0.9147	0.9162	0.9177
1.4	0.9192	0.9207	0.9222	0.9236	0.9251	0.9265	0.9279	0.9292	0.9306	0.9319
1.5	0.9332	0.9345	0.9357	0.9370	0.9382	0.9394	0.9406	0.9418	0.9429	0.9441
1.6	0.9452	0.9463	0.9474	0.9484	0.9495	0.9505	0.9515	0.9525	0.9535	0.9545
1.7	0.9554	0.9564	0.9573	0.9582	0.9591	0.9599	0.9608	0.9616	0.9625	0.9633
1.8	0.9641	0.9649	0.9656	0.9664	0.9671	0.9678	0.9686	0.9693	0.9699	0.9706
1.9	0.9713	0.9719	0.9726	0.9732	0.9738	0.9744	0.9750	0.9756	0.9761	0.9767
2.0	0.9772	0.9778	0.9783	0.9788	0.9793	0.9798	0.9803	0.9808	0.9812	0.9817
2.1	0.9821	0.9826	0.9830	0.9834	0.9838	0.9842	0.9846	0.9850	0.9854	0.9857
2.2	0.9861	0.9864	0.9868	0.9871	0.9875	0.9878	0.9881	0.9884	0.9887	0.9890
2.3	0.9893	0.9896	0.9898	0.9901	0.9904	0.9906	0.9909	0.9911	0.9913	0.9916
2.4	0.9918	0.9920	0.9922	0.9925	0.9927	0.9929	0.9931	0.9932	0.9934	0.9936
2.5	0.9938	0.9940	0.9941	0.9943	0.9945	0.9946	0.9948	0.9949	0.9951	0.9952
2.6	0.9953	0.9955	0.9956	0.9957	0.9959	0.9960	0.9961	0.9962	0.9963	0.9964
2.7	0.9965	0.9966	0.9967	0.9968	0.9969	0.9970	0.9971	0.9972	0.9973	0.9974
2.8	0.9974	0.9975	0.9976	0.9977	0.9977	0.9978	0.9979	0.9979	0.9980	0.9981
2.9	0.9981	0.9982	0.9982	0.9983	0.9984	0.9984	0.9985	0.9985	0.9986	0.9986
3.0	0.9987	0.9987	0.9987	0.9988	0.9988	0.9989	0.9989	0.9989	0.9990	0.9990
3.1	0.9990	0.9991	0.9991	0.9991	0.9992	0.9992	0.9992	0.9992	0.9993	0.9993
3.2	0.9993	0.9993	0.9994	0.9994	0.9994	0.9994	0.9994	0.9995	0.9995	0.9995
3.3	0.9995	0.9995	0.9995	0.9996	0.9996	0.9996	0.9996	0.9996	0.9996	0.9997
3.4	0.9997	0.9997	0.9997	0.9997	0.9997	0.9997	0.9997	0.9997	0.9997	0.9998

C.2 t 분포표

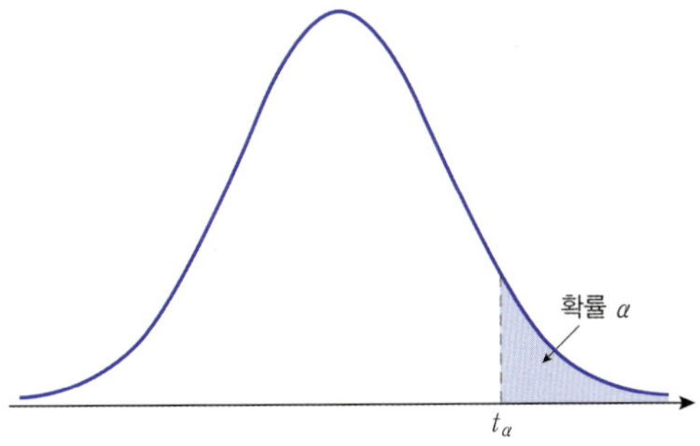

표의 숫자는 주어진 α 값에 대한 t_α 값을 나타낸다.

df \ α	0.25	0.20	0.15	0.10	0.05	0.025	0.02	0.01	0.005	0.0025	0.001	0.0005
1	1.000	1.376	1.963	3.078	6.314	12.71	15.89	31.82	63.66	127.3	318.3	636.6
2	0.816	1.061	1.386	1.886	2.920	4.303	4.849	6.965	9.925	14.09	22.33	31.60
3	0.765	0.968	1.250	1.638	2.353	3.182	3.482	4.541	5.841	7.453	10.21	12.92
4	0.741	0.941	1.190	1.533	2.132	2.776	2.999	3.747	4.604	5.598	7.173	8.610
5	0.727	0.920	1.156	1.476	2.015	2.571	2.757	3.365	4.032	4.773	5.893	6.869
6	0.718	0.906	1.134	1.440	1.943	2.447	2.612	3.143	3.707	4.317	5.208	5.959
7	0.711	0.896	1.119	1.415	1.895	2.365	2.517	2.998	3.499	4.029	4.785	5.408
8	0.706	0.889	1.108	1.397	1.860	2.306	2.449	2.896	3.355	3.833	4.501	5.041
9	0.703	0.883	1.100	1.383	1.833	2.262	2.398	2.821	3.250	3.690	4.297	4.781
10	0.700	0.879	1.093	1.372	1.812	2.228	2.359	2.764	3.169	3.581	4.144	4.587
11	0.697	0.876	1.088	1.363	1.796	2.201	2.328	2.718	3.106	3.497	4.025	4.437
12	0.695	0.873	1.083	1.356	1.782	2.179	2.303	2.681	3.055	3.428	3.930	4.318
13	0.694	0.870	1.079	1.350	1.771	2.160	2.282	2.650	3.012	3.372	3.852	4.221
14	0.692	0.868	1.076	1.345	1.761	2.145	2.264	2.624	2.977	3.326	3.787	4.140
15	0.691	0.866	1.074	1.341	1.753	2.131	2.249	2.602	2.947	3.286	3.733	4.073
16	0.690	0.865	1.071	1.337	1.746	2.120	2.235	2.583	2.921	3.252	3.686	4.015
17	0.689	0.863	1.069	1.333	1.740	2.110	2.224	2.567	2.898	3.222	3.646	3.965
18	0.688	0.862	1.067	1.330	1.734	2.101	2.214	2.552	2.878	3.197	3.610	3.922
19	0.688	0.861	1.066	1.328	1.729	2.093	2.205	2.539	2.861	3.174	3.579	3.883
20	0.687	0.860	1.064	1.325	1.725	2.086	2.197	2.528	2.845	3.153	3.552	3.850
21	0.686	0.859	1.063	1.323	1.721	2.080	2.189	2.518	2.831	3.135	3.527	3.819
22	0.686	0.858	1.061	1.321	1.717	2.074	2.183	2.508	2.819	3.119	3.505	3.792
23	0.685	0.858	1.060	1.319	1.714	2.069	2.177	2.500	2.807	3.104	3.485	3.768
24	0.685	0.857	1.059	1.318	1.711	2.064	2.172	2.492	2.797	3.091	3.467	3.745
25	0.684	0.856	1.058	1.316	1.708	2.060	2.167	2.485	2.787	3.078	3.450	3.725
26	0.684	0.856	1.058	1.315	1.706	2.056	2.162	2.479	2.779	3.067	3.435	3.707
27	0.684	0.855	1.057	1.314	1.703	2.052	2.158	2.473	2.771	3.057	3.421	3.690
28	0.683	0.855	1.056	1.313	1.701	2.048	2.154	2.467	2.763	3.047	3.408	3.674
29	0.683	0.854	1.055	1.311	1.699	2.045	2.150	2.462	2.756	3.038	3.396	3.659
30	0.683	0.854	1.055	1.310	1.697	2.042	2.147	2.457	2.750	3.030	3.385	3.646
40	0.681	0.851	1.050	1.303	1.684	2.021	2.123	2.423	2.704	2.971	3.307	3.551
50	0.679	0.849	1.047	1.299	1.676	2.009	2.109	2.403	2.678	2.937	3.261	3.496
60	0.679	0.848	1.045	1.296	1.671	2.000	2.099	2.390	2.660	2.915	3.232	3.460
80	0.678	0.846	1.043	1.292	1.664	1.990	2.088	2.374	2.639	2.887	3.195	3.416
100	0.677	0.845	1.042	1.290	1.660	1.984	2.081	2.364	2.626	2.871	3.174	3.390
1,000	0.675	0.842	1.037	1.282	1.646	1.962	2.056	2.330	2.581	2.813	3.098	3.300
∞	0.674	0.841	1.036	1.282	1.645	1.960	2.054	2.326	2.576	2.807	3.091	3.291

C.3 카이제곱분포표

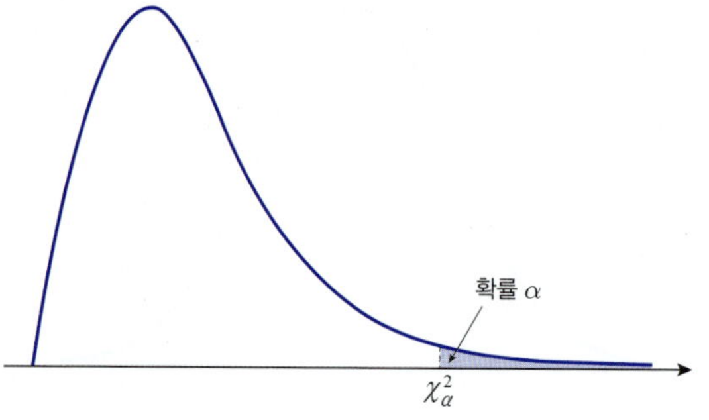

표의 숫자는 주어진 α 값에 대한 χ^2_α 값을 나타낸다.

df \ α	0.995	0.990	0.975	0.950	0.050	0.025	0.010	0.005
1	0.00	0.00	0.00	0.00	3.84	5.02	6.63	7.88
2	0.01	0.02	0.05	0.10	5.99	7.38	9.21	10.60
3	0.07	0.11	0.22	0.35	7.81	9.35	11.34	12.84
4	0.21	0.30	0.48	0.71	9.49	11.14	13.28	14.86
5	0.41	0.55	0.83	1.15	11.07	12.83	15.09	16.75
6	0.68	0.87	1.24	1.64	12.59	14.45	16.81	18.55
7	0.99	1.24	1.69	2.17	14.07	16.01	18.48	20.28
8	1.34	1.65	2.18	2.73	15.51	17.53	20.09	21.95
9	1.73	2.09	2.70	3.33	16.92	19.02	21.67	23.59
10	2.16	2.56	3.25	3.94	18.31	20.48	23.21	25.19
11	2.60	3.05	3.82	4.57	19.68	21.92	24.72	26.76
12	3.07	3.57	4.40	5.23	21.03	23.34	26.22	28.30
13	3.57	4.11	5.01	5.89	22.36	24.74	27.69	29.82
14	4.07	4.66	5.63	6.57	23.68	26.12	29.14	31.32
15	4.60	5.23	6.26	7.26	25.00	27.49	30.58	32.80
16	5.14	5.81	6.91	7.96	26.30	28.85	32.00	34.27
17	5.70	6.41	7.56	8.67	27.59	30.19	33.41	35.72
18	6.26	7.01	8.23	9.39	28.87	31.53	34.81	37.16
19	6.84	7.63	8.91	10.12	30.14	32.85	36.19	38.58
20	7.43	8.26	9.59	10.85	31.41	34.17	37.57	40.00
21	8.03	8.90	10.28	11.59	32.67	35.48	38.93	41.40
22	8.64	9.54	10.98	12.34	33.92	36.78	40.29	42.80
23	9.26	10.20	11.69	13.09	35.17	38.08	41.64	44.18
24	9.89	10.86	12.40	13.85	36.42	39.36	42.98	45.56
25	10.52	11.52	13.12	14.61	37.65	40.65	44.31	46.93
26	11.16	12.20	13.84	15.38	38.89	41.92	45.64	48.29
27	11.81	12.88	14.57	16.15	40.11	43.19	46.96	49.64
28	12.46	13.56	15.31	16.93	41.34	44.46	48.28	51.99
29	13.12	14.26	16.05	17.71	42.56	45.72	49.59	52.34
30	13.79	14.95	16.79	18.49	43.77	46.98	50.89	53.67
40	20.71	22.16	24.43	26.51	55.76	59.34	63.69	66.77
50	27.99	29.71	32.36	34.76	67.50	71.42	76.15	79.49
60	35.53	37.48	40.48	43.19	79.08	83.30	88.38	91.95
80	51.17	53.54	57.15	60.39	101.9	106.6	112.3	116.3
100	67.33	70.06	74.22	77.93	124.3	129.6	135.8	140.2

C.4 F 분포표

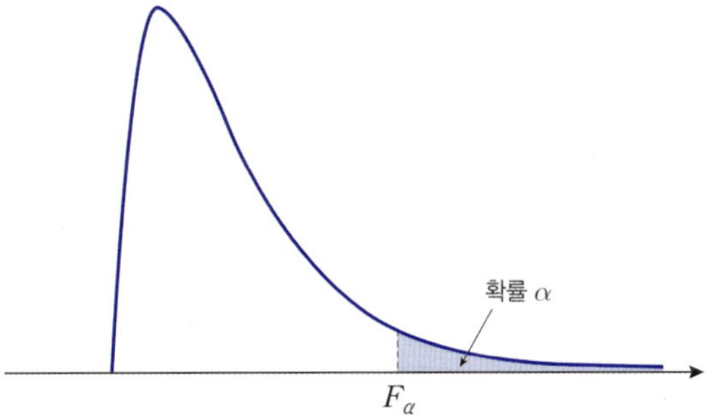

표의 숫자는 주어진 α 값에 대한 F_α 값을 나타낸다.

분모의 자유도	α	분자의 자유도									
		1	2	3	4	5	6	7	8	9	10
1	0.100	39.86	49.50	53.59	55.83	57.24	58.20	58.91	59.44	59.86	60.19
	0.050	161.45	199.50	215.71	224.58	230.16	233.99	236.77	238.88	240.54	241.88
	0.025	647.79	799.50	864.16	899.58	921.85	937.11	948.22	956.66	963.28	968.63
	0.010	4052.2	4999.5	5403.4	5624.6	5763.6	5859.0	5928.4	5981.1	6022.5	6055.8
	0.001	405284	500000	540379	562500	576405	585937	592873	598144	602284	605621
2	0.100	8.53	9.00	9.16	9.24	9.29	9.33	9.35	9.37	9.38	9.39
	0.050	18.51	19.00	19.16	19.25	19.30	19.33	19.35	19.37	19.38	19.40
	0.025	38.51	39.00	39.17	39.25	39.30	39.33	39.36	39.37	39.39	39.40
	0.010	98.50	99.00	99.17	99.25	99.30	99.33	99.36	99.37	99.39	99.40
	0.001	998.50	999.00	999.17	999.25	999.30	999.33	999.36	999.37	999.39	999.40
3	0.100	5.54	5.46	5.39	5.34	5.31	5.28	5.27	5.25	5.24	5.23
	0.050	10.13	9.55	9.28	9.12	9.01	8.94	8.89	8.85	8.81	8.79
	0.025	17.44	16.04	15.44	15.10	14.88	14.73	14.62	14.54	14.47	14.42
	0.010	34.12	30.82	29.46	28.71	28.24	27.91	27.67	27.49	27.35	27.23
	0.001	167.03	148.50	141.11	137.10	134.58	132.85	131.58	130.62	129.86	129.25
4	0.100	4.54	4.32	4.19	4.11	4.05	4.01	3.98	3.95	3.94	3.92
	0.050	7.71	6.94	6.59	6.39	6.26	6.16	6.09	6.04	6.00	5.96
	0.025	12.22	10.65	9.98	9.60	9.36	9.20	9.07	8.98	8.90	8.84
	0.010	21.20	18.00	16.69	15.98	15.52	15.21	14.98	14.80	14.66	14.55
	0.001	74.14	61.25	56.18	53.44	51.71	50.53	49.66	49.00	48.47	48.05
5	0.100	4.06	3.78	3.62	3.52	3.45	3.40	3.37	3.34	3.32	3.30
	0.050	6.61	5.79	5.41	5.19	5.05	4.95	4.88	4.82	4.77	4.74
	0.025	10.01	8.43	7.76	7.39	7.15	6.98	6.85	6.76	6.68	6.62
	0.010	16.26	13.27	12.06	11.39	10.97	10.67	10.46	10.29	10.16	10.05
	0.001	47.18	37.12	33.20	31.09	29.75	28.83	28.16	27.65	27.24	26.92
6	0.100	3.78	3.46	3.29	3.18	3.11	3.05	3.01	2.98	2.96	2.94
	0.050	5.99	5.14	4.76	4.53	4.39	4.28	4.21	4.15	4.10	4.06
	0.025	8.81	7.26	6.60	6.23	5.99	5.82	5.70	5.60	5.52	5.46
	0.010	13.75	10.92	9.78	9.15	8.75	8.47	8.26	8.10	7.98	7.87
	0.001	35.51	27.00	23.70	21.92	20.80	20.03	19.46	19.03	18.69	18.41

분모의 자유도	α	분자의 자유도									
		12	15	20	25	30	40	50	60	120	1,000
	0.100	60.71	61.22	61.74	62.05	62.26	62.53	62.69	62.79	63.06	63.30
	0.050	243.91	245.95	248.01	249.26	250.10	251.14	251.77	252.20	253.25	254.19
1	0.025	976.71	984.87	993.10	998.08	1001.4	1005.6	1008.1	1009.8	1014.0	1017.7
	0.010	6106.3	6157.3	6208.7	6239.8	6260.6	6286.8	6302.5	6313.0	6339.4	6362.7
	0.001	610668	615764	620908	624017	626099	628712	630285	631337	633972	636301
	0.100	9.41	9.42	9.44	9.45	9.46	9.47	9.47	9.47	9.48	9.49
	0.050	19.41	19.43	19.45	19.46	19.46	19.47	19.48	19.48	19.49	19.49
2	0.025	39.41	39.43	39.45	39.46	19.46	39.47	39.48	39.48	39.49	39.50
	0.010	99.42	99.43	99.45	99.46	99.47	99.47	99.48	99.48	99.49	99.50
	0.001	999.42	999.43	999.45	9699.46	999.47	999.47	999.48	999.48	999.49	999.50
	0.100	5.22	5.20	5.18	5.17	5.17	5.16	5.15	5.15	5.14	5.13
	0.050	8.74	8.70	8.66	8.63	8.62	8.59	8.58	8.57	8.55	8.53
3	0.025	14.34	14.25	14.17	14.12	14.08	14.04	14.01	13.99	13.95	13.91
	0.010	27.05	26.87	26.69	26.58	26.50	26.41	26.35	26.32	26.22	26.14
	0.001	128.32	127.37	126.42	125.84	125.45	124.96	124.66	124.47	123.97	123.53
	0.100	3.90	3.87	3.84	3.83	3.82	3.80	3.80	3.79	3.78	3.76
	0.050	5.91	5.86	5.80	5.77	5.75	5.72	5.70	5.69	5.66	5.63
4	0.025	8.75	8.66	8.56	8.50	8.46	8.41	8.38	8.36	8.31	8.26
	0.010	14.37	14.20	14.02	13.91	13.84	13.75	13.69	13.65	13.56	13.47
	0.001	47.41	46.76	46.10	45.70	45.43	45.09	44.88	44.75	44.40	44.09
	0.100	3.27	3.24	3.21	3.19	3.17	3.16	3.15	3.14	3.12	3.11
	0.050	4.68	4.62	4.56	4.52	4.50	4.46	4.44	4.43	4.40	4.37
5	0.025	6.52	6.43	6.33	6.27	6.23	6.18	6.14	6.12	6.07	6.02
	0.010	9.89	9.72	9.55	9.45	9.38	9.29	9.24	9.20	9.11	9.03
	0.001	26.42	25.91	25.39	25.08	24.87	24.60	24.44	24.33	24.06	23.82
	0.100	2.90	2.87	2.84	2.81	2.80	2.78	2.77	2.76	2.74	2.72
	0.050	4.00	3.94	3.87	3.83	3.81	3.77	3.75	3.74	3.70	3.67
6	0.025	5.37	5.27	5.17	5.11	5.07	5.01	4.98	4.96	4.90	4.86
	0.010	7.72	7.56	7.40	7.30	7.23	7.14	7.09	7.06	6.97	6.89
	0.001	17.99	17.56	17.12	16.85	16.67	16.44	16.31	16.21	15.98	15.77

분모의 자유도	α	분자의 자유도									
		1	2	3	4	5	6	7	8	9	10
7	0.100	3.59	3.26	3.07	2.96	2.88	2.83	2.78	2.75	2.72	2.70
	0.050	5.59	4.74	4.35	4.12	3.97	3.87	3.79	3.73	3.68	3.64
	0.025	8.07	6.54	5.89	5.52	5.29	5.12	4.99	4.90	4.82	4.76
	0.010	12.25	9.55	8.45	7.85	7.46	7.19	6.99	6.84	6.72	6.62
	0.001	29.25	21.69	18.77	17.20	16.21	15.52	15.02	14.63	14.33	14.08
8	0.100	3.46	3.11	2.92	2.81	2.73	2.67	2.62	2.59	2.56	2.54
	0.050	5.32	4.46	4.07	3.84	3.69	3.58	3.50	3.44	3.39	3.35
	0.025	7.57	6.06	5.42	5.05	4.82	4.65	4.53	4.43	4.36	4.30
	0.010	11.26	8.65	7.59	7.01	6.63	6.37	6.18	6.03	5.91	5.81
	0.001	25.41	18.49	15.83	14.39	13.48	12.86	12.40	12.05	11.77	11.54
9	0.100	3.36	3.01	2.81	2.69	2.61	2.55	2.51	2.47	2.44	2.42
	0.050	5.12	4.26	3.86	3.63	3.48	3.37	3.29	3.23	3.18	3.14
	0.025	7.21	5.71	5.08	4.72	4.48	4.32	4.20	4.10	4.03	3.96
	0.010	10.56	8.02	6.99	6.42	6.06	5.80	5.61	5.47	5.35	5.26
	0.001	22.86	16.39	13.90	12.56	11.71	11.13	10.70	10.37	10.11	9.89
10	0.100	3.29	2.92	2.73	2.61	2.52	2.46	2.41	2.38	2.35	2.32
	0.050	4.96	4.10	3.71	3.48	3.33	3.22	3.14	3.07	3.02	2.98
	0.025	6.94	5.46	4.83	4.47	4.24	4.07	3.95	3.85	3.78	3.72
	0.010	10.04	7.56	6.55	5.99	5.64	5.39	5.20	5.06	4.94	4.85
	0.001	21.04	14.91	12.55	11.28	10.48	9.93	9.52	9.20	8.96	8.75
11	0.100	3.23	2.86	2.66	2.54	2.45	2.39	2.34	2.30	2.27	2.25
	0.050	4.84	3.98	3.59	3.36	3.20	3.09	3.01	2.95	2.90	2.85
	0.025	6.72	5.26	4.63	4.28	4.04	3.88	3.76	3.66	3.59	3.53
	0.010	9.65	7.21	6.22	5.67	5.32	5.07	4.89	4.74	4.63	4.54
	0.001	19.69	13.81	11.56	10.35	9.58	9.05	8.66	8.35	8.12	7.92
12	0.100	3.18	2.81	2.61	2.48	2.39	2.33	2.28	2.24	2.21	2.19
	0.050	4.75	3.89	3.49	3.26	3.11	3.00	2.91	2.85	2.80	2.75
	0.025	6.55	5.10	4.47	4.12	3.89	3.73	3.61	3.51	3.44	3.37
	0.010	9.33	6.93	5.95	5.41	5.06	4.82	4.64	4.50	4.39	4.30
	0.001	18.64	12.97	10.80	9.63	8.89	8.38	8.00	7.71	7.48	7.29
13	0.100	3.14	2.76	2.56	2.43	2.35	2.28	2.23	2.20	2.16	2.14
	0.050	4.67	3.81	3.41	3.18	3.03	2.92	2.83	2.77	2.71	2.67
	0.025	6.41	4.97	4.35	4.00	3.77	3.60	3.48	3.39	3.31	3.25
	0.010	9.07	6.70	5.74	5.21	4.86	4.62	4.44	4.30	4.19	4.10
	0.001	17.82	12.31	10.21	9.07	8.35	7.86	7.49	7.21	6.98	6.80
14	0.100	3.10	2.73	2.52	2.39	2.31	2.24	2.19	2.15	2.12	2.10
	0.050	4.60	3.74	3.34	3.11	2.96	2.85	2.76	2.70	2.65	2.60
	0.025	6.30	4.86	4.24	3.89	3.66	3.50	3.38	3.29	3.21	3.15
	0.010	8.86	6.51	5.56	5.04	4.69	4.46	4.28	4.14	4.03	3.94
	0.001	17.14	11.78	9.73	8.62	7.92	7.44	7.08	6.80	6.58	6.40

분모의 자유도	α	분자의 자유도									
		12	15	20	25	30	40	50	60	120	1,000
	0.100	2.67	2.63	2.59	2.57	2.56	2.54	2.52	2.51	2.49	2.47
	0.050	3.57	3.51	3.44	3.40	3.38	3.34	3.32	3.30	3.27	3.23
7	0.025	4.67	4.57	4.47	4.40	4.36	4.31	4.28	4.25	4.20	4.15
	0.010	6.47	6.31	6.16	6.06	5.99	5.91	5.86	5.82	5.74	5.66
	0.001	13.71	13.32	12.93	12.69	12.53	12.33	12.20	12.12	11.91	11.72
	0.100	2.50	2.46	2.42	2.40	2.38	2.36	2.35	2.34	2.32	2.30
	0.050	3.28	3.22	3.15	3.11	3.08	3.04	3.02	3.01	2.97	2.93
8	0.025	4.20	4.10	4.00	3.94	3.89	3.84	3.81	3.78	3.73	3.68
	0.010	5.67	5.52	5.36	5.26	5.20	5.12	5.07	5.03	4.95	4.87
	0.001	11.19	10.84	10.48	10.26	10.11	9.92	9.80	9.73	9.53	9.36
	0.100	2.38	2.34	2.30	2.27	2.25	2.23	2.22	2.21	2.18	2.16
	0.050	3.07	3.01	2.94	2.89	2.86	2.83	2.80	2.79	2.75	2.71
9	0.025	3.87	3.77	3.67	3.60	3.56	3.51	3.47	3.45	3.39	3.34
	0.010	5.11	4.96	4.81	4.71	4.65	4.57	4.52	4.48	4.40	4.32
	0.001	9.57	9.24	8.90	8.69	8.55	8.37	8.26	8.19	8.00	7.84
	0.100	2.28	2.24	2.20	2.17	2.16	2.13	2.12	2.11	2.08	2.06
	0.050	2.91	2.85	2.77	2.73	2.70	2.66	2.64	2.62	2.58	2.54
10	0.025	3.62	3.52	3.42	3.35	3.31	3.26	3.22	3.20	3.14	3.09
	0.010	4.71	4.56	4.41	4.31	4.25	4.17	4.12	4.08	4.00	3.92
	0.001	8.45	8.13	7.80	7.60	7.47	7.30	7.19	7.12	6.94	6.78
	0.100	2.21	2.17	2.12	2.10	2.08	2.05	2.04	2.03	2.00	1.98
	0.050	2.79	2.72	2.65	2.60	2.57	2.53	2.51	2.49	2.45	2.41
11	0.025	3.43	3.33	3.23	3.16	3.12	3.06	3.03	3.00	2.94	2.89
	0.010	4.40	4.25	4.10	4.01	3.94	3.86	3.81	3.78	3.69	3.61
	0.001	7.63	7.32	7.01	6.81	6.68	6.52	6.42	6.35	6.18	6.02
	0.100	2.15	2.10	2.06	2.03	2.01	1.99	1.97	1.96	1.93	1.91
	0.050	2.69	2.62	2.54	2.50	2.47	2.43	2.40	2.38	2.34	2.30
12	0.025	3.28	3.18	3.07	3.01	2.96	2.91	2.87	2.85	2.79	2.73
	0.010	4.16	4.01	3.86	3.76	3.70	3.62	3.57	3.54	3.45	3.37
	0.001	7.00	6.71	6.40	6.22	6.09	5.93	5.83	5.76	5.59	5.44
	0.100	2.10	2.05	2.01	1.98	1.96	1.93	1.92	1.90	1.88	1.85
	0.050	2.60	2.53	2.46	2.41	2.38	2.34	2.31	2.30	2.25	2.21
13	0.025	3.15	3.05	2.95	2.88	2.84	2.78	2.74	2.72	2.66	2.60
	0.010	3.96	3.82	3.66	3.57	3.51	3.43	3.38	3.34	3.25	3.18
	0.001	6.52	6.23	5.93	5.75	5.63	5.47	5.37	5.30	5.14	4.99
	0.100	2.05	2.01	1.96	1.93	1.91	1.89	1.87	1.86	1.83	1.80
	0.050	2.53	2.46	2.39	2.34	2.31	2.27	2.24	2.22	2.18	2.14
14	0.025	3.05	2.95	2.84	2.73	2.73	2.67	2.64	2.61	2.55	2.50
	0.010	3.80	3.66	3.51	3.41	3.35	3.27	3.22	3.18	3.09	3.02
	0.001	6.13	5.85	5.56	5.38	5.25	5.10	5.00	4.94	4.77	4.62

분모의 자유도	α	분자의 자유도									
		1	2	3	4	5	6	7	8	9	10
15	0.100	3.07	2.70	2.49	2.36	2.27	2.21	2.16	2.12	2.09	2.06
	0.050	4.54	3.68	3.29	3.06	2.90	2.79	2.71	2.64	2.59	2.54
	0.025	6.20	4.77	4.15	3.80	3.58	3.41	3.29	3.20	3.12	3.06
	0.010	8.68	6.36	5.42	4.89	4.56	4.32	4.14	4.00	3.89	3.80
	0.001	16.59	11.34	9.34	8.25	7.57	7.09	6.74	6.47	6.26	6.08
16	0.100	3.05	2.67	2.46	2.33	2.24	2.18	2.13	2.09	2.06	2.03
	0.050	4.49	3.63	3.24	3.01	2.85	2.74	2.66	2.59	2.54	2.49
	0.025	6.12	4.69	4.08	3.73	3.50	3.34	3.22	3.12	3.05	2.99
	0.010	8.53	6.23	5.29	4.77	4.44	4.20	4.03	3.89	3.78	3.69
	0.001	16.12	10.97	9.01	7.94	7.27	6.80	6.46	6.19	5.98	5.81
17	0.100	3.03	2.64	2.44	2.31	2.22	2.15	2.10	2.06	2.03	2.00
	0.050	4.45	3.59	3.20	2.96	2.81	2.70	2.61	2.55	2.49	2.45
	0.025	6.04	4.62	4.01	3.66	3.44	3.28	3.16	3.06	2.98	2.92
	0.010	8.40	6.11	5.19	4.67	4.34	4.10	3.93	3.79	3.68	3.59
	0.001	15.72	10.66	8.73	7.68	7.02	6.56	6.22	5.96	5.75	5.58
18	0.100	3.01	2.62	2.42	2.29	2.20	2.13	2.08	2.04	2.00	1.98
	0.050	4.41	3.55	3.16	2.93	2.77	2.66	2.58	2.51	2.46	2.41
	0.025	5.98	4.56	3.95	3.61	3.38	3.22	3.10	3.01	2.93	2.87
	0.010	8.29	6.01	5.09	4.58	4.25	4.10	3.84	3.71	3.60	3.51
	0.001	15.38	10.39	8.49	7.46	6.81	6.35	6.02	5.76	5.56	5.39
19	0.100	2.99	2.61	2.40	2.27	2.18	2.11	2.06	2.02	1.98	1.96
	0.050	4.38	3.52	3.13	2.90	2.74	2.63	2.54	2.48	2.42	2.38
	0.025	5.92	4.51	3.90	3.56	3.33	3.17	3.05	2.96	2.88	2.82
	0.010	8.18	5.93	5.01	4.50	4.17	3.94	3.77	3.63	3.52	3.43
	0.001	15.08	10.16	8.28	7.27	6.62	6.18	5.85	5.59	5.39	5.22
20	0.100	2.97	2.59	2.38	2.25	2.16	2.09	2.04	2.00	1.96	1.94
	0.050	4.35	3.49	3.10	2.87	2.71	2.60	2.51	2.45	2.39	2.35
	0.025	5.87	4.46	3.86	3.51	3.29	3.13	3.01	2.91	2.84	2.77
	0.010	8.10	5.85	4.94	4.43	4.10	3.87	3.70	3.56	3.46	3.37
	0.001	14.82	9.95	8.10	7.10	6.46	6.02	5.69	5.44	5.24	5.08
21	0.100	2.96	2.57	2.36	2.23	2.14	2.08	2.02	1.98	1.95	1.92
	0.050	4.32	3.47	3.07	2.84	2.68	2.57	2.49	2.42	2.37	2.32
	0.025	5.83	4.42	3.82	3.48	3.25	3.09	2.97	2.87	2.80	2.73
	0.010	8.02	5.78	4.87	4.37	4.04	3.81	3.64	3.51	3.40	3.31
	0.001	14.59	9.77	7.94	6.95	6.32	5.88	5.56	5.31	5.11	4.95
25	0.100	2.92	2.53	2.32	2.18	2.09	2.02	1.97	1.93	1.89	1.87
	0.050	4.24	3.39	2.99	2.76	2.60	2.49	2.40	2.34	2.28	2.24
	0.025	5.69	4.29	3.69	3.35	3.13	2.97	2.85	2.75	2.68	2.61
	0.010	7.77	5.57	4.68	4.18	3.85	3.63	3.46	3.32	3.22	3.13
	0.001	13.88	9.22	7.45	6.49	5.89	5.46	5.15	4.91	4.71	4.56

분모의 자유도	α	분자의 자유도									
		12	15	20	25	30	40	50	60	120	1,000
15	0.100	2.02	1.97	1.92	1.89	1.87	1.85	1.83	1.82	1.79	1.76
	0.050	2.48	2.40	2.33	2.64	2.25	2.20	2.18	2.16	2.11	2.07
	0.025	2.96	2.86	2.76	2.69	2.64	2.59	2.55	2.52	2.46	2.40
	0.010	3.67	3.52	3.37	3.28	3.21	3.13	3.08	3.05	2.96	2.88
	0.001	5.81	5.54	5.25	5.07	4.95	4.80	4.70	4.64	4.47	4.33
16	0.100	1.99	1.94	1.89	1.86	1.84	1.81	1.79	1.78	1.75	1.72
	0.050	2.42	2.35	2.28	2.57	2.19	2.15	2.12	2.11	2.06	2.02
	0.025	2.89	2.79	2.68	2.61	2.57	2.51	2.47	2.45	2.38	2.32
	0.010	3.55	3.41	3.26	3.16	3.10	3.02	2.97	2.93	2.84	2.76
	0.001	5.55	5.27	4.99	4.82	4.70	4.54	4.45	4.39	4.23	4.08
17	0.100	1.96	1.91	1.86	1.83	1.81	1.78	1.76	1.75	1.72	1.69
	0.050	2.38	2.31	2.23	2.18	2.15	2.10	2.08	2.06	2.01	1.97
	0.025	2.82	2.72	2.62	2.50	2.50	2.44	2.41	2.38	2.32	2.26
	0.010	3.46	3.31	3.16	3.07	3.00	2.92	2.87	2.83	2.75	2.66
	0.001	5.32	5.05	4.78	4.60	4.48	4.33	4.24	4.18	4.02	3.87
18	0.100	1.93	1.89	1.84	1.80	1.78	1.75	1.74	1.72	1.69	1.66
	0.050	2.34	2.27	2.19	2.14	2.11	2.06	2.04	2.02	1.97	1.92
	0.025	2.77	2.67	2.56	2.44	2.44	2.38	2.35	2.32	2.26	2.20
	0.010	3.37	3.23	3.08	2.98	2.92	2.84	2.78	2.75	2.66	2.58
	0.001	5.13	4.87	4.59	4.42	4.30	4.15	4.06	4.00	3.84	3.69
19	0.100	1.91	1.86	1.81	1.78	1.76	1.73	1.71	1.70	1.67	1.64
	0.050	2.31	2.23	2.16	2.11	2.07	2.03	2.00	1.98	1.93	1.88
	0.025	2.72	2.62	2.51	2.39	2.39	2.33	2.30	2.27	2.20	2.14
	0.010	3.30	3.15	3.00	2.91	2.84	2.76	2.71	2.67	2.58	2.50
	0.001	4.97	4.70	4.43	4.26	4.14	3.99	3.90	3.84	3.68	3.53
20	0.100	1.89	1.84	1.79	1.76	1.74	1.71	1.69	1.68	1.64	1.61
	0.050	2.28	2.20	2.12	2.07	2.04	1.99	1.97	1.95	1.90	1.85
	0.025	2.68	2.57	2.46	2.45	2.35	2.29	2.25	2.22	2.16	2.09
	0.010	3.23	3.09	2.94	2.84	2.78	2.69	2.64	2.61	2.52	2.43
	0.001	4.82	4.56	4.29	4.12	4.00	3.86	3.77	3.70	3.54	3.40
21	0.100	1.87	1.83	1.78	1.74	1.72	1.69	1.67	1.66	1.62	1.59
	0.050	2.25	2.18	2.10	2.05	2.01	1.96	1.94	1.92	1.87	1.82
	0.025	2.64	2.53	2.42	2.36	2.31	2.25	2.21	2.18	2.11	2.05
	0.010	3.17	3.03	2.88	2.79	2.72	2.64	2.58	2.55	2.46	2.37
	0.001	4.70	4.44	4.17	4.00	3.88	3.74	3.64	3.58	3.42	3.28
25	0.100	1.82	1.77	1.72	1.68	1.66	1.63	1.61	1.59	1.56	1.52
	0.050	2.16	2.09	2.01	1.96	1.92	1.87	1.84	1.82	1.77	1.72
	0.025	2.51	2.41	2.30	2.23	2.18	2.12	2.08	2.05	1.98	1.91
	0.010	2.99	2.85	2.70	2.60	2.54	2.45	2.40	2.36	2.27	2.18
	0.001	4.31	4.06	3.79	3.63	3.52	3.37	3.28	3.22	3.06	2.91

C.5 윌콕슨 순위합통계량 누적확률분포표

$$P = P(W_s \geq x) = P(W_s \leq x^*)$$

■ **작은 표본 크기** $= 2$

큰 표본 크기

3			4			5			6		
x	P	x^*	x	P	x^*	x	P	x^*	x	P	x^*
8	0.200	4	10	0.133	4	11	0.190	5	13	0.143	5
9	0.100	3	11	0.067	3	12	0.095	4	14	0.071	4
10	0.000	2	12	0.000	2	13	0.048	3	15	0.036	3
						14	0.000	2	16	0.000	2

7			8			9			10		
x	P	x^*	x	P	x^*	x	P	x^*	x	P	x^*
15	0.011	5	16	0.133	6	18	0.019	6	19	0.136	7
16	0.056	4	17	0.089	5	19	0.073	5	20	0.091	6
17	0.028	3	18	0.044	4	20	0.036	4	21	0.061	5
18	0.000	2	19	0.022	3	21	0.018	3	22	0.030	4
			20	0.000	2	22	0.000	2	23	0.015	3

■ **작은 표본 크기** $= 3$

큰 표본 크기

3			4			5			6		
x	P	x^*	x	P	x^*	x	P	x^*	x	P	x^*
13	0.200	8	16	0.114	8	18	0.125	9	20	0.031	10
14	0.100	7	17	0.059	7	19	0.071	8	21	0.083	9
15	0.050	6	18	0.029	6	20	0.036	7	22	0.048	8
16	0.000	5	19	0.000	5	21	0.018	6	23	0.024	7
						22	0.000	5	24	0.012	6
									25	0.000	5

7			8			9			10		
x	P	x^*	x	P	x^*	x	P	x^*	x	P	x^*
22	0.133	11	24	0.139	12	27	0.015	12	29	0.108	13
23	0.092	10	25	0.097	11	28	0.073	11	30	0.080	12
24	0.058	9	26	0.067	10	29	0.050	10	31	0.056	11
25	0.033	8	27	0.042	9	30	0.032	9	32	0.038	10
26	0.017	7	28	0.024	8	31	0.018	8	33	0.024	9
27	0.008	6	29	0.012	7	32	0.009	7	34	0.014	8
28	0.000	5	30	0.006	6				35	0.007	7

■ **작은 표본 크기** = 4

큰 표본 크기

4			5			6			7		
x	P	x^*	x	P	x^*	x	P	x^*	x	P	x^*
22	0.171	14	25	0.143	15	28	0.129	16	31	0.115	17
23	0.100	13	26	0.095	14	29	0.086	15	32	0.082	16
24	0.057	12	27	0.056	13	30	0.057	14	33	0.055	15
25	0.029	11	28	0.032	12	31	0.033	13	34	0.036	14
26	0.014	10	29	0.016	11	32	0.019	12	35	0.021	13
27	0.000	9	30	0.008	10	33	0.010	11	36	0.012	12
			31	0.000	9				37	0.006	11

8			9			10		
x	P	x^*	x	P	x^*	x	P	x^*
34	0.107	18	36	0.130	20	39	0.120	21
35	0.077	17	37	0.099	19	40	0.094	20
36	0.055	16	38	0.074	18	41	0.071	19
37	0.036	15	39	0.053	17	42	0.053	18
38	0.024	14	40	0.038	16	43	0.038	17
39	0.014	13	41	0.025	15	44	0.027	16
40	0.008	12	42	0.017	14	45	0.018	15
			43	0.010	13	46	0.012	14
						47	0.007	13

■ **작은 표본 크기** = 5

큰 표본 크기

5			6			7			8		
x	P	x^*	x	P	x^*	x	P	x^*	x	P	x^*
34	0.111	21	37	0.123	23	41	0.101	24	44	0.111	26
35	0.075	20	38	0.089	22	42	0.074	23	45	0.085	25
36	0.048	19	39	0.063	21	43	0.053	22	46	0.064	24
37	0.028	18	40	0.041	20	44	0.037	21	47	0.047	23
38	0.016	17	41	0.026	19	45	0.024	20	48	0.033	22
39	0.008	16	42	0.015	18	46	0.015	19	49	0.023	21
			43	0.009	17	47	0.009	18	50	0.015	20
									51	0.009	19

9			10		
x	P	x^*	x	P	x^*
47	0.120	28	51	0.103	29
48	0.095	27	52	0.082	28
49	0.073	26	53	0.065	27
50	0.056	25	54	0.050	26
51	0.041	24	55	0.038	25
52	0.030	23	56	0.028	24
53	0.021	22	57	0.020	23
54	0.014	21	58	0.014	22
55	0.009	20	59	0.010	21

■ **작은 표본 크기** $= 6$

큰 표본 크기

6			7			8			9		
x	P	x^*	x	P	x^*	x	P	x^*	x	P	x^*
47	0.120	31	51	0.117	33	55	0.114	35	59	0.112	37
48	0.090	30	52	0.090	32	56	0.091	34	60	0.091	36
49	0.066	29	53	0.069	31	57	0.071	33	61	0.072	35
50	0.047	28	54	0.051	30	58	0.054	32	62	0.057	34
51	0.032	27	55	0.037	29	59	0.041	31	63	0.044	33
52	0.021	26	56	0.026	28	60	0.030	30	64	0.033	32
53	0.013	25	57	0.017	27	61	0.021	29	65	0.025	31
54	0.008	24	58	0.011	26	62	0.015	28	66	0.018	30
			59	0.007	25	63	0.010	27	67	0.013	29
									68	0.009	28

10		
x	P	x^*
63	0.110	39
64	0.090	38
65	0.074	37
66	0.059	36
67	0.047	35
68	0.036	34
69	0.028	33
70	0.021	32
71	0.016	31
72	0.011	30
73	0.008	29

■ **작은 표본 크기** $= 7$

큰 표본 크기

7			8			9			10		
x	P	x^*	x	P	x^*	x	P	x^*	x	P	x^*
63	0.104	42	67	0.116	45	72	0.105	47	76	0.115	50
64	0.082	41	68	0.095	44	73	0.087	46	77	0.097	49
65	0.064	40	69	0.076	43	74	0.071	45	78	0.081	48
66	0.015	39	70	0.060	42	75	0.057	44	79	0.067	47
67	0.036	38	71	0.047	41	76	0.045	43	80	0.054	46
68	0.027	37	72	0.036	40	77	0.036	42	81	0.044	45
69	0.019	36	73	0.027	39	78	0.027	41	82	0.035	44
70	0.013	35	74	0.020	38	79	0.021	40	83	0.028	43
71	0.009	34	75	0.014	37	80	0.016	39	84	0.022	42
			76	0.010	36	81	0.011	38	85	0.017	41
						82	0.008	37	86	0.012	40
									87	0.009	39

■ 작은 표본 크기 = 8

큰 표본 크기

8			9			10		
x	P	x^*	x	P	x^*	x	P	x^*
80	0.117	56	86	0.100	58	91	0.102	61
81	0.097	55	87	0.084	57	92	0.086	60
82	0.080	54	88	0.069	56	93	0.073	59
83	0.065	53	89	0.057	55	94	0.061	58
84	0.052	52	90	0.046	54	95	0.051	57
85	0.041	51	91	0.037	53	96	0.042	56
86	0.032	50	92	0.030	52	97	0.034	55
87	0.025	49	93	0.023	51	98	0.027	54
88	0.019	48	94	0.018	50	99	0.022	53
89	0.014	47	95	0.014	49	100	0.017	52
90	0.010	46	96	0.010	48	101	0.013	51
						102	0.010	50

■ 작은 표본 크기 = 9

큰 표본 크기

9			10		
x	P	x^*	x	P	x^*
100	0.011	71	106	0.106	74
101	0.095	70	107	0.091	73
102	0.081	69	108	0.078	72
103	0.068	68	109	0.067	71
104	0.057	67	110	0.056	70
105	0.047	66	111	0.047	69
106	0.039	65	112	0.039	68
107	0.031	64	113	0.033	67
108	0.025	63	114	0.027	66
109	0.020	62	115	0.022	65
110	0.016	61	116	0.017	64
111	0.012	60	117	0.014	63
112	0.009	59	118	0.011	62
			119	0.009	61

■ 작은 표본 크기 = 10

큰 표본 크기

10		
x	P	x^*
122	0.109	88
123	0.095	87
124	0.083	86
125	0.072	85
126	0.062	84
127	0.053	83
128	0.045	82
129	0.038	81
130	0.032	80
131	0.026	79
132	0.022	78
133	0.018	77
134	0.014	76
135	0.012	75
136	0.009	74

C.6 윌콕슨 부호순위통계량 누적확률분포표

$$P = P(W^+ \geq x) = P(W^+ \leq x^*)$$

$n=3$			$n=4$			$n=5$			$n=6$		
x	P	x^*	x	P	x^*	x	P	x^*	x	P	x^*
5	0.250	1	8	0.188	2	12	0.156	3	17	0.019	4
6	0.125	0	9	0.125	1	13	0.094	2	18	0.078	3
7	0.000		10	0.062	0	14	0.062	1	19	0.047	2
			11	0.000		15	0.031	0	20	0.031	1
						16	0.000		21	0.016	0
									22	0.000	

$n=7$			$n=8$			$n=9$			$n=10$		
x	P	x^*	x	P	x^*	x	P	x^*	x	P	x^*
22	0.019	6	27	0.125	9	34	0.102	11	40	0.116	15
23	0.078	5	28	0.098	8	35	0.082	10	41	0.097	14
24	0.055	4	29	0.074	7	36	0.064	9	42	0.080	13
25	0.039	3	30	0.055	6	37	0.049	8	43	0.065	12
26	0.023	2	31	0.039	5	38	0.037	7	44	0.053	11
27	0.016	1	32	0.027	4	39	0.027	6	45	0.042	10
28	0.008	0	33	0.020	3	40	0.020	5	46	0.032	9
			34	0.012	2	41	0.014	4	47	0.024	8
			35	0.008	1	42	0.010	3	48	0.019	7
									49	0.014	6
									50	0.010	5

$n=11$			$n=12$			$n=13$			$n=14$		
x	P	x^*	x	P	x^*	x	P	x^*	x	P	x^*
48	0.103	18	56	0.102	22	64	0.108	27	73	0.108	32
49	0.087	17	57	0.088	21	65	0.095	26	74	0.097	31
50	0.074	16	58	0.076	20	66	0.084	25	75	0.086	30
51	0.062	15	59	0.065	19	67	0.073	24	76	0.077	29
52	0.051	14	60	0.055	18	68	0.064	23	77	0.068	28
53	0.042	13	61	0.046	17	69	0.055	22	78	0.059	27
54	0.034	12	62	0.039	16	70	0.047	21	79	0.052	26
55	0.027	11	63	0.032	15	71	0.014	20	80	0.045	25
56	0.021	10	64	0.026	14	72	0.034	19	81	0.039	24
57	0.016	9	65	0.021	13	73	0.029	18	82	0.034	23
58	0.012	8	66	0.017	12	74	0.020	17	83	0.029	22
59	0.009	7	67	0.013	11	75	0.016	16	84	0.025	21
			68	0.010	10	76	0.013	15	85	0.021	20
						77	0.011	14	86	0.018	19
						78	0.009	13	87	0.015	18
						79		12	88	0.012	17
									89	0.010	16

$n=15$					
x	P	x^*	x	P	x^*
83	0.104	37	92	0.036	28
84	0.094	36	93	0.032	27
85	0.084	35	94	0.028	26
86	0.076	34	95	0.024	25
87	0.068	33	96	0.021	24
88	0.060	32	97	0.018	23
89	0.053	31	98	0.015	22
90	0.047	30	99	0.013	21
91	0.042	29	100	0.011	20
			101	0.009	19

찾아보기

ㅊ

ㅋ

ㅌ

ㅍ

N

O

P

Q ~ R

S

T

U ~ W

기 타